Digitale Signalverarbeitung mit MATLAB®

Martin Werner

Digitale Signalverarbeitung mit MATLAB®

Grundkurs mit 16 ausführlichen Versuchen

7. Auflage

Martin Werner
Weimar, Thüringen, Deutschland

ISBN 978-3-658-45606-1   ISBN 978-3-658-45607-8   (eBook)
https://doi.org/10.1007/978-3-658-45607-8

Die Deutsche Nationalbibliothek verzeichnet diese Publikation in der Deutschen Nationalbibliografie; detaillierte bibliografische Daten sind im Internet über https://portal.dnb.de abrufbar.

© Der/die Herausgeber bzw. der/die Autor(en), exklusiv lizenziert an Springer Fachmedien Wiesbaden GmbH, ein Teil von Springer Nature 2001, 2003, 2006, 2009, 2012, 2019, 2025

Das Werk einschließlich aller seiner Teile ist urheberrechtlich geschützt. Jede Verwertung, die nicht ausdrücklich vom Urheberrechtsgesetz zugelassen ist, bedarf der vorherigen Zustimmung des Verlags. Das gilt insbesondere für Vervielfältigungen, Bearbeitungen, Übersetzungen, Mikroverfilmungen und die Einspeicherung und Verarbeitung in elektronischen Systemen.
Die Wiedergabe von allgemein beschreibenden Bezeichnungen, Marken, Unternehmensnamen etc. in diesem Werk bedeutet nicht, dass diese frei durch jede Person benutzt werden dürfen. Die Berechtigung zur Benutzung unterliegt, auch ohne gesonderten Hinweis hierzu, den Regeln des Markenrechts. Die Rechte des/der jeweiligen Zeicheninhaber*in sind zu beachten.
Der Verlag, die Autor*innen und die Herausgeber*innnen gehen davon aus, dass die Angaben und Informationen in diesem Werk zum Zeitpunkt der Veröffentlichung vollständig und korrekt sind. Weder der Verlag noch die Autor*innen oder die Herausgeber*innen übernehmen, ausdrücklich oder implizit, Gewähr für den Inhalt des Werkes, etwaige Fehler oder Äußerungen. Der Verlag bleibt im Hinblick auf geografische Zuordnungen und Gebietsbezeichnungen in veröffentlichten Karten und Institutionsadressen neutral.

Planung/Lektorat: Volker Daiber
Springer Vieweg ist ein Imprint der eingetragenen Gesellschaft Springer Fachmedien Wiesbaden GmbH und ist ein Teil von Springer Nature.
Die Anschrift der Gesellschaft ist: Abraham-Lincoln-Str. 46, 65189 Wiesbaden, Germany

Wenn Sie dieses Produkt entsorgen, geben Sie das Papier bitte zum Recycling.

Vorwort

Die digitale Signalverarbeitung ist eine der Schlüsseltechnologien des Informationszeitalters: in Mobiltelefonen ist sie unser steter Begleiter, in Anti-Blockiersystemen vermeidet sie Unfälle, in Computertomographen verschafft sie Einblicke ohne Verletzung der Patienten. Die digitale Signalverarbeitung macht unser Leben bequemer, produktiver und sicherer.

Kenntnisse in der digitalen Signalverarbeitung sind zu einem wichtigen Bestandteil vieler technisch-wissenschaftlicher Berufe geworden. Das Buch „Digitale Signalverarbeitung mit MATLAB®" stellt anhand von 16 ausführlichen Versuchen eine Auswahl wichtiger Grundlagen und Anwendungen zum Selbststudium vor:

- Zeitdiskrete Signale
- Signalverarbeitung im Frequenzbereich
- Signalverarbeitung im Zeitbereich
- Entwurf digitaler FIR- und IIR-Filter
- Stochastische Signale
- Analog-Digital-Umsetzung, Reale Systeme

Zu jedem Versuch gibt es eine kompakte Einführung in die Grundlagen. Die Versuchsvorbereitung baut idealerweise auf erste Erfahrungen in einer einführenden Lehrveranstaltung in Signale und Systeme auf. Die Versuche sind so angelegt, dass sie bei guter Vorbereitung in etwa 4 bis 6 h am PC bearbeitet werden können.

Zahlreiche Programmbeispiele und grafische Darstellungen unterstützen die Versuchsdurchführungen. Am Ende jedes Kapitels findet sich ein ausführlicher Lösungsteil und es gibt ein Quiz mit Lernkontrollfragen zur Wiederholung.

Die Versuche werden mit der Simulationssprache MATLAB®[1] durchgeführt:

---

[1] MATLAB® ist ein eingetragenes Warenzeichen der Firma The MathWorks, Inc., U.S.A., www.mathworks.com.

- MATLAB ist ein häufig genutztes Werkzeug für die digitale Signalverarbeitung und wird weltweit auf PC und Arbeitsplatzrechnern mit unterschiedlichen Betriebssystemen eingesetzt.
- MATLAB bietet eine Bedienoberfläche mit nützliche Hilfen und Zugang zu einer ausführlichen Online-Dokumentation. Aus diesem Grund konnte der Einführungsteil „Erste Schritte in MATLAB" kurz gehalten werden.
- Wegen der einfachen Bedienung sowie der guten grafischen Eigenschaften von MATLAB kann schon bei den ersten Schritten mit der digitalen Signalverarbeitung begonnen werden.
- Die Kombination aus PC und MATLAB ermöglicht es, auf einfache Weise reale Audiosignale zu verwenden und hörbar zu machen.
- Alle für das Praktikum erstellten MATLAB-Programme können abgeändert und erweitert werden. Die Experimente lassen sich nach persönlichen Bedürfnissen und Interessen modifizieren.
- MATLAB ist als preiswerte Studentenversion erhältlich. Für viele Hochschulangehörige ist MATLAB kostenlos zugänglich.
- Die mit MATLAB erworbenen Kenntnisse können gegebenenfalls auch plattformübergreifend angewendet werden. Mit GNU Octave steht eine unter der GNU General Public License kostenlose Software zur Verfügung deren Syntax in weiten Teilen zu MATLAB kompatibel ist (https://octave.org/indexhtml).

Technische Hinweise und Softwarekompatibilität

Die zum Buch entstandenen Programme und Datensätze sind auf der Produktseite der Verlagshomepage kostenlos erhältlich.

Alle Programme wurden mit MATLAB Version R2024a getestet. Da aus didaktischen Gründen überwiegend einfache Befehle verwendet werden, sollten die Programme meist auch mit früheren MATLAB-Versionen laufen. Für das Praktikum ist die MATLAB Signal Processing Toolbox erforderlich.

Weitere Informationen zu MATLAB sind auf der Homepage der Firma The MathWorks, U.S.A., www.mathworks.com, oder bei der deutschen Niederlassung The MathWorks GmbH, www.mathworks.de, zu finden.

Weimar, Deutschland Martin Werner
März 2025

Danksagung

Gerne bedanke ich mich bei den vielen Studierenden am Fachbereich Elektrotechnik und Informationstechnik der Hochschule Fulda, die dieses Praktikum viele Jahre mit großem Engagement, hilfreichen Anregungen und konstruktiver Kritik bereicherten. Mein besonderer Dank gehört Herrn Dipl.-Ing. (FH) Bernd Heil für dessen tatkräftige Unterstützung im Nachrichtentechnik-Labor.

Für die freundliche Unterstützung bedanke ich mich bei der Firma The MathWorks und besonders den Mitarbeiterinnen und Mitarbeitern des Verlags Springer Vieweg für viele Jahre guter Zusammenarbeit.

Zum Schluss ein persönlicher Blick zurück an den Anfang meiner eigenen ersten Schritte in die Welt der digitalen Signalverarbeitung. Im WS 1982 nahm ich an der Universität Erlangen-Nürnberg im Praktikum „Digitale Signalverarbeitung" bei Professor H. W. Schüßler und Praktikumsleiter Dipl.-Ing. J. Weith teil. Es hat Spaß gemacht, ich habe viel gelernt und nichts davon ist heute überholt. Diese Erfahrungen wünsche ich auch allen Lesern.

Übersicht über die Versuche

An die beiden einführenden Versuche schließen sich die beiden Schwerpunkte „diskrete Fourier-Transformation" und „LTI-Systeme", mit vier bzw. fünf Versuchen, an. Der dritte Schwerpunkt führt an die praktische digitale Signalverarbeitung heran. Dabei stehen typische Effekte in realen digitalen Filtern im Mittelpunkt. Zu deren Beschreibung spielen Zufallsprozesse eine wichtige Rolle – und nicht nur dort. Deshalb sind diesem wichtigen Thema vorab zwei einführende Versuche gewidmet (Abb. 1).

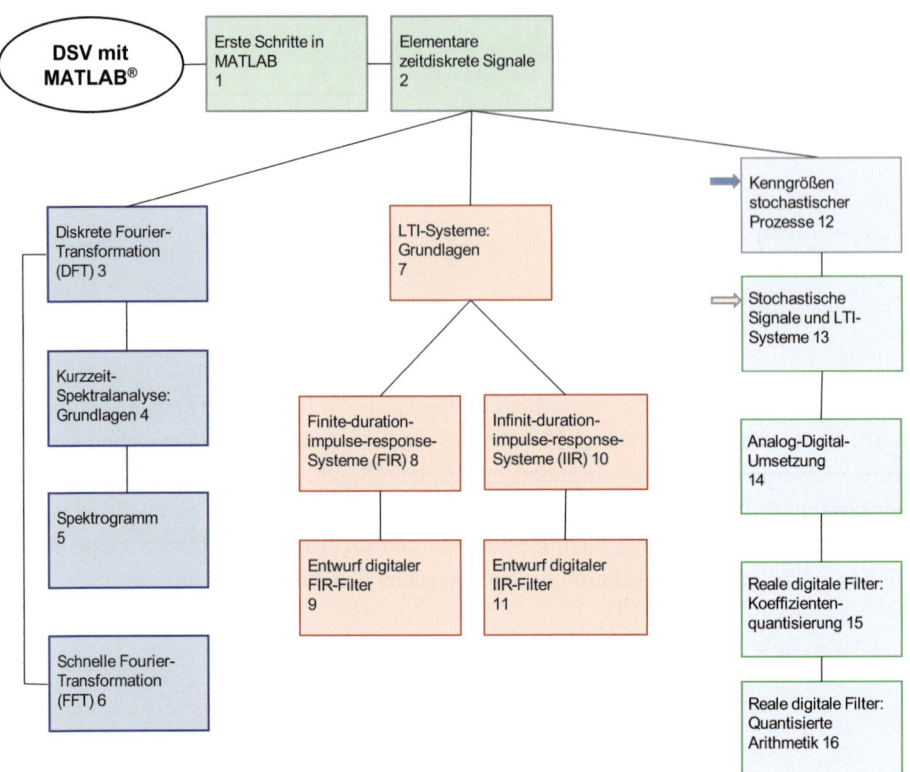

Abb. 1 Die Praktikumsversuche in der Übersicht

Inhaltsverzeichnis

1	**Erste Schritte in MATLAB**		1
	1.1	Lernziele	2
	1.2	Warum MATLAB?	2
	1.3	Programmstart und einfache Befehle	3
		1.3.1 MATLAB-Entwicklungsumgebung	3
		1.3.2 Einfache arithmetische Operationen	4
		1.3.3 Konstanten und Variablen	5
		1.3.4 MATLAB Reference Page	6
		1.3.5 Vektoren und Matrizen im Workspace	7
		1.3.6 MATLAB-Funktionen und einfache Grafiken	12
	1.4	Schreiben eines MATLAB-Programms	13
		1.4.1 MATLAB-Editor	14
		1.4.2 Programmkontrolle und logische Operatoren	15
		1.4.3 Verkettete Programme und Unterprogramme	16
		1.4.4 Versuchsdurchführung	19
	1.5	MATLAB Support	20
	1.6	Übungen	21
	1.7	Zusammenfassung	23
	1.8	Quiz 1	24
	1.9	Lösungshinweise	24
	Literatur		28
2	**Elementare zeitdiskrete Signale**		29
	2.1	Lernziele	30
	2.2	Grundlagen	30
		2.2.1 Zeitdiskrete Signale	30
		2.2.2 Vorbereitende Aufgaben	35
		2.2.3 Versuchsdurchführung	35
	2.3	Audiosignale	35
		2.3.1 Töne, Klänge und Geräusche	36

		2.3.2	Synthese eines Audiosignals	37
		2.3.3	ADSR-Profil	39
		2.3.4	Harmonische	40
		2.3.5	Echo	40
		2.3.6	Vorbereitende Aufgaben	41
		2.3.7	Versuchsdurchführung	41
	2.4	Zusammenfassung		43
	2.5	Quiz 2		43
	2.6	Lösungshinweise		44
	Literatur			46
3	**Diskrete Fourier-Transformation**			49
	3.1	Lernziele		50
	3.2	Grundlagen der diskreten Fourier-Transformation		50
		3.2.1	Fourier-Transformation von periodischen Folgen	52
		3.2.2	DFT der Kosinusfolge	54
		3.2.3	Eigenschaften der DFT	56
		3.2.4	Vorbereitende Aufgaben	58
		3.2.5	Versuchsdurchführung	59
	3.3	Klirrfaktormessung mit der DFT		60
		3.3.1	Klirrfaktor	60
		3.3.2	Vorbereitende Aufgaben	63
		3.3.3	Versuchsdurchführung	66
	3.4	Zusammenfassung		66
	3.5	Quiz 3		67
	3.6	Lösungshinweise		68
	Literatur			73
4	**Kurzzeitspektralanalyse Grundlagen**			75
	4.1	Lernziele		76
	4.2	Grundlagen der Spektralanalyse mit der DFT		77
		4.2.1	Spektralanalyse	77
		4.2.2	Spektrum des zeitdiskreten Signals	80
		4.2.3	Fensterung	81
		4.2.4	Diskrete Fourier-Transformation	84
		4.2.5	Vorbereitende Aufgaben	89
		4.2.6	Versuchsdurchführung	89
	4.3	Mehrfrequenzwahlverfahren		90
		4.3.1	DTMF-Töne	90
		4.3.2	Vorbereitende Aufgaben	90
		4.3.3	Versuchsdurchführung	92
	4.4	Zusammenfassung		92

	4.5	Quiz 4	93
	4.6	Lösungshinweise	94
	Literatur		100
5	**Spektrogramm**		101
	5.1	Lernziele	102
	5.2	Kurzzeit-Spektralanalyse	102
		5.2.1 Grundlagen	102
		5.2.2 Vorbereitende Aufgaben	105
	5.3	Fensterfolgen für die Spektralanalyse	106
		5.3.1 Grundlegende Beispiele	106
		5.3.2 Vorbereitende Aufgaben	110
		5.3.3 Versuchsdurchführung	111
	5.4	Kurzzeitspektralanalyse mit dem Spektrogramm	112
		5.4.1 Chirp-Signal	112
		5.4.2 Spektrogramm	113
		5.4.3 FM-Synthesizer	117
		5.4.4 Audiosignale	118
	5.5	Zusammenfassung	121
	5.6	Quiz 5	121
	5.7	Lösungshinweise	122
	Literatur		126
6	**Schnelle Fourier-Transformation**		127
	6.1	Lernziele	128
	6.2	Warum schnelle Fourier-Transformation?	128
	6.3	Komplexität der DFT	129
		6.3.1 Summenformel der DFT	129
		6.3.2 Vorbereitende Aufgaben	131
		6.3.3 Versuchsdurchführung	131
	6.4	Radix-2-FFT	131
		6.4.1 Algorithmus der Radix-2-FFT	132
		6.4.2 Butterfly-Operation	135
		6.4.3 Komplexität der Radix-2-FFT	135
		6.4.4 Programmierung der DIT-Radix-2-FFT	137
		6.4.5 Vorbereitende Aufgaben	143
		6.4.6 Versuchsdurchführung	143
		6.4.7 MATLAB-Befehle zur diskreten Fourier-Transformation	143
	6.5	FFT für reelle Signale	144
		6.5.1 Zuordnungsschema der DFT	144
		6.5.2 Simultane FFT zweier reeller Signale	145
		6.5.3 FFT für reelle Signale	146

		6.5.4	Vorbereitende Aufgaben	146
		6.5.5	Versuchsdurchführung	147
	6.6	Schnelle Faltung		147
		6.6.1	FFT statt Faltungssumme	147
		6.6.2	Versuchsdurchführung	148
	6.7	Zusammenfassung		149
	6.8	Quiz 6		149
	6.9	Lösungshinweise		150
	Literatur			157
7	**Lineare zeitinvariante Systeme: Grundlagen**			**159**
	7.1	Lernziele		160
	7.2	Faltung		161
		7.2.1	Faltungssumme	161
		7.2.2	Vorbereitende Aufgaben	163
		7.2.3	Versuchsdurchführung	165
	7.3	Grundlegende Eigenschaften von LTI-Systemen		165
		7.3.1	Impulsantwort und Frequenzgang von LTI-Systemen	166
		7.3.2	Lineare Differenzengleichung und Übertragungsfunktion	168
		7.3.3	Versuchsdurchführung	171
	7.4	Goertzel-Algorithmus		172
		7.4.1	Goertzel-Algorithmus erster Ordnung	173
		7.4.2	Goertzel-Algorithmus zweiter Ordnung	175
		7.4.3	Vorbereitende Aufgaben	176
		7.4.4	Versuchsdurchführung	177
	7.5	Zusammenfassung		178
	7.6	Quiz 7		178
	7.7	Lösungshinweise		179
	Literatur			184
8	**Finite-duration-impulse-response-Systeme**			**185**
	8.1	Lernziele		186
	8.2	Eigenschaften von FIR-Systemen		186
	8.3	Gespiegelte Nullstellen und lineare Phase		190
		8.3.1	Gespiegelte Nullstellen	190
		8.3.2	Lineare Phase	192
	8.4	Versuchsdurchführung zu linearphasigen Systemen		195
	8.5	Kammfilter		197
	8.6	Zusammenfassung		200
	8.7	Quiz 8		200
	8.8	Lösungshinweise		201
	Literatur			208

9 Entwurf digitaler FIR-Filter ... 209
- 9.1 Lernziele ... 210
- 9.2 FIR-Filterstruktur ... 211
- 9.3 Entwurfsvorschriften im Frequenzbereich ... 212
  - 9.3.1 Toleranzschema für den Tiefpassentwurf ... 212
  - 9.3.2 Vorbereitende Aufgaben ... 213
- 9.4 Fourier-Approximation ... 214
  - 9.4.1 Fourier-Reihe des Frequenzganges ... 214
  - 9.4.2 Vorbereitende Aufgaben ... 215
  - 9.4.3 Versuchsdurchführung ... 215
- 9.5 Fourier-Approximation mit Fensterung ... 216
  - 9.5.1 Glättung durch Fensterung ... 216
  - 9.5.2 Vorbereitende Aufgaben ... 217
  - 9.5.3 Versuchsdurchführung ... 217
- 9.6 Chebyshev-Approximation ... 220
  - 9.6.1 Equiripple-Methode ... 221
  - 9.6.2 Versuchsdurchführung ... 222
- 9.7 Zusammenfassung ... 224
- 9.8 Quiz 9 ... 225
- 9.9 Lösungen zu den Aufgaben ... 226
- Literatur ... 235

10 Infinite-duration-impulse-response-Systeme ... 237
- 10.1 Lernziele ... 238
- 10.2 Einfluss der Pole auf den Frequenzgang ... 238
- 10.3 Blockdiagramm des IIR-Systems ... 241
- 10.4 Impulsantwort ... 243
- 10.5 Partialbruchzerlegung der Übertragungsfunktion ... 244
- 10.6 Sprungantwort ... 246
- 10.7 Kerbfilter ... 247
- 10.8 Zusammenfassung ... 248
- 10.9 Quiz 10 ... 248
- 10.10 Lösungshinweise ... 249
- Literatur ... 254

11 Entwurf digitaler IIR-Filter ... 255
- 11.1 Lernziele ... 256
- 11.2 IIR-Filter ... 256
- 11.3 Entwurf eines Butterworth-Tiefpasses ... 259
  - 11.3.1 Toleranzschema und Filtertyp ... 259
  - 11.3.2 Zeitkontinuierlicher Butterworth-Tiefpass ... 259
  - 11.3.3 Dimensionierung des zeitkontinuierlichen Butterworth-Tiefpasses ... 260
  - 11.3.4 Bilineare Transformation ... 263

	11.4	Frequenztransformation	266
	11.5	IIR-Filterentwurf mittels Standardapproximationen analoger Tiefpässe	269
	11.6	Zusammenfassung	271
	11.7	Quiz 11	271
	11.8	Lösungshinweise	272
	Literatur		285
12	**Kenngrößen stochastischer Signale**		**287**
	12.1	Lernziele	288
	12.2	Stochastischer Prozess	289
	12.3	Zufallssignale	293
		12.3.1 Zufallszahlen am Digitalrechner	293
		12.3.2 Empirische Kenngrößen, Streudiagramm und Histogramm	294
		12.3.3 Schätzer und Konfidenzintervalle	297
	12.4	Korrelationsfunktion und Leistungsdichtespektrum	302
		12.4.1 Korrelation, Kovarianz und Korrelationskoeffizient	302
		12.4.2 Bivariate WDF der Normalverteilung	305
		12.4.3 Autokorrelationsfolge, Kreuzkorrelationsfolge und Leistungsdichtespektrum	306
		12.4.4 Weißes Rauschen	307
		12.4.5 Schätzung der Autokorrelationsfunktion	307
		12.4.6 Schätzung des Leistungsdichtespektrums	311
	12.5	Zusammenfassung	314
	12.6	Quiz 12	315
	12.7	Lösungshinweise	316
	Literatur		325
13	**Stochastische Signale und LTI-Systeme**		**327**
	13.1	Lernziele	328
	13.2	Abbildung stochastischer Variablen	329
		13.2.1 Lineare Abbildung stochastischer Variablen	329
		13.2.2 Addition stochastischer Variablen	329
		13.2.3 Zentraler Grenzwertsatz	330
		13.2.4 $\chi 2$-Anpassungstest für Verteilungen	332
	13.3	Stochastischer Prozesse und LTI-Systeme	334
		13.3.1 Korrelation und Leistungsdichte	335
		13.3.2 Rechnungen und Simulationen mit MATLAB	338
	13.4	„Gitarren"-Synthesizer	340
	13.5	Zusammenfassung	343

	13.6	Quiz 13	344
	13.7	Lösungshinweise	345
	Literatur		354
14	**Analog–Digital-Umsetzung**		**355**
	14.1	Lernziele	356
	14.2	Digitalisierung	356
	14.3	Abtastung	357
		14.3.1 Abtasttheorem	358
		14.3.2 Aperturjitter-Effekt	359
		14.3.3 Vorbereitende Aufgaben	361
		14.3.4 Versuchsdurchführung	363
	14.4	Quantisierung	364
		14.4.1 Quantisierungskennlinie	365
		14.4.2 Maschinenzahlen	366
		14.4.3 Quantisierungsfehler	373
		14.4.4 Vorbereitende Aufgaben	376
		14.4.5 Versuchsdurchführung	377
	14.5	Zusammenfassung	380
	14.6	Quiz 14	381
	14.7	Lösungshinweise	382
	Literatur		388
15	**Reale digitale Filter: Koeffizientenquantisierung**		**389**
	15.1	Lernziele	390
	15.2	Wortlängeneffekte	391
	15.3	FIR-Filter mit quantisierten Koeffizienten	392
		15.3.1 Fehlermodell und Fehlerfrequenzgang	392
		15.3.2 Vorbereitende Aufgaben	393
		15.3.3 Versuchsdurchführung	394
		15.3.4 Exhaustion-Methode und Monte-Carlo-Methode	394
	15.4	IIR-Filter mit quantisierten Koeffizienten	396
		15.4.1 Kaskadenform	396
		15.4.2 Koeffizientenquantisierung und Polausdünnung	398
		15.4.3 Vorbereitende Aufgaben	400
		15.4.4 Versuchsdurchführung	404
	15.5	Zusammenfassung	405
	15.6	Quiz 15	406
	15.7	Lösungshinweise	407
	Literatur		414

16	Reale digitale Filter: Quantisierte Arithmetik		415
	16.1	Lernziele	416
	16.2	Quantisierte Arithmetik	416
		16.2.1 Addierer und Überlauf	417
		16.2.2 Multiplizierer und Rundungsrauschen	417
	16.3	Inneres Rauschen	427
		16.3.1 Block zweiter Ordnung	427
		16.3.2 Skalierung und Reihenfolge der Blöcke zweiter Ordnung	433
	16.4	Grenzzyklen	436
		16.4.1 Nichtlineares Modell für einen Block zweiter Ordnung	436
		16.4.2 Granularer Grenzzyklus	437
		16.4.3 Überlauf-Grenzzyklus	439
	16.5	Zusammenfassung	442
	16.6	Quiz 16	442
	16.7	Lösungshinweise	443
	Literatur		451

Stichwortverzeichnis 453

Formelzeichen und Abkürzungen zur digitalen Signalverrbeitung

Konstanten und Variablen

$a_{s,dB}$	Nebenzipfeldämpfung (minimale) im logarithmischen Maß („side-lobe attenuation")
a_k, b_m	Nenner- bzw. Zählerkoeffizienten der Übertragungsfunktion („denominator coefficients", „numerator coefficients")
$B_{i,j}$	Koeffizienten der Partialbruchentwicklung („partial fraction expansion")
b_n	Filterkoeffizienten (FIR-Filter)
C	Scheitelfaktor („crest factor")
d	Klirrfaktor („distortion")
δ_D, δ_S	Durchlass- bzw. Sperrtoleranz („passband tolerance", „stopband tolerance")
Δ	Quantisierungsfehler („quantization error")
Δ_f, Δ_Ω	Frequenzauflösung bzw. spektrale Auflösung („frequency resolution")
$\Delta\Omega, \Delta\Omega_{3\,dB}$	Hauptzipfelbreite („main-lobe width") bzw. 3 dB-Hauptzipfelbreite
e	Eulersche Zahl („Euler number") (e = 2,71828182845904…, ≈ 19/7)
f	Frequenzvariable („frequency")
f_s, f_g, f_0	Abtastfrequenz („sampling frequency"), Grenzfrequenz („corner frequency", „cut-off frequency"), Frequenz der ersten Harmonischen (Grundfrequenz)
ϕ	Argument einer komplexen Zahl
$\varphi_\infty, \varphi_0$	Winkel (Argument) eines Pols bzw. einer Nullstelle („pole phase", „zero phase")
i, j	Imaginäre Einheit ($i^2 = -1$) („imaginary number/unit")
k	Indexvariable der DFT („DFT index")
l	Indexvariable der Verschiebung, Verzögerung („lag")
m	Chirp-Rate („chirp rate")
n	normierte Zeitvariable („normalized time", „time index")
N	DFT-(Transformations)Länge, Blocklänge, Fensterlänge
N	Filterordnung („filter order")

N	Geräuschleistung („noise power")
ω	Kreisfrequenz („radian frequency") ($\omega = 2\pi \cdot f$)
Ω	Normierte Kreisfrequenz („normalized radian frequency")
Ω_D, Ω_S	Normierte Durchlass- bzw. Sperrkreisfrequenz („normalized passband/stopband cut-off radian frequency")
$\Omega_g, \Omega_{3\,dB}$	Normierte Grenzkreisfrequenz bzw. normierte 3 dB-Grenzkreisfrequenz
Ω_M	Normierte Momentankreisfrequenz („normalized instantaneous radian frequency")
π	Kreiszahl („pi") ($\pi = 3{,}14159265358979\ldots, \approx 22/7$)
Q	Quantisierungsintervallbreite/-stufenbreite („quantization step size")
$r_{i,j}$	Residuen („residues") der Partialbruchentwicklung („partial fraction expansion")
R_i	Rauschzahl des inneren Rauschens („noise figure")
ρ	Betrag/Modul einer komplexen Zahl („magnitude")
ρ_∞, ρ_0	Betrag eines Pols (Polradius) oder einer Nullstelle
S	Signalleistung („signal power")
SNR	Signal-Geräusch-[Leistungs]Verhältnis („signal-to-noise [power] ratio")
t	Zeitvariable („time")
τ_g	Gruppenlaufzeit („group delay")
T_s	Abtastintervall („sampling interval")
T_0	Periode („period")
w	Wortlänge in bit („word length")
$w_N^{n \cdot k}$	Komplexer (Dreh)Faktor der DFT
X, Y	Stochastische Variable (allg.) („random variable")
z	Komplexe Variable der z-Transformation
$z_{0m}, z_{\infty k}$	Nullstelle bzw. Pole der Übertragungsfunktion („zero", „pole")

Signale und Funktionen

$\lceil . \rceil$	Aufrundungsfunktion („ceiling function")
$*$	Faltungsstern („asterisk")
$a(\Omega)$	Dämpfungsgang („attenuation")
$\arg(.)$	Argument der komplexen Zahl
$b(\Omega)$	Phasengang („phase response")
$\delta[n]$	Zeitdiskrete Impulsfunktion/-folge („unit impulse")
$\Phi_{hh}(z)$	Komplexes Leistungsdichtespektrum („complex power density spectrum") zur Filter-AKF
$h[n]$	Impulsantwort („impulse response") zeitdiskreter Systeme
$H(e^{j\Omega})$	Frequenzgang („frequency response") zeitdiskreter Systeme

$H(z)$	Übertragungsfunktion („transfer function") zeitdiskreter Systeme
ld(.), lg(.), ln(.)	Duallogarithmus (logarithmus dualis, „binary logarithm"), Zehnerlogarithmus/dekadischer Logarithmus („common logarithm") und natürlicher Logarithmus (logarithmus naturalis, „natural logarithm")
$R_{hh}[l]$	Zeit-Autokorrelationsfunktion (Filter-AKF) zur zeitdiskreten Impulsantwort
$R_{XX}[l]$	Autokorrelationsfunktion (zeitdiskret) zum stochastischen Prozess X („autocorrelation function")
$R_{XY}[l]$	Kreuzkorrelationsfunktion (zeitdiskret) zu den stochastischen Prozessen X und Y („cross-correlation function")
$s[n]$	Sprungantwort („[unit] step response")
$s_i[n]$	Zustands[raum]variable („state[-space] variable")
si(.)	si-Funktion (sinus cardinalis, Spaltfunktion, „unnormalized sinc function") (si$(x) = \sin(x)/x$)
sinc(.)	Normierte si-Funktion („normalized sinc function") (sinc$(x) = \sin(\pi x)/(\pi x)$)
$S_{XX}(\Omega)$	Leistungsdichtespektrum („power density spectrum", „spectral density")
$u[n]$	Zeitdiskrete Sprungfunktion/-folge („unit step function")
$w[n]$	Fensterfolge („window sequence")
$W(e^{j\Omega})$	Spektrum der Fensterfolge
$x[n], y[n]$	Zeitdiskrete Funktion/ Folge („discrete-time signal", „signal sequence")
$X[k]$	DFT-Spektrum bzw. DFT-Koeffizient („DFT coefficient")
$X(e^{j\Omega})$	Fourier-Transformierte (Spektrum) eines zeitdiskreten Signals (Folge)

Operatoren und Transformationen

$[.]_Q$	Quantisierung („quantization")
$\|.\|_2^2$	Blockenergie („block energy") (Quadrat der Euklidischen Vektornorm)
D{.}	Verschiebungsoperator, Verzögerungsoperator („shift operator", „delay operator") (D im Blockdiagramm)
DFT{.}, IDFT{.}	Diskrete Fourier-Transformation und Inverse
F{.}, F^{-1}{.}	Fourier-Transformation und Inverse
$x[n] \leftrightarrow X[k]$	DFT-(Transformations)Paar („DFT pair")
$x[n] \leftrightarrow X(e^{j\Omega})$	Fourier-(Transformations)Paar („Fourier pair") (zeitdiskret)
$x[n] \leftrightarrow X(z)$	z-Transformationspaar („z-transform pair")

Abkürzungen

ADSR	Attack-decay-sustain-release
ADU	Analog-Digital-Umsetzer („analog-to-digital converter")
AKF	Autokorrelationsfunktion („autocorrelation function")
BIBO	Bounded-input-bounded-output
BP	Bandpass („bandpass")
BR	Bit-reversal
BS	Bandsperre („bandstop")
BW-TP	Butterworth-Tiefpass („Butterworth lowpass")
CPDS	Komplexes Leistungsübertragungsfunktion („complex power density spectrum")
dB	Dezibel
DAU	Digital-Analog-Umsetzer („digital-to-analog converter")
DGL	Lineare Differenzengleichung („linear difference equation")
DFT	Diskrete Fourier-Transformation („discrete Fourier transform")
DIT	Dezimation-in-time
DSP	Digitaler Signalprozessor („digital signal processor") bzw. Digitale Signalverarbeitung („digital signal processing")
EKG	Elektrokardiogramm („electrocardiography")
FFT	Schnelle Fourier-Transformation („fast Fourier transform")
FLOP	Gleitkommaoperation, Gleitpunktoperation („floating point operation")
FIR	Finite-duration impulse response
FVT	Filter visualization tool
HP	Hochpass („highpass")
IDFT	Inverse DFT („inverse DFT")
IIR	Infinite-duration impulse response
KI	Konfidenzintervall („confidence interval")
KKF	Kreuzkorrelationsfunktion („cross-correlation function")
KSPSA	Karplus-Strong-Plucked-string-Algorithmus
LCG	Linearer Kongruenzgenerator („linear congruential generator")
LDS	Leistungsdichtespektrum („power density spectrum", „spectral density")
LSB	Bit mit der niedrigsten Wertigkeit in der Binärzahl („least significant bit")
LTI	Linear time-invariant
LÜF	Leistungsübertragungsfunktion
MAC	Multiplizieren-und-Akkumuliern („multiply-and-accumulate")
MATLAB	Matrix Laboratory
MC	Monte Carlo
MCG	Multiplikativer Kongruenzgenerator („multiplicative congruential generator")

MTE	Maximaler Zeitintervallfehler („maximum time-interval error")
SFG	Signalflussgraph („signal flow graph")
SOS	(Teil)Block zweiter Ordnung („second-order section")
SNR	Signal-Geräusch-Leistungsverhältnis („signal-to-noise [power] ratio")
SV	Stochastische Variable („random variable")
THD	Klirrfaktor („total harmonic distortion")
TP	Tiefpass („lowpass")
WDF	Wahrscheinlichkeitsdichtefunktion („probability density function")

Erste Schritte in MATLAB 1

Inhaltsverzeichnis

1.1	Lernziele	2
1.2	Warum MATLAB?	2
1.3	Programmstart und einfache Befehle	3
	1.3.1 MATLAB-Entwicklungsumgebung	3
	1.3.2 Einfache arithmetische Operationen	4
	1.3.3 Konstanten und Variablen	5
	1.3.4 MATLAB Reference Page	6
	1.3.5 Vektoren und Matrizen im Workspace	7
	1.3.6 MATLAB-Funktionen und einfache Grafiken	12
1.4	Schreiben eines MATLAB-Programms	13
	1.4.1 MATLAB-Editor	14
	1.4.2 Programmkontrolle und logische Operatoren	15
	1.4.3 Verkettete Programme und Unterprogramme	16
	1.4.4 Versuchsdurchführung	19
1.5	MATLAB Support	20
1.6	Übungen	21
1.7	Zusammenfassung	23
1.8	Quiz 1	24
1.9	Lösungshinweise	24
Literatur		28

Zusammenfassung

Die MATLAB-Plattform bietet eine höhere Programmiersprache mit interaktiver Entwicklungsumgebung zu Analyse und Design digitaler Systeme. MATLAB unterstützt durch einfache Befehle bis hin zu komplexen Werkzeugen die Generierung und Verarbeitung digitaler Signale, sowie ihrer grafischen Darstellung. Erste Schritte in MATLAB werden am Beispiel der harmonischen Analyse vorgestellt.

Schlüsselwörter

Fourier-Reihe („Fourier series") · Gibbssches Phänomen („Gibbs phenomenon") · komplexe Zahlen („complex numbers") · MATLAB · Stabdiagramm („stem plot") · Überschwinger („overshoot")

1.1 Lernziele

Es liegt in der Natur der Sache, dass ein mächtiges Werkzeug wie MATLAB weder auf einigen Seiten beschrieben noch schnell beherrscht werden kann. Dieser Versuch soll Sie deshalb bei den ersten Schritten in MATLAB unterstützen. Anhand einfacher Beispiele wird gezeigt, wie arithmetische Ausdrücke verarbeitet und Grafiken erzeugt werden. Sie lernen Programme mit Funktionen und Unterprogrammen zu erstellen und einfache Debugging-Werkzeuge einzusetzen. Mit zunehmender Übung werden sich Ihnen die Möglichkeiten von MATLAB mehr und mehr erschließen. Die kommentierten Programmbeispiele zu den Versuchen und die ausführliche Online-Dokumentation von MATLAB helfen Ihnen dabei.

Nach Bearbeiten dieses Versuches können Sie in MATLAB

- das Command Window, das Workspace Panel und die Reference Page gezielt nutzen,
- einfache Programme verstehen,
- einfache Programme mit Grafik und Ablaufkontrolle erstellen,
- verkettete Programme erstellen
- und einfache Debugging-Werkzeuge zum Programmtest einsetzen.

1.2 Warum MATLAB?

Sechs Gründe sprechen für den Einsatz von MATLAB:

- MATLAB ist ein professionelles Werkzeug für die digitale Signalverarbeitung und mehr. Es wird weltweit auf vielen PCs und Arbeitsplatzrechnern eingesetzt.
- Die MATLAB-Bedienoberfläche bietet kontextabhängige Hilfen, ausführliche Dokumentation und thematische Einführungskurse an, wie z. B. das Tutorial „Desktop-Grundlagen".
- Wegen der guten Bedienbarkeit und auch umfangreichen Unterstützung bei der Erstellung aussagekräftiger Grafiken kann sofort mit der Signalverarbeitung begonnen werden.

1.3 Programmstart und einfache Befehle

- Die vorgestellten Experimente lassen sich nach persönlichen Bedürfnissen und Interessen modifizieren. Alle für das Praktikum erstellten Programme können einfach abgeändert und erweitert werden.
- Die Kombination von MATLAB und PC ermöglicht es ohne großen Aufwand reale Audio- und Bildsignale zu verwenden.
- Und nicht zuletzt ist MATLAB für viele Hochschulangehörige oft kostenlos zugänglich oder kann als preiswerte Student Suite von MATLAB erworben werden (https://mathworks.com).

Zum Schluss soll der Hinweis auf die unter der GNU General Public License kostenlose Software GNU Octave nicht fehlen (https://octave.org/index.html). Die Syntax von Octave ist in weiten Teilen kompatibel zu MATLAB, sodass Sie die hier erworbenen Kenntnisse auch plattformübergreifend anwenden können.

1.3 Programmstart und einfache Befehle

1.3.1 MATLAB-Entwicklungsumgebung

Nach dem Start von MATLAB erscheint der Desktop, ähnlich wie in Abb. 1.1 (Abhängig von Ihrer Installation kann sich die Bildschirmanzeige unterscheiden.). Der Desktop ermöglicht den Zugriff auf die gesamte Entwicklungsumgebung. Der Desktop enthält eine Sammlung von Werkzeugen und im Wesentlichen vier Bereiche:

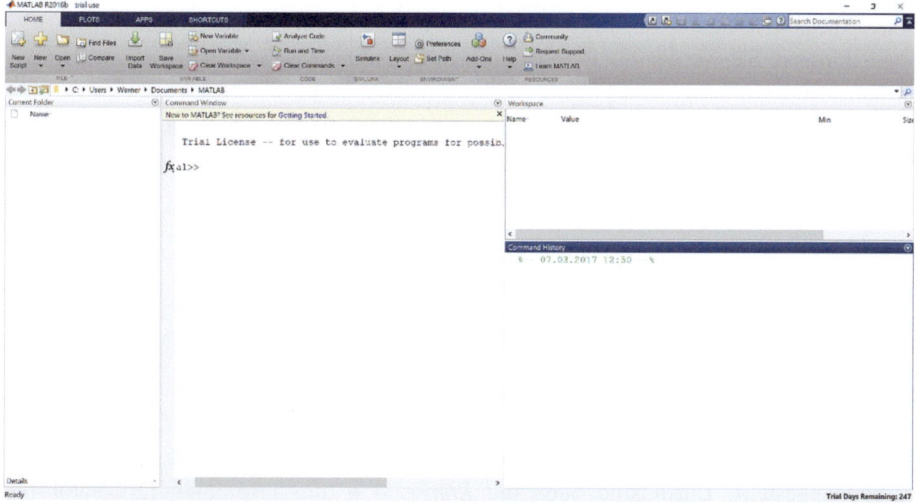

Abb. 1.1 MATLAB-Desktop

- den „*Current Folder*" für den Zugriff auf Dateien,
- das „*Command Window*" zur Eingabe von Befehlen,
- den „*Workspace*" zur Beobachtung der Variablen bzw. Daten
- und das „*Command History*" als Logbuch zur Rückschau auf frühere Anweisungen.

Mit dem Desktop wird, wie am PC üblich, mit Maus und Tastenkommandos gearbeitet. Kontextspezifisch öffnen sich Auswahlmenüs und können Aktionen ausgelöst werden. Zusätzlich gibt es zahlreiche Möglichkeiten den Desktop nach eignen Bedürfnissen einzustellen.

Oben rechts ist die Quick Access Toolbar angebracht. Links daneben und darunter befindet sich die Leiste mit den Werkzeugen, der *Toolstrip*. Über die Registerkarten, den *Tabs*, kann zwischen verschiedenen Werkzeugsammlungen umgeschaltet werden. Für den Einstieg wird nur der Tab HOME benötigt. Seine Werkzeuge sind in thematische Abschnitte gruppiert: FILE, VARIABLE, CODE, (SIMULINK,) ENVIRONMET und RESOURCES. Zum Beispiel findet sich im Abschnitt ENVIRONMENT das Auswahlmenü Layout mit Einstellmöglichkeiten für den Desktop. Dort bringt die Auswahl HOME und weiter Layout mit Default die Voreinstellungen des Desktops zurück.

Unter dem Toolstrip befindet sich die Current Folder Toolbar mit dem PC-üblichen Layout.

1.3.2 Einfache arithmetische Operationen

Wir beginnen mit der Voreinstellung in Abb. 1.1. Zunächst benötigen Sie nur das Command Window in der Mitte. Unter dem Hinweis auf den Hilfebereich „Getting Started", den Sie später nutzen sollten, und den Lizenzhinweis erscheint der Prompt „>>" für die direkte (Tastatur-)Eingabe von Text. Die Eingaben werden mit der Eingabetaste (Return, ↵) abgeschlossen. Sie werden als Befehle aufgefasst und nach Möglichkeit unmittelbar ausgeführt.

Tippen Sie einfach 2+3 ein und drücken Sie dann die Eingabetaste zur Übernahme des Befehls durch MATLAB. (Der Kürze halber verzichten wir im Weiteren auf die explizite Angabe der Eingabetaste.)

```
>> 2+3
```

MATLAB antwortet („answer") mit.

```
ans = 5
```

MATLAB verfügt über die üblichen *arithmetischen Operatoren*. Einige sind in Tab. 1.1 zusammengestellt. Darin sind auch die *Ränge*, d. h. die Prioritäten („operator precedence") mit der sie ausgeführt werden, angegeben. So wird das Potenzieren vor der Multiplikation, und diese vor der Addition, vorgenommen. Weiter können *arithmetische*

1.3 Programmstart und einfache Befehle

Tab. 1.1 Einfache Rechenoperatoren und Ausdrücke

Operation	Symbol	Rang	Beispiel	Antwort
Addition	+	3	7+3	10
Subtraktion	–	3	7–3	4
Multiplikation	*	2	7*3	21
Division	/	2	9/3	3
Potenz	^	1	2^3	8
Arithmetischer Ausdruck			4*(4–3+2/4)	6

Ausdrücke mithilfe von Klammern definiert werden. Probieren Sie die Beispiele in Tab. 1.1 aus.

Mit der Pfeiltaste ↑ können Sie frühere Eingaben wieder in die Kommandozeile laden und bearbeiten. MATLAB führt Buch über die ausgeführten Befehle und zeigt sie im Fenster *Command History* an. Dort können Sie frühere Befehle suchen, bearbeiten und zur Ausführung bringen.

Wiederholen Sie eine Eingabe aus Tab. 1.1, aber schließen Sie jetzt die Kommandozeile mit dem Semikolon „;" ab. Nun wird die Anzeige des Ergebnisses unterdrückt. MATLAB antwortet nur mit dem Prompt. Unabhängig davon ist das letzte Ergebnis in der Antwort-Variablen `ans` gespeichert.

MATLAB verfügt über weitere arithmetische und logische Operatoren, Vergleichsoperatoren und spezielle Zeichen, die besonders den Umgang mit Vektoren und Matrizen erleichtern, wie Abschn. 1.3.5 noch zeigen wird.

1.3.3 Konstanten und Variablen

Die Namen von Konstanten und Variablen beginnen in MATLAB stets mit einem Buchstaben. Sie können üblicherweise bis zu 63 Zeichen (Buchstaben, Ziffern, Unterstrich) enthalten. MATLAB unterscheidet zwischen Groß- und Kleinschreibung. Das nachfolgende Beispiel verdeutlicht die Anwendung von skalaren *Variablen*.

```
>> A = 2;
>> a = 4;
>> B = A/a;
```

Der Wert einer Variablen wird nach Eingabe ihres Namens (ohne Semikolon) im Command Window am Bildschirm angezeigt.

```
>> B
B = 0.5
```

MATLAB verfügt über vordefinierte Konstanten. Von besonderer Bedeutung ist die Kreiszahl π und die *imaginäre Einheit* i bzw. j, was die Eingabe komplexer Zahlen vereinfacht.

```
>> z = 1+2j
z = 1.0000 + 2.0000i
```

MATLAB selbst benutzt die imaginäre-Einheit i mit ($i^2=-1$), akzeptiert aber ebenso die in der Elektrotechnik und digitalen Signalverarbeitung übliche Schreibweise j.

Die numerische Konstante π, genauer die in MATLAB verwendete Repräsentation, erhält man mit

```
>> pi
ans = 3.1416
```

Die Anzeige hängt vom aktuellen Ausgabeformat ab. Das Format kann in der Kommandozeile eingestellt werden, wie z. B. `format short`, `format long` und weitere numerische Formate. Der Zeilenabstand der Anzeige kann mit `format loose` oder `format compact` beeinflusst werden.

Der tatsächlich intern verwendete numerische Wert ist davon unabhängig. MATLAB benutzt das Zahlenformat des IEEE-Standards für Gleitkommaarithmetik („IEEE standard for floating point arithmetic", ANSI/IEEE 754) mit der 64-Bit-Genauigkeit („double precision") von circa 16 Dezimalstellen.

Beachten Sie, dass die vordefinierten Konstanten i, j und pi durch Befehlseingaben überschrieben werden können. Gleiches gilt für Schlüsselwörter und Funktionen, weshalb Sie diese nicht als Variablennamen verwenden sollten, um spätere Konflikte zu vermeiden.

1.3.4 MATLAB Reference Page

Tippen Sie einfach `help pi` ein und drücken Sie dann die Eingabetaste zur Übernahme des Befehls durch den Rechner.

```
>> help pi
```

Sie erhalten einen kurzen Hilfe-Text mit Hinweis zur Dokumentation im Help Center (*Reference Page*) und schließlich den Wert 3.141592653589793.

Die Reference Page enthält i. d. R. neben Syntax und allgemeiner Beschreibung auch ein oder mehrere Beispiele. Die Reference Page rufen Sie direkt mit der Eingabe `doc` und dem Namen des Befehls auf. Alternativ können Sie auch den Befehl im Command Window markieren und die F1-Taste drücken bzw. über die rechte Maustaste im sich öffnenden Menü auswählen.

1.3 Programmstart und einfache Befehle

Die Eingabe von doc alleine, startet den Help Browser bzw. das Help Center mit dem Suchfenster rechts oben und einer Auswahlliste („contents") links. Hier können Sie später MATLAB nach Gusto „entdecken". (Die Dokumentation kann auch teilweise in Deutsch sein, siehe Preferences → Help → Language.)

1.3.5 Vektoren und Matrizen im Workspace

Vektoren und Matrizen sind als geordnete Folgen von Zahlen in natürlicher Weise als diskrete Signale aufzufassen und spielen beispielsweise als Audio- oder Bildsignale eine wichtige Rolle. MATLAB erleichtert den Umgang mit Vektoren und Matrizen durch spezielle Befehle.

Vektoren lassen sich durch Angabe der Zahlenwerte mit eckigen Klammern „[ ]" und Semikolon „;" erzeugen. Mit folgenden Beispielen erhalten Sie einen *Zeilenvektor* („row vector") bzw. einen *Spaltenvektor* („column vector").

```
>> x = [1 2 3]
x = 1 2 3
>> y = [4; 5; 6]
y = 4
    5
    6
```

Alternativ können Sie auch Kommas zwischen die Komponenten des Zeilenvektors setzen. Mit Semikolon ergeben sich Spaltenvektoren.

Die letzten beiden Befehle erzeugen allgemein Datenfelder („array"), deren Elemente im MATLAB-Arbeitsspeicher, dem *Workspace*, abgelegt sind. Über Inhalt und Organisation des Workspace informieren der Befehls whos im Command Window.

```
>> whos ↵
```

Name	Size	Bytes	Class	Attributes
A	1×1	8	double	
B	1×1	8	double	
a	1×1	8	double	
x	1×3	24	double	
y	3×1	24	double	
z	1×1	16	double	complex

Alle im Speicher abgelegten Variablen werden mit ihren Dimensionen (size) in der Form „Zahl der Zeilen×Zahl der Spalten" aufgelistet. Falls die Variable ans erzeugt wurde, taucht sie ebenfalls hier auf.

Neben den Dimensionen wird die Anzahl der belegten Bytes im Arbeitsspeicher, der Datentyp („class") und weitere Attribute aufgeführt. Hier handelt es sich jeweils um 64-Bit-Gleitkommazahlen („double precision").

Über Inhalte des Arbeitsspeichers informieren Sie sich am besten im Workspace Panel. Falls es nicht angezeigt wird, können Sie es über Tab HOME→Layout→Show→Workspace aktivieren. Dann erhalten sie das Workspace Panel mit der Übersicht ähnlich wie in Abb. 1.2.

Das Workspace Panel unterstützt Sie bei der Entwicklung und dem Test von MATLAB-Programmen. Es bietet Hilfen zur Analyse und Manipulation der Daten an. In den weiteren Versuchen sollten Sie das Workspace Panel durch gezieltes Ausprobieren besser kennenlernen. Für den Augenblick folgen einige Hinweise.

Klicken Sie mit der rechten Maustaste in die Zeile der Spaltenüberschriften, dann erhalten Sie eine Auswahl von weiteren Informationen, d. h. im Einzelfall mehr oder weniger sinnvolle Größen der deskriptiven Statistik.

Mit einem (Doppel-)Klick der linken Maustaste auf das Quadrat vor dem Variablennamen oder in die Spalte Value, öffnet sich der *Variableneditor*. Dort können Sie die Variablen gegebenenfalls weiter analysieren oder auch verändern.

Mit dem Befehl `save` und `load` werden Variablen in einer Datei gespeichert bzw. geladen. Standardformat ist das proprietäre MATLAB-Format (`.mat`).

Der Befehl `clear` löscht alle Variablen im Workspace. Er ist parametrisierbar, sodass Sie auch gezielt löschen können.

Nach dem Löschen des Workspace mit `clear` sehen wir uns noch einige Beispiele zu Vektoren und Matrizen an, die Sie auch im Workspace nachverfolgen sollen. Wiederholen Sie jetzt die Eingaben zweier Vektoren:

```
>> x = [1 2 3];
>> y = [4; 5; 6];
```

Die Dimension der Vektoren kann mit dem Befehl `size` bestimmt und gegebenenfalls in einer Variablen gespeichert werden.

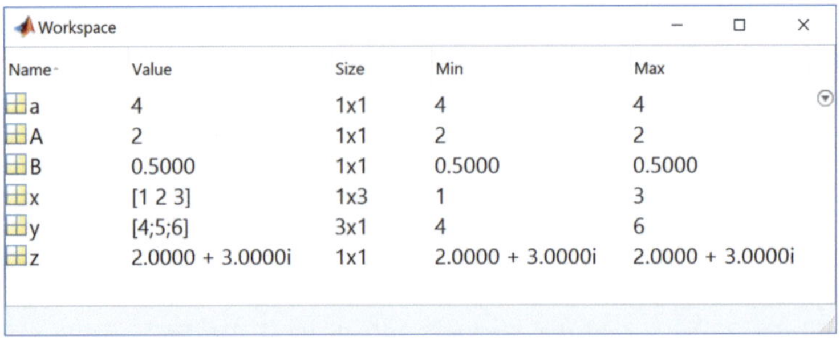

Name	Value	Size	Min	Max
a	4	1x1	4	4
A	2	1x1	2	2
B	0.5000	1x1	0.5000	0.5000
x	[1 2 3]	1x3	1	3
y	[4;5;6]	3x1	4	6
z	2.0000 + 3.0000i	1x1	2.0000 + 3.0000i	2.0000 + 3.0000i

Abb. 1.2 Workspace Panel

1.3 Programmstart und einfache Befehle

```
>> size(x)
ans = 1 3
```

Die Angabe ist wieder im Format „Zahl der Zeilen mal Zahl der Spalten". Für eindimensionale Arrays, egal ob Zeile oder Spalte, kann auch der Befehl `length` verwendet werden.

MATLAB führt eine dynamische Speicherverwaltung durch. Deshalb lassen sich bei kompatiblen Dimensionen viele Befehle direkt auf Vektoren und Matrizen anwenden. Dazu einige Beispiele, die Sie auch im Workspace Panel beobachten sollen. Zunächst beginnen Sie mit einem einzelnen Element eines Vektors. Durch.

```
>> y(2)
ans = 5
```

erhalten Sie den aktuellen Wert des zweiten Elements des Vektors. Mit

```
>> y(2) = 7
ans = 4 7 6
```

wird dem zweiten Element der Wert 7 zugewiesen. Beachten Sie, dass MATLAB die Komponenten eines Vektors stets mit dem Index 1 beginnend adressiert. Die Eingabe `y(0)` bringt eine Fehlermeldung.

MATLAB verknüpft Vektoren und Matrizen miteinander. Dabei wird zwischen mathematischen *Vektor/Matrix-Operationen* und *Array-Operationen* unterschieden. Um Fehler zu vermeiden ist besondere Aufmerksamkeit geboten, wie das Beispiel des Operators „+" zeigt.

```
>> x + 2*x
ans = 3 6 9
>> x + y
ans = 5 6 7
      8 9 10
      7 8 9
```

Im ersten Fall wird eine Addition für Spaltenvektoren durchgeführt, während im zweiten eine Matrix resultiert. Welche Regel wendet MATLAB dabei an?

Im ersten Fall sind es die üblichen mathematischen Operationen für Vektoren. Im zweiten Fall ergänzt MATLAB Zeilen und Spalten durch Kopieren, sodass zwei Matrizen gleicher Größe entstehen, die elementweise addiert werden.

Wichtig für den Umgang mit Vektoren und Matrizen ist auch der Operator „'" für die *Transposition*. Er vertauscht Zeilen- und Spalten, eines Vektors bzw. einer Matrix, d. h. er tauscht Zeilen- und Spaltenindex für jedes Element. Mit

```
>> z = y`
z = 4 7 6
```

resultiert ein Zeilenvektor, der nun elementweise zum Zeilenvektor x addiert werden kann.

```
>> x + z
ans = 5 9 9
```

Die Addition von zwei Spaltenvektoren ist ebenso möglich.

Vektoren und Matrizen mit komplexen Zahlen werden mit „`" zusätzlich komplex konjugiert (`conj`). Der Operator steht genau genommen für *konjugiert transponiert*, wie in der Mathematik. Soll nicht konjugiert werden, ist „.`" zu verwenden.

Ähnlich der Addition wird eine elementweise Multiplikation durchgeführt. Dazu wird der Multiplikationsoperator mit einem vorangestellten Punkt „.∗" zur Array-Operation erweitert und elementweise ausgeführt.

```
>> x.*z
ans = 4 14 18
```

Entsprechendes gilt für die elementweise Division.

```
>> x./z
ans = 0.2500 0.2875 0.5000
```

Werden hingegen Vektoren nur mit dem Multiplikationszeichen „∗" verknüpft, wird bei kompatiblen Dimensionen das *Skalarprodukt* („Zeile mal Spalte") ausgeführt.

```
>> x*y
ans = 57
```

Die explizite Definition von Vektoren und Matrizen durch Eingabe von Zahlenwerten kann beschwerlich sein. Um dem abzuhelfen, bietet MATLAB spezielle Befehle an. Häufig benötigte *Matrizen* erhalten Sie durch folgende Befehle:

```
>> x = ones(2, 3)
x = 1 1 1
    1 1 1
>> x = zeros(3, 2)
x = 0 0
    0 0
    0 0
```

1.3 Programmstart und einfache Befehle

```
>> x = eye(3)
x = 1 0 0
    0 1 0
    0 0 1
>> x = repmat(7,2,3)
x = 7 7 7
    7 7 7
```

Sind die Dimensionen kompatibel, geschieht das Rechnen mit Vektoren und Matrizen wie gewohnt. Geben Sie folgende Befehle ein und überprüfen Sie das Ergebnis mit dem Variableneditor, den Sie über das Workspace Panel erreichen können.

```
I = eye(3);
A = ones(3);
c = 0.5;
B = c * A + I.
```

Eine weitere Möglichkeit Arrays zu erzeugen, ist die Anwendung des Doppelpunkt-Operators „:". Er erzeugt numerische Arrays mit Komponenten gleichen Abstandes. Durch.

```
>> t = 0:10;
```

wird ein Zeilenvektor mit der Bezeichnung t erstellt, der die Werte von 0 bis 10 in den voreingestellten Schritten von eins enthält, siehe Variableneditor. Optional kann auch eine andere Schrittweite angegeben werden.

Eine ähnliche Funktion stellt der Befehl linspace bereit. Lassen Sie sich mit dem doc-Befehl die Referenz Page anzeigen und berechnen Sie dann t damit neu.

Der Doppelpunkt-Operator „:" kann auch als „laufender Index" verwendet werden, um eine ganze Zeile oder Spalte einer Matrix auszuwählen.

```
>> x = B(1,:)
x = 1.5000  0.5000  0.5000
>> x = B(:,2)
x = 0.5000
    1.5000
    0.5000
```

Die vorgestellten Beispiele geben einige Einblicke wie mit MATLAB Vektoren und Matrizen erzeugt, bearbeitet und im Workspace Panel beobachtet werden können. Weitere Beispiele folgen.

1.3.6 MATLAB-Funktionen und einfache Grafiken

Eine Stärke von MATLAB ist die umfangreiche Sammlung von vordefinierten Funktionen, die weit über den Funktionsumfang höherer Programmiersprachen wie C hinausgeht. Dies trifft sowohl auf die Grundausstattung als auch auf die Erweiterungspakete, Toolbox genannt, zu. Die benötigten Funktionen werden später in den Versuchen noch Schritt für Schritt eingeführt.

Exemplarisch soll die *Sinusfunktion* grafisch dargestellt werden. Dazu wählen Sie zuerst eine Anzahl von äquidistanten *Stützstellen* im Bereich von 0 bis 10 mit der *Schrittweite* 0.1 und erstellen danach das Array, das die Ergebnisse der Sinusfunktion angewandt auf jedes Element von t enthält.

```
>> t = 0:.1:10;
>> y = sin(t);
```

Eine *grafische Darstellung* der Sinusfunktion („sine function") in einem eigenen Fenster erzeugen Sie durch den Befehl

```
>> plot(t,y)
```

Die Grafik kann ergänzt werden, siehe Abb. 1.3 links.

```
>> grid
>> xlabel('{\itt} \rightarrow')
>> ylabel('{\ity}({\itt}) \rightarrow')
>> title('Sinusfunktion)
```

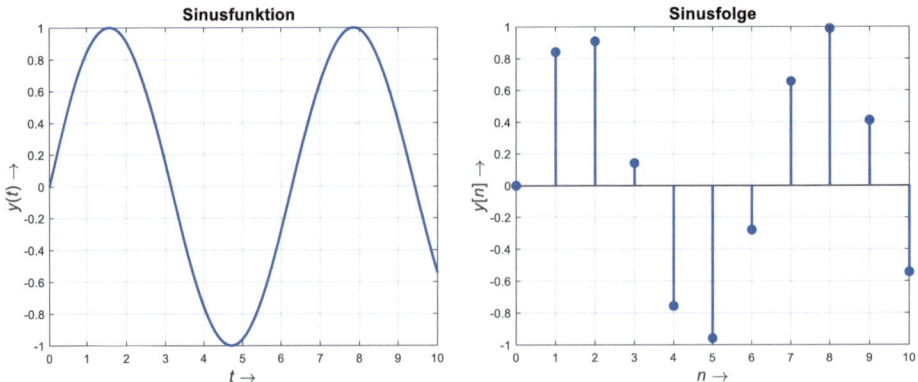

Abb. 1.3 Grafische Darstellung der Sinusfunktion bzw. Sinusfolge

Der Befehl `plot` dient allgemein zur Erstellung von 2-D-Liniengrafiken. Mit `doc plot` können Sie sich die Reference Page des Befehls mit Hinweisen und Beispielen anzeigen lassen, wie Sie Grafiken ihren Bedürfnissen anpassen können. Darüber hinaus bietet das Grafikfenster mit Menüleiste und Schaltknöpfen eine nachträgliche Bearbeitung der Grafik an. Um sich hier nicht in den vielen Details zu verlieren, scheint es für den Augenblick besser mit weiteren Beispielen fortzufahren.

Die Darstellung am Bildschirm geschieht in der Regel nach linearer Interpolation der Funktionswerte zwischen den Stützstellen. Für die digitale Signalverarbeitung – wenn nur wenige Funktionswerte dargestellt werden sollen – ist diese Interpolation irreführend.

Alternativ bietet MATLAB die Darstellung einer Treppenfunktion oder eines Stabdiagramms an. Für einen ersten schnellen Blick öffnen Sie den Variableneditor für y und gehen auf den Tab Plots. Markieren Sie die erste Zeile, dann werden u. a. die Auswahl der Grafiktypen `plot`, `stem` und `stairs` eingeblendet. Probieren Sie diese aus. Was ist für die Grafiken jeweils charakteristisch?

Machen Sie sich den Unterschied nochmals deutlich, indem Sie die grafische Darstellung für die Sinusfunktion bei einer geringen Stützstellenzahl pro Periode wiederholen.

```
>> n = 0:10;
>> y = sin(n);
>> stem(n,y,'filled'), grid
>> xlabel('{\itn} \rightarrow'), ylabel('{\ity}[{\itn}] \rightarrow')
```

Der Grafikbefehl `stem` erzeugt ein *Stabdiagramm*, siehe Abb. 1.3 rechts. Es betont den diskreten Charakter der Stützstellen. Die Formangabe `filled` ist optional. Die Achsenbeschriftung verwendet die in der Signalverarbeitung häufig benutzten Schreibweisen für die normierte Zeitvariable *n* und die zeitdiskreten Signale *y*[*n*].

1.4 Schreiben eines MATLAB-Programms

Nachdem Sie die Eingabe im Command Window kennengelernt haben, sollen Sie nun einfache MATLAB-Programme kennenlernen. Weil MATLAB die Befehlszeilen sequenziell interpretiert, liegt es nahe, mehrere Eingaben in einer Textdatei, kurz *Script*, zusammenzufassen. Ein Script besitzt die Dateiendung „m" und wird deshalb auch als M-File bezeichnet.

1.4.1 MATLAB-Editor

Um ein Script zu erstellen, können Sie in der Werkzeugleiste des MATLAB Desktop im Tab HOME die Auswahl New Script anklicken. Danach erscheint das Fenster des *Editors* am Bildschirm. Geben Sie nun die Programmzeilen in Abb. 1.4 ein. Beachten Sie auch, mit dem Prozentzeichen „%" definieren Sie den Rest der Zeile als Kommentar. Nutzen Sie später die Möglichkeit der Kommentierung ausgiebig, um Ihre Programme verständlich zu machen. Mit dem Kommando help oder doc und dem Namen eines M-Files, z. B. help myprogram, werden alle am Dateianfang stehenden Kommentarzeilen angezeigt. Damit lassen sich einfache Hilfstexte zu Ihren Programmen anzeigen.

Zum Speichern des Programms gehen Sie wieder zur Werkzeugleiste, klicken dort auf die Auswahl Save → Save As, Nun können Sie den Namen des Programms myprogram eingeben und speichern. Die Dateiendung „.m" wird automatisch ergänzt.

Günstiger Weise legen Sie zum Speichern von MATLAB-Programmen und -Daten ein eigenes Verzeichnis an. Stellen Sie das Arbeitsverzeichnis *Current Folder* von MATLAB auf Ihr Verzeichnis um. Über HOME → Layout → Current Folder kann das Arbeitsverzeichnis mit seinen Dateien eingeblendet werden.

Das Programm kann auf verschiedene Weisen gestartet werden. Im Command Window geben Sie dazu hinter dem Prompt den Namen des Programms ohne die Endung „.m" ein. Nun wird das Programm abgearbeitet und die Funktionen werden dargestellt.

Im Editor wird das Programm mit Run, der Schaltknopf mit dem grünen Dreieck, oder kurz mit der Steuertaste F5, gestartet. Eine weitere Möglichkeit ist die Auswahl des Programms mit der rechten Maustaste im Current Folder und Wahl der Option Run oder der Steuertaste F9.

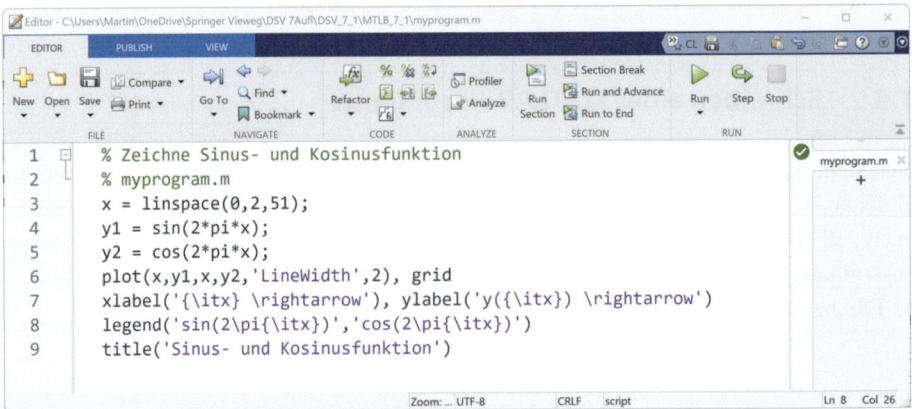

Abb. 1.4 Programmerstellung im Editor „myprogram.m"

Bei Programmstart prüft MATLAB zunächst, ob die eingegebene Zeichenkette eine Größe im Workspace benennt. Ist das nicht der Fall, wird in den im MATLAB Path angegebenen Verzeichnissen nach einem M-File entsprechenden Namens gesucht. MATLAB beginnt dabei immer im aktuellen Arbeitsverzeichnis. Das erste vom Namen passende M-File wird ausgeführt. Der MATLAB Path kann mit dem Befehl `path` angepasst werden.

MATLAB führt nicht nur Programme aus, sondern hat zur Ablauf- und Fehlerdiagnose einige nützliche *Debugging*-Werkzeuge eingebaut. Die zeilenweise Abarbeitung des Programms starten Sie mit dem gebogenen grünen Pfeil (Step). Eine geplante Unterbrechung, einen *Breakpoint*, setzen Sie mit der linken Maustaste auf die gewünschte Zeilennummer im Editor. Durch nochmaliges Anklicken löschen Sie ihn wieder. Mit dem grünen Doppel-Dreieck (Continue) setzen Sie den Programmlauf bis zum nächsten Breakpoint fort. Diese Hinweise sollen für die ersten Schritte genügen. Mit Debugging in MATLAB können Sie sich später anhand komplizierterer Beispiele im Rahmen eines Tutorials besser vertraut machen, siehe Debugging and Analysis im Help Center.

1.4.2 Programmkontrolle und logische Operatoren

Programme mit nur einfachen Anweisungen und sequenziellem Ablauf sind meist von eingeschränktem Nutzen. Typische Aufgabenstellungen der Signalverarbeitung verlangen nach bedingten Anweisungen und Kontrolle des Programmablaufs („control flow"). MATLAB bringt dazu die aus höheren Programmiersprachen bekannten Werkzeuge mit:

- *bedingte Anweisung*, `if-elseif-else -end`
- *selective Anweisung*, `switch-case-otherwise -end`
- *Schleifenanweisung*, `for -end`, `while -end` und `continue` bzw. `break`

Für die bedingten Anweisungen werden die Vergleichsoperatoren in Tab. 1.2 verwendet. Gegebenenfalls lassen sich mehrere Bedingungen aus den Vergleichsoperatoren („relational operations") durch die logischen Operatoren („logical operations") verknüpfen.

Um den Umfang der Einführung kurz zu halten, verzichten wir auf eine detaillierte Darstellung der Anwendungsmöglichkeiten. Sie können bei Bedarf der Dokumentation entnommen werden. Hier soll als Beispiel nur die *While-Schleife* eingesetzt werden. Mit ihr lässt sich die kleinste, von MATLAB darstellbare positive *Maschinenzahl* bestimmen. Letztere ist die maßgebliche Größe zur Abschätzung der relativen Rechengenauigkeit der zugrunde liegenden Gleitkommaarithmetik (Kap. 14). Erstellen Sie dazu das Script zum Programm 1.1. Die letzten Zeilen sind ein Beispiel für die formatierte

Tab. 1.2 Vergleichsoperatoren und logische Operatoren

Operator	Definition	Operator	Definition
>	größer	&	UND (AND) [a]
>=	größer oder gleich	|	ODER (OR) [a]
<	kleiner	~	Negation (NOT)
<=	kleiner oder gleich	XOR	Exklusives ODER (exclusive OR)
==	gleich		
~=	ungleich		

[a] Alternativ && und || zur beschleunigten Programmausführung („short-circuit"). Wenn der erste Ausdruck bereits das Ergebnis eindeutig bestimmt, wird der zweite nicht mehr ausgewertet

Bildschirmausgabe. Den berechneten Zahlenwert kontrollieren Sie mit der MATLAB-Konstanten eps (epsilon) für die kleinste positive Maschinenzahl.

Programm 1.1 Bestimmung der kleinsten positiven Maschinenzahl (epsilon.m)

```
% Precision of floating-point numbers in MATLAB (mw2024)
a = 1; n = 0;
while a > 0
    eps0 = a;
    n = n + 1;
    a = a/2;
end
fprintf('Kleinste positive Maschinenzahl\n')
fprintf(' %i Iterationen : eps0 = %g\n',n,eps0)
fprintf(' MATLAB eps(0) = %g\n',eps(0))
```

1.4.3 Verkettete Programme und Unterprogramme

Taucht in einem M-File der Name eines weiteren M-Files auf, wird es geöffnet und sein Inhalt wie die Tastatureingaben im Command Window interpretiert. Dabei kann auf den Workspace zugegriffen werden und alle neu definierten Datenfelder werden dort abgelegt. Sie stehen auch nach der Bearbeitung des M-Files als globale Daten zur Verfügung. Dies ist für kleine Programmbeispiele passend. Bei umfangreichen Projekten würden sich jedoch schnell folgende Probleme einstellen:

- Überlastung des Arbeitsspeichers,
- unzumutbare Programmlaufzeiten
- und unübersichtliche sowie nur schwer nachvollziehbare Programme mit hohem Risiko für z. B. unbeabsichtigtes Überschreiben von Daten.

1.4 Schreiben eines MATLAB-Programms

Abb. 1.5 Ausschnitt aus dem periodischen Rechteckimpulszug (normierte Darstellung)

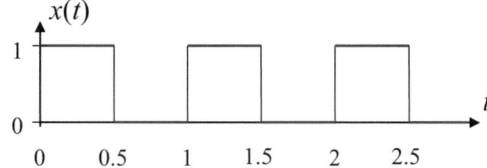

MATLAB stellt selbst *Funktionen* zur Verfügung und unterstützt anwenderdefinierte Funktionen. Bei den MATLAB-eigenen Funktionen handelt es sich um offene M-Files oder in sich geschlossene speicher- und laufzeitoptimierte Programmmodule.

Anwenderdefinierte Funktionen werden zwar prinzipiell wie Tastatureingaben im Command Window interpretiert, besitzen aber eine definierte Schnittstelle zum aufrufenden Programm und verwalten ihre Daten lokal und temporär. Das folgende Beispiel soll Ihnen das Arbeiten mit selbstdefinierten Funktionen erläutern.

Wir wählen ein etwas anspruchsvolleres Beispiel aus der Signalverarbeitung, die Approximation eines periodischen Rechteckimpulszuges durch den Gleichanteil und die Harmonischen der Fourier-Reihe (z. B. [1, 3]). Einen Ausschnitt aus einem periodischen *Rechteckimpulszug* zeigt Abb. 1.5. Die Darstellung ist normiert und die Periode beträgt eins. Die Amplitude alterniert im Abstand der halben Periode zwischen den Werten eins und null.

Wir erstellen zunächst eine MATLAB-Funktion (function) für den periodischen Rechteckimpuls, das heißt eine Funktion, die Stützwerte des periodischen Rechteckimpulszugs zu vorgegebenen Stützstellen liefert. Bevor Sie beginnen, löschen Sie der Übersichtlichkeit halber zuerst den Workspace mit clear. Dann öffnen Sie den Editor und geben die Zeilen im Programm 1.2 ein. Die Funktion speichern Sie unter dem Funktionsnamen rectangular als Script ab.

Programm 1.2 Rechteckimpulszug

```
function y = rectangular(t,p,w)
% compute samples of rectangular impulse train (mw2024)
%   y = rectangular(t,p,w)
%   (t) time samples, t>=0; (p) period; (w) impulse width
y = zeros(size(t)); % default amplitude of samples (off)
for n=1:length(t)
    x = mod(t(n),p); % mapping t into fundamental period
    if x>=0 & x <=w
        y(n) = 1; % set amplitude = 1 (on)
    end
end
```

Das Programm enthält MATLAB-eigene Funktionen, Operatoren und Elemente der Programmablaufsteuerung. Das doc-Kommando mit mod, >=, &, bzw. for zeigt

Ihnen die jeweilige Reference Page. Mit doc rectangular wird der selbsterstellte Hilfetext angezeigt.

Die Approximation des periodischen Rechteckimpulszugs geschieht mit der Synthesegleichung der bekannten *Fourier-Reihe* (z. B. [1, 3])

$$x(t) = \frac{1}{2} + \frac{2}{\pi} \cdot \sum_{n=0}^{\infty} \frac{1}{2n+1} \cdot \sin([2n+1] \cdot 2\pi \cdot t).$$

Dazu erstellen Sie Programm 1.3 und speichern die Funktion mit dem Namen fourier_rec.

Programm 1.3 Fourier-Reihe des Rechteckimpulszuges

```
function y = fourier_rec(t,N)
% compute rectangular impulse train - Fourier synthesis (mw2024)
%    y = fourier_rec(t,N)
%    (t) time samples
%    (N) number of harmonics to be used in partial sum, N>=1
y = .5*ones(size(t)); % steady component
for n=0:N-1
    y = y + (2/pi)/(2*n+1)*sin(2*pi*(2*n+1)*t);
end
```

Abschließend wird das Hauptprogramm mir der Festlegung der Parameter, dem Aufruf der Funktionen und der grafischen Ausgabe erstellt. Speichern Sie das folgende Hauptprogramm, Programm 1.4, als Script mit dem Namen fourier_syn.m ab.

Programm 1.4 Hauptprogramm zur Fourier-Synthese (fourier_syn.m)

```
% Fourier synthesis of rectangular impulse train (mw2024)
N = 10;  % number of harmonics
T = .01; % sampling intervall
t = 0:T:2; % time axis ( = 3 periods)
y = rectangular(t,1,.5); % reference signal (impulse train)
y_F = fourier_rec(t,N); % Fourier synthesis
% Graphics
FIG = figure('Name','Fouriersynthese','Position',[200,100,600,400]);
plot(t,y,t,y_F,'LineWidth',2), grid
axis([0,2,-.2,1.2])
xlabel('{\itt} \rightarrow'), ylabel('y({\itt}), y_F({\itt}) \rightarrow')
legend('Impulszug','Fourierapproximation','Location','best')
title('Fouriersynthese eines Rechteckimpulszugs')
subtitle(['Harmonische {\itN} = ',num2str(N),...
    ', Abtastintervall {\itT} = ',num2str(T)])
```

Nach Aufruf des Programms fourier_syn sollten Sie die Grafik in Abb. 1.6 erhalten. Sie zeigt das aus der Mathematik bekannte Ergebnis der abgebrochenen Fourier-Reihe („partial sum") mit den *Überschwingern* des *gibbsschen Phänomens* (siehe Konvergenz

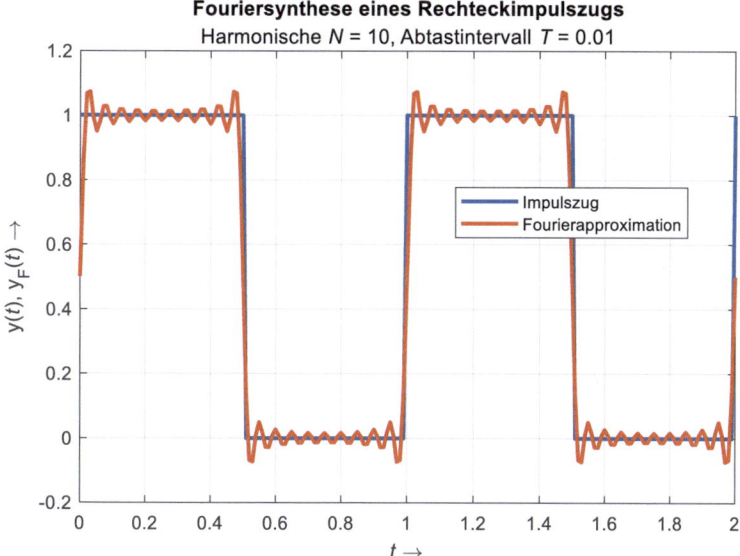

Abb. 1.6 Periodischer Rechteckimpulszug in normierter Darstellung $y(t)$ und seine Approximation $y_F(t)$ durch den Gleichanteil und die ersten zehn Harmonischen und Stützstellenabstand (Abtastintervall) 0.01

im quadratischen Mittel der Fourier-Reihe). Letzteres spielt in der digitalen Signalverarbeitung eine große Rolle und wird im Versuch (Kap. 9) noch genauer behandelt [5].

Mit dem Programm 1.4 können Sie nun anschaulich den Einflüssen des Abtastintervalls (Stützstellenabstand, Schrittweite) und der Zahl der Harmonischen auf die Güte der Approximation nachspüren. Probieren Sie einige Kombinationen aus.

Zum Abschluss des Beispiels sei nochmals der Unterschied zwischen einem Script und einer function hervorgehoben. Ersteres erzeugt als Folge von MATLAB-Befehlen globale Variablen, während eine Funktion mit lokalen und temporären Variablen arbeitet und Daten über ihre Schnittstelle, dem Funktionsaufruf, austauscht. Das können Sie am Programmbeispiel überprüfen, indem Sie es schrittweise im Editor/Debugging-Modus ablaufen lassen. Die RUN-Werkzeuge im Editor ermöglichen mit „Step In" und „Step Out" das Betreten bzw. Verlassen von Funktionen (und Schleifen). Entsprechend sehen Sie jeweils den lokalen Arbeitsspeicher im Workspace Panel.

1.4.4 Versuchsdurchführung

M1.1 Harmonische Synthese

Sie sollen die harmonische Synthese der *Sägezahnschwingung* („sawtooth wave") mit Gleichanteil und fallender Flanke durch die Fourier-Reihe (z. B. [1, 3]) vorstellen.

$$x(t) = \frac{1}{2} - \frac{1}{\pi} \cdot \left[\sin(2\pi \cdot t) + \frac{\sin(2 \cdot 2\pi \cdot t)}{2} + \frac{\sin(3 \cdot 2\pi \cdot t)}{3} + \cdots \right]$$

a. Überlegen Sie welche Periode die Approximation hat. Und welche Werte ergeben sich für t gleich 0 und 0.5.
b. Schreiben Sie ein MATLAB-Programm zur Darstellung des Sägezahnsignals im Stabdiagramm, wenn zur Approximation die ersten sieben Harmonischen verwendet werden. Die Zahl der Abtastwerte pro Signalperiode sei 40 und es sollen drei Perioden im Diagramm gezeigt werden.

1.5 MATLAB Support

Anlaufstelle bei typischen Fragen während der Arbeit mit MATLAB ist das MATLAB *Help Center*. Der Knopf mit dem Fragezeichen „?" (Help) im Tab HOME führt Sie dorthin. Oben rechts befindet sich die Eingabe zum Durchsuchen der Dokumentation nach Stichworten. Links finden Sie die Spalte Inhaltsverzeichnis, über das Sie in der Dokumentation nach Kategorien suchen können. Unter Category, MATLAB und Get Started with MATLAB finden Sie verschiedene einfache und kurze textorientierte Tutorien. (Ein Teil der Dokumentation ist auch in Deutsch erhältlich, siehe HOME→Preferencies→Help→German.)

Im Help Center finden Sie oben eine Leiste mit der Auswahl Functions. Dort werden in der Kategorie MATLAB Listen mit Funktionen (Befehlen) angeboten, die Sie sich beispielsweise alphabetisch geordnet anzeigen lassen können. Die Liste ist praktisch, wenn Sie sich einen Überblick über eine Kategorie verschaffen wollen oder sich nicht mehr genau an den Namen einer Funktion erinnern. Beispielsweise erhalten Sie bei Auswahl von Category, MATLAB, Mathematic, Elementary Math, Complex Numbers die Auflistung in Tab. 1.3. Mit einem Klick auf eine der Funktionen gelangen Sie zu deren Beschreibung (Reference Page).

Tab. 1.3 Im Help Center gelistete MATLAB-Funktionen zu komplexen Zahlen

`abs`	„Absolute value and complex magnitude"
`angle`	„Phase angle"
`complex`	„Create complex array"
`conj`	„Complex conjugate"
`cplxpair`	„Sort complex numbers into complex conjugate pairs"
`i`	„Imaginary unit"
`imag`	„Imaginary part of complex number"
`isreal`	„Determine whether array uses complex storage"
`j`	„Imaginary unit"
`real`	„Real part of complex number"
`sign`	„Sign function (signum function)"
`unwrap`	„Shift phase angles"

Falls dieses Buchkapitel für Sie der erste Kontakt mit MATLAB sein sollte, bedenken Sie, dass eine Programmsprache mit Entwicklungsumgebung wie MATLAB nicht in einem „Trockenkurs" anhand einer Bedienungsanleitung erlernt werden kann [4]. Es scheint das Konzept des Entdeckenden Lernens der sinnvollste Weg zu sein: „Lernen durch gezieltes Probieren" im Rahmen des eigenen Anwendungsfeldes.

1.6 Übungen

Hier finden Sie vier zusätzliche Übungsaufgaben aus den mathematischen Grundlagen der Signalverarbeitung mit denen Sie Ihr MATLAB-Wissen und Ihre MATLAB-Fertigkeiten festigen können. Die einfach gehaltenen Aufgaben befassen sich mit der Kreiszahl π, der eulerschen Zahl e und den komplexen Zahlen.

M1.2 Kreiszahl
Die Kreiszahl π ist eine universelle geometrische Konstante, die sich aus dem Verhältnis von Umfang zu Durchmesser eines Kreises ergibt. Sie ist eine irrationale Zahl und folglich als Zahlenwert am Computer nicht darstellbar. Archimedes von Syrakus (um 287–212 v. Chr.) wird die Näherung π ≈ 22/7 zugeschrieben. Von L. Euler (1707–1783) stammt die Reihendarstellung (z. B. [2]).

$$\frac{\pi^2}{6} = 1 + \frac{1}{2^2} + \frac{1}{3^2} + \frac{1}{4^2} + \cdots.$$

a. Auf wie viele Nachkommastellen ist die Näherung von Archimedes genau? Und wie groß ist der relative Fehler in Prozent? Gehen Sie bei der Fehlerbestimmung davon aus, dass der MATLAB-Wert `pi` hinreichend genau ist.
b. Wie viele Glieder der Reihendartstellung von Euler müssen berücksichtigt werden, damit die Genauigkeit in (a) erreicht wird?

M1.3 Eulersche Zahl
Eine der berühmtesten Gleichungen der Mathematik wird L. Euler (um 1748) zugeschrieben, die eulersche Gleichung $e^{j\pi} + 1 = 0$ [2]. Sie verbindet die elementaren natürlichen Zahlen 0 und 1 mit den irrationalen Zahlen π und e sowie der imaginären Einheit j. Die *eulersche Zahl* selbst steht im Zusammenhang mit organischen Wachstumsprozessen bzw. Zinseszins-Effekten. Eine einfache Näherung für die eulersche Zahl ist e ≈ 19/7. Euler selbst definierte e als Reihe [2]

$$e = \sum_{k=0}^{\infty} \frac{1}{k!}.$$

Wiederholen Sie die Aufgaben zur Genauigkeit sinngemäß zu M1.2.

M1.4 Komplexe Zahlen

Komplexe Zahlen schreiben sich in algebraischer Form $z = a + j \cdot b$. Darin sind a der Realteil, $\mathrm{Re}(z) = a$, b der Imaginärteil, $\mathrm{Im}(z) = b$, und j die imaginäre Einheit mit $j^2 = -1$. Ist der Imaginärteil gleich null, entsteht eine reelle Zahl. Und ist der Realteil gleich null, spricht man von einer imaginären Zahl. Die Menge der komplexen Zahlen wird mit C bezeichnet. In der Elektrotechnik wird meist j für die imaginäre Einheit geschrieben. (In MATLAB kann `i` und `j` als Variable verwendet werden, d. h. aber auch durch die Anwender überschrieben werden.)

Die komplexen Zahlen werden in der gaußschen Zahlenebene (C. F. Gauß, 1777–1855) als Punkte mit dem Abszissenwert a und Ordinatenwert b dargestellt, siehe Abb. 1.7. Die reellen Zahlen (R) liegen auf der Abszisse, der reellen Achse, und die imaginären liegen auf der Ordinate, der imaginären Achse. Jeder komplexen Zahl entspricht somit die Kombination aus einem Radius

$$\rho = |z| = \sqrt{a^2 + b^2}$$

und einem Winkel

$$\varphi = \arg(z).$$

Der Radius wird Modul oder (Absolut)Betrag der komplexen Zahl genannt. Den Winkel nennt man Argument der komplexen Zahl. (In der Elektrotechnik wird auch von der Phase einer komplexen Größe gesprochen.)

a. Geben Sie in MATLAB die komplexe Zahl z mit Realteil 3 und Imaginärteil 4 ein.
b. Bestimmen Sie nun den Betrag und den Winkel mit MATLAB. Für die Winkelberechnung verwenden Sie den *Vier-Quadranten-Arcustangens* („four-quadrant invers tangens"), den MATLAB-Befehl `atan2(y,x)`.

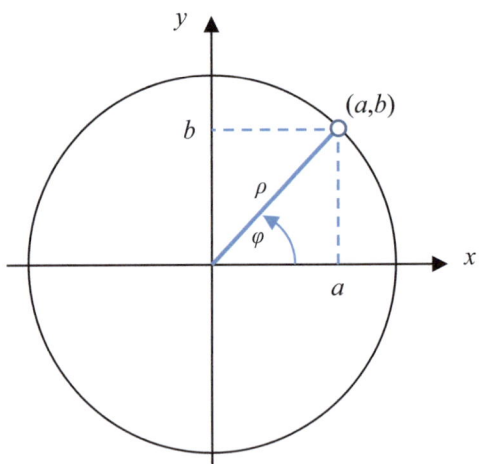

Abb. 1.7 Rechtwinkliges Koordinatensystem (x, y) und Polarkoordinaten (ρ, φ)

c. MATLAB unterstützt das Rechnen mit komplexen Zahlen u. a. durch die Befehle `abs`, `angle`, `conj`, `imag` und `real`, siehe Tab. 1.3. Wenden Sie die Befehle auf z an und ordnen Sie anhand der Ergebnisse die Befehle den Rechenoperationen zu.

M1.5 Polarform
Aus Abb. 1.7 folgt mit den Definitionen der Sinus- bzw. Kosinusfunktion die trigonometrische Form der komplexen Zahlen.

$$z = \rho \cdot \left[\cos(\varphi) + j \cdot \sin(\varphi)\right]$$

Die Eulerformel

$$e^{j\varphi} = \cos(\varphi) + j \cdot \sin(\varphi)$$

führt schließlich auf die Exponentialform der komplexen Zahlen.

$$z = \rho \cdot e^{j\varphi}$$

a. Nehmen Sie die komplexe Zahl aus M1.4 (algebraische Form) und stellen Sie sie in MATLAB in der trigonometrischen Form dar, indem Sie für den Betrag und den Winkel Befehle aus Tab. 1.3 verwenden.
b. Führen Sie mit MATLAB folgende Rechnungen für z aus (a) durch: $z+z^*$ (konjugiert komplex), $z-z^*$, $z \cdot z^*$ und $z \cdot z^{-1}$. Welche Werte ergeben sich?
c. Welchen Wert erhält man in MATLAB für $e^{j\pi}$ bzw. $e^{j\pi/2}$?

1.7 Zusammenfassung

MATLAB enthält eine Vielzahl von praktischen Werkzeugen zur digitalen Signalverarbeitung bereit. Hierzu gehört die Darstellung von Signalen als Vektoren und Matrizen und ihre Manipulation sowie grafische Darstellung.

MATLAB unterstützt sowohl eine sukzessive kommandozeilenorientierte Arbeitsweise als auch komplexe Anwendungen durch praktische Funktionen. MATLAB bietet Möglichkeiten zur Programmablaufsteuerung und nicht zuletzt nützliche Werkzeuge zur Programmentwicklung.

Als einführendes Anwendungsbeispiel aus der Signalverarbeitung wird die Darstellung des Rechteckimpulszuges und des Sägezahn-Signals durch ihre Fourier-Reihen vorgestellt. Mit einfachen Befehlen wird das Signal in Form von zwei Vektoren mit den Stützstellen (Zeit) bzw. den Stützwerten (Amplitude) generiert. Dabei wird ein Hauptprogramm mit Unterprogrammen (`function`) eingesetzt. Schließlich wird das Signal am Bildschirm angezeigt und die Grafik aussagekräftig beschriftet.

Schon das relativ einfache Programm machte es möglich, durch Variation des Abtastintervalls (Schrittweite der Stützstellen) und Anzahl der verwendeten Harmonischen die Güte der Approximation augenscheinlich zu prüfen. Besonders deutlich erkennbar ist das gibbssche Phänomen an den Sprungstellen des Rechteckimpulszuges.

1.8 Quiz 1

Ergänzen Sie die Lückentexte (_) sinngemäß.

1. Mit t = 0:2:10 wird ein Array mit __ Elementen angelegt.
2. Digitale Signale werden mit dem Befehl stem in einem __ dargestellt.
3. x = [2; 4; 3] ergibt einen __.
4. Für das gibbssche Phänomen typisch sind im Signalbild die __.
5. [1 2]*[3; 4] liefert das __.
6. Mit X = eye(3) + ones(3); ist X(3,1) gleich __.
7. Die kleinste positive Maschinenzahl in MATLAB erhält man mit dem Befehl __.
8. Periodische Signale lassen sich durch Überlagerung von __ darstellen.
9. Die Kreiszahl π wird durch den Bruch __ mit relativem Fehler kleiner __ angenähert.
10. Mit x = 0.5*pi; ist sin(x) gleich __.
11. [1; 2]*[3 4] liefert das __.
12. Die in einer function definierten Variablen sind typisch __ Variablen.
13. Das gibbssche Phänomen tritt an __ der Signale auf.
14. Die Befehle t = 0:3 und linspace(__) liefern die gleichen Ergebnisse.
15. Die Eingabe 1 - exp(j*pi) liefert das Ergebnis __.
16. Die Eulersche Zahl e wird durch den Bruch __ mit relativem Fehler kleiner __ genähert.

1.9 Lösungshinweise

In den Onlineressourcen finden Sie alle Programme zu diesem Kapitel: e_approx.m, epsilon.m, fourier_rec.m, fourier_syn.m, fourier_syn_sawtooth.m, myprogram.m, pi_approx.m, rectangular.m, sine_function.m.

Zu M1.1 Harmonische Synthese
Siehe Programm 1.5 und Abb. 1.8.

1.9 Lösungshinweise

Programm 1.5 Fourier-Approximation des zeitdiskreten Sägezahn-Signals (fourier_syn_sawtooth.m)

```
% Fourier synthesis of sawtooth signal (mw2024)
N_harmonics = 7; % number of harmonics used
N_sample = 40; % number of samples per period
t = 0:1/N_sample:3; % normalized time (3 periods)
y = sawtooth(t); % norm. sawtooth signal (period = 1, amplitude = 1)
y_F = fourier_sawtooth(t,N_harmonics); % Fourier approximation
diagrams(t,y_F,y,N_harmonics,N_sample) % local function for graphical
output

function y = sawtooth(t)
% Normalized sawtooth signal with steady component and descending slope
%   period = 1, amplitude = 1
y = 1 - mod(t,1); % mapping on fundamental period
end

function y = fourier_sawtooth(t,N_harmonics)
% Fourier approximation with period = 1 and amplitude = 1
y = ones(size(t)); % steady component
x = 2*pi*t; % period = 1
for k = 1:N_harmonics
    y = y + (2/pi)*sin(k*x)/k;
end
y = y/2; % amplitude = 1
end

function diagrams(t,y_F,y,N_harmonics,N_sample) % Graphics
stem(t,y_F,'filled','LineWidth',1), grid
axis([0,3,-0.2,1.2])
xlabel('{\itt} \rightarrow')
ylabel('y({\itt}), y_F({\itt}) \rightarrow')
title('Fouriersynthese eines Sägezahnsignals')
subtitle(['Harmonische {\itN} = ',num2str(N_harmonics),...
    ', Abtastintervall {\itT} = ',num2str(1/N_sample)])
hold on % hold active plot
plot(t,y,'.','MarkerSize',16,'LineWidth',1) % add graphic
legend('Fourierapproximation','Sägezahnsignal')
hold off % release active plot
end
```

Zu M1.2 Kreiszahl
Siehe Programm 1.6

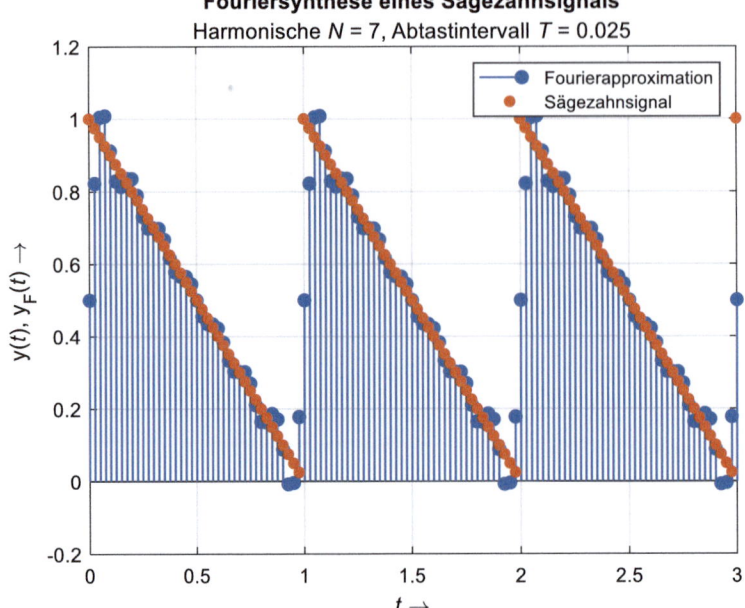

Abb. 1.8 Fourier-Approximation des Sägezahn-Signals (zeitdiskret)

a. $22/7 \approx 3.1429$ ist auf 2 Nachkommastellen genau. Der relative Fehler beträgt ca. 0.04 %.
b. Es müssen 755 Glieder aufaddiert werden.

Programm 1.6 Approximation der Kreiszahl π (pi_approx.m)

```
% Approximation of pi by Archimedes (A) and Euler (E), resp. (mw2024)
dev_A = 100*(22/7-pi)/pi; % relative deviance (per cent)
E = 0; dev_E = 100; k = 0; % initial values
while abs(dev_E) > abs(dev_A)
    k = k + 1; % step counter
    E = E + 1/k^2; % stepwise approximation
    PI = sqrt(6*E); % approximation after k steps
    dev_E = 100*(PI-pi)/pi;  % relative deviance after k steps
end
fprintf('Näherungen für pi\n')
fprintf('   Archimedes (22/7) : rel. Fehler = %8.6f %%\n',dev_A)
fprintf('   Euler : rel. Fehler = %8.6f %%, %4i Iterationen\n',dev_E,k)
```

Zu M1.3 Eulersche Zahl

Siehe Programm 1.7

1.9 Lösungshinweise

a. $19/7 \approx 2.7143$ ist auf 2 Nachkommastellen genau. Der relative Fehler beträgt ca. 0.008 %
b. Es müssen 6 Glieder aufaddiert werden.

Programm 1.7 Approximation der eulerschen Zahl e (e_approx.m)

```
% Approximation of e by Euler (mw2024)
dev_A = 100*abs((19/7-exp(1))/exp(1));   % 19/7
E = 0; k = 0; dev_E = 100;
while abs(dev_E) > abs(dev_A)
    E = E + 1/factorial(k);
    dev_E = 100*abs(E-exp(1))/exp(1);
    k = k + 1;
end
fprintf('Näherungen für e\n')
fprintf('19/7  : rel. Fehler = %8.6f %%\n',dev_A)
fprintf('Euler : rel. Fehler = %8.6f %%,  %4i Iterationen\n',dev_E,k-1)
```

Zu M1.4 Komplexe Zahl
a. `z = 4 + 3j`
b. `rho = abs(z)` und `phi = atan2(3,4)`
c. `abs` – (Absolut-)Betrag; `angle` – Winkel (Phase) im Bogenmaß; `conj` – konjugiert komplex; `imag` – Imaginärteil; `real` – Realteil.

Zu M1.5 Polarform
a. `abs(z)*(cos(angle(z))+j*sin(angle(z)))`
b. $8 = 2 \cdot \text{Re}(z)$; $6 = 2 \cdot \text{Im}(z)$; $25 = |z|^2$; 1
c. -1; i

Zu Quiz 1
1. 6
2. Stabdiagramm
3. Spaltenvektor
4. Überschwinger
5. Skalarprodukt, 11
6. 1
7. `eps(0)` ($\approx 4.9 \cdot 10^{-324}$ für „double-precision", nächst größere Zahl zu 0) (siehe auch `eps` ($\approx 2.2 \cdot 10^{-16}$ für „double-precision", nächst größere Zahl zu 1)
8. Harmonischen
9. 22/7, 0.05 %
10. 1
11. dyadische Produkt, [3 4; 6 8]
12. lokale (temporäre)

13. der Sprungstelle (den Sprungstellen)
14. linspace (0, 3, 4)
15. 2
16. 19/7, 0.15 %

Literatur

1. Bronstein, I. N., Semendjajew, K. A., Musiol, G., & Mühlig, H. (2020). *Taschenbuch der Mathematik* (11. Aufl.). Europa-Lehrmittel.
2. Crilly, T. (2007). *50 mathematical ideas you really need to know*. Quercus Publishing Plc.
3. Kories, R., & Schmidt-Walter, H. (2010). *Taschenbuch Elektrotechnik* (9. Aufl.). Harri Deutsch.
4. Schweizer, W. (2022). *MATLAB® Kompakt* (7. Aufl.). De Gruyter.
5. Werner, M. (2008). *Signale und Systeme. Lehr und Arbeitsbuch mit®-MATLAB Übungen* (3. Aufl.). Vieweg+Teubner.

Elementare zeitdiskrete Signale 2

Inhaltsverzeichnis

2.1 Lernziele 30
2.2 Grundlagen... 30
    2.2.1 Zeitdiskrete Signale 30
    2.2.2 Vorbereitende Aufgaben 35
    2.2.3 Versuchsdurchführung... 35
2.3 Audiosignale... 35
    2.3.1 Töne, Klänge und Geräusche..................................... 36
    2.3.2 Synthese eines Audiosignals 37
    2.3.3 ADSR-Profil.. 39
    2.3.4 Harmonische 40
    2.3.5 Echo... 40
    2.3.6 Vorbereitende Aufgaben 41
    2.3.7 Versuchsdurchführung... 41
2.4 Zusammenfassung.. 43
2.5 Quiz 2... 43
2.6 Lösungshinweise 44
Literatur... 46

Zusammenfassung

Impulsfolge, Sprungfolge und zeitdiskrete komplex Exponentielle sind grundlegende zeitdiskrete Signale. Sie werden kompakt analytisch beschrieben und ihre Repräsentationen und grafischen Darstellungen werden am Rechner mit MATLAB vorgestellt. Die Idee der Abtastung wird eingeführt. Die Zeit-Frequenz-Darstellung sowie die Signalsynthese werden am Beispiel von Audiosignalen demonstriert.

> **Schlüsselwörter**
>
> Abtastung („sampling operation") · ADSR-Hüllkurve („ADSR envelope") · Analog–Digital-Umsetzung („analog-to-digital conversion") · Audiosignal („audio signal") · Echo („echo") · Geräusch („noise") · Grundfrequenz/-schwingung („fundamental frequency") · Harmonische („harmonic") · Impulsfolge („unit-sample sequence" · „unit impulse") · Klang („sound") · MATLAB · Oberwellen („higher harmonics") · Spiegelfrequenz („mirror frequency") · Sprungfolge („unit-step sequence" · „unit step") · Stabdiagramm („stem plot") · Ton („tone") · Zeit-Frequenz-Darstellung („time–frequency representation")

2.1 Lernziele

Dieser Versuch macht Sie zunächst mit einfachen zeitdiskreten Signalen vertraut. Dazu gehören in der Vorbereitung die Angabe von zeitdiskreten Signalen als mathematische Funktionen und ihre grafischen Darstellungen durch Handskizzen. In der Versuchsdurchführung überprüfen Sie Ihre Ergebnisse. Sie erzeugen die Signale mit MATLAB und stellen sie bildlich dar. Der zweite Teil des Versuchs bietet Ihnen bereits eine anspruchsvolle Aufgabe, bei der Sie Audiosignale, kurze Musikstücke, generieren und mit MATLAB hörbar machen. Vorausgesetzt wird die i. d. R. vorhandene Möglichkeit Audiosignale am PC auszugeben.

Nach Bearbeiten des Versuches können Sie

- die Impulsfolge, die Sprungfolge, die Sinus- und die Kosinusfolge analytisch und grafisch darstellen,
- einfache MATLAB-Befehle zur Erzeugung von Signalen und ihrer bildlichen Darstellung anwenden,
- mit MATLAB am PC Audiosignale generieren und hörbar machen,
- die Bedeutung der Abtastfrequenz für Audiosignale erklären
- und einfache MATLAB-Programme zur Signalverarbeitung verstehen.

2.2 Grundlagen

Zunächst machen wir uns mit elementaren zeitdiskreten Signalen vertraut und zeigen, wie sie mit MATLAB dargestellt werden.

2.2.1 Zeitdiskrete Signale

Ein Signal ist eine mathematische Funktion von mindestens einer unabhängigen Variablen $x(t)$, wobei im Folgenden – falls nicht anders erwähnt – t als die Zeit interpretiert

2.2 Grundlagen

wird. Ist die Variable *t* kontinuierlich (reell), so liegt ein *zeitkontinuierliches Signal* vor. Ist *t* nur für diskrete Werte definiert, so spricht man von einem *zeitdiskreten Signal* oder kurz einer (Signal)*Folge x[n]*. Der Laufindex *n* heißt dementsprechend *Zeitindex* oder *normierte Zeitvariable* und umfasst die ganzen Zahlen Z. Kurze zeitdiskrete Signale werden einfach als indizierte Mengen durch die Reihenfolge ihrer Elemente (Signalwerte) charakterisiert, wie beispielsweise

$$x_1[n] = \{3, 1, -1, 4\} \quad \text{mit} \quad n = 0, 1, 2 \text{ und } 3$$

$$x_2[n] = \{1, 1/2, 1/3, 1/4, 1/5, \ldots\} \quad \text{mit} \quad n = 0, 1, 2, \ldots, 12.$$

Der erste Signalwert gehört i. d. R. zum Index $n=0$, der zweite zu $n=1$, usw. Falls nötig werden Folgen endlicher Länge durch Nullen ergänzt. Man spricht speziell von einer *rechtsseitigen Folge*, wenn die Folge erst zum Zeitpunkt null „eingeschaltet" wird, d. h. $x[n]=0$ für $n<0$.

Standardsignale

Für die digitale Signalverarbeitung sind drei Signale besonders wichtig [8]. In den vorbereitenden Aufgaben sollen Sie diese von Hand skizzieren, um die Ergebnisse dann in der Versuchsdurchführung mit MATLAB zu kontrollieren. Zunächst werden die mathematischen Definitionen vorgestellt:

- *Impulsfolge* und *Sprungfolge*

$$\delta[n] = \begin{cases} 1 & \text{für } n = 0 \\ 0 & \text{sonst} \end{cases} \quad \text{bzw.} \quad u[n] = \begin{cases} 1 & \text{für } n \geq 0 \\ 0 & \text{sonst} \end{cases}$$

Die beiden Signale sind in Abb. 2.1 im *Stabdiagramm* zu sehen. Die Bilder erklären anschaulich ihre Namen. Beide Signale sind offensichtlich rechtsseitig.

In der Praxis werden Impuls- und Sprungfolge auch häufig in zeitlich verschobener Form gebraucht. So lässt sich das erste Signalbeispiel als Summe von Impulsen darstellen

$$x_1[n] = 3\delta[n] + \delta[n-1] - \delta[n-2] + 4\delta[n-3].$$

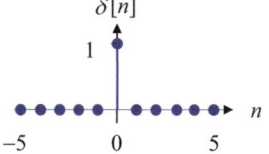
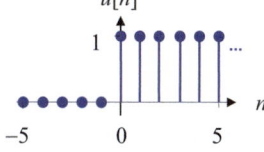

Abb. 2.1 Impulsfolge $\delta[n]$ und Sprungfolge $u[n]$

Das zweite Beispiel hat die analytische Form

$$x_2[n] = \frac{1}{1+n} \cdot (u[n] - u[n-13]),$$

wobei die Differenz der Sprungfolgen das Einschalten zum Zeitpunkt null und das Ausschalten zum Zeitpunkt 13 übernimmt.

- *Sinus-* und *Kosinusfolge*. Beide Folgen definieren zusammen mit der *normierten Kreisfrequenz* Ω und der *Eulerschen Zahl* e = 2.71828… die komplex *Exponentielle*

$$x[n] = e^{j\Omega \cdot n} = \cos(\Omega \cdot n) + j \cdot \sin(\Omega \cdot n)$$

Abtastung

Häufig entsteht die (Signal)Folge $x[n]$ durch eine gleichförmige zeitliche Diskretisierung eines Signals $x(t)$. Man spricht von der (idealen) Abtastung und der *Abtastfolge* mit dem *Abtastintervall* T_s

$$x[n] = x(t = n \cdot T_s).$$

Der Index s erinnert an die englische Bezeichnung für die Abtastung „sampling operation".

Ideale Abtastung bedeutet, dass zwischen den Abtastzeitpunkten das Abtastintervall eingehalten wird und die Abtastwerte gleich den Funktionswerten sind. Die reale Abtastung durch *Analog-Digital-Umsetzer* (ADU) liefert hingegen nicht nur zeitdiskrete Signale, sondern auch wertdiskrete Amplituden (Kap. 14). Man spricht dann von der *Digitalisierung* und einem *digitalen Signal*. (Technische Unzulänglichkeiten im ADU führen in der Praxis dazu, dass sowohl der Abtastzeitpunkt als auch der Abtastwert mehr oder weniger fehlerhaft sind.)

Im Weiteren wird, falls nicht ausdrücklich anders erwähnt, der diskrete Charakter der Maschinenzahlen in MATLAB vernachlässigt. Wegen der großen Wortlänge der Zahlendarstellung ist dies in vielen Anwendungen gerechtfertigt, siehe Programmbeispiel 1.1 und die MATLAB-Konstante `eps` und `eps(0)` (Kap. 1).

Sinusfunktion

Zur Beschreibung periodischer Phänomene in der Natur werden oft sinusförmige Funktionen verwendet. Wir wählen deshalb als einführendes Beispiel die Sinusfunktion

$$x(t) = \hat{x} \cdot \sin(2\pi \cdot f_0 \cdot t)$$

mit der Amplitude $\hat{x}$ und der (Signal-)Frequenz f_0 und der Zeit t.

Häufig handelt es sich bei den Parametern in der digitalen Signalverarbeitung um physikalische, also dimensionsbehaftete Größen, wie die elektrische Spannung in Volt (V), die Frequenz in Hertz (Hz) und die Zeit in Sekunden (s). Es werden die Größen meist dimensionslos dargestellt. Dies geschieht nach Normierung mit den entsprechenden Bezugsgrößen. Im Beispiel bietet es sich an die Größen auf 1 V, 1 Hz bzw.

2.2 Grundlagen

1 s zu beziehen, sodass bei Bedarf die Verbindung zu den physikalischen Größen wieder hergestellt werden kann. Die Normierung wird auch dadurch gerechtfertigt, dass digitale Sensoren meist Spannungswerte liefern, die aber selbst nur Stellvertreter für physikalische oder chemische Größen sind, wie Temperatur, Feuchtigkeit, CO_2-Gehalt, Blutdruck, Herzfrequenz, Helligkeit, etc. Auch der tägliche Börsenschlusswert einer Aktie ist eine Zeitreihe, also ein zeitdiskretes Signal.

Mit dem Abtastintervall T_s und der normierten Zeitvariablen n ist die Abtastfolge

$$x[n] = \hat{x} \cdot \sin(2\pi f_0 \cdot T_s \cdot n).$$

Für eine kompakte Beschreibung ist es günstig, die konstanten Anteile im Argument der Sinusfunktion zur normierten Kreisfrequenz Ω zusammenzufassen

$$\Omega_0 = 2\pi f_0 \cdot T_s.$$

Die normierte Kreisfrequenz ist dimensionslos. Wählen wir beispielsweise das Abtastintervall $T_s = 1/(8f_0)$ so erhalten wir die normierte Kreisfrequenz $\Omega_0 = 2\pi/8$. Und folglich ergeben sich acht Abtastwerte pro Periode der Sinusfunktion.

Ein MATLAB-Programm zur grafischen Darstellung der Signale ist in Programm 2.1 zu finden. Die erzeugten Grafiken in Abb. 2.2 zeigen einen Ausschnitt aus der Sinusfunktion und der zugehörigen Abtastfolge. Die *Sinusfolge* ist im Stabdiagramm dargestellt. Durch den Befehl stem wird der zeitdiskrete Charakter hervorgehoben. Man

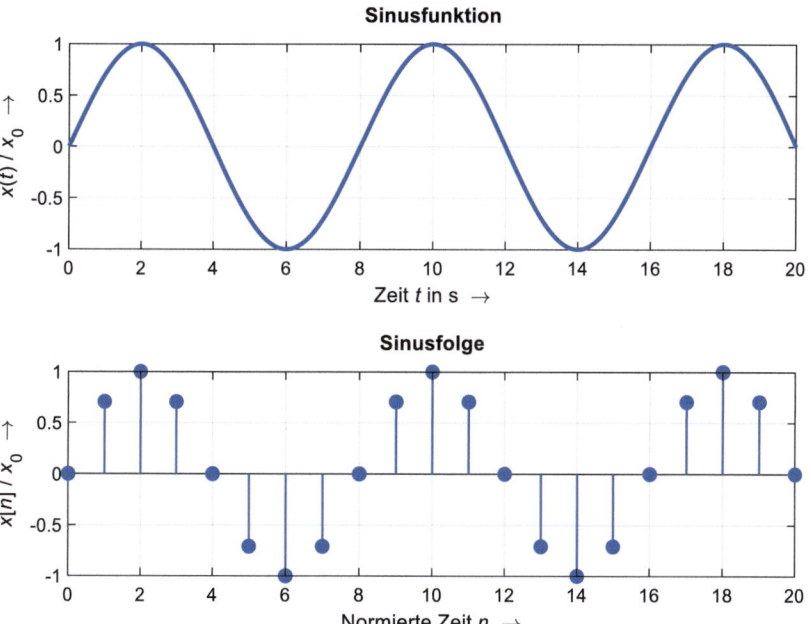

Abb. 2.2 Sinusfunktion $x(t)$ und Sinusfolge $x[n]$ (sine_seq)

beachte die Periode acht der Sinusfolge, d. h. nach acht Zeitschritten wiederholt sich jeweils der Signalwert.

In Abb. 2.2 beruht auch das Bild der Sinusfunktion genau genommen auf einer Auswertung der Funktion an diskreten Stützstellen. Weil die Anzahl der Stützstellen relativ groß ist, wird dies jedoch nicht sichtbar. Diese Darstellung wird der besseren Verständlichkeit wegen oft gewählt, wenn das Anwendungsproblem einen kontinuierlichen Verlauf zugrunde legt.

Ebenso wird zur einfacheren Interpretierbarkeit die Zeitvariable t in Sekunden angegeben. Dann kann die Periodendauer direkt abgelesen werden, $T_0 = 8$ s. Meist wird das dargestellte Signal noch durch den Maximalwert normiert, wie hier $x_0 = \hat{x}$.

Manchmal sieht man zeitdiskrete Signale „kontinuierlich" dargestellt, beispielsweise, weil die Grafikfunktion zwischen den Folgeelementen linear interpoliert. Derartige Darstellungen sollten vermieden werden. Allerdings sind unter Umständen so viele Folgenelemente in einem Bild unterzubringen, dass sich der Eindruck eines zeitkontinuierlichen Signals nicht vermeiden lässt. Bei der Achsenbeschriftung kann, wie in der Fachliteratur öfters anzutreffen, auf die Richtungspfeile verzichtet werden, wenn die Achsenbeschriftung durch Skalierung eindeutig ist. Die Formelzeichen für die Signale und die Variablen werden kursiv dargestellt. (Im Fachzeitschriften, wie das IEEE Signal Processing Magazine, werden manchmal auch Formelzeichen ganz vermieden und die Achsen beispielsweise nur kurz mit Zeit („Time") bzw. Amplitude („Amplitude") beschriftet und eine Bildüberschrift hinzugefügt.)

Programm 2.1 Sinusfunktion und Sinusfolge (sine_seq.m)

```
% Sine function and sine sequence (mw2024)
x0 = 1; % amplitude in Volt (V)
f0 = 1/8; % fundamental frequency in Hertz (Hz)
t  = 0:.01:20; % time variable in seconds (s),time span 0...20 s
x_t = x0*sin(2*pi*f0*t); % sine function
fs = 8*f0; % sampling frequency
Ts = 1/fs; % sampling interval
n  = 0:20; % normalized time
w0 = 2*pi*f0*Ts; % normalized radian frequency
x_n = x0*sin(w0*n); % sine sequence
% Graphics
FIG1 = figure('Name','sine_seq','NumberTitle','off','Position',...
    [200,100,600,400]);
tiledlayout('flow'); nexttile
    plot(t,x_t,'LineWidth',2), grid
    xlabel('Zeit {\itt} in s  \rightarrow')
    ylabel('{\itx}({\itt}) / {\itx}_0  \rightarrow')
    title('Sinusfunktion')
nexttile
    stem(n,x_n,'filled','LineWidth',1), grid
    xlabel('Normierte Zeit {\itn}  \rightarrow')
    ylabel('{\itx}[{\itn}] / {\itx}_0  \rightarrow')
```

2.2.2 Vorbereitende Aufgaben

A2.1 Signale
Fertigen Sie Handskizzen ohne Taschenrechner und Lineal an; siehe auch Stabdiagramm in Abb. 2.2.

a. Skizzieren Sie die Impulsfolgen $x_1[n] = \delta[n-3]$ und $x_2[n] = \delta[n+2]$ für $n = -5{:}5$.
b. Skizzieren Sie die Sinus- und Kosinusfolge $x_3[n] = \sin(2\pi \cdot n/7)$ bzw. $x_4[n] = \cos(n/2)$ für $n = 0{:}10$.
c. Sind die Folgen $x_3[n]$ und $x_4[n]$ periodisch? Geben Sie ggf. die Periode an.

A2.2 MATLAB-Programm
Machen Sie sich mit dem Programm 2.1 vertraut.

2.2.3 Versuchsdurchführung

M2.1 Grafische Darstellung
Erzeugen Sie mit MATLAB die Signale aus der Vorbereitung. Vergleichen Sie die Bildschirmdarstellungen mit Ihren Skizzen.

Dazu können Sie folgendermaßen vorgehen: Legen Sie einen passenden Signalvektor (`array`) an, den Sie an den Plot-Befehl übergeben, siehe Programm 2.1. Sie können zusätzlich den Befehl `tiledlayout` oder `subplot` benutzen, um das Grafikfenster (Bildschirm) für mehrere Signale aufzuteilen. Das Überschreiben von Bildinhalten vermeiden Sie durch Öffnen eines neuen Fensters mit dem Befehl `figure`, siehe Programm 2.1. Beachten Sie schließlich auch, dass die Zählung der Elemente eines Vektors in MATLAB mit eins beginnt.

2.3 Audiosignale

Im Folgenden machen Sie digitale Signale mit MATLAB hörbar. Dafür ist ein PC mit üblicher Audioausgabe erforderlich. Darüber hinaus lernen Sie ein Beispiel für ein umfangreicheres MATLAB-Programm kennen.

Analoge Signale, also wert- und zeitkontinuierliche (elektrische) Signale, können mit einem Analog-Digital-Umsetzer (ADU) durch Abtastung und Quantisierung in ein wert- und zeitdiskretes Signal, ein *digitales Signal*, überführt werden. Umgekehrt lassen sich aus digitalen Signalen mit einem Digital-Analog-Umsetzer (DAU) analoge Signale erzeugen. Parameter dabei sind die *Abtastfrequenz* f_s, d. h. die Häufigkeit der Abtastung pro Sekunde, sowie die *Wortlänge* w in Bits, also die Zahlendarstellung der Amplitude des digitalen Signals (Kap. 14).

Ein moderner PC besitzt ADU und DAU mit einer typischerweise von 5 bis 44.1 kHz einstellbaren Abtastfrequenz und einer Wortlänge von 8 oder 16 Bits. Es lassen sich damit theoretisch Hörqualitäten erreichen, die vergleichbar zur bekannten CD-DA (Compact Disc Digital Audio) sind.

Am PC liegen Audiosignale oft als Dateien im Format `wav` („waveform audio file format") vor. MATLAB kann diese Dateien und weitere bekannte Audioformate lesen und schreiben, sowie digitale Signale an die Audioschnittstelle ausgeben. Die MATLAB-Befehle hierzu sind `audioread`, `audiowrite` und `audioplayer` mit `play`. Mit `audioinfo` erhalten Sie Informationen zu der Audiodatei, deren Namen Sie als Argument übergeben.

2.3.1 Töne, Klänge und Geräusche

Leben ohne Informationen aus der Umwelt ist nicht vorstellbar. Der Mensch besitzt hierfür seine Sinnessysteme, darunter das Gehör. Mit den Außenohr (Ohrmuschel, Gehörgang) empfängt er Schallwellen aus seiner Umgebung, die im Mittelohr (Trommelfell, Gehörknöchelchen) weitergeleitet werden. Im Innenohr (Cochlea) kommt es zu Ausbildung von Wanderwellen, die entlang der Basilarmembran in einer Frequenz-Orts-Abbildung erfasst werden. Niedrige Frequenzen bei ca. 200 Hz werden am Eingang und hohe Frequenzen bis etwa 20 000 Hz am Ende der sich verjüngenden Cochlea detektiert. Für den Bereich von 20 bis 5000 Hz gibt es ein weiteres Detektionsverfahren, die Periodizitätsanalyse, die auf zeitlichen Unterschieden beruht [1][6].

Physikalisch können die Schallwellen, die Druckschwankungen an einem Ort, mit Sinusfunktionen wie oben beschrieben werden. Dabei definiert die Amplitude die Differenz zwischen dem Maximal- und dem Minimaldruck. Die Lautstärke bestimmt die Tonstärke. Und die Frequenz gibt die Zahl der Schwingungsperioden pro Sekunde, die Tonhöhe, an.

Man spricht von einem *Eintonsignal*, oder kurz *Ton*, wenn das Audiosignal nur eine Frequenzkomponente aufweist. Das menschliche Gehör kann Töne im Bereich von circa 20 bis (16'000) 20'000 Hz aufnehmen. Besonders gut gelingt dies im Bereich von etwa 300 bis 5000 Hz. Untersuchungen zur Hörverständlichkeit führten in den Anfängen der Telefonie auf die Übertragung von „Telefonsprache" mit Frequenzen von 300 bis 3400 Hz.

Wird Schall durch den menschlichen Sprechapparat oder durch Musikinstrumente erzeugt, entsteht in der Regel ein komplexes Tongemisch. Stehen die Frequenzen der Töne in einem ganzzahligen Verhältnis, spricht von einem *Klang*. Davon unterschieden wird das *Geräusch*, das aus der Überlagerung vieler Töne mit unterschiedlichen Amplituden und Frequenzen entsteht, und häufig ähnlich dem „Rauschen eines Wasserfalls" wahrgenommen wird.

2.3.2 Synthese eines Audiosignals

Unter einem *digitalen Audiosignal*, im Weiteren kurz Audiosignal genannt, verstehen wir vereinfacht ein digitales Signal, dass nach DAU mittels eines Lautsprechers für Menschen hörbar gemacht werden kann.

Eintonsignal

Zunächst wird an die grundsätzlichen Zusammenhänge erinnert. Beispielhaft soll ein Ton mit der Frequenz von 440 Hz und der (Ton-)Dauer von einer Sekunde zugrunde gelegt werden. Die Abtastfrequenz sei 8 kHz. Wie wird das Tonsignal mit MATLAB erzeugt und hörbar gemacht?

Die Aufgabe wird durch ein sinusförmiges Signal mit entsprechender Frequenz und Dauer gelöst. Hierfür benötigt wird die Frequenz f in Hertz und den Vektor der Abtastzeitpunkte t in Sekunden. Die Abtastfrequenz f_s in Hertz beträgt 8000, sodass in einer Sekunde 8000 Abtastwerte anfallen. Wird mit dem Zeitindex null angefangen und mit 8000 aufgehört, sind es tatsächlich 8001 Abtastwerte („samples") des sinusförmigen Signals. Die Ausgabe des mit `audioplayer` erzeugten Audioobjekts erfolgt mit dem Befehl `play`. Alternativ ist eine Audioausgabe auch mit dem Befehl `sound` bzw. `soundsc` möglich. Zusammengefasst werden die folgenden Programmzeilen benötigt:

```
fs = 8000; % sampling frequency in Hertz
f0 = 440; % pitch
t = linspace(0,1,fs); % sampling instances (normalized time)
sound = sin(2*pi*f0*t); % sound
p = audioplayer(sound,fs); play(p) % audio object and play sound
```

Zeit-Frequenz-Darstellung

Es soll ein Musikstück vertont werden. Grundlage ist die bekannte *Zeit-Frequenz-Darstellung* der Notenschrift in Abb. 2.3. Dort wird horizontal der zeitliche Verlauf und vertikal die Frequenzlage angegeben. Gemäß dem G-Schlüssel zu Beginn entspricht die zweite Notenlinie von unten der Note g^1. Die daraus resultierende Abfolge der Töne ist in Tab. 2.1 zusammengestellt. Die zugeordneten Zeitdauern beziehen sich auf ein geeignet wählbares Grundintervall.

Der Zusammenhang zwischen den Noten und dem Audiosignal erschließt sich aus den in der klassischen europäischen Musik bekannten Beziehungen:

- der *Kammerton* (Normalton, Stimmton) a^1 entspricht seit internationaler Empfehlung im Jahr 1939 einem Ton mit 440 Hz;

Abb. 2.3 Prélude von Marc-Antoine Charpentier (1634–1704)

Tab. 2.1 Töne (Noten) und Tondauern (normierte Zeitintervalle) zum Musikstück Prélude

Note	d^1	g^1	g^1	a^1	h^1	g^1	d^2	h^1	h^1	c^2
Dauer	1/4	1/4	1/8	1/8	1/4	1/4	1/2	3/8	1/8	1/4
Note	d^2	c^2	h^1	c^2	d^2	a^1	g^1	a^1	h^1	a^1
Dauer	1/8	1/8	1/8	1/8	1/4	1/8	1/8	1/8	1/8	1/4

- eine *Oktave*, z. B. der Übergang von a^1 zu a^2, umfasst eine Frequenzverdopplung; a^2 entspricht 880 Hz;
- in einer Oktave gibt es genau 12 gleichförmige Halbtonschritte (gleichstufig temperierte Stimmung).

Daraus folgt die Frequenzzuordnung der C-Dur-Tonleiter in Tab. 2.2. Die Tonleiter umfasst acht Töne, daher der Name Oktave. Beispielsweise ergibt sich die Frequenz für den Ton d^2 zu $440 \cdot 2^{+5/12}$ Hz. Man beachte auch, im Englischen wird für die deutsche Note h der Buchstabe b verwendet und die Tonhöhe wird pitch genannt. Durch das Kreuz-Vorzeichen # auf der 5. Linie von unten in Abb. 2.3 wird der Ton f um einen Halbton zum *fis* erhöht. Mit den obigen Festlegungen kann nun jeder Note ein entsprechender Sinuston zugeordnet werden, siehe Programm 2.2.

Programm 2.2 Audiosignal „Prélude" (prelude.m)

```
% Audio signal prelude by Marc-Antoine Charpentier (1634-1704) (mw2024)
A = 440; % reference pitch in Hz
D = A*2^(-7/12); E = A*2^(-5/12); Fis = A*2^(-3/12);
G = A*2^(-2/12); B = A*2^(2/12); C   = A*2^(3/12);
Dh  = A*2^(5/12); % D high
tsc = .25; % time scaling (duration)
fs = 8000; % sampling frequency
pitch    = [D,G,G,A,B,G,Dh,B,B,C,Dh,C,B,C,Dh,A,G,A,B,A];
duration = [2,2,1,1,2,2,4,3,1,2,1,1,1,1,2,1,1,1,1,2];
audiosig = []; % define variable for audio signal (pre-allocate memory)
for k = 1:length(pitch) % for loop
    L = tsc*fs*duration(k); % number of samples per tone
    n = 0:L-1; % normalized time
    w = (2*pi/fs)*pitch(k); % normalized radian frequency
    tone = sin(w*n); % tone (sinusoidal signal)
    audiosig = [audiosig tone];% concatenate audio signal
end
p = audioplayer(audiosig,fs); play(p); % audio object and play sound
```

Tab. 2.2 Frequenzen der C-Dur-Tonleiter bezogen auf den Kammerton 440 Hz

Note	c^1	d^1	e^1	f^1	g^1	a^1	h^1	c^2
Frequenzfaktor	$2^{-9/12}$	$2^{-7/12}$	$2^{-5/12}$	$2^{-4/12}$	$2^{-2/12}$	1	$2^{+2/12}$	$2^{+3/12}$

Abb. 2.4 ADSR-Profil mit den Phasen „attack", „decay", „sustain" und „release"

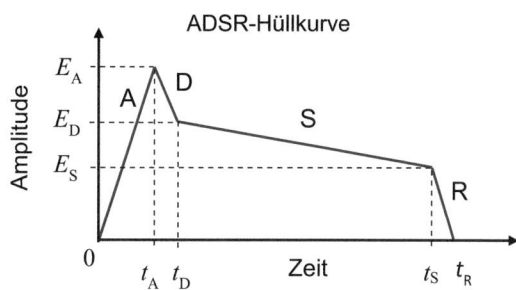

2.3.3 ADSR-Profil

Das Audiosignal im Programm 2.2 klingt unnatürlich, weil es nur aus der Abfolge von jeweils ein- und ausgeschalteten Sinustönen besteht, wobei das Schalten ein störendes Knacken verursacht.

Hüllkurvenbewertung
Ein angenehmerer Höreindruck lässt sich mit einer Hüllkurvenbewertung erzielen. In der Audiotechnik wird hierfür oft das *ADSR-Profil* in Abb. 2.4 verwendet (z. B. [3][5][7]). Es besteht aus Geradenstücken, die die vier Phasen repräsentieren: „attack" (A), „decay" (D), „sustain" (S) und „release" (R).

Eine mögliche Realisierung der ADSR-Hüllkurve („envelope") für jeweils einen Ton stellt das Programm 2.3 dar. Die Parameter der ADSR-Hüllkurve sind der Übersichtlichkeit halber in einer MATLAB-Struktur (`struct`) zusammengefasst.

Programm 2.3 ADSR-Profil mit den Phasen „attack", „decay", „sustain" und „release" (adsr_profile.m)

```
function y = adsr_profile(x,ADSR)
% Computation of envelope signal with ADSR profile (mw2024)
% y = adsr_profile(x,ADSR)
%   x : audio signal (tone)
%   ADSR    : structure with parameters for adsr envelope
%      ADSR.tA : end of attack phase, relative to the total duration 1
%      ADSR.EA : amplitude of profile at time tA (=1)
%      ADSR.tD : end of delay phase
%      ADSR.ED : amplitude of profile at time tD
%      ADSR.tS : end of sustain phase
%      ADSR.ES : amplitude of profile at time tS
%   y : audio signal with ADSR-profile envelope
Ns = length(x); % number of signal samples
env = zeros(1,Ns); % allocate memory for envelope signal
NA = floor(Ns*ADSR.tA); % attack phase
env(1:NA) = linspace(0,ADSR.EA,NA);
ND = floor(ADSR.tD*Ns) - NA; % delay phase
env(NA+1:NA+ND) = linspace(ADSR.EA,ADSR.ED,ND);
NS = floor(ADSR.tS*Ns) - (NA+ND); % sustain phase
env(NA+ND+1:NA+ND+NS) = linspace(ADSR.ED,ADSR.ES,NS);
NR = Ns - (NA+ND+NS); % release phase
env(NA+ND+NS+1:Ns) = linspace(ADSR.ES,0,NR);
y = x.*env; % audio signal with adsr shaped envelope
```

2.3.4 Harmonische

In der Musik treten in der Regel nicht reine Töne auf, sondern sie besteht eher aus einem Gemisch von *Harmonischen*, das heißt, einer Grundschwingung (Grundwelle) mit der Grundfrequenz f_0 und vielen Oberschwingungen (Oberwellen) bei ganzzahligen Vielfachen der Grundfrequenz $k \cdot f_0$. Der Höreindruck kann deshalb verbessert werden, wenn man Oberschwingungen hinzufügt (Kap. 1). Der Einfachheit halber wählen wir den Ansatz einer *Fourier-Summe*

$$s[n] = \sum_{k=1}^{K} b_k \cdot \sin(\Omega_0 \, k \cdot n)$$

mit bzgl. der Frequenz exponentiell fallenden Amplituden (Gewichten)

$$b_k = e^{-\alpha \, (k-1)}.$$

Der Parameter α steuert die Dämpfung der Amplituden bzgl. der Frequenz. Je größer α, umso schneller der Abfall der Amplituden für zunehmende Frequenzen. Für die Simulation beachte man auch, dass die höchste auftretende Frequenz die halbe Abtastfrequenz nicht überschreiten darf, weil sonst das Abtasttheorem (Kap. 14) verletzt wird und der Spiegelfrequenzeffekt auftritt.

2.3.5 Echo

Schall wird i. d. R. von Wänden, Decken, Felsen etc. reflektiert. Gelangt Schall auf Umwegen an unser Ohr, sodass wir ihn zeitlich auflösen können, hören wir ein *Echo*, vgl. Nachhall. Die Entstehung des Echos kann durch eine Verzögerung und Gewichtung des Audiosignals mit wenig Aufwand modelliert werden, siehe Echomodell in Abb. 2.5. Das Blockdiagramm zeigt im unteren Signalzweig die Verzögerung des Eingangssignals $x[n]$ im Verzögerungsglied mit dem *Delay-Operator D*, der k-fach angewendet wird. Das somit um k Abtastintervalle verzögerte Signal $x[n-k]$ wird im *Multiplizierer* mit b gewichtet und schließlich im *Addierer* zum Eingangssignal im oberen Signalzweig addiert, sodass sich das Ausgangssignal mit Echo ergibt

$$y[n] = x[n] + b \cdot x[n-k].$$

Abb. 2.5 Echomodell mit Signalverzögerung und Signalgewichtung

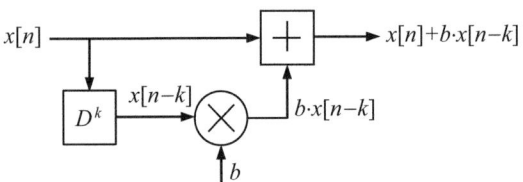

2.3 Audiosignale

Audioeffekte und digitaler Synthesizer

Obertöne lassen sich prinzipiell mit periodischen Signalen generieren, die einen gewissen Gehalt an Oberschwingungen mitbringen, wie die Dreieckschwingung, siehe beispielsweise Fourier-Entwicklungen in [2].

Weiter Anregungen zur Verarbeitung von Audioeffekten mit MATLAB finden sie beispielsweise in [5][7]. Und aus der Pionierzeit der digitalen Synthesizer stammt eine relativ einfache Methode zur elektronischen Klangerzeugung mit Obertönen, die sich besonders für den seidenen Klang von Saiteninstrumenten eignet. Chowning [3] und Karplus und Strong [4] beschreiben unter dem Stichwort „FM synthesis" einen Algorithmus der sich mit den Mitteln der digitalen Signalverarbeitung – wie sie in den weiteren Kapiteln beschrieben sind – in MATLAB umsetzen lässt.

2.3.6 Vorbereitende Aufgaben

A2.3 MATLAB-Programm
Machen Sie sich mit den Programmen 2.2 und 2.3 vertraut.

2.3.7 Versuchsdurchführung

M2.2 Audiosignal mit ADSR-Hüllkurve
a. Erzeugen Sie das Audiosignal mit dem Programm 2.2.
b. Um das harte Ein- und Austasten der Töne zu vermeiden, können diese mit einer ADSR-Hüllkurve bewertet werden, siehe Programm 2.3. Die Parameter des ADSR-Profils legen Sie im aufrufenden Programm fest mit z. B.
   ```
   ADSR = struct('tA',.1,'EA',1,'tD',.2,'ED',.8,'tS',.9,'ES',.5);
   ```
   Jeder Ton in Programm 2.2 wird dann entsprechend bewertet.
   Überprüfen Sie die Klangqualität des so modifizierten Audiosignals.
c. Sie können nun auch verschiedene Einstellungen für die Parameter des ADSR-Profils und die Zeitskalierung `tsc` ausprobieren.

M2.3 Audiosignal mit Harmonischen
a. Der Höreindruck kann durch Hinzunahme höherer Harmonischer verändert werden. Erweitern Sie dazu das Programm entsprechend der abgebrochenen Fourier-Reihe.
   Wie viele Oberschwingungen können maximal hinzugefügt werden, ohne dass die halbe Abtastfrequenz überschritten wird?
   Vergleichen Sie den Höreindruck für verschiedene Werte des Parameters α.
b. Verdoppeln Sie die Abtastfrequenz auf 16 kHz. Wie ändert sich der Klang?

c. Wählen Sie einen passend erscheinenden Parametersatz aus und stellen sie den Sinuston mit ADSR-Hüllkurve und zusätzlich mit den Oberschwingungen grafisch dar. Erzeugen Sie eine MATLAB-Grafik für die ersten 200 Abtastwerte beider Signale in einem Bild. Welches Zeitintervall wird dabei erfasst? Ergänzen Sie eine aussagekräftige Beschriftung.

M2.4 Echo

a. Wenn die Abtastfrequenz 8 kHz beträgt, wie groß ist dann die kleinste einstellbare Echolaufzeit im Echomodell nach Abb. 2.5? Und wie groß ist dazu die Laufzeit für einen Echoumweg von 10 m?
b. Setzen Sie das Echomodell in Abb. 2.5 in ein MATLAB-Programm für das Audiosignal in M2.2 um.
c. Hören Sie sich das Audiosignal für verschiedene Einstellungen der Verzögerung und Gewichtung an.

M2.5 Spiegelfrequenz

Die *Spiegelfrequenz* spielt im Zusammenhang mit der Mehrdeutigkeit der Abtastung bzw. dem Abtasttheorem eine wichtige Rolle und kann mit relativ einfachen Mitteln mit Programm 2.4 demonstriert werden. Der Bezeichnung Spiegelfrequenz bezieht sich auf die Lage eines Frequenzpaares spiegelbildlich zu halben Abtastfrequenz. Bei der Abtastfrequenz von 8 kHz beispielsweise auf das Tonpaar bei 3 und 5 kHz.

Hören Sie sich die Signale in Programm 2.4 an. Wie viele unterschiedliche Töne können Sie erkennen, wenn Sie von möglichen „Störungen" (Klirren) bei der halben und ganzen Abtastfrequenz absehen?

Ändern Sie die Abtastfrequenz auf 16 kHz. Was verändert sich?

Warum wird später in (Kap. 14) im Abtasttheorem gefordert, dass die höchste Signalfrequenz kleiner als die halbe Abtastfrequenz sein sollte?

Welcher zusätzliche hörbare Effekt stellt sich im Beispiel ein?

Programm 2.4 Spiegelfrequenz (mirror_freq.m)

```
% Mirror frequency effect (mw2024)
fs = 8e3; % sampling frequency in Hz
n  = 0:fs; % time interval, 1 s
f0 = 1e3;  % basic frequency in Hz
for k=1:round(fs/f0)
    fk = f0*k;
    audio = sin(2*pi*(fk/fs)*n);
    fprintf('Frequency %g Hz\n',fk)
    p = audioplayer(audio,fs,16); play(p); % play sound
    pause(1)
end
```

2.4 Zusammenfassung

In diesem Kapitel werden zunächst elementare zeitdiskrete Signale, ihre analytischen Beschreibungen und grafischen Darstellungen am Rechner vorgestellt. Mit den Versuchsbeispielen zu den Audiosignalen wird die Brücke zwischen den Daten am Rechner und den hörbaren Signalen geschlagen. Daten am Rechner meint hier geordnete Folgen von Zahlen, die beispielsweise als Abtastwerte eines analogen Audiosignals gedeutet werden können. Den Zeitbezug stellt dabei die Abtastfrequenz bzw. ihr Kehrwert, das Abtastintervall, her. Im Audiosignal ergibt sich aus der Periodendauer die Tonhöhe.

Mit der Notenschrift wird eine Charakterisierung von Signalen durch eine Zeit-Frequenz-Darstellung vorgestellt. Sie ähnelt der in Technik und Physik wichtigen Harmonischen Analyse.

Für Audiosignale wird der Effekte der ADSR-Hüllkurve, der höheren Harmonischen sowie des Echomodells auf das Hörerlebnis überprüft. Zuletzt macht das Phänomen der Spiegelfrequenzen die Mehrdeutigkeit der Abtastung hörbar.

2.5 Quiz 2

Ergänzen Sie die Lückentexte sinngemäß.

1. Mit `w=2*pi/8;` `n=0:20;` und `x=cos(w*n);` ist `x(17)` gleich ___.
2. Bei Grafiken mit dem Befehl ___ werden die Signalwerte so verbunden, dass Treppenkurven entstehen.
3. Neben der Wortlänge ist die ___ oder äquivalent das ___ für die ADU wichtig.
4. Wegen der besonderen Eigenschaften des menschlichen Gehörs und Sprachverstehens reicht es für die herkömmliche analoge Telefonie nur Töne im Bereich von circa ___ bis ___ zu übertragen.
5. Eine ___ entspricht einer Frequenzverdopplung.
6. Die Notenschrift ist eine besondere Form ___.
7. ADSR steht für die vier Phasen ___, ___, ___ und ___.
8. Die drei Parameter Amplitude, Frequenz und Dauer beschreiben ___.
9. Mit dem Befehl `audioplayer(y,16000,16)` können Töne bis zur Frequenz kleiner ___ ausgegeben werden.
10. Die erste Harmonische wird auch ___ genannt.
11. Die verschobene Sprungfolge $u[n+3]$ ist eine ___ Folge.
12. Ein Klang besteht typisch aus ___.
13. Mit `x=[-1.9 1.9]` ist `floor(x)` ist gleich ___.
14. Das Blockdiagramm des Echomodells besteht aus drei Blöcken, einem ___, einem ___ und einem ___.
15. Daten unterschiedlicher Typen können in einem Objekt vom Datentyp ___ zusammengefasst werden.

16. Mit x = [-1.9 1.9] ist ceil(x) ist gleich ___.
17. Der Zusammenhang zwischen der Frequenz f_0 des abgetasteten analogen Signals und der normierten Kreisfrequenz Ω_0 des resultierenden zeitdiskreten Signals ist ___, wenn für die Abtastfrequenz gilt, $f_s > 2 f_0$.
18. Mit x = [-1.9 1.9] ist fix(x) ist gleich ___.
19. Mit x = [-1.9 1.9] ist round(x) ist gleich ___.
20. „Geräusche" mit Frequenzen nur unterhalb des von Menschen hörbaren Frequenzbereichs nennt man ___ und mit Frequenzen nur oberhalb ___.

2.6 Lösungshinweise

In den Onlineressourcen finden Sie alle Programme zu diesem Kapitel: add_harmonics.m, adsr_profile.m, echo_overlap.m, mirror_freq.m, prelude.m, prelude_adsr.m, prelude_adsr_harm.m, prelude_echo.m, prelude_plots.m, signals.m, sine_seq.m

Zu A2.1 Signale
Siehe Abb. 2.6 und Programm signals.
 Sinus- und Kosinusfolgen lassen sich als Stabdiagramme meist schnell von Hand skizzieren, wenn mit den zugehörigen zeitkontinuierlichen Funktionen als Hilfslinien begonnen wird.

Zu M2.1 Grafische Darstellung
Mit dem Programm signals wurden die Bilder der Signale $x_1[n]$ bis $x_4[n]$ in Abb. 2.6 erzeugt.
 Das Signal 3 hat die Periode von sieben. Das Signal 4 ist aperiodisch.

Zu M2.2 u. 3 Audiosignal mit ADSR-Hüllkurve und Oberschwingungen
Ausgehend vom Programm prelude wurden folgende Programme generiert:

- Audiosignal mit ADSR-Bewertung → prelude_adsr
- Audiosignal mit ADSR-Bewertung und höheren Harmonischen → prelude_adsr_harm

Die größte Signal(grund)frequenz leitet sich aus dem Ton d^2 mit ungefähr 587 Hz ab. Damit ist die Zahl der möglichen Oberschwingungen auf 5 beschränkt, da $7 \cdot f_0 = 4109$ Hz die halbe Abtastfrequenz von 4000 Hz überschreitet.

- Graphische Darstellung, s. Abb. 2.7 → prelude_plots

2.6 Lösungshinweise

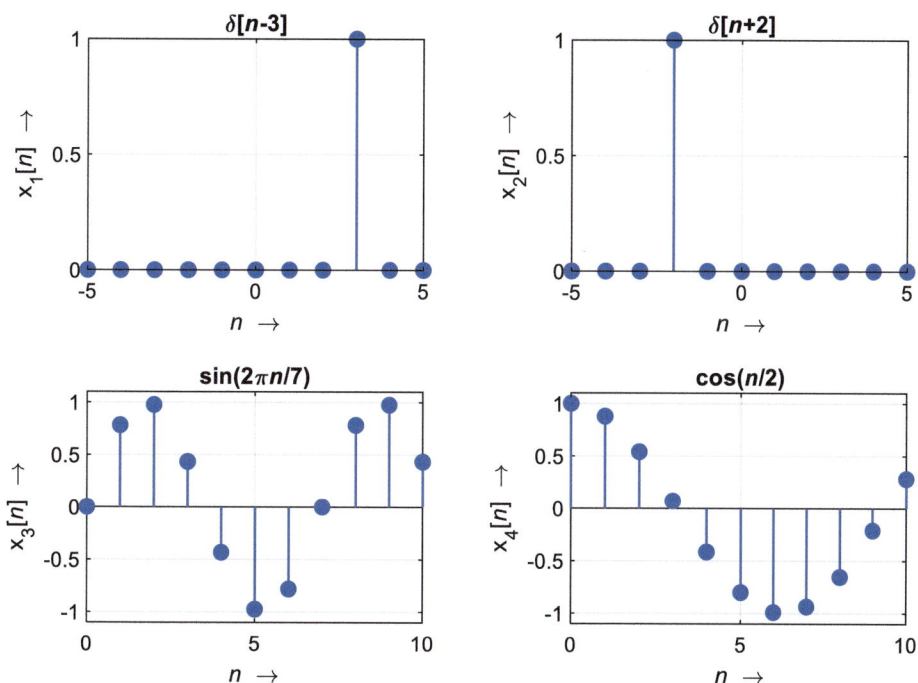

Abb. 2.6 Signalbeispiele (`signals`)

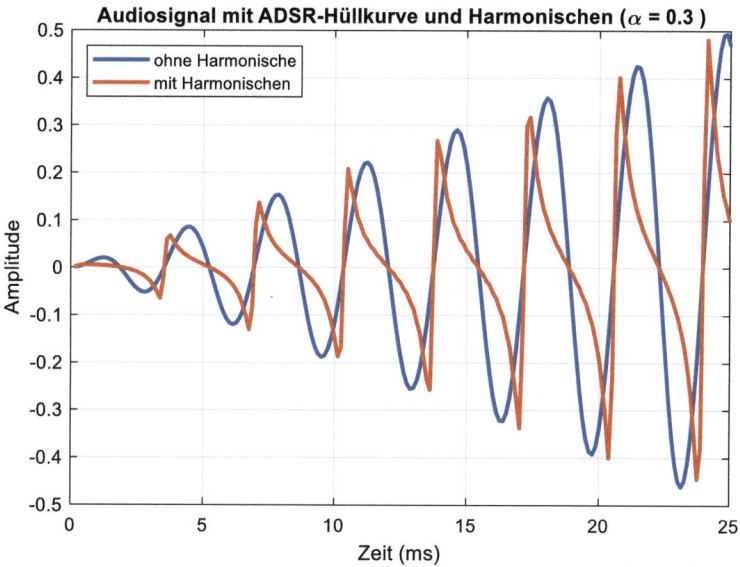

Abb. 2.7 Audiosignalbeispiel Eintonsignal (587 Hz) ohne und mit Harmonischen (`prelude_plots`)

Zu M2.4 Echo

Siehe Programm `prelude_echo`.

Die minimale Echolaufzeit bei 8 kHz Abtastfrequenz beträgt $T_s = 1/f_s = 0.125$ ms. Mit der Schallgeschwindigkeit in Luft von ca. 340 m/s entspricht das einem Echoumweg von 4.25 cm.

Ein Echoumweg von 10 m, entspricht 1/34 s Echolaufzeit bzw. ca. 235 Abtastintervalle.

Zu M2.5 Spiegelfrequenzeffekt

Siehe Programm `mirror_freq`. Nur wenn vorausgesetzt wird, dass die höchste Signalfrequenz kleiner als die halbe Abtastfrequenz ist, kann das Signal nach Abtastung in Frequenz und Amplitude richtig zugeordnet/gemessen werden.

Zu Quiz 2

1. 1
2. stairs
3. die Abtastfrequenz, das Abtastintervall
4. 300 Hz, 3400 Hz
5. Oktave
6. der Zeit-Frequenz-Darstellung
7. „attack", „decay", „sustain" und „release"
8. einen Ton
9. 8 kHz
10. Grundwelle/Grundschwingung
11. zweiseitige
12. Harmonischen
13. [−2, 1]
14. Verzögerungsglied („delay"), Multiplizierer („multiplyer"), Addierer („adder")
15. struct
16. [−1, 2]
17. $\Omega_0 = 2\pi \cdot f_0 / f_S$
18. [−1, 1]
19. [−2, 2]
20. Infraschall, Ultraschall

Literatur

1. Birnbaumer, N., & Schmidt, R. F. (2010). *Biologische Psychologie* (7. Aufl.). Springer.
2. Bronstein, I. N., Semendjajew, K. A., Musiol, G., & Mühlig, H. (2020). *Taschenbuch der Mathematik* (11. Aufl.). Europa-Lehrmittel.

3. Chowing, J. M. (1973). The synthesis of complex audio spectra by means of frequency modulation. *Journal of Audio Engineering Society, 21*(7), 526–534.
4. Karplus, K., & Strong, A. (1983). Digital synthesis of plucked string and drum timbers. *Computer Music Journal, 7*(2), 43–55.
5. McClellan, J. H., Schafer, R. W., & Yoder, M. A. (1998). *DSP first: A multimedia approach.* Prentice-Hall.
6. Schandry, R. (2006). *Biologische Psychologie* (2. Aufl). Beltz.
7. Stonick, V., & Bradley, K. (1996). *Labs for signal and systems. Using MATLAB®.* PWS Publishing Company.
8. Werner, M. (2008). *Signale und Systeme. Lehr- und Arbeitsbuch mit MATLAB®-Übungen und Lösungen* (3. Aufl.). Vieweg+Teubner.

Diskrete Fourier-Transformation 3

Inhaltsverzeichnis

3.1 Lernziele 50
3.2 Grundlagen der diskreten Fourier-Transformation 50
    3.2.1 Fourier-Transformation von periodischen Folgen.................... 52
    3.2.2 DFT der Kosinusfolge 54
    3.2.3 Eigenschaften der DFT 56
    3.2.4 Vorbereitende Aufgaben 58
    3.2.5 Versuchsdurchführung 59
3.3 Klirrfaktormessung mit der DFT 60
    3.3.1 Klirrfaktor 60
    3.3.2 Vorbereitende Aufgaben 63
    3.3.3 Versuchsdurchführung 66
3.4 Zusammenfassung 66
3.5 Quiz 3 67
3.6 Lösungshinweise 68
Literatur 73

Zusammenfassung

Die diskrete Fourier-Transformation (DFT) ist eine Form der harmonischen Analyse. Sie stellt zeitdiskrete Signale endlicher Länge als gewichtete Summen aus Sinus- und Kosinusfolgen dar. Die Gewichte werden DFT-Koeffizienten genannt und liefern eine alternative Signaldarstellung im Frequenzbereich, das DFT-Spektrum. Die DFT ist eine bijektive lineare Blocktransformation bei der aus N Signalwerte genau N DFT-Koeffizienten und umgekehrt berechnet werden. Ein einfaches Anwendungsbeispiel ist die Klirrfaktormessung.

© Der/die Herausgeber bzw. der/die Autor(en), exklusiv lizenziert an Springer Fachmedien Wiesbaden GmbH, ein Teil von Springer Nature 2025
M. Werner, *Digitale Signalverarbeitung mit MATLAB®*,
https://doi.org/10.1007/978-3-658-45607-8_3

> **Schlüsselwörter**
>
> Diskrete Fourier-Transformation („discrete Fourier transform") · Fourier-Summe („Fourier sum") · Harmonische Analyse („harmonic analysis") · Klirrfaktor („total harmonic distortion") · Klirrfaktormessung („distortion measurement") · Leckphänomen („leakage phenomenon") · MATLAB · Spektrum („spectrum") · Kurzzeit-Spektralanalyse („short-time spectral analysis")

3.1 Lernziele

Dieser Versuch ist der erste von vier Versuchen zur Frequenzbereichsdarstellung mit der diskreten Fourier-Transformation. Er führt Sie in die Grundlagen einer der häufigsten Anwendungen der digitalen Signalverarbeitung ein. Mathematischer Ausgangspunkt ist die Orthogonalität der harmonischen Exponentiellen. Diese Eigenschaft spielt nicht nur in der Kurzzeit-Spektralanalyse eine zentrale Rolle, sondern auch in den OFDM-Verfahren der Nachrichtenübertragung. Anwendungen finden sich beispielsweise bei den drahtlosen Netzen (WLAN), den digitalen Teilnehmeranschlüssen (ADSL), dem digitalen Fernsehen (DVB) und im Mobilfunk (LTE, 5G). Auch in der digitalen Bildverarbeitung wird die DFT angewendet [7]. Darüber hinaus ist die in der Audio- und Videocodierung wichtige diskrete Kosinustransformation (DCT) eng mit der DFT verwandt. Wenn auch die Anwendungen hier nicht dargestellt werden können (z. B. [7]), werden mit diesem Versuch die Grundlagen zu deren Verständnis gelegt.

Nach Bearbeiten dieses Versuches können Sie

- die Definitionsgleichungen der DFT und IDFT angeben,
- die Begriffe harmonische Analyse, DFT-Spektrum und DFT-Koeffizient erläutern,
- den Zusammenhang zwischen den DFT-Koeffizienten und den transformierten Zeitsignalen erklären,
- für eine periodische Sinus- und Kosinusfolge die DFT-Länge so bestimmen, dass das DFT-Spektrum nur genau zwei von null verschiedene DFT-Koeffizienten aufweist,
- das Leckphänomen erklären und seine Bedeutung für die Spektralanalyse einschätzen,
- und die Voraussetzungen für eine Klirrfaktormessung erläutern und die Messung mit MATLAB praktisch durchführen.

3.2 Grundlagen der diskreten Fourier-Transformation

Zum anschaulichen Einstieg knüpfen wir an die Audiosignale in Kap. 2 an. Das *Stabdiagramm* in Abb. 3.1 links zeigt ein Audiosignal aus Harmonischen, ähnlich dem in Abb. 2.7. Darin sind 100 aufeinanderfolgende Signalwerte eingetragen. Dem Signalmodell liegen die Abtastfrequenz 8 kHz und die (Signal-)Grundfrequenz 400 Hz zugrunde. Die Amplituden der höheren Harmonischen sind exponentiell mit $\alpha = .3$ gedämpft, siehe Abschn. 2.3.4. Ein Ausschnitt der Länge 200 des Signals $x[n]$ wurde der DFT unterworfen.

3.2 Grundlagen der diskreten Fourier-Transformation

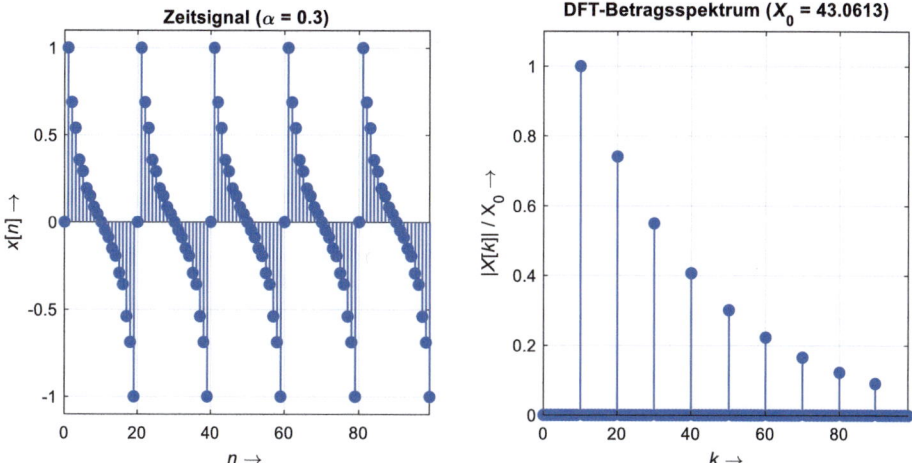

Abb. 3.1 Harmonisches Signal und sein DFT-Betragsspektrum (dft_harmonics)

Abb. 3.1 rechts zeigt den Ausschnitt des Betrags des DFT-Spektrums |X[k]| für k von null bis 100. Das DFT-Betragsspektrum ist mit seinem Maximum X_0 skaliert. Der DFT-Koeffizient bei null, d. h. X[0], ist null und folglich ist der Ausschnitt des Zeitsignals mittelwertfrei. Das DFT-Betragsspektrum ist augenfällig nur für k = 10, 20, ...,90 von null verschieden und die Beträge fallen exponentiell. Das Betragsspektrum spiegelt die harmonische Struktur des Signals bzgl. der Frequenzlagen und den relativen Amplituden wider.

Die Zusammenhänge in Abb. 3.1 und ihre Anwendung sind Gegenstand dieses und des nächsten Kapitels. In der folgenden Versuchsvorbereitung werden wichtige mathematische Beziehungen vorgestellt und an Beispielen erläutert. In der Versuchsdurchführung werden Sie Ihre Ergebnisse mit MATLAB überprüfen und die DFT zur Kurzzeit-Spektralanalyse einsetzen. Schließlich wenden Sie am Beispiel der Klirrfaktormessung das Gelernte nochmals Schritt für Schritt an.

Das Beispiel der Audiosignale in Kap. 2 weist auf die Bedeutung der Frequenzkomponenten zur Signaldarstellung hin. Schon Mitte des 18. Jahrhunderts wurde in Europa die harmonische Exponentielle zur Beschreibung von Schwingungsphänomenen diskutiert. J.-B. J. Fourier (1768–1830) erkannte 1807 ihre Bedeutung bei der Lösung des Wärmeleitungsproblems (z. B. [2]). Heute wird in vielen Anwendungsfeldern die *harmonische Analyse* mit ihrer Signaldarstellung im *Frequenzbereich* genutzt.

Die Fourier-Reihe und die Fourier-Transformation gehören zur mathematischen Grundbildung in technischen Studiengängen. An ihre Definitionen wird in Tab. 3.1 erinnert [5]. In der ersten Spalte, für (zeit)kontinuierliche Funktionen, ist die Fourier-Reihe für periodische Signale und die Fourier-Transformation für aperiodische Signale aufgeführt. Über die recht allgemeinen Voraussetzungen zur Existenz der Transformationen, d. h. der auftretenden Integrale und Summen unendlicher Reihen, gibt die Mathematik Auskunft (z. B. [1]). Die Methoden der Fourier-Analyse zeitkontinuierlicher Signale sind auf die zeitdiskreten Signale in der zweiten Spalte übertragbar.

Tab. 3.1 Signaldarstellung im Zeit- und im Frequenzbereich – Fourier-Analyse

Fourier-Reihe	**Diskrete Fourier-Transformation (DFT)**
$x(t) = \sum_{k=-\infty}^{+\infty} c_k \cdot e^{j2\pi f_0 k\, t}$ $c_k = \frac{1}{T_0} \int_{t_0}^{t_0+T_0} x(t) \cdot e^{-j2\pi f_0 kt} dt$	$x[n] = \frac{1}{N} \sum_{k=0}^{N-1} X[k] \cdot e^{j2\pi \frac{k \cdot n}{N}}$ $X[k] = \sum_{n=0}^{N-1} x[n] \cdot e^{-j2\pi \cdot \frac{k \cdot n}{N}}$
Es ergibt sich im Frequenzbereich ein Linienspektrum mit den Fourier-Koeffizienten c_k bei den Frequenzen $k \cdot f_0$ mit der Grundfrequenz $f_0 = 1/T_0$ und der Periode T_0 des periodischen zeitkontinuierlichen Signals	Es ergibt sich ein Linienspektrum mit den DFT-Koeffizienten X_k mit der Periode N zu den normierten Frequenzen $k = 0 : N-1$, mit der normierten Grundfrequenz $1/N$ und der Periode N des periodischen zeitdiskreten Signals (Folge)
Fourier-Transformation	**Fourier-Transformation für Folgen**
$x(t) = \frac{1}{2\pi} \int_{-\infty}^{+\infty} X(j\omega) \cdot e^{j\omega t} d\omega$ $X(j\omega) = \int_{-\infty}^{+\infty} x(t) \cdot e^{-j\omega t} dt$	$x[n] = \frac{1}{2\pi} \int_{2\pi} X\!\left(e^{j\Omega}\right) \cdot e^{j\Omega n} d\Omega$ $X\!\left(e^{j\Omega}\right) = \sum_{n=-\infty}^{+\infty} x[n] \cdot e^{-j\Omega n}$
Es ergibt sich das Spektrum bzgl. der Kreisfrequenz $\omega = 2\pi f$	Es ergibt sich ein periodisches Spektrum für die normierte Kreisfrequenz Ω mit der Periode 2π

3.2.1 Fourier-Transformation von periodischen Folgen

Die *harmonische Analyse* periodischer, zeitkontinuierlicher Signale mit der Fourier-Reihe entspricht für periodische Folgen der *diskrete Fourier-Transformation* (DFT), siehe Tab. 3.1. Die herausragende Rolle der DFT in der Signalverarbeitung gründet sich auf vier Eigenschaften:

- Die DFT lieferte eine eineindeutige Abbildung zwischen der Zeitfolge $x[n]$ und ihrem Spektrum $X[k]$.
- Die DFT steht in engem Zusammenhang mit der Fourier-Reihe und der Fourier-Transformation. Sie wird deshalb in Spektrumanalysatoren („spectrum analyzer") für zeitkontinuierliche Signale nach deren Abtastung eingesetzt.
- Die DFT eignet sich besonders zur numerischen Berechnung auf Digitalrechnern, da sie sowohl im Zeit- als auch im Frequenzbereich diskret und von endlicher Länge ist und somit eine Blockverarbeitung ermöglicht.
- Die DFT kann mit dem Algorithmus der schnellen Fourier-Transformation (Kap. 6) effizient bzgl. Rechenzeit und Speicherplatz berechnet werden.

Diese vier Eigenschaften machen die DFT auch zur Grundlage der Zeit-Frequenzanalyse mit dem Spektrogramm (Kap. 5) und der praktischen Wavelet-Transformation [4].

Wegen des engen Zusammenhangs mit der Fourier-Reihe wird die DFT auch als „diskrete Fourier-Reihe" bezeichnet. Während die Fourier-Reihe mit $k \in \mathbb{Z}$ ein unendlich

3.2 Grundlagen der diskreten Fourier-Transformation

ausgedehntes Linienspektrum zu den Kreisfrequenzen $2\pi f_0 \cdot k$ erzeugt, ordnet die DFT, wegen der Periodizität der Exponentialfunktion $e^{-j2\pi k/N}$, den N Elementen einer Periode der Folge genau N äquidistante Spektrallinien zu. Die DFT ist eine *Blocktransformation*, die den N Signalelementen im Zeitbereich genau N Signalelemente im Frequenzbereich und umgekehrt bijektiv zuordnet, sodass durch die Transformation keine Information verloren geht.

Für das Verständnis der DFT und ihrer Anwendungen ist wichtig, dass sie für periodische Folgen definiert ist, siehe Abb. 3.2, aber häufig auf Folgen endlicher Länge angewendet wird. Dies ist kein Widerspruch. Weil jede Folge endlicher Länge L mit der Periode $N \geq L$ eindeutig periodisch fortgesetzt werden kann, ist die DFT auf alle geordneten Zahlenfolgen endlicher Länge anwendbar.

Beachten Sie ferner in Tab. 3.1, dass die DFT und ihr Inverses (IDFT) bis auf den Skalierungsfaktor $1/N$ symmetrisch sind. Damit kann jede geordnete Folge von komplexen Zahlen und endlicher Länge prinzipiell sowohl als Zeitsignal als auch als Spektrum interpretiert werden. Die Sätze der DFT für den Zeitbereich haben ihre Entsprechungen im Frequenzbereich und umgekehrt. Man spricht von der *Dualität* zwischen Zeit- und Frequenzbereich.

Die bisherigen Überlegungen fassen die folgenden Definitionen nochmals zusammen: Die *diskrete Fourier-Transformation* (DFT) der Länge N einer Folge $x[n]$ ist die Folge der *DFT-Koeffizienten* $X[k]$

$$X[k] = \sum_{n=0}^{N-1} x[n] \cdot e^{-j\frac{2\pi}{N}kn} \quad \text{mit } k, n = 0, 1, \cdots, N-1.$$

Der Parameter N gibt die DFT-Länge an.

Die inverse DFT (IDFT) liefert wieder die ursprüngliche Folge, wobei diese als Überlagerung von mit den DFT-Koeffizienten gewichteten Sinus- und Kosinusfolgen dargestellt wird.

$$x[n] = \frac{1}{N}\sum_{k=0}^{N-1} X[k] \cdot e^{+j\frac{2\pi}{N}kn} = \frac{1}{N}\sum_{k=0}^{N-1} X[k] \cdot \left[\cos\left(\frac{2\pi}{N}kn\right) + j\,\sin\left(\frac{2\pi}{N}kn\right)\right]$$

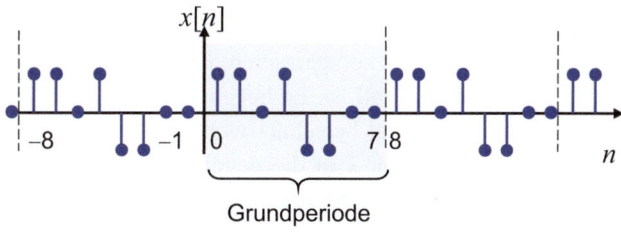

Abb. 3.2 Beispiel einer periodischen Folge

Die Folge x[n] und ihr *DFT-Spektrum* X[k] bilden ein *DFT-Paar*.

$$x[n] \overset{DFT}{\leftrightarrow} X[k]$$

Bei Bedarf werden die Folge und ihr DFT-Spektrum mit der Periode N wie in Abb. 3.2 fortgesetzt.

3.2.2 DFT der Kosinusfolge

Um die Ergebnisse der DFT interpretieren zu können, müssen wir uns die Eigenschaften der beiden Transformationsgleichungen vor Augen führen. Dazu nehmen wir das grundlegende Beispiel der Kosinusfolge

$$x[n] = \cos\left(\frac{2\pi}{16}n\right).$$

Sie soll der DFT der Länge 32 unterworfen werden. Die Indizes n und k der Blocktransformation laufen dann von 0 bis 31.

$$X[k] = \sum_{n=0}^{31} \cos\left(\frac{2\pi}{16}n\right) \cdot e^{-j\frac{2\pi}{32}nk}$$

Für den weiteren Rechengang ist es vorteilhaft, die Kosinusfunktion mit der eulerschen Formel Kap. 1 in exponentieller Form darzustellen. Nach kurzer Zwischenrechnung erhalten wir die zwei endlichen geometrischen Reihen [1]

$$X[k] = \frac{1}{2}\sum_{n=0}^{31}\left(e^{j\frac{\pi}{16}(2-k)n} + e^{-j\frac{\pi}{16}(2+k)n}\right),$$

die schließlich in zwei Quotienten resultieren

$$X[k] = \frac{1}{2}\left(\frac{1-e^{j2\pi(2-k)}}{1-e^{j\frac{\pi}{16}(2-k)}} + \frac{1-e^{-j2\pi(2+k)}}{1-e^{-j\frac{\pi}{16}(2+k)}}\right).$$

Die beiden Zähler sind für ganzzahlige k null, weil in deren Exponenten stets ein ganzzahliges Vielfaches von 2π auftritt und folglich die harmonischen Exponentiellen gleich eins sind. Damit sich ein von null verschiedener DFT-Koeffizient einstellen kann, muss der Nenner die Nullstelle des Zählers kompensieren. Dies geschieht hier genau für $k=2$ und 30, wenn der Nenner ebenfalls null ist. Es liegen zunächst unbestimmte Ausdrücke vor, die mit der Regel von L'Hospital berechnet werden können, oder einfacher direkt durch Einsetzen der beiden Werte für k in die definierenden endlichen geometrischen Reihen oben. Im Beispiel resultiert die DFT der Kosinusfolge

$$X[k] = 16 \cdot (\delta[k-2] + \delta[k-30]) \quad \text{für} \quad k = 0, 1, \ldots, 31.$$

3.2 Grundlagen der diskreten Fourier-Transformation

mit zwei Impulsen an der Stelle k gleich zwei bzw. 30. Alle anderen DFT-Koeffizienten sind null. Die Kosinusfolge und ihr DFT-Spektrum sind in Abb. 3.3 zu sehen. Die Grafik wurde mit dem Programm 3.1 erzeugt. Die DFT wird mit dem MATLAB-Befehl fft berechnet. Er stellt einen besonders effizienten Algorithmus zur Berechnung dar und wird daher auch „fast Fourier transform" (FFT) (Kap. 6) genannt.

Beachten Sie in Abb. 3.3 auch, dass sowohl die Kosinusfolge als auch ihr DFT-Spektrum rein reell sind. Deshalb reichen in der Grafik zwei Tafeln aus. Die Darstellung der DFT getrennt in Real- und Imaginärteil erübrigt sich hier.

Programm 3.1 DFT der Kosinusfolge (dft_cosine.m)

```
% DFT spectrum of a cosine sequence (mw2024)
N = 32; % length of sequences (period, dft length)
n = 0:N-1; % normalized time
Omega = pi/8; % normalized radian frequency
x = cos(Omega*n); % cosine sequence
X = fft(x); % computation of dft
% Graphics
FIG = figure('Name','dft_cosine','NumberTitle','off',...
   'Units','normal','Position',[.2 .1 .6 .3]);
tiledlayout('flow')
nexttile, stem(0:N-1,x,'filled','LineWidth',1), grid % real signal
axis([0 N-1 -1 1]);
xlabel('{\itn} \rightarrow'), ylabel('{\itx}[{\itn}] \rightarrow')
title(['Kosinusfolge ({\itN}=',num2str(N),')'])
nexttile, stem(0:N-1,real(X),'filled','LineWidth',1), grid % real signal
MAX = max(abs(X)); axis([0 N-1 -MAX MAX]);
xlabel('{\itk} \rightarrow'), ylabel('{\itX}[{\itk}] \rightarrow')
title('DFT-Spektrum ({\itN}=',num2str(N),')'])
```

Die DFT in Abb. 3.3 erfasst genau zwei Perioden der Kosinusfolge. Sie liefert deshalb genau zwei von null verschiedene reelle Koeffizienten, nämlich für $k=2$ und $N-2=30$.

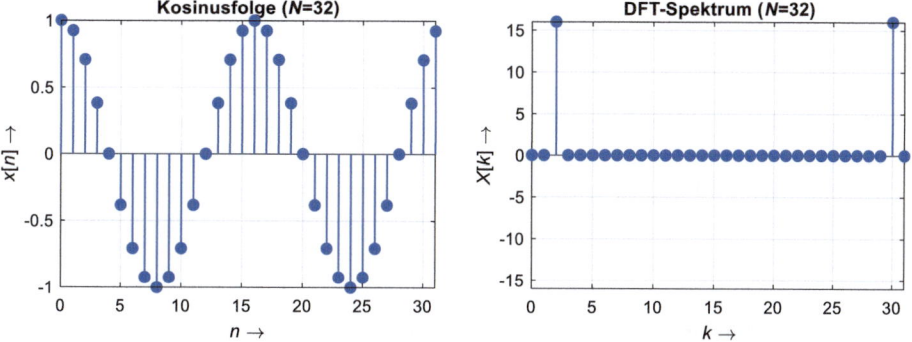

Abb. 3.3 Kosinusfolge (links) und ihr DFT-Spektrum (rechts) der Länge N (dft_cosine)

Damit kann in Abb. 3.3 augenfällig, d. h. ohne lange Rechnung, vom DFT-Spektrum auf das Kosinussignal und seine Periode von $k \cdot 2\pi/N = 2\pi/16$ und umgekehrt geschlossen werden. Das heißt, nach 16 Zeitschritten wiederholt sich die Kosinusfolge.

Die allgemeine Betrachtung der DFT als harmonische Analyse macht dies nochmals deutlich. Die DFT stellt jede Folge der Länge N als mit den DFT-Koeffizienten gewichtete Überlagerung von N Kosinus- und Sinusfolgen dar

$$x[n] = \frac{1}{N} \sum_{k=0}^{N-1} X[k] \cdot [\cos(\Omega_k n) + j \cdot \sin(\Omega_k n)] \quad \text{für} \quad n = 0, 1, \ldots, N-1$$

mit den jeweiligen Werten der normierten Kreisfrequenz

$$\Omega_k = \frac{2\pi}{N} \cdot k \quad \text{für} \quad k = 0, 1, \ldots, N-1.$$

Durch Koeffizientenvergleich ergibt sich für festen Index $k = k_0$ der Zusammenhang.

$$\cos\left(\frac{2\pi}{N} k_0 n\right) \overset{DFT}{\leftrightarrow} \frac{N}{2} \cdot (\delta[k - k_0] + \delta[k - (N - k_0)]) \quad \text{für} \quad k = 0, 1, \ldots, N-1$$

Der erste Impuls im DFT-Spektrum bei k_0 folgt unmittelbar. Der zweite Impuls resultiert, weil die Kosinusfunktion eine gerade Funktion und in 2π periodisch ist, das heißt

$$\cos\left(\frac{2\pi}{N}(N - k_0)n\right) = \cos\left(\frac{2\pi}{N} N n - \frac{2\pi}{N} k_0 n\right) = \cos\left(\frac{2\pi}{N} k_0 n\right).$$

Beachten Sie weiter, die Sinusfunktion ist ungerade, sodass sich hier die Anteile gegenseitig kompensieren. Das DFT-Spektrum der Kosinusfolge ist rein reell.

Ebenso kann für die DFT der Sinusfolgen überlegt werden, wobei sich das DFT-Spektrum als rein imaginär ergibt.

$$\sin\left(\frac{2\pi}{N} k_0 n\right) \overset{DFT}{\leftrightarrow} j \frac{N}{2} \cdot (-\delta[k - k_0] + \delta[k - (N - k_0)]) \quad \text{für} \quad n, k = 0, 1, \ldots, N-1$$

3.2.3 Eigenschaften der DFT

Die DFT besitzt ähnliche Eigenschaften wie die Fourier-Transformation, wie z. B. die Symmetrie zwischen der Hin- und Rücktransformation, die Dualität zwischen Zeit- und Frequenzbereich. Wegen der periodisch zu denkenden Folgen – sowohl das Signal als auch das DFT-Spektrum – ergeben sich zusätzlich die speziellen Eigenschaften zur zyklischen Verschiebung, zyklischen Faltung und Multiplikation. Einige Eigenschaften werden später noch genauer erläutert und in der Versuchsdurchführung verwendet. In Tab. 3.2 sind wichtige Eigenschaften im Sinne einer Formelsammlung zusammengestellt [5], auf die im Weiteren noch zurückgegriffen wird.

Hier sei nur auf zwei Eigenschaften besonders hingewiesen: Zum ersten, die *parsevalsche Gleichung* verbindet allgemein die Signalleistungen in Zeit- und Frequenzbereich.

3.2 Grundlagen der diskreten Fourier-Transformation

Tab. 3.2 Sätze der diskreten Fourier-Transformation für periodische Folgen der Länge N (Periode)

Linearität	$\sum_l a_l \cdot x_l[n] \stackrel{DFT}{\leftrightarrow} \sum_l a_l \cdot X_l[k]$
Zyklische Verschiebung mit $w_N = e^{-j \cdot 2\pi/N}$	$x[n-m] \stackrel{DFT}{\leftrightarrow} w_N^{mk} \cdot X[k]$
Modulation	$w_N^{nl} \cdot x[n] \stackrel{DFT}{\leftrightarrow} X[k+l]$
Spiegelung	$x[-n] \stackrel{DFT}{\leftrightarrow} X[-k]$
Konjugiert komplexe Folge	$x^*[n] \stackrel{DFT}{\leftrightarrow} X^*[-k]$
Zyklische Faltung	$x_1[n] \stackrel{N}{*} x_2[n] \stackrel{DFT}{\leftrightarrow} X_1[k] \cdot X_2[k]$
Multiplikation (zyklische Faltung im DFT-Spektrum)	$x_1[n] \cdot x_2[n] \stackrel{DFT}{\leftrightarrow} \frac{1}{N} X_1[k] \stackrel{N}{*} X_2[k]$
Parsevalsche Gleichung	$\sum_{n=0}^{N-1} |x[n]|^2 \stackrel{DFT}{\leftrightarrow} \frac{1}{N} \cdot \sum_{k=0}^{N-1} |X[k]|^2$
Zuordnungsschema gerade („even"), ungerade („odd"), reell („real"), imaginär („imaginary")	$x[n] = x_{\text{re}}[n] + x_{\text{ro}}[n] + j \cdot (x_{\text{ie}}[n] + x_{\text{io}}[n])$ DFT $\updownarrow$ $X[k] = X_{\text{re}}[k] + X_{\text{ro}}[k] + j \cdot (X_{\text{ie}}[k] + X_{\text{io}}[k])$

Damit wird es möglich, die Signalleistung im Zeit- und/oder im Frequenzbereich zu bestimmen. Im Zeitbereich erhält man die Blockenergie, d. h. die Energie im Signalblock der Länge N. (Setzt man den Block periodisch fort, teilt die Blockenergie durch N und nimmt weiter an, dass das Abtastintervall normiert ist, d. h. gleich eins, so resultiert die Leistung des periodischen Signals. Aus diesem Grund werden in der digitalen Signalverarbeitung die Begriffe Leistung und Energie nicht immer streng auseinandergehalten.)

Zum zweiten ist die *hermitesche Symmetrie* der DFT-Koeffizienten für reelle Signale oft nützlich.

$$X[k] = X^*[-k] \quad \text{für } x[n] \in \mathbb{R}$$

Die hermitesche Symmetrie ergibt sich aus dem Zuordnungsschema in Tab. 3.2 und bedeutet, dass für reelle Signale der Betrag des DFT-Spektrums eine gerade und die Phase eine ungerade Funktion ist. Dies wird bei grafischen Darstellungen i. d. R. dazu genutzt, den Abszissenbereich auf nur eine halbe Periode zu beschränken.

Die Annahme periodischer Folgen und Spektren deckt sich mit der üblichen zweiseitigen Darstellung der Fourier-Spektren in der Kommunikationstechnik [6]. MATLAB unterstützt dies durch den Befehl `fftshift`, der das DFT-Spektrum in *zentrierte Form* bringt. Abb. 3.4 zeigt ein Beispiel für die Sinusfolge. Der DFT-Koeffizient für k gleich null befindet sich jetzt im Zentrum. Damit ähneln die Spektren den gewohnten zweiseitigen Darstellungen aus der Fourier-Transformation zeitkontinuierlicher bzw. zeitdiskreter Signale in der Nachrichtentechnik.

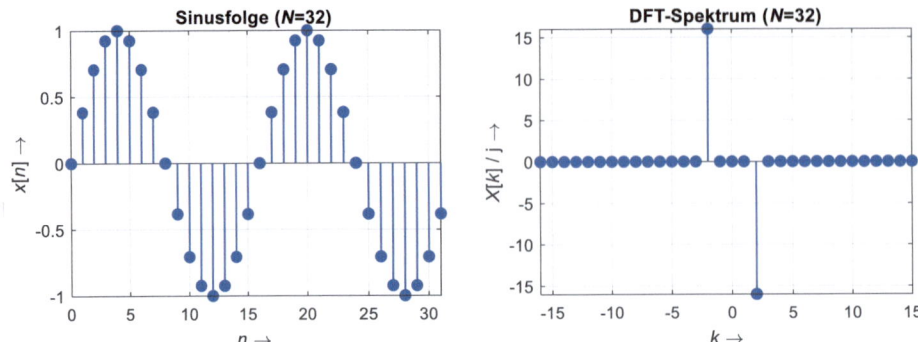

Abb. 3.4 Sinusfolge (links) und ihr DFT-Spektrum in zentrierter Form (rechts) der Länge N (dft_sine)

Beachten Sie auch, die Sinusfolge ist rein reell und ihr DFT-Spektrum rein imaginär. Letzteres wird in der Beschriftung der Ordinate durch Division des DFT-Spektrums mit der imaginären Einheit j berücksichtigt. Beachten Sie ferner, dass der Realteil im numerisch berechneten DFT-Spektrum nicht null ist, sondern aufgrund von Rechenungenauigkeiten am Computer kleine Beträge bei etwa 10^{-15} auftreten. Im Variableneditor, siehe Workspace, können Sie z. B. die Werte kontrollieren. Für die numerische Weiterverarbeitung des DFT-Spektrums kann es deshalb u. U. günstiger bzw. geboten sein, nur den Imaginärteil bzw. ggf. den Realteil auszuwählen.

Für die inverse DFT stellt MATLAB den Befehl ifft bereit.

3.2.4 Vorbereitende Aufgaben

A3.1 Orthogonalität

Mathematische Grundlage der DFT ist die *Orthogonalität* der harmonischen Exponentiellen.

$$\frac{1}{N}\sum_{n=0}^{N-1} e^{-j\frac{2\pi}{N}k n} = \begin{cases} 1 & \text{für } k = m\,N \\ 0 & \text{sonst} \end{cases} \quad \text{und } k, m \in \mathbb{Z}$$

Verifizieren Sie die Gleichung mit der endlichen geometrischen Reihe.

A3.2 DFT-Paare

In dieser Aufgabe sollen Sie die DFT-Spektren wichtiger Signale angeben, also Korrespondenzen herstellen, die ihnen in den folgenden Versuchen helfen werden, die beobachteten Effekte besser zu verstehen.

3.2 Grundlagen der diskreten Fourier-Transformation

a. Geben Sie für die nachfolgenden fünf Signale das DFT-Spektrum der Länge N analytisch an. Es gilt $n=0{:}N-1$ und $0 \leq n_0 < N-1$ bzw. $0 \leq \Omega_0 < \pi$.

$$x_1[n] = \delta[n-n_0] \overset{DFT}{\leftrightarrow}$$

$$x_2[n] = \cos(\Omega_0 n) \overset{DFT}{\leftrightarrow} X_2[k] = \frac{1}{2} \cdot \left[\frac{1 - e^{j(\Omega_0 - \frac{2\pi}{N}k) \cdot N}}{1 - e^{j(\Omega_0 - \frac{2\pi}{N}k)}} + \frac{1 - e^{-j(\Omega_0 + \frac{2\pi}{N}k) \cdot N}}{1 - e^{-j(\Omega_0 + \frac{2\pi}{N}k)}} \right]$$

$$x_3[n] = \sin(\Omega_0 n) \overset{DFT}{\leftrightarrow}$$

$$x_4[n] = e^{j\Omega_0 n} \overset{DFT}{\leftrightarrow}$$

$$x_5[n] = 1 \overset{DFT}{\leftrightarrow}$$

b. Vergleichen Sie die DFT-Paare für $x_1[n]$ und $x_5[n]$. Welche Aussagen können allgemein gemacht werden?

c. Geben Sie für den Sonderfall $\Omega_0 = \lambda \cdot 2\pi/N$ mit $\lambda \in \{1, 2, \ldots, N-1\}$ die Spektren zu den folgenden drei Signalen an. Beachten Sie obige Ergebnisse und die Orthogonalität der harmonischen Exponentiellen.

$$x_2[n] = \cos\left(\frac{2\pi}{N} \lambda n\right) \overset{DFT}{\leftrightarrow}$$

$$x_3[n] = \sin\left(\frac{2\pi}{N} \lambda n\right) \overset{DFT}{\leftrightarrow} X_3[k] = \frac{N}{2j} \cdot \left(\delta[k - \lambda] - \delta[k - (N-\lambda)] \right)$$

$$x_4[n] = e^{j(2\pi/N)\lambda n} \overset{DFT}{\leftrightarrow}$$

3.2.5 Versuchsdurchführung

M3.1 DFT-Paare

Erzeugen Sie die fünf Signale aus A3.2 (a) mit MATLAB und führen Sie jeweils die DFT der Länge 32 durch. Als Parameter verwenden Sie $n_0 = 4$ bzw. $\Omega_0 = 2 \cdot 2\pi/N$. Vergleichen Sie die grafischen Darstellungen mit Ihren Vorbereitungen.

M3.2 Leckphänomen

Führen Sie die letzte Aufgabe M3.1 für das Kosinussignal $x_2[n]$ aus A3.2 (a.) weiter.

a. Stellen Sie das DFT-Betragsspektrum in zentrierter Form grafisch dar. Achten Sie besonders auf die korrekte Beschriftung der Abszisse.

b. Ändern Sie nun die normierte Kreisfrequenz auf $\Omega_0 = 2.5 \cdot 2\pi/N$. Was beobachten Sie?

c. Wenn in (b.) $\Omega_0 \neq \lambda \cdot 2\pi/N$ mit $\lambda \in \{1, 2, \ldots, N-1\}$ gewählt wird, verändern sich das DFT-Spektrum im Vergleich zu M3.1 in charakteristischer Weise. Warum wird hier zur Beschreibung der Veränderung der Begriff *Leckphänomen* („leakage phenomenon") verwendet?

3.3 Klirrfaktormessung mit der DFT

Der enge Zusammenhang zwischen der Fourier-Reihe und der DFT kann dazu benutzt werden, die Koeffizienten der Fourier-Reihe numerisch effizient zu berechnen. Für die Praxis ergeben sich daraus wichtige Anwendungen, wie die Klirrfaktorberechnung.

3.3.1 Klirrfaktor

Eine wichtige Aufgabe in der Industrie ist Maschinenschäden in der Entstehungsphase zu erkennen bzw. den Abnutzungsvorrat im überwachten Betrieb auszuschöpfen. Schneidet man aus einem an der Maschine geeignet abgetasteten Sensorsignal sukzessive Blöcke heraus und unterwirft sie der DFT, so kann beispielsweise der Zustand von Antriebswellen und Lagern über der Zeit erfassen werden. Ein anderes Anwendungsgebiet ergibt sich in Energieversorgungsunternehmen. Dort ist der Leistungsanteil der Oberwellen im Spannungsversorgungsnetz eine Kenngröße für die Versorgungsqualität. Gewisse Grenzwerte müssen im Netz überwacht und eventuell Gegenmaßnahmen ergriffen werden. Schließlich spielt, wie der Name schon sagt, der Klirrfaktor in der Audiotechnik eine Rolle, wenn es um die Beurteilung der Güte von Mikrofonen und Lautsprechern geht.

Die *Klirrfaktormessung* wird am Beispiel des Signals in Abb. 3.5 eingeführt, eine an einem Einweggleichrichter gleichgerichtete sinusförmige Spannung mit normierter Amplitude. Die Frequenz f_0 ist 50 Hz, wie im europäischen Stromversorgungsnetz. Das Signal besitzt die Fourier-Reihe (z. B. [1]; vgl. zentrierte Form in [2]).

$$u(t) = \frac{1}{\pi} + \frac{1}{2} \cdot \sin(2\pi f_0 t) - \frac{2}{\pi} \cdot \left(\frac{1}{1 \cdot 3} \cdot \cos(2\pi f_0 t) + \frac{1}{3 \cdot 5} \cdot \cos(4\pi f_0 t) + \frac{1}{5 \cdot 7} \cdot \cos(6\pi f_0 t) + \cdots \right).$$

Abb. 3.5 Sinussignal nach Einweggleichrichtung

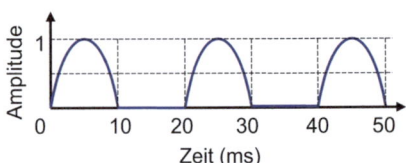

3.3 Klirrfaktormessung mit der DFT

Mit dem Klirrfaktor wird allgemein die Signalverzerrung für Eintonsignale beim Durchgang durch ein nichtlineares System abgeschätzt. Definiert ist der *Klirrfaktor* als das Verhältnis des Effektivwerts der Harmonischen höherer Ordnung (Oberschwingungsgehalt) zum Effektivwert des Signals ohne den Gleichanteil ([Gesamt-]Wechselanteil). Der Klirrfaktor bezieht sich somit auf die Leistung in den Frequenzkomponenten (ungleich null) und ist demnach physikalisch interpretierbar. Je größer der Klirrfaktor, umso größer der nichtlineare Effekt. Mit den Amplituden der k-ten Harmonischen $\hat{u}_k$ gilt für den Klirrfaktor.

$$d = \frac{\sqrt{\hat{u}_2^2 + \hat{u}_3^2 + \hat{u}_4^2 + \cdots}}{\sqrt{\hat{u}_1^2 + \hat{u}_2^2 + \hat{u}_3^2 + \hat{u}_4^2 + \cdots}}.$$

Der Formelbuchstabe d steht für die englische Bezeichnung „total harmonic distortion" (THD). Der Klirrfaktor bewegt sich zwischen null, für keine Oberschwingungen, und eins, wenn keine Grundschwingung vorhanden ist. Man beachte auch, der Klirrfaktor ist ein relatives Maß, gemeinsame Faktoren und Einheiten kürzen sich, was die Anwendung vereinfacht.

Manchmal sind Klirrfaktoren spezieller Ordnungen von Interesse. Dann wird nur der Effektivwert der k-ten Harmonischen im Zähler verwendet. Welche Harmonischen wichtig sind, ergibt sich aus praktischen Erfahrungen.

Für das Beispiel in Abb. 3.5 kann der Klirrfaktor mit Programm 3.2 numerisch bestimmt werden. Statt eines realen abgetasteten Signals werden zunächst die (idealen) Abtastwerte einer Periode in ausreichend dichter Zahl generiert. Es schließt sich die DFT und die Auswertung der DFT-Koeffizienten an.

Die Beträge der DFT-Koeffizienten werden am Bildschirm wie in Tab. 3.3 angezeigten. Die geschätzten Fourier-Koeffizienten b_k und a_{2k+1} sind hier gleich null, wie es die Symmetrie 1. und 3. Art des Signals erwarten lässt [1]. Der so bestimmte Näherungswert für den Klirrfaktor beträgt ungefähr 0.4101. Im Vergleich mit dem anhand der analytischen Formel für die Fourier-Koeffizienten numerisch berechneten Wert 0.3991 zeigt sich ein geringer relativer Fehler von circa 2.8 %, obwohl nur 20 Abtastwerte pro Periode genommen wurden und entsprechend wenige Harmonische berücksichtigt werden konnten.

unten Bildschirmanzeige zur Klirrfaktormessung (`thd`)

```
Klirrfaktor (THD)
f0 =     50 Hz, fs =   1000 Hz
max|X(f)| = 0.315688 für f = 0 Hz
f in Hz      |X(f)|/max|X(f)|
    0           1.0000
   50           0.7919
  100           0.3446
  150           0.0000
  200           0.0762
  250           0.0000
  300           0.0388
  350           0.0000
  400           0.0278
  450           0.0000
THD geschätzt d = 0.4101
```

Das Programm 3.2 erzeugt zusätzlich die Grafik in Abb. 3.6. Um den Zusammenhang mit dem gedachten analogen Signal hervorzuheben, ist die Abszisse in Millisekunden (ms) bzw. Hertz (Hz) beschriftet.

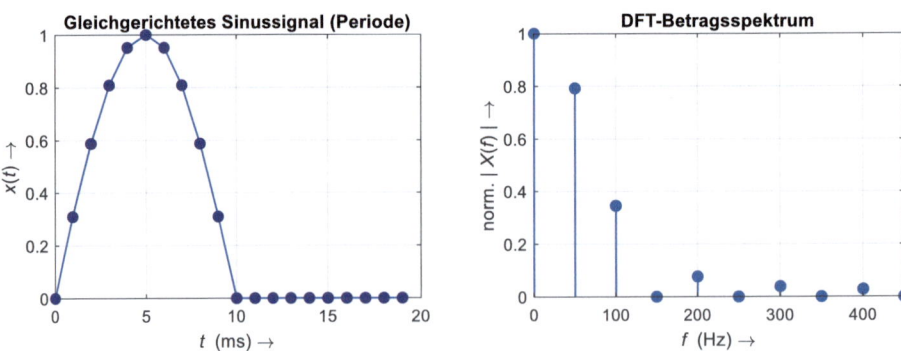

Abb. 3.6 Gleichgerichtetes Sinussignal (eine Periode) und normiertes DFT-Betragsspektrum zur Klirrfaktor-Messung mit wenigen Abtastwerten (`thd.m`)

3.3 Klirrfaktormessung mit der DFT

Programm 3.2 Klirrfaktormessung mit der DFT(thd.m)

```
% Total harmonic distortion (THD) measurement with FFT (mw2024)
f0 = 50; T0 = 1/f0;   % fundamental frequency in Hz and signal period
fs = 1e3; Ts = 1/fs;  % sampling frequency (Hz) and sampling period (s)
Ns = floor(T0/Ts);    % number of samples per period
n = 0:Ns-1;           % normalized discrete time
% signal and spectrum
x = sin(2*pi*f0*Ts*n); % sine function
x(x<=0) = 0; % rectify signal, sine half wave (logical indexing)
X = fft(x);    % dft spectrum
X = X/Ns;      % normalize dft spectrum
%% Graphics and text on screen
% Time signal, sampled signal
t = 1e3*Ts*n; % time scale in ms
f = (0:floor(Ns/2)-1)*fs/Ns; % frequency scale in Hz
FIG1 = figure('Name','thd : Total Harmonic Distortion',...
    'NumberTitle','off','Units','normal','Position',[.2,.1,.6,.3]);
tiledlayout('flow')
nexttile, plot(t,x,t,x,'.','LineWidth',1,'MarkerFaceColor','b',...
    'MarkerEdgeColor','b','MarkerSize',20), grid
axis([0 1e3*Ts*Ns 0 1]);
xlabel('{\itt}  (ms) \rightarrow'), ylabel('{\itx}({\itt}) \rightarrow')
title('Gleichgerichtetes Sinussignal (Periode)')
% DFT spectrum
[MAX, Ind] = max(abs(X));
nexttile, stem(f,abs(X(1:floor(Ns/2)))/MAX,'filled','LineWidth',1), grid
axis([0 max(f) 0 1]);
xlabel('{\itf}  (Hz) \rightarrow')
ylabel('norm. | {\itX}({\itf}) | \rightarrow')
title('"DFT-Betragsspektrum"')
% Text on screen
fprintf('\n')  % text output on screen
fprintf('Klirrfaktor (THD) \n')
fprintf('f0 = %5i Hz, fs = %5i Hz\n',f0,fs)
fprintf('max|X(f)| = %g für f = %i Hz\n',MAX,(Ind-1)*f0)
fprintf('f in Hz     |X(f)|/max|X(f)| \n')
for k = 1:floor(Ns/2)
    fprintf(' %5i \t\t %6.4f \n',f(k),abs(X(k)/MAX))
end
%% Distortion
D1 = abs(X(2)).^2;                  % rms-value for fundamental frequency signal
D  = sum(abs(X(2:floor(Ns/2)-1)).^2); % rms-value for harmonics
d  = sqrt((D-D1)/D);                % distortion
fprintf('THD geschätzt d = %6.4f \n',d)
```

3.3.2 Vorbereitende Aufgaben

A3.3 Fourier-Synthese

Machen Sie sich die Zerlegung eines Signals in Sinus- und Kosinusfunktionen durch die harmonische Analyse nochmals klar, indem Sie die Fourier-Reihe für den periodischen Rechteckimpulszug verwenden (Kap. 1 [3]).

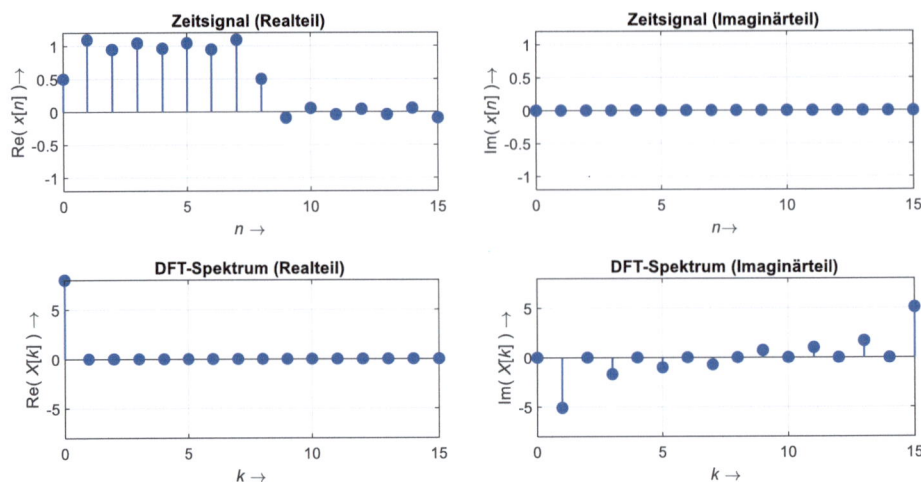

Abb. 3.7 Signalsynthese durch inverse DFT (idft_rect)

$$x(t) = \frac{1}{2} + \frac{2}{\pi} \cdot \sum_{m=0}^{\infty} \frac{1}{2m+1} \cdot \sin\left([2m+1] \cdot 2\pi\, t\right)$$

In der Versuchsdurchführung soll die inverse DFT zur Berechnung der Signalfolge eingesetzt werden. Man spricht von der *Fourier-Synthese*, im Gegensatz zur Fourier-Analyse. Um die Aufgabe vorzubereiten, wird zuerst die oben als normiert gegebene Fourier-Reihe so umgeformt, dass der Koeffizientenvergleich ersichtlicher wird. Zum besseren Verständnis und der Allgemeinheit halber, fügen wir die Frequenz der ersten Harmonischen als Parameter hinzu (Entnormierung).

$$x(t) = \frac{1}{2} + \frac{2}{\pi} \cdot \left[\sin(2\pi f_0 t) + \frac{1}{3} \cdot \sin(3 \cdot 2\pi f_0 t) + \frac{1}{5} \cdot \sin(5 \cdot 2\pi f_0 t) + \cdots\right] =$$
$$= \frac{1}{2} + \frac{2}{\pi} \cdot \sum_{k=1,3,5,\ldots}^{\infty} \frac{1}{k} \cdot \sin(k \cdot 2\pi f_0 t)$$

Lösen Sie nun folgende Aufgaben bzw. beantworten Sie die Fragen.

a. Geben Sie die Abtastfolge zu obigem Rechteckimpulszug analytisch an, wenn pro Periode 16 Abtastwerte genommen werden. Wie groß ist nun die normierte Kreisfrequenz der ersten Harmonischen Ω_0 im Zeitdiskreten?
b. Die Abtastfolge ist ein reelles Signal. Welche Symmetriebedingung ergeben sich daraus für die DFT-Koeffizienten allgemein und speziell, wenn die DFT-Länge gleich 16 ist?

3.3 Klirrfaktormessung mit der DFT

c. Warum ist es für die Fourier-Synthese wichtig, dass die DFT-Länge ein ganzzahliges Vielfaches der (Signal-)Periode ist?
d. Unter welchen Bedingungen kann das periodische Signal durch die DFT-Koeffizienten vollständig repräsentiert werden?
e. Machen Sie sich mit dem Programm 3.3 vertraut und stellen Sie den Zusammenhang mit der Fourier-Reihe bzw. Ihren Vorüberlegungen her.

Programm 3.3 Signalsynthese durch die inverse DFT

```
% Fourier synthesis of rectangular impulse using idft (mw2024)
N = 16;    % length of sequences (period)
% dft coefficients (rectangular impulse train)
X = zeros(1,N); % allocate memory and set default values zero
X(1)= N/2; % dc component X[0]= N/2
cf = (N/2)*(2/pi); % common factor
for k = 1:2:N/2 % for odd indices X[1],X[3],...,X[N/2]
  X(k+1) = -1i*cf/k;
end
% complete dft spectrum of real-valued signals by using even and
% odd symmetry for real and imaginary parts respectively
%   X[16] = conj(X[2]), X[15] = conj(X[3]), ... , X[10] = conj(X[8])
X(N:-1:floor(N/2+1)+1) = conj(X(2:ceil(N/2)));
x = ifft(X); % computation of time-domain signal
% Graphics
FIG = figure('Name','idft_rect','NumberTitle','off',...
   'Units','normal','Position',[.2 .1 .6 .4]);
tiledlayout('flow')
nexttile, stem(0:N-1,real(x),'filled','lineWidth',1), grid
axis([0 N-1 -1.2 1.2]);
xlabel('{\itn} \rightarrow'), ylabel('Re( {\itx}[{\itn}] )\rightarrow')
title('Zeitsignal (Realteil)')
nexttile, stem(0:N-1,imag(x),'filled','lineWidth',1), grid
axis([0 N-1 -1.2 1.2]);
xlabel('{\itn}\rightarrow'), ylabel('Im( {\itx}[{\itn}] )\rightarrow')
title('Zeitsignal (Imaginärteil)')
nexttile, stem(0:N-1,real(X),'filled','lineWidth',1), grid
MAX = max(abs(X)); axis([0 N-1 -MAX MAX]);
xlabel('{\itk} \rightarrow'), ylabel('Re( {\itX}[{\itk}] ) \rightarrow')
title('DFT-Spektrum (Realteil)')
nexttile, stem(0:N-1,imag(X),'filled','lineWidth',1), grid
axis([0 N-1 -MAX MAX]);
xlabel('{\itk} \rightarrow'), ylabel('Im( {\itX}[{\itk}] ) \rightarrow')
title('DFT-Spektrum (Imaginärteil)')
```

A3.4 Fourier-Reihe
Geben Sie die Fourier-Reihe für die gleichförmige Dreieckschwingung in Abb. 3.8 mit der Periode T_0 an. Vergleichen Sie Ihr Ergebnis auch mit einschlägigen Tabellenwerken mit Fourier-Reihen (z. B. [1, 2]).

Abb. 3.8 Gleichförmige Dreieckschwingung

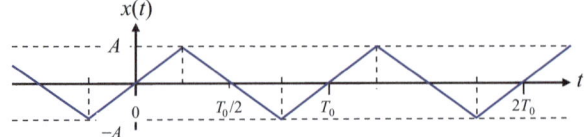

3.3.3 Versuchsdurchführung

M3.3 Fourier-Synthese

Nun soll Sie die Fourier-Synthese mit der gleichförmigen Dreieckschwingung aus A3.4 praktisch durchführen. Aus der Fourier-Reihe folgt die Berechnung der DFT-Koeffizienten. Modifizieren Sie das Programm 3.3 entsprechend. Stellen Sie das DFT-Spektrum in zentrierter Form dar.

Welchen Vorteil besitzt die gleichförmige Dreieckschwingung bei der Fourier-Synthese im Vergleich zum Rechteckimpulszug?

M3.4 Klirrfaktormessung

a. Berechnen Sie den Klirrfaktor der Dreieckschwingung in Abb. 3.8 mit MATLAB anhand der Fourier-Koeffizienten aus der Vorbereitung A3.4. Wie viele Harmonische werden benötigt, damit die relative Änderung zwischen zwei Approximationsschritten unter 1 ‰ liegt?
b. Berechnen Sie nun den Klirrfaktor mittels Simulation und DFT. Wie groß sollte die Abtastfrequenz gewählt werden? Begründen Sie Ihre Antwort. Stellen Sie das Signal und die DFT-Koeffizienten grafisch dar und überprüfen Sie den Zusammenhang mit den Fourier-Koeffizienten.
c. Bewerten Sie die Klirrfaktormessung mit der DFT. Welche Vor- und Nachteile ergeben sich?

3.4 Zusammenfassung

Zeitdiskrete Signale können oft als Überlagerungen von vielen Schwingungen gedacht und mit der diskreten Fourier-Transformation (DFT) analysiert werden. Letztere zerlegt eine Folge der Länge N in harmonische Komponenten, also in Sinus- und Kosinusfolgen deren Frequenzen ganzzahlige Vielfache der Grundfrequenz $2\pi/N$ sind. Die harmonische Analyse mit der DFT ist eine für Digitalrechner besonders geeignete Blocktransformation. Ihre Fundierung liegt in der Orthogonalität der harmonischen Exponentiellen. Zeitsignal und DFT-Spektrum sind eineindeutig ineinander umkehrbar. Die Signaldarstellung im DFT-Spektrum erfolgt somit ohne Informationsverlust und liefert eine alternative Darstellung des Signals mit hohem praktischem Wert.

Bei der Klirrfaktormessung wird der Zusammenhang zwischen der Fourier-Reihe und der DFT, zwischen den Fourier-Koeffizienten und den DFT-Koeffizienten, besonders deutlich. Ihre Voraussetzungen: eine hinreichende Bandbegrenzung und die Abstimmung zwischen der Signalperiode und der DFT-Länge. Schließlich eignet sich die Inverse DFT zur Signalsynthese.

3.5 Quiz 3

Ergänzen Sie die Lückentexte sinngemäß.

1. Die DFT ist eine ___ lineare Blocktransformation.
2. Die DFT einer Kosinusfolge mit $\Omega_0 = 2\pi/16$ und $N = 64$ ist ___ (Formel).
3. Die DFT beruht auf ___ der harmonischen Exponentiellen.
4. Ist das Signal reell und ungerade, ist das DFT-Spektrum ___ und ___.
5. Der betragsmäßig größte DFT-Koeffizient zeigt die Frequenzkomponente mit größter ___ an.
6. Mit dem Befehl fftshift wird das DFT-Spektrum in ___ Form angeordnet.
7. Es gilt $X[N] = $ ___ (Formel).
8. Ist das Signal $x[n]$ reell, gilt für das DFT-Spektrum die hermitesche Symmetrie $X[k] = $ ___ (Formel).
9. Bei der Klirrfaktormessung sollte die DFT-Länge mit ___ der ersten Harmonischen abgestimmt werden.
10. Bei der Klirrfaktormessung erübrigt sich die Synchronisation zwischen dem Beginn der Messung, dem Beginn des Signalblocks für die DFT, und dem Beginn ___ des Messsignals.
11. Bei der Klirrfaktormessung spielt ___ im Signal keine Rolle.
12. Zur DFT $X[k] = -32 \cdot j\, \delta[k-9] + 32 \cdot j\, \delta[k-55]$ mit der Blocklänge 64 gehört das Zeitsignal ___ (Formel).
13. Das Akronym THD steht für ___.
14. Der MATLAB-Befehl x(___) = 0 weist allen negativen Elementen von x den Wert null zu.
15. Der Klirrfaktor kann Werte zwischen ___ und ___ annehmen.
16. Wird eine Sinus- oder Kosinusfunktion einer DFT unterworfen, deren Länge kein ganzzahliges Vielfaches der Periode des Signals ist, tritt ___ auf.
17. Die parsevalsche Gleichung verknüpft ___ im Zeit- und Frequenzbereich.
18. Für reelle Signale ist der Betrag des DFT-Spektrums eine ___ Funktion.
19. Die Folge $+1, -1, +1, -1, \ldots$ ist Teil der Syntheseglcichung, wenn die DFT-Länge ___ ist.
20. Der MATLAB-Ausdruck x(3<n & n<=7) benutzt ___.

3.6 Lösungshinweise

In den Onlineressourcen finden Sie alle Programme zu diesem Kapitel: dft_5signals.m, dft_cosine.m, dft_harmonics.m, dft_leakage.m, dft_sine.m, distortion_analy.m, distortion_dft.m, idft_rectangular.m, idft_triangular.m, thd.m.

Zu A3.1 Orthogonalität

Für $k = m \cdot N$ ist der Exponent mit $-j2\pi \cdot m$ stets ein ganzzahliges Vielfaches von 2π, sodass jeder der N Summanden gleich 1 ist.

Für $k \neq m \cdot N$ folgt für die (endliche) geometrische Reihe

$$\frac{1}{N} \cdot \sum_{n=0}^{N-1} \exp\left(-j\frac{2\pi}{N} k\, n\right) = \frac{1}{N} \cdot \frac{e^{-j2\pi k} - 1}{e^{-j2\pi k/N} - 1} = 0,$$

weil der Zähler gleich null ist und der Nenner ungleich null und endlich ist.

Zu A3.2 DFT-Paare

a.
$$x_1[n] = \delta[n - n_0] \stackrel{DFT}{\leftrightarrow} X_1[k] = e^{-j\frac{2\pi}{N} n_0 k}$$

$$x_3[n] = \sin(\Omega_0 n) \stackrel{DFT}{\leftrightarrow} X_3[k] = \frac{1}{2j} \cdot \left[\frac{1 - e^{j(\Omega_0 - \frac{2\pi}{N} k)N}}{1 - e^{j(\Omega_0 - \frac{2\pi}{N} k)}} - \frac{1 - e^{-j(\Omega_0 + \frac{2\pi}{N} k)N}}{1 - e^{-j(\Omega_0 + \frac{2\pi}{N} k)}}\right]$$

$$x_4[n] = e^{j\Omega_0 n} \stackrel{DFT}{\leftrightarrow} X_4[k] = \frac{1 - e^{j(\Omega_0 - \frac{2\pi}{N} k)N}}{1 - e^{j(\Omega_0 - \frac{2\pi}{N} k)}}$$

$$x_5[n] = 1 \stackrel{DFT}{\leftrightarrow} X_5[k] = \frac{1 - e^{-j2\pi k}}{1 - e^{-j\frac{2\pi}{N} k}} = N \cdot \delta[k]$$

b. Bezogen auf die Grundperiode des Signalblocks zur DFT gilt: Zum Impuls im Zeitbereich ($\delta[n=0]$) bzw. im DFT-Spektrum ($\delta[k=0]$) korrespondiert jeweils eine Konstante im DFT-Spektrum (1) bzw. im Zeitbereich (1/N). Die zeitliche Verschiebung des Impulses führt zu einer linearen Phasenverschiebung im DFT-Spektrum und umgekehrt. Die Phasenverschiebung ändert den Betrag nicht.

c.
$$x_2[n] = \cos\left(\frac{2\pi}{N} \lambda n\right) \stackrel{DFT}{\leftrightarrow} X_2[k] = \frac{N}{2} \cdot (\delta[k - \lambda] + \delta[k - (N - \lambda)])$$

$$x_4[n] = e^{j2\pi \cdot \lambda n/N} \stackrel{DFT}{\leftrightarrow} X_4[k] = N \cdot \delta[k - \lambda]$$

3.6 Lösungshinweise

Zu M3.1 DFT-Paare
Signalerzeugung, DFT und grafische Darstellung siehe `dft_signal`.

Zu M3.2 Leckphänomen
a. Siehe Abb. 3.9.
b. Es treten mehrere von null verschiedene DFT-Koeffizienten auf, obwohl ein Eintonsignal zugrunde liegt.
c. Mit dem Begriff Leckphänomen („leakage phenomenon") wird das „Ausfliesen" der DFT-Koeffizienten bezeichnet, wenn ein Ausschnitt eines periodischen Signals der DFT unterworfen wird und die DFT-Länge nicht genau ein ganzzahliges Vielfaches der Periode erfasst, siehe Abb. 3.9.
Das Leckphänomen wird nicht durch einen Fehler hervorgerufen, sondern ist der Segmentierung der Kurzzeit-Spektralanalyse (Blocktransformation) geschuldet. Nach der parsevalschen Gleichung muss die Signalenergie im DFT-Spektrum erscheinen, weshalb – außer bei einer Nullfolge – nicht alle DFT-Koeffizienten gleich null sein können. Die Energieanteile von Frequenzkomponenten, die im Frequenzraster des DFT-Spektrums keine direkte Entsprechung haben, tauchen deshalb zwangsläufig an anderen Frequenzstellen auf. Das Leckphänomen erschwert i. d. R. die visuelle Interpretation des DFT-Spektrums.

Zu A3.3 Fourier-Synthese
a. Mit $N = 16$ Abtastwerten pro Periode T_0 gilt $f_S = N \cdot f_0 = N/T_0$. Und damit ergibt sich die Abtastfolge

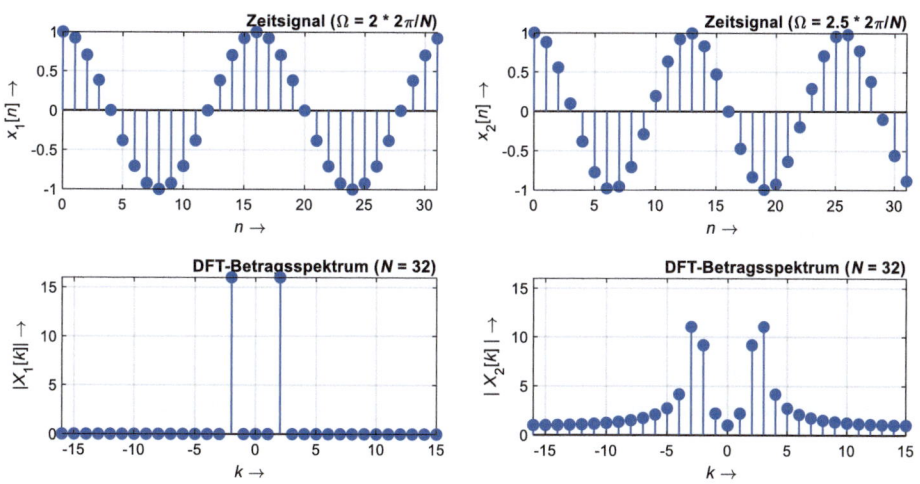

Abb. 3.9 DFT-Spektrum und Leckphänomen (`dft_leakage`)

$$x[n] = x(t = nT_S) = \frac{1}{2} + \frac{2}{\pi} \cdot \sum_{k=1,3,5,\ldots}^{\infty} \frac{1}{k} \cdot \sin(2\pi\, k\, f_0\, n\, T_S)\bigg|_{T_S = \frac{1}{Nf_0}}$$

$$= \frac{1}{2} + \frac{2}{\pi} \cdot \sum_{k=1,3,5,\ldots}^{\infty} \frac{1}{k} \cdot \sin\left(\frac{2\pi}{N} k\, n\right)$$

Die normierte Kreisfrequenz der ersten Harmonischen ist $\Omega_0 = 2\pi/N = 2\pi/16$.

b. Für reelle Folgen gilt die hermitesche Symmetrie. Für $N = 16$ erhalten wir hier für die DFT-Koeffizienten

$$X[1] = X^*[15], X[2] = X^*[14], \ldots, X[7] = X^*[9], X[8] = 0.$$

Die Konstante liefert einen (reellen) Impulsanteil mit Amplitude $N/2 = 8$ im Spektrum für $k = 0$, d. h. $X[0] = 8$.

c. Nur, wenn die DFT-Länge ein ganzzahliges Vielfaches der Periode ist, sind die Fourier-Koeffizienten und die DFT-Koeffizienten direkt ineinander überführbar. Nur dann entspricht die Abtastung der Fourier-Reihe der DFT-Synthesegleichung und das Leckphänomen tritt nicht auf.

d. Die DFT-Koeffizienten müssen vollständig und bis auf einen gemeinsamen Faktor gleich den Fourier-Koeffizienten sein. Wegen der endlichen Blocklänge muss dazu die Fourier-Reihe abbrechen, d. h. die Zahl der Harmonischen endlich sein. Man spricht dann von einer *Fourier-Summe* und einem bandbegrenzten Signal. Die DFT-Blocklänge ist so zu wählen, dass alle Harmonischen durch die DFT erfasst werden, wobei selbstverständlich das Abtasttheorem einzuhalten ist.

Zu A3.4 Fourier-Reihe

$$x(t) = A \cdot \frac{8}{\pi^2} \cdot \left(\frac{\sin(2\pi f_0 t)}{1} - \frac{\sin(3 \cdot 2\pi f_0 t)}{3^2} + \frac{\sin(5 \cdot 2\pi f_0 t)}{5^2} \mp \cdots\right)$$

Zu M3.3 Fourier-Synthese

Siehe Programm 3.3 und `idft_triangular`. Die gleichförmige Dreieckschwingung besitzt keine Sprungstellen, weshalb die Fourier-Koeffizienten quadratisch mit k fallen, statt nur linear wie beim Rechteckimpulszug. Bei gleicher Anzahl der Harmonischen ist die Approximation im quadratischen Mittel für die Dreieckschwingung besser, bzw. bei gleichem mittlerem quadratischem Fehler, sind weniger Harmonische zu berücksichtigen.

Zu M3.4 Klirrfaktormessung

a. Approximation anhand der Fourier-Koeffizienten der analytischen Lösung, siehe Programm `distortion_analy` mit $d \approx 0.1201$ und sieben höheren Harmonischen.

3.6 Lösungshinweise

b. Simulation, siehe Programm `distortion_dft`. Die Abtastfrequenz sollte groß genug gewählt werden, damit alle relevanten Harmonischen durch die DFT-Koeffizienten erfasst werden.

In (a.) werden sieben höhere Fourier-Koeffizienten verwendet. Da nur ungeradzahlige Indizes auftreten, ist die höchste verwendete harmonische bei $15 \cdot f_0$. Angenommen die Grundschwingung sei $f_0 = 1$ Hz, dann müsste die Abtastfrequenz größer 30 Hz sein. Bei der etwas größer gewählten Abtastfrequenz von 40 Hz ergeben sich pro Periode 40 Abtastwerte für die DFT. Für diese Wahl resultiert die Approximation des THD $d \approx 0.1238$.

c. Die Klirrfaktormessung mit der DFT benötigt keine Fourier-Koeffizienten und kann anhand eines abgetasteten Signals blockweise am Rechner/Mikrocontroller numerisch durchgeführt werden. Damit ist eine Überwachung vieler praktischer Signale/Prozesse auch über der Zeit möglich. Ein Nachteil besteht darin, dass ohne theoretisches Modell (z. B. Fourier-Reihe) kein analytisch herleitbares Kriterium für die notwendige Zahl von DFT-Koeffizienten bzw. für die Güte der Messung angegeben werden kann.

Programm 3.4 Klirrfaktorberechnung mit den Fourier-Koeffizienten (distortion_analy.m)

```
% Compute distortion using Fourier series (mw2024)
%% analytical (Fourier series) of triangle wave
d0 = 0; delta = 1; count = 0;
k = 1; d_n_2 = 0; crit = 1e-3;
while delta > crit
    k = k + 2; % odd numbered harmonics only
    bk = k^-2; % fourier coefficient (without common factor)
    d_n_2 = d_n_2 + bk^2; % approx. for squared numerator of distortion
    d = sqrt(d_n_2/(1+d_n_2)); % approx. of distortion (b1=1)
    delta = (d-d0)/d; % relative deviance to previous approx.
    d0 = d;
    count = count + 1; % number of used harmonics
end
%% Text on screen
fprintf('\n')   % text output on screen
fprintf('distortion_analy: distortion of triangle wave\n')
fprintf('rel. deviance between approx. steps (criterion) < %g \n',crit)
fprintf('number of higher harmonics (Fourier coefficients) %g\n',count)
fprintf('analytical approximation of THD            d = %.4f\n',d)
```

Programm 3.5 Klirrfaktorberechnung mit den DFT-Koeffizienten (distortion_dft.m)

```
% Compute distortion of triangular wave using dft (mw2024)
% simulation
f0 = 1;   T0 = 1/f0; % fundamental frequency in Hz and signal period
fs = 40; Ts = 1/fs; % sampling frequency and sampling period
Ns = fs/f0; % number of samples per period
n = 0:Ns-1; % normalized discrete time
% signal generation
x = 0:Ns-1; Ns4 = Ns/4;
x(Ns4<n & n<=3*Ns4)= Ns/2 - x(Ns4<n & n<=3*Ns4); % logical indexing
x(3*Ns4<n)= -Ns + x(3*Ns4<n);
x = x/Ns4;
X = fft(x); % dft spectrum
X = X/Ns;    % normalize dft spectrum
%% Graphics
% time signal, sampled signal
t = 1e3*Ts*n; % time scale in ms
FIG1 = figure('Name','distortion_dft: distortion','NumberTitle','off');
tiledlayout('flow'); nexttile
plot(t,x,t,x,'.','MarkerFaceColor','b','MarkerEdgeColor','b',...
    'MarkerSize',16), grid
axis([0 1e3*Ts*Ns -1 1]);
xlabel('{\itt}  (ms) \rightarrow'), ylabel('{\itx}({\itt}) \rightarrow')
title('Time signal')
% dft spectrum
M = floor((Ns-1)/2); % omit spectral line at normalized frequency pi
f = (0:M)*fs/Ns; % frequency scale
MAX = max(abs(X));
nexttile, stem(f,abs(X(1:M+1))/MAX,'filled'), grid
axis([0 max(f) 0 1]);
xlabel('{\itf}  (Hz) \rightarrow')
ylabel('norm. | {\itX}({\itf}) | \rightarrow')
title(['DFT spectrum magnitude ({\itN}=',num2str(Ns),')'])
%% Text on screen
fprintf('simulation: distortion_dft\n')
fprintf('f0 = %5i Hz, fs = %5i Hz\n',f0,fs)
fprintf('max|X(f)| = %g\n',MAX)
fprintf('f in Hz \t |X(f)|/max|X(f)| \n')
for k = 1:M+1
    fprintf('%5i \t\t %.4f \n',f(k),abs(X(k)/MAX))
end
% distortion
D1 = abs(X(2)).^2;            % rms-value for fundamental frequency signal
D = sum(abs(X(2:1:M+1)).^2); % rms-value for higher harmonics
d = sqrt((D-D1)/D);           % distortion
fprintf('distortion d = %.4f \n',d)
```

Zu Quiz 3

1. bijektive
2. $32 \cdot (\delta[k-4] + \delta[k-60])$
3. der Orthogonalität
4. (rein) imaginär und ungerade
5. Leistung
6. zentrierter

7. $X[0]$ (genauer mit der Periodizität der DFT gilt $X[0] = X[k \cdot N]$ mit $k \in \mathbb{Z}$)
8. $X^*[-k]$
9. der Periode
10. der Periode
11. der Gleichanteil
12. $\sin([2\pi/64] \cdot 9n)$
13. „total harmonic distortion" (THD)
14. `x(x<0)=0;` (logische Indizierung)
15. null und eins
16. das Leckphänomen
17. die (Signal)Leistung
18. gerade
19. gerade (dann gilt $\Omega_{N/2} = \pi$)
20. die logische Indizierung

Literatur

1. Bronstein, I. N., Semendjajew, K. A., Musiol, G., & Mühlig, H. (2020). *Taschenbuch der Mathematik* (11. Aufl.). Europa-Lehrmittel.
2. Flandrin, P. (2023). Fourier and the early days of sound analysis. *IEEE Signal Processing Magazine, 40*(7), 11–16, 88
3. Kories, R., & Schmidt-Walter, H. (2010). *Taschenbuch der Elektrotechnik* (9. Aufl.). Harri Deutsch.
4. Strang, G., & Nguyen, T. (1996). *Wavelets and Filter Banks*. Wellesley-Cambridge Press.
5. Werner, M. (2008). *Signale und Systeme. Lehr- und Arbeitsbuch mit MATLAB®-Übungen* (3. Aufl.). Vieweg+Teubner.
6. Werner, M. (2017). *Nachrichtentechnik. Eine Einführung für alle Studiengänge* (8. Aufl.). Springer Vieweg.
7. Werner, M. (2021). *Digitale Bildverarbeitung. Grundkurs mit neuronalen Netzen und MATLAB-Praktikum*. Springer Vieweg.

Kurzzeitspektralanalyse Grundlagen

Inhaltsverzeichnis

4.1 Lernziele 76
4.2 Grundlagen der Spektralanalyse mit der DFT 77
    4.2.1 Spektralanalyse 77
    4.2.2 Spektrum des zeitdiskreten Signals 80
    4.2.3 Fensterung 81
    4.2.4 Diskrete Fourier-Transformation 84
    4.2.5 Vorbereitende Aufgaben 89
    4.2.6 Versuchsdurchführung 89
4.3 Mehrfrequenzwahlverfahren 90
    4.3.1 DTMF-Töne 90
    4.3.2 Vorbereitende Aufgaben 90
    4.3.3 Versuchsdurchführung 92
4.4 Zusammenfassung 92
4.5 Quiz 4 93
4.6 Lösungshinweise 94
Literatur 100

Zusammenfassung

Die Diskrete Fourier-Transformation (DFT) ist heute das Standardwerkzeug zur Spektralanalyse. Speziell bei Anwendung auf analoge Signale ist die Abtastfrequenz auf die Frequenzlage des Signals abzustimmen. Der Einfluss der Signalfensterung auf die spektrale Auflösung und das Leckphänomen sind zu berücksichtigen. Die Parameter der DFT sind diesbezüglich geeignet einzustellen.

> **Schlüsselwörter**
>
> Abtastung („sampling operation") · Drift („drift") · Ergänzen mit Nullen („zero-padding") · Diskrete Fourier-Transformation (DFT · „discrete Fourier transform") · Fensterung („windowing") · Impulskamm („impulse train") · Interpolation („interpolation") · Kurzzeit-Spektralanalyse („short-time spectral analysis") · Leckphänomen („leakage phenomenon") · MATLAB · Mehrfrequenzwahlverfahren („dual-tone multi-frequency" · DTMF) · Rampenfolge („unit ramp sequence") · Schnelle Fourier-Transformation (FFT · „fast Fourier transform") · Spektrale Auflösung („spectral resolution") · Spektrum („spectrum")

4.1 Lernziele

Dieser Versuch behandelt die Spektralanalyse analoger Signale durch die blockorientierte diskrete Fourier-Transformation (DFT). Weil in der Regel nur ein kurzer Ausschnitt des Signals verarbeitet wird, spricht man von der *Kurzzeit-Spektralanalyse*. Wie die Ausschnitte aus dem Signal entnommen werden, hat einen großen Einfluss auf das geschätzte Spektrum. Wie eine Drift im Signal berücksichtigt werden kann, wird ebenfalls gezeigt. Nach einer Einführung in die Grundlagen wird mit dem Mehrfrequenzwahlverfahren aus der Telefonie ein weit verbreitetes, praktisches Signal untersucht.

Nach Bearbeiten dieses Versuches können Sie

- die Verarbeitungsschritte der Kurzzeit-Spektralanalyse an einem Blockdiagramm aufzeigen,
- die Abbildung des Spektrums eines zeitkontinuierlichen Signals auf das Spektrum der Abtastfolge angeben,
- für ein sinusförmiges Signal die Abtastfrequenz und die DFT-Länge so bestimmen, dass im DFT-Spektrum genau zwei von null verschiedene DFT-Koeffizienten erscheinen,
- die spektrale Auflösung der DFT bestimmen,
- den Einfluss der Fensterung auf das gemessene Kurzzeitspektrum abschätzen und eine geeignete Fensterlänge auswählen,
- das Signal mit Nullen ergänzen und die resultierenden Auswirkungen auf das Kurzzeitspektrum erklären,
- mit der inversen DFT eine Zeitfolge interpolieren,
- das Leckphänomen erklären und seine Bedeutung für das Kurzzeitspektrum einschätzen,
- eine störende Drift des Signals kompensieren,
- und die Kurzeit-Spektralanalyse anhand eines Beispiels durchführen und das Ergebnis erläutern.

4.2 Grundlagen der Spektralanalyse mit der DFT

Eine typische Anwendung der Spektralanalyse zeigt Abb. 4.1. Den Ausgangspunkt bildet beispielsweise das analoge Signal eines Sensors zur Drehzahlmessung einer Turbine. Die Drehzahl soll laufend überwacht werden, um Störungen im gleichmäßigen Lauf der Turbine vor einem Bruch der Welle zu erkennen. Dabei kann, über die Nenndrehzahl der Turbine und die Messcharakteristik des Sensors, der interessierende Frequenzbereich vorab eingegrenzt werden. In der Praxis hat sich hierfür die Analyse des digitalisierten Sensorsignals anhand des (DFT-)Spektrums bewährt.

4.2.1 Spektralanalyse

In Abb. 4.1 sorgt das *Tiefpassfilter* für die notwendige Bandbegrenzung und die Unterdrückung von Rauschen vor der Digitalisierung mit dem *Analog–Digital-Umsetzer* (ADU). Zur Spektralanalyse mit der DFT bzw. ihrer effizienten Implementierung, der schnellen Fourier-Transformation (FFT, „fast Fourier transform") (Kap. 6), werden aus der Folge $x[n]$ Ausschnitte $x_w[n]$ entnommen. Man spricht von der *Fensterung* des Signals und beschreibt sie durch die Multiplikation der Folge mit der *Fensterfolge $w[n]$* („window"), also $x_w[n] = x[n] \cdot w[n]$.

Die einfachste Fensterfolge ist ein Rechteckimpuls, der im Bereich des Fensters den Wert eins hat und sonst null. Bei der *Echtzeitsignalverarbeitung*, wie sie typisch für das Anwendungsbeispiel ist, werden dem Signal sukzessive Blöcke entnommen und diese transformiert, sodass sich das Fenster anschaulich über die Signalfolge schiebt. Von der *Echtzeitsignalverarbeitung* („real-time processing") spricht man, wenn die Verarbeitung eines Signalblocks beendet ist, bevor der nächste Block vorliegt. Je nach Anwendung können bei der Spektralanalyse die Blöcke aneinandergrenzen oder sich auch teilweise überlappen.

In Abb. 4.1 finden drei Verarbeitungsschritte statt, die wesentlichen Einfluss auf das Ergebnis nehmen: die ADU, die (Signal-)Fensterung und die FFT. Die einzelnen Schritte werden nachfolgend anhand eines Beispiels vorgestellt. Die ADU (Kap. 14) wird dabei vereinfachend durch die ideale Abtastung modelliert und die auftretenden Effekte werden mit der Fourier-Transformation erklärt. Im Weiteren werden die Sätze der Fourier-

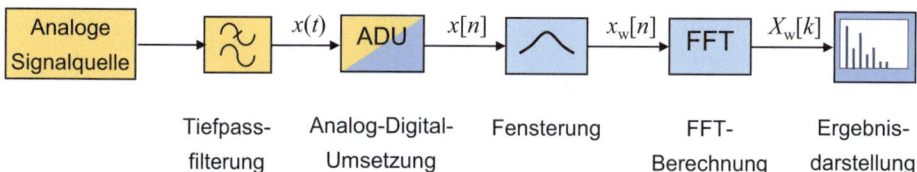

Abb. 4.1 Blockdiagramm zur Kurzzeit-Spektralanalyse mit Fensterbewertung und DFT(FFT)

Abtastung

Zunächst stellen wir den Zusammenhang zwischen dem Spektrum des zeitkontinuierlichen Signals vor und nach der Abtastung her. Wegen der einfachen grafischen Darstellung im Frequenzbereich wählen wir das Beispiel eines reellen und geraden Signals, das zeitkontinuierliche Kosinussignal

$$x(t) = \cos(\omega_0 t)$$

mit dem bekannten impulsförmigen (Fourier-)Spektrum

$$X(j\omega) = \pi\,\delta(\omega - \omega_0) + \pi\,\delta(\omega + \omega_0).$$

Die (ideale) *Abtastung* analoger Signale mit dem *Abtastintervall* („sampling interval", „sampling period") T_s wird mathematisch durch die Multiplikation des Signals

$$x_\text{s}(t) = x(t) \cdot p(t)$$

mit dem *periodischen Impulskamm*

$$p(t) = \sum_{n=-\infty}^{+\infty} \delta(t - nT_\text{s})$$

beschrieben.

Das nur zu den diskreten Zeitpunkten nT_s von null verschiedene Abtastsignal wird im Zeitkontinuierlichen als Folge von Impulsfunktionen dargestellt, siehe Abb. 4.2. Richtungen und Höhen der Impulse repräsentieren die Abtastwerte.

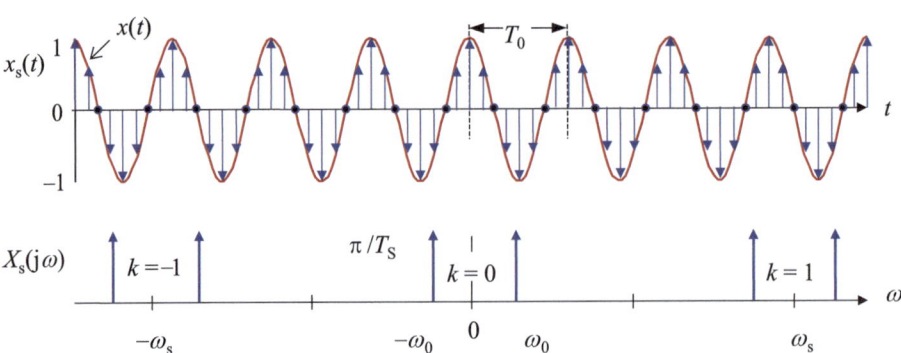

Abb. 4.2 Abgetastetes Kosinussignal und sein periodisches Spektrum ($\omega_\text{s} = 8\,\omega_0$)

4.2 Grundlagen der Spektralanalyse mit der DFT

Spektrum

Die Multiplikation der Signale im Zeitbereich führt nach dem *Modulationssatz* der Fourier-Transformation zur Faltung ihrer Spektren:

$$X_s(j\omega) = \frac{1}{2\pi} \cdot X(j\omega) * P(j\omega).$$

Das Spektrum des (reellen) periodischen Impulskammes ist wieder ein (reeller) periodischer Impulskamm. (Der Impulskammes ist periodisch in T_s. Deshalb ist sein Spektrum ein äquidistantes Linienspektrum mit Frequenzabstand $\Delta f = 1/T_s = f_s$. Gleiches gilt wegen der Dualität umgekehrt.) Somit ist das Spektrum des periodischen Impulskamms.

$$P(j\omega) = \frac{2\pi}{T_s} \cdot \sum_{k=-\infty}^{+\infty} \delta(\omega - k \cdot 2\pi/T_s),$$

sodass schließlich die Faltung auf die Wiederholung des Signalspektrums mit der Periode $2\pi/T_s$ führt:

$$X_s(j\omega) = \frac{1}{T_s} \cdot \sum_{k=-\infty}^{+\infty} X(j[\omega - k \cdot 2\pi/T_s]).$$

Im Beispiel des zeitkontinuierlichen Kosinussignals resultiert der in Abb. 4.2 gezeigte Ausschnitt des abgetasteten Signals. Das zugehörige Spektrum ist darunter dargestellt. Für die Zeichnung wurde das Abtastintervall $T_s = T_0/8$ gewählt, womit das Abtasttheorem eingehalten wird.

Anhand des Beispiels wird zugleich das Abtasttheorem nachvollziehbar. Wird die *Abtastfrequenz* ($f_s = 1/T_s$) kleiner gewählt, nähern sich die periodischen Anteile im Spektrum gegenseitig an. Wird das Abtasttheorem verletzt, schieben sich die Anteile

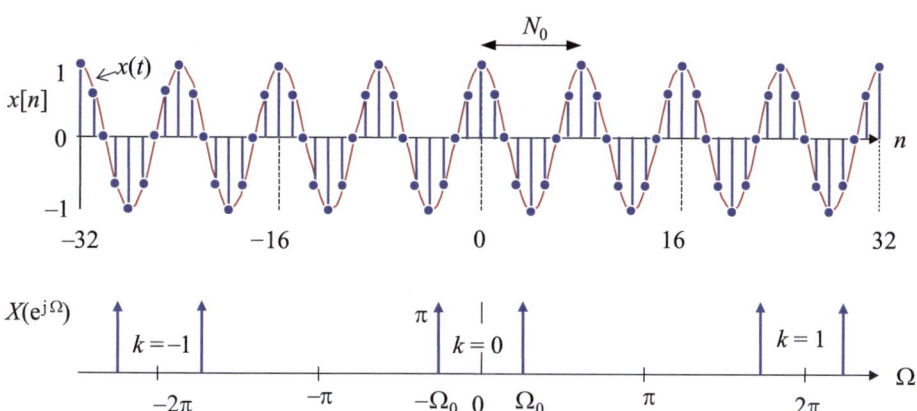

Abb. 4.3 Kosinusfolge und ihr periodisches Spektrum

ineinander. Man spricht von der spektralen Überfaltung oder *Aliasing*, siehe Spiegelfrequenz (Kap. 2).

4.2.2 Spektrum des zeitdiskreten Signals

Die Analyse abgetasteter Signale vereinfacht sich stark, wenn auf die zeitdiskrete Darstellung als Abtastfolge gewechselt wird: Es ergeben sich analytisch einfacher zu handhabende (Signal-)Folgen, siehe Stabdiagramm in Abb. 4.3 oben.

Mit dem Wert der *normierten Kreisfrequenz*

$$\Omega_0 = \omega_0 T_s$$

ergibt sich für das zeitdiskrete Signal

$$x[n] = \cos(\Omega_0 n)$$

und sein Spektrum

$$X(e^{j\Omega}) = \pi \cdot \sum_{k=-\infty}^{+\infty} [\delta(\Omega - \Omega_0 - 2\pi k) + \delta(\Omega + \Omega_0 - 2\pi k)].$$

Das Spektrum einer Folge ist stets periodisch in 2π, weshalb die grafische Darstellung in der Regel auf die Grundperiode $[0, 2\pi[$ bzw. in der zentrierten Darstellung auf $[-\pi, \pi[$ beschränkt wird.

Abtasttheorem
Wird das *Abtasttheorem* eingehalten, tritt kein Aliasing auf. Es ergibt sich der einfache Zusammenhang zwischen dem Spektrum der Abtastfolge und dem Spektrum des abgetasteten Signals:

$$X(e^{j\Omega}) = \frac{1}{T_s} \cdot X\left(j\frac{\Omega}{T_s}\right) \quad \text{für} \quad |\Omega| \leq \pi \quad \text{und} \quad f_s \geq 2f_g$$

Das Ergebnis wird in Abb. 4.4 veranschaulicht: Wird das Abtasttheorem eingehalten, lassen sich die Spektren des zeitkontinuierlichen Signals und der Abtastfolge augenfällig durch die Abbildung der Frequenzachsen ineinander überführen.

$$\Omega = \omega T_s = 2\pi \frac{f}{f_s}$$

Als Grenzfrequenz f_g wird hier diejenige verstanden, für die gilt.

$$|X(j\omega)| = 0 \quad \forall \; |\omega| \geq \omega_g.$$

Also in der Praxis die Frequenz ab der keine wesentlichen Frequenzkomponenten mehr im Signal auftreten.

4.2 Grundlagen der Spektralanalyse mit der DFT

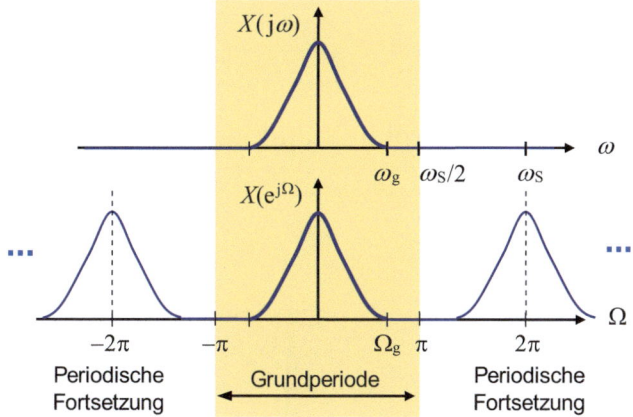

Abb. 4.4 Spektrum (schematisch) eines zeitkontinuierlichen bandbegrenzten Signals (oben) und Spektrum seiner Abtastfolge (unten), wenn das Abtasttheorem eingehalten wird ($f_S \geq 2 f_g$)

Wie Abb. 4.4 zeigt, kann ebenso aus dem Spektrum der Abtastfolge das Spektrum des zeitkontinuierlichen Signals – und damit das zeitkontinuierliche Signal selbst – rekonstruiert werden. Bei Einhaltung des Abtasttheorems geht durch die (ideale) Abtastung keine Information verloren, was die Messmethode in Abb. 4.1 motiviert.

4.2.3 Fensterung

Nachdem die Bestimmung des Spektrums eines zeitkontinuierlichen bandbegrenzten Signals anhand seiner Abtastfolge gezeigt wurde, wird der Auswirkung der *Blockverarbeitung* der DFT auf das Spektrum (Messergebnis) nachgegangen.

Zur Anwendung der DFT wird die Eingangsfolge meist auf eine bestimmte Länge begrenzt. Dieser Vorgang lässt sich für die weitere Analyse als Multiplikation des Signals mit einer Fensterfolge („window") beschreiben.

$$x_w[n] = x[n] \cdot w[n]$$

Der einfachste Fall der Fensterung geschieht mit dem *Rechteckfenster* der Länge N.

$$w[n] = \begin{cases} 1 & \text{für } 0 \leq n \leq N-1 \\ 0 & \text{sonst} \end{cases}$$

Das Rechteckfenster und sein Spektrum,

$$W(e^{j\Omega}) = \sum_{n=0}^{N-1} w[n] \cdot e^{-j\Omega n} = e^{-jN\frac{\Omega}{2}} \cdot \frac{\sin(N \cdot \Omega/2)}{\sin(\Omega/2)},$$

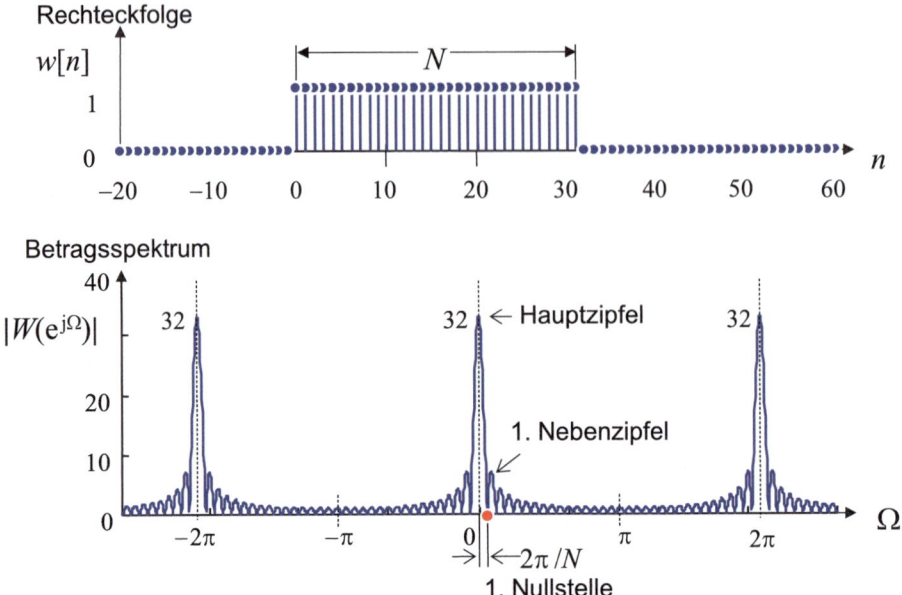

Abb. 4.5 Rechteckfenster der Breite N ($=32$) und sein Betragsspektrum

sind in Abb. 4.5 beispielhaft skizziert. Die Breite des Fensters, die Länge der Fensterfolge N, bestimmt die Breite der *Hauptzipfel* des Betragsspektrums, siehe *Zeitdauer-Bandbreite-Produkt* [4]. Aus obiger Formel, der Sinusfunktion im Zähler, erhält man die erste Nullstelle des Spektrums für positive normierte Kreisfrequenzen bei $2\pi/N$. Je größer die Fensterlänge N, umso schmaler der Hauptzipfel.

Die Multiplikation der Folgen im Zeitbereich ist im Frequenzbereich äquivalent zur Faltung der Spektren (z. B. [4], S. 190):

$$X_w(e^{j\Omega}) = \frac{1}{2\pi} \cdot X(e^{j\Omega}) * W(e^{j\Omega}).$$

Da die Spektren von Folgen periodisch sind, ergibt sich hier die periodische Faltung. Es tragen nur die Terme in der Grundperiode bei. Das Ergebnis wird dann periodisch fortgesetzt. Für das Kosinussignal nach Rechteckfensterung in Abb. 4.6 erhält man das Spektrum

$$X_w(e^{j\Omega}) = \frac{1}{2} \cdot W(e^{j[\Omega-\Omega_0]}) + \frac{1}{2} \cdot W(e^{j[\Omega+\Omega_0]}).$$

Mit dem Spektrum der Fensterfolge resultiert schließlich das Betragsspektrum in Abb. 4.6 unten. Die Faltung mit dem Spektrum der Kosinusfolge reproduziert, wegen der Ausblendeigenschaft der beiden Impulsfunktionen (Abb. 4.3), das Spektrum der Fensterfolge an den normierten Kreisfrequenzen $\pm\Omega_0$.

4.2 Grundlagen der Spektralanalyse mit der DFT

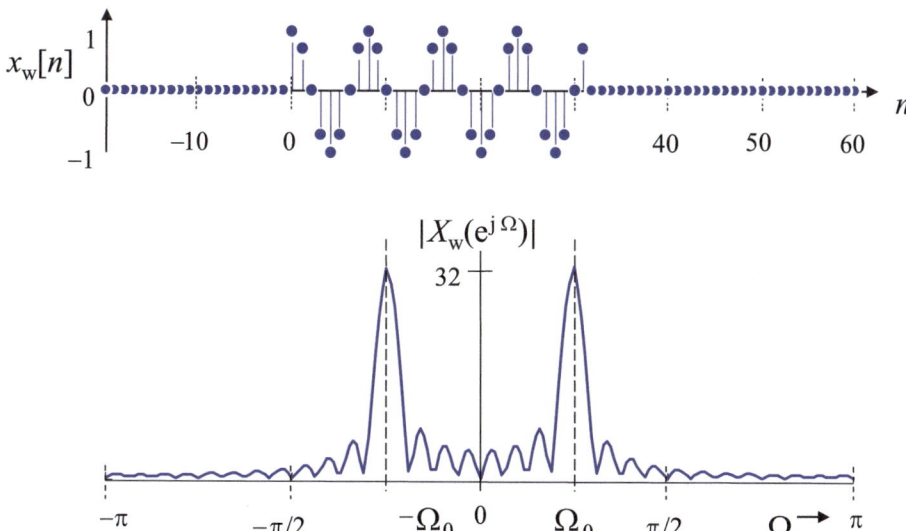

Abb. 4.6 Wirkung der Fensterung im Zeit- und im Frequenzbereich

Spektrale Auflösung

Die Fensterung führt wegen der Faltung der Spektren zum „Verschmieren" des Spektrums. Die Faltung bedeutet für jede normierte Kreisfrequenz $\Omega \in [0, 2\pi[$ eine Integration des Produkts aus Signalspektrum und entsprechend verschobenem Fensterspektrum. Wie in Abb. 4.6 zu sehen ist, trägt im Wesentlichen der Bereich des dominanten Hauptzipfels bei. Unter Umständen können zwei benachbarte Spektrallinien im Messergebnis nicht mehr unterschieden werden, wenn sie beide in den Hauptzipfel fallen.

Als ein Gütekriterium für die Spektralanalyse mit Fensterung ist die *spektrale Auflösung* eingeführt. Sie beschreibt die Fähigkeit feine Strukturen zu unterscheiden – ähnlich der Fähigkeit des Menschen räumliche oder zeitliche Details in Bildern bzw. Musikstücken zu erkennen. Als Maß für die spektrale Auflösung wird oft die halbe Breite des *Hauptzipfels* des Betragsspektrums der Fensterfolge genommen (Abb. 4.5). Die Idee veranschaulicht Abb. 4.7. Zwei Spektralkomponenten bei Ω_k und Ω_{k+1} beeinflussen sich

Abb. 4.7 Spektrale Auflösung der DFT

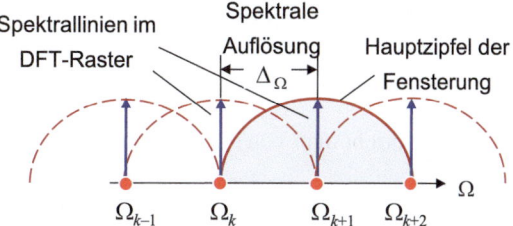

im Messergebnis gegenseitig nicht bzw. kaum, wenn der Abstand der beiden normierten Kreisfrequenzen die halbe Hauptzipfelbreite nicht unterschreitet.

Je kleiner die Hauptzipfelbreite, umso besser das Auflösungsvermögen und desto feinere Strukturen können im DFT-Spektrum erkannt werden. Im Falle des Rechteckfensters der Breite N ist die spektrale Auflösung minimal. Das heißt, von allen möglichen Fensterfolgen der Länge N liefert das Rechteckfenster die kleinste Hauptzipfelbreite mit der spektralen Auflösung

$$\Delta_\Omega = \frac{2\pi}{N}.$$

Durch Verbreiterung des Fensters wird der Wert der spektralen Auflösung kleiner und damit die Auflösung feiner. Im Zahlenwertbeispiel in Abb. 4.6 mit N gleich 32 resultiert $\Delta_\Omega = \pi/16$.

Zur Bewertung der spektralen Auflösung kann alternativ auch die 3-dB-Grenzkreisfrequenz $\Delta_{\Omega 3dB}$ des Fensterspektrums herangezogen werden. Bei der Frequenzanalyse spricht man von der Frequenzauflösung und gibt entsprechend der verwendeten Abtastfrequenz einen Zahlenwert in Hertz (Hz) an.

4.2.4 Diskrete Fourier-Transformation

Im letzten Schritt der Überlegungen wird der Übergang vom kontinuierlichen Fourier-Spektrum für Folgen auf das *DFT-Spektrum* der Blockverarbeitung vollzogen. Der Vergleich der Fourier-Transformation und der DFT in Kap. 3 zeigt, dass für Folgen endlicher Länge N das DFT-Spektrum einer Abtastung der Fourier-Transformierten, des Fourier-Spektrums, an den Stellen des *DFT-Rasters*

$$\Omega_k = \frac{2\pi}{N}k = \Delta_\Omega k \quad \text{für} \quad k = 0, 1, \ldots, N-1$$

entspricht.

$$X_w[k] = X_w\left(e^{j\frac{2\pi}{N}k}\right)$$

Bei der Spektralanalyse in Abb. 4.1 wird von einer Abtastfolge mit der Abtastfrequenz f_s ausgegangen. Infolgedessen korrespondieren die diskreten normierten Kreisfrequenzen mit den diskreten Frequenzen

$$f_k = \frac{f_s}{N}k \quad \text{für} \quad k = 0, 1, \ldots, N-1.$$

Folglich spricht man von der *Frequenzauflösung* der DFT

$$\Delta_f = \frac{f_s}{N}.$$

4.2 Grundlagen der Spektralanalyse mit der DFT

Ergänzen mit Nullen

Ein Signal endlicher Länge kann durch Anhängen von Nullen auf eine größere Blocklänge gebracht werden. Beispielsweise, um die schnellen Radix-2-FFT (Kap. 6) anzuwenden. Man beachte jedoch, die Nullen liefern keine zusätzliche Information über das Signal und können die Messunsicherheit aufgrund der Fensterung nicht aufheben. Streng genommen kann ein zeitbegrenztes Signal nicht bandbegrenzt sein (z. B. [3], S. 42), sodass immer eine gewisse Unschärfe bleibt.

Mit dem Ergänzen des Signals mit Nullen („*zero-padding*") wird unter Umständen die grafische Darstellung günstig beeinflusst. Die Fourier-Transformierte (Tab. 3.1) des ursprünglichen Signalblocks wird in kleineren Frequenzschritten dargestellt. Die Ergänzung eines Signals endlicher Länge durch Nullen bringt jedoch keine zusätzlichen Summanden in die Berechnung der Fourier-Transformation. Das Spektrum ändert sich nicht. Wendet man allerdings die DFT auf das ergänzte Signal an, wird die spektrale Auflösung der DFT kleiner, d. h. sie verfeinert sich mit zunehmender Blocklänge N. Das Spektrum des Signals wird in engerem DFT-Raster abgetastet.

Die Zusammenhänge veranschaulicht das Beispiel in Abb. 4.8. Der Einfachheit halber werden zwei Signale der Länge 32 zugrunde gelegt. Das erste besteht aus zwei Tönen, Kosinusfolgen mit den normierten Kreisfrequenzen $\Omega_1 = 5 \cdot 2\pi/32$ bzw. $\Omega_2 = 6 \cdot 2\pi/32$, die beide auf dem DFT-Raster liegen. Demzufolge zeigt das DFT-Betragsspektrum in Abb. 4.8 links oben genau zwei von null verschiede DFT-Koeffizienten bei Index 5 bzw. 6. Anders das zweite Signal: Es besteht aus einem einzigen Ton, der Kosinusfolge mit $\Omega_3 = 5.5 \cdot 2\pi/32$. Die normierte Kreisfrequenz liegt nicht im DFT-Ra-

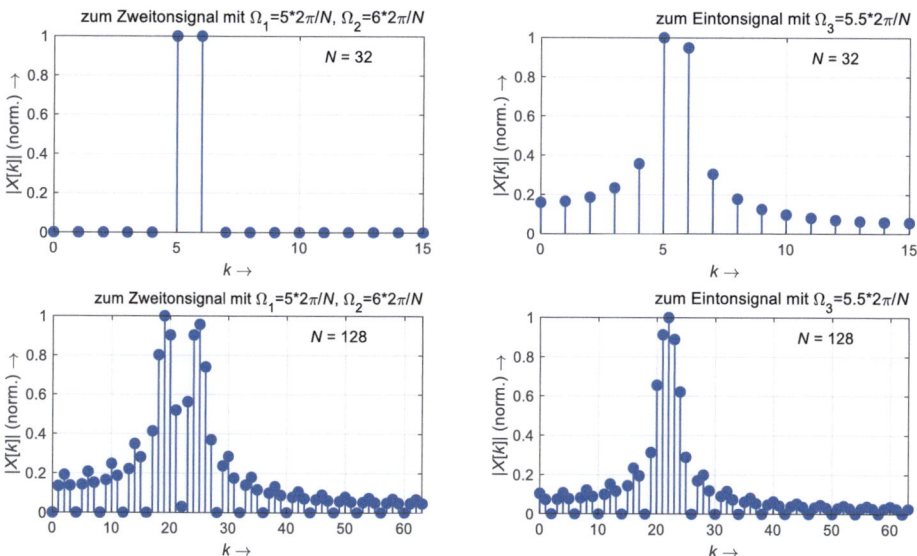

Abb. 4.8 DFT-Betragsspektren (normiert) zum Zweiton- und Eintonsignal mit bzw. ohne Ergänzen von Nullen (`zero_padding`)

ster. Folglich verteilt sich die Signalenergie auf andere Stellen im DFT-Spektrum, siehe Abb. 4.8 oben rechts. Die Signalenergie scheint nach links und rechts „auszufließen". Die nächstliegenden DFT-Koeffizienten zeigen die höchsten Beträge, sodass die Kreisfrequenz des Signals im DFT-Spektrum augenscheinlich trotzdem näherungsweise lokalisiert werden kann.

Werden im Beispiel die Signale vor der DFT mit Nullen auf die vierfache Länge (128) ergänzt, zeigt sich der Effekt des Zero-padding in Abb. 4.8 unten. Links sind zwei Bereiche für die beiden Töne und rechts einer für den einen Ton zu erkennen. In den Bereichen bildet sich das Spektrum des Rechteckfensters ab, siehe Abschn. 4.2.3. Wegen der Vervierfachung der DFT-Länge korrespondieren die Indizes des DFT-Rasters bei 5 und 6 oben nun mit den Indizes 20 und 24 unten. Die normierte Kreisfrequenz Ω_3 entspricht unten rechts nahezu der Stützstelle bei 22, bei der sich jetzt das Maximum des Betragsspektrums zum Eintonsignal deutlich heraushebt.

Die Kombination aus Ergänzen mit Nullen und FFT findet in der digitalen Signalverarbeitung an verschiedenen Stellen Anwendung, z. B. bei der schnellen Faltung, der numerischen Fourier-Transformation und der Interpolation. Die Ergänzung mit Nullen im DFT-Spektrum vor der Rücktransformation mit der IDFT ermöglicht eine besonders effiziente Interpolation bandbegrenzter Folgen.

Interpolation mit der IDFT

Die Dualität der DFT (Kap. 3) legt nahe, die IDFT zur *Interpolation* im Zeitbereich zu nutzen. Ist ein Signal bandbegrenzt und liegt sein DFT-Spektrum vor, kann durch Ergänzen von Nullen im DFT-Spektrum das Signal ideal interpoliert werden. Das Streudiagramm in Abb. 4.9 zeigt beispielhaft den Ausschnitt eines Tonpaares mit 700 bzw. 1200 Hz bezogen auf die Abtastfrequenz von 8 kHz. Es werden die ersten 80 Abtastwerte gezeigt. Rechts daneben ist das zentrierte DFT-Betragsspektrum zu sehen. Die beiden Töne liegen im DFT-Raster. Rechts ist das DFT-Spektrum für die höheren

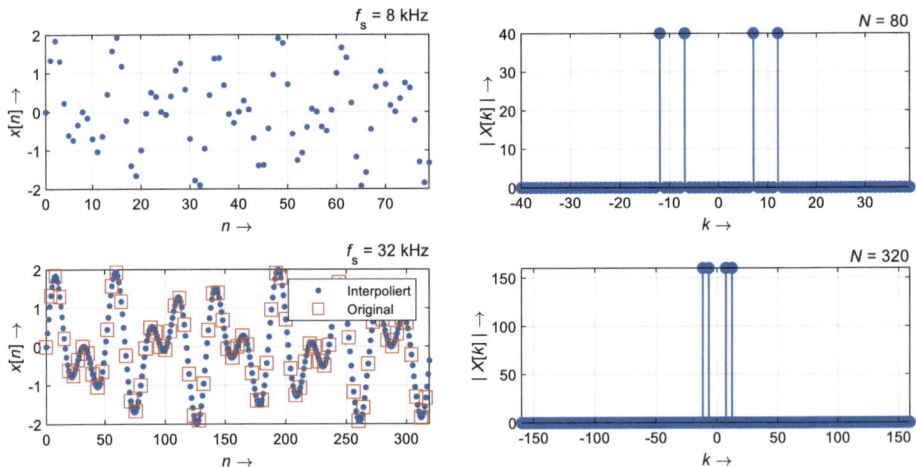

Abb. 4.9 Interpolation einer Zeitfolge mit der DFT (`dft_interpol`)

4.2 Grundlagen der Spektralanalyse mit der DFT

Frequenzen mit Nullen auf die Länge 320 ergänzt. Schließlich liefert die IDFT das interpolierte Zeitsignal. Der *Interpolationsfaktor* ist hier vier, d. h. zwischen den originalen Signalelementen werden jeweils drei Elemente interpoliert. Dabei bleiben die originalen Signalelemente erhalten und die Interpolationsbeding ist somit erfüllt.

Leckphänomen

Mit dem Leckphänomen („*leakage phenomenon*"), auch Leckeffekt genannt, wird das Auftreten von Spektralkomponenten im DFT-Spektrum umschrieben, die aus der Sicht der Anwendung zunächst nicht vermutet werden. Abb. 4.8 zeigt rechts oben ein Beispiel. Die zeitlich unbegrenzte Kosinusfolge mit der normierten Kreisfrequenz Ω_0 besitzt ein Spektrum mit nur zwei diskreten Anteilen bei $\pm\Omega_0$. Im Kurzzeitspektrum der DFT erscheinen jedoch eine Vielzahl von Spektralkomponenten ungleich null. Dies, obwohl die normierte Kreisfrequenz Ω_0 genau zwischen das DFT-(Frequenz-)Raster fällt, also eigentlich keine Spektralkomponenten sichtbar sein sollten.

Das ist jedoch ein falscher Schluss, denn ausschlaggebend sind die in der Definition der DFT angelegten mathematischen Eigenschaften. Wegen der Energieerhaltung beim Wechsel zwischen Zeit- und Frequenzbereich kann das DFT-Spektrum hier nicht null sein, siehe auch die parsevalsche Gleichung (Kap. 3). Stattdessen verteilt sich die Energie des Signalblocks entsprechend dem verwendeten Fenster auf die DFT-Koeffizienten. In Abb. 4.8 wird ein Rechteckfenster eingesetzt, weshalb im Bild – mathematisch korrekt – der Betrag der si-Funktion als Hüllkurve auftritt. Das Leckphänomen weist allgemein auf die betrags- und phasengewichtete Überlagerung der Spektralkomponenten hin. Es erschwert die Auswertung des DFT-Spektrums durch den Betrachter. Jedoch ist das Leckphänomen kein Fehler, schließlich ist die DFT eine bijektive Transformation.

Driftkompensation

Bei der Signalerfassung kann es aufgrund äußerer Einflüsse zu einer langsamen Änderung der Messgröße kommen, *Drift* („drift") genannt. Sie verfälscht die Messung des Spektrums. Abb. 4.10 zeigt ein Eintonsignal mit versetztem Nullpunkt („offset") und linearer Drift. Das Beispiel bietet eine gute Gelegenheit einige Zusammenhänge zur Fourier-Transformation und DFT zu wiederholen und später mit einem MATLAB-Beispiel zu verifizieren. Aus diesem Grund gehen wir noch etwas genauer darauf ein.

Das zeitdiskrete analytische Modell zu Abb. 4.10 ist die Überlagerung des zu untersuchenden Signals $x[n]$ mit einem Offset und einer Rampenfolge als Driftsignal.

$$y[n] = x[n] + \underbrace{a_0}_{\text{Offset}} + \underbrace{a_1 \cdot x_{\text{ramp}}[n]}_{\text{Driftsignal}} \quad \text{für} \quad n = 0 : N-1$$

Die *Rampenfolge* der Länge N ist normiert, d. h. sie beginnt im Ursprung und erreicht ihr Maximum gleich eins am Ende bei der normierten Zeit $N-1$.

$$x_{\text{ramp}} = \begin{cases} \frac{n}{N-1} & \text{für } n = 0 : N-1 \\ 0 & \text{sonst} \end{cases}$$

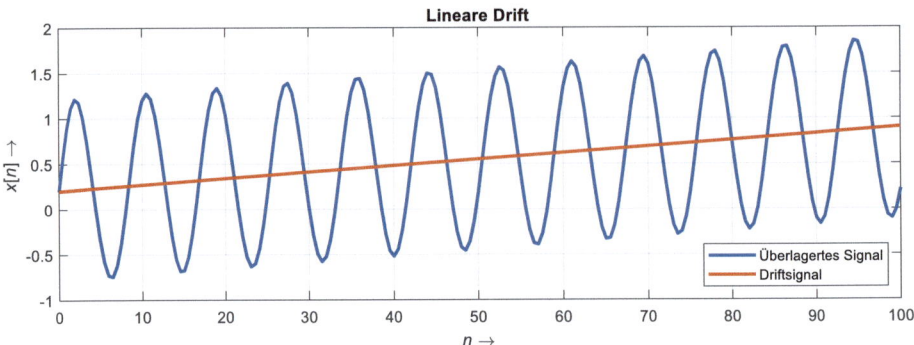

Abb. 4.10 Lineare Drift (drift)

Da es sich um ein additives Modell handelt und die Fourier-Transformation linear ist, addieren sich auch die Spektren. Um den Fehler durch die lineare Drift abzuschätzen, bestimmen wir das DFT-Spektrum der Rampenfolge, siehe Aufgabe A4.2. Die Auswertung des Spektrums im DFT-Raster liefert schließlich die DFT-Transformierte der Rampenfolge:

$$X_{\text{ramp}}[k] = \frac{N}{2} \cdot \begin{cases} \frac{1}{N-1} \cdot j e^{j \frac{\pi}{N} k} \cdot \frac{1}{\sin(\pi k/N)} & \text{für } k = 1 : N-1 \\ 1 & \text{für } k = 0 \end{cases}.$$

Betrachtet man nur den Betrag des DFT-Spektrums, ist der Sinusterm im Nenner entscheidend. Es resultiert eine U-Form. Für Werte k größer ungefähr 1 ist das Betragsspektrum am größten. Folglich ist die Messung bei kleinen Frequenzen durch die lineare Drift stärker gestört.

Soll das lineare Driftsignal kompensiert werden, müssen die Parameter der Driftstörung, der Offset a_0 und die Steigung a_1, bekannt sein. Sie können beispielsweise mit dem MATLAB-Befehl zur Kurvenanpassung mit Polynomen polyfit geschätzt werden. Dabei werden die Parameter so bestimmt, dass der mittlere quadratische Fehler (MSE, „mean square error") zwischen dem Signal $y[n]$ und der approximierenden Driftgeraden minimiert wird. Weil hier das zu untersuchende Signal $x[n]$ weder Mittelwert noch eine lineare Komponente aufweist, liefert polyfit unmittelbar die beiden Parameter zur gesuchten Driftgeraden. (Allgemein liefert der Befehl polyfit die Parameter für die Polynomapproximation n-ter Ordnung.)

In praktischen Anwendungen wird aufwandsgünstiger das geschätzte Driftsignal direkt abgezogen. MATLAB stellt dafür den Befehl detrend zur Verfügung. Er benutzt zur Parameterschätzung den Befehl polyfit und stellt weitere Optionen bereit.

Das Beispiel der Spektralschätzung mit einem Driftsignal weist allgemein auf die Nützlichkeit modellorientierter Ansätze hin. Sind Modellvorstellungen über das Spektrum vorhanden, kann die Spektralanalyse auf den Modelltest mit gegebenenfalls aussagekräftigen Prüfstatistiken spezialisiert werden. Für mehr Informationen siehe z. B. *parametrische Spektralanalyse* in [2], Kap. 10.

4.2.5 Vorbereitende Aufgaben

A4.1 DFT-Spektrum eines sinusförmigen Signals
Betrachten Sie ein Sinus- oder Kosinussignal mit der Frequenz von 50 Hz. Geben Sie zunächst den allgemeinen Zusammenhang zwischen der normierten Kreisfrequenz Ω_0, der Signalfrequenz f_0, der Abtastfrequenz f_S, dem Index des DFT-Koeffizienten k_0 und der Transformationslänge N so an, dass nur ein Paar von DFT-Koeffizienten im Messergebnis ungleich null beobachtet wird. Wie groß sollte die Abtastfrequenz sein, wenn die DFT-Länge 64 ist?

A4.2 Berechnung des DFT-Spektrums der Rampenfolge
Wenn Sie Ihre mathematischen Fertigkeiten prüfen, auffrischen oder ausbauen wollen, liefert die Berechnung des DFT-Spektrums der Rampenfolge dazu eine gute Gelegenheit. Starten Sie Ihre Überlegungen mit dem Differentiationssatz der Fourier-Transformation (z. B. [1][4]). Mittels des Differentiationssatzes berechnet sich das Spektrum bis auf den Wert bei der normierten Kreisfrequenz gleich null. Letzterer ergibt sich direkt aus der Transformationsgleichung als einfache Summe und der Wert bei null kann unmittelbar ergänzt werden.

4.2.6 Versuchsdurchführung

M4.1 DFT-Spektrum mit Leckphänomen
a. Überprüfen Sie das DFT-Spektrum in Ihrer Vorbereitung A4.1 durch eine MATLAB-Simulation mit gleicher Signalfrequenz und DFT-Länge. Wählen Sie den Index des „Ziel"-DFT-Koeffizienten k_0 gleich 1, 8 bzw. 32 und bestimmen Sie dazu die jeweilige Abtastfrequenz. Erläutern Sie die Ergebnisse.
b. Setzen Sie danach die Signalfrequenz auf 60 Hz und wiederholen Sie die Simulation aus mit ansonsten unveränderten Parametern in (a) für k_0 gleich acht. Erklären Sie die Unterschiede in den Ergebnissen.

M4.2 Interpolation mit der IDFT
Wiederholen Sie das Interpolationsbeispiel in Abb. 4.9 mit zwei Sinustönen der Frequenzen 1336 und 941 Hz und der Abtastfrequenz von 8 kHz. Wählen Sie für einen Ausschnitt von 10 ms den Interpolationsfaktor so, dass sich die Abtastfrequenz kompatibel zur CD-AD (Compact Disc Digital Audio) von 44.1 kHz ergibt. Was ist hier anders als in Abb. 4.9?

M4.3 DFT-Spektrum der Rampenfolge
Erstellen Sie eine MATLAB-Grafik zu Ihrem in A4.2 analytisch berechneten bzw. oben angegebenen DFT-Spektrum. Vergleichen Sie Ihr Ergebnis mit dem DFT-Spektrum der Rampenfolge in einer MATLAB-Simulation.

M4.4 DFT-Spektrum mit Driftkompensation
Bei dieser Aufgabe sollen Sie das DFT-Betragsspektrum für ein Signal mit Offset und Drift und nach der Driftkompensation vergleichen. Der Einfachheit halber nehmen Sie ein Sinussignal und das lineare Driftmodell. Stellen Sie das Signal vor und nach der Driftkompensation (`detrend`) sowie die DFT-Betragsspektren grafisch dar. Bestimmen Sie auch die Schätzwerte der Driftparameter mit `polyfit`. Beachten Sie dabei die Zuordnung der Variablen und die Skalierung der Rampenfolge. Sie können Ihre Versuche beispielsweise mit folgenden den Parameter beginnen: $N=64$, $\Omega_0 = 5 \cdot 2\pi/N$, $a_0 = 0.2$ und $a_1 = 1$.

4.3 Mehrfrequenzwahlverfahren

Ein wichtiges Einsatzgebiet der digitalen Signalverarbeitung ist die Spektralanalyse analoger Signale mit der DFT. Als Anwendungsbeispiel betrachten wir das *Mehrfrequenzwahlverfahren* (MFV) der analogen *Telefonie mit den Dual-tone-multi-frequency*(DTMF)-*Signalen*. Das DTMF-Verfahren ermöglicht die digitale Inbandsignalisierung über analoge Sprachtelefonkanäle und hat in den 1960er-Jahren zur Ablösung der Wählscheibe durch den Tastenwahlblock geführt. Durch die Tastenerkennung konnten neue Dienste eingeführt bzw. vereinfacht werden.

4.3.1 DTMF-Töne

Die Zuordnung zwischen den Telefontasten und den Signalfrequenzen ist in Abb. 4.11 zu sehen. Jeder Telefontaste ist ein Frequenzpaar, je eine Frequenz aus der oberen und aus der unteren Frequenzgruppe, zugeordnet. Durch Betätigen einer Taste wird das jeweilige Wählzeichen als Tonpaar codiert. Das DTMF-Verfahren ist durch die International Telecommunication Union (ITU-T Recommendation Q.23) weltweit standardisiert. Das *DTMF-Signal* hat eine Mindestdauer von 40 ms. Und zwischen zwei DTMF-Signalen muss ein Abstand von mindestens 80 ms eingehalten werden. Für Europa ist eine Mindestdauer von 65 ms und eine maximale Frequenzabweichung von kleiner als 1.8 % des Sollwerts spezifiziert. Die Tasten A bis D sind für spezielle Anwendungen gedacht und werden oft auch weggelassen.

4.3.2 Vorbereitende Aufgaben

A4.3 DTMF-Signal
Geben Sie das Signal an, das durch Abtastung mit der Abtastfrequenz $f_s = 8$ kHz aus dem amplitudennormierten DTMF-Signal für das Wählzeichen „1" entsteht. Lassen Sie dabei die zeitliche Begrenzung außer Acht.

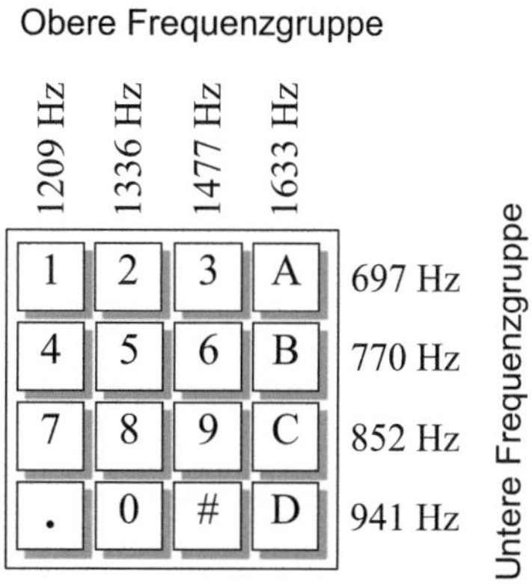

4.3 Mehrfrequenzwahlverfahren

Abb. 4.11 Tastenwahlblock für die DTMF-Tonpaare

Obere Frequenzgruppe

	1209 Hz	1336 Hz	1477 Hz	1633 Hz	
	1	2	3	A	697 Hz
	4	5	6	B	770 Hz
	7	8	9	C	852 Hz
	.	0	#	D	941 Hz

Untere Frequenzgruppe

Tab. 4.1 DTMF-Frequenzen f und zugeordnete Frequenzen f_k gemäß dem DFT-Frequenzraster mit der DFT-Länge 256 und Abtastung mit der Abtastfrequenz von 8 kHz

f in Hz	697	770	852	941	1209	1336	1477
DFT-Index k	22						47
f_k in Hz	687.5						1468.8
$\|f-f_k\|$ in Hz	9.5						8.25

A4.4 DFT-Länge

a. Wie groß muss die DFT-Länge mindestens sein, damit die Frequenzauflösung der DFT den Abstand zwischen den DTMF-Tönen nicht unterschreitet?

b. Wie groß kann bei der in der Telefonie üblichen Abtastfrequenz von 8 kHz die DFT-Länge für das DTMF-Signal der Dauer 40 ms höchstens sein, wenn der besonders aufwandsgünstiger DFT-Algorithmus, die Radix-2-FFT mit der Länge gleich einer Zweierpotenz 2, 4, 8, usw. (ohne Ergänzen mit Nullen), verwendet werden soll?

A4.5 DTMF-Frequenzen im DFT-Frequenzraster

Welcher Zusammenhang besteht zwischen den Frequenzen des zeitkontinuierlichen DTMF-Signals und den normierten Kreisfrequenzen des zeitdiskreten DTMF-Signals bzw. den Indizes des DFT-Spektrums? Füllen Sie dazu Tab. 4.1 für die DFT-Länge 256 und den DTMF-Frequenzen am nächsten liegenden Frequenzstützstellen f_k im DFT-Frequenzraster aus. (Der Kürze halber lassen wir die Töne für die vier Sondertasten A, B, C und D.)

4.3.3 Versuchsdurchführung

Der Kürze halber lassen wir im Versuch die Töne für die vier Sondertasten A, B, C und D unbeachtet.

M4.2 DTMF-Signal
Stellen Sie mit MATLAB das abgetastete DTMF-Signal zum Wählzeichen „1" der Dauer von 40 ms grafisch dar. Machen Sie das Signal auch hörbar.

M4.3 DFT-Betragsspektren
Bestimmen Sie die DFT-Betragsspektren zu den Wählzeichen „0" bis „9" für die DFT mit Rechteckfenster der Länge 256. Erläutern Sie die Ergebnisse. Stellen Sie der besseren Übersichtlichkeit wegen nur Ausschnitte aus den Betragsspektren in dem für die Signalerkennung relevanten Frequenzband grafisch dar, siehe Tab. 4.1.

Um die Robustheit der Signalton-Detektion quantitativ bewerten zu können, sind die Beträge der DFT-Spektren zu den interessierenden DFT-Koeffizienten in Tab. 4.1 zu vergleichen. Dazu notwendige Daten können Sie auf verschiedene Weisen gewinnen. Probieren Sie die folgenden Möglichkeiten aus:

a. Zuerst erstellen Sie ein Array aus den Beträgen der DFT-Koeffizienten mit dem Zeilenindex gleich der Tastennummer und den zugehörigen Betragswerten in den Spalten.
b. Einzelne Werte lassen sich nun wie üblich über das Command Window entnehmen.
c. Zugriff auf die Werte haben Sie auch über den Workspace mit dem Variablen Editor.
d. Alternativ können Sie mit dem Werkzeug „Data Tips" im Grafik-Fenster sich einzelne Werte anzeigen lassen.
e. Schließlich können Sie die von MATLAB angezeigten Werte („data tips") aus der Grafik in den Arbeitsspeicher kopieren, s. im Grafikfenster Pop-up-Menü zur rechten Maustaste „Export Cursor Data to Workspace".

Goertzel-Algorithmus
In der Praxis wird die DTMF-Detektion mit dem Goertzel-Algorithmus durchgeführt. Dabei wird die DFT nur an den zugeordneten Frequenzstützstellen und bei kleinerer Blocklänge berechnet, sodass der Realisierungsaufwand deutlich geringer wird. Der Goertzel-Algorithmus wird in Kap. 7 vorgestellt.

4.4 Zusammenfassung

Der Versuch „Kurzzeit-Spektralanalyse: Grundlagen" stellt die Schätzung von Spektren analoger Signale durch die Diskrete Fourier-Transformation (DFT) vor. Als Anwendungsbeispiel wird u. a. das Dual-tone-multi-frequency(DTMF)-Verfahren aus der

Telefonie vorgestellt und der Zusammenhang zwischen dem analogen Tonsignal und dem DFT-Spektrum aufgezeigt. Das Abtasttheorem stellt zunächst die Verbindung zum Spektrum des abgetasteten Signals her. Danach wird die Fensterung der abgetasteten Folge für die Blockverarbeitung betrachtet und deren Wirkung auf das Spektrum erklärt. Schließlich liefert die DFT mit ihren Koeffizienten eine Schätzung des Spektrums des analogen Signals. Wie sich zeigt, heben sich die Beträge der DFT-Koeffizienten, die mit dem jeweiligen Signalpaar korrespondierten, deutlich von den anderen ab. Die Erkennung ist eindeutig möglich. Mit dem quantitativen Vergleich der DFT-Koeffizienten deuten sich weitergehende, praktische Fragestellungen an: Ist die Detektion noch zuverlässig möglich, wenn das Signal durch Rauschen oder Übersprechen gestört wird und/ oder die Messung mit Drift erfolgt?

4.5 Quiz 4

Ergänzen Sie die Lückentexte (_) sinngemäß.

1. Das Fourier-Spektrum des abgetasteten Signals entspricht der periodischen Wiederholung des Originalspektrums mit der Periode ___.
2. Die Fensterung geschieht durch ___ der Fensterfolge mit dem Signal.
3. Ergänzen der Signalfolge mit Nullen liefert nach der DFT ein ___ Spektrum.
4. Die Zero-padding-Methode kann, im Frequenzbereich angewendet, zur ___ von Signalfolgen eingesetzt werden.
5. Zur Erkennung von eng benachbarten Spektralkomponenten sollten Fenster mit feiner spektraler ___ eingesetzt werden.
6. Bezüglich des analogen Signals ist die spektrale Auflösung des Rechteckfensters ___.
7. Beim DTMF-Verfahren ist die Abtastfrequenz ___.
8. Mit dem Zero-padding-Verfahren wird ___ nicht verbessert.
9. Zur Spektralanalyse analoger Signale mit der DFT wird ___ benötigt.
10. Das Betragsspektrum der Rechteckfolge ähnelt bei größerer Breite des Rechtecks dem Betrag der ___.
11. Die ideale Abtastung wird (mathematisch) durch ___ beschrieben.
12. Bei der Kurzzeitspektralanalyse der DTMF-Signale mit der DFT tritt ___ auf.
13. In der Kurzzeitspektralanalyse wird meist der besonders effiziente DFT-Algorithmus, ___ genannt, eingesetzt.
14. Mit der Signalfrequenz 2 kHz und der Abtastfrequenz 8 kHz gilt $\Omega_1 =$ ___.
15. Das scheinbare „Ausfliesen" des DFT-Spektrums nennt man ___.
16. Ein Signal wird mit 400 Hz abgetastet. Bei der Frequenzauflösung von 5 Hz ist die DFT-Länge ___.
17. Das DFT-Spektrum einer Signalfolge ergibt sich aus dem Fourier-Spektrum der Folge durch gleichförmiges Abtasten im Abstand von $\Delta_\Omega =$ ___.

18. Das Modell der linearen Drift besitzt einen Parameter für ___ und einen für ___ des Driftsignals.
19. Mit den DTMF-Verfahren wurde in der herkömmlichen analogen Telefonie eine digitale ___-Signalisierung eingeführt.
20. Die Rampenfolge ist ein Signal mit ___ Anstieg.

4.6 Lösungshinweise

In den Onlineressourcen finden Sie alle Programme zu diesem Kapitel: `dft_detrend.m`, `dft_freq.m`, `dft_fo_N_fs.m`, `dft_interpol.m`, `dft_ramp.m`, `drift.m`, `dtmf_dial_1.m`, `dtmf_dial_numbers.m`, `dtmf_freq.m`, `zero_padding.m`.

Zu A4.1 DFT-Spektrum eines sinusförmigen Signals

Damit genau zwei von null verschiedene DFT-Koeffizienten resultieren, muss für die normierte Kreisfrequenz des Sinus- oder Kosinussignals sowohl $\Omega_0 = 2\pi \cdot f_0 / f_s$ als auch $\Omega_0 = 2\pi \cdot k_0 / N$ gelten, wobei k_0 und N natürliche Zahlen sind. Für die Abtastfrequenz folgt:

$$f_s = f_0 \cdot \frac{N}{k_0}.$$

Mit N gleich 64 und k_0 von 1 bis 31 kann die Abtastfrequenz zwischen ca. 103 und 3200 Hz liegen. Der Wert k_0 gleich 32 ist hier auszuschließen, siehe Versuchsdurchführung.

Zu A4.2 DFT-Spektrum der Rampenfolge

Den Ansatz zur Berechnung des DFT-Spektrums der Rampenfolge liefert der Differentiationssatz der Fourier-Transformation für Folgen (z. B. [4], S. 190).

$$n \cdot x[n] \stackrel{F}{\leftrightarrow} j \cdot \frac{d}{d\Omega} X\left(e^{j\Omega}\right)$$

Um ihn anzuwenden, wird die Rampenfolge als Produkt der normierten Zeitvariablen mit dem kausalen Rechteckimpuls der Länge N dargestellt. Der Ursprung wird mitgezählt, siehe auch Rechteckfenster in Abschn. 4.2.3.

$$x_{\text{ramp}}[n] = n \cdot x_{\text{rec}}[n] = n \cdot \begin{cases} 1 & \text{für } n = 0, 1, \ldots, N-1 \\ 0 & \text{sonst} \end{cases}$$

Der kausale Rechteckimpuls endlicher Länge N besitzt endliche Energie und das Fourier-Spektrum ist im Grundintervall $[0, 2\pi[$ definiert durch:

$$X_{\text{rec}}\left(e^{j\Omega}\right) = \sum_{n=0}^{N-1} e^{-j\Omega n} = \begin{cases} \frac{e^{-j\Omega N}-1}{e^{-j\Omega}-1} & \text{für } \Omega \neq 0 \\ N & \text{für } \Omega = 0 \end{cases}.$$

Die obere Teillösung ergibt sich aus der endlichen geometrischen Reihe (z. B. [1], S. 20). Die untere folgt unmittelbar aus der Summenformel. Der Zusammenhang kann auch mit Sinusfunktionen ausgedrückt werden, siehe Abschn. 4.2.3. Obige Form mit Exponentialfunktion eignet sich jedoch besser für die Anwendung des Differentiationssatzes. Die Ableitung des Fourier-Spektrums nach der normierten Kreisfrequenz liefert gemäß der Quotientenregel und nach kurzer Zwischenrechnung:

$$j\frac{d}{d\Omega}X_{\text{rec}}\left(e^{j\Omega}\right) = \frac{(N-1)\cdot e^{-j\Omega(N+1)} - N\cdot e^{-j\Omega N} + e^{-j\Omega}}{\left(e^{-j\Omega}-1\right)^2} \quad \text{für } \Omega \neq 0.$$

Das Fourier-Spektrum der normierten Rampenfolge ist folglich

$$X_{\text{ramp}}\left(e^{j\Omega}\right) = \begin{cases} \frac{(N-1)\cdot e^{-j\Omega(N+1)} - N\cdot e^{-j\Omega N} + e^{-j\Omega}}{\left(e^{-j\Omega}-1\right)^2} & \text{für } \Omega \neq 0 \\ \frac{N}{2} & \text{für } \Omega = 0 \end{cases},$$

wobei die untere Teillösung aus der Summe von $1 + 2 + \cdots + N - 1$ (z. B. [1], S. 20) folgt.

Setzt man in das Fourier-Spektrum für die normierte Kreisfrequenz die Stützstellen des DFT-Rasters $k \cdot 2\pi/N$ ein, ergeben sich wegen der Periodizität der komplex Exponentiellen Vereinfachungen, die schließlich zum DFT-Spektrum in kompakter Form führen.

$$X_{\text{ramp}}[k] = \begin{cases} \frac{N}{N-1} \cdot \frac{1}{e^{-j\frac{2\pi}{N}k}-1} & \text{für } k = 1 : N-1 \\ \frac{N}{2} & \text{für } k = 0 \end{cases}$$

Das DFT-Spektrum des Rampenimpulses in Abschn. 4.2.4 kann noch so umgeformt werden, dass sich die Sinusfunktion im Nenner ergibt und folglich für das Betragsspektrum ein U-förmiger Verlauf erkennbar wird. Dabei sind die DFT-Koeffizienten bei k ungefähr null bzw. N, bei niedrigen Frequenzen, von der Störung durch die lineare Drift am stärksten betroffen.

Zu M4.1 DFT-Spektrum mit Leckphänomen

Siehe Programm `dft_foNfs`. In dem Beispiel für k_0 gleich 1, 8 bzw. 32 ergeben sich 50 Hz $\cdot$ 64/1 = 3200 Hz, 400 Hz und 100 Hz. Bei der Abtastfrequenz von 3200 Hz wird genau eine Periode des Sinustons abgetastet und k_0 ist gleich eins. Bei der Abtastfrequenz von 400 Hz werden genau acht Periode des Sinustons in DFT-Fenster erfasst und k_0 ist gleich acht.

Bei der Abtastfrequenz von 100 Hz wird der Sinuston in den Nullstellen erfasst. Man erhält somit die Nullfolge und folglich ist auch das DFT-Spektrum null. Abtasten mit der doppelten Signalfrequenz ist offensichtlich nicht ausreichen, s. a. Abtasttheorem. In der Praxis sind ADU nicht perfekt und die Längen der Abtastintervalle schwanken zufällig. Man spricht vom „Abtast-Jitter", womit das Sinussignal nicht komplett als Nullfolge abgetastet wird.

Bei der Frequenz f_0 gleich 60 Hz tritt deutlich sichtbar das Leckphänomen auf, da sie nicht im DFT-Frequenzraster liegt.

Siehe auch Programm `zeropad`. Es benutzt Sinustöne, die nicht im DFT-Raster liegen.

Zu M4.2 Interpolation mit der Inversen DFT
Siehe Programm `idft_interp`. Es ergeben sich die Programmparameter $N = 80$ und $\text{IPF} = 44.1/8 = 5.5125$. Man beachte, der Interpolationsfaktor ist keine ganze Zahl, sodass nicht einfach zwischen den originalen Folgenelementen interpoliert wird, sondern sich ein neues zeitliches Abtasttraster ergibt. Im DFT-Spektrum tritt das Leckphänomen auf.

Für die Ergänzung des DFT-Spektrums und die Rücktransformation werden zwei Befehle benötigt:

```
Xip = IPF*[X(1:floor(N/2)+1) zeros(1,N*(IPF-1)) X(floor(N/2)+2:end)];
xip = real(ifft(Xip));
```

Beachte Sie, die Nullen müssen an der richtigen Stelle im DFT-Spektrum eingeschoben werden. Machen Sie sich dazu ein kleines Beispiel für die Indizes bei gerader und ungerader Blocklänge N.

Zu M4.3 DFT-Spektrum der Rampenfolge
Siehe Programm `dft_ramp`.

Zwischen analytischer und MATLAB-simulierter Lösung zeigen sich nur Abweichungen im Rahmen der begrenzten Rechengenauigkeit von betragsmäßig ungefähr $3 \cdot 10^{-15}$.

Zu M4.4 DFT-Spektrum mit Driftkompensation
Siehe Programm `dft_detrend` und Abb. 4.12.

Die Schätzung der Parameter mit `polyfit` liefert mit $a0 = 0.38$ und $a1 = 0.63$ relativ ungenaue Werte. Sie verbessert sich deutlich, wenn die doppelte Frequenz für das Sinussignal gewählt wird.

Zu A4.3 DTMF-Signal
Abgetastetes Signal zum Wählzeichen „1" ($f_s = 8$ kHz).

4.6 Lösungshinweise

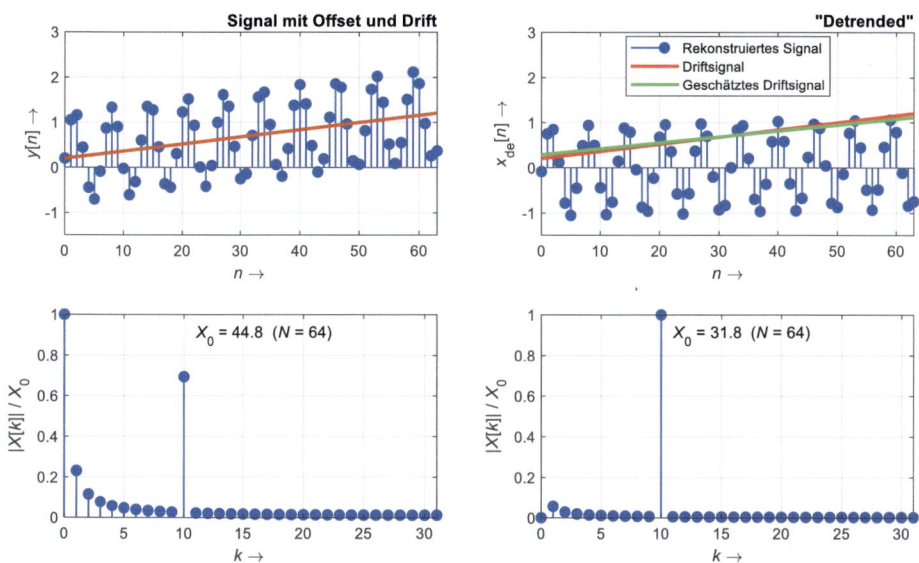

Abb. 4.12 Driftkompensation und DFT-Spektrum (`dft_detrend`)

$$x_1[n] = \sin\left(2\pi \cdot \frac{697\,\text{Hz}}{8000\,\text{Hz}} \cdot n\right) + \sin\left(2\pi \cdot \frac{1209\,\text{Hz}}{8000\,\text{Hz}} \cdot n\right)$$

Zu A4.4 DFT-Länge

Frequenzauflösung der DFT, minimale und maximale DFT-Länge für die Radix-2-FFT (Zweierpotenzzahl).

$$\Delta_f = \frac{f_s}{N}, \quad N_{\min} = \frac{8\,\text{kHz}}{73\,\text{Hz}} = 110, \quad N_{\max} = 256$$

Zu A4.5 DTMF-Frequenzen im DFT-Frequenzraster

Siehe Tab. 4.2 und Programm `dtmf_freq.m`

Zu M4.2 DTMF-Signal

DTMF-Signal mit 320 Abtastwerte in 40 ms, siehe Abb. 4.13.

Zu M4.3 DFT-Betragsspektren

Siehe Programm `dtmf_dial_numbers` und Abb. 4.14.

Die Multiplikation des zunächst zeitlich unbegrenzt gedachten DTMF-Signals mit der Fensterfolge im Zeitbereich entspricht im Frequenzbereich der Faltung der Spektren. Treten im zeitlich unbegrenzten Signal periodische Anteile auf, so ergeben sich zunächst Impulsanteile im Spektrum.

Tab. 4.2 DTMF-Frequenzen f und zugeordnete Frequenzen f_k gemäß dem DFT-Frequenzraster mit der DFT-Länge 256 und Abtastfrequenz 8 kHz

f in Hz	697	770	852	941	1209	1336	1477
DFT-Index k	22	25	27	30	39	43	47
f_k in Hz	687.5	781.25	843.75	937.5	1218.8	1343.8	1468.8
$\|f-f_k\|$ in Hz	9.5	11.25	8.25	3.5	9.75	7.75	8.25

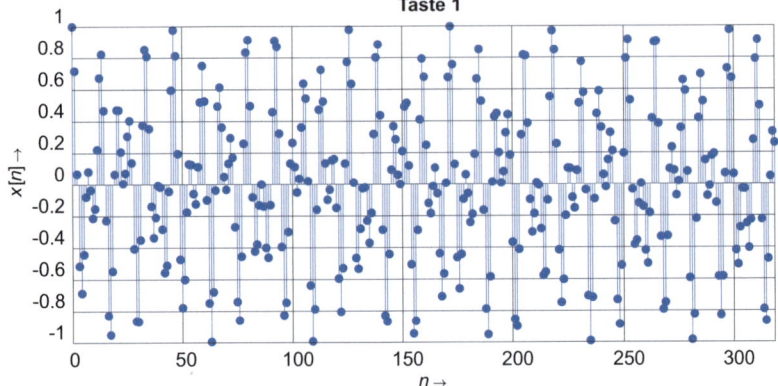

Abb. 4.13 DTMF-Signal zum Wählzeichen „1" (`dtmf_dial_1`)

Die zeitliche Begrenzung mit einem Fenster führt im Frequenzbereich dazu, dass aufgrund der Faltung an die Stellen der Impulse das Spektrum des Fensters abgebildet wird. Im Falle des Rechteckfensters sind das jeweils si-Funktionen, die sich gegenseitig überlagern.

Das Rechteckfenster besitzt Tiefpasscharakter mit dem Durchlassbereich (Hauptzipfel) um die Frequenz null. Für die Faltung im Frequenzbereich spielt das Spektrum die Rolle einer Impulsantwort. Der Hauptzipfel hat dabei eine glättende Wirkung. Die Spektralanteile in den Schultern, in den Nebenzipfeln, des Fensterspektrums werden unterdrückt. Im Frequenzbereich wirkt die Faltung mit dem Spektrum der Fensterfunktion deshalb wie eine Tiefpassfilterung. Das Spektrum des Signalblockes wird entsprechend der Breite des Hauptzipfels „verschmiert" (spektrale Überfaltung) und es zeigt sich deutlich das Leckphänomen in Abb. 4.14. Jedoch bleibt die richtige Zuordnung der Betragsspektren und Rufnummern augenfällig gut möglich.

Zu Quiz 4
1. $2\pi / T_s$
2. Multiplikation
3. interpoliertes

4.6 Lösungshinweise

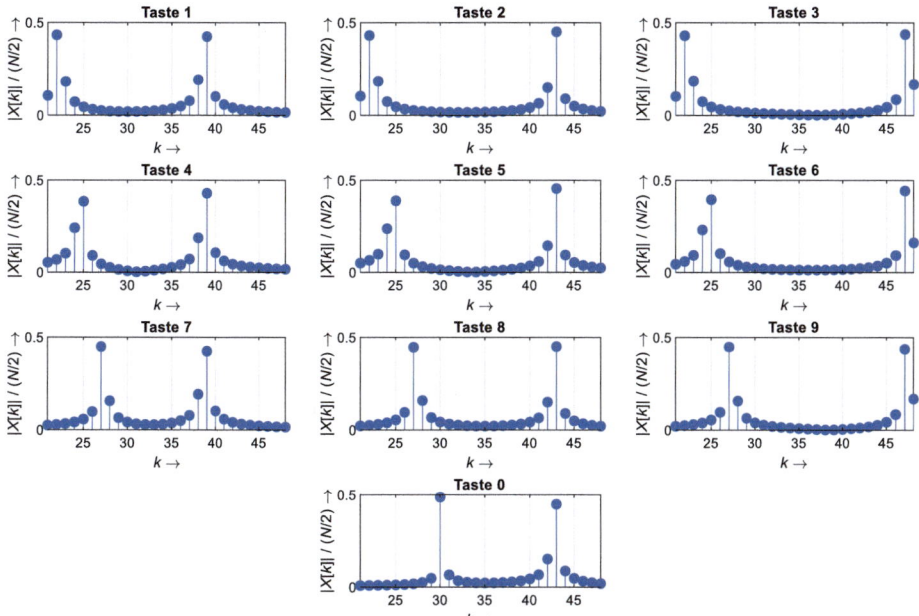

Abb. 4.14 Ausschnitte aus den DFT-Betragsspektren der DTMF-Signale (dtmf_dial_numbers)

4. Interpolation
5. Auflösung
6. f_s / N
7. 8 kHz
8. die Messung
9. ein ADU (Analog–Digital-Umsetzer)
10. si-Funktion
11. den (periodischen) Impulskamm
12. das Leckphänomen
13. Radix-2-FFT
14. $\pi / 2$
15. Leckphänomen
16. 80
17. $2\pi / N$
18. den Offset, die Steigung
19. Inband-Signalisierung
20. linearem

Literatur

1. Bronstein, I. N., Semendjaev, K. A., Mühlig, H., & Musiol, G. (2020). *Taschenbuch der Mathematik* (11. Aufl.). Europa-Lehrmittel.
2. Kammeyer, K.-D., & Kroschel, K. (2018). *Digitale Signalverarbeitung. Filterung und Spektralanalyse mit MATLAB®-Übungen* (9. Aufl.). Springer Vieweg.
3. Schüßler, H. W. (2008). *Digitale Signalverarbeitung 1. Analyse diskreter Signale und Systeme* (5. Aufl.). Springer.
4. Werner, M. (2008). *Signale und Systeme. Lehr- und Arbeitsbuch mit MATLAB®-Übungen und Lösungen* (3. Aufl.). Vieweg.

Spektrogramm 5

Inhaltsverzeichnis

5.1   Lernziele 102
5.2   Kurzzeit-Spektralanalyse 102
    5.2.1   Grundlagen 102
    5.2.2   Vorbereitende Aufgaben 105
5.3   Fensterfolgen für die Spektralanalyse 106
    5.3.1   Grundlegende Beispiele 106
    5.3.2   Vorbereitende Aufgaben 110
    5.3.3   Versuchsdurchführung 111
5.4   Kurzzeitspektralanalyse mit dem Spektrogramm 112
    5.4.1   Chirp-Signal 112
    5.4.2   Spektrogramm 113
    5.4.3   FM-Synthesizer 117
    5.4.4   Audiosignale 118
5.5   Zusammenfassung 121
5.6   Quiz 5 121
5.7   Lösungshinweise 122
Literatur 126

Zusammenfassung

Die blockweise Kurzzeit-Spektralanalyse mit der Diskreten Fourier-Transformation legt die Basis für den praktischen Einsatz des Spektrogramms zur Zeit-Frequenz-Analyse. Die verwendete Fensterfolge, ihre Länge und Form, bestimmt die Zeit- und Frequenzauflösung. Wie gemessene Spektrogramme gelesen werden können, zeigen Beispiele mit einem Chirp-Signal, einem FM-Synthesizer-Signal und einem Audiosignal auf.

> **Schlüsselwörter**
>
> Abtastung („sampling operation") · Audiosignal („audio signal") · Chirp („chirp") · Chirp-Rate („chirp rate") · DFT/FFT („discrete Fourier transform"/„fast Fourier transform") · Dolph-Chebyshev-Fenster („Dolph-Chebyshev window") · Fensterung („windowing") · FM-Synthesizer („frequency modulation synthesizer") · Hann-Fenster („Hann window") · Hauptzipfel („main lobe") · Hauptzipfelbreite („main-lobe width") · Kurzzeitspektralanalyse („short-time spectral analysis") · Leckphänomen („leakage phenomenon") · MATLAB · Nebenzipfel („side lobe") · Nebenzipfeldämpfung („side-lobe attenuation") · Spektrale Auflösung („spectral resolution") · Spektrogramm („spectrogram") · Window Designer · Zeitdauer-Bandbreite-Produkt („time-bandwith product")

5.1 Lernziele

Dieser Versuch vertieft die Überlegungen zur *Kurzzeitspektralanalyse* mit der blockorientierten diskreten Fourier-Transformation (DFT) aus Kap. 4. Die blockweise Analyse von Signalen mit der DFT ermöglicht nicht nur den Bezug auf ihren Frequenzgehalt, sondern auch auf die jeweiligen Zeitintervalle. Damit wird eine praxistaugliche Zeit-Frequenz-Darstellung, das *Spektrogramm*, möglich.

Nach Bearbeiten dieses Versuches können Sie

- die Verarbeitungsschritte der Kurzzeitspektralanalyse eines analogen Signals erläutern,
- den Einfluss der Fensterung auf das gemessene Kurzzeitspektrum abschätzen,
- ein geeignetes Fenster auswählen,
- das MATLAB-Werkzeug „Window Designer" nutzen,
- das Spektrogramm in MATLAB für praktische Anwendungen parametrisieren,
- und das Spektrogramm in MATLAB anwenden und Ergebnisse erläutern.

5.2 Kurzzeit-Spektralanalyse

5.2.1 Grundlagen

Wir wiederholen kurz die wichtigsten Zusammenhänge für die Kurzzeit-Spektralanalyse der DFT aus Kap. 4:

- Die Filterung des analogen Signals mit dem *Anti-Alising-Filter* sorgt für die notwendige Bandbegrenzung und unterdrückt Störungen durch breitbandiges Rauschen.
- Die *Analog–Digital-Umsetzung* (ADU) generiert das zeit- und wertdiskrete Signal für die digitale Signalverarbeitung.

5.2 Kurzzeit-Spektralanalyse

- Die abschnittsweise *Fensterung* des digitalen Signals bereitet die *FFT* vor, mit der das DFT-Spektrum blockweise berechnet wird.

ADU

Die ADU führt zwei Operationen durch: die Abtastung und die Quantisierung des analogen Signals (Kap. 14). Die zeitliche Diskretisierung wird vereinfachend durch die ideale Abtastung des Signals modelliert. Wird das Abtasttheorem eingehalten, geht keine Information verloren. Dann lassen sich die Spektren des zeitkontinuierlichen Signals und der Abtastfolge bis auf einen Amplitudenfaktor ineinander umrechnen. Die Kreisfrequenz ω geht durch lineare Abbildung auf die normierte Kreisfrequenz Ω über, siehe Abb. 5.1. Darin ist, gemäß dem Abtasttheorem, die *Abtastfrequenz* f_s größer gleich dem Doppelten der *Grenzfrequenz* f_g des Signals und es entstehen keine verzerrenden spektralen Überfaltungen (*Aliasing*).

Die ideale Abtastung ist reversibel. Nicht so die andere Operation der ADU, die *Quantisierung*. Die wertmäßige Diskretisierung der Signalelemente ist i. Allg. irreversibel. Bei großer Wortlänge kann sie jedoch in vielen Anwendungen vernachlässigt werden. Im Weiteren wird eine ausreichende Wortlänge und die ideale Abtastung unter Beachtung des Abtasttheorems vorausgesetzt.

Fensterung und spektrale Auflösung

Die blockorientierte DFT(FFT) transformiert i. d. R. nur einen Ausschnitt des Signals. Das Ausschneiden, die *Fensterung*, wird durch Multiplikation des Signals mit der Fensterfolge, kurz Fenster („window"), modelliert. Die Multiplikation von Signalen im Zeitbereich ist äquivalent zur (periodischen) Faltung ihrer Spektren, weshalb das Spektrum des Fensters Einfluss auf die spektrale Auflösung hat.

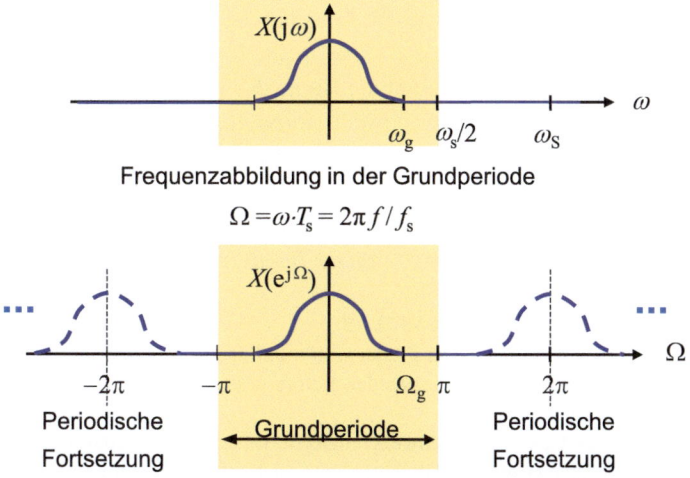

Abb. 5.1 Spektrum (schematisch) eines zeitkontinuierlichen bandbegrenzten Signals (oben) und periodisches Spektrum seiner Abtastfolge (unten), wenn das Abtasttheorem eingehalten wird

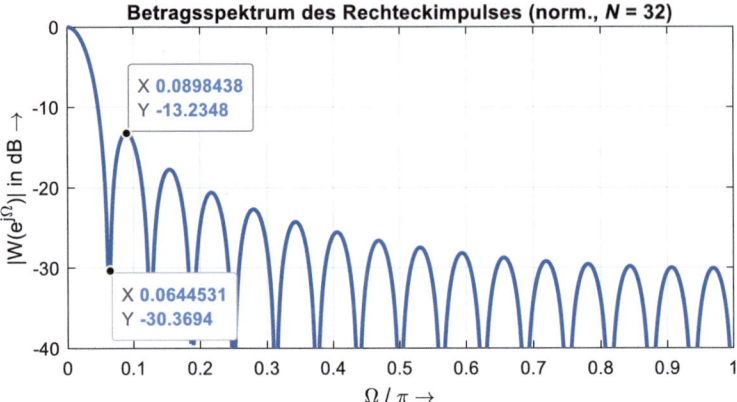

Abb. 5.2 Betragsspektrum (normiert) des Rechteckfensters der Breite 32 im logarithmischen Maß (dB)

Das einfachste Fenster ist das *Rechteckfenster*. Sein Spektrum ähnelt mit zunehmender Länge mehr und mehr der si-Funktion. Besonders hervorzuheben sind im Betrag des Spektrums der dominante *Hauptzipfel* mit dem Maximum in der Mitte und die äquidistanten Nullstellen im Abstand von $2\pi/N$, siehe Abb. 5.2. Der Betrag des Spektrums ist eine gerade Funktion, sodass im Bild nur der Bereich der normierten Kreisfrequenz von 0 bis π gezeigt wird. Das Betragsspektrum wird im logarithmischen Maß, in *Dezibel* (dB), angegeben, d. h. in MATLAB mit `20*log10(.)` berechnet. Zusätzlich ist, wie in der Praxis üblich, der Betragsgang in dB auf seinen Maximalwert skaliert.

Der oft angegebene *3-dB-Punkt* ist die Frequenzstelle, bei der das Quadrat des normierten Betrags auf ein halb abgesunken ist, d. h. mit `10*log10(.5)` ungefähr -3.0103 dB. Am 3-dB-Punkt beträgt die Leistung der Frequenzkomponente die Hälfte (50 %) der leistungsstärksten Komponente im Spektrum.

Die Länge der Fensterfolge bestimmt die Breite des Hauptzipfels. Als typische Kennwerte werden die erste Nullstelle für positive normierte Kreisfrequenzen und der 3-dB-Punkt angegeben. Im Beispiel der Abb. 5.2 liegt die erste Nullstelle bei $2\pi/32 = 0.0625\pi$ und der 3-dB-Punkt bei 0.0273π.

Allgemein gilt der reziproke Zusammenhang: je größer die Fensterlänge, umso schmaler der Hauptzipfel, siehe auch *Zeitdauer-Bandbreite-Produkt* (z. B. [9]).

Abbildung des Betragsspektrums mit MATLAB
In Abb. 5.2 reicht die gewählte Zahl der Frequenzstützstellen (1024) nicht aus, um alle Nullstellen des Spektrums zu erfassen, d. h. anschaulich den Betrag des Spektrums an den Nullstellen bis zur Abszisse herab zu zeichnen.

Mit der Option Data Tips in der Bildwerkzeugleiste lassen sich Datenpunkte im Bild markieren, und deren Koordinaten anzeigen. Alternativ kann auch mit der Vergrößerung durch die Zoom-Funktion (Lupe) gearbeitet werden, um gesuchte Werte genauer abzulesen.

Bei der Faltung im Frequenzbereich wird das Spektrum des Signals mit dem kontinuierlich verschobenen Spektrum des Fensters multipliziert und über die normierte Kreisfrequenz (der Grundperiode) integriert. Vor allem der Teil des Signalspektrums trägt zum Ergebnis bei, der jeweils im Bereich des dominanten Hauptzipfels des Fensterspektrums liegt. Spektralanteile außerhalb werden bedämpft. In Abb. 5.2 haben alle *Nebenzipfel* eine Dämpfung von mindestens 13 dB. Weiter abliegende Spektralanteile werden tendenziell stärker bedämpft.

Es drängt sich die Analogie zur bekannten Tiefpassfilterung auf. Wie der Tiefpass ein Signal glättet und Rauschen unterdrückt (Kap. 9), kann eine Fensterfolge das Spektrum glätten und Rauschen unterdrücken. Nachteilig dabei ist, die Flanken bzw. impulsförmigen Bereiche im Spektrum werden verbreitert. Die Fensterung reduziert das störende Leckphänomen auf Kosten der Auflösung der Spektralkomponenten. Als Gütekriterium ist die *spektrale Auflösung* eingeführt (Kap. 4). Sie beschreibt die Fähigkeit im Spektrum feine Strukturen zu unterscheiden. Von allen möglichen Fensterformen liefert das Rechteckfenster die kleinste Hauptzipfelbreite mit der spektralen Auflösung, der halben Hauptzipfelbreite $\Delta_\Omega = 2\pi/N$. Durch Verbreiterung des Fensters wird die spektrale Auflösung kleiner, also die Auflösung feiner. In Abb. 5.2 resultiert das Zahlenwertbeispiel $\Delta_\Omega = 2\pi/32 = \pi \cdot 0.0625$.

DFT und Leckphänomen

Der Vergleich der Fourier-Transformation für zeitdiskrete Signale und der DFT zeigt, dass für Signalfolgen das DFT-Spektrum der Länge N einer Abtastung des Fourier-Spektrums an den normierten Kreisfrequenzen $\Omega_k = k \cdot \Delta_\Omega$ für $k=0{:}N{-}1$ entspricht, wenn alle von null verschiedenen Signalelemente erfasst werden.

Bei der Spektralanalyse in (Kap. 4) wird von einer Abtastfolge mit der Abtastfrequenz f_s ausgegangen. Somit korrespondieren die normierten Kreisfrequenzen Ω_k mit den Frequenzen $f_k = k \cdot f_s/N$ für $k=0{:}N{-}1$. Man spricht vom *DFT-Frequenzraster*. Bezogen auf das ursprüngliche zeitkontinuierliche Signal resultiert die *Frequenzauflösung* $\Delta_f = f_s \cdot \Delta_\Omega / 2\pi = f_s/N$.

Als *Leckphänomen* („leakage phenomenon") wird das Auftreten von Spektralkomponenten im DFT-Spektrum umschrieben, die aus Anwendungssicht zunächst nicht vermutet werden. Im Beispiel der zeitlich unbegrenzte Kosinus- und Sinusfolge besteht das Spektrum nur aus zwei Impulsen. Im Kurzzeitspektrum der DFT erscheinen jedoch, von Sonderfällen abgesehen, eine Vielzahl von Spektralkomponenten ungleich null. Wegen des scheinbaren „Ausfliesens" des Spektrums spricht man vom Leckphänomen. Das Leckphänomen erschwert die augenscheinliche Bewertung von gemessenen DFT-Spektren.

5.2.2 Vorbereitende Aufgaben

A5.1 Frequenzauflösung und Messdauer

Ein Audiosignal wird mit 8 kHz abgetastet und mit der DFT auf sein Spektrum hin untersucht. Die Frequenzauflösung soll 100 Hz betragen.

a. Welche DFT-Länge und somit welches Zeitintervall für das Audiosignal sind mindestens zu wählen?
b. Was für ein allgemeiner Zusammenhang gilt zwischen der Frequenzauflösung und der Dauer des Messsignals?

5.3 Fensterfolgen für die Spektralanalyse

Die Qualität der Kurzzeit-Spektralanalyse wird nicht nur durch die Breite des Fensters, sondern auch dessen Form beeinflusst. Das Fenster bestimmt die spektrale Auflösung und die Robustheit gegen Störungen. Deshalb werden in der digitalen Signalverarbeitung verschiedene Fenstertypen eingesetzt – manches mag auch eher historisch gewachsen sein. Allein im MATLAB-Werkzeug „Window Designer" (`windowDesigner`) aus der Signal Processing Toolbox lassen sich 17 Typen von Fenstern aufrufen. Die folgenden Beispiele nehmen wichtige Effekte in den Blick. Weitere Anwendungsbeispiele folgen in Kap. 12 unter dem Stichwort Periodogramm.

5.3.1 Grundlegende Beispiele

In der Spektralanalyse kommt es bei der Fensterung auf ihre Wirkung im Frequenzbereich an, wo der Frequenzgang des Fensters mit dem gesuchten Spektrum gefaltet wird. Folglich bieten sich für die Spektralanalyse Fenster an, die an die Impulsantwort eines Tiefpasses erinnern. Meist werden Fenster mit zentralem Maximum und symmetrisch fallenden Flanken verwendet, was die folgenden Beispiele verdeutlichen.

Dreieckfenster und Hann-Fenster
Das Dreieckfenster und das Hann-Fenster werden durch die MATLAB-Funktionen `triang` bzw. `hann` erzeugt. Sie und ihre Betragsspektren sind in Abb. 5.3 beispielhaft für die Länge 32 dargestellt. Das Dreieckfenster wird seinem Namen gerecht. Das Hann-Fenster, nach dem österreichischen Meteorologen J. v. Hann benannt, besitzt weiche Flanken, die einer abrollenden Kosinusfunktion folgen.

MATLAB unterscheidet die Fensterfolgen nach „symmetrisch" und „periodisch". Ersteres wird in der MATLAB-Dokumentation für den Filterentwurf (Kap. 9) empfohlen. Das Zweite für die Spektralanalyse. Das periodische Hann-Fenster der Breite 32 erhält man mit der Befehlszeile

```
w = hann(32,'periodic');
```

wobei die führende Null mitgezählt wird. Das Dreiecksfenster in Abb. 5.3 wurde hier entsprechend erweitert. Dabei ist das erste Element null. Das Maximum der Fenster ist jeweils eins und in der Mitte bei $n=16$.

5.3 Fensterfolgen für die Spektralanalyse

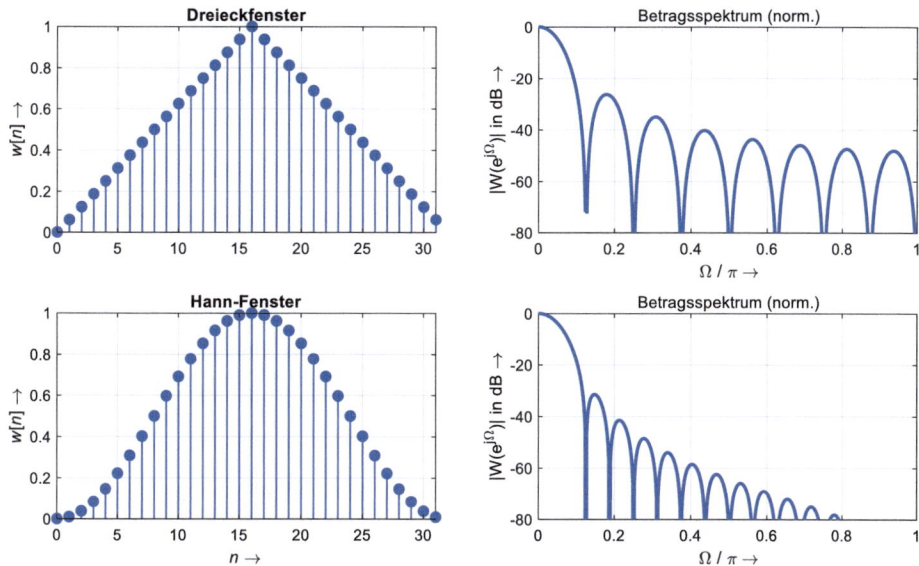

Abb. 5.3 „Periodisches" Dreickfenster und Hann-Fenster der Breite 32 und Betragsspektren im logarithmischen Maß (dB) (`triang, hann`)

Die symmetrische Form erhält man mit `hann(32)`. Sie liefert ein reelles Spektrum und wird deshalb beim Filterentwurf bevorzugt (Kap. 9). Die folgenden grundlegenden Überlegungen zur Spektralanalyse gelten prinzipiell für beide Varianten.

Hauptzipfelbreite und Nebenzipfeldämpfung

Den Beträgen der Spektren werden häufig vier Kennzahlen zur Beurteilung der Fenster entnommen:

- *Hauptzipfelbreite* („main lobe width"). Die Breite des Hauptzipfels $\Delta\Omega$, bis zur erste Nullstelle und zweiseitig, dient zur Beurteilung der Frequenzauflösung.
- *Nebenzipfeldämpfung* („side lobe attenuation"). Die Dämpfung des größten Nebenzipfels dient zur Beurteilung der Unterdrückung des Leckphänomens. Die (minimale) Nebenzipfeldämpfung a_s bezieht sich auf das Maximum des Betragsspektrums und wird im logarithmischen Maß in dB angegeben.
- *3-dB-Hauptzipfelbreite* („3 dB main lobe width"). Die Breite des Hauptzipfels $\Delta\Omega_{3dB}$, bis zum Abfall um 3 dB, wird einseitig gemessen und dient zur Beurteilung der Frequenzauflösung.
- *Leckfaktor* („leakage factor"). MATLAB berechnet im Window Designer das Verhältnis aus der Leistung in den Nebenzipfeln zur totalen Leistung (Kap. 12). Ein kleinerer Leckfaktor steht für vergleichsweise geringere Störungen durch spektrale Überfaltungen aufgrund weiter entfernt liegender Spektralanteile im Signalspektrum.

Im Beispiel ergeben sich die Zahlenwerte in Tab. 5.1, s. a. Abb. 5.3.

Tab. 5.1 Kennwerte von Fensterfolgen im Spektrum für $N=32$ (geschätzt)

Fensterfolge	Dreieck („triangle")	Hann
Hauptzipfelbreite[a] $\Delta\Omega$	$\approx 2\cdot 0.125\cdot\pi = 8\cdot\pi/N$	$\approx 2\cdot 0.125\cdot\pi = 8\cdot\pi/N$
Nebenzipfeldämpfung[b] a_s	≈ 26.3 dB	≈ 31.5 dB
3-dB-Hauptzipfelbreite[c] $\Delta\Omega_{3dB}$	$0.040\cdot\pi$	$0.045\cdot\pi$
Leckfaktor[c]	0.27 %	0.05 %

[a] Siehe erste Nullstelle im Spektrum in Abb. 5.3, die Breite wird zweiseitig angegeben. Die spektrale Auflösung ist dann halb so groß

[b] Man beachte die Definition der Dämpfung mit negativem Vorzeichen und den Bezug auf das Maximum des Betragsspektrums $-20\cdot\log_{10}(|W|/\max[|W|])$ mit der Pseudoeinheit *Dezibel*

[c] Das MATLAB-Werkzeug „Window Designer" liefert numerische Werte für die 3-dB-Hauptzipfelbreite $\Delta\Omega_{3dB}$ (einseitig) und den Leckfaktor

Die Ergebnisse für den Dreieckimpuls entsprechen den Erwartungen: Der Dreieckimpuls entsteht durch die Faltung eines Rechteckimpulses der halben Länge mit sich selbst [9]. Das Spektrum ist folglich gleich dem Quadrat des Spektrums des Rechteckimpulses. Somit bleiben die Nullstellen im Spektrum erhalten. Aber die Fensterlänge ist im Dreieckimpuls nun doppelt so groß. Demnach ist die Hauptzipfelbreite des Dreieckfensters bezogen auf die Fensterlänge doppelt so groß wie die des Rechteckfensters und die Nebenzipfeldämpfung ist ebenfalls doppelt so groß, weil sich die Dämpfungswerte wegen des logarithmischen Maßes addieren.

Der weiche Übergang der Flanken im Hann-Fenster bewirkt eine größere Nebenzipfeldämpfung als beim Dreieckfenster. Bezogen auf das Rechteckfenster wird die gute Unterdrückung des Leckphänomens mit einer größeren Frequenzunschärfe erkauft. Das Hann-Fenster ist durch das Auslaufen der Flanken „kompakter", weshalb der Hauptzipfel breiter wird.

Dreieckfenster und Hann-Fenster zeigen etwa gleiche Frequenzauflösung, aber die deutlich größere Nebenzipfeldämpfung beim Hann-Fenster liefert größere Robustheit gegen die Effekte des Leckphänomens.

Der Vergleich der Kenngrößen bestätigt den allgemein gegenläufigen Zusammenhang: Ist die Hauptzipfelbreite relativ gering, ist die Nebenzipfeldämpfung relativ groß und umgekehrt. Die Frequenzauflösung und die Unterdrückung des Leckphänomens stehen im umgekehrten Verhältnis, sodass in den Anwendungen ggf. Kompromisse eingegangen werden müssen.

MATLAB stellt im Window Designer einige Fenstertypen zur Verfügung. Manche davon sind auf den ersten Blick schwer zu unterscheiden. Kleine Unterschiede in den Fensterfolgen können jedoch deutlich sichtbare Auswirkungen in Bereichen kleiner Betragswerte der Spektren („Sperrbereiche") haben. Einige Fenstertypen wurden für spezielle Aufgaben bzw. Kriterien entworfen, wie das unten vorgestellte Dolph-Chebyshev-Fenster in Abb. 5.4. Für eine weitergehende Darstellung der Fenster siehe z. B. [6].

5.3 Fensterfolgen für die Spektralanalyse

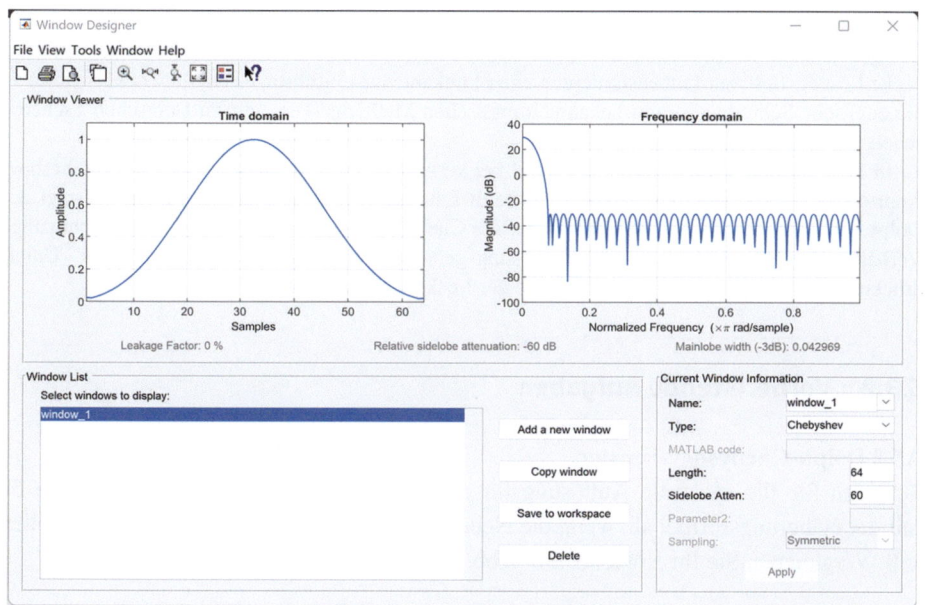

Abb. 5.4 Benutzerschnittstelle des MATLAB Window Designer (`windowDesigner`)

Dolph-Chebyshev-Fenster

Parametrisierbare Fenster sind für die Anwendung besonders interessant, da unter Umständen gewünschte Eigenschaften eingestellt werden können. Ein wichtiges Beispiel ist das *Dolph-Chebychev-Fenster* (`chebwin`). Es basiert auf den Chebyshev-Polynomen und liefert das Equiripple-Verhalten der Nebenzipfel in Abb. 5.4. Die Nebenzipfeldämpfung nimmt mit wachsender Frequenz nicht ab, vgl. z. B. Hann-Fenster. Der dadurch gewonnene Freiheitsgrad wird zur Verringerung der Hauptzipfelbreite genutzt.

Für hinreichende Fensterlänge existiert für das Dolph-Chebyshev-Fenster eine einfache Faustformel, welche die (zweiseitige) Hauptzipfelbreite $\Delta\Omega$, die (minimale) Nebenzipfeldämpfung im logarithmischen Maß a_s und die Fensterlänge N kombiniert ([6], S. 336).

$$\frac{\Delta\Omega}{\pi} \approx 2 \cdot \frac{1.46}{N-1} \cdot \left(\log_{10}(2) + \frac{a_\text{s}}{20\,\text{dB}}\right)$$

Bei gewünschter Hauptzipfelbreite $\Delta\Omega$ (Auflösung) und Dämpfung a_s lässt sich die notwendige Fensterlänge N abschätzen. Im Beispiel der gemessenen Werte in Abb. 5.5 liegt der relative Fehler zur Abschätzung mit obiger Näherung unter drei Prozent.

Chebyshev-Approximation

Die Bezeichnung Dolph-Chebyshev-Fenster ehrt C. L. Dolph, der die zugrunde liegende mathematische Lösung 1946 zur Dimensionierung einer Funkantenne einführte. Chebyshev (1821–1894) ist die englische Schreibweise des bekannten russischen Mathematikers, der im Deutschen Tschebyscheff oder Tschebyschow geschrieben wird.

In der digitalen Signalverarbeitung wird bei verschiedenen Entwurfsaufgaben die Chebyshev-Approximation [2] zugrunde gelegt, z. B. beim Filterentwurf in Kap. 9 und 11. Im Beispiel des Dolph-Chebyshev-Fensters (Abb. 5.4) führt die Chebyshev-Approximation auf das gleichmäßige Verhalten der Nebenzipfel, Equiripple-Lösung genannt, und damit zur „gleichmäßigen" Unterdrückung von möglichen Effekten aufgrund des Leckphänomens.

5.3.2 Vorbereitende Aufgaben

A5.2 Dolph-Chebyshev-Fenster

Schätzen Sie die spektrale Auflösung für das Dolph-Chebyshev-Fenster der Länge 64 mit der Näherungsformel ab, wenn die Nebenzipfeldämpfung 60 dB nicht unterschreiten soll. Vergleichen Sie Ihr Ergebnis mit Abb. 5.5.

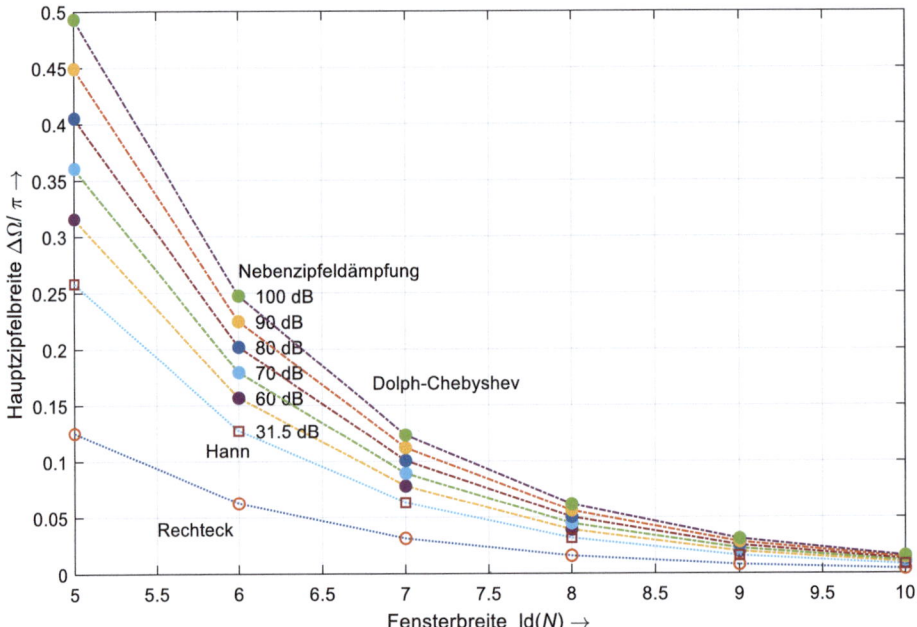

Abb. 5.5 Hauptzipfelbreite $\Delta\Omega$ des Dolph-Chebyschev-Fensters (`chebwin`) in Abhängigkeit von der Fensterlänge N und der Nebenzipfeldämpfung a_s in dB (`cheby_mlw`)

5.3.3 Versuchsdurchführung

M5.1 Kennwerte von bekannten Fensterfolgen

a. Stellen Sie mit dem MATLAB-Werkzeug „Window Designer" (Abb. 5.4) die Fensterfolgen in Tab. 5.2 und ihre Betragsspektren für die Länge 64 grafisch dar. Verifizieren Sie die Kennwerte in der Tabelle. Dazu geben Sie die Breite des Hauptzipfels näherungsweise als ganzzahliges Vielfaches von π/N an. Die Dämpfung der Nebenzipfel bezieht sich auf das jeweilige Maximum des Betrags und wird im logarithmischen Maß (dB) angegeben. Beachten Sie, am Bildschirm werden von MATLAB negative Werte für die „Dämpfung" angezeigt.
b. Überprüfen Sie die Abschätzung für die spektrale Auflösung des Dolph-Chebyshev-Fensters am Beispiel in Tab. 5.2.

Tab. 5.2 Kennwerte von einigen Fensterfolgen mit Länge N (= 64) (`windowDesigner`)

Fensterfolge (Parameter)	Ungefähre Breite des Hauptzipfels		(minimale) Nebenzipfeldämpfung a_s in dB	Leckfaktor in % der Gesamtleistung
	$\Delta\Omega_{3dB}/\pi$ (einseitig)	$\Delta\Omega/\pi$ (zweiseitig)		
Dolph-Chebyshev[a] `chebwin` (α = 60 dB)	.043	.156 (10/N)	60.0	0.0
Gauß[b] `gausswin` (α = 2.5)	.043	.200 (12.8/N)	44.1	0.01
Hann[c] `hann(periodic)`	.043	.125 (8/N)	31.5	0.05
Kaiser[d] `kaiser` (β = 5.4)	.039	.129 (8.25/N)	40.0	0.01
Rechteck[e] `rectwin`	.027	.062 (4.0/N)	13.3	9.14
Dreieck `triang`	.039	.129 (8.25/N)	26.6	0.28

[a] Parametrisierbar mit Austausch zwischen spektraler Auflösung und einstellbarer minimalen Nebenzipfeldämpfung (α); Nebenzipfeldämpfung im gesamten Bereich konstant – gut zur Unterdrückung des Leckphänomens und breitbandiger Störung bei hoher Nebenzipfeldämpfung (Equiripple-Verhalten) (Bei kleiner Dämpfung Überhöhungen im Fenster an den Rändern, siehe Window Designer oder [6], Bild 8.3.6)
[b] Parametrisierbar; die Gauß'sche Glockenkurve bleibt bei Fourier-Transformation erhalten, weshalb der Hauptzipfel im Wesentlichen die Form einer Gauß'schen Glockenkurve besitzt; guter Kompromiss zwischen Zeit- und Frequenzauflösung (Gabor-Transformation)
[c] Wird als Kompromiss in der Kurzzeit-Spektralanalyse häufig eingesetzt
[d] Parametrisierbar mit Austausch zwischen spektraler Auflösung und Nebenzipfeldämpfung; früher meist beim Entwurf von Tiefpassfiltern mit der Fourier-Approximation eingesetzt
[e] Bestmögliche spektrale Auflösung aber geringste Nebenzipfeldämpfung

5.4 Kurzzeitspektralanalyse mit dem Spektrogramm

Praktisch interessante Signale besitzen oft keine feste Frequenzzuordnung mehr, sondern diese ändert sich dynamisch mit der Zeit. Hier kann die Kurzzeit-Spektralanalyse zur Aufklärung beitragen.

5.4.1 Chirp-Signal

Chirp-Signale bilden eine spezielle Familie von Signalen mit dynamischer Momentanfrequenz. Man findet sie beispielsweise in der Echoortung der Fledermäuse oder der auf den gleichen signaltheoretischen Prinzipien beruhenden Radarortung. Werden Chirp-Signale hörbar gemacht, dann klingen sie oft wie ein „Zwitschern". Daher ihr englischer Name „chirp".

Wir betrachten im Weiteren den einfachen Sonderfall linear frequenzmodulierter Signale. Für die zeitdiskrete Simulation setzen wir die Parameter so, dass die Interpretation der Zusammenhänge erleichtert und die grafischen Darstellungen übersichtlicher werden. Als Signaldauer wählen wir $T = 1$ s. Die Abtastfrequenz betrage $f_s = 8$ kHz. Die Momentanfrequenz des Chirp-Signals soll sich im Beispiel linear von $f_1 = 100$ Hz auf $f_2 = 2$ kHz erhöhen. Dies leistet der Ansatz für die normierte *Momentankreisfrequenz* [8]

$$\Omega_M[n] = 2\pi \cdot \frac{f_1}{f_s} + \pi \cdot \underbrace{\frac{f_2 - f_1}{T \cdot f_s^2}}_{\mu} \cdot n.$$

Darin ist μ die normierte *Chirp-Rate* Als Proportionalitätsfaktor gibt sie die Geschwindigkeit an, mit der sich die Momentankreisfrequenz ändert. Es resultiert das zeitdiskrete *Chirp-Signal*

$$x[n] = \cos(\Omega_M[n] \cdot n).$$

Die ersten 100 ms des simulierten Chirp-Signals zeigt Abb. 5.6. Die steigende Momentanfrequenz ist an den kürzer werdenden Abständen der Nulldurchgänge im Signal zu erkennen.

Die Spektralanalyse des gesamten Chirp-Signals liefert den Betrag des DFT-Spektrums im logarithmischen Maß in Abb. 5.7. Der Betrag steigt zunächst stark an, im Bereich von 100 bis zu 2000 Hz ist er etwa konstant und fällt danach rasch ab. Er spiegelt den eingestellten Verlauf der Momentanfrequenz als Ganzes wider. Allerdings macht das Beispiel deutlich, dass eine Spektralanalyse über das gesamte Chirp-Signal die Dynamik der Momentanfrequenz nicht aufklären kann. Die Fourier-Transformation ist prinzipiell nicht geeignet momentane Veränderungen auf der Zeitachse zu lokalisieren. Abhilfe schafft hier die *Zeit-Frequenz-Analyse*, die das Signal in zeitliche Abschnitte (Fenster) aufteil.

5.4 Kurzzeitspektralanalyse mit dem Spektrogramm

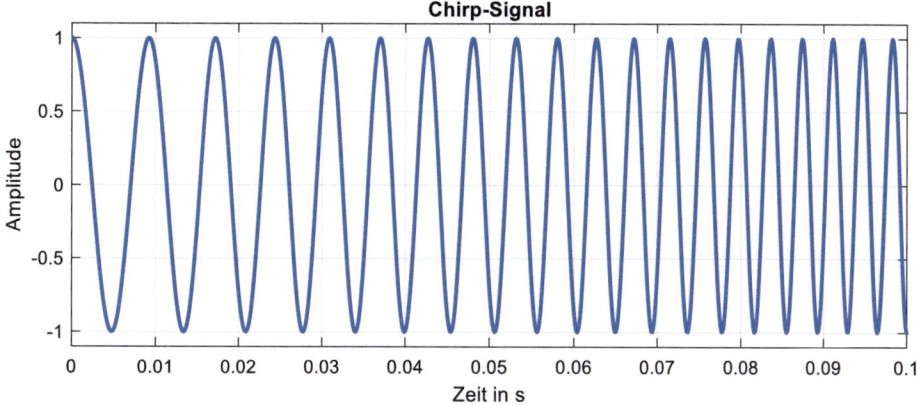

Abb. 5.6 Chirp-Signal (Simulationsbeispiel) (`chirp_signal`)

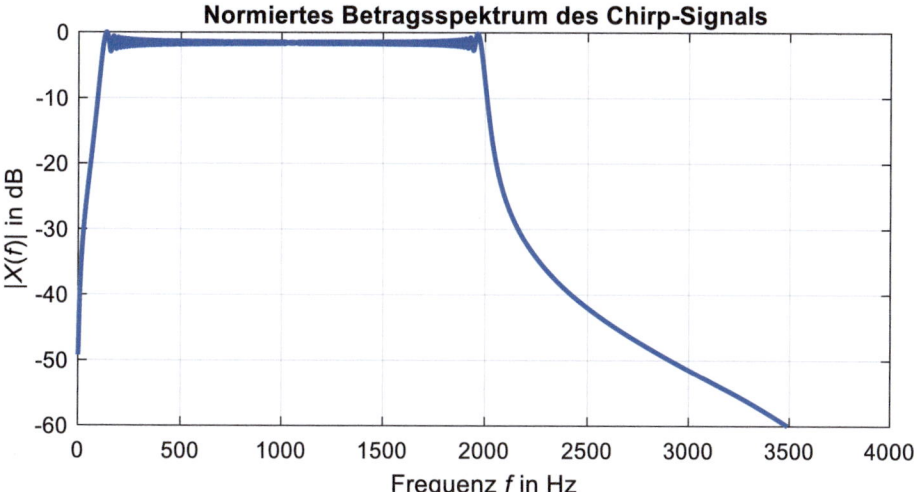

Abb. 5.7 Betragsspektrum des Chirp-Signals (Simulationsbeispiel mit DFT) (`chirp_signal`)

5.4.2 Spektrogramm

Eine bekannte Variante der Zeit-Frequenz-Analyse ist die nach D. Gabor benannte *Gabor-Transformation* für zeitkontinuierliche Funktionen [4]. Sie wird auch gefensterte Fourier-Transformation genannt, weil sie die *gaußsche Glockenkurve* als zeitlich verschiebbare Fensterfunktion benutzt [1, 2].

$$G_f(\omega,s) = \int\limits_{-\infty}^{+\infty} f(t) \cdot \frac{1}{2\pi\sigma} \cdot \exp\left(-\frac{[t-s]^2}{2\sigma^2}\right) \cdot e^{-j\omega t} dt$$

Die zeitliche Verschiebung s ist eine stetige reelle Variable. Die Standardabweichung σ bestimmt als Parameter die Breite der Glockenkurve und damit die (effektive) Zeitauflösung.

Die Idee der Gabor-Transformation lässt sich direkt auf zeitdiskrete Signale übertragen: die Kurzzeitspektralanalyse mit dem *Spektrogramm*. Aus dem zu untersuchenden Signal $x[n]$ werden mit einer Fensterfolge $w[n]$ Blöcke der Länge N herausgeschnitten, siehe Abb. 5.8. Für jeden Block wird die DFT berechnet und i. d. R. das Betragsquadrat der DFT-Koeffizienten als Maß für die Verteilung der Leistung bzw. Energie im Spektrum grafisch dargestellt. Die aufeinanderfolgenden Signalblöcke können sich dabei überlappen, um beispielsweise bei der grafischen Darstellung zwischen den zeitlich aufeinander folgenden Spektren weichere Übergänge zu erhalten. Zur effizienten Berechnung wird meist die Radix-2-FFT verwendet.

Wir erproben die Idee der Zeit-Frequenz-Analyse anhand des Spektrogramms für das Chirp-Signal. MATLAB stellt dazu den Befehl `spectrogram` zur Verfügung. Als Parameter gehen Form und Länge der Fensterfolge („window") und der Grad der Überlappung der Fenster aufeinanderfolgender Signalproben („number of overlap") ein. Dazu wird die DFT-Länge vorgegeben. Weil im Beispiel die Abtastfrequenz von 8 kHz und für das Chirp-Signal 8000 Elemente vorliegen, scheint eine Fensterlänge 256, entsprechend einem Zeitintervall von 32 ms, adäquat. Für die Länge der DFT wählen wir ebenfalls 256. Damit beträgt die spektrale Auflösung 31.25 Hz. Als Form wählen wir die Fensterfunktion `hann` in MATLAB. Schließlich scheint für einen ersten Eindruck eine Überlappung der Fenster um 50 %, also je 128 Elemente, passend. Eine größere Überlappung liefert weichere Übergänge in der Grafik, erhöht jedoch die Zahl der Blöcke und damit den Rechen- und Speicheraufwand.

Das resultierende Spektrogramm zeigt Abb. 5.9 in der Gestalt eines „Wärmebildes" („heat map") Darin ist im Wesentlichen das Betragsquadrat der DFT-Koeffizienten, die Verteilung der momentanen Signalleistung bzw. Energie über der Zeit und der Frequenz,

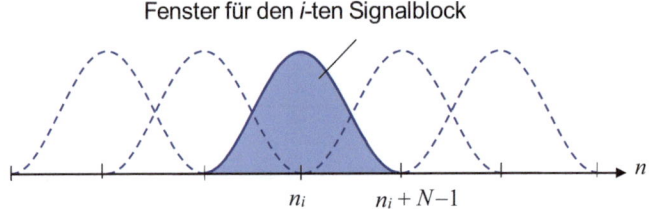

Abb. 5.8 Zerlegung des Signals in Blöcke zur Kurzzeit-Spektralanalyse (schematisch)

5.4 Kurzzeitspektralanalyse mit dem Spektrogramm

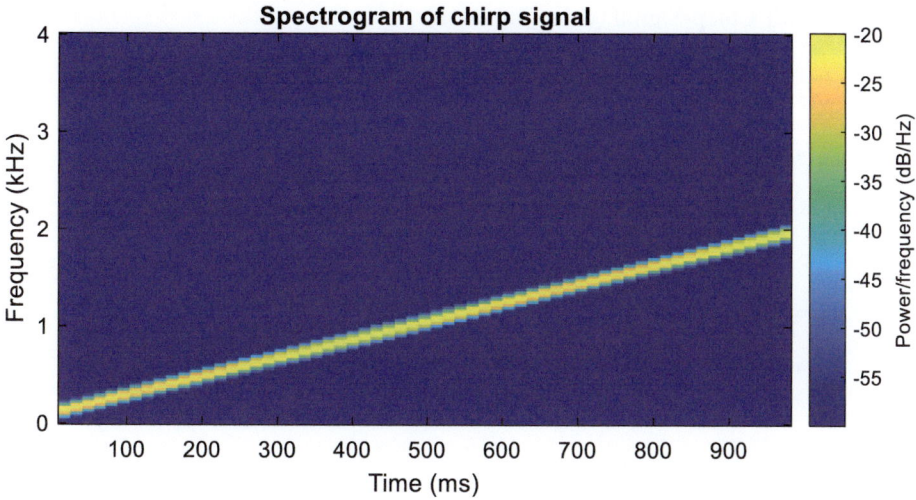

Abb. 5.9 Spektrogramm des linear frequenzmodulierten Chirp-Signals (`chirp_signal`)

farbig codiert. Die Farbleiste („colorbar") zeigt die maßstäbliche Zuordnung. Die helle gelbliche Farbe entspricht der größten Leistung in den Spektralkomponenten. (Die Phasen der DFT-Koeffizienten werden nicht verwendet.)

Man beachte die logarithmische Einteilung der Leistung in Abb. 5.9, sodass im Bild eine hohe Dynamik zu beobachten ist. Die Momentanfrequenz des Chirp-Signals steigt mit der Zeit linear von etwa 100 auf 2000 Hz. Das Spektrogramm bestätigt die Überlegungen für das linear frequenzmodulierten Chirp-Signal. Und umgekehrt, Abb. 5.9 demonstriert die prinzipielle Eignung des Spektrogramms zur Zeit-Frequenz-Analyse.

Das Spektrogramm wurde mit Programm 5.1 berechnet und dargestellt. Der dort alternativ angegebene MATLAB-Befehl `chirp` bietet weitere Optionen. Er unterstützt zusätzlich die Erzeugung quadratischer und logarithmischer Chirp-Signale. Im folgenden Unterabschnitt soll das Programm auf weitere Audiosignale angewendet werden.

Wavelet-Transformation

Eine Variante der Zeit-Frequenz-Analyse ist die *Wavelet-Transformation*, die in ihrer diskreten Form als *Multi-Skalen-Analyse* praktische Anwendung u. a. in der Bildverarbeitung und Bildcodierung gefunden hat [5][7].

Programm 5.1 Chirp-Signal (chirp_signal.m)

```
% Short-time spectral analysis of chirp signal (mw2024)
T = 1; % simulation time in seconds
fs = 8e3; Ts = 1/fs; % sampling frequency in Hz and sampling period
Nmax = T*fs; n = 0:Nmax-1; % simulation time (norm.)
%% Linear chirp signal
fstart = 100; % start frequency in Hz
fstop = 2000; % stop frequency in Hz
mue = (fstop-fstart)/(T*fs^2); % chip rate
Omega = 2*pi*fstart*Ts + pi*mue*n;
x = cos(Omega.*n); % chirp signal
% x = chirp(0:Ts:T-Ts,fstart,T,fstop,'linear'); % MATLAB function
ap = audioplayer(x,fs); play(ap) % play sound
%% Graphics
FIG1 = figure('Name','Chirp-
Signal','NumberTitle','off','Units','normal',...
    'Position',[.2,.1,.5,.3]);
    plot(Ts*n,x,'LineWidth',2), grid
    axis([0 .1 -1.1 1.1]);
    xlabel('Zeit in s'), ylabel('Amplitude')
    title('Chirp-Signal')
%% Spectrum
X = abs(fft(x)); X = X/max(X); % normalize
FIG1 = figure('Name','Chirp-Signal','NumberTitle','off','Units',...
    'normal','Position',[.2,.1,.4,.3]);
    plot((fs/Nmax)*(0:Nmax-1),20*log10(X),'LineWidth',2), grid
    axis([0 fs/2 -60 0]);
    xlabel('Frequenz {\itf} in Hz'), ylabel('|{\itX}({\itf})| in dB')
    title('Normiertes Betragsspektrum des Chirp-Signals')
%% Spectrogram
Nmax = length(x); % length of input signal
M = 256; % fft block length (power of two number)
w = hann(M)'; % Hann window (transposed)
OL = 128; % overlap in samples
Nx = floor(Nmax/OL); % number of dft spectra
Mx = M; % number of dft coefficients per dft sprectrum
% Spectrogram (MATLAB)
FIG1 = figure('Name',...
    'Spektrogramm des Chirp-Signals','NumberTitle','off','Units',...
    'normal','Position',[.2,.1,.4,.3]);
spectrogram(x,w,OL,Mx,fs,'yaxis','MinThreshold',-60);
    xlabel('Time (ms)'), ylabel('Frequency (kHz)')
    title('Spectrogram of chirp signal')
```

A5.3 MATLAB-Programm Spektrogramm

Machen Sie sich mit dem Programm 5.1 soweit vertraut, dass Sie es in der Versuchsdurchführung anwenden können.

5.4.3 FM-Synthesizer

Wir knüpfen an die Frequenz-Zeit-Darstellung in Kap. 2 an, dem Musikstück Prélude. Zur Erzeugung des Mehrtonsignals setzen wir hier den *FM-Synthesizer* nach Chowing (1977) ein [3]. In den 1970er und 1980er Jahren wurde nach Wegen gesucht, mit einfachen elektronischen Schaltungen „klangreiche" Audiosignale zu erzeugen. Von der damals in der Rundfunktechnik weit verbreiteten FM-Modulation war bekannt, dass sie, ausgehend von einem Sinuston als modulierendes Signal, Mehrtonsignale mit Linienspektren um die Trägerfrequenz erzeugt. Dabei sind die Frequenzabstände ganzzahlige Vielfache der Frequenz des modulierenden Tones, sodass sich eine harmonische Struktur ergibt. Die FM-Synthese wurde damals zum Quasistandard für die Erzeugung von Audiosignale in Spielekonsolen.

Wir gehen von der FM-Modulation mit modulierendem Eintonsignal aus (z. B. [10], Abschn. 5.3) und leiten für unseren FM-Synthesizer die einfache digitale Form ab.

$$x[n] = \sin(\Omega_c n + \eta \cdot \sin(\Omega_1 n)).$$

Darin ist $\Omega_c = 2\pi \cdot f_c / f_s$ die normierte Trägerkreisfrequenz („carrier"), $\Omega_1 = 2\pi \cdot f_1 / f_s$ die normierte Kreisfrequenz der Modulierenden und η der Modulationsindex. Letzterer bestimmt die Bandbreite des FM-Signals, die Anzahl der relevanten Harmonischen. Je größer der Modulationsindex, umso größer ist die Bandbreite, die mit der Carson-Formel $B_c = 2(\eta + 1) \cdot f_1$ abgeschätzt wird (z. B. [10], S. 264).

Eine mögliche Implementierung des einfachen FM-Synthesizer als MATLB-Funktion zeigt Programm 5.2. Die Parameter des Synthesizers sind in der MATLAB-Struktur FM zusammengefasst.

Programm 5.2 FM-Synthesizer (fm_synthesizer.m)

```
function fm_signal = fm_synthesizer(FM,n)
% FM audio synthesizer (mw2024)
%   synthesized audio signal, amplitude = 1
%   n  : normalized time
%   FM : parameters for FM synthesizer (structure)
%      FM.fs  : sampling frequency in Hz
%      FM.f1  : frequency of modulating signal in Hz
%      FM.fc  : carrier frequency in Hz
%      FM.eta : modulation index
%   fm_signal : synthesized audio signal, amplitude = 1
    w_1 = 2*pi*FM.f1/FM.fs;
    w_c = 2*pi*FM.fc/FM.fs;
    eta = FM.eta;
    fm_signal = sin(w_c*n + eta*sin(w_1*n));  % amplitude = 1
end
```

Im Beispiel ergeben sich die Modulierenden aus dem Musikstück Prélude (Kap. 2) mit 440 Hz für den Kammerton a. Die Trägerfrequenz muss selbst eine Harmonische sein, damit das Linienspektrum des FM-Signals nur harmonische Anteile zum modulierenden Ton aufweist, also f_c gleich einem ganzzahligen Vielfachen von f_1. Um in der digitalen Implementierung Spiegeleffekte zu vermeiden, ist das Zusammenspiel von Trägerfrequenz, Modulationsindex und Abtastfrequenz zu beachten.

Mit dem Modulationsindex $\eta = 2.4$ und der Trägerfrequenz $f_c = 3 \cdot f_1$ werden im Wesentlichen zwei Harmonische jeweils unter und über der Trägerfrequenz möglich (z. B. [10], S. 264). Darüber hinaus wird bei diesem Modulationsindex der Träger im FM-Signal fast vollständig unterdrückt, was in der Praxis häufig für Testzwecke benutzt wird. Im Beispiel resultieren für den Kammerton a leistungsstarke Spektrallinien bei 440, 880, 1760 und 2200 Hz. Die Frequenzen liegen unterhalb der halben Abtastfrequenz.

M5.2 Spektrogramm zum Musikstück Prélude
Nehmen Sie das Programmbeispiel aus Kap. 2 zum Musikstück Prélude mit der ADSR-Hüllkurvenbewertung. Chowing [3] schlägt für Blechblasinstrument-ähnliche Töne („brass") eine Hüllkurve mit Attack- und Decay-Phase wie in Kap. 2 vor, z. B.

```
ADSR = struct('tA',.15,'EA',1,'tD',.30,'ED',.75,'tS',.85,'ES',.65);
```

Wählen Sie die Dauer eines Tones, eines ganzen Taktes, z. B. 300 ms. Ersetzen Sie die Sinustöne durch Signale des FM-Synthesizers.

Für die FM-Synthese bietet sich der Modulationsindex $\eta = 2.4$ an. Schließlich kann noch die ursprüngliche Pitch in Kap. 2 halbiert werden, um für den Kammerton a mit 440 Hz zu beginnen.

a. Hören Sie sich das Musikstück an und stellen Sie das Spektrogramm mit geeigneter Parametrisierung grafisch als „heat map" dar. Wählen Sie den Modulationsindex $\eta = 2.4$. Entspricht das Spektrogramm den Erwartungen? Wählen Sie auch einen anderen Modulationsindex.
b. Wiederholen Sie (a) aber nun mit halbierter Pitch. Was ändert sich am Klang und was im Spektrogramm?

5.4.4 Audiosignale

Als *Audiosignale* bezeichnet man für gewöhnlich Signale, die aus akustischen Signalen (Schalldruck) durch ein Mikrofon aufgenommen wurden bzw. Signale die – nach einer eventuellen Digital-Analog-Umsetzung – mit einem elektrischen Schallwandler (Lautsprecher) für Menschen hörbar gemacht werden können. Eine wichtige Kenngröße der Audiosignale ist ihr belegtes Frequenzband. Einige typische Beispiele sind in Tab. 5.3 zusammengestellt.

5.4 Kurzzeitspektralanalyse mit dem Spektrogramm

Tab. 5.3 Frequenzbänder von Audiosignalen

Signaltyp	Frequenzband
Laute von Elefanten und Blauwalen (Infraschall)	kleiner circa 16 Hz
Für Menschen hörbare Geräusche (altersabhängig)	(16)20 Hz bis 18(20) kHz
Telefonsprache (herkömmliche einfache Telefonie)	300 Hz bis 3.4 kHz
Audio für den Ultra-Kurzwellen(UKW)-Rundfunk	30 Hz bis 15 kHz
Compact Disc Digital Audio (CD-DA)	5 Hz bis 20 kHz
Ortungsschreie von Fledermäusen[a] (Ultraschall)	8 bis 110 kHz

[a] Rufe der Fledermäuse können beispielsweise durch verlangsamtes Abspielen hörbar gemacht werden

Eine weitere Besonderheit von „biologischen" Audiosignalen ist, dass sie über kurze Zeitabschnitte ein charakteristisches Verhalten zeigen, was den physikalischen Gegebenheiten der erzeugenden biologischen Systeme geschuldet ist, wie z. B. dem menschlichen Sprachtrakt. Ein Beispiel für ein Sprachsignal zeigt Abb. 5.10. Das digitalisierte Sprachsignal „telecommunications laboratory" weist erkennbar kurze energiereiche Abschnitte auf, die typisch für die stimmhaften, von den schwingenden Stimmlippen des Kehlkopfs hervorgebrachten Vokale sind. Alle anderen Sprachlaute gelten als stimm-

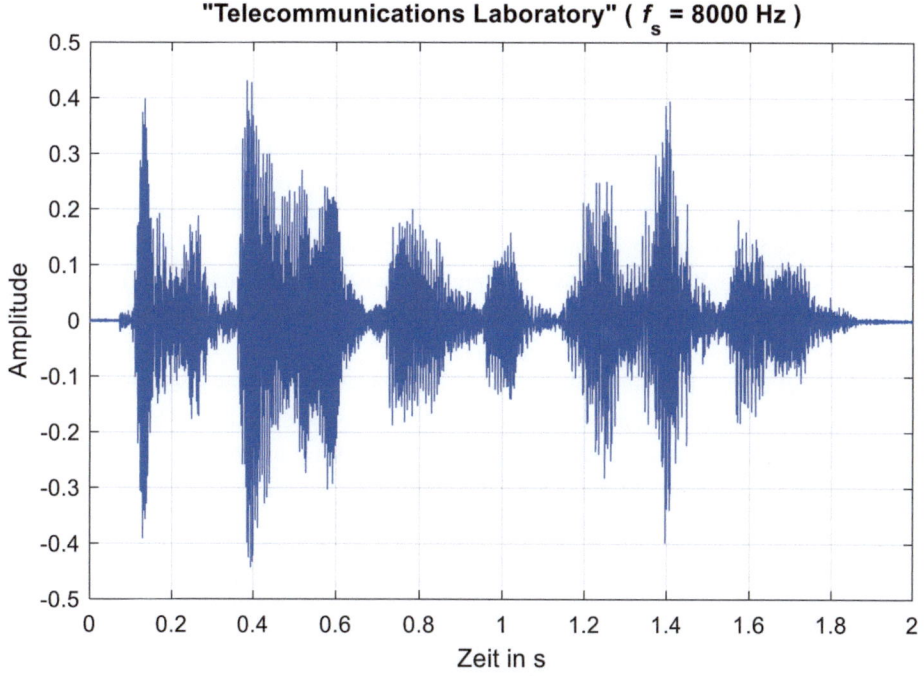

Abb. 5.10 Sprachsignal „telecommunications laboratory" (`speech`)

los. In der digitalen Sprachcodierung werden typisch Signalausschnitte der Dauer von 5 bis 20 ms betrachtet, weil Sprachsignale über diese Zeit gewisse innere Bindungen aufweisen.

Sollen nichtstationäre Signale, wie die Sprachsignale, analysiert werden, kommt der *Kurzzeitspektralanalyse* eine besondere Bedeutung zu. Sie ist deshalb ein wichtiger Baustein moderner Sprach- und Audiocodierverfahren sowie Verfahren zur Sprach- und Sprechererkennung.

M5.3 Spektrogramm eines Sprachsignals
a. Öffnen Sie das Sprachsignal `speech.wav` mit dem MATLAB Import Wizard im Current Folder. Wählen Sie das importierte Signal im Workspace aus und lassen Sie es sich anzeigen.
b. Machen Sie das Sprachsignal hörbar und stellen Sie sein Spektrogramm grafisch dar. Achten Sie auf eine aussagekräftige Bildbeschriftung.
c. Wählen Sie die Parameter für das Spektrogramm und stellen Sie das Frequenzband von 0 bis 4 kHz grafisch dar. Geben Sie die Zeitauflösung und die Frequenzauflösung Ihrer Parameterwahl an. Zur grafischen Darstellung benutzen Sie auch die Grafikoption des minimalen Schwellenwertes, um das Spektrogramm „übersichtlicher" zu machen.

Zur Interpretation des Spektrogramms des Sprachsignals ist Anwendungswissen erforderlich. Wir betrachten beispielhaft den Zeitraum um etwa 0,9 s genauer. Eine Vergrößerung des Signals mit der MATLAB-Zoom-Funktion (Lupe) zeigt einen rauschartigen Verlauf, wie er für Zischlaute typisch ist. Tatsächlich wird in der Sprachprobe das „s" am Ende des Wortes „telecommunications" stimmlos gesprochen. Ganz im Gegensatz dazu ist nachher ein kurzzeitiger periodischer und energiereicher Abschnitt für den folgenden Vokale a zu sehen.

Für das betrachtete Zeitintervall um 0.9 s fehlen im Spektrogramm die harmonischen Anteile bei den niedrigeren Frequenzen. Stattdessen verteilt sich die Signalenergie auf ein breites Frequenzband mit größeren Anteilen zwischen 3000 und 3500 Hz. Aus der Sprachverarbeitung ist bekannt, dass derartige Frequenzverteilungen für Zischlauten typisch sind.

Anders bei dem folgenden Vokal. Vokale werden stimmhaft gesprochen mit deutlich harmonischer Struktur im Spektrogramm. Letzterem lassen sich die 1. Harmonische bei etwa 150 Hz und die weiteren bei circa 300, 450 und 600 Hz entnehmen. Dabei weist die 2. Harmonische die größte Momentanleistung auf.

Spektrogramm
Für eine vertiefte Diskussion der Ergebnisse der Spektralanalyse ist Anwendungswissen erforderlich. Das Spektrogramm stellt nur ein Werkzeug dar. Das Wissen um die Hintergründe, z. B. aus der Spracherkennung, der Sprechererkennung, der Audiotechnik i. Allg., der Medizintechnik, dem Maschinenbau, usw., liefert die notwendigen Informationen für die Parametereinstellungen und Beurteilung der Ergebnisse.

Welche Möglichkeiten MATLAB zur Aufnahme und Wiedergabe von Audiosignalen anbietet und welche Datenformate unterstützt werden, entnehmen Sie bitte der Onlinedokumentation ihrer MATLAB-Version bzw. den Werkzeugen.

Relativ einfach ist die Audio-Aufnahme im WAVE-Format (und anderen) mit einem Online frei verfügbaren Werkzeug, wie z. B. Audacity (V3.7).

Soll die Echtzeitfähigkeit einer Kurzzeitspektralanalyse abgeschätzt werden, so ist zur Komplexität des verwendeten DFT-Algorithmus auch der Aufwand für die Fensterung und gegebenenfalls der zusätzliche Aufwand durch eine Überlappung zu berücksichtigen.

5.5 Zusammenfassung

Der Versuch „Spektrogramm" behandelt eine weit verbreitete Form der digitalen Zeit-Frequenz-Analyse. Aus dem Zeitsignal werden Blöcke entnommen und der DFT unterworfen. So kombiniert das Spektrogramm die Kurzzeitspektralanalyse der DFT mit der Zeitauflösung durch die Blockbildung.

Für die Blockbildung stehen verschiedene Fensterfolgen zur Verfügung. Deren wesentliche Charakteristika sind neben der DFT-Länge (Blocklänge), die Hauptzipfelbreite und die Nebenzipfeldämpfung. Die Hauptzipfelbreite bestimmt die spektrale Auflösung der Messung, während die Nebenzipfeldämpfung die Rauschstörung bzw. Interferenz durch weiter abliegender Frequenzkomponenten beeinflusst. Je nach Anwendung stehen unterschiedliche Fenster zur Verfügung. Das MATLAB-Werkzeug „Window Designer" bietet eine Auswahl bekannter Fensterfolgen, darunter auch das parametrisierbare Dolph-Chebyshev-Fenster.

Spektrogramme können wichtige Informationen über Signale mit sich ändernder Momentanfrequenz liefern. Sie stellen die Beträge der DFT-Koeffizienten bzw. deren Quadrate über der Zeit in einer Heatmap dar. Die Phaseninformation wird dabei nicht verwendet. Mit Beispielen zu einem linearen Chirp-Signal, einem Musikstück aus dem FM-Synthesizer und einem Sprachsignal gibt der Versuch Einblicke in die praktische Anwendung von Spektrogrammen.

5.6 Quiz 5

Ergänzen Sie die Lückentexte (_) sinngemäß.

1. Bei der Kurzzeitspektralanalyse spielt das ___-Produkt der Fourier-Transformation eine Rolle.
2. Die Frequenzauflösung der DFT eines Abtastsignals ist ___. (Formel)
3. Das Fenster mit der feinsten Frequenzauflösung ist ___.
4. Gauß-Fenster und Dolph-Chebyshev-Fensters sind ___.
5. Für eine gute spektrale Auflösung sollte ___ des Fensters klein sein.

6. Die Pseudoeinheit ___ erinnert an den Erfinder und Unternehmer Alexander Graham Bell (1847–1922).
7. Die ___ der Fenster wird gewöhnlich im logarithmischen Maß angegeben.
8. Ein Chirp-Signal zeichnet sich durch die zeitveränderliche ___ aus.
9. Das Spektrogramm liefert eine ___-Analyse.
10. Zeit- und Frequenzauflösung im Spektrogramm stehen in ___ Verhältnis.
11. Im MATLAB-Befehl `spectrogram` stellt der Parameter ___ die Überlappung der Signalausschnitte für die DFT-Spektren ein.
12. In Spektrogrammen von Sprachsignalen sind die Vokale an ihrer ___ Struktur zu erkennen.
13. Je kleiner die Fensterlänge im Spektrogramm, umso feiner die ___.
14. Ein Diagramm zur farbigen Visualisierung zweidimensionaler Daten entsprechend ihrer Größe nennt man ___.
15. Je größer die Fensterlänge im Spektrogramm, umso feiner die ___.
16. Der FM-Synthesizer generiert Signale die aus ___ bestehen.
17. Für Menschen hörbare Geräusche liegen im Frequenzbereich von etwa ___ bis ___.
18. Geräusche unterhalb des hörbaren Frequenzbereichs nennt man ___, und oberhalb ___.
19. Eine hohe ___ ist wichtig zur Unterdrückung von Effekten des Leckphänomens.
20. Beim Dolph-Chebyshev-Fenster sind die Minima der Dämpfung in den Nebenzipfeln ___.

5.7 Lösungshinweise

In den Onlineressourcen finden Sie alle Programme und Dateien zu diesem Kapitel: `adsr_profile.m`, `cheby_mlw.m`, `chirp_signal.m`, `fm_prelude.m`, `fm_synthesizer.m`, `speech.m`, `NTHFDbe.wav`, `NTHFDel.wav`, `speech.wav`.

Zu A5.1 Frequenzauflösung und Messdauer

a. Die (Mindest-)Blocklänge $N = 80$ entspricht einem Signalausschnitt der Dauer von 10 ms.

$$N = \frac{f_s}{\Delta_f} = \frac{8000\,\text{Hz}}{100\,\text{Hz}} = 80$$

b. Es ergibt sich der reziproke Zusammenhang (s. a. Zeitdauer-Bandbreite-Produkt)

$$T_B = N \cdot T_s = \frac{f_s\, T_s}{\Delta_f} = \frac{1}{\Delta_f}.$$

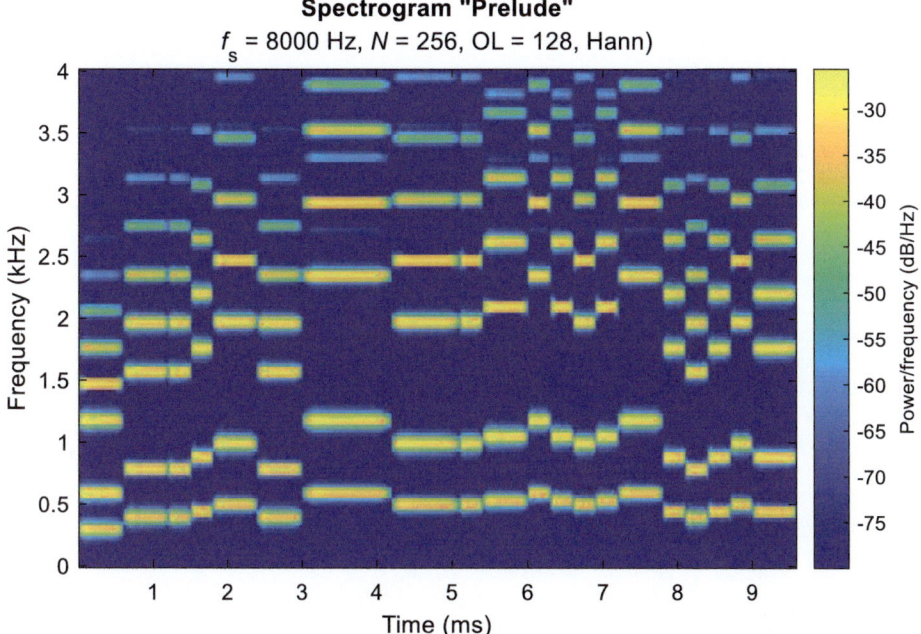

Abb. 5.11 Spektrogramm zum Musikstück Prélude mit vom FM-Synthesizer erzeugten Tönen (fm_prelude)

Zu A5.2 Dolph-Chebyshev-Fenster

Die Spektrale Auflösung (halbe Hauptzipfelbreite) des Dolph-Chebyshev-Fensters (normiert, $N=64$) ist.

$$\frac{\Delta\Omega}{\pi} \approx 2 \cdot \frac{1.46}{64-1} \cdot \left(\log_{10}(2) + \frac{60 \text{ dB}}{20 \text{ dB}}\right) \approx 0.1530 \approx \frac{9.8}{N}.$$

Zu M5.2 Spektrogramm zum Musikstück Prélude

Die Beträge der DFT-Spektren mit Frequenzauflösung von etwa 31 Hz zeigen die vorhergesagten Effekte. Abb. 5.11 zeigt das Spektrogramm zum mit dem FM-Synthesizer erzeugten Musikstück Prélude. Deutlich zu erkennen sind die einzelnen Töne und ihre harmonische Struktur entsprechend den Einstellungen des FM-Synthesizers. Mit dem Modulationsindex η gleich 2.4 wird der Träger unterdrückt.

Mit halbierter Pitch (c) wird das Musikstück eine Oktave tiefer gesetzt. Der Abstand der Spektrallinien beträgt nun beispielsweise beim Ton *a* gleich 220 Hz.

Programm 5.3 Spektrogramm zum Musikstück Prélude mit FM-Synthesizer

```
% Prelude with FM synthesizer - Spectrogram
fprintf('fm_prelude.m * mw * 2024\n')
A = 440; % reference pitch in Hz
D = A*2^(-7/12); E = A*2^(-5/12); Fis = A*2^(-3/12);
G = A*2^(-2/12); B = A*2^(2/12);  C   = A*2^(3/12);
Dh  = A*2^(5/12); % D high
tsc = .3; % time scaling
fs = 8000; % sampling frequency
% musical notation
pitch    = [D,G,G,A,B,G,Dh,B,B,C,Dh,C,B,C,Dh,A,G,A,B,A];
duration = [2,2,1,1,2,2,4,3,1,2,1,1,1,1,2,1,1,1,1,2];
audiosig = []; % define variable for audio signal (preallocate memory)
% define parameters for adsr profile
ADSR = struct('tA',.15,'EA',1,'tD',.30,'ED',.75,'tS',.85,'ES',.65);
for k = 1:length(pitch) % for loop
    L = tsc*fs*duration(k); % number of samples per tone
    n = 0:L-1; % normalized time
    tone = sin(2*pi*(pitch(k)/fs)*n); % tone (sinusoidal signal)
    f1 = pitch(k); % signal frequency (tone) in Hz
    fc = 3*f1; % carrier frequency in Hz
    eta = 2.4; % eta=2.4 carrier suppression
    FM = struct('fs',fs,'f1',f1,'fc',fc,'eta',eta); % parameter
    tone = fm_synth(FM,n); % FM audio signal synthesizer
    tone_adsr = adsr_profile(tone,ADSR); % apply ADSR profile
    audiosig = [audiosig tone_adsr];% concatenate audio signal
end
p = audioplayer(audiosig,fs); play(p); % play sound
%% Spectrogram
x = audiosig;
Nmax = length(x); % length of input signal
M = 512; % fft block length (power of two number)
w = hann(M,'periodic')'; % Hann window (transposed)
OL = 256; % overlap in samples
Nx = floor(Nmax/OL); % number of dft spectra
Mx = M; % number of dft coefficients per dft sprectrum
% Spectrogram (MATLAB)
FIG1 = figure('Name','Spectrogram "Prelude"','NumberTitle','off',...
    'Units','normal','Position',[.2,.1,.4,.4]);
spectrogram(x,w,OL,Mx,fs,'yaxis','MinThreshold',-80);
    xlabel('Time (ms)'), ylabel('Frequency (kHz)')
    title(['Spectrogram (N=',num2str(Mx),', OL=',...
           num2str(OL),', Hann)'])
```

Zu M5.3 Spektrogramm eines Audiosignals

Im Programm speech zu Abb. 5.12 wird das Hamming-Fenster der Länge 256 gewählt, was bei der Abtastfrequenz von 8 kHz einem Zeitintervall von 32 ms für den DFT-Block entspricht. Mit 256 Abtastwerten pro DFT-Block liegt die Frequenzauflösung (Rechteckfenster) bei 31.25 Hz. Schließlich wird für die Grafik die Ausgabe auf Werte auf einen Mindestwert (MinThreshold) begrenzt.

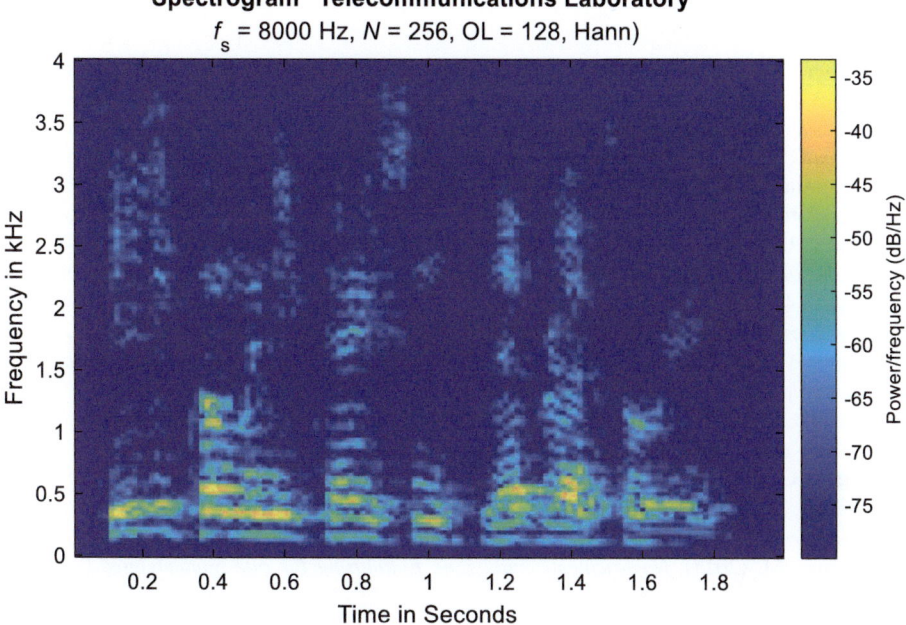

Abb. 5.12 Spektrogramm des Audiosignals „telecommunications laboratory" (speech)

Zu Quiz 5

1. Zeitdauer-Bandbreite-Produkt
2. f_s/N
3. das Rechteckfenster
4. parametrisierbar
5. die Hauptzipfelbreite
6. Dezibel (dB)
7. Nebenzipfeldämpfung
8. Momentan(kreis)frequenz
9. Zeit-Frequenz-Analyse
10. reziprokem (umgekehrtem)
11. noverlap
12. periodischen
13. Zeitauflösung
14. Wärmebild (Heatmap)
15. Frequenzauflösung
16. Harmonischen
17. 20 Hz, 20 kHz
18. Infraschall, Ultraschall
19. Nebenzipfeldämpfung
20. konstant

Literatur

1. Blatter, C. (2003). *Wavelets – Eine Einführung. Für Mathematiker, Ingenieure und Informatiker* (2. Aufl.). Vieweg.
2. Bronstein, I. N., Semendjajew, K. A., Musiol, G., & Mühlig, H. (2020). *Taschenbuch der Mathematik* (11. Aufl.). Haan-Gruiten: Europa-Lehrmittel.
3. Chowning, J. M. (1977). The Synthesis of Complex Audio Spectra by Means of Frequency Modulation. *Computer Music Journal, 1*(2), 46–54.
4. Gabor, D. (1946). Theory of Communication. Part 1: The analysis of information. *Journal of the Institution of Electrical Engineers–part III: Radio and communication engineering, 93*(26), 429–441.
5. Gonzalez, R. C., & Woods, R. E. (2018). *Digital image processing* (4. Aufl.). Pearson.
6. Kammeyer, K.-D., & Kroschel, K. (2018). *Digitale Signalverarbeitung. Filterung und Spektralanalyse mit MATLAB®-Übungen* (9. Aufl.). Berlin: Springer Vieweg.
7. Schmidt, U. (2013). *Professionelle Videotechnik. Grundlagen, Filmtechnik, Fernsehtechnik, Geräte- und Studiotechnik in SD, HD, DI, 3D* (6. Aufl.). Springer Vieweg.
8. Strang, G., & Nguyen, T. (1996). *Wavelets and Filter Banks*. Wellesley-Cambridge Press.
9. Werner, M. (2008). *Signale und Systeme. Lehr- und Arbeitsbuch mit MATLAB®-Übungen und Lösungen* (3. Aufl.). Vieweg.
10. Werner, M. (2017). *Nachrichtentechnik. Eine Einführung für alle Studiengänge* (8. Aufl.). Springer Vieweg.

Schnelle Fourier-Transformation 6

Inhaltsverzeichnis

6.1	Lernziele	128
6.2	Warum schnelle Fourier-Transformation?	128
6.3	Komplexität der DFT	129
	6.3.1 Summenformel der DFT	129
	6.3.2 Vorbereitende Aufgaben	131
	6.3.3 Versuchsdurchführung	131
6.4	Radix-2-FFT	131
	6.4.1 Algorithmus der Radix-2-FFT	132
	6.4.2 Butterfly-Operation	135
	6.4.3 Komplexität der Radix-2-FFT	135
	6.4.4 Programmierung der DIT-Radix-2-FFT	137
	6.4.5 Vorbereitende Aufgaben	143
	6.4.6 Versuchsdurchführung	143
	6.4.7 MATLAB-Befehle zur diskreten Fourier-Transformation	143
6.5	FFT für reelle Signale	144
	6.5.1 Zuordnungsschema der DFT	144
	6.5.2 Simultane FFT zweier reeller Signale	145
	6.5.3 FFT für reelle Signale	146
	6.5.4 Vorbereitende Aufgaben	146
	6.5.5 Versuchsdurchführung	147
6.6	Schnelle Faltung	147
	6.6.1 FFT statt Faltungssumme	147
	6.6.2 Versuchsdurchführung	148
6.7	Zusammenfassung	149
6.8	Quiz 6	149
6.9	Lösungshinweise	150
	Literatur	157

© Der/die Herausgeber bzw. der/die Autor(en), exklusiv lizenziert an Springer Fachmedien Wiesbaden GmbH, ein Teil von Springer Nature 2025
M. Werner, *Digitale Signalverarbeitung mit MATLAB®*,
https://doi.org/10.1007/978-3-658-45607-8_6

Zusammenfassung

Für die Anwendung der digitalen Signalverarbeitung ist die Komplexität der Algorithmen oft entscheidend. Das wohl bekannteste Beispiel ist die schnelle Fourier-Transformation (FFT). Als effizienter Algorithmus macht sie die Berechnung der diskrete Fourier-Transformation (DFT) in vielen Anwendungen möglich. Unter Umständen ergeben sich weitere Möglichkeiten zur Effizienzsteigerung, wie z. B. bei reellen Signalen oder als schnelle Faltung bei der Filterung.

Schlüsselwörter

Bit-reversal-Adressierung („bit-reversal addressing") · Butterfly · Diskrete Fourier-Transformation (DFT · „discrete Fourier transform") · Echtzeitsignalverarbeitung („real-time signal processing") · Gleitkommaoperation („floating point operation") · Komplexität („complexity") · In-place-Algorithmus („in-place algorithm") · MATLAB · Radix-2-FFT · Schnelle Fourier-Transformation (FFT · „fast Fourier transform") · Signalflussgraph (SFG · „signal flow graph") · Schnelle Faltung („fast convolution") · Simultane FFT · Aufteilung im Zeitbereich („decimation-in-time decomposition")

6.1 Lernziele

In diesem Versuch sollen Sie den Blick auf die effiziente Implementierung eines Basisalgorithmus der digitalen Signalverarbeitung, der schnellen Fouriertransformation (FFT, „fast Fourier transform"), richten. Dabei lernen Sie das typische Vorgehen im Detail kennen.
Nach Bearbeiten dieses Versuches können Sie

- den Begriff Komplexität und seine Bedeutung in der digitalen Signalverarbeitung am Beispiel, der DFT und FFT erklären,
- den Radix-2-FFT-Algorithmus erläutern und in MATLAB selbst programmieren,
- die DFT und FFT für reelle Signale beschleunigen,
- und die FFT zur schnellen Faltung einsetzen.

6.2 Warum schnelle Fourier-Transformation?

Ein wichtiges, manchmal sogar entscheidendes Kriterium für die Anwendung der digitalen Signalverarbeitung ist die Komplexität der Algorithmen. Die Komplexität wird meist durch die Zahl der erforderlichen Rechenoperationen und den Bedarf an Speicherplätzen abgeschätzt. Dies gilt besonders für die *diskrete Fourier-Transformation* (DFT, „discrete Fourier transform"), die in vielen Anwendungen für große Transformationslängen und in kurzer Zeit auszuführen ist. Beispielsweise wird beim digitalen terrestrischen Fernsehempfang mit DVB-T2 etwa alle 4 ms eine DFT der Länge 32.768 berechnet, oder bei der Mobilfunkübertragung der 4. Generation mit *Long Term Evolution* circa alle 70 µs eine DFT der Länge 2048. Besonders große Anforderungen ergeben sich auch in der Bildverarbeitung, wo die DFT sowohl über die Zeilen als auch die Spalten des Bildes durchgeführt wird.

Die hohe Komplexität eines Algorithmus führt i. Allg. leicht in unübersichtliche Programmstrukturen die aufwendig zu programmieren und zu testen sind. Darüber hinaus kann es bei den Anwendungen zu unerwünschter Akkumulation von Rundungsfehlern kommen. Auch zieht eine hohe Komplexität einen relativ hohen Ressourcenverbrauch nach sich – ein Argument das zunehmend wichtiger wird.

In diesem Versuch wird eine effiziente Implementierung der DFT vorgestellt: die *schnelle Fourier-Transformation* (FFT, „fast Fourier transform"). Die FFT und verwandte Algorithmen haben einen erheblichen Anteil daran, dass die digitale Signalverarbeitung in viele naturwissenschaftlich-technische Anwendungen vordringen konnte. Zur Filterung von digitalen Signalen wird die FFT als schnelle Faltung eingesetzt.

Die Entwicklung des FFT-Algorithmus ist typisch für die digitale Signalverarbeitung. Sich mit dem FFT-Algorithmus zu beschäftigen hat deshalb einen hohen Wert für alle, die sich in die digitale Signalverarbeitung mit Blick auf die ressourcenschonende Umsetzung einarbeiten wollen.

6.3 Komplexität der DFT

Durch den Fortschritt der Digitaltechnik begünstigt, wurden Anfang der 1960er-Jahre zunehmend Verfahren der digitalen Signalverarbeitung eingesetzt. Bei der Spektralanalyse mit der DFT zeigte sich, dass für eine gute Frequenzauflösung große Transformationslängen benötigt werden (Kap. 4). In vielen Fällen war somit eine *digitale Signalverarbeitung in Echtzeit* nicht möglich, d. h. eine Signalverarbeitung, die Ausgangswerte mit mindestens der gleichen Rate erzeugt, wie ihr Eingangswerte zugeführt werden. 1965 schlugen Cooley und Tukey ein Verfahren vor, das speziell für große Transformationslängen die Berechnung der DFT stark beschleunigte und ihr so ein breites Anwendungsfeld eröffnete.

Unter dem Begriff FFT werden verschiedene Verfahren zusammengefasst, deren Ansätze bis auf Gauß (1805) zurückreichen. Je nach Anwendung, wobei auch Überlegungen zur verwendeten Hardware (Prozessorarchitektur, Speicherausstattung, usw.) einfließen, werden angepasste Algorithmen eingesetzt. In diesem Versuch wird der am häufigsten verwendete Algorithmus, die Radix-2-FFT, behandelt. Anwendungen der FFT in der Kurzzeit-Spektralanalyse werden in Kap. 4 und Kap. 5 vorgestellt.

6.3.1 Summenformel der DFT

Die DFT berechnet zu einem Block von N Elementen des (Zeit-)Signals $x[n]$ genau N Koeffizienten des DFT-Spektrums (Kap. 3)

$$X[k] = \sum_{n=0}^{N-1} x[n] \cdot w_N^{n \cdot k} \quad \text{für } k = 0, 1, \ldots, N-1$$

mit den komplexen Faktoren

$$w_N^{n \cdot k} = e^{-j \cdot \frac{2\pi}{N} \cdot n \cdot k}.$$

Komplexität

Wir beginnen mit der Abschätzung des Rechenaufwandes der DFT als einfaches Maß für die *Komplexität*. Der Definitionsgleichung ist zu entnehmen, dass zur Berechnung der N DFT-Koeffizienten jeweils N Multiplikationen der komplexen Folgenelemente mit den komplexen Faktoren und $N-1$ Additionen der Multiplikationsprodukte auszuführen sind.

Mit $4+2$ *Gleitkommaoperationen* (FLOPs, „*floating point operation*") für jede komplexe Multiplikation und 2 FLOPs für jede komplexe Addition, erhalten wir die Abschätzung des Rechenaufwands der direkten Form der DFT mit der DFT-Länge N

$$R_{\text{DFT direkt}} \approx 8 \cdot N^2 \text{ FLOPs}.$$

Die komplexen Faktoren werden dabei als in einer Tabelle gespeicherte Konstanten angesehen. Bei großen DFT-Längen ist ein dementsprechend großer Speicher vorzusehen. Handelt es sich um externen Speicher, so kann die Speicherzugriffszeit zum Flaschenhals werden. Verzichtet man auf die Speicherung und berechnet die komplexen Faktoren im Programm, entsteht ein zusätzlicher Rechenaufwand. Darüber hinaus kann die fortlaufende Berechnung bei eingeschränkter Rechengenauigkeit wegen der Fehlerfortpflanzung zu numerischen Ungenauigkeiten führen.

Eine direkte Umsetzung der Summenformel der DFT in ein MATLAB-Programm stellt Programm 6.1 vor.

Programm 6.1 Diskrete Fourier-Transformation (dft.m)

```
function X = dft(x)
% dft computation in direct form (mw2024)
% function X = dft(x)
%   x : time-domain signal
%   X : dft spectrum of x
N = length(x); % length of input signal and dft
w = exp(-1i*2*pi/N); % complex exponential
X = zeros(1,N);  % allocate memory for dft spectrum
for k=0:N-1 % dft computation in direct form
    wk = w^k;
    for n = 0:N-1
        X(k+1)= X(k+1) + x(n+1)*wk^n; % kth dft coefficient
    end
```

6.3.2 Vorbereitende Aufgaben

A6.1 Zeitmessung

In der Versuchsdurchführung sollen das Wachstumsgesetz des Rechenaufwands, d. h. die Zahl der FLOPs, Anhand von Zeitmessungen überprüft werden. Für letzteres stellt MATLAB die Befehle `tic` und `toc` zur Verfügung, siehe Programm 6.2. Überlegen Sie, wie Sie mit den Ergebnissen der Zeitmessungen das Wachstumsgesetz durch eine Grafik verifizieren können.

Programm 6.2 Programmlaufzeitschätzung mit MATLAB

```
x = randn(1,N); % random signal in time domain
tic; % challenge MATLAB cpu clock
dft(x); % dft in direct form
EMCPUT(n) = toc; % elapsed MATLAB cpu time
```

6.3.3 Versuchsdurchführung

M6.1 Wachstumsgesetz der DFT

Überprüfen Sie das Wachstumsgesetz für die Komplexität der DFT nach der direkten Form. Erstellen Sie dazu ein DFT-Programm, siehe Programm 6.1, und führen Sie für einige ausgewählte DFT-Längen Zeitmessungen durch, siehe Programm 6.2.

MATLAB Simulation am PC

Wenn Sie Programm 6.1 mehrmals laufen lassen, stellen Sie fest, dass die Zeitangaben nur Näherungswerte darstellen. Beim erstmaligen Aufruf wird das Programm erst in den Arbeitsspeicher geladen, was Zeit benötigt. Eventuell können an Ihrem Rechner durch weitere aktive Prozesse im Hintergrund starke Schwankungen in den Zeitangaben auftreten. Um relativ „stabile" Ergebnisse für die Abschätzung des Wachstumsfaktors zu erhalten, wählen Sie die die DFT-Länge mindestens 1024. Bei der Bewertung Ihrer Ergebnisse beachten Sie, dass hier nur eine grobe Überprüfung des Wachstumsfaktors möglich ist.

MATLAB stellt zur Programmentwicklung das Werkzeug Profiler für die ausführliche Analyse des Programmablaufs zur Verfügung. Es liefert zu den Programmabschnitten die jeweils benötigten Laufzeiten („performance time"). Die Programmteile mit größeren Laufzeiten lassen sich so identifizieren und gegebenenfalls einer weiteren Optimierung zuführen. Erreichbar ist der Profiler im Command Window über den Home-Tab mit der Option Run and Time.

6.4 Radix-2-FFT

Der Rechenaufwand der direkten Form der DFT steigt quadratisch mit der DFT-Länge. Die *Radix-2-FFT* setzt genau an dieser Stelle an, indem Sie die DFT sukzessive in Transformationen der halben Länge zerlegt, bis schließlich die Transformationslänge zwei erreicht ist. Dazu muss die DFT-Länge eine Zweierpotenz sein.

6.4.1 Algorithmus der Radix-2-FFT

Ist die Länge der DFT N eine Zweierpotenz, kann sie in zwei Teilsummen zerlegt werden, je eine für die Signalelemente mit geraden und ungeraden Indizes.

$$X[k] = \sum_{n=0}^{N-1} x[n] \cdot w_N^{n \cdot k} = \sum_{\substack{n=0,2,\dots}}^{N-2} x[n] \cdot w_N^{n \cdot k} + \sum_{\substack{n=1,3,\dots}}^{N-1} x[n] \cdot w_N^{n \cdot k} \quad \text{für } k = 0, \dots, N-1$$

Die Substitutionen $n = 2 \cdot m$ für n gerade und $n = 2 \cdot m + 1$ für n ungerade sowie die Abkürzung $M = N/2$ iefern zunächst

$$X[k] = \sum_{m=0}^{M-1} x[2m] \cdot w_N^{2m \cdot k} + \sum_{m=0}^{M-1} x[2m+1] \cdot w_N^{(2m+1) \cdot k}.$$

Berücksichtigt man noch die Umformungen für die komplexen Faktoren

$$w_N^{2m \cdot k} = w_M^{m \cdot k} \quad \text{und} \quad w_N^{(2m+1) \cdot k} = w_N^k \cdot w_M^{m \cdot k},$$

so resultieren zwei DFT-Transformationen der halben Länge.

$$X[k] = \sum_{m=0}^{M-1} x[2m] \cdot w_M^{m \cdot k} + w_N^k \cdot \sum_{m=0}^{M-1} x[2m+1] \cdot w_M^{m \cdot k}.$$

Mit der entsprechenden Aufteilung der Eingangsfolge in die beiden Teilfolgen nach geraden und ungeraden Indizes

$$u[m] = x[2m] \quad \text{bzw.} \quad v[m] = x[2m+1] \quad \text{für} \quad m = 0, \dots, M-1$$

wird dies noch deutlicher:

$$X[k] = \sum_{m=0}^{M-1} u[m] \cdot w_M^{m \cdot k} + w_N^k \cdot \sum_{m=0}^{M-1} v[m] \cdot w_M^{m \cdot k} \quad \text{für } k = 0, \dots, 2M-1.$$

Ist die DFT-Länge eine Zweierpotenz, kann die Zerlegung weitergeführt werden, bis schließlich die DFT-Länge zwei erreicht ist.

Signalflussgraph

Das folgende Beispiel für die DFT-Länge acht zeigt die Methode auf. Dazu entwickeln wir den *Signalflussgraphen* (SFG) der Radix-2-FFT. Die erste Zerlegung oben führt mit den Substitutionen

$$X[k] = \underbrace{\sum_{m=0}^{M-1} u[m] \cdot w_M^{m \cdot k}}_{U[k]} + w_N^k \cdot \underbrace{\sum_{m=0}^{M-1} v[m] \cdot w_M^{m \cdot k}}_{V[k]} \quad \text{für } k = 0, \dots, 2M-1$$

6.4 Radix-2-FFT

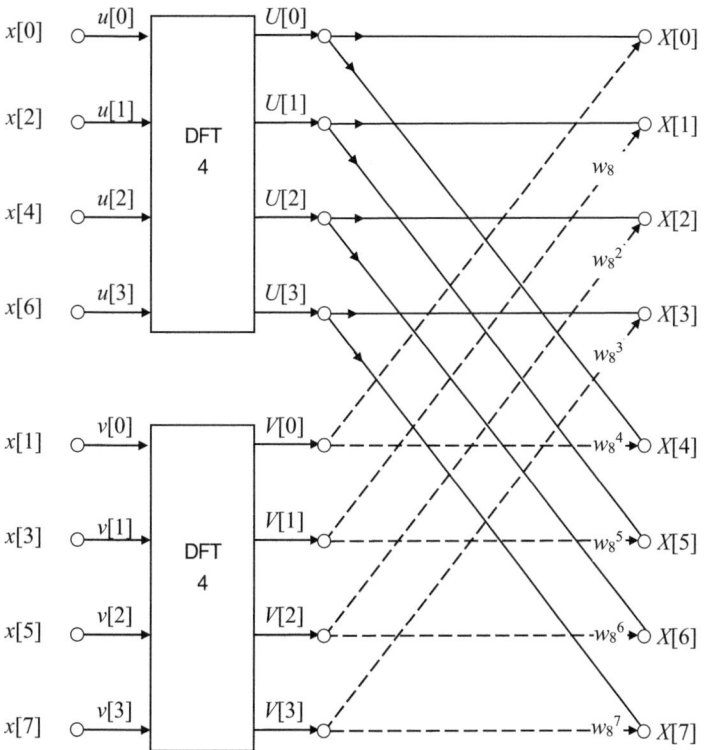

Abb. 6.1 Signalflussgraph der Radix-2-FFT der Länge acht mit Aufteilung im Zeitbereich nach der ersten Zerlegung mit den DFT-Teilsummen $U[k]$ und $V[k]$

auf den SFG in Abb. 6.1. Beachten Sie, dass nicht angegebene Pfadgewichte (Faktoren) zu eins angenommen werden.

Die Aufteilung der Eingangsfolge, englisch *„decimation-in-time(DIT) decomposition"* genannt, ergibt sich unmittelbar aus den Substitutionen. Es wird zweimal eine DFT der Länge $M = N/2 = 4$ berechnet, d. h. $U[k]$ und $V[k]$ für $k = 0, ..., M-1$.

Die ersten M DFT-Koeffizienten, $X[k]$ für $k = 0, ..., M-1$, können nun berechnet werden. Mit den komplexen Vorfaktoren w_N^k für $V[k]$ in obiger Gleichung ergibt sich die Hälfte des gesuchten DFT-Spektrums in Abb. 6.1 oben.

Die noch fehlende Hälfte der DFT-Koeffizienten, $X[k]$ für $k = M, ..., N-1$, lassen sich nach einer kurzen Überlegung ebenfalls schnell berechnen. Wegen der Periodizität des komplexen Faktors $w_M^{m \cdot k}$ bzgl. des DFT-Index $k = M + l$ mit $l = 0, ..., M-1$ gilt

$$w_M^{m \cdot (M+l)} = \underbrace{w_M^{m \cdot M}}_{1} \cdot w_M^{m \cdot l} = w_M^{m \cdot l}.$$

Daraus folgt, dass sich die Koeffizienten der DFT-Teilsumme $U[k]$ wiederholen, d. h. $U[M] = U[0]$, $U[M+1] = U[1]$, usw. Sie müssen nicht extra berechnet werden. Vielmehr werden im SFG die Elemente der DFT-Teilsumme $U[k]$ für $k=0,\ldots, M-1$ direkt mit den gesuchten DFT-Koeffizienten $X[k]$ für $k=M,\ldots, N-1$ verbunden, siehe Abb. 6.1.

Für die Koeffizienten der zweiten DFT-Teilsumme $V[k]$ gilt entsprechendes. Demzufolge ergeben sich die von $V[0]$ bis $V[3]$ abgehenden Verbindungen im SFG in Abb. 6.1. Die Pfade werden noch mit den jeweiligen Faktoren w_N^k gewichtet.

Die weitere Zerlegung der DFT ergibt schließlich den dreistufigen SFG in Abb. 6.2. In jeder Stufe werden jeweils N komplexe Multiplikationen und komplexe Additionen benötigt. Mit der Transformationslänge gleich einer Zweierpotenz, existieren allgemein ld(N) Stufen. Der Rechenaufwand reduziert sich demzufolge auf etwa $8 \cdot N \cdot \text{ld}(N)$ FLOPs.

Das exponentielle Wachstum des Rechenaufwandes mit der DFT-Länge konnte durch ein im Wesentlichen lineares Wachstum ersetzt werden. Im Beispiel der DFT-Länge 1024 benötigt die Berechnung der DFT in der direkten Form circa 8.4 Mio. FLOPs und

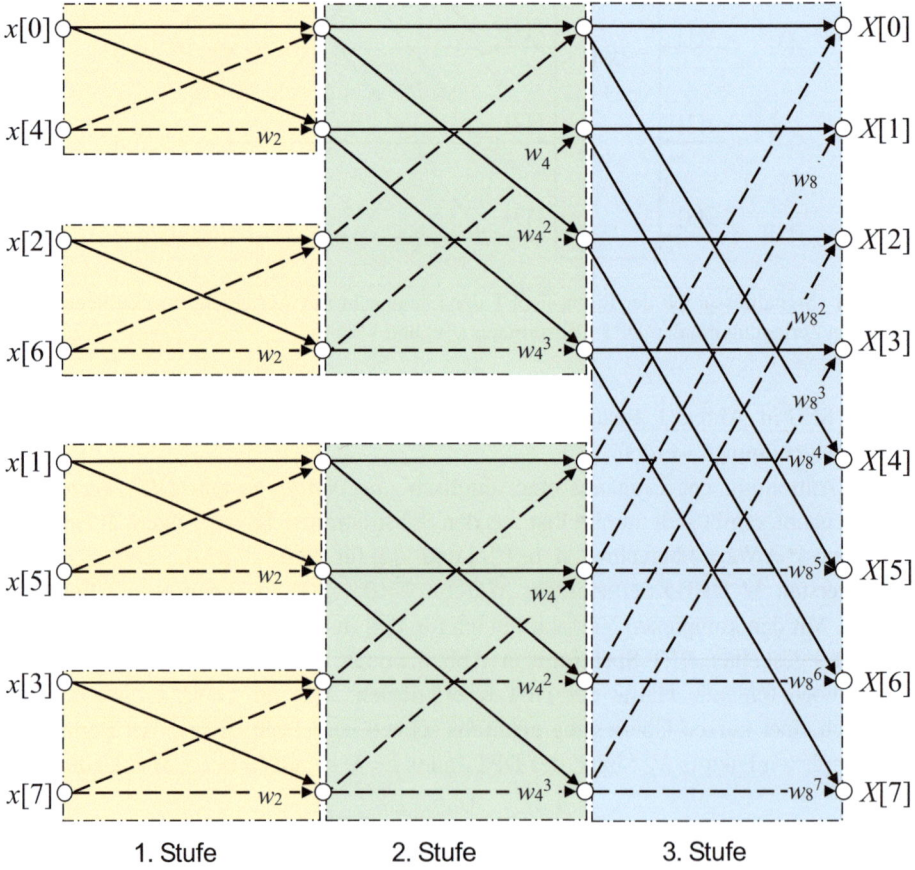

Abb. 6.2 Vorläufiger Signalflussgraph der Radix-2-FFT nach drei Zerlegungen mit Aufteilung im Zeitbereich ($N=8$)

nach Radix-2-Zerlegung nur 0.082 Mio. FLOPs, und damit um zwei Größenordnungen weniger.

Die Analyse des SFG in Abb. 6.2 zeigt, dass die Komplexität weiter reduziert werden kann. Man betrachte beispielsweise die Eingangswerte $x[0]$ und $x[4]$. Aus ihnen werden – ohne Verwendung weiterer Eingangswerte – in der ersten Stufe genau zwei Zwischenwerte berechnet. Die Eingangswerte werden danach zur DFT nicht mehr benötigt und ihr Speicherplatz kann mit den Zwischenwerten überschrieben werden. Man spricht von einem *In-place-Algorithmus*.

6.4.2 Butterfly-Operation

Die Signalverknüpfung über Kreuz im SFG stellt die Basisoperation der Radix-2-FFT dar. Sie tritt in allen Stufen auf. Abb. 6.3 zeigt links die Basisoperation, wie sie direkt aus dem SFG in Abb. 6.2 abgelesen werden kann. Im Aussehen ausgebreiteten Schmetterlingsflügeln ähnlich, hat sich für sie die englische Bezeichnung *Butterfly* durchgesetzt.

Die zwei komplexen Multiplikationen in Abb. 6.3 links lassen sich noch auf eine zurückführen, da in jeder Stufe s stets gilt

$$w_{2^s}^{l+2^{s-1}} = w_{2^s}^{l} \cdot \underbrace{w_{2^s}^{2^{s-1}}}_{-1} = -w_{2^s}^{l} \quad \text{für} \quad l = 0, 1, \ldots, 2^{s-1} - 1$$

Damit erhält man den Butterfly mit nur einer komplexen Multiplikation in Abb. 6.3 rechts. Und das Pfadgewicht -1 kann durch eine einfache Subtraktion ersetzt werden.

6.4.3 Komplexität der Radix-2-FFT

Die bisherigen Überlegungen zum SFG der *Decimation-in-time(DIT)-Radix-2-FFT* werden in Abb. 6.4 zusammengefasst. Näherungsweise sind pro Stufe $N/2$ komplexe Multiplikationen und N komplexe Additionen bzw. Subtraktionen erforderlich. Werden die komplexen Faktoren im Algorithmus berechnet, so kann, wie noch gezeigt wird, der

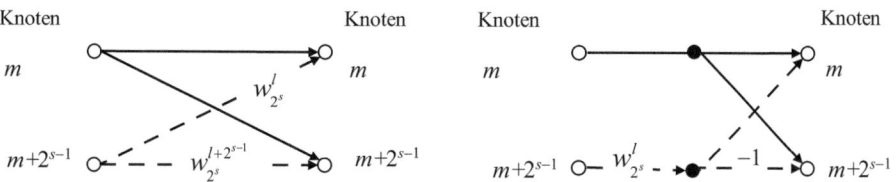

Abb. 6.3 Basisoperation (Butterfly-Operation) der Radix-2-FFT in der Stufe s mit zwei (links) bzw. einer (rechts) komplexen Multiplikation mit $l \in \{0, 1, \ldots, 2^{s-1} - 1\}$

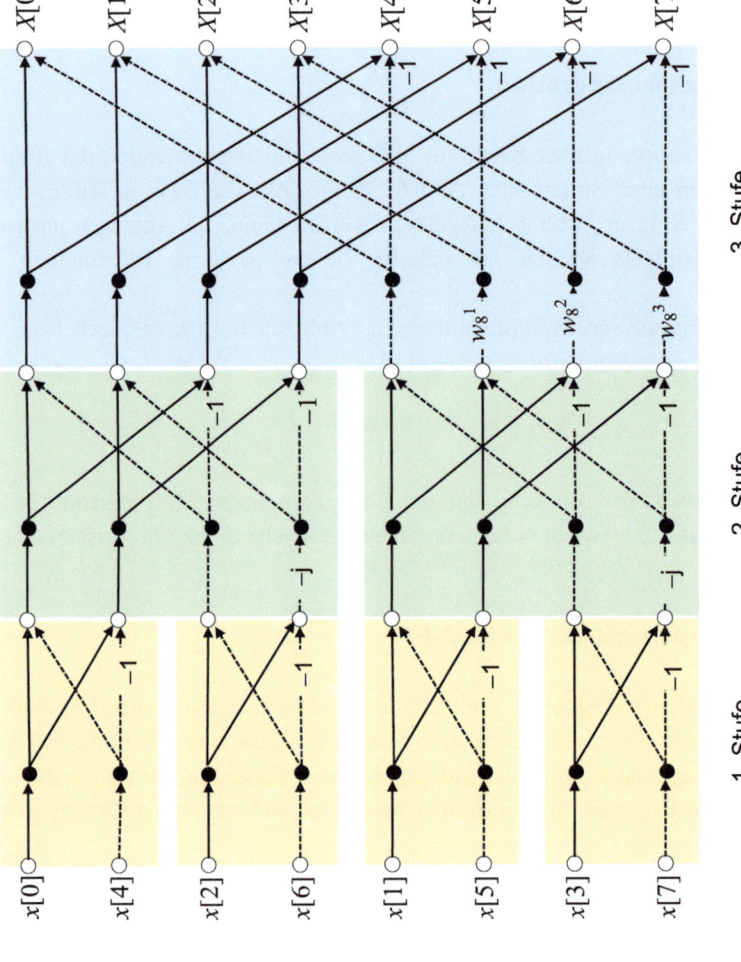

Abb. 6.4 Signalflussgraph der DIT-Radix-2-FFT für die DFT-Länge acht

zusätzliche Aufwand mit je einer komplexen Multiplikation pro Faktor abgeschätzt werden. Im Vergleich mit Abb. 6.2 reduziert sich der Rechenaufwand schließlich auf

$$R_{\text{Radix}-2-\text{FFT}} \approx 5 \cdot N \cdot \text{ld}(N) \quad \text{FLOPs}.$$

Es ist offensichtlich, dass in den ersten beiden Stufen keine echten Multiplikationen erforderlich sind, sodass die Zahl der Multiplikationen in obiger Abschätzung noch etwas reduziert werden kann.

Für die FFT werden in der Literatur verschiedene Modifikationen vorgeschlagen, die je nach Anwendung unterschiedlichen Zielvorstellungen gehorchen, wie geringer Speicherplatzbedarf, möglichst kleine Rechenungenauigkeiten, kompaktes Programm, optimale Ausnutzung der Prozessorarchitektur, usw. Bei der Implementierung der FFT werden auch unterschiedliche Voraussetzungen berücksichtigt. Beispielsweise dass die DFT-Länge keine Zweierpotenz ist (Split-Radix-Algorithmus), dass die Eingangsfolgen rein reell sind oder nur einige wenige Werte des DFT-Spektrums gesucht werden (Goertzel-Algorithmus, Kap. 7).

Ihrer Bedeutung gemäß wird die FFT auf Signalprozessoren oft durch spezielle Hardware unterstützt, sodass sie besonders effizient ausgeführt werden kann. Die FFT wird auch deshalb nicht nur zur Spektralanalyse verwendet, sondern findet beispielsweise zur Datenübertragung mit dem OFDM-Verfahren („orthogonal frequency division multiplex") ihre Anwendung im Internetanschluss des Breitbandkabels, in drahtlosen lokalen Rechnernetzen (WLAN, „wireless local area network"), dem terrestrischen digitalen Fernsehen (DVB-T) und dem Mobilfunk (LTE, 5G). Auch wird die FFT bei der MPEG-Audio-Codierung (Moving Pictures Experts Group) eingesetzt.

6.4.4 Programmierung der DIT-Radix-2-FFT

Die DIT-Radix-2-FFT besteht im Wesentlichen aus zwei Verarbeitungsschritten: zuerst dem Ordnen der Eingangsfolge und dann die Verarbeitung im SFG. Nachfolgend werden beide Schritte betrachtet, sodass Sie in der Versuchsvorbereitung selbst ein MATLAB-Programm zur DIT-Radix-2-FFT erstellen können. Eine DIT-Radix-2-FFT in FORTRAN findet man z. B. in [1, Bild 4.13]. Sie dient als Grundlage für das hier erstellte MATLAB-Programm.

6.4.4.1 Bit-reversal-Addressierung

Die Ordnung der Eingangsfolge ist beispielhaft der Abb. 6.4 zu entnehmen. Bei der Spaltung der DFT in zwei Teilsummen wird das Eingangssignal nach geraden und ungeraden Indizes aufgeteilt. Die Teilung wird so lange fortgesetzt, bis die Wertepaare für die Basisoperationen, dem Butterfly, vorliegen. Im Beispiel ergeben sich am Eingang der Butterflies die Paarungen: $x[0]$ und $x[4]$, $x[2]$ und $x[6]$, $x[1]$ und $x[5]$ sowie $x[3]$ und $x[7]$. Die Aufteilung lässt sich in einen effizienten Algorithmus fassen. Dazu werden in Abb. 6.5 die fortlaufenden Indizes J der Eingangssignalfolge der ersten Stufe als binäre Dualzahlen dargestellt.

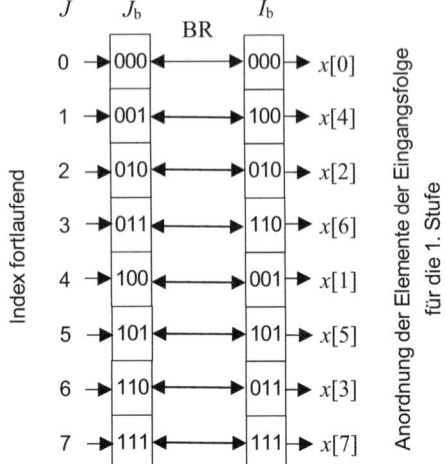

Abb. 6.5 Ordnen der Eingangsfolge für die DIT-Radix-2-FFT der Länge acht im ersten Schritt mit der Bit-reversal-Adressierung (BR)

$$J = \sum_{i=0}^{p-1} b_i \cdot 2^i \quad \text{mit} \quad b \in \{0,1\} \quad \text{und} \quad p = \text{ld}(N)$$

Liest man jetzt den dualen Code in umgekehrter Reihenfolge, resultiert z. B. aus $J = 1_{10} = 00\underline{1}_2$ nach dem Umsetzen $\underline{1}00_2 = 4_{10} = I$. Also offensichtlich der Index bzgl. der ersten Stufe der DIT-Radix-2-FFT in Abb. 6.5 und Abb. 6.4. Man spricht von der *Bit-reversal(BR)-Adressierung*. Der Zusammenhang gilt unabhängig von der DFT-Länge in allen Stufen.

Eine nochmalige Bitumkehr hebt die erste auf, womit der paarweise Austausch der Signalelemente resultiert. Man spricht von einem *In-place-Algorithmus*, da das Signal als Ganzes nicht zwischengespeichert werden muss. Bei großen DFT-Längen ist das ein bedeutsamer praktischer Vorteil. Viele Signalprozessoren besitzen ein Adressenrechenwerk mit Bit-reversal-Funktion.

Die BR-Adressierung spiegelt die Aufteilung der DFT in zwei Transformationen halber Länge wider. Die Zerlegung der Eingangsfolge in zwei Teilfolgen geschieht nach geraden und ungeraden Indizes und orientiert sich am LSB („least significant bit") b_0. Die Zerlegung wird für die Teilfolgen jeweils fortgesetzt, bis die DFT-Länge zwei erreicht ist. Mit jedem Schritt wandert das auszuwertende Bit der Dualzahlen von rechts nach links. Es entsteht logisch das Baumdiagramm des Aufteilungsprozesses in Abb. 6.6 mit den Indexpaaren (J, I) für den Input-Index I und den Output-Index J des BR. Also beispielsweise das Paar (1, 4), womit das erste Signalelement seinen Platz mit dem vierten tauscht (vgl. Abb. 6.4).

Das gesuchte MATLAB-Programm benützt die Gesetzmäßigkeiten des Baumdiagramms in Abb. 6.6. In Programm 6.3 werden die Startwerte festgelegt. Es ist die Ausgangsfolge `x(J)` in der `for`-Schleife für J von 1 bis N-2 abzuarbeiten. Für null und

6.4 Radix-2-FFT

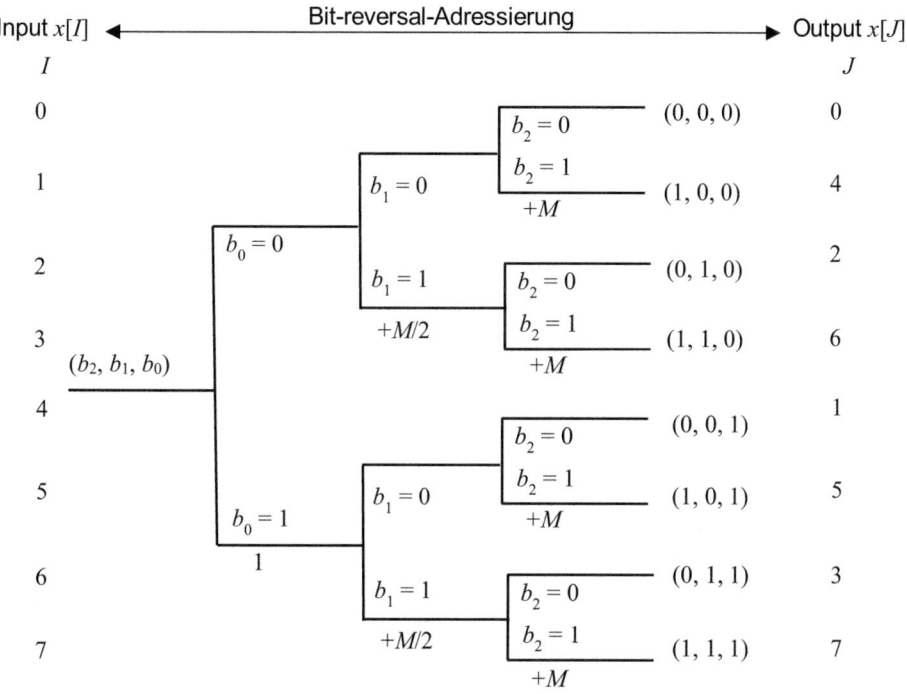

Abb. 6.6 Baumdiagramm der Bit-reversal-Adressierung (nach Oppenheim und Schafer, 1975, Fig. 6.11) mit $M = N/2 = 4$

$N-1$ erübrigt sich der Austausch, siehe Abb. 6.5. Weil in MATLAB die Feldindizierung grundsätzlich mit 1 beginnt, wird bei der Adressierung zu den Indizes die 1 addiert.

Zu Beginn wird das Signalelement zum Output-Index $J = 1$ mit dem Signalelement zum Input-Index $I = M$ (=4) getauscht. Danach wird die `while`-Schleife einmal durchlaufen und schließlich J auf $M/2$ (=2) gesetzt (vgl. Abb. 6.6).

Nun beginnt mit $J = 2$ der nächste Durchlauf der `for`-Schleife. Der Austausch wird im Beispiel abgewiesen. Man beachte, der Austausch der Werte nur für J kleiner I vermeidet einen Rücktausch. Danach wird auch die `while`-Schleife abgewiesen und der Index $I = M/2 + M$ (=6).

Für $J = 3$ findet in der `for`-Schleife zuerst der Austausch zwischen den Signalelementen $x[3]$ und $x[6]$ statt. Nun wird die `while`-Schleife dreimal ausgeführt, sodass der Index $I = 1$ resultiert.

Im Beispiel werden die weiteren Berechnungen schließlich zu Ende geführt, wie in Abb. 6.6 vorgezeichnet. Zum Schluss liegt die Folge x in der richtigen Anordnung für die DIT-Radix-2-FFT vor.

Programm 6.3 Bit-reversal-Adressierung (Programmausschnitt dit2fft.m)

```
%% Decimation in time (reverse ordering) for DIT-Radix-2-FFT
N = length(x); N_1 = N-1; M = N/2;
I = M+1; % initial value for input index
for J=2:N_1 % output-index
    if (J<I) % exchange signal elements
        T = x(I); % auxiliary memory (temporal)
        x(I) = x(J);
        x(J) = T;
    end
    K = M;
    while (K<I)
        I = I - K;
        K = K/2;
    end
    I = I + K;     % update input-index
end
```

6.4.4.2 Signalverarbeitung im Signalflussgraphen

Nach Umsortieren der Eingangsfolge kann die Signalverarbeitung entsprechend dem SFG in Abb. 6.4 beginnen. Für die Programmierung ist es vorteilhaft, die jeweiligen Werte der Parameter (Pfadgewichte) im SFG bzw. in den Basisoperationen, in allgemeiner Form anzugeben. Wir wählen dazu den Butterfly mit kleinster Komplexität in der noch zu bestimmenden Form in Abb. 6.7. Das heißt, im Programm der DIT-Radix-2-FFT sind jeweils die verknüpften Knoten m_1 und m_2 sowie der komplexe Faktor W so zu bestimmen, dass der SFG durch die Basisoperation abgearbeitet werden kann.

Am Beispiel des SFG in Abb. 6.4 werden die Zusammenhänge deutlich. Mit der Länge N der DFT ergibt sich die Anzahl der Stufen allgemein als ld(N). Den Stufen kommt dabei offensichtlich eine wichtige Rolle zu. In jeder Stufe werden jeweils Zwischenergebnisse berechnet, deren Eingangs- und Ausgangswerte zusammenhängende Blöcke bilden.

Zur Beschreibung der Zusammenhänge verwenden wir der Einfachheit halber die Programmvariablen mit den Rechenvorschriften in MATLAB-Notation und stellen die Beziehungen in Tab. 6.1 zusammen.

Die DFT-Blöcke haben je nach Stufe s die Längen

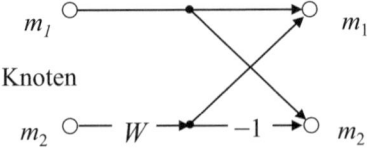

Abb. 6.7 Basisoperation (Butterfly) der Radix-2-FFT in der Stufe s mit dem komplexen Faktor W und den Indizes der Ein- bzw. Ausgangsknoten m_1 und m_2

6.4 Radix-2-FFT

Tab. 6.1 Zuordnung der Indizes der Eingangs- bzw. Zwischenwerte zu den Basisoperationen in den Stufen s des Radix-2-FFT-Signalflussgraphen für die DFT-Länge N gleich acht und die zugehörigen komplexen Faktoren W (Programmvariablen)

s	1				2		3
L = 2^s	2				4		8
BB = N/L	4				2		1
Lh	1				2		4
m = 1:L:N	1	3	5	7	1	5	1
m1 = m:(m + Lh-1)	1	3	5	7	1, 2	5, 6	1, 2, 3, 4
m2 = m1 + Lh	2	4	6	8	3, 4	7, 8	5, 6, 7, 8
W = exp((-1i*pi/Lh)*(0:Lh-1))	1	1	1	1	1, -j	1, -j	1, exp(-j*pi/4), exp((-j*pi/4)*2), exp((-j*pi/4)*3)

```
L = 2^s
```

Und in jeder Stufe gibt es

```
B = N/L
```

DFT-Blöcke. Zählt man diese von oben nach unten durch, von 1 bis B, ergeben sich abhängig von der Stufe die Indizes der oberen Eingangsknoten der jeweils ersten Butterflies zu

```
m = 1 : L : N
```

In jeden DFT-Block einer Stufe sind genau

```
Lh = L/2
```

Butterflies abzuarbeiten, sodass sich die Zuordnungen für die Kontenpaare ergeben.

```
m1 = m : (m + Lh - 1)
```

Schließlich sind den oberen Eingangsknoten jeweils die unteren Eingangskoten zuzuweisen.

```
m2 = m1 + Lh
```

Zum Schluss sind noch die Drehfaktoren der DFT-Blöcke zu bestimmen. Sie ergeben sich aus Abschn. 6.4.2 allgemein zu

```
W = exp((- 1i * pi/Lh) * (0 : Lh - 1))
```

für die untere Hälfte der Eingangsknoten der DFT-Blöcke, s. Abb. 6.4 und Tab. 6.1. Die Drehfaktoren können der Einfachheit halber auch durch wiederholte Multiplikation sukzessive berechnet werden. Letzteres wird jedoch mit einer Fehlerfortpflanzung und damit geringerer Rechengenauigkeit erkauft.

Damit liegen alle notwendigen Bausteine zur Konstruktion des Radix-2-FFT-Programms bereit. Eine mögliche Implementierung stellt der Programmausschnitt in Programm 6.4 vor.

Um die Komplexität zu reduzieren, wird die Indexrechnung mit for-Schleifen implementiert und die Bearbeitung aller Basisoperationen durch die zwei ineinander geschachtelten Schleifen mit m2 und m1 für die äußere bzw. innere Schleife sichergestellt. Letzteres fasst die Basisoperationen mit gleichen komplexen Faktoren zusammen, was die Zahl der komplexen Multiplikationen etwas reduziert.

Programm 6.4 Implementierung des Signalflussgraphen (Programmausschnitt dit2fft.m)

```
%% Flow graph
for s=1:log2(N) % stage count
  L = 2^s; Lh = L/2;
  W = 1; W1 = exp(-1i*pi/Lh); % initialize complex factor
  for M1=1:Lh
    for m1=M1:L:N
      m2 = m1 + Lh;
      % Butterfly
      T    = x(m2)*W; % auxiliary variable with complex factor
      x(m2) = x(m1) - T; % lattice
      x(m1) = x(m1) + T; % lattice
    end
    W = W * W1; % update complex factor
  end
end
```

Die beiden Programmteile werden in der Funktion dit2fft.m zusammengefügt. Sie lässt sich bzgl. ihrer Ausführungszeit noch etwas beschleunigen. Bei der Umspeicherung des Signals wird die Indexrechnung beim Signalzugriff in der for-Schleife vermieden, wenn die Schleifenvariable J um eins erhöht wird. Die Erhöhung muss jedoch bei der Initialisierung von I und in der while-Abfrage berücksichtigt werden. (In den Beispielen schon eingearbeitet.) Die Rechenzeitmessung mit dem MATLAB-Werkzeug „Profiler" ergab bei großen DFT-Längen eine Ersparnis von einigen Prozent. Circa 75 % der Rechenzeit wird für die Berechnungen der drei Programmzeilen des Butterfly aufgewendet, die hier nicht weiter optimiert werden konnte.

Zusammenfassend lässt sich der beschriebene FFT-Algorithmus wie folgt charakterisieren:

- *Radix-2-FFT*, weil die Transformationslänge eine Zweierpotenz ist.
- *Decimation-in-time*(DIT)-Zerlegung, weil die Gruppierung im Zeitbereich erfolgt.

- *In-place-Verfahren*, weil während der Berechnung freiwerdender Speicherplatz überschrieben wird.

Eine alternative Form des SFGen erhält man mit einer Gruppierung im Frequenzbereich, der *Decimation-in-frequency(DIF)*-Zerlegung (z. B. [3]).

6.4.5 Vorbereitende Aufgaben

A6.2 DIT-Radix-2-FFT
In der Versuchsdurchführung sollen Sie die MATLAB-Anwenderfunktion `dit2fft.m` für die DIT-Radix-2-FFT verwenden, machen Sie sich mit der Funktion vertraut, siehe Programm 6.3 und 6.4. Die Funktion erhält das Zeitsignal und gibt das DFT-Spektrum aus: `function X=dit2fft(x)`.

6.4.6 Versuchsdurchführung

M6.2 Programmtest der Anwenderfunktion DIT-Radix-2-FFT
Testen Sie das FFT-Programm `dit2fft` auf korrekte Funktion anhand von bekannten Beispielen oder durch Hin- und Rücktransformation.

M6.3 Wachstumsgesetz der FFT
Überprüfen Sie das Wachstumsgesetz für die Komplexität des DIT-Radix-2-FFT-Programms `dit2fft` durch Schätzung der Rechenzeiten für einige ausgesuchte Signallängen. Beachten Sie, die Rechenzeit kann bei schnell laufenden Programmen für eine zuverlässige Messung zu kurz sein. Hier kann gegebenenfalls die Zeitmittelung über eine Programmschleife Abhilfe bringen. Beachten Sie auch, dass das erstmalige Laden des Programms zusätzlich Zeit benötigt.

6.4.7 MATLAB-Befehle zur diskreten Fourier-Transformation

In MATLAB stehen für die schnelle Fourier-Transformation und ihre Umkehrung die MATLAB-Funktionen `fft` bzw. `ifft` zur Verfügung. Als Built-in-Funktionen sind sie nicht editierbar, d. h. keine m-Files, sondern in Maschinensprache besonders laufzeiteffizient programmiert. Sie basieren auf dem *Split-Radix-Verfahren*. Dabei kann die Länge des Eingangssignals quasi beliebig sein. Ist sie eine Zweierpotenz-Zahl kommt die schnelle Radix-2-FFT zum Einsatz. Andernfalls wird die Signallänge in Primfaktoren zerlegt und ein langsamerer Mixed-Radix-Algorithmus angewendet, der zu jedem Primfaktor einen speziellen Butterfly nutzt. Ist die Länge des Signals selbst eine Primzahl, wird praktisch die Summenform der DFT verwendet.

In typischen Anwendungen der digitalen Signalverarbeitung wird der Einsatz der schnelle Radix-2-FFT angestrebt. Gegebenenfalls werden die Signale mit Nullen ergänzt ("zero padding", Kap. 4), um eine Zweierpotenz als Länge zu erhalten. Für sehr lange Folgen kann auch der Speicherzugriff der Flaschenhals der Verarbeitung sein.

Ein weiterer nützlicher MATLAB-Befehl ist `fftshift`. Er unterstützen die Darstellung der DFT-Spektren in zentrierter Form, d. h. mit der Frequenzkomponente bei null im Zentrum, wie es in vielen Anwendungen üblich ist. Eine ähnliche Funktion hat der Befehl `ifftshift`. (Der Befehl `fft2` setzt eine zweidimensionale FFT um.)

6.5 FFT für reelle Signale

In vielen Anwendungen haben die Signale eine physikalische Bedeutung und sind reell, sodass der Rechenaufwand der FFT in etwa halbiert werden kann. Im Folgenden wird kurz an die Grundlagen erinnert und gezeigt, wie die praktische Umsetzung in MATLAB aussieht.

6.5.1 Zuordnungsschema der DFT

Zuordnungsschema

Zerlegt man die Signale und ihre DFT-Spektren in gerade (e, „even") und ungerade (o, „odd") sowie die reelle (r, „real") und imaginäre (i, „imaginary") Teile, resultieren bei der DFT jeweils eineindeutige Transformationspaare.

Das *Zuordnungsschema* (Kap. 3) folgt allgemein für die Fourier-Transformation, weil die den Transformationskern bildenden Kosinus- und Sinusfunktionen ihrerseits gerade bzw. ungerade Funktionen sind.

$$x[n] = x_{re}[n] + x_{ro}[n] + j \cdot (x_{ie}[n] + x_{io}[n])$$
$$\text{DFT} \updownarrow$$
$$X[k] = X_{re}[k] + X_{ro}[k] + j \cdot (X_{ie}[k] + X_{io}[k])$$

Hermitesche Symmetrie

Im Zuordnungsschema wird die *hermitesche Symmetrie* der DFT-Spektren reeller Signale sichtbar.

$$X[k] = X^*[-k] \quad \text{für } x[n] \in \mathbb{R}$$

Folglich ist der Realteil des DFT-Spektrums reeller Signale gerade und der Imaginärteil ungerade.

Periodizität

Schließlich erinnern wir uns an die *Periodizität* der Fourier-Spektren von Folgen. Für die DFT bedeutet dies.

$$X[k] = X[k + l \cdot N] \quad \text{für } l \in \mathbb{Z}$$

6.5 FFT für reelle Signale

Die Periodizität und die hermitesche Symmetrie der DFT-Spektren reeller Signale sind in Abb. 6.8 am Beispiel der DFT-Länge acht veranschaulicht. Man beachte, dass der Imaginärteil des DFT-Spektrums für $k=0$ und $N/2$ (=4) wegen der hermitischen Symmetrie null ist. Somit ist das DFT-Spektrum an diesen Stellen stets rein reell. Es gilt nämlich

$$X[0] = \sum_{n=0}^{N-1} x[n] \qquad \text{("Mittelwert")}$$

$$X\left[\tfrac{N}{2}\right] = \sum_{n=0}^{N-1} x[n] \cdot e^{-j\pi \cdot n} = \sum_{n=0}^{N-1} x[n] \cdot (-1)^n \quad (N \text{ gerade})$$

Die Zusammenhänge können im Weiteren benutzt werden, um zwei reelle Folgen simultan zu transformieren, oder um für eine reelle Folge die DFT-Länge rechentechnisch zu halbieren.

6.5.2 Simultane FFT zweier reeller Signale

Sollen zwei reelle Signale, $u[n]$ und $v[n]$, der Länge N transformiert werden, lassen sie sich zunächst zu einem komplexen Signal vereinigen.

$$x[n] = u[n] + j \cdot v[n]$$

Aus dem Zuordnungsschema und der Periodizität der DFT folgt schließlich für die beiden gesuchten DFT-Spektren

$$U[k] = X_{\text{er}}[k] + j \cdot X_{\text{oi}}[k] = \frac{1}{2} \cdot \left(X[k] + X^*[N-k]\right)$$

$$V[k] = \frac{1}{j} \cdot (X_{\text{or}}[k] + j \cdot X_{\text{ei}}[k]) = \frac{1}{2j} \cdot \left(X[k] - X^*[N-k]\right)$$

Abb. 6.8 DFT-Spektrum eines reellen Signals in periodischer Darstellung

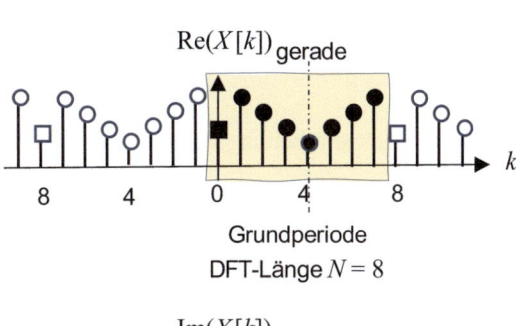
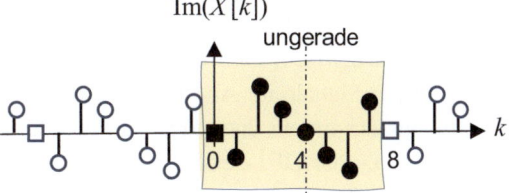

Folglich können aus dem DFT-Spektrum des komplexen Signals die gesuchten DFT-Spektren mit einer eher unaufwendigen Vor- und Nachverarbeitung berechnet werden.

6.5.3 FFT für reelle Signale

Die DFT eines reellen Signals durch eine FFT der halben Länge zu berechnen, folgt der Idee der simultanen FFT. Dazu wird das reelle Signal $z[n]$ der Länge N gleich $2 \cdot M$ durch einen Realteil und einen Imaginärteil der Länge M komplex dargestellt.

$$x[n] = u[n] + j \cdot v[n] = z[2n] + j \cdot z[2n+1] \quad \text{für } n = 0 : M-1$$

Die Aufteilung des Signals entspricht im DFT-Spektrum der Darstellung

$$Z[k] = U[k] + e^{-j\pi \cdot k/M} \cdot V[k].$$

Mit den Ergebnissen für die DFT-Spektren des Real- und des Imaginärteils in Abschn. 6.5.2 folgt hier das gesuchte DFT-Spektrum

$$Z[k] = \frac{1}{2}\left(X[k] + X^*[M-k]\right) + e^{-j\pi \cdot k/M} \cdot \frac{1}{2j}\left(X[k] - X^*[M-k]\right) \quad \text{für } k = 0 : M-1$$

Man beachte den Bereich des Index k. Er erstreckt sich nur über die halbe ursprüngliche DFT-Länge M, sodass die fehlende Hälfte noch konstruiert werden muss. Dies gelingt mit Rückgriff auf die Periodizität der DFT-Spektren und der hermiteschen Symmetrie der DFT-Spektren reeller Signale.

$$Z[k] = Z^*[2M-k] \quad \text{für } k = M+1 : 2M-1$$

Der einzelne verbleibende unbestimmte Wert für $k = M$ muss aus der DFT-Formel direkt berechnet werden.

$$Z[M] = \sum_{n=0}^{2M-1} (-1)^n \cdot z[n]$$

Trotz der Nachverarbeitung reduziert der Algorithmus den Rechenaufwand auf etwa die Hälfte.

6.5.4 Vorbereitende Aufgaben

A6.3 Simultane FFT
Zeigen Sie analytisch, dass die Darstellung der DFT-Spektren für die simultane FFT zweier reeller Signale in Abschn. 6.5.2 gilt. Dazu setzen Sie die Beziehungen aus dem Zuordnungsschema ein und zeigen jeweils die Richtigkeit der Aussagen. Benutzen Sie die Periodizität der DFT-Spektren und die allgemeinen Eigenschaften von geraden und ungeraden (reellen) Folgen.

A6.4 Verifikation der simultanen FFT
Zeigen Sie, dass in Abschn. 6.5.3 das DFT-Spektrum aus den beiden vorangehenden Gleichungen folgt.

6.5.5 Versuchsdurchführung

M6.4 FFT reeller Signale
Implementieren Sie eine MATLAB-Funktion die ausgehend von dem Programm `dit2fft.m` für reelle Signale die Halbierung der effektiven DFT-Länge durchführt.

a. Testen Sie Ihr Programm auf korrekte Funktion.
b. Vergleichen Sie die Rechenzeiten mit und ohne diese Maßnahme für verschiedene Blocklängen. Um welcher Faktor nimmt die Geschwindigkeit zu?

6.6 Schnelle Faltung

Die Faltung zweier Folgen hat in der digitalen Signalverarbeitung eine herausragende Bedeutung, da sie die Basisoperation der linearen Filterung ist. Ist eine Folge das Eingangssignal eines LTI-Systems und die andere die Impulsantwort des LTI-Systems, so liefert die *Faltung* der Folgen das Ausgangssignal (Kap. 7). In vielen Anwendungen ist das Signal $x[n]$ von endlicher Länge und das LTI-System hat eine rechtsseitige Impulsantwort $h[n]$ der Länge N, d. h. es liegt ein FIR-Filter vor (Kap. 8).

$$y[n] = x[n] * h[k] = \sum_{k=0}^{N} h[k] \cdot x[n-k]$$

Dann kann das Ausgangssignal eventuell effizienter mittels inverser FFT aus dem Produkt der DFT-Spektren der Impulsantwort und des Signals berechnet werden.

6.6.1 FFT statt Faltungssumme

Wir erinnern uns zunächst daran, dass die (gewöhnliche) *lineare Faltung* zweier Folgen, $x_1[n]$ und $x_2[n]$ mit den Längen N_1 bzw. N_2, eine endlich lange Folge ergibt mit der Länge $N = N_1 + N_2 - 1$. Eine Blockverarbeitung durch die FFT muss also mindestens die Blocklänge N beachten. Die beiden Folgen können durch Anhängen von Nullen entsprechend verlängert werden. Dann liefert die *zyklische Faltung* das gleiche Resultat wie die lineare Faltung oben. Die zyklische Faltung kann wiederum mittels des Produkts der DFT-Spektren berechnet werden. Der „Umweg" über das Spektrum verkürzt unter Umständen die Verarbeitungszeit. Allgemein spricht man von der *schnellen Faltung*.

In der MATLAB-Notation schreibt sich der Zusammenhang folgendermaßen: Der Faltungsbefehl

```
y = conv(x1,x2);
```

wird ersetzt durch die schnelle Fourier-Transformation, wobei die passende DFT-Länge vorab bestimmt wird.

```
N1 = length(x1); N2 = length(x2);
P = ceil(log2(N1+N2-1)); N = 2^p ; % Radix-2-FFT
Y=ifft(fft(x1,N).*fft(x2,N));
```

Schnelle Faltung
Bei Anwendung der schnellen Faltung nimmt die Blocklänge möglicherweise einen Wert an, der für die Verarbeitung am Rechner zu groß ist. In diesem Fall kann die schnelle Faltung in kürzere Abschnitte zerlegt werden, wenn die Randeffekte der Blockbeschneidung kompensiert werden. Dazu stehen zwei Methoden zur Verfügung, die Overlap-save- und die Overlap-add-Methode (z. B. [3][4]). Diese eignen sich auch um ein Signal fortlaufend zu Filtern.

6.6.2 Versuchsdurchführung

M6.5 Schnelle Faltung
Überprüfen Sie anhand eines MATLAB-Beispiels, dass die Faltung mit `conv` tatsächlich durch die schnelle Faltung mittels `fft` und `ifft` ersetzt werden kann.

M6.6 Rechenzeiten für die schnelle Faltung
Erstellen Sie eine MATLAB-Funktion mit der sie die CPU-Zeiten für die Anwendung des Faltungsbefehls und der schnellen Faltung vergleichen können, siehe auch Programm 6.2. Stellen Sie die Ergebnisse der Messungen für verschiedene Blocklängen in einem Diagramm dar. Wählen Sie für die Abszisse die Blocklänge des Faltungsprodukts. Kann durch die schnelle Faltung tatsächlich die Verarbeitungszeit verkürzt werden?

Wählen Sie der Einfachheit halber die beiden Folgen gleich lang. Variieren Sie die Länge der Folgen. Messen Sie die Zeiten, wobei Sie im Programm über mehrere Operationen mitteln. Beachten Sie, die Ergebnisse sind abhängig von der eingesetzten Hard- und Software. Ob die schnelle Faltung in der Praxis, z. B. auf einem digitalen Signalprozessor, eingesetzt werden sollte, ist nicht allein durch eine einfache PC-Simulation mit MATLAB zu entscheiden.

6.7 Zusammenfassung

Die beiden wichtigsten Algorithmen der digitalen Signalverarbeitung sind vermutlich die DFT und die Faltung. Sie stellen oft die zeitkritischen Elemente und können somit für die Anwendung entscheidend sein. Hier kann die schnelle Fourier-Transformation (FFT) unter Umständen den Ausschlag für die Machbarkeit geben.

Die FFT ist ein effizienter Algorithmus zur Berechnung der DFT. Während die Komplexität der DFT quadratisch mit der DFT-Länge steigt, ist das Wachstum der FFT im Wesentlichen linear. MATLAB unterstützt die schnelle Fourier-Transformation durch die optimierten Build-in-Funktionen `fft` und `ifft`.

Die FFT beruht auf der Zerlegung der DFT in schnelle elementare Butterfly-Operationen und den optimalen Ablauf der Rechenoperationen im Signalflussgraphen. Ist die Länge der DFT eine Zweierpotenzzahl, wird der größte Geschwindigkeitszuwachs erzielt. Deshalb wird in der Praxis meist eine Zweierpotenzzahl für die DFT-Länge angestrebt.

Durch die hohe Rechengeschwindigkeit der FFT kann es interessant sein, sie ebenfalls für die lineare Faltung (`conv`) zu nutzen. Ab einer gewissen Länge der Signale, abhängig von der eingesetzten Hard- und Software, ist es günstiger die Faltung durch eine Signalverarbeitung mit der FFT zu ersetzen. Man spricht dann von der schnellen Faltung. In der Praxis kommen dazu oft die geschachtelte Blockverarbeitung mit der Overlap-add- oder Overlap-save-Methode zur Anwendung.

6.8 Quiz 6

Ergänzen Sie die Lückentexte (_) sinngemäß.

1. Die Komplexität des Radix-2-FFT-Algorithmus wächst im Wesentlichen ___ mit der DFT-Länge.
2. Die Basisoperation der Radix-2-FFT besitzt ___ Ein- und Ausgänge und erfordert ___ komplexe Multiplikation.
3. Die FFT liefert als Ergebnis ___.
4. Bei der Länge 1024 ist für die FFT eine Zerlegung in genau ___ Stufen erforderlich.
5. Die Radix-2-FFT liefert bei passender DFT-Länge den ___ Geschwindigkeitszuwachs.
6. Zur Schätzung der verbrauchen CPU-Zeit werden in MATLAB die Befehle `tic` und ___ verwendet.
7. Die Basisoperation der FFT nennt man ___.
8. Für die Basisoperationen werden bei der Radix-2-FFT circa ___ % der Rechenzeit aufgewendet.

9. Zur Beschleunigung unterstützen Signalprozessoren die FFT durch dedizierte ___.
10. Bei der Implementierung der FFT können die Rechengeschwindigkeit, der Speicherbedarf und auch die ___ eine Rolle spielen.
11. Mit dem FFT-Algorithmus lassen sich zwei ___ Signale in einem Programmlauf transformieren.
12. Hermitesche Symmetrie im DFT-Spektrum bedeutet $X[k] = $ ___.
13. Die Faltung zweier Folgen x1 und x2, der Längen N1 und N2, kann in MATLAB mittels ___ (fft(x1, ___).*fft(x2, ___)) realisiert werden.
14. Bei der Anwendung der schnellen Faltung wird oft ___ eingesetzt.
15. J. Cooley und J. Tukey machten mit ihrer Veröffentlichung im Jahr ___ die DFT einem breiten Anwendungsfeld zugänglich.
16. Die FFT ermöglicht in vielen Anwendungen eine Signalverarbeitung in ___.
17. Der Algorithmus der FFT beruht auf das in der Informationstechnik auch als ___-Verfahren bekannte Vorgehen.
18. Die in der Computertechnik verwendete Akronym FLOP steht für ___.
19. Das DFT-Spektrum reeller Signale ist an der Stelle null stets ___.
20. Ein quadratischer Zusammenhang erscheint in einer doppelt-logarithmischen Darstellung als ___.

6.9 Lösungshinweise

In den Onlineressourcen finden Sie alle Programme zu diesem Kapitel: `dft.m`, `dft_time_challenge.m`, `dit2fft.m`, `dit2fft_r.m`, `dit2fft_r_time_challenge.m`, `fastconv.m`, `fastconv_time_challenge.m`, `fft_real.m`, `fft_time_challenge.m`.

Zu A6.1 Zeitmessung

Das Wachstum der Komplexität der DFT, in der direkten Form abgeschätzt durch die Anzahl der benötigten FLOPs, liefert einen quadratischen Anstieg mit zunehmender DFT-Länge. Eine Verdopplung der DFT-Länge bedeutet demzufolge eine Vervierfachung der Anzahl der FLOPs. Nimmt man an, dass die bei der Ausführung des Algorithmus durch den Rechner verbrauchte Zeit proportional zu der Anzahl der FLOPs ist, so sollte das quadratische Wachstum der FLOPs an dem quadratischen Wachstum der Rechenzeiten beobachtbar sein, siehe `dft_time_challenge.m`.

Zu M6.1 Wachstumsgesetz der DFT

In Abb. 6.9 ist der Wachstumsfaktor von etwas mehr als vier (4.2) zu erkennen, z. B. von der Rechenzeit etwa 16.4 s für $N = 2^{13}$ auf circa 69.5 s für $N = 2^{14}$.

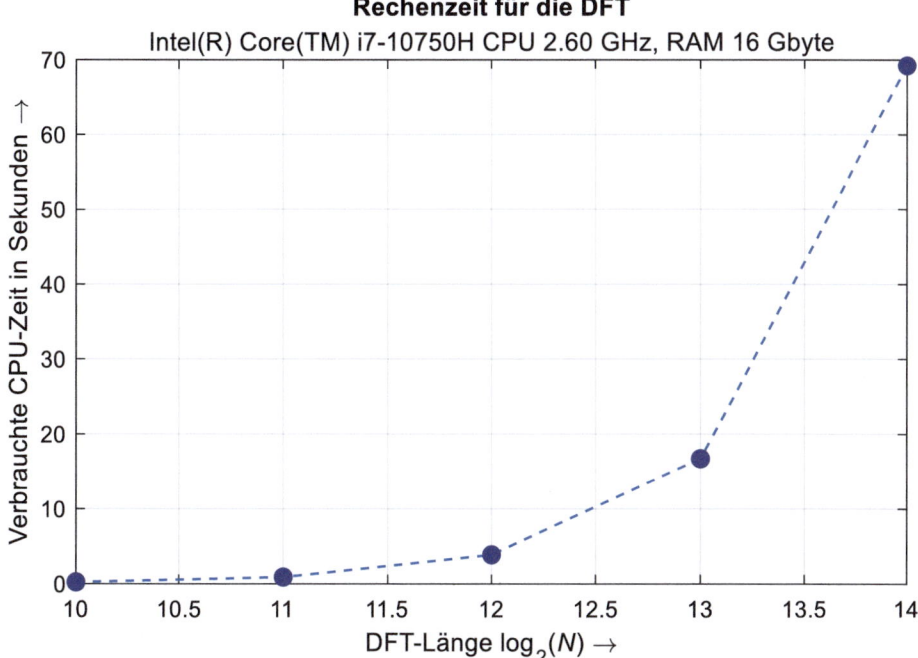

Abb. 6.9 Verbrauchte CPU-Zeit vs. DFT-Länge bei Anwendung der Summenformel in MATLAB (dft_time_challenge)

Zu M6.2 Programmtest Anwenderfunktion DIT-Radix-2-FFT

Mögliche einfache Testsignale sind beispielsweise eine Konstante oder ein Kosinus- bzw. Sinussignal, wobei die DFT-Längen ganzzahlige Vielfache der Perioden sind. Ein mögliches Testszenario ist auch die nacheinander auszuführende Hin- und Rücktransformation zufälliger Signale. Alternativ kann zusätzlich auch die DFT mit der Funktion dft.m oder der MATLAB-eigenen Funktion fft berechnet und die Ergebnisse verglichen werden.

Zu M6.3 Wachstumsgesetz der FFT

Für die DIT-Radix-2-FFT folgt mit der Abschätzung in Abschn. 6.4.3 ein im Wesentlichen linearer Anstieg der Komplexität mit der DFT-Länge. Eine Verdopplung der DFT-Länge führt dementsprechend ungefähr auf eine Verdopplung der Anzahl der FLOPs.

Mit dem Programm dit2fft_r_time_challenge, siehe Programm 6.6, wurden die in Abb. 6.10 angegebenen Rechenzeiten bestimmt. Die resultierenden Wachstumsfaktoren (Steigungen der approximierenden Geraden) bestätigen die ge-

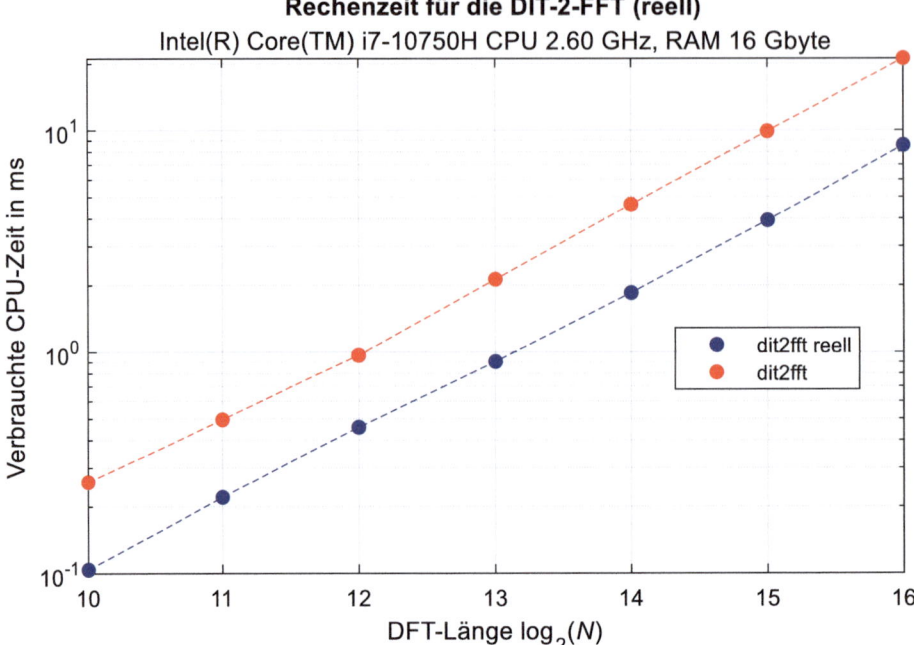

Abb. 6.10 Verbrauchte CPU-Zeit (Mittelwerte) für DIT-2-FFT für Blocklängen 1024 (2^{10}) bis 65.536 (2^{16}) (`dit2fft_r_time_challenge`)

machten Abschätzungen zur Komplexität der Algorithmen. Bei Anwendung der Summenformel wächst die verbrauchte Rechenzeit mit etwas mehr als den Faktor vier bei Verdopplung der DFT-Länge. Setzt man hingegen das selbst programmierte DIT-Radix-2-FFT-Programm ein, so verdoppelt sich in etwa die verbrauchte Rechenzeit bei Verdopplung der DFT-Länge.

Zu A6.3 Simultane FFT

Wir setzen für die Lösung ein und benutzen das Zuordnungsschema. Aus der Periodizität und den Symmetrieeigenschaften folgt die Behauptung.

$$X[k] + X^*[N-k] = X_{\text{er}}[k] + X_{\text{or}}[k] + \text{j} \cdot X_{\text{ei}}[k] + \text{j} \cdot X_{\text{oi}}[k]$$
$$+ \underbrace{X_{\text{er}}[N-k]}_{=X_{er}[-k]=X_{er}[k]} + \underbrace{X_{\text{or}}[N-k]}_{=X_{or}[-k]=-X_{or}[k]} - \text{j} \cdot \underbrace{X_{\text{ei}}[N-k]}_{=X_{ei}[-k]=X_{ei}[k]} - \text{j} \cdot \underbrace{X_{\text{oi}}[N-k]}_{=X_{oi}[-k]=-X_{oi}[k]} =$$
$$= 2X_{\text{er}}[k] + 2\text{j} \cdot X_{\text{oi}}[k]$$

und ebenso

$$X[k] - X^*[N-k] = X_{\text{er}}[k] + X_{\text{or}}[k] + \text{j} \cdot X_{\text{ei}}[k] + \text{j} \cdot X_{\text{oi}}[k] +$$
$$- \underbrace{X_{\text{er}}[N-k]}_{X_{\text{er}}[k]} - \underbrace{X_{\text{or}}[N-k]}_{-X_{\text{or}}[k]} + \text{j} \cdot \underbrace{X_{\text{ei}}[N-k]}_{X_{\text{ei}}[k]} + \text{j} \cdot \underbrace{X_{\text{oi}}[N-k]}_{-X_{\text{oi}}[k]} =$$
$$= 2X_{\text{or}}[k] + 2\text{j} \cdot X_{\text{ei}}[k]$$

Zu A6.4 Verifikation der simultanen FFT

Wir beginnen mit der Definition der DFT und spalten die Folge entsprechend auf. Danach formen wir um, bis sich die Behauptung ergibt.

$$Z[k] = \sum_{n=0}^{N-1} z[n] \cdot w_{2N}^{k \cdot n} = \sum_{n=0}^{M-1} z[2n] \cdot w_{2M}^{k \cdot 2n} + \sum_{n=0}^{M-1} z[2n+1] \cdot w_{2M}^{k \cdot (2n+1)}$$
$$= \sum_{n=0}^{M-1} u[n] \cdot w_{2M}^{k \cdot 2n} + w_{2M}^{k} \cdot \sum_{n=0}^{M-1} v[n] \cdot w_{2M}^{k \cdot 2n} =$$
$$= \sum_{n=0}^{M-1} u[n] \cdot w_{M}^{k \cdot n} + w_{2M}^{k} \cdot \sum_{n=0}^{M-1} v[n] \cdot w_{M}^{k \cdot n} =$$
$$= U[k] + \text{e}^{-\text{j}\pi \cdot k/M} \cdot V[k]$$

Zu M6.4 FFT reeller Signale

Für die DFT-Längen 2^{10} bis 2^{16} ergeben sich Geschwindigkeitsgewinne von ungefähr zwei oder etwas größer. Man berücksichtige die relative Ungenauigkeit bei dieser Art von Zeitmessung.

Programm 6.6 Bestimmung der Rechenzeiten zur Abschätzung der Komplexität der DIT-Radix-2-FFT (dit2fft_time_r_challenge.m)

```
% Elapsed time for the DIT-2-FFT (compl.) and the DIT-2-FFT (real) (mw2024)
p = [10 11 12 13 14 15 16]; M = 2.^p; % signal length for fft
%% dit2fft complex
fprintf('\nDIT-2-FFT complex\n')
ECPUtime = zeros(1,length(p));
Loops = 500;
null = dit2fft(ones(1,256)); % load m-file
for k=1:length(p)
  x = randn(1,M(k)); % random signal in time domain
  tic;
  for n=1:Loops
    dit2fft(x); % dit2fft algorithm
  end
  ECPUtime(k) = toc/Loops; % elapsed MATLAB cpu time
  fprintf('N = %6g,  t = %6g ms\n',M(k),1e3*ECPUtime(k))
end
%% dit2fft real
fprintf('\nDIT-2-FFT reell\n')
ECPUtime_r = zeros(1,length(p));
Loops = 500;
null = dit2fft_r(ones(1,256)); % load m-file
for k=1:length(p)
  x = randn(1,M(k)); % random signal in time domain
  tic;
  for n=1:Loops
    dit2fft_r(x); % dit2fft algorithm
  end
  ECPUtime_r(k) = toc/Loops; % elapsed MATLAB cpu time
  fprintf('N = %6g,  t = %6g ms\n',M(k),1e3*ECPUtime_r(k))
end
%% Graphics
ECPUtr = 1e3 * ECPUtime_r; % in ms
ECPUt  = 1e3 * ECPUtime;
FIG1 = figure('Name',...
    'fft_time : Approximate elapsed cpu time for dft algorithm',...
    'NumberTitle','off','Units','normal','Position',[.2 .1 .4 .4]);
    semilogy(p,1e3*ECPUtime_r,'.b',p,1e3*ECPUtime,'.r','MarkerSize',20)
    grid
    xlabel('DFT-Länge log_2({\itN})')
    ylabel('Verbrauchte CPU-Zeit in ms')
    title('Rechenzeit für die DIT-2-FFT (reell)',...
    'Intel(R) Core(TM) i7-10750H CPU 2.60 GHz, RAM 16 Gbyte')
    hold on
    semilogy(p,1e3*ECPUtime_r,'--b',p,1e3*ECPUtime,'--r')
    legend('dit2fft reell','dit2fft','','','Location','best')
    hold off
%% Table
Tbl = table(M',1e3*ECPUtime',1e3*ECPUtime_r',...
    ECPUtime'./ECPUtime_r','VariableNames',...
    {'DFT-Länge','CPU-Zeit (cmplx) in ms','CPU-Zeit (real) in ms',...
    'Ratio'});
disp(Tbl)
```

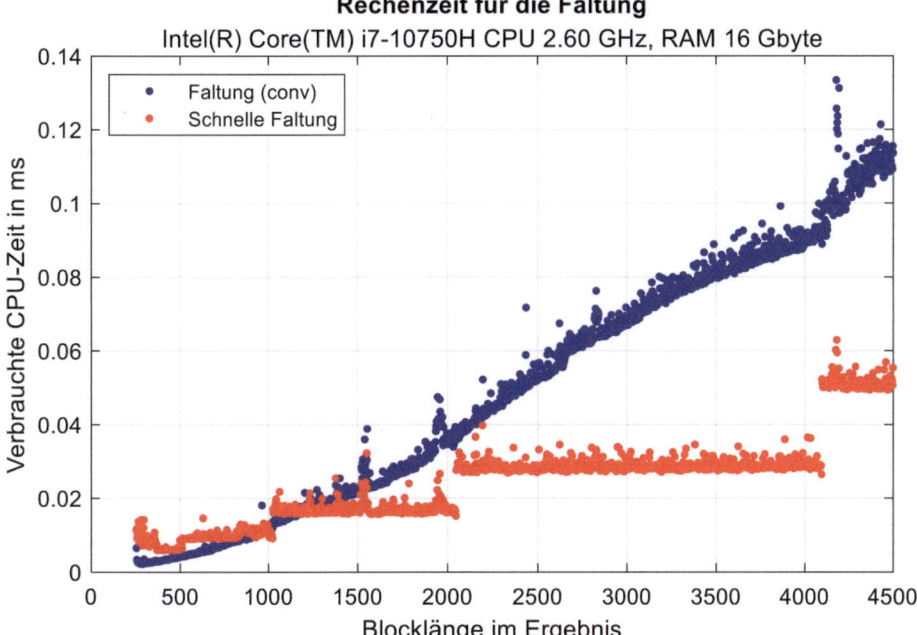

Abb. 6.11 Rechenzeiten für den MATLAB-Befehl conv und die schnelle Faltung mit den MATLAB-Befehlen fft und ifft (fastconv_time)

Zu M6.5 Schnelle Faltung

Z. B. mit einem kleinen Rechenbeispiel mit zwei Folgen kurzer Länge.

Zu M6.6 Rechenzeiten für die schnelle Faltung

Zum Vergleich der Rechenzeiten für die Faltung mit dem MATLAB-Befehl conv und der schnellen Faltung mit den MATLAB-Built-in-Funktionen fft bzw. ifft wurde Programm 6.7 erstellt. Die gemittelten Simulationsergebnisse zeigt Abb. 6.11. Darin ist – abgesehen von Ausreißern aufgrund der grundsätzlichen Probleme der Schätzung der verbrauchten CPU-Zeiten – ein Vorteil für die schnelle Faltung zu erkennen, der mit wachsender Blocklänge zunimmt. Im Bild ergibt sich ab der Blocklänge des Faltungsergebnisses von circa 800 ein Vorteil, der mit der Länge zunimmt.

In der Praxis kann sich je nach Hard- und Software schon bei deutlich kürzeren Blöcken ein Rechenzeitvorteil für die schnelle Faltung ergeben.

Programm 6.7 Rechenzeitvergleich (Mittelwerte) für die Faltung conv und der schnellen Faltung mit fft/ ifft (fastconv_time_challenge.m)

```
% Speedtest fast convolution (mw2024)
M1 = 128; M2 = 2250;
ECPUTconv = zeros(1,M2); % elapsed cpu time
ECPUTfft  = zeros(1,M2);
Loops = 100;
null = conv([1 2 3],[4 5 6 7]);
null = fft([1 2 3 4 5 6 7 8]);
for n = M1:M2
    p = ceil(log2(n)); N = 2^p;
    x1 = randn(1,n); x2 = randn(1,n); % random signal in time domain
    tic
    for I = 1:Loops
        conv(x1,x2); % convolution
    end
    ECPUTconv(n) = toc/Loops;  % challenge Matlab cpu clock
    tic;
    for I = 1:Loops
        ifft(fft(x1,N).*fft(x2,N)); % fast convolution
    end
    ECPUTfft(n) = toc/Loops; % challenge Matlab cpu clock
end
n = 2*(M1:M2)-1;
figure
plot(n,1e3*ECPUTconv(M1:end),'.b',n,1e3*ECPUTfft(M1:end),'.r',...
    'MarkerSize',10), grid
xlabel('Block length of result')
ylabel('Elapsed MATLAB cpu time in ms')
legend({'conv','fast conv'},'Location','northWest')
```

Zu Quiz 6
1. linear
2. zwei, eine
3. die DFT-Koeffizienten/das DFT-Spektrum
4. zehn
5. größten
6. toc
7. Butterfly
8. 75 %
9. Hardware
10. Rechengenauigkeit (Fehlerfortpflanzung)
11. reelle
12. $X^*[-k]$
13. ifft(fft(×1,N1+N2-1).*fft(×2,N1+N2-1));
14. die Radix-2-FFT

15. 1965
16. Echtzeit
17. Teile-und-herrsche-Verfahren
18. Floating Point Operation (Gleitkomma-Operation)
19. reell
20. Gerade

Literatur

1. Achilles, D. (1985). *Die Fourier-Transformation in der Signalverarbeitung. Kontinuierliche und diskrete Verfahren der Praxis* (2. Aufl.). Springer.
2. Cooly, J. W., & Tucky, J. W. (1965). An algorithm for the machine computation of complex Fourier series. *Mathematics of Computation, 19,* 297–301.
3. Kammeyer, K.-D., & Kroschel, K. (2018). *Digitale Signalverarbeitung. Filterung und Spektralanalyse mit MATLAB®-Übungen* (9. Aufl.). Springer Vieweg.
4. Werner, M. (2008). *Signale und Systeme. Lehr- und Arbeitsbuch mit MATLAB®-Übungen und Lösungen* (3. Aufl.). Springer Vieweg.
5. Oppenheim, A. V., & Schafer, R. W. (1975). *Digital Signal Processing.* Prentice-Hall.

Lineare zeitinvariante Systeme: Grundlagen

Inhaltsverzeichnis

7.1	Lernziele	160
7.2	Faltung	161
	7.2.1 Faltungssumme	161
	7.2.2 Vorbereitende Aufgaben	163
	7.2.3 Versuchsdurchführung	165
7.3	Grundlegende Eigenschaften von LTI-Systemen	165
	7.3.1 Impulsantwort und Frequenzgang von LTI-Systemen	166
	7.3.2 Lineare Differenzengleichung und Übertragungsfunktion	168
	7.3.3 Versuchsdurchführung	171
7.4	Goertzel-Algorithmus	172
	7.4.1 Goertzel-Algorithmus erster Ordnung	173
	7.4.2 Goertzel-Algorithmus zweiter Ordnung	175
	7.4.3 Vorbereitende Aufgaben	176
	7.4.4 Versuchsdurchführung	177
7.5	Zusammenfassung	178
7.6	Quiz 7	178
7.7	Lösungshinweise	179
Literatur		184

Zusammenfassung

Lineare zeitinvariante (LTI-)Systeme erhalten ihren Namen nach den zugrunde liegenden mathematischen Strukturen, der Linearität (L, „linearity") und der Zeitinvarianz (TI, „time invariance"). Für LTI-Systeme folgt die funktionale Beschreibung durch die Eingangs-Ausgangsgleichungen im Zeit- und Frequenzbereich mit den charakteristischen Systemfunktionen, der Impulsantwort und der Übertragungsfunktion. In vielen praktischen Fällen wird die Beschreibung durch Differenzengleichungen und Signalflussgraphen ergänzt. Der Versuch stellt wichtige Grundlagen zusammen und veranschaulicht sie mit MATLAB-Beispielen.

Schlüsselwörter

Blockdiagramm („block diagram"), Differenzengleichung („difference equation") · Direktform („direct form") · Eigenfunktion („eigenfunction") · Faltung („convolution") · Frequenzgang („frequency response"), Goertzel-Algorithmus („Goertzel algorithm") · Impulsantwort („impulse response") · lineares zeitinvariantes (LTI-)System („linear time-invariant system") · MATLAB · Pol-Nullstellendiagramm („pole-zero plot") · Signalflussgraph („signal flow diagram") · Sprungantwort („step response") · Übertragungsfunktion („transfer function").

7.1 Lernziele

Dieser Versuch befasst sich mit den linearen zeitinvarianten Systemen in der digitalen Signalverarbeitung. Erforderliche Grundkenntnisse über Signale und Systeme werden in der Vorbereitung kurz eingeführt und wichtige Formeln zusammengestellt. Im Mittelpunkt stehen zwei Basisalgorithmen der digitalen Signalverarbeitung: die Faltung und die Differenzengleichung. Dieser Versuch legt den Grundstein zu weiteren Versuchen mit digitalen Filtern.

In der Vorbereitung werden elementare Aufgaben zur Faltung und den Differenzengleichungen gelöst, um dann mit MATLAB überprüft zu werden. Als Beispiel einfacher Systeme wird der Goertzel-Algorithmus vorgestellt. Er wird zur schnellen Frequenzanalyse, z. B. die Erkennung der Töne des Dual-tone-multi-frequency(DTMF)-Signals, praktisch eingesetzt und knüpft damit an Kap. 4 an.

Nach Bearbeiten dieses Versuchs können Sie

- den Faltungsalgorithmus anwenden und anschaulich durch eine Skizze erläutern,
- eine lineare Differenzengleichung mit konstanten Koeffizienten angeben und interpretieren,
- zu einer linearen Differenzengleichung das Blockdiagramm bzw. den Signalflussgraphen skizzieren und umgekehrt die Differenzengleichung angeben,
- die Eingangs-Ausgangsgleichung für lineare zeitinvariante Systeme im Zeit- und im Frequenzbereich angeben,
- die Bedeutung der Impulsantwort, der Übertragungsfunktion und des Frequenzgangs erklären,
- und den Goertzel-Algorithmus ableiten und anwenden.

7.2 Faltung

Eine Basisoperation der Signalverarbeitung ist die *Faltung* als das Faltungsintegral für kontinuierliche Signale bzw. die Faltungssumme für diskrete (z. B. [1][4]).

7.2.1 Faltungssumme

Die *Faltungssumme* zweier Folgen wird durch den (Faltungs-)Stern $*$ symbolisiert und ist definiert als

$$x_1[n] * x_2[n] = \sum_{m=-\infty}^{+\infty} x_1[n-m] \cdot x_2[m] = \sum_{m=-\infty}^{+\infty} x_1[m] \cdot x_2[n-m].$$

Dabei spielt die Reihenfolge der Folgen keine Rolle. Die Faltung ist assoziativ, kommutativ und distributiv. Man spricht deshalb auch von der Faltungsalgebra.

Die Faltungssumme vereinfacht sich in ihren Grenzen, wenn die beiden Signale rechtsseitig sind. Dann gilt für die Summationsgrenzen

$$x_1[n] * x_2[n]|_{x_1[n],x_2[n]=0 \ \forall \ n<0} = \sum_{m=0}^{n} x_1[n-m] \cdot x_2[m] = \sum_{m=0}^{n} x_1[m] \cdot x_2[n-m].$$

Ein wichtiges Anwendungsbeispiel für die Faltung rechtsseitiger und endlich langer Folgen liefern die binären *Barker-Codefolgen*. In der Kommunikationstechnik unterstützen sie unter anderem die Rahmensynchronisation auf der Teilnehmeranschlussleitung des Integrated Services Digital Network (ISDN) und des High-bit-rate-digital-subscriber-line (HDSL)-Anschlusses. Dort wird der Barker-Code der Länge 11 bzw. 7 eingesetzt. Auch im WLAN findet sich der Barker-Code der Länge 11 wieder. Im robusten Direct-sequence-spread-spectrum(DSSS)-Funkmodus dient der Barker-Code zur Signalspreizung. Warum sich die Barker-Codes zur Rahmensynchronisation eignen, wird im Versuch anhand einfacher Beispiele deutlich.

Im Falle des Barker-Codes der Länge vier ist die binäre Codefolge:

$$x_1[n] = \{1, 1, -1, 1\}.$$

Sie soll gefaltet werden mit der Folge

$$x_2[n] = \{1, -1, 1, 1\}.$$

Die Faltung der beiden rechtsseitigen Folgen endlicher Länge

$$y[n] = \sum_{m=0}^{3} x_1[m] \cdot x_2[n-m]$$

ergibt mit der ausführlichen Zwischenrechnung

$$y[0] = x_1[0] \cdot x_2[0] = 1$$
$$y[1] = x_1[0] \cdot x_2[1] + x_1[1] \cdot x_2[0] = 0$$
$$y[2] = x_1[0] \cdot x_2[2] + x_1[1] \cdot x_2[1] + x_1[2] \cdot x_2[0] = -1$$
$$y[3] = x_1[0] \cdot x_2[3] + x_1[1] \cdot x_2[2] + x_1[2] \cdot x_2[1] + x_1[3] \cdot x_2[0] = 4$$
$$y[4] = x_1[1] \cdot x_2[3] + x_1[2] \cdot x_2[2] + x_1[3] \cdot x_2[1] = -1$$
$$y[5] = x_1[2] \cdot x_2[3] + x_1[3] \cdot x_2[2] = 0$$
$$y[6] = x_1[3] \cdot x_2[3] = 1$$

schließlich

$$y[n] = \{1, 0, -1, 4, -1, 0, 1\}.$$

Im Ergebnis fällt auf, dass die Folgenlänge zunimmt und das Element in der Mitte positiv und deutlich größer ist als die anderen.

Die Faltung zweier endlich langer Folgen kann oft durch eine Skizze nachvollzogen werden. Dabei wird eine der beiden Folgen, in Abb. 7.1 die Folge $x_2[n]$, zeitlich gespiegelt, oder anschaulich ausgedrückt, um die Ordinate gefaltet.

Vielleicht ist Ihnen in Abb. 7.1 aufgefallen, dass die zeitlich gespiegelte Folge, $x_2[-n]$, dieselbe Form hat wie die Barker-Codefolge. Das ist beabsichtigt. Stehen näm-

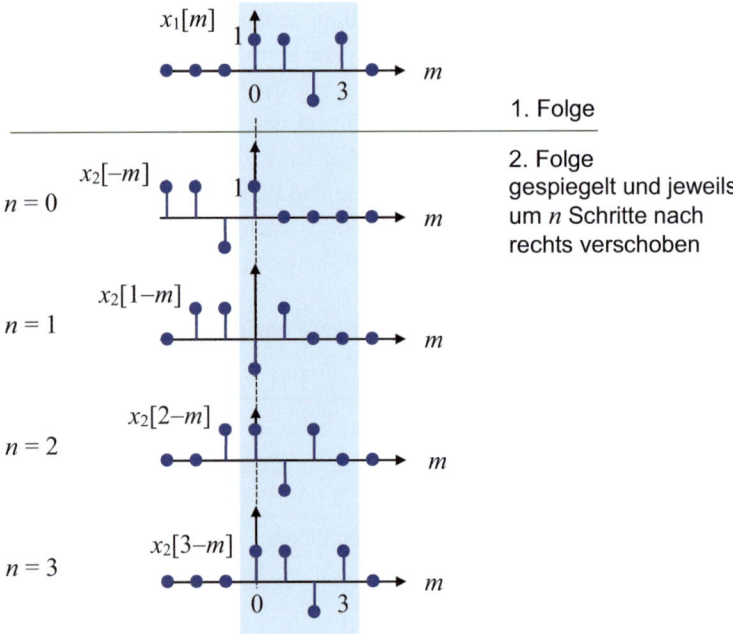

Abb. 7.1 Zur Faltung zweier Folgen

Abb. 7.2 Rechentafel für die Faltungssumme

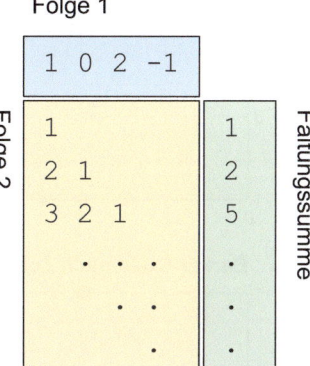

lich beide Folgen, wie in Abb. 7.1 für n gleich 3, genau untereinander, so kompensieren sich in den paarweisen Multiplikationen jeweils alle negativen Vorzeichen und man erhält als den Maximalwert der Faltungssumme die *Energie* der Barker-Codefolge, d. h. die Summe der Betragsquadrate der Folgenelemente.

7.2.2 Vorbereitende Aufgaben

A7.1 Faltung

a. Die Faltung zweier endlich langer Folgen kann durch eine Skizze oder Rechentafel anschaulich nachvollzogen werden. Ergänzen Sie die Rechentafel in Abb. 7.2 für die Faltung der beiden Folgen $x_1[n] = \{1,2,3\}$ und $x_2[n] = \{1,0,2,-1\}$ und geben Sie die Lösung an.
b. Wie groß ist die Länge des Ergebnisses, wenn zwei Folgen mit den endlichen Längen N_1 bzw. N_2 gefaltet werden?

A7.2 Faltung mit MATLAB

Für die Faltung zweier endlich langer Folgen hält MATLAB den Befehl `conv` („convolution") bereit. Im Deutschen auch Konvolution genannt. Das Programm 7.1 zeigt eine Anwendung mit der Barker-Codefolge der Länge 11 zur Rahmensynchronisation, wie z. B. im ISDN-Teilnehmeranschluss. Die Grafikausgabe des Programms ist in Abb. 7.3 zu sehen.

Machen Sie sich mit dem Programm 7.1 vertraut. Beachten Sie auch den Befehl `fliplr` für das Spiegeln der Folge.

Die Faltung einer Folge mit ihrer zeitlich gespiegelten Replik wird auch *Pseudofaltung* genannt. Sie entspricht der Berechnung der zeitlichen Autokorrelation. In der Nachrichtenübertragungstechnik spricht man hier auch von einem Korrelationsempfänger bzw. Matched-Filterempfänger, der das Auftreten eines bekannten Signals detektieren soll.

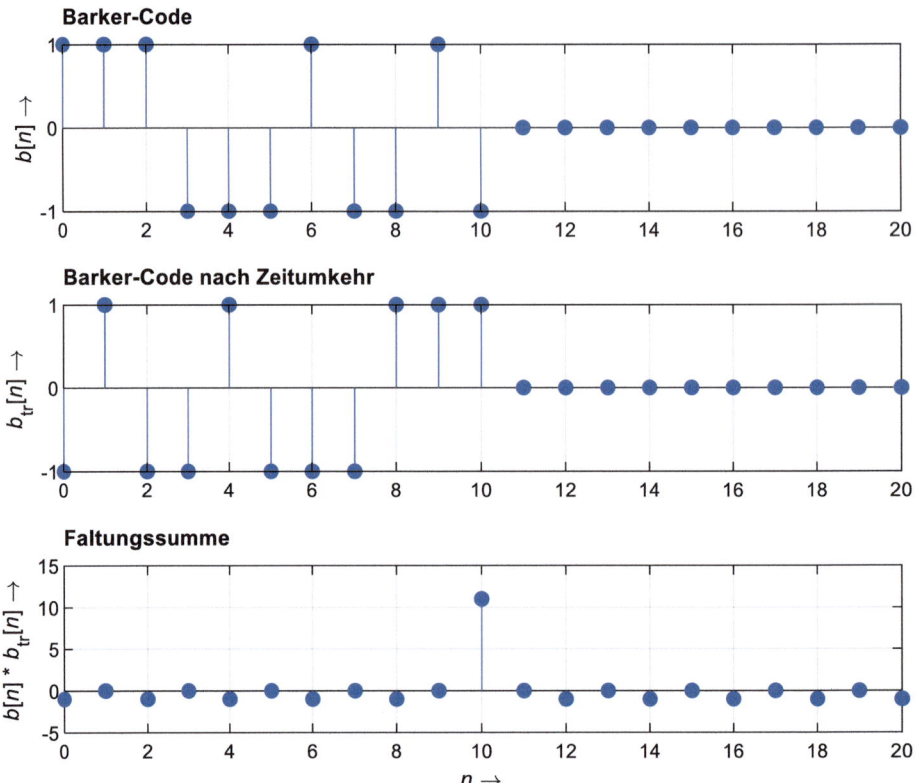

Abb. 7.3 Faltung der Barker-Codefolge $b[n]$ mit sich selbst nach Zeitumkehr (tr, „time reversal") (barker.m)

Programm 7.1 Faltung der Barker-Codefolge der Länge 11 (barker.m)

```
% Pseudo convolution of Barker code sequences (mw2024)
b = [ 1   1   1  -1  -1  -1   1  -1  -1   1  -1]; % Barker code of length 11
b_tr = fliplr(b); % time inversion
y = conv(b,b_tr); % convolution y[n] = b[n]*b_tr[n]
%% Graphics
n = 0:length(y)-1;
FIG1 = figure('Name','barker : convolution','NumberTitle','off',...
    'Units','normal','Position',[.2 .1 .4 .5]);
subplot(3,1,1), stem(n,[b zeros(1,length(y)-length(b))],'filled'),grid
    ylabel('{\itb}[{\itn}] \rightarrow')
    title('Barker-Code')
    ax = gca; ax.TitleHorizontalAlignment = 'left';
subplot(3,1,2), stem(n,[b_tr zeros(1,length(y)-length(b_tr))],'filled')
    ylabel('{\itb}_{tr}[{\itn}] \rightarrow'), grid
    title('Barker-Code nach Zeitumkehr')
    ax = gca; ax.TitleHorizontalAlignment = 'left';
subplot(3,1,3), stem(n,y,'filled'), grid, axis([0 20 -5 15]);
    xlabel('{\itn} \rightarrow')
    ylabel('{\itb}[{\itn}] * {\itb}_{tr}[{\itn}] \rightarrow')
    title('Faltungssumme')
    ax = gca; ax.TitleHorizontalAlignment = 'left';
```

7.2.3 Versuchsdurchführung

M7.1 Faltung mit dem MATLAB-Befehl conv
Kontrollieren Sie ihr Ergebnis zu Aufgabe A7.1 mit MATLAB.

M7.2 Pseudofaltung
Nun soll die Faltung der Barker-Codefolge der Länge 13, d. h. {1, 1, 1, 1, 1, – 1, – 1, 1, 1, – 1, 1, – 1, 1}, mit ihrer zeitlich gespiegelten Version durchgeführt werden.

a. Welchen Maximalwert erwarten Sie in der Faltungssumme?
b. Führen sie die Faltung durch und stellen Sie das Ergebnis grafisch dar.
c. Weshalb sind Barker-Codefolgen für Synchronisationsaufgaben interessant?

7.3 Grundlegende Eigenschaften von LTI-Systemen

Die Systemtheorie definiert Signale als mathematische Funktionen und Systeme als Abbildungen (Transformationen) dieser Funktionen, siehe Abb. 7.4. In der digitalen Signalverarbeitung wird der mathematische Ansatz ergänzt durch Überlegungen zur praktischen Realisierung in Hard- und Software. Häufig müssen dabei Kompromisse

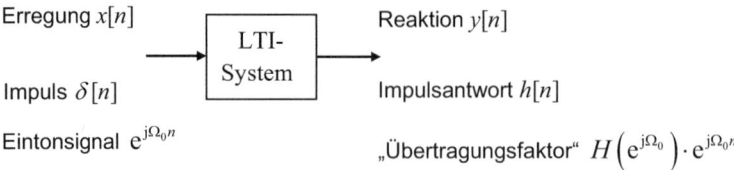

Abb. 7.4 Das zeitdiskrete LTI-System als Transformation der Erregung, das Eingangssignal links, auf die Reaktion, die Ausgangssignal rechts

eingegangen werden, zu deren Beurteilung Wissen aus der Signaltheorie und den Anwendungsgebieten benötigt wird.

Im Folgenden werden die wichtigsten Grundlagen zu den *LTI-Systemen* kurz wiederholt, wie sie beispielsweise in einer einführenden Lehrveranstaltung zur digitalen Signalverarbeitung behandelt werden [4]. Die Zusammenstellung in den folgenden beiden Unterabschnitten ist als Formelsammlung gedacht und soll im Weiteren eine einheitliche Sprechweise unterstützen.

7.3.1 Impulsantwort und Frequenzgang von LTI-Systemen

Impulsantwort

Zeitdiskrete *lineare zeitinvariante Systeme*, kurz LTI-Systeme genannt für „linear time-invariant", werden häufig durch ihre Reaktionen auf die Erregung mit der Impulsfolge $\delta[n]$ bzw. der harmonischen Exponentiellen $\exp(j\Omega_0 n)$ charakterisiert (Abb. 7.4). Erregt man ein energiefreies zeitdiskretes LTI-System mit der Impulsfolge, so ist am Ausgang die *Impulsantwort* $h[n]$ zu beobachten. Hängt die Form der Impulsantwort nicht vom (Anfangs-)Zeitpunkt der Messung ab, spricht man von einem zeitinvarianten System. (Allgemein spricht man von verschiebungsinvariant oder translationsinvariant.)

Für die Berechnung der Ausgangssignale von LTI-Systemen ist wichtig, dass die Signale der digitalen Signalverarbeitung in natürlicher Weise als Überlagerung gewichteter und zeitlich verschobener Impulsfolgen aufgefasst werden können. Setzt man die Linearität des Systems voraus, d. h. die Anwendbarkeit des Superpositionsprinzips, dann resultieren die Ausgangssignale als Überlagerung ebenso gewichteter und verzögerter Wiederholungen der Impulsantwort. Für die *Eingangs-Ausgangsgleichung* zeitdiskreter LTI-Systeme ergibt sich im Zeitbereich die *Faltung* der Eingangsfolge $x[n]$ mit der Impulsantwort $h[n]$.

$$y[n] = x[n] * h[n] = \sum_{k=-\infty}^{\infty} x[k] \cdot h[n-k] = \sum_{k=-\infty}^{\infty} h[k] \cdot x[n-k].$$

Im Beispiel einer rechtsseitigen Eingangsfolge und der rechtsseitigen Impulsantwort erhält man

7.3 Grundlegende Eigenschaften von LTI-Systemen

$$y[0] = x[0] \cdot h[0]$$
$$y[1] = x[0] \cdot h[1] + x[1] \cdot h[0]$$
$$y[2] = x[0] \cdot h[2] + x[1] \cdot h[1] + x[2] \cdot h[0]$$
$$\vdots$$
$$y[n] = \sum_{m=0}^{n} x[m] \cdot h[n-m] = x[n] * h[n].$$

Die Faltungssumme vereinfacht sich, wenn nur rechtsseitige Signale vorliegen. Weiter sieht man, dass wegen $m \leq n$ zur Berechnung des aktuellen Ausgangswerts bei n nur auf den aktuellen und frühere Eingangswerte zugegriffen wird. Das System ist kausal.

Kausalität

Im Weiteren wird, falls nicht anders erwähnt, von *kausalen Systemen* ausgegangen. Das sind LTI-Systeme, bei denen die Reaktion erst mit oder nach der Erregung eintritt. Dann muss die Impulsantwort eine rechtsseitige Folge sein und umgekehrt, also

$$h[n] = 0 \quad \text{für } n < 0.$$

BIBO-Stabilität

Ferner wird angenommen, dass die LTI-Systeme auf Eingangssignale mit beschränkten Amplituden mit Ausgangssignalen mit beschränkten Amplituden antworten. Man spricht von der *Bounded-input-bounded-output(BIBO)-Stabilität*. Hinreichend dafür ist die absolute Summierbarkeit der Impulsantwort.

$$\sum_{n=-\infty}^{\infty} |h[n]| < \infty$$

Sprungantwort

In machen Anwendungsgebieten, z. B. der Regelungstechnik, hat die *Sprungantwort* $s[n]$ eine große praktische Bedeutung. Impulsantwort $h[n]$ und Sprungantwort können ineinander umgerechnet werden:

$$s[n] = \sum_{k=-\infty}^{n} h[k] \quad \text{und} \quad h[n] = s[n] - s[n-1]$$

Frequenzgang

Der zweite wichtige Typ der Systemreaktion ist die Antwort auf komplex exponentielle Signale (Abb. 7.4), auf einen Impuls im Frequenzbereich. Dahinter verbirgt sich das Konzept der *Eigenfunktion*. Also, dass sich am Systemausgang – bis auf einen multiplikativen Faktor – das Signal am Systemeingang wieder ergibt. Die komplex Exponentiellen sind Eigenfunktionen von LTI-Systemen. Wird ein LTI-System mit einer harmonischen Exponentiellen beliebiger normierter Kreisfrequenz Ω_0 erregt, reagiert das LTI-System mit

$$y[n] = H\left(e^{j\Omega_0}\right) \cdot e^{j\Omega_0 \cdot n} \quad \text{für} \quad x[n] = e^{j\Omega_0 \cdot n}.$$

Die Überlegungen hängen nicht vom Wert der normierten Kreisfrequenz ab. Es gilt daher allgemein: Liegt für das Eingangssignal eine harmonische Zerlegung in Frequenzkomponenten, z. B. durch die Fourier-Transformation vor, so kann das Ausgangssignal im Frequenzbereich einfach bestimmt werden. Mit dem *Frequenzgang* des Systems $H(e^{j\Omega})$ ergibt sich die Eingangs-Ausgangsgleichung im Frequenzbereich

$$Y\left(e^{j\Omega}\right) = H\left(e^{j\Omega}\right) \cdot X\left(e^{j\Omega}\right).$$

Bei LTI-Systemen treten folglich am Ausgang nur Frequenzanteile auf, die auch am Systemeingang eingespeist wurden, siehe auch Linearität. Der multiplikative Zusammenhang motiviert auch den Begriff des *Filters*. Ist der Frequenzgang bei einer Frequenz null, wird die entsprechende Frequenzkomponente aus dem Signal herausgefiltert.

In vielen Anwendungen sind folgende drei abgeleiteten Begriffe praktisch bedeutsam: Der Frequenzgang der Dämpfung (*Dämpfungsgang*)

$$a_{\text{dB}}(\Omega) = -20 \cdot \log_{10}\left(\left|H\left(e^{j\Omega}\right)\right|\right) \text{dB},$$

der Frequenzgang der Phase (*Phasengang*, 4-Quadranten-Arcustangens)

$$b(\Omega) = \arg\left\{H\left(e^{j\Omega}\right)\right\} = \arctan\left(\frac{\text{Im}\left[H\left(e^{j\Omega}\right)\right]}{\text{Re}\left[H\left(e^{j\Omega}\right)\right]}\right)$$

und die *Gruppenlaufzeit*

$$\tau_g(\Omega) = -\frac{d}{d\Omega}b(\Omega).$$

In der Literatur wird der Phasengang auch mit negativem Vorzeichen definiert. Dann entfällt das negative Vorzeichen bei der Gruppenlaufzeit.

Weil sowohl die Impulsantwort als auch der Frequenzgang die Systemreaktion eindeutig beschreiben, müssen beide in engem Zusammenhang stehen. Tatsächlich bilden Impulsantwort und Frequenzgang ein Fourier-Paar und können, die Stabilität des Systems vorausgesetzt, durch Fourier-Transformation ineinander umgerechnet werden.

$$h[n] \quad \stackrel{F}{\leftrightarrow} \quad H\left(e^{j\Omega}\right) = \sum_{n=-\infty}^{+\infty} h[n] \cdot e^{-j\Omega \cdot n}.$$

7.3.2 Lineare Differenzengleichung und Übertragungsfunktion

Differenzengleichung
Häufig werden praktische LTI-Systeme in der digitalen Signalverarbeitung durch lineare *Differenzengleichungen* N-ter Ordnung mit konstanten Koeffizienten (DGL) beschrieben.

7.3 Grundlegende Eigenschaften von LTI-Systemen

$$\sum_{k=0}^{N} a_k \cdot y[n-k] = \sum_{m=0}^{M} b_m \cdot x[n-m]$$

Meist wird die auf die Ausgangsgröße normierte Form der DGL verwendet.

$$y[n] = \sum_{m=0}^{M} b_m \cdot x[n-m] - \sum_{k=1}^{N} a_k \cdot y[n-k] \quad \text{mit } a_0 = 1$$

Folglich werden normierte Systeme mit DGL durch genau $M+1+N$ Koeffizienten beschrieben. Die Koeffizienten sind in der Praxis häufig reell, sodass reelle Eingangssignale reelle Ausgangssignale liefern und man von *reellwertigen* Systemen spricht.

Signalflussgraph

In normierter Form kann die DGL durch einen gerichteten *Signalflussgraphen* (SFG) dargestellt werden, siehe Abb. 7.5 für ein Beispiel. Der SFG in der *transponierten Direktform II* zeigt die Berechnung des Ausgangssignals $y[n]$ als gewichtete Linearkombination aus Elementen des Eingangssignals $x[n]$ in den nichtrekursiven Pfaden und rückgekoppelten Elementen des Ausgangssignals in den rekursiven Pfaden. Man spricht anschaulich auch von den Vorwärts- und Rückwärtspfaden. Die Signalverzögerungen werden durch die Pfadgewichte D („delay") repräsentiert. Der SFG beschreibt ein System, dessen Realisierbarkeit – von praktischen Einschränkungen am Digitalrechner abgesehen – durch Hard- oder Software sichergestellt ist. Fehlende Pfadgewichte werden zu eins angenommen.

Hintergrundinformation

Signalflussgraphen können in unterschiedlichen Formen angegeben werden, woraus sich unterschiedliche Realisierungsmöglichkeiten an Digitalrechnern ergeben. Damit öffnen sich Freiräume für spezifische Optimierungen, z. B. [5].

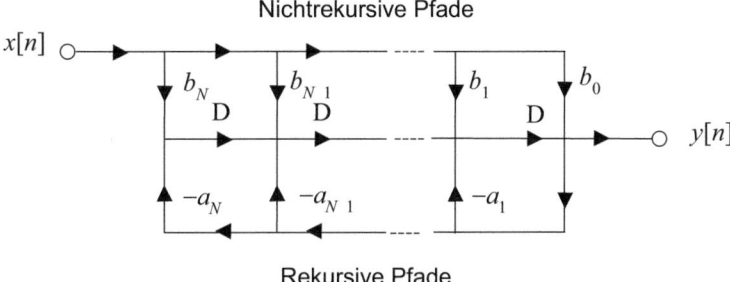

Abb. 7.5 Signalflussgraph in der transponierten Direktform II ($a_0 = 1$)

Ohne das fundamentale Prinzip der Rückkopplung („feedback") wäre z. B. Lernen nicht denkbar. Als fachübergreifende Wissenschaft beschäftigt sich damit die von dem amerikanischen Mathematiker Norbert Wiener (1894–1964) gegründete interdisziplinäre Kybernetik („Steuermannskunst").

Im Zusammenhang mit sogenannter künstlicher Intelligenz (KI), auch artifizielle Intelligenz (AI) genannt, kommen heute Systeme mit der Fähigkeit des maschinellen Lernens zum Einsatz. Dabei können in der Trainingsphase in einem Ist-Soll-Vergleich Ergebnisse zurückgekoppelt werden, um Koeffizienten einzustellen, z. B. [6]. Adaptive Systeme passen im laufenden Betrieb die Koeffizienten an sich ändernde Bedingungen an, z. B. [5].

Übertragungsfunktion

Zur effektiven Lösung der DGL stellt die Mathematik die *z-Transformation* für Signale zur Verfügung

$$X(z) = \sum_{n=-\infty}^{+\infty} x[n] \cdot z^{-n}.$$

Durch z-Transformation leitet sich aus der Differenzengleichung die *Eingangs-Ausgangsgleichung* im Bildbereich ab.

$$Y(z) = H(z) \cdot X(z)$$

Darin ist die *Übertragungsfunktion* des Systems $H(z)$ eine rationale Funktion

$$H(z) = \frac{\sum_{m=0}^{M} b_m \cdot z^{-m}}{\sum_{k=0}^{N} a_k \cdot z^{-k}} = \frac{b_0}{a_0} \cdot \frac{\prod_{m=1}^{M}\left(1 - z_{0m} \cdot z^{-1}\right)}{\prod_{k=1}^{N}\left(1 - z_{\infty k} \cdot z^{-1}\right)} = \frac{b_0}{a_0} \cdot z^{N-M} \cdot \frac{\prod_{m=1}^{M}(z - z_{0m})}{\prod_{k=1}^{N}(z - z_{\infty k})}$$

mit den *Zählerkoeffizienten* b_m und den *Nennerkoeffizienten* a_k. Die Koeffizienten sind der DGL zu entnehmen sind und umgekehrt.

Das Zähler- und Nennerpolynom kann auch alternativ in Produktform mit den *Nullstellen* z_{0m} und den *Polen* $z_{\infty k}$ des Systems geschrieben werden. Das Übertragungsverhalten der Systeme mit DGL wird durch die Pole und Nullstellen bis auf eine multiplikative Konstante vollständig charakterisiert. Pole und Nullstellen werden i. d. R. in der komplexen z-Ebene veranschaulicht, siehe Abb. 7.6. Die beschriftete Abbildung zeigt exemplarisch das Pol-Nullstellendiagramm eines möglichen (strikt) stabilen kausalen Systems.

Anhand der Verteilung der Pole (x) und Nullstellen (o) werden kausale LTI-Systeme folgendermaßen klassifiziert:

- Strikt stabile Systeme: Alle Pole liegen im Inneren des Einheitskreises der komplexen z-Ebene, d. h. $|z_{\infty k}| < 1 \forall k$.

Abb. 7.6 Pol-Nullstellendiagramm für ein strikt stabiles kausales System

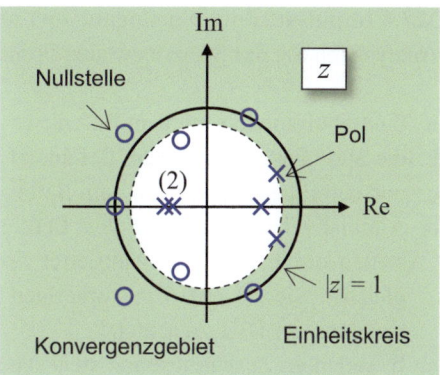

- Bedingt stabile kausale Systeme: Pole auf dem Einheitskreis mit Vielfachheit eins zugelassen.
- Minimalphasige kausale Systeme: Alle Nullstellen liegen im Inneren des Einheitskreises.
- Maximalphasige kausale Systeme: Alle Nullstellen liegen außerhalb des Einheitskreises.

Frequenzgang

Bei stabilen Systemen liefert die Übertragungsfunktion auf dem Einheitskreis der komplexen Ebene, $z = e^{j\Omega}$, den *Frequenzgang*

$$H\left(e^{j\Omega}\right) = H(z)|_{z=e^{j\Omega}} = \frac{b_0}{a_0} \cdot \frac{\prod_{m=1}^{M}\left(1 - z_{0m} \cdot e^{-j\Omega}\right)}{\prod_{k=1}^{N}\left(1 - z_{\infty k} \cdot e^{-j\Omega}\right)}.$$

7.3.3 Versuchsdurchführung

MATLAB unterstützt die Anwendungen von LTI-Systemen durch spezielle Befehle. Einige sollen hier kurz anhand eines einfachen Beispiels vorgestellt werden. Ausgangspunkt ist ein rekursives Systems zweiter Ordnung mit den konjugiert komplexen Pol- und Nullstellenpaaren

$$z_{\infty 1,2} = 0.5 \pm j\,0.5 \quad \text{und} \quad z_{01,2} = \pm j.$$

M7.3 Pole und Nullstellen

a. Berechnen Sie mit dem Befehl `poly` die Koeffizienten der Übertragungsfunktion des Systems zweiter Ordnung.
b. Überprüfen Sie Ihr Resultat, indem Sie mit dem Befehl `roots` aus den Koeffizienten die Pole und Nullstellen der Übertragungsfunktion berechnen.
c. Zeichnen Sie das Pol-Nullstellendiagramm mit dem Befehl `zplane`.

M7.4 Impulsantwort, Sprungantwort und Frequenzgang

Analysieren Sie das System zweiter Ordnung in dem Sie

a. die Impulsantwort mit dem Befehl, `impz`
b. die Sprungantwort mit dem Befehl, `stepz`
c. und den Frequenzgang mit dem Befehl `freqz` berechnen sowie grafisch darstellen.
d. Alternativ bestimmen Sie den Betragsfrequenzgang durch eine DFT (Kap. 3) und stellen das Ergebnis in zentrierter Form dar. Beschriften Sie Ihre Grafik und vergleichen Sie sie mit dem vorherigen Ergebnis in (b). Worauf ist hier bei der Anwendung der DFT zu achten?
e. In welchem Zusammenhang steht das Bild des Betragsfrequenzgangs mit den Polen und Nullstellen?

Achsenbeschriftung des Frequenzgangs

Achten Sie beim Befehl `freqz` auf die automatische Beschriftung der Abszisse mit „Normalized Frequency" mit „ϖ rad/sample". Der Wert 1 entspricht der normierten Kreisfrequenz $\Omega = \pi$. Die Bezeichnung „rad/sample" spiegelt die Definition der Kreisfrequenz („radian frequency") aus der Mechanik wider, nämlich 2π für eine Umdrehung und „sample" für die dafür benötigte Zeit, hier pro Abtastintervall T_s, siehe auch Definition der normierten Kreisfrequenz $\Omega = \omega/T_s$.

MATLAB stellt zur Analyse von Filtern (LTI-Systemen) das Werkzeug `fvtool` („filter viewer") mit einer grafischen Bedienoberfläche bereit. Damit können Sie sich die genannten charakteristischen Funktionen ebenfalls anzeigen lassen. Das Werkzeug enthält einige weitere Optionen, die in späteren Versuchen noch näher erläutert werden.

M7.5 Filter

Setzen Sie den Befehl `filter` zur numerischen Bestimmung der Sprungantwort und des Betragsgangs ein. Stellen Sie die Systemfunktionen auch grafisch dar und vergleichen Sie Ihre Ergebnisse mit M7.4.

M7.6 Systemparameter

Die MATLAB Signal Processing Toolbox stellt für die Umrechnung der Systemparameter zur Übertragungsfunktion zwei Befehle zur Verfügung. Mit `[z,p,k] = tf2zpk(b,a);` („transfer function filter parameters to zero-pole-gain form") werden aus den Zähler- und Nennerkoeffizienten die Nullstellen, Pole und der Verstärkungsfaktor des Systems berechnet. Den Umgekehrten Weg beschreitet man mit dem Befehl `[b,a] = zp2tf(z,p,k);` („zero-pole-gain filter parameters to transfer function form"). Verifizieren Sie die beiden Befehle mit dem Zahlenwertbeispiel.

7.4 Goertzel-Algorithmus

Als einführendes Beispiel für die Anwendung von LTI-Systemen betrachten wir den *Goertzel-Algorithmus*. Er wird u. a. in der Telefonie zur Erkennung der Töne beim Mehrfrequenzwahlverfahren eingesetzt. Dort empfiehlt sich der Goertzel-Algorithmus durch

7.4 Goertzel-Algorithmus

eine geringere Komplexität als die Lösung mit der diskreten Fourier-Transformation (DFT) in Kap. 4. Im Folgenden leiten wir den Goertzel-Algorithmus anhand der vorgestellten Zusammenhänge für LTI-Systeme her. Dabei lernen wir beispielhaft, wie theoretische Überlegungen zu einem praktisch relevanten Algorithmus führen können.

7.4.1 Goertzel-Algorithmus erster Ordnung

Die Aufgabe des Empfängers beim Mehrfrequenzwahlverfahren besteht darin, die beiden Tonfrequenzen zu erkennen, mit deen das Zeichen codiert wurde. Dazu werden im Empfangssignal die Energien der acht möglichen Tonsignale bestimmt und verglichen. Eine einfache praktische Näherung liefert der Algorithmus von Goertzel [2], der nur die DFT-Koeffizienten berechnet, welche den möglichen Tönen jeweils spektral am nächsten liegen. Die Herleitung des Goertzel-Algorithmus geschieht in zwei nicht sofort offensichtlichen Schritten.

Faltung
Im ersten Schritt wird die Berechnung des k-ten DFT-Koeffizienten als Faltungssumme (Abschn. 7.2.1) dargestellt.

Weil der komplexe Faktor in der DFT-Formel hoch der DFT-Länge N definitionsgemäß eins ergibt,

$$e^{-j\frac{2\pi}{N}\cdot k \cdot N} = w_N^{k \cdot N} = 1,$$

kann die DFT-Summe äquivalent erweitert und umgeformt werden zu

$$X[k] = \left(\sum_{m=0}^{N-1} x[m] \cdot w_N^{k \cdot m}\right) \cdot w_N^{-k \cdot N} = \sum_{m=0}^{N-1} x[m] \cdot w_N^{-k \cdot (N-m)}.$$

Der Vergleich mit der Faltungssumme zeigt prinzipielle Übereinstimmung, wenn $N-m$ als Differenz des Laufindex des Faltungsergebnisses n und des Laufindex der Faltungssumme m verstanden wird.

$$\sum_{m=0}^{n} x[m] \cdot w_N^{-k \cdot (n-m)} = \sum_{m=0}^{n} x[m] \cdot h[n-m] = x[n] * h[n] = y[n]$$

Das rechtsseitige Signal $x[n]$ wird folglich mit dem rechtsseitigen Hilfssignal

$$h[n] = \left(w_N^{-k}\right)^n \cdot u[n]$$

gefaltet. Die Sprungfolge erzwingt die Rechtsseitigkeit.

Gemäß dem Ansatz als DFT der Länge N liegt eine Blockverarbeitung des Empfangssignals $x[n]$ vor mit $n = 0, 1, \ldots, N-1$. Wird der Signalblock noch mit $x[N]=0$ ergänzt, gilt in obiger (Faltungs-)Summe genau für $n=N$ die Übereinstimmung mit dem gesuchten DFT-Koeffizienten in der Gleichung darüber.

$$y[N] = \sum_{m=0}^{N} x[m] \cdot w_N^{-k \cdot (N-m)} = \sum_{m=0}^{N} x[m] \cdot \underbrace{w_N^{-k \cdot N}}_{1} \cdot w_N^{k \cdot m} = X[k] \quad \text{für} \quad x[N] = 0$$

Differenzengleichung erster Ordnung

Im zweiten Schritt wird die Berechnung der Faltungssumme als eine Anwendung des Prinzips der Rückkopplung (Rekursion) eingeführt, wie es auch in der DGL bzw. dem SFG zum Ausdruck kommt (Abb. 7.5). Für obige Impulsantwort gilt nämlich.

$$h[0] = 1; \quad h[1] = w_N^{-k}; \quad h[2] = h^2[1]; \quad h[3] = h^3[1]; \quad \text{usw.}$$

Schreibt man die Faltungssumme explizit an

$y[0] = x[0]$

$y[1] = x[1] + h[1] \cdot x[0] = x[1] + h[1] \cdot y[0]$

$y[2] = x[2] + h[1] \cdot x[1] + h[2] \cdot x[0] = x[2] + h[1] \cdot (x[1] + h[1] \cdot x[0]) = x[2] + h[1] \cdot y[1]$

usw.

ergibt sich aus dem Koeffizientenvergleich wegen der Produktdarstellung der Hilfsfunktion allgemein der rekursive Zusammenhang

$$y[n] = x[n] + h[1] \cdot y[n-1] \quad \text{für } n = 0, \ldots, N \quad \text{und } y[-1] = 0.$$

Es liegt eine lineare *Differenzengleichung* (DGL) mit konstanten Koeffizienten erster Ordnung vor

$$y[n] = b_0 \cdot x[n] - a_1 \cdot y[n-1]$$

mit den beiden Koeffizienten

$$a_1 = -w_N^{-k} \quad \text{und} \quad b_0 = 1.$$

Man beachte, bei der praktischen Durchführung wird die Rekursion der DGL wegen der Blockverarbeitung nach $N+1$ Schritten abgebrochen und der gesuchte DFT-Koeffizient $X[k]$ genau im Zeitschritt N am Systemausgang abgegriffen.

Blockdiagramm

Die rekursive Struktur der DGL erster Ordnung wird im Blockdiagramm der *Direktform I* in Abb. 7.7 sichtbar. Es zeigt die Berechnung des Ausgangswertes in Abhängigkeit vom aktuellen Eingangswert und dem vorherigen Ausgangswert. Der Block D symbolisiert eine Verzögerung („delay") des eingehenden Signals um einen Takt. Die kreisförmigen Elemente stehen für die Rechenoperationen „Multiplikation des Signals mit

7.4 Goertzel-Algorithmus

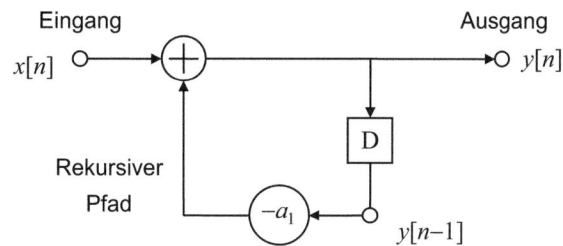

Abb. 7.7 Blockdiagramm des zeitdiskreten Systems erster Ordnung in Direktform I für den Goertzel-Algorithmus mit einem Addierer, einem Multiplizierer und einem Verzögerungsglied

der angegebenen Konstanten" bzw. „Addition aller ankommenden Signale". Verzweigen sich Pfade, so werden die Signale an den Verzweigungsstellen kopiert.

Das Blockdiagramm betont mit seinen Verarbeitungsblöcken, *Addierer*, *Multiplizierer* und *Verzögerungsglied* („delay element") mehr die technische Realisierung als der abstraktere SFG. In der Literatur findet sich zur Darstellung des Multiplizierers häufig auch das Dreiecksymbol des Verstärkers aus der Schaltungstechnik.

Mit dem Goertzel-Algorithmus sind zur Berechnung des DFT-Koeffizienten N komplexe Multiplikationen und bei den üblichen reellen Eingangssignalen N reelle Additionen erforderlich. Pro DFT-Koeffizient ergibt sich dadurch keine Ersparnis zur direkten Berechnung der DFT-Summe. Sind jedoch nur wenige Koeffizienten zu bestimmen, wie beim Mehrfrequenzwahlverfahren acht von 256, kann die Einsparung erheblich sein.

Für den praktischen Einsatz kann der Algorithmus noch effizienter gestaltet werden, sodass pro Zeitschritt nur reelle Operationen durchgeführt werden. Als weiterer Vorteil kommt hinzu, dass nun anders als bei der Radix-2-FFT (Kap. 6), die DFT-Länge nicht an eine Zweierpotenz gebunden ist.

7.4.2 Goertzel-Algorithmus zweiter Ordnung

Der Goertzel-Algorithmus in Abb. 7.7 erfordert pro Takt eine komplexe Multiplikation mit $-a_1$, die vier reellen Multiplikationen plus zwei Additionen entspricht. Die Komplexität des Goertzel-Algorithmus erster Ordnung kann folglich mit $7 \cdot N$ (Gleitkomma-)Operationen pro DFT-Koeffizient abgeschätzt werden.

Der Goertzel-Algorithmus wird noch effizienter, wenn es gelingt, die komplexe Multiplikation im Rekursionspfad zu umgehen. Dazu betrachten wir die Übertragungsfunktion zur DGL erster Ordnung.

$$H_1(z) = \frac{1}{1 + \left(-w_N^{-k}\right) \cdot z^{-1}}$$

Durch konjugiert-komplexes Erweitern im Nenner werden die für die Signalrückführung relevanten Nennerkoeffizienten reell.

$$H_2(z) = \frac{1 + \left(-w_N^{-k}\right)^* \cdot z^{-1}}{\left[1 + \left(-w_N^{-k}\right) \cdot z^{-1}\right] \cdot \left[1 + \left(-w_N^{-k}\right)^* \cdot z^{-1}\right]} = \frac{1 + \left(-w_N^{-k}\right)^* \cdot z^{-1}}{1 - 2 \cdot \operatorname{Re}\left(w_N^{-k}\right) \cdot z^{-1} + \left|\left(w_N^{-k}\right)\right|^2 \cdot z^{-2}} =$$
$$= \frac{1 - \exp\left(-\mathrm{j}\frac{2\pi}{N} \cdot k\right) \cdot z^{-1}}{1 - 2 \cdot \cos\left(\frac{2\pi}{N} \cdot k\right) \cdot z^{-1} + z^{-2}}$$

Wir erhalten ein System zweiter Ordnung mit den reellen Nennerkoeffizienten

$$a_0 = 1 \quad a_1 = -2 \cdot \cos\left(k \cdot \frac{2\pi}{N}\right) \quad a_2 = 1$$

und den Zählerkoeffizienten

$$b_0 = 1 \quad b_1 = -\exp\left(-\mathrm{j}k \cdot \frac{2\pi}{N}\right) \quad b_2 = 0.$$

Zur effizienten Berechnung des k-ten DFT-Koeffizienten ist die Realisierung in der *Direktform II* in Abb. 7.8 günstiger. Die Nennerkoeffizienten bilden die Gewichte in den Rückwärtspfaden. Sie sind somit in jedem Takt anzuwenden. Die Zählerkoeffizienten hingegen bestimmen die Gewichte der Vorwärtspfade und werden nur einmal abschließend für $y[N]$ gebraucht. Also ist die komplexe Multiplikation mit b_1 nur einmal erforderlich. Der Goertzel-Algorithmus zweiter Ordnung benötigt insgesamt N reelle Multiplikation, $2 \cdot N$ Additionen und zum Abschluss eine komplexe Multiplikation und eine reelle Addition. (Die Multiplikation mit -1 wird bzgl. des Aufwands als eine Addition (Subtraktion) gezählt.) Die Komplexität ist nun nur noch etwa $3 \cdot N$ pro DFT-Koeffizient, und somit weniger als die Hälfte des Aufwands beim Goertzel-Algorithmus erster Ordnung.

7.4.3 Vorbereitende Aufgaben

A7.3 Goertzel-Algorithmus
a. Geben Sie für den Goertzel-Algorithmus zweiter Ordnung die DGL an.
b. Zeichnen Sie für das System zum Goertzel-Algorithmus zweiter Ordnung das Pol-Nullstellendiagramm. Wählen Sie der Einfachheit halber beispielhaft $N = 256$ und $k = 32$.

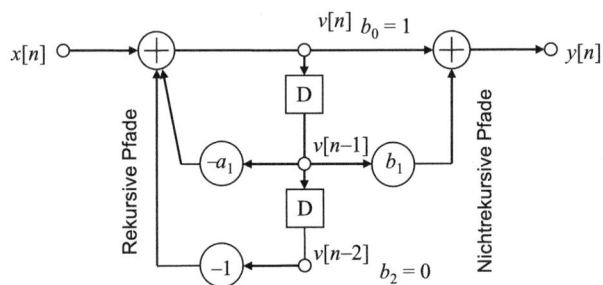

Abb. 7.8 Blockdiagramm in der Direktform II des zeitdiskreten Systems zweiter Ordnung für den Goertzel-Algorithmus zweiter Ordnung

7.4 Goertzel-Algorithmus

c. Ist das System zum Goertzel-Algorithmus zweiter Ordnung stabil? Begründen Sie Ihre Antwort.

A7.4 DTMF-Signale

Der Goertzel-Algorithmus soll zur Erkennung der DTMF-Signale eingesetzt werden. Unter den gegebenen Randbedingungen hat sich gezeigt, dass die DFT-Länge 205 die besten Ergebnisse zur Signalerkennung liefert ([3], S. 742).

Stellen Sie den Zusammenhang zwischen den Frequenzen der DTMF-Tonpaare und dem Frequenzraster der DFT her, siehe Tab. 7.1 und Kap. 4.

7.4.4 Versuchsdurchführung

M7.7 MATLAB Anwenderfunktion für den Goertzel-Algorithmus
Schreiben Sie eine MATLAB-Funktion für den Goertzel-Algorithmus zweiter Ordnung in Abb. 7.8, z. B. mit dem Programmaufruf `function y=goertzel_2(x,k)`.

MATLAB stellt in der Signal Processing Toolbox den Goertzel-Algorithmus als eigene Funktion bereit. Überprüfen Sie Ihre Funktion, indem Sie die Ergebnisse mit denen der MATLAB-Funktion `goertzel` vergleichen. Beachten Sie die Indizierung der DFT-Koeffizienten. Bei der Funktion `goertzel` wird MATLAB-typisch mit den Index 1 für $X[0]$ begonnen.

M7.8 DTMF-Signaldetektion mit dem Goertzel-Algorithmus
Für eine zuverlässige Signaldetektion ist es wichtig, dass sich der jeweilig zutreffende DFT-Koeffizient möglichst von den anderen infrage kommenden abhebt. Den DTMF-Signalen sind im Allgemeinen Störsignale (Rauschen) überlagert, die die Signalerkennung nur unzuverlässiger machen können. Um die Robustheit gegen Rauschen bewerten zu können, vergleichen Sie die interessierenden DFT-Koeffizienten in Tab. 7.1 für die Wählzeichentöne im ungestörten Fall grafisch. Heben sich die Wählzeichentöne jeweils deutlich hervor? (Ein exemplarisches Wählzeichenpaar genügt.)

Tab. 7.1 DTMF-Frequenzen und zugeordnete Frequenzen gemäß dem DFT-Frequenzraster mit der DFT-Länge 205 und der Abtastung mit der Abtastfrequenz von 8 kHz

f in Hz	697	770	852	941	1209	1336	1477
k	18						38
f_k in Hz	702,4						1483
$|f-f_k|$ in Hz	5,4						6

7.5 Zusammenfassung

Die Anwendung linearer zeitinvarianter (LTI-)Systeme beginnt meist mit der Beschreibung der Signalübertragung vom Eingang zum Ausgang des jeweiligen Systems durch die Faltung oder die Differenzengleichung. Die Faltung beschreibt das LTI-System mit der Impulsantwort, während die Differenzengleichung auf die innere Struktur des LTI-Systems, den Signalflussgraphen, hinweist. Zentrale Begriffe zur Charakterisierung von LTI-Systemen werden abgeleitet, wie z. B. Stabilität und Kausalität oder Frequenzgang und Dämpfungsgang. Das Versuchsbeispiel der Signaldetektion mit den Barker-Codefolgen veranschaulicht die Anwendung der Faltungssumme.

Besitzt das LTI-System eine lineare Differenzengleichung (DGL) mit konstanten Koeffizienten, ist die Übertragungsfunktion eine rationale Funktion mit einem Zähler- und einem Nennerpolynom. Entsprechend werden dem System Zähler- und Nennerkoeffizienten, bzw. äquivalent Nullstellen und Pole, zugeordnet. Sie bestimmen das Übertragungsverhalten des Systems. Das Beispiel des Frequenzganges eines rekursiven Systems zweiter Ordnung macht dies im Versuch anschaulich. Zudem wird für das System aus der DGL ein Signalflussgraph (SFG) als „Bauplan" entwickelt.

Schließlich wird im Versuch die Signaltondetektion im DTMF-Verfahren aufgegriffen. Mit dem Goertzel-Algorithmus wird ein aufwandsgünstiges Verfahren als Alternative zur DFT (Radix-2-FFT) hergeleitet. Ausgehend von der Anwendung der DFT wird über die Faltungssumme, die Impulsantwort und die DGL, wird schließlich der SFG des Goertzel-Algorithmus entwickelt. Darüber hinaus kann der (Rechen-)Aufwand durch die theoretisch fundierte Erweiterung nochmals um mehr als den Faktor zwei reduziert werden.

7.6 Quiz 7

Ergänzen Sie die Lücken im Text (_) sinngemäß.

1. Eine Folge $x[n]$ ist rechtsseitig, wenn gilt ___. (Formel)
2. Die Faltungssumme vereinfacht sich für zwei rechtsseitige Folgen zu ___ (Formel).
3. Barker-Codefolgen werden zur ___ eingesetzt.
4. Das Faltungsprodukt für die Folgen $\{1,1,-1,1\}$ und $\{1,-1,1,1\}$ hat die Länge ___.
5. Die zeitliche Spiegelung eines Signals führt der Befehl ___ durch.
6. Die Definition der Übertragungsfunktion fußt auf ___ der Impulsantwort.
7. Der Befehl `impz(b,a)` liefert ___.
8. Die Pole und Nullstellen der Übertragungsfunktion werden aus den Koeffizienten mit dem Befehl ___ berechnet.

9. Nullstellen auf dem Einheitskreis lassen sich im ___ ablesen.
10. Die Sprungantwort eines Systems mit DGL kann mit dem Befehl ___ simuliert werden.
11. Rekursive Systeme kann man im SFG an ___ erkennen.
12. Der Befehl `freqz(b,a)` zeigt am Bildschirm ___ und ___ an.
13. LTI-Systeme mit DGL werden mit dem Befehl ___ simuliert.
14. Der Befehl `zplane(b,a)` stellt am Bildschirm ___ dar.
15. Der Goertzel-Algorithmus implementiert zur Spektralschätzung ein besonders aufwandsgünstiges System ___ Ordnung.
16. Für die Erkennung der Töne des DTMF-Signals mit dem Goertzel-Algorithmus werden ___ Abtastwerte des Audiosignals verwendet.
17. Das dem Goertzel-Algorithmus zugrunde liegende System ist ___ stabil.
18. Der Goertzel-Algorithmus berechnet den DFT-Koeffizienten $X[k]$ zur analogen Frequenz ___.
19. Das Akronym BIBO steht für ___.
20. Der Dämpfungsgang wird im ___ angegeben.

7.7 Lösungshinweise

In den Onlineressourcen finden Sie alle Programme zu diesem Kapitel: `barker.m`, `goertzel_2.m goertzel_2_test.m, goertzel_dtmf.m, lti_2.m`.

Zu A7.1 u. 2 Faltung
a. Es resultiert das Faltungsprodukt $x_1[n] * x_2[n] = \{1, 2, 5, 3, 4, -3\}$.
b. Die Länge des Faltungsproduktes beträgt $N_1 + N_2 - 1$.

Zu M7.2 Pseudofaltung
Siehe Programm 7.1 (`barker`).

Die Faltungen der Barker-Codefolgen mit ihren jeweiligen Zeitspiegelungen (Pseudofaltung) liefern Folgen, die bis auf eine Ausnahme die Werte -1, 0 oder 1 aufweisen. In der Mitte des Faltungsproduktes ragt der Maximalwerte gleich der Länge der jeweiligen Barker-Codefolge heraus.

Dies spielt in der Nachrichtenübertragungstechnik eine wichtige Rolle, wo Barker-Codefolgen trotz Störungen möglichst sicher erkannt werden sollen. Das besondere an Barker-Codefolgen ist zum ersten, dass sie binär sind und sich somit gut in den binären Nachrichtenstrom einfügen lassen. Zum zweiten, treten nach der Pseudofaltung mit sich selbst neben dem Maximum (gleich der Energie) nur Werte betragsmäßig kleiner oder gleich eins auf. Dadurch wird es möglich, auch bei einem zusätzlichen Störsignal, wie typischerweise Rauschen, die zeitliche Lage der Codefolge im Nachrichtenstrom zu erkennen. Also beispielsweise die Bitsynchronität herzustellen und den Beginn eines Datenrahmens bzw. einer Störung zu erkennen.

Zu M7.3 Pole und Nullstellen
Siehe Programm 7.2 (lti_2).

Zu M7.4 Impulsantwort, Sprungantwort und Frequenzgang
Siehe Programm 7.2 (lti_2).

Bei der Anwendung der DFT auf die Impulsantwort ist darauf zu achten, dass die Impulsantwort in ihrem wesentlichen Bereich erfasst wird, damit der Frequenzgang nicht falsch dargestellt wird.

Der Einfluss der Pole und Nullstellen auf den Betragsfrequenzgang wird in Abb. 7.9 augenfällig. Die Nullstellen auf dem Einheitskreis bilden sich direkt auf den Betragsfrequenzgang als Nullstellen ab. Die Pole entfalten ihre Wirkung am größten bei den Polwinkeln $\pm\pi/4$, wie im Betragsfrequenzgang an den beiden kleinen Höckern zu erkennen ist.

Zu M7.5 Filter
Siehe Programm 7.2 (lti_2).

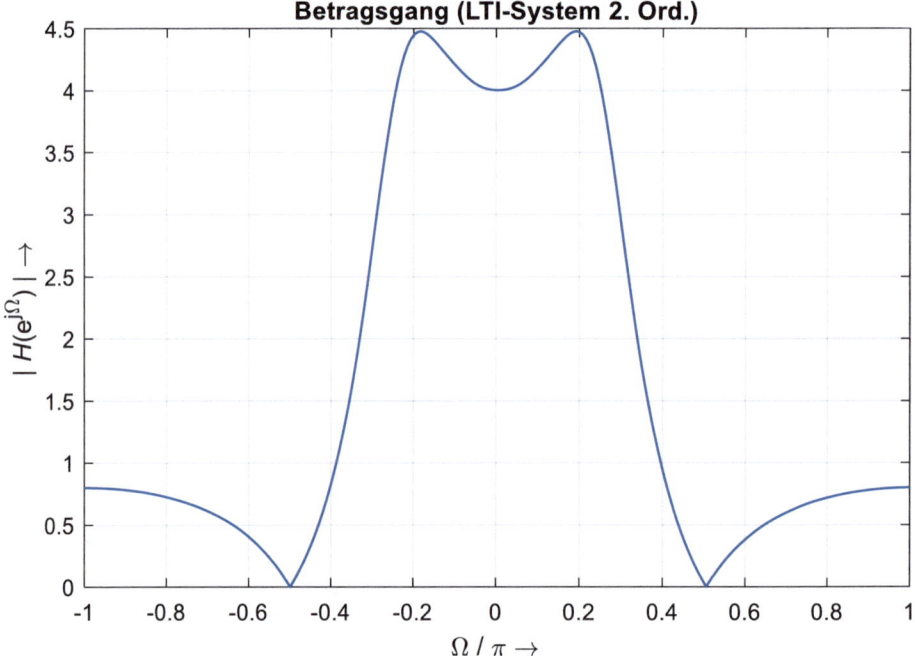

Abb. 7.9 Betragsfrequenzgang des Systems 2. Ordnung (lti_2.m)

Programm 7.2 Charakteristische Parameter und Funktionen (`lit_2.m`)

```
% Characteristic functions of second order LTI system (mw2024)
%% 2nd order system
p = [.5+.5i .5-.5i]; % poles
z = [1i -1i];        % zeroes
% coefficients of transfer function
b = poly(z); % numerator coefficients
a = poly(p); % nominator coefficients
% test
z_ = roots(b); % poles
p_ = roots(a); % Zeros
%% zero-poles plot
FIG1 = figure('Name','lti_2','NumberTitle','off','Units','normal',...
    'Position',[.2 .1 .4 .5]);
zplane(b,a), grid
xlabel('Realteil'), ylabel('Imaginärteil')
title('Pol-Nullstellendiagram (LTI-System 2. Ord.)')
legend('zeros','poles')
%% impulse response
FIG1 = figure('Name','lti_2','NumberTitle','off','Units','normal',...
    'Position',[.2 .1 .4 .4]);
impz(b,a), grid
xlabel('{\itn} \rightarrow'), ylabel('{\ith}[{\itn}] \rightarrow')
title('Impulsantwort (LTI-System 2. Ord.)')
%% step response
FIG2 = figure('Name','lti_2','NumberTitle','off','Units','normal',...
    'Position',[.2 .1 .4 .4]);
stepz(b,a), grid
xlabel('{\itn} \rightarrow'), ylabel('{\its}[{\itn}] \rightarrow')
title('Sprungantwort (LTI-System 2. Ord.)')
%% frequenc4757y response
FIG3 = figure('Name','lti_2','NumberTitle','off','Units','normal',...
    'Position',[.2 .1 .4 .4]);
freqz(b,a), title('Frequency response (LTI system 2. Ord.)')
%% using filter
x = [1 zeros(1,20)];
[h,n] = filter(b,a,x);
N = 256; H = fft(h,N);
FIG4 = figure('Name','lti_2','NumberTitle','off','Units','normal',...
    'Position',[.2 .1 .4 .4]);
plot(linspace(-1,1,N),fftshift(abs(H)),'LineWidth',1), grid
xlabel('\Omega / \pi \rightarrow')
ylabel('| {\itH}(e^{j\Omega}) | \rightarrow')
title('Betragsgang (LTI-System 2. Ord.)')
%% step response
x = ones(1,21);
s = filter(b,a,x);
FIG5 = figure('Name','lti_2','NumberTitle','off','Units','normal',...
    'Position',[.2 .1 .4 .4]);
stem(0:length(s)-1,s,'filled'), grid
xlabel('{\itn} \rightarrow')
ylabel('{\its}[{\itn}] \rightarrow')
title('Sprungantwort (erster Ausschnitt)')
```

Abb. 7.10 Pol-Nullstellendiagramm für das System zweiter Ordnung für den Goertzel-Algorithmus

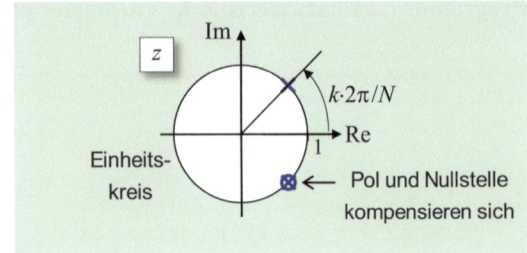

Zu A7.3 Goertzel-Algorithmus

a. DGL zum Goertzel-Algorithmus zweiter Ordnung

$$y[n] = x[n] - \exp\left(-jk \cdot \frac{2\pi}{N}\right) \cdot x[n-1] + 2 \cdot \cos\left(k \cdot \frac{2\pi}{N}\right) \cdot y[n-1] - y[n-2]$$

b. Die Übertragungsfunktion zum Goertzel-Algorithmus zweiter Ordnung hat das konjugiert komplexen Polpaar $z_{\infty 1,2} = \exp(\pm jk \cdot 2\pi/N)$ und die Nullstelle $z_0 = \exp(-jk \cdot 2\pi/N)$. Für $N = 256$ und $k = 32$ resultieren die Zahlenwerte $\exp(\pm j\pi/4)$. Das Pol-Nullstellendiagramm zum Goertzel-Algorithmus zweiter Ordnung zeigt Abb. 7.10. Man beachte, ein Pol und die Nullstelle kompensieren sich zum System erster Ordnung.

c. Das System ist nicht strikt stabil, da sich die Pole auf dem Einheitskreis befinden, d. h. $|z_{\infty 1,2}| = 1$. Weil es sich um einfache Pole handelt, ist das System bedingt stabil. Man beachte ferner, das System wird nach Berechnung des DFT-Koeffizienten von außen wieder auf „null" zurückgesetzt und ist in diesem Sinne kein strikt zeitinvariantes System.

Zu A7.4 DTMF-Signal

Der maximale Frequenzversatz hat sich im Vergleich zu Kap. 4 von 11.3 auf 10.5 Hz etwas verringert, siehe Tab. 7.2.

Tab. 7.2 DTMF-Frequenzen und zugeordnete Frequenzen gemäß dem DFT-Frequenzraster mit der DFT-Länge 205 und der Abtastung mit der Abtastfrequenz von 8 kHz

f in Hz	697	770	852	941	1209	1336	1477
k	18	20	22	24	31	34	38
f_k in Hz	702.4	780.5	858.5	936.6	1210	1327	1483
$|f - f_k|$ in Hz	5.4	10.5	6.5	4.4	1	9	6

7.7 Lösungshinweise

Zu M7.7 Anwenderfunktion für den Goertzel-Algorithmus
Programm 7.3 Goertzel-Algorithmus (`goertzel_2.m`)

```
function y = goertzel_2(x,k)
% Goertzel-Algorithmus (based on 2nd order system) (mw2024)
%   function y = goertzel_2(x,k)
%      x : time signal of length N
%      k : index of dft coefficient to be computed
%      y : kth dft coefficient
N = length(x);
w = 2*pi*k/N;
v1 = 0; v2 = 0; a1 = -2*cos(w);
for n = 1:N
    v0 = x(n) - a1*v1 - v2;
    v2 = v1;
    v1 = v0;
end
y = -a1*v1 - v2 - exp(-1i*w)*v1;
```

Zu M7.8 DTMF-Signaldetektion mit dem Goertzel-Algorithmus
Siehe Abb. 7.11 und Programm `goertzel_dtmf.m`

Zu Quiz 7
1. $x[n]=0$ für $n<0$
2. $\sum_{m=0}^{n} x_1[m] x_2[n-m]$
3. Signaldetektion
4. 7
5. `fliplr`
6. der z-Transformation
7. die Impulsantwort
8. `roots` oder `tf2zpk`
9. PN-Diagramm oder Betragsgang
10. `filter`
11. der Signalrückführung, dem Rückwärtspfad
12. den Betragsgang und den Phasengang
13. `filter`
14. das Pol-Nullstellendiagramm
15. 2.
16. 205
17. bedingt
18. $f = k \cdot f_s / N$
19. Bounded input bounded output
20. logrithmischen Maß

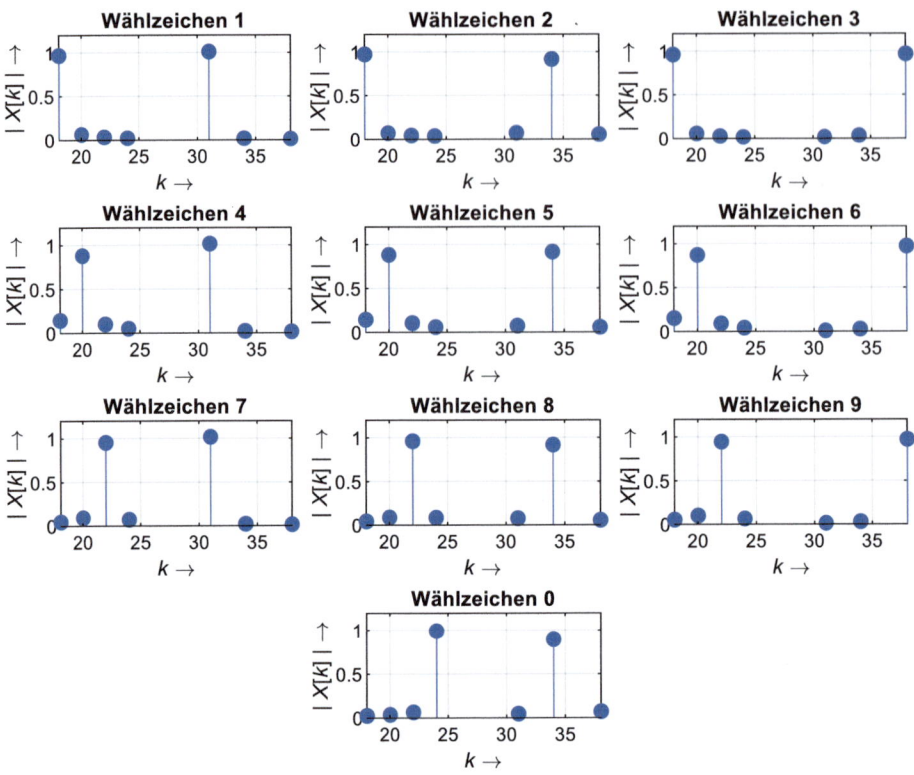

Abb. 7.11 Beträge der interessierenden DFT-Koeffizienten nach Berechnung mit dem System zweiter Ordnung für den Goertzel-Algorithmus (`goertzel_dtmf.m`)

Literatur

1. Bronstein, I. N., Semendjajew, K. A., Musiol, G., & Mühlig, H. (2020). *Taschenbuch der Mathematik* (11. Aufl.). Europa-Lehrmittel.
2. Goertzel, G. (1958). An algorithm for evaluation of finite trigonometric series. *American Mathematical Monthly, 65,* 34–35.
3. Mitra, S. K. (2006). *Digital signal processing. A computer-based approach* (3. Aufl.). McGraw-Hill.
4. Werner, M. (2008). *Signale und Systeme. Lehr- und Arbeitsbuch mit MATLAB®-Übungen und Lösungen* (3. Aufl.). Vieweg.
5. Werner, M. (2008). *Digitale Signalverarbeitung mit MATLAB-Praktikum. Zustandsraumdarstellung, Lattice-Strukturen, Prädiktion und adaptive Filter.* Vieweg.
6. Werner, M. (2021). *Digitale Bildverarbeitung. Grundkurs mit neuronalen Netzen und MATLAB-Praktikum.* Springer Vieweg.

Finite-duration-impulse-response-Systeme

8

Inhaltsverzeichnis

8.1	Lernziele	186
8.2	Eigenschaften von FIR-Systemen	186
8.3	Gespiegelte Nullstellen und lineare Phase	190
	8.3.1 Gespiegelte Nullstellen	190
	8.3.2 Lineare Phase	192
8.4	Versuchsdurchführung zu linearphasigen Systemen	195
8.5	Kammfilter	197
8.6	Zusammenfassung	200
8.7	Quiz 8	200
8.8	Lösungshinweise	201
Literatur		208

Zusammenfassung

Systeme deren Impulsantworten endliche Länge haben, also nach endlicher Zeit null sind, bieten den Anwendern Vorteile sowohl beim Entwurf als auch in der Implementierung. Die Systeme lassen sich ohne Signalrückführung in der unkomplizierten Transversalform realisieren und sind stabil. Ihre Frequenzgänge weisen nur Nullstellen auf und können linearphasig sein und somit Phasenverzerrungen in den Signalen vermeiden.

Schlüsselwörter

Betragsgang („frequency dependant magnitude") · Dämpfungsgang („frequency dependant attenuation") · Finite-duration-impulse-response(FIR)-System ·

© Der/die Herausgeber bzw. der/die Autor(en), exklusiv lizenziert an Springer Fachmedien Wiesbaden GmbH, ein Teil von Springer Nature 2025
M. Werner, *Digitale Signalverarbeitung mit MATLAB®*,
https://doi.org/10.1007/978-3-658-45607-8_8

Frequenzgang („frequency response") · FVTool („filter visualization tool") · Gruppenlaufzeit („group delay") · Impulsantwort („impulse response") · Kammfilter („comb filter") · Linearphasiges System („linear phase system") · MATLAB · Phasengang („frequency dependant phase") · Pol-Nullstellendiagramm („zero-poles plot") · Übertragungsfunktion („transfer function")

8.1 Lernziele

Dieser Versuch befasst sich mit Systemen, die durch endlich lange Impulsantworten charakterisiert werden, den *Finite-duration-impulse-response(FIR)-Systemen*. Die zur Bearbeitung des Versuchs erforderlichen Grundkenntnisse über Signale und Systeme und wichtige Formeln sind in Kap. 7 zusammengestellt.

Ausgehend von der Übertragungsfunktion lösen Sie in der Versuchsvorbereitung Aufgaben zur Charakterisierung von FIR-Systemen, die Sie anschließend in der Versuchsdurchführung mit MATLAB verifizieren bzw. erweitern. Für den praktischen Einsatz von FIR-Systemen ist oft ausschlaggebend, dass sie einen linearen Phasen(frequenz)gang aufweisen können. Deshalb wird im Folgenden auch der Phasengang behandelt. Dieser Versuch vermittelt wichtige Grundlagen zum Entwurf von FIR-Systemen im nächsten Kapitel.

Nach Bearbeiten dieses Versuchs können Sie

- den Zusammenhang zwischen der Lage der Nullstellen in der komplexen z-Ebene und dem Frequenzgang erklären,
- erläutern was minimalphasige, maximalphasige und linearphasige Systeme sind und wie man diese an ihren Pol-Nullstellendiagrammen erkennt,
- für FIR-Systeme die Übertragungsfunktion aus der Impulsantwort und umgekehrt berechnen,
- FIR-Systeme anhand ihrer Parameter und Systemfunktionen vergleichen und bewerten,
- mit MATLAB die Nullstellen eines FIR-Systems berechnen,
- mit MATLAB für FIR-Systeme das Pol-Nullstellendiagramm, den Betragsgang, den Dämpfungsgang und den Phasengang und den Frequenzgang der Gruppenlaufzeit angeben.

8.2 Eigenschaften von FIR-Systemen

Von besonderer praktischer Bedeutung sind *nichtrekursive* Systeme mit endlich langen Impulsantworten, FIR-Systeme genannt. Sie sind spezielle LTI-Systeme, Abschn. 7.3, die sich durch ein Blockdiagramm mit nur Vorwärtszweigen darstellen lassen, siehe Abb. 8.1. Darin durchläuft das Eingangssignal eine Kette aus *Verzögerungsgliedern*

8.2 Eigenschaften von FIR-Systemen

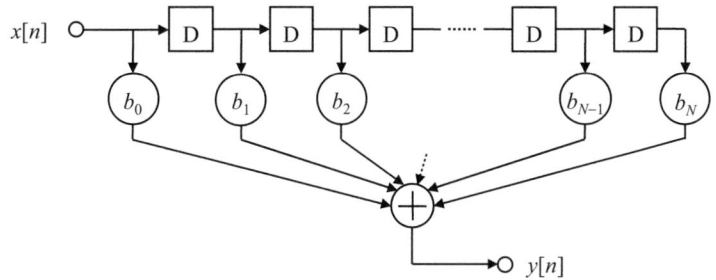

Abb. 8.1 Blockdiagramm eines FIR-Systems N-ter Ordnung in Transversalform

D („delay element") und das Ausgangssignal ergibt sich durch gewichtete Linearkombination aus dem aktuellen und den N zuletzt gespeicherten Eingangswerten. Man spricht von der *Transversalform*.

Bei N Verzögerungsgliedern in der Kette spricht man von einem FIR-System N-ter Ordnung. Erregt man das System aus dem Ruhezustand heraus mit einem Impuls, so ist die Impulsantwort nach $N+1$ Takten abgeklungen. Die Länge der Impulsantwort beträgt somit $N+1$. Die Koeffizienten der *Impulsantwort* sind gleich den Filterkoeffizienten.

$$h[n] = \begin{cases} b_n & \text{für } n = 0, \ldots, N \\ 0 & \text{sonst} \end{cases}$$

Mit den Elementen der Impulsantwort vereinfacht sich die *Übertragungsfunktion*, die z-Transformierte der Impulsantwort, zu dem Polynom N-ten Grades in z^{-1}

$$H(z) = \sum_{n=0}^{N} h[n] \cdot z^{-n} = \frac{b_N + b_{N-1} \cdot z + \cdots + b_0 \cdot z^N}{z^N} = \frac{b_0}{z^N} \cdot \prod_{l=1}^{N} (z - z_{0l}).$$

Die Nennerkoeffizienten der Übertragungsfunktion sind null mit der Ausnahme von $a_0 = 1$. Damit besitzt das nichtrekursive System nur einen N-fachen Pol bei $z_\infty = 0$. Das Übertragungsverhalten wird durch die *Nullstellen* z_{0l} bis auf eine multiplikative Konstante vollständig charakterisiert.

Für das FIR-System spezialisiert sich der *Frequenzgang* zu

$$H\left(e^{j\Omega}\right) = e^{-j\Omega \cdot N} \cdot b_0 \cdot \prod_{l=1}^{N} \left(e^{j\Omega} - z_{0l}\right).$$

Im Folgenden stellen wir zunächst die Einflüsse einer reellen Nullstelle und eines konjugiert-komplexen Nullstellenpaares auf den Betragsfrequenzgang vor. Mit der Exponentialform der Nullstellen

$$z_{0l} = \rho_{0l} \cdot e^{j\varphi_{0l}}$$

resultiert nach elementarem Umformen der Betrag des Frequenzgangs, kurz *Betragsgang* oder auch *Amplitudengang* genannt, als Produkt der Beiträge der Nullstellen

$$\left|H\left(e^{j\Omega}\right)\right| = |b_0| \cdot \prod_{l=1}^{N} \sqrt{1 - 2 \cdot \rho_{0l} \cdot \cos\left(\Omega - \varphi_{0l}\right) + \rho_{0l}^2}.$$

Der Frequenzgang der Dämpfung im logarithmischen Maß ($\log_{10}$), kurz *Dämpfungsgang* genannt, ergibt sich als Summe der Beiträge der Nullstellen

$$\frac{a(\Omega)}{\mathrm{dB}} = -20 \cdot \lg\left(|b_0|\right) - 10 \cdot \sum_{l=1}^{N} \lg\left(1 - 2 \cdot \rho_{0l} \cdot \cos\left(\Omega - \varphi_{0l}\right) + \rho_{0l}^2\right).$$

Jede Nullstelle liefert einen multiplikativen Anteil zum Betragsgang. Folglich erhält man für die Dämpfung im logarithmischen Maß additive Beiträge, was die Rechnung vereinfachen kann und insbesondere bei der Abschätzung des Dämpfungsgangs mit dem Bode-Diagramm benutzt wird.

Um den Einfluss einer Nullstelle auf das Übertragungsverhalten des Systems zu veranschaulichen, ist es nützlich, die möglichen Beiträge der Nullstellen in den beiden obigen Formeln allgemein zu diskutieren. Dabei beschränken wir uns auf den üblichen Fall der *reellwertigen* Systeme, die auf reelle Eingangssignale stets mit reellen Ausgangssignalen reagieren. Es sind folglich zwei Fälle zu unterscheiden: Beiträge einer reellen Nullstelle und eines konjugiert komplexen Nullstellenpaares.

Zunächst Betrachten wir den Beitrag einer reellen Nullstelle zum Betragsgang.

$$\left|H_{0r}\left(e^{j\Omega}\right)\right| = \sqrt{1 - 2 \cdot \rho_0 \cdot \cos\left(\Omega\right) + \rho_0^2}$$

Das Ergebnis ist für verschiedene Beträge der Nullstelle in Abb. 8.2 rechts veranschaulicht. Für den Betrag (Modul) $\rho_0 = 1$ liegt die Nullstelle auf dem Einheitskreis der komplexen z-Ebene und der Frequenzgang ist dort null.

Grundsätzlich kann beobachtet werden: Der Einfluss einer Nullstelle auf den Frequenzgang ist umso ausgeprägter, je näher die Nullstelle am Einheitskreis liegt und je geringer die Differenz zwischen der betrachteten normierten Kreisfrequenz Ω und der Phase der Nullstelle (Argument) φ_0 ist.

Die Beiträge eines konjugiert komplexen Nullstellenpaares zum Betragsgang

$$\left|H_{0k}\left(e^{j\Omega}\right)\right| = \sqrt{\left(1 - 2 \cdot \rho_{0l} \cdot \cos\left(\Omega - \varphi_{0l}\right) + \rho_{0l}^2\right) \cdot \left(1 - 2 \cdot \rho_{0l} \cdot \cos\left(\Omega + \varphi_{0l}\right) + \rho_{0l}^2\right)}$$

sind in Abb. 8.3 dargestellt. Der Einfluss der Nullstellen ist wiederum umso stärker, je näher die Nullstellen am Einheitskreis liegen und je kleiner die Differenz zwischen der betrachteten normierten Kreisfrequenz und der Phase der nächsten Nullstelle ist.

Bei FIR-Systemen ist es möglich, anhand der Lage der Nullstellen den Betragsgang abzuschätzen bzw. umgekehrt aus einer Skizze des Betragsgangs die Lage der Nullstellen einzugrenzen.

8.2 Eigenschaften von FIR-Systemen

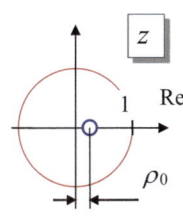
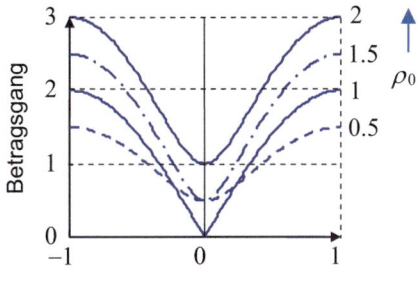

Abb. 8.2 Einfluss einer reellen Nullstelle mit dem Betrag ρ_0 auf den Betragsgang

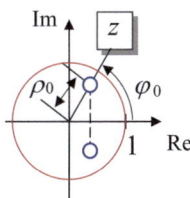
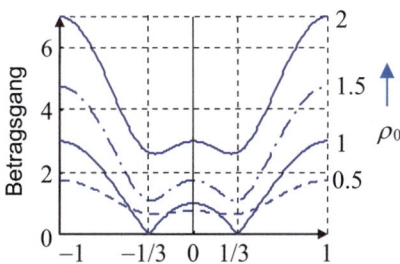

Abb. 8.3 Einfluss eines konjugiert komplexen Nullstellenpaares mit Betrag ρ_0 und Phasen $\varphi_0 = \pm\pi/3$ auf den Betragsgang

Der *Phasengang* ergibt sich bis auf das Vorzeichen aus den Rechenregeln für komplexe Größen (4-Quadranten-Arcustangens, `atan2`).

$$b(\Omega) = \arg\left[H(e^{j\Omega})\right] = \arctan(b_0) + \sum_{l=1}^{N} \arctan\left(\frac{\rho_{0l} \cdot \sin(\Omega - \varphi_{0l})}{1 - \rho_{0l} \cdot \cos(\Omega - \varphi_{0l})}\right)$$

Der Phasengang ist in 2π periodisch. In der Regel wird nur die Grundperiode bzgl. der normierten Kreisfrequenz, das Intervall $\Omega \in\,]-\pi, \pi]$, betrachtet.

Eine in der Übertragungstechnik wichtige Systemgröße ist der Frequenzgang der *Gruppenlaufzeit*. Die Gruppenlaufzeit hat eine physikalische Bedeutung und steht z. B. in der Audiotechnik im Zusammenhang mit dem Höreindruck. Die Gruppenlaufzeit entspricht der Steigung im Phasengang und ergibt sich durch Differenzieren

$$\tau_g(\Omega) = -\frac{db(\Omega)}{d\Omega}.$$

Differenzieren der Arcustangens-Funktionen im Phasengang nach der normierten Kreisfrequenz liefert die Gruppenlaufzeit

$$\tau_g(\Omega) = \sum_{l=1}^{M} \frac{\rho_{0l}^2 - \rho_{0l} \cdot \cos(\Omega - \varphi_{0l})}{1 - 2\rho_{0l} \cdot \cos(\Omega - \varphi_{0l}) + \rho_{0l}^2}.$$

In der Literatur wird verschiedentlich die Phase mit negativem Vorzeichen eingeführt. Dann wird bei der daraus abgeleiteten Gruppenlaufzeit, anders als hier, das negative Vorzeichen weggelassen.

Ist die Gruppenlaufzeit konstant, ist der Phasengang eine lineare Funktion und man spricht von einem *linearphasigen* System. In diesem Fall tritt keine Phasenverzerrung im Signal beim Durchgang durch das System auf.

Für die Beiträge der Nullstellen zu den Frequenzgängen der Phase und der Gruppenlaufzeit können ähnliche Überlegungen wie zum Betragsfrequenzgang angestellt werden. Eine angemessene Diskussion der Ergebnisse übersteigt den Rahmen dieses Versuches. In der Versuchsdurchführung wird jedoch die Bedeutung der Phase und Gruppenlaufzeit an ausgewählten Beispielen aufgezeigt.

8.3 Gespiegelte Nullstellen und lineare Phase

FIR-Systeme sind stabil und haben Nullstellen, die im Inneren des Einheitskreises der komplexen z-Ebene, auf diesem selbst oder im Äußeren liegen können. Auch eine gemischte Verteilung ist möglich. Daraus resultieren spezielle Eigenschaften, die für die Praxis bedeutsam sind. Um damit später konstruktiv umgehen zu können, ist etwas theoretische Vorbereitung notwendig. Im Folgenden sollen Sie sich die Zusammenhänge anhand von wenigen Beispielen selbst erschließen. Darum sind bei einigen Aufgaben Rechnungen oder Herleitungen erwünscht. Für Ihre schriftlichen Lösungen sollte jeweils circa eine Seite ausreichen.

8.3.1 Gespiegelte Nullstellen

A8.1 Spiegeln von Nullstellen

a. Wie ändert sich der Beitrag einer Nullstelle zum Betragsgang, wenn die Nullstelle am Einheitskreis gespiegelt, d. h. ihr Betrag invertiert wird? Was ist der Beitrag der gespiegelten Nullstelle zum Betragsgang? Ergänzen Sie dazu Tab. 8.1.

Tab. 8.1 Spiegelung einer Nullstelle am Einheitskreis

	Nullstelle	Beitrag der Nullstelle zum Betragsgang
Vorher	$z_0 = \rho_0 \cdot e^{j\varphi_0}$	$\left|H_0(e^{j\Omega})\right| = \sqrt{1 - 2 \cdot \rho_0 \cdot \cos(\Omega - \varphi_0) + \rho_0^2}$
Nachher (gespiegelt)	$z_{0g} = \frac{1}{\rho_0} \cdot e^{j\varphi_0}$	$\left|H_{0g}(e^{j\Omega})\right| =$

8.3 Gespiegelte Nullstellen und lineare Phase

b. In welchem Zusammenhang stehen die Beiträge der Nullstellen zum Betragsgang vor und nach der Spiegelung in Tab. 8.1? Geben Sie den Beitrag nach der Spiegelung als Funktion des Beitrages vor der Spiegelung an.

A8.2 FIR-System
Untersuchen Sie ein kausales FIR-System mit der Übertragungsfunktion $H_1(z) = 1 + 2z^{-1} + 3z^{-2}$, siehe auch Abschn. 7.3.

a. Geben Sie die Pole und Nullstellen an und skizzieren Sie das Pol-Nullstellendiagramm.
b. Ist das System minimal- oder maximalphasig? Begründen Sie Ihre Antwort.
c. Bestimmen Sie die Impulsantwort des Systems explizit durch die Angabe der Folgenelemente.

A8.3 Impulsantwort nach Spiegelung der Nullstellen
Zeigen Sie den allgemeinen Zusammenhang am Beispiel der Übertragungsfunktion eines reellwertigen FIR-Systems zweiter Ordnung mit der allgemeinen Übertragungsfunktion.

$$h[n] \overset{z}{\leftrightarrow} H(z) = \frac{(z - z_{01}) \cdot (z - z_{02})}{z^2}.$$

a. Dazu verifizieren Sie, dass nach der Spiegelung der Nullstellen für die Übertragungsfunktion des neuen Systems gilt

$$h_g[n] \overset{z}{\leftrightarrow} H_g(z) = \frac{1}{z_{01} \cdot z_{02}} \cdot \left(\frac{1}{z}\right)^2 \cdot H\left(\frac{1}{z}\right).$$

Beachten Sie die Symmetrie zwischen den Nullstellen vor und nach der Spiegelung aufgrund der Reellwertigkeit des Systems.

b. Die Impulsantwort des neuen Systems kann durch inverse z-Transformation aus obiger Übertragungsfunktion berechnet werde. Führen Sie die inverse z-Transformation mit dem Verschiebungssatz und dem Satz von der Zeitumkehr durch. Geben Sie schließlich die Impulsantwort $h_g[n]$ in Abhängigkeit der Impulsantwort $h[n]$ analytisch an (z. B. [1]). Beachten Sie dabei, dass die Impulsantwort wiederum rechtsseitig ist. Notieren Sie das Ergebnis Ihrer Rechnung.

A8.4 Übertragungsfunktion nach Spiegelung der Nullstellen
Der in Aufgabe A8.3b gefundene Zusammenhang soll nun am Beispiel des FIR-Systems $H_1(z)$ aus Aufgabe A8.2 verifiziert werden. Bestimmen Sie die Übertragungsfunktion $H_{1g}(z)$, die sich durch Spiegelung der Nullstellen von $H_1(z)$ am Einheitskreis ergibt. Geben Sie dazu auch die Impulsantwort $h_{1g}[n]$ ihre Folgenelemente an. Kontrollieren Sie das Ergebnis anhand der gefundenen Zusammenhänge in A8.3.

8.3.2 Lineare Phase

FIR-Systeme zeichnet aus, dass sie *lineare Phasengänge* besitzen können. In den folgenden Aufgaben werden die Zusammenhänge schrittweise an einem Beispiel aufgezeigt. Zuerst wird der Zusammenhang zwischen den Impulsantworten minimalphasiger und maximalphasiger reellwertiger FIR-Systeme behandelt, wobei die Systeme jeweils gleiche Betragsgänge haben.

A8.5 Gruppenlaufzeit

Zeigen Sie anhand der Formel für die Gruppenlaufzeit in Abschn. 8.2, dass der Gesamtbeitrag zum Frequenzgang der Gruppenlaufzeit einer Nullstelle und ihrer Spiegelung am Einheitskreis eine Konstante ergibt. (Rechnung circa 1 Seite). Welche Auswirkung hat das auf den Phasengang?

In den vorangehenden Aufgaben wurde der Zusammenhang zwischen gespiegelten Nullstellen und linearem Phasenverlauf, d. h. der konstanten Gruppenlaufzeit, von FIR-Systemen hergestellt. Dieses Wissen können Sie nun benutzen, um linearphasige FIR-Systeme zu entwerfen, bzw. notwendige Bedingungen, z. B. an die Impulsantwort, aufzuzeigen. Der Filterentwurf wird in Kap. 9 noch ausführlicher behandelt.

A8.6 Linearphasiges FIR-System

a. Bestimmen Sie die Übertragungsfunktion zweiter Ordnung $H_2(z)$ derart, dass die Kaskade der Systeme, $H_1(z) \cdot H_2(z) = H_3(z)$, linearphasig wird. Skizzieren Sie das Pol-Nullstellendiagramm zu $H_2(z)$.
b. Bestimmen Sie die Übertragungsfunktion $H_3(z)$ aus (a) und geben Sie die zugehörige Impulsantwort $h_3[n]$ durch die Folgenelemente explizit an. Welche besondere Eigenschaft hat das Polynom der Übertragungsfunktion $H_3(z)$ und wie wirkt sie sich auf die Impulsantwort aus?
c. Geben Sie den Frequenzgang $H_3(e^{j\Omega})$ und den Phasengang $b_3(\Omega)$ aus (b) analytisch an. Stellen Sie den Frequenzgang als Produkt einer komplex Exponentiellen mit einem reellen Faktor dar, siehe eulersche Formel.
d. Überlegen Sie, welchen Vorteil die lineare Phase bei der Filterung von Signalen hat.

A8.7 Grafische Darstellung

Im Versuch mit MATLAB sollen Sie Ihre Ergebnisse aus der Vorbereitung verifizieren. Machen Sie sich dazu mit dem Programm 8.1 vertraut. Es gibt das Pol-Nullstellendiagramm und die Frequenzgänge des Betrags, der Phase und der Gruppenlaufzeit zu einer Impulsantwort endlicher Länge aus.

8.3 Gespiegelte Nullstellen und lineare Phase

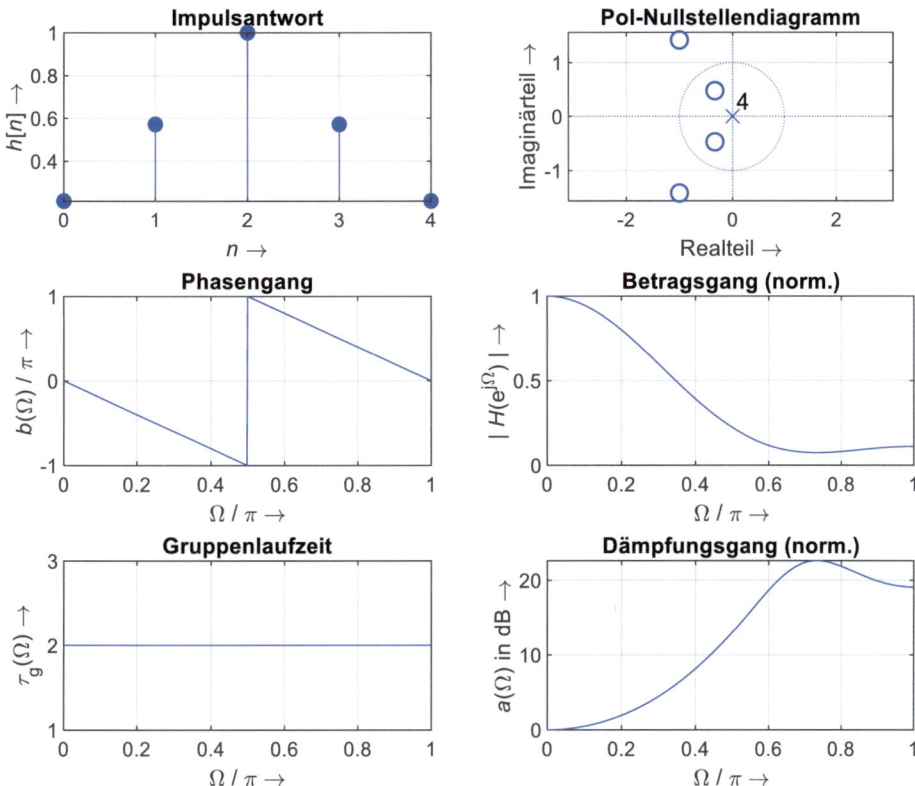

Abb. 8.4 Impulsantwort, Pol-Nullstellendiagramm, Frequenzgänge der Phase, des Betrags und der Gruppenlaufzeit eines einfachen FIR-Systems (firplot)

MATLAB stellt dazu eine Reihe von Grafik-Funktionen bereit, die in der Anwender-Funktion firplot zusammengestellt sind. Ein Beispiel zeigt Abb. 8.4 für den Funktionsaufruf firplot([3 8 14 8 3]/14,'test').

Programm 8.1 Grafische Darstellung der Impulsantwort, des Pol-Nullstellendiagramms, der Frequenzgänge der Phase, des Betrags und der Gruppenlaufzeit sowie der Dämpfung von FIR Systemen (firplot)

```
% Pole-zero plot and plots of the magnitude, the attenuation,
% the phase response and the group delay of a FIR system (mw2024)
%    function firplot(h,txt)
%       h   : impulse response of FIR system
%       txt : text string for figure title
if nargin==2
  NAME = ['firplot : ',txt]; % add text to the figure title
else
  NAME = 'firplot';
end
FIG = figure('Name',NAME,'NumberTitle','off');
%% Impulse response
subplot(3,2,1), stem(0:length(h)-1,h,'filled'), grid
axis([0 length(h)-1,min(h),max(h)]);
xlabel('{\itn} \rightarrow'), ylabel('{\ith}[{\itn}] \rightarrow')
title('Impulse response');
%% PZ-plot
subplot(3,2,2), [hz,hp,~] = zplane(h); grid
hz.LineWidth = 1; hp.LineWidth = 1;
xlabel('Re \rightarrow'), ylabel('Im \rightarrow'), title('Pol-zero plot')
%% Magnitude of frequency response
N = 1024; % number of samples in the frequency domain
H = fft(h,N); MAX = max(abs(H));
f = (2/N)*(0:N/2-1); Hn = H(1:N/2)/MAX;
subplot(3,2,4), plot(f,abs(Hn),'LineWidth',1), grid
xlabel('\Omega / \pi \rightarrow')
ylabel('| {\itH}(e^{j\Omega}) | \rightarrow')
title('Magnitude response (norm.)')
txt = ['Maximum = ',num2str(MAX)];
subtitle(txt,'Color','red')
%% Attenuation of frequency response
a_dB = -20*log10(abs(Hn));
subplot(3,2,6), plot(f,a_dB,'LineWidth',1), grid
xlabel('\Omega / \pi \rightarrow')
ylabel('{\ita}(\Omega) in dB \rightarrow')
title('Attenuation (norm.)')
txt = ['Minimum = ',num2str(-20*log10(MAX)),' dB'];
subtitle(txt,'Color','red')
%% Phase of frequency response
subplot(3,2,3), plot(f,angle(Hn)/pi,'LineWidth',1), grid
xlabel('\Omega / \pi \rightarrow')
ylabel('{\itb}(\Omega) / \pi \rightarrow'), title('Phase response')
%% Group delay
[tau,w] = grpdelay(h,[1 zeros(1,length(h)-1)],N,'whole');
tau = round(tau,3);
subplot(3,2,5), plot(w(1:N/2)/pi,tau(1:N/2),'LineWidth',1), grid
xlabel('\Omega / \pi \rightarrow')
ylabel('{\it{\tau}}_{g}(\Omega) \rightarrow'), title('Group delay')
```

8.4 Versuchsdurchführung zu linearphasigen Systemen

M8.1 Pole und Nullstellen
Zur Berechnung der Nullstellen eines Polynoms stellt MATLAB den Befehl `roots` zur Verfügung. Sind die Nullstellen eines Polynoms bekannt, liefert der Befehl `poly` die Koeffizienten des Polynoms. Überprüfen Sie das für das Polynom.

$$(z-1) \cdot (z-2) \cdot (z-3) \cdot (z-4) = z^4 - 10 \cdot z^3 + 35 \cdot z^2 - 50 \cdot z + 24$$

Beachten Sie auch die Onlinehilfen zu `roots` und `poly`. Bei der numerischen Berechnung von Nullstellen können Fehler auftreten, womit sich die numerische Mathematik ausführlich beschäftigt.

M8.2 MATLAB Filter Visualization Tool
MATLAB stellt zur Analyse digitaler Filter ein nützliches Werkzeug bereit, das Filter Visualization Tool (FVTool). Sie sollen sich mit dem FVTool so vertraut machen, dass Sie es im Weiteren sinnvoll einsetzen können. Dazu wiederholen Sie die Analyse aus Ihrer Vorbereitung in A8.7. Aber diesmal mit `fvtool([3 8 14 8 3]/3)`.

Es öffnet sich das Fenster des FVTools. Über dem Diagramm befinden sich zwei Werkzeugleisten. Über die Icons der unteren Leiste können Sie folgende Diagramme anfordern; Sie erhalten von links nach rechts

- den Betragsgang („magnitude response"),
- den Phasengang („phase response"),
- den Betrags- und den Phasengang in einem Bild,
- der Frequenzgang der Gruppenlaufzeit („group delay"),
- die Phasenlaufzeit („phase delay"),
- die Impulsantwort („impulse response"),
- die Sprungantwort („step response"),
- das Pol-Nullstellendiagramm („pole-zero plot"),
- und die Filterkoeffizienten („filter coefficients").

Vergleichen Sie für das Zahlenwertbeispiel die MATLAB-Grafikausgaben (`fvtool`) und Abb. 8.4 (`firplot`). Welche Unterschiede gibt es in den Darstellungen?

Grafiken gestalten
Im Rahmen von Laborarbeiten ist es praktisch mit den MATLAB-Grafiken zu arbeiten. Sollen jedoch Grafiken für Abschlussarbeiten, Veröffentlichungen oder Kunden erstellt werden, ist es ratsam sich über die spezifischen Anforderungen kundig zu machen und gegebenenfalls die Grafiken (Achsenbeschriftungen, Überschriften etc.) an die verlangte Form bzw. geltenden Normen anzupassen.

M8.3 Linearphasiges FIR-System

a. Verifizieren Sie Ihre Ergebnisse aus der Vorbereitung, indem Sie mit MATLAB die Pol-Nullstellendiagramme, die Betragsgänge und die Phasengänge zu den FIR-Systemen $H_1(z)$, $H_2(z)$ und $H_3(z)$ bestimmen. Berechnen Sie mit MATLAB die Impulsantwort des Systems $H_3(z)$ aus den Impulsantworten der Systeme $H_1(z)$ und $H_2(z)$. Und Benutzen Sie der Einfachheit halber das Werkzeug `fvtool` zur grafischen Darstellung.

b. Verifizieren Sie die Bedeutung der Phase bzw. Gruppenlaufzeit indem Sie das FIR-System $H_3(z)$ mit einem Kosinus- oder Sinussignal, z. B. mit der normierten Kreisfrequenz π/4 beaufschlagen. Um wie viele Takte (Abtastintervalle, normierte Zeitschritte) ist im eingeschwungenen Zustand das Ausgangssignal im Vergleich zum Eingangssignal verzögert?

M8.4 Minimalphasiges FIR-System

Den Ausgangspunkt für die weiteren Untersuchungen bilden die konjugiert komplexen Nullstellenpaare.

$z_{0\,1,2} = 0,9 \cdot e^{\pm j0.6\pi}$ und $z_{0\,3,4} = 0,8 \cdot e^{\pm j0.8\pi}$,

sowie die durch die Spiegelung am Einheitskreis daraus entstehenden konjugiert komplexen Nullstellenpaare.

Bilden Sie zu den Nullstellen alle vier möglichen reellwertigen FIR-Systeme vierter Ordnung mit jeweils konjugiert komplexen Nullstellenpaaren. Berechnen Sie die Impulsantworten und normieren Sie sie so, dass stets $H(1)=1$.

Stellen Sie mit MATLAB die Pol-Nullstellendiagramme, die Betrags- und Phasengänge sowie die Gruppenlaufzeit grafisch dar. Benutzen Sie die MATLAB-Funktion `poly`, um aus den Pol- und Nullstellen die Impulsantwort zu bestimmen. Unterdrücken Sie die auf numerischen Ungenauigkeiten beruhenden störenden Imaginärteile durch den Befehl `real`. Benutzen Sie das Werkzeug `fvtool` zur grafischen Darstellung. Was lassen die Betragsgänge der vier Systeme vermuten?

M8.5 Minimum-delay-System

Um die Bedeutung der Phasen (Gruppenlaufzeit) deutlich zu machen, betrachten wir die Energie der Signale, genauer deren zeitliche Verteilung. Bestimmen Sie die akkumulierten *Energiefolgen* der Impulsantworten zu den obigen vier Systemen.

$$e_h[n] = \sum_{m=0}^{n} |h[m]|^2$$

Beim Vergleich der akkumulierten Energiefolgen zeigt sich, dass die Energie der Impulsantworten in Summe konstant ist, aber unterschiedlich schnell durchgereicht wird.

Bei welchem System erreicht die Energie am schnellsten den Ausgang, d. h. gilt $e_{h,l}[n] \geq e_{h,m}[n]$ für $m = 1, 2, 3$ und 4? Dieses System bezeichnet man als *Minimum-delay-System*. Bei welchem System ist die Energieverzögerung maximal?

8.5 Kammfilter

Aus der Physik der Wellenausbreitung ist bekannt, dass Reflexionen je nach Wellenlänge zur Signalverstärkung bzw. -dämpfung führen können. Man spricht von positiver bzw. negativer Interferenz. Entsprechende Phänomene sind in der Audiotechnik und Optik zu beobachten bzw. werden gezielt genutzt. In der digitalen Signalverarbeitung werden sie im Kammfilter konstruktiv eingesetzt.

Das *Kammfilter* („comb filter") definiert sich über die Impulsantwort mit einer m-facher Verzögerung bzw. der Übertragungsfunktion.

$$h[n] = \delta[n] + \alpha \cdot \delta[n-m] \overset{z}{\leftrightarrow} H(z) = 1 + \alpha \cdot z^{-m}.$$

Die Impulsantwort besteht aus einem Impuls, dem nach m Takten ein zweites „Echo" folgt, s. a. Abschn. 2.3.5. Das Echo wird allgemein als nicht verstärkt angenommen, d. h. $0 < \alpha \leq 1$. Die Nullstellen des Kammfilters verteilen sich äquidistant auf dem Einheitskreis in der z-Ebene (z. B. [2], S. 154).

$$z_{0l} = \sqrt[m]{\frac{-1}{\alpha}} = \frac{1}{\sqrt[m]{\alpha}} \cdot \left(e^{-j\pi} \cdot e^{-j2\pi l}\right)^{1/m} = \frac{1}{\sqrt[m]{\alpha}} \cdot e^{j\pi \cdot (2l-1)/m} \quad \text{für } l = 1, \ldots, m.$$

Ist $\alpha = 1$, liegen die Nullstellen auf dem Einheitskreis der z-Ebene, der Phasengang wird linear und die Gruppenlaufzeit konstant. Abb. 8.5 zeigt das Beispiel des Kammfilters mit acht Nullstellen auf dem Einheitskreis: die Impulsantwort, das Pol-Nullstellen-Diagramm, den Phasengang, den Betragsgang, den Frequenzgang der Gruppenlaufzeit und dem Dämpfungsgang.

Frequenzkomponenten in der Nähe der Phasen der Nullstellen, π/m und Vielfache, werden durch das FIR-System unterdrückt, weshalb hier von einem *Filter* gesprochen wird. (Oft wird auch der Begriff FIR-Filter synonym für FIR-System verwendet.)

Die Darstellung des Phasengangs enthält Phasensprünge um π an den Nullstellen, entsprechend dem Vorzeichenwechsel im Frequenzgang. Man spricht von der verallgemeinerten linearen Phase und charakterisiert das Kammfilter mit $\alpha = 1$ als ein *linearphasiges* FIR-System.

Man beachte in Abb. 8.5 auch die normierte Darstellung des Betragsgangs und des Dämpfungsgangs mit den angegebenen Werten zur Normierung. Im Programm wird der Frequenzgang des Kammfilters mit der FFT numerisch berechnet, sodass Nullstellen im Frequenzgang möglicherweise nur näherungsweise erfasst werden.

Der Betragsfrequenzgang eines Kammfilters besitzt genau m äquidistant verteilte Gipfel („peaks") und Täler („dips") in der Grundperiode 2π. Er ähnelt somit der Form eines Kammes, was dem System seinen Namen gibt. An der normierten Frequenzstelle null ($z = 1$) befindet sich das Maximum mit dem Wert $1 + \alpha$ und bei π/m das Minimum mit $1 - \alpha$).

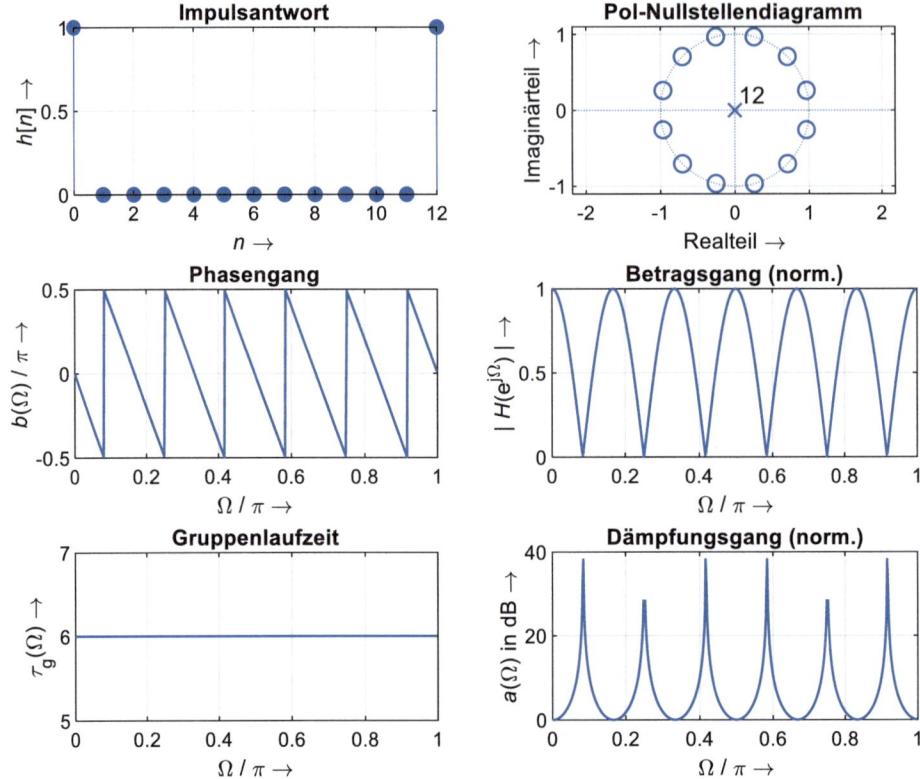

Abb. 8.5 Impulsantwort, Pol-Nullstellendiagramm, Phasengang, Betragsgang, Frequenzgang der Gruppenlaufzeit und Dämpfungsgang des Kammfilters mit $m=8$ und $\alpha=1$ (`firplot`)

A8.8 Kammfilter

Ein Anwendungsbeispiel für einfache FIR-Filter findet sich in der Medizintechnik. Elektronisch abgeleitete Signale von Lebewesen, z. B. ein Elektrokardiogramm (EKG), haben meist eine geringe Signalstärke und sind deshalb empfindlich für Interferenzen. EKG-Signale werden meist als abgeleitete Spannung in mV über der Zeit in Sekunden aufgetragen. Erschwerend kommt beim EKG hinzu, dass die Form des Signals, d. h. die einzelnen Abschnitte, für die Diagnose eine wichtige Rolle spielt und oft automatisch ausgewertet wird.

Als typische Störung kann im EKG-Signal eine Überlagerung mit einem 50-Hz-Signal auftreten. Sie kann durch „schwache" Einkopplungen aus dem Stromversorgungsnetz im Gerät selbst (Gegenmaßnahme: galvanische Trennung) oder aus Geräten in der Umgebung entstehen.

Überlegen Sie, wie Sie die Störung durch ein 50-Hz-Signal mit einem Kammfilter reduzieren können, wenn das digitale EKG-Gerät mit der Abtastfrequenz von 400 Hz

8.5 Kammfilter

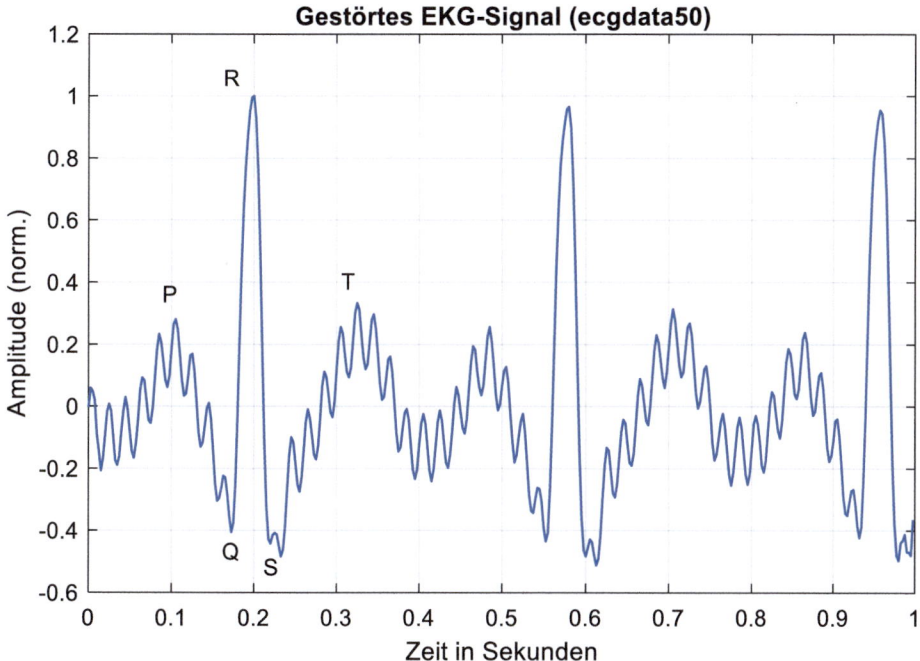

Abb. 8.6 Modellsignal des gestörten Elektrokardiogramms (`ecg_filter`, `ecgdata50.mat`)

arbeitet. Geben Sie die Impulsantwort eines passenden Kammfilters zur Interferenzunterdrückung an.

M8.6 Kammfilter

Setzen Sie Ihre Überlegungen aus Aufgabe 8.8 am Beispiel des gestörten EKG-Modellsignals in Abb. 8.6 um. Sie finden die Daten in den Onlineressourcen im MAT-File `ecgdata50.mat`. Im Bild benannt sind die P- und T-Wellen für die Phase der Vorhoferregung bzw. Erregungsrückbildung sowie der QRS-Komplex der Kammererregung mit der dominanten R-Zacke. An Form und Lage der Abschnitte werden die diagnostischen Befunde abgeleitet. (Der niederländische Arzt Willem Einthoven entwickelte das erste praktisch anwendbare Instrument für die Ableitung eines EKGs und führte die genannten Bezeichnungen ein. Er erhielt 1924 den Nobelpreis für Medizin.)

a. Stellen Sie die zu Ihren FIR-Filterkoeffizienten aus Aufgabe 8.8 das Pol-Nullstellendiagramm und den Betragsgang dar, z. B. mit `firplot`. Bilden Sie auch das entstörte Signal grafisch ab. Zum besseren Vergleich normieren Sie Ihre Signale jeweils auf den Mittelwert null und den Maximalwert eins. Leistet das Kammfilter das Gewünschte?
b. Zu Vergleichszwecken setzen Sie nun das Kammfilter mit $\alpha = 0{,}5$ ein. Was ändert sich? Diskutieren Sie das Ergebnis.

8.6 Zusammenfassung

Der Versuch Finite-duration-impulse-response(FIR)-Systeme behandelt digitale LTI-Systeme, die sich in transversaler Struktur implementieren lassen. FIR-Systeme können eine lineare Phase aufweisen und folglich beim Filtern Phasenverzerrungen in den Signalen vermeiden. FIR-Systeme N-ter Ordnung weisen nur einen N-fachen Pol bei null auf. Die Übertragungseigenschaften der FIR-Systeme sind eng an ihre Nullstellen gekoppelt. Man unterscheidet minimalphasige und maximalphasige FIR-Systeme, je nachdem ob die Nullstellen alle innerhalb oder außerhalb des Einheitskreises liegen. Bei linearphasigen FIR-Systemen besitzen alle komplexen Nullstellen einen Partner, der sich durch Spiegelung am Einheitskreis ergibt oder liegen selbst auf dem Einheitskreis.

MATLAB stellt für die Analyse von digitalen Systemen (Filtern) das Werkzeug `FVTool` bereit. Es ermöglicht u. a. die grafische Darstellung der charakteristischen Kennfunktionen: Betragsgang, Phasengang mit Gruppenlaufzeit, Impulsantwort, Sprungantwort und des Pol-Nullstellendiagramms.

Kammfilter sind eine besondere Art von FIR-Systemen. Ihr Namen erinnert an das Aussehen des Betragsgang, der mit seinem Auf und Ab einem Kamm ähnelt. Kammfilter besitzen nur äquidistante Nullstellen auf einem Kreis um den Ursprung der komplexen z-Ebene aus. Liegen die Nullstellen auf dem Einheitskreis, resultiert ein linearphasiges Kammfilter.

8.7 Quiz 8

Ergänzen Sie die Lückentexte (_) sinngemäß.

1. FIR-Filter werden ohne ___ realisiert.
2. FIR-Filter können eine ___ Phase aufweisen.
3. Spiegeln einer Nullstelle am Einheitskreis ändert nicht den ___.
4. Für FIR-Filter ist die Realisierung in ___ typisch.
5. Linearphasige FIR-Filter erkennt man an den ___ Nullstellen.
6. Je näher eine Nullstelle am Einheitskreis liegt, umso ___ ihre Wirkung auf den Frequenzgang.
7. Durch Ableiten des Phasenganges nach der normierten Kreisfrequenz erhält man ___.
8. Zur Analyse von digitalen Filtern eignet sich besonders das MATLAB-Werkzeug ___.
9. Mit dem Befehl ___ werden zu den Filterkoeffizienten die ___ und ___ bestimmt.
10. Mit dem Befehl ___ werden zu den Nullstellen und Polen die ___ bzw. ___ berechnet.

11. Bei minimalphasigen FIR-Filtern liegen die Nullstellen alle ___ des Einheitskreises.
12. Bei ___ FIR-Filtern wird die Energie der Impulsantwort maximal schnell an den Ausgang durchgereicht.
13. Spiegelt man eine Nullstelle $\rho \cdot e^{j\phi}$ am Einheitskreis, ergibt sich die Nullstelle ___ (Formel).
14. Im Blockdiagramm steht D für ___.
15. Ein FIR-Filter mit N Koeffizienten hat genau ___ Pole bei $z_\infty =$ ___.
16. Der Dämpfungsgang wird in ___ angegeben.
17. FIR-Filter lassen sich durch Vorgabe von ___ entwerfen.
18. FIR-Filter mit nur äquidistanten Nullstellen auf dem Einheitskreis der komplexen z-Ebene nennt man ___.
19. In der Medizintechnik steht das Akronym EKG für ___ und betrifft das ___, wohingegen EEG für ___ steht und das ___ Betrifft.
20. Liegen die Nullstellen des Kammfilters auf dem Einheitskreis ist das Kammfilter ___.

8.8 Lösungshinweise

In den Onlineressourcen finden Sie alle Programme zu diesem Kapitel: combfilter.m, ecg_filter.m, ecgdata50.mat, fir_1.m, fir_2.m, fir_energy.m, firplot.m.

Zu A8.1 Spiegeln von Nullstellen
Die Spiegelung (Kehrwert des Betrages) der Nullstelle am Einheitskreis ändert den Betragsgang nur um eine multiplikative Konstante.

$$\left|H_{0g}\left(e^{j\Omega}\right)\right| = \frac{1}{\rho_0} \cdot \left|H_0\left(e^{j\Omega}\right)\right|$$

Zu A8.2 FIR-System

a. Pole und Nullstellen von $H_1(z)$, siehe Abb. 8.7.

$$z_{\infty 1,2} = 0 \quad \text{(doppelter Pol)} \quad \text{und} \quad z_{01,2} = -1 \pm j \cdot \sqrt{2} = \sqrt{3} \cdot e^{\pm j \cdot 0.696 \cdot \pi}$$

b. $H_1(z)$ beschreibt ein maximalphasiges FIR-System, weil alle Nullstellen außerhalb des Einheitskreises der komplexen z-Ebene liegen.
c. Impulsantwort $h_1[n] = \{1, 2, 3\}$

Abb. 8.7 Pol-Nullstellendiagramm des FIR-Systems mit $H_1(z)$

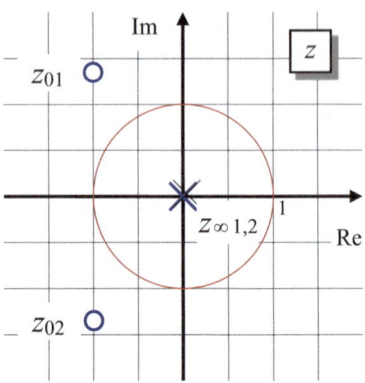

Zu A8.3 Impulsantwort nach Spiegelung der Nullstellen

a. Da das System reell ist, liegt ein konjugiert komplexes Nullstellenpaar vor. Folglich gilt vor der Spiegelung für die Nullstellen $z_{01} = \rho \cdot e^{j\varphi}$ und $z_{02} = \rho \cdot e^{-j\varphi}$. Nach der Spiegelung der Nullstellen am Einheitskreis ergibt sich wieder ein konjugiert komplexes Nullstellenpaar.

$$z_{01g} = \frac{1}{\rho} \cdot e^{j\varphi} = z_{02}^{-1} \quad \text{und} \quad z_{02g} = \frac{1}{\rho} \cdot e^{-j\varphi} = z_{01}^{-1}$$

- Für die Übertragungsfunktion mit den gespiegelten Nullstellen folgt daraus

$$H_g(z) = \frac{(z - z_{02}^{-1}) \cdot (z - z_{01}^{-1})}{z^2} = \frac{1}{z_{01} \cdot z_{02}} \cdot \frac{1}{z^2} \cdot (z_{02}z - 1) \cdot (z_{01}z - 1) =$$

$$= \frac{1}{z_{01} \cdot z_{02}} \cdot \frac{1}{z^2} \cdot z^2 \cdot (z_{02} - z^{-1}) \cdot (z_{01} - z^{-1}) =$$

$$= \frac{1}{z_{01} \cdot z_{02}} \cdot \frac{1}{z^2} \cdot \underbrace{\frac{(z^{-1} - z_{02}) \cdot (z^{-1} - z_{01})}{z^{-2}}}_{H(z^{-1})} = \frac{1}{z_{01} \cdot z_{02}} \cdot z^{-2} \cdot H(z^{-1})$$

b. Die Impulsantwort ergibt sich durch Rücktransformation der Übertragungsfunktion. Dabei sind die Sätze der z-Transformation für die Zeitverschiebung, $x[n - n_0] \leftrightarrow z^{-n_0} \cdot X(z)$, und die Zeitumkehr, $x[-n] \leftrightarrow X(z^{-1})$, anzuwenden. Es resultiert die gesuchte Impulsantwort

$$h_g[n] = \frac{1}{z_{01} \cdot z_{02}} \cdot h[-n + 2].$$

Zu A8.4 Übertragungsfunktion nach Spiegelung der Nullstellen

Für das System mit den gespiegelten Nullstellen zu $H_1(z)$ folgt

8.8 Lösungshinweise

$$H_{1g}(z) = \frac{(z - z_{01}^{-1}) \cdot (z - z_{02}^{-1})}{z^2} = \frac{z^2 - (z_{01}^{-1} + z_{02}^{-1}) \cdot z + z_{01}^{-1} \cdot z_{02}^{-1}}{z^2} =$$

$$= 1 - \frac{2}{\rho} \cdot \cos(\varphi) \cdot z^{-1} + \frac{1}{\rho^2} \cdot z^{-2} = 1 + \frac{2}{3} \cdot z^{-1} + \frac{1}{3} \cdot z^{-2}$$

und somit resultieren die Elemente der Impulsantwort $h_{1g}[n] = \{3, 2, 1\}/3$.

Die Kontrolle nach A8.3 bestätigt das Ergebnis: Es handelt sich, bis auf einen konstanten Faktor, um die zeitlich gespiegelte und nach rechts verschobene Version der Impulsantwort $h_1[n]$. Der Vorfaktor ist gleich dem Kehrwert des Produkts der Nullstellen aus Aufgaben A8.2.

Zu A8.5 Gruppenlaufzeit

Die Beiträge einer Nullstelle $\rho \cdot e^{j\varphi}$ und ihrer Spiegelung am Einheitskreis $(1/\rho) \cdot e^{j\varphi}$ zur Gruppenlaufzeit in Abschn. 8.2 können zusammengefasst werden. Nach kurzer Zwischenrechnung erhält man eine Konstante.

$$\tau_g(\Omega) = \frac{\rho^2 - \rho \cdot \cos(\Omega - \varphi)}{1 - 2 \cdot \rho \cdot \cos(\Omega - \varphi) + \rho^2} + \frac{\rho^{-2} - \rho^{-1} \cdot \cos(\Omega - \varphi)}{1 - 2 \cdot \rho^{-1} \cdot \cos(\Omega - \varphi) + \rho^{-2}}$$

$$= \frac{1 - 2 \cdot \rho \cdot \cos(\Omega - \varphi) + \rho^2}{1 - 2 \cdot \rho \cdot \cos(\Omega - \varphi) + \rho^2} = 1$$

Der konstante Beitrag in der Gruppenlaufzeit bedeutet wegen des differenziellen Zusammenhangs, siehe Abschn. 8.2, einen linearen Beitrag zum Frequenzgang der Phase.

Tritt die Nullstelle in einem konjugiert komplexen Paar auf, ist der Beitrag des Paares zur Gruppenlaufzeit gleich zwei.

Zu A8.6 Linearphasiges FIR-System

a. Kaskadenschaltung zu einem linearphasigen FIR-System $H_2(z) = H_{1g}(z)$ mit den gespiegelten Nullstellen (Abb. 8.8) des Systems $H_1(z)$

$$z_{01,2} = \frac{1}{\sqrt{3}} \cdot e^{\pm j 0.696 \cdot \pi}$$

b. Übertragungsfunktion

$$H_3(z) = H_1(z) \cdot H_{1g}(z) = \left(1 + 2 \cdot z^{-1} + 3 \cdot z^{-2}\right) \cdot \frac{1}{3} \cdot \left(3 + 2 \cdot z^{-1} + z^{-2}\right) =$$

$$= \frac{1}{3} \cdot \left(3 + 8 \cdot z^{-1} + 14 \cdot z^{-2} + 8 \cdot z^{-3} + 3 \cdot z^{-4}\right)$$

- Es handelt sich um ein sogenanntes *Spiegelpolynom*. Die Impulsantwort ist. $h_3[n] = \frac{1}{3} \cdot \{3, 8, 14, 8, 3\}$.

Abb. 8.8 Pol-Nullstellendiagramm zu $H_2(z)$

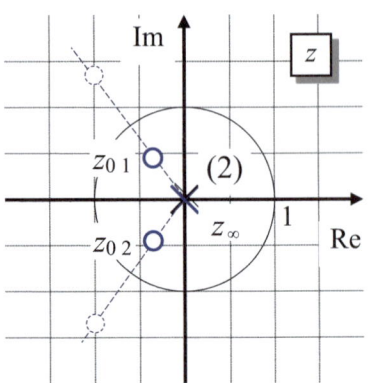

c. Frequenz- und Phasengang

$$H_3\left(e^{j\Omega}\right) = \frac{1}{3} \cdot \left(3 + 8 \cdot e^{-j\Omega} + 14 \cdot e^{-j2\Omega} + 8 \cdot e^{-j3\Omega} + 3 \cdot e^{-j4\Omega}\right) =$$

$$= \frac{1}{3} \cdot e^{-j2\Omega} \cdot \left(3 \cdot e^{j2\Omega} + 8 \cdot e^{j\Omega} + 14 + 8 \cdot e^{-j\Omega} + 3 \cdot e^{-j2\Omega}\right) =$$

$$= \frac{1}{3} \cdot e^{-j2\Omega} \cdot [6 \cdot \cos(2\Omega) + 16 \cdot \cos(\Omega) + 14]$$

- Weil der Term in der eckigen Klammer stets positiv ist, gilt für den Phasengang $b_3(\Omega) = -2 \cdot \Omega$.
- Bei linearem Verlauf des Phasenganges treten im Ausgangssignal keine Phasenverzerrungen auf.

Zu A8.8 Kammfilter

Mit der Abtastfrequenz des EKG-Signals von 400 Hz tritt die störende 50-Hz-Interferenz bei der normierten Kreisfrequenz von $2\pi \cdot 50$ Hz / 400 Hz $= \pi \cdot 1/4$ auf. Die erste Nullstelle des Kammfilters liegt genau bei $\pi \cdot 1/4$, wenn m gleich 4 gewählt wird, siehe Abschn. 8.5. Und die gesuchte Impulsantwort des linearphasigen Kammfilters ist $h[n] = \{1,0,0,0,1\}$ mit $\alpha = 1$.

Zu M8.2 Filter Visualization Tool

Siehe Programm `fir_1`.

Zu M8.3 Linearphasiges FIR-System

Die Verzögerung beträgt genau zwei Takte, sie ist damit genauso groß wie die Gruppenlaufzeit, siehe Programm `fir_2`. Beachten Sie den Einschwingvorgang des Systems.

```
Sequencies of accumulated_energy

    n       E1          E2          E3          E4
    ─       ──          ──          ──          ──

    0    0.020741    0.013608    0.0084957    0.005574
    1    0.09178     0.06702     0.064993     0.046488
    2    0.18945     0.17094     0.16892      0.14416
    3    0.23036     0.22744     0.22233      0.2152
    4    0.23594     0.23594     0.23594      0.23594
```

Abb. 8.9 Bildschirmausgabe der akkumulierten Energie für die vier FIR-Systeme (`fir_energy`)

Zu M8.4 u. 5 Minimalphasiges FIR-System

Die Betragsgänge der vier Systeme unterscheiden sich nicht.

Das minimalphasige System (E1) ist auch das Minimum-delay-System, das maximalphasige System (E4) führt zur größten Energieverzögerung, siehe Programm `fir_energy` und untenstehende Bildschirmanzeige in Abb. 8.9. Am Ende wird die gleiche Energie durchgereicht.

Zu M8.6 Kammfilter

Siehe Programm `ecg_filter` und Datensatz `ecgdata50.mat` in den Online-ressourcen.

Das Kammfilter ergibt sich der Parameter m gleich vier, also ein FIR-Filter 4. Ordnung, siehe Aufgabe A8.8. Sein Betragsgang bleibt auch bei höheren Frequenzen auf den Wert eins beschränkt, sodass keine störende Rauschverstärkung auftritt.

Das gefilterte EKG-Signal ist in Abb. 8.10 zu sehen. Die dominanten R-Zacken sowie die Form des QRS-Komplexes und der Wellen bleiben im Wesentlichen erhalten. Die Wellen sind vom 50-Hz-Ton befreit. Signalverzerrungen sind mit dem bloßen Auge nicht erkennbar.

Zum Schluss sei angemerkt, dass es sich hier um eine modellierte Aufgabe handelt. Die Signalverarbeitung für reale EKG-Signale ist technisch aufwendiger und schließt heute oft Verfahren der Mustererkennung ein, um Überwachungsaufgaben zu automatisieren. Wesentliche Qualitätsaspekte der digitalen Signalverarbeitung in der Medizintechnik sind stets die gute diagnostische Unterstützung der Ärzte und die Sicherheit der Patienten.

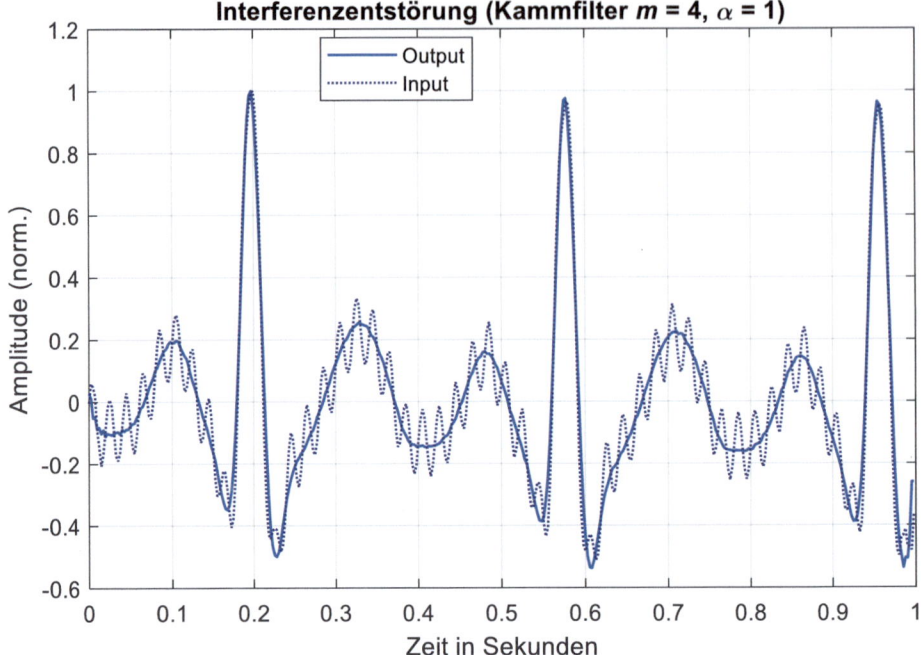

Abb. 8.10 Mit dem Kammfilter vierter Ordnung entstörtes EKG-Signal (ecg_filter, ecgdata50.mat)

Programm 8.2 Kammfilter für EKG-Signal-Entstörung

```
% ECG filter (mw2024)
load ecgdata50 % test model ecg signal with 400 Hz sampling frequency
x = ecgdata50;
N = length(x); n=0:N-1; % normalized time
FIG1 = figure('Name','ECG filter','NumberTitle','off','Units','normal',...
    'Position',[.2,.1,.4,.4]);
plot(n/fs,x,'LineWidth',1), grid
axis([0 1 -.6 1.2])
xlabel('Zeit in Sekunden'), ylabel('Amplitude (norm.)')
title('Gestörtes EKG-Signal (ecgdata50)')
%% Comb filter
m = 4; alpha = 1;
h_cf = [1 0 0 0 alpha]/(1+alpha); % normalize H(1)=1
firplot(h_cf)
y = conv(x,h_cf); % suppress 50-Hz-tone
y = y - mean(y);
y = y/max(abs(y));
FIG2 = figure('Name','ECG filter','NumberTitle','off','Units','normal',...
    'Position',[.2,.1,.4,.4]);
plot(n/fs,y(3:end-2),'lineWidth',2), grid
axis([0 1 -.6 1.2])
xlabel('Zeit in Sekunden'), ylabel('Amplitude (norm.)')
title(['Interferenzentstörung (Kammfilter {\itm} = ',num2str(m),...
    ', \alpha = ',num2str(alpha),')'])
hold on
plot(n/fs,x,':b','lineWidth',1)
legend('Output','Input','Location','best')
hold off
```

Zu Quiz 8

1. Signalrückführung
2. lineare
3. Betragsgang
4. Transversalform
5. gespiegelten
6. größer
7. die Gruppenlaufzeit
8. FVTool
9. `roots`, Pole, Nullstellen
10. `poly`, Zählerkoeffizienten, Nennerkoeffizienten
11. innerhalb
12. minimalphasigen
13. $(1/\rho) \cdot e^{j\varphi}$
14. delay (den Verzögerungsoperator)
15. N, 0

16. dB (im logarithmischen Maß)
17. Nullstellen
18. Kammfilter
19. Elektrokardiogramm, Herz, Elektroenzephalogramm, Gehirn
20. linearphasig

Literatur

1. Werner, M. (2008). *Signale und Systeme. Lehr- und Arbeitsbuch mit MATLAB®-Übungen und Lösungen* (3. Aufl.). Vieweg.
2. Kammeyer, K.-D., & Kroschel, K. (2018). *Digitale Signalverarbeitung. Filterung und Spektralanalyse mit MATLAB®-Übungen* (9. Aufl.). Springer Vieweg.

Entwurf digitaler FIR-Filter

Inhaltsverzeichnis

9.1 Lernziele 210
9.2 FIR-Filterstruktur.. 211
9.3 Entwurfsvorschriften im Frequenzbereich............................ 212
    9.3.1 Toleranzschema für den Tiefpassentwurf 212
    9.3.2 Vorbereitende Aufgaben 213
9.4 Fourier-Approximation 214
    9.4.1 Fourier-Reihe des Frequenzganges 214
    9.4.2 Vorbereitende Aufgaben 215
    9.4.3 Versuchsdurchführung... 215
9.5 Fourier-Approximation mit Fensterung............................... 216
    9.5.1 Glättung durch Fensterung.. 216
    9.5.2 Vorbereitende Aufgaben 217
    9.5.3 Versuchsdurchführung... 217
9.6 Chebyshev-Approximation 220
    9.6.1 Equiripple-Methode... 221
    9.6.2 Versuchsdurchführung... 222
9.7 Zusammenfassung 224
9.8 Quiz 9... 225
9.9 Lösungen zu den Aufgaben 226
Literatur.. 235

Zusammenfassung

Im Versuch werden selektive digitale FIR-Filter nach Vorgaben im Frequenzbereich entworfen. Zwei Entwurfsmethoden, die Fourier-Approximation mit Kaiser-Fenster und die Equiripple-Methode für linearphasige FIR-Filter, werden vorgestellt. Die praktische Umsetzung geschieht mit dem MATLAB-Werkzeug `Filter Designer` und typische Beispiele werden behandelt. Die Transformation von Tiefpässen in Hoch- oder Bandpässe wird vorgestellt.

Schlüsselwörter

Abwärtstaster („down-sampler") · Anti-aliasing-Tiefpass („anti-aliasing lowpass") · Bandpass („band-pass") · Bandsperre („band-stop") · Chebyschev-Approximation („Chebyshev approximation") · Dezimator ("decimator") · Equiripple-Methode („equiripple method") · Filter („filter") · „Filter Designer" · FIR-Filter („FIR filter") · Filterentwurf („filter design") · Fourier-Approximation („Fourier approximation") · Frequenzgang („frequency response") · Hochpass („high-pass") · Impulsantwort („impulse response") · Kaiser-Fenster („Kaiser window") · MATLAB · Remez-Algorithmus („Remez algorithm") · Tiefpass („low-pass") · Toleranzschema („tolerance scheme") · Transversalfilter („transversal filter") · Unterabtastung („subsampling")

9.1 Lernziele

Moderne Softwarepakete zur digitalen Signalverarbeitung, wie die Signal Processing Toolbox von MATLAB, enthalten meist mehrere Programme zum Entwurf digitaler Filter. Man unterscheidet nach Entwurfsvorschriften im Zeit- oder Frequenzbereich und Filtertyp FIR oder IIR. Dieser Versuch behandelt einige wichtige Entwurfsverfahren für FIR-Filter nach Vorschriften im Frequenzbereich.

Ein weiterer wichtiger Aspekt des Filterentwurfs ist die Implementierung. Sie kann für die Auswahl des Filtertyps entscheidend sein. Überlegungen zu realen digitalen Filtern werden in späteren Versuchen vorgestellt.

Nach Bearbeiten dieses Versuchs können Sie

- wichtige Vorteile von FIR-Filtern nennen,
- die Entwurfsvorschriften für digitale Filter im Frequenzbereich anhand eines Toleranzschemas erläutern,
- die Grundgleichung der Fourier-Approximation angeben,
- einen Filterentwurf mit Fourier-Approximation und Fensterbewertung durchführen,
- für ein Tiefpassfilter den Entwurf mit Kaiser-Fenster vornehmen und dazu die erforderliche Filterordnung abschätzen,
- einen FIR-Tiefpass in einen Bandpass oder Hochpass transformieren,
- den Unterschied zwischen der Fourier- und der Chebyschev-Approximation anhand einer Skizze erklären,
- mit dem MATLAB-Werkzeug „Filter Designer" linearphasige FIR-Filter mit der Equiripple-Methode entwerfen und analysieren,
- und für eine praktische Anwendung ein Entwurfsverfahren auswählen.

9.2 FIR-Filterstruktur

Unter digitalen *Finite-duration-impulse-response(FIR)-Filtern* versteht man gemeinhin nichtrekursive digitale Filter mit endlich langer Impulsantwort. FIR-Filter weisen keine Signalrückführung auf. Eine mögliche Filterstruktur besteht aus einer Verzögerungskette mit gewichteten Abgriffen und einem Summierer (Akkumulator), das *Transversalfilter* in Abb. 9.1.

Die transversale Filterstruktur wird aus praktischen Gründen häufig verwendet und von den meisten digitalen Signalprozessoren hardwaremäßig unterstützt. Mit einem *Multiply-and-Accumulate(MAC)-Befehl* realisieren sie einen Abgriff des FIR-Filters in einem Prozessorzyklus. Dabei müssen die Elemente der Eingangsfolge nicht im Speicher bewegt werden, sondern es genügt beim Auslesen die Adresse zu inkrementieren. Schließlich ist das Ergebnis im Akkumulator erst zum Schluss abzuspeichern, sodass eine effiziente Überlaufbehandlung möglich ist.

FIR-Filter sind in vielen Anwendungen zu finden. Sie haben den Vorteil, dass

- sie „linearphasig" sein können,
- sie stets stabil sind,
- ihr Ein- und Ausschwingen endliche Dauer hat,
- ihr Entwurf unkompliziert ist,
- sie effizient in Hardware und auf Signalprozessoren realisiert werden können (s. a. schnelle Faltung in Kap. 6),
- und sie relativ unempfindlich gegen Wortlängeneffekte (Kap. 15) sind.

FIR-Filter haben jedoch den Nachteil, dass

- zur Realisierung selektiver Filter mit hohen Sperrdämpfungen und steilen Filterflanken relativ viele Filterkoeffizienten benötigt werden.

Ein FIR-Filter zu entwerfen heißt, zuerst die Filterordnung N festzulegen und dann die Werte der $N+1$ Filterkoeffizienten, b_0 bis b_N, zu bestimmen. Wie aus Abb. 9.1 hervorgeht, entsprechen die *Filterkoeffizienten* der *Impulsantwort*, $h[n] = b_n$ für $n = 0, 1, ..., N$

Abb. 9.1 Blockdiagramme des FIR-Filters in transversaler Struktur

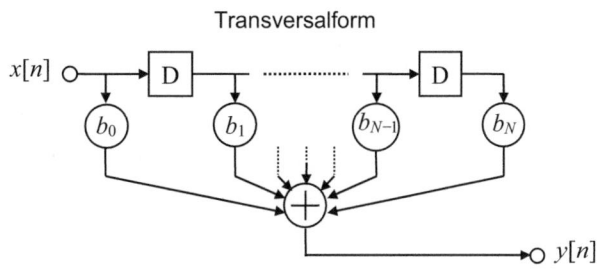

und $h[n]=0$ sonst. Damit sind auch die Übertragungsfunktion und der Frequenzgang festgelegt und umgekehrt.

Im Versuch wird der verbreitete Entwurf von FIR-Filtern im Frequenzbereich in zwei Varianten vorgestellt, die Fourier-Approximation und die Chebyshev-Approximation mit dem Remez-Algorithmus.

9.3 Entwurfsvorschriften im Frequenzbereich

Selektive Filter (Tiefpässe, Hochpässe, Bandpässe und Bandsperren) werden eingesetzt, um Signalkomponenten in einem bestimmten Frequenzband, dem *Durchlassbereich*, möglichst unverzerrt passieren zu lassen, während sie im *Sperrbereich* unterdrückt werden sollen.

Ideales Durchlass- und Sperrverhalten ist durch „reale" Systeme, wie die Lineartime-invariant(LTI)-Systeme mit der polynomialen Übertragungsfunktion (Kap. 7), nicht darstellbar. In den Anwendungen müssen deshalb Kompromisse in Form eines Toleranzschemas eingegangen werden.

9.3.1 Toleranzschema für den Tiefpassentwurf

Das typische *Toleranzschema* für den Entwurf von FIR-Filtern mit Tiefpasscharakteristik, kurz *FIR-Tiefpass* genannt, beschreiben zwei Gleichungen für den Betragsgang. Im Durchlassbereich liegt die Anforderung vor

$$1 - \delta_D \leq \left|H\left(e^{j\Omega}\right)\right| \leq 1 + \delta_D \quad \text{für} \quad 0 \leq \Omega \leq \Omega_D$$

und im Sperrbereich

$$\left|H\left(e^{j\Omega}\right)\right| \leq \delta_S \quad \text{für} \quad \Omega_S \leq \Omega \leq \pi.$$

Die Frequenzangabe beschränkt sich wegen der geraden Symmetrie des Betragsganges auf den (normierten) Frequenzbereich von null bis π.

Die maximal zulässigen (Betrags-)Abweichungen vom Wunschverlauf δ_D und δ_S werden *Durchlass-* bzw. *Sperrtoleranz* genannt. Die zugehörigen Eckfrequenzen Ω_D und Ω_S heißen (normierte) *Durchlass-* bzw. *Sperrkreisfrequenz*. Für den Zwischenbereich, dem *Übergangsbereich*, werden keine expliziten Angaben gemacht. In der Regel wird jedoch ein monoton fallender Übergang, die *Filterflanke*, erwartet.

Bei FIR-Filtern ist eine „linearphasige" Realisierung möglich und in der Regel gewünscht. In diesem Fall kann das Toleranzschema direkt auf den Frequenzgang bezogen werden. Der Frequenzgang ist dann rein reell bzw. imaginär. Abb. 9.2 zeigt das typische Toleranzschema als *Toleranzschlauch*, der den Betragsgang des FIR-Filters einschließt. Man beachte, dass hier der Toleranzschlauch im Durchlassbereich symmetrisch um den Wert eins liegt.

Die nachfolgend behandelten Verfahren liefern FIR-Filter mit *linearer Phase* im Durchlassbereich. Um ein gutes Sperrverhalten zu erreichen, liegen die Nullstellen der Filter im Sperrbereich auf dem Einheitskreis. Wie in Kap. 8 festgestellt wurde, führt eine

9.3 Entwurfsvorschriften im Frequenzbereich

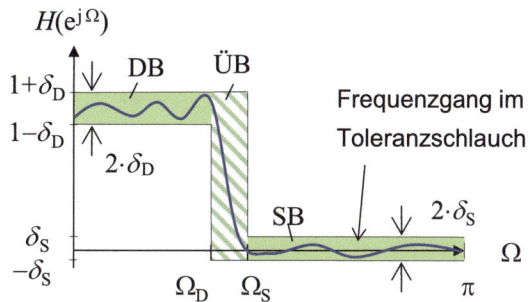

Abb. 9.2 Toleranzschema für den Entwurf eines FIR-Tiefpasses mit linearer Phase mit Durchlassbereich (DB), Übergangsbereich (ÜB) und Sperrbereich (SB)

Tab. 9.1 Eigenschaften der Frequenzgänge von linearphasigen FIR-Filtern mit Ordnung N

Impulsantwort	N gerade	N ungerade
Gerade $h[n] = h[N-n]$	Keine Einschränkung	$H(z=-1)=0$
Ungerade $h[n] = -h[N-n]$	$H(z=1)=0$, $H(z=-1)=0$	$H(z=1)=0$

Nullstelle auf dem Einheitskreis zu einem Phasensprung um π, was in Abb. 9.2 einem Vorzeichenwechsel des Frequenzganges bedingt. Streng genommen spricht man darum von einem FIR-Filter mit *verallgemeinerter linearer Phase* („generalized linear phase FIR filter"). Da der Phasensprung im Sperrbereich stattfindet, wird im Weiteren vereinfachend von linearer Phase gesprochen.

Beim Entwurf linearphasiger FIR-Filter sind gewisse Randbedingungen für den Frequenzgang zu beachten. Je nach Länge der Impulsantwort ergeben sich bei gerader bzw. ungerader Symmetrie der Impulsantwort die Einschränkungen in Tab. 9.1. (Das verifiziert man jeweils einfach mit kurzer Impulsantwort und Berechnung von $H(z)$ mit MATLAB für z gleich 1 [$\Omega=0$] und -1 [$\Omega=\pi$]).

9.3.2 Vorbereitende Aufgaben

A9.1 Impulsantworten linearphasiger Filter
Benutzen Sie die Ergebnisse in Tab. 9.1, um die jeweils nicht realisierbaren Filter, d. h. *Tiefpass (TP)* („low-pass"), *Bandpass (BP)* („band-pass"), *Hochpass(HP)* („high-pass") oder *Bandsperre(BS)* („band-stop"), in Tab. 9.2 einzutragen.

A9.2 Entwurfsparameter im Frequenzbereich
Geben Sie die (normierte) Durchlasskreisfrequenz, die (normierte) Sperrkreisfrequenz, die Durchlasstoleranz und die Sperrtoleranz in Tab. 9.3 so an, dass für die digitale Verarbeitung eines analogen Signals die angegebenen Anforderungen erfüllt werden.

Zur Umrechnung der Frequenzangaben in Tab. 9.3 benutzen Sie den Zusammenhang gemäß dem Abtasttheorem mit der Abtastfrequenz f_s (Kap. 4 und 14). Es gilt $\Omega = 2\pi \cdot f / f_s$ für $0 \leq f < f_s/2$.

Tab. 9.2 Einschränkungen bzgl. der Impulsantwort für linearphasige FIR-Filter

Symmetrie der Impulsantwort	Ordnung der Impulsantwort	Realisierbare Filtertypen
Gerade	Gerade	Keine Einschränkung
	Ungerade	
Ungerade	Gerade	
	Ungerade	

Tab. 9.3 Kenngrößen des Toleranzschemas für die Abtastfrequenz 20 kHz

Analog		Digital	
Sperrfrequenz	4 kHz	Sperrkreisfrequenz	
Durchlassfrequenz	3.4 kHz	Durchlasskreisfrequenz	
Max. Betragsabweichung im Durchlassbereich	±5 %	Durchlasstoleranz	
Minimale Sperrdämpfung	46.02 dB	Sperrtoleranz	

9.4 Fourier-Approximation

Bei der harmonischen Analyse werden periodische Funktionen durch eine Fourier-Reihe dargestellt. Die gefundenen Fourier-Koeffizienten sind diskreten Frequenzen zugeordnet und liefern im Frequenzbereich ein *Linienspektrum*. Beim Filterentwurf durch die Fourier-Approximation wird die gleiche Methode angewandt – nur die Rollen werden vertauscht: Die periodische Funktion ist nun der in 2π periodische Frequenzgang, und das Linienspektrum entspricht der zeitdiskreten Impulsantwort, siehe Stabdiagramm.

9.4.1 Fourier-Reihe des Frequenzganges

Die *Fourier-Approximation* ist eine relativ einfache Möglichkeit, ein FIR-Filter direkt nach Vorgaben im Frequenzbereich zu entwerfen. Sie fußt auf der Darstellung des Frequenzganges durch die Fourier-Reihe

$$H\left(e^{j\Omega}\right) = \sum_{n=-\infty}^{\infty} h[n] \cdot e^{-j\Omega \cdot n}$$

mit den Fourier-Koeffizienten gleich den Koeffizienten der Impulsantwort

$$h[n] = \frac{1}{2\pi} \cdot \int_{-\pi}^{+\pi} H\left(e^{j\Omega}\right) \cdot e^{j\Omega \cdot n} d\Omega.$$

9.4 Fourier-Approximation

Die Fourier-Approximation ist im Sinne des *mittleren Fehlerquadrats* optimal. Für die Implementierung muss in der Regel die Fourier-Reihe abgebrochen werden, da die Länge der Impulsantwort als endlich vorgegeben wird. Das FIR-Filter ist dann bezogen auf die Filterordnung immer noch optimal im Sinne des mittleren quadratischen Fehlers, siehe auch parsevalsche Gleichung (Kap. 3). Ein Toleranzschema mit Sprungstellen, wie z. B. in Abb. 9.2, führt jedoch bei endlicher Filterordnung zum Überschwingen vor und nach der Sprungstelle im realen Frequenzgang, entsprechend dem bekannten *gibbsschen Phänomen* der Fourier-Approximation (Kap. 1). In Abschn. 9.5 wird gezeigt, wie dieses Problem entschärft werden kann.

9.4.2 Vorbereitende Aufgaben

A9.3 FIR-Tiefpassentwurf – Fourier-Approximation

a. Wie lautet die Impulsantwort für den Wunschfrequenzgang eines idealen Tiefpasses?

$$H_\mathrm{w}\left(\mathrm{e}^{j\Omega}\right) = \begin{cases} 1 \text{ für } 0 \leq |\Omega| < \Omega_\mathrm{g} \\ 0 \text{ für } \Omega_\mathrm{g} \leq |\Omega| \leq \pi \end{cases} \leftrightarrow h_\mathrm{w}[n] =$$

b. Welche zwei Maßnahmen sind notwendig, um aus der Wunschimpulsantwort ein realisierbares FIR-System N-ter Ordnung abzuleiten, dessen (Betrags-)Frequenzgang den Wunschfrequenzgang approximiert?
c. Geben Sie die resultierende Impulsantwort eines kausalen FIR-Filters der Ordnung 20 in analytischer Form an (keine Zahlenwerte).
d. Wie kann die Verkürzung der Wunschimpulsantwort auf die vorgegebene Filterordnung interpretiert werden und welche Auswirkung hat sie auf den realen Frequenzgang?

9.4.3 Versuchsdurchführung

M9.1 FIR-Tiefpassentwurf – Fourier-Approximation

Untersucht wird das FIR-Filter mit der Impulsantwort aus der Vorbereitung A9.3 für die normiert Grenzkreisfrequenz $\Omega_\mathrm{g}=(\Omega_\mathrm{D}+\Omega_\mathrm{S})/2$ in Tab. 9.3.

a. Berechnen Sie für die Filterordnung 20 die Impulsantwort mit MATLAB und analysieren Sie das Filter mit dem MATLAB-Werkzeug „Filter Visualization Tool" (`fvtool`).
b. Überprüfen Sie am Betragsfrequenzgang, ob die Toleranzvorgaben eingehalten werden.
c. Ergibt sich eine Verbesserung, wenn Sie die Filterordnung verdoppeln?
d. Kann mit der verwendeten Methode dieses oder ein prinzipiell ähnliches Toleranzschema erfüllt werden?

9.5 Fourier-Approximation mit Fensterung

Die Fourier-Approximation ist zwar optimal im Sinne des mittleren quadratischen Fehlers, sie eignet sich jedoch wegen des gibbsschen Phänomens nicht, um Frequenzgänge mit Sprungstellen wie im Toleranzschema in Abb. 9.2 zu approximieren. Es bestehen zwei grundsätzliche Möglichkeiten, dieses Problem abzumildern:

Zum einen können die Sprungstellen durch Übergänge zu stetigen Filterflanken modifiziert werden, wie es z. B. für das Frequenzabtastverfahren durch Einfügen geeigneter Übergangswerte in [2] vorgeschlagen wird. Es ist jedoch kein Verfahren bekannt, mit dem der Approximationsfehler vorab gut abgeschätzt werden kann. Damit führt diese Methode auf ein iteratives Probieren, das allerdings am Computer automatisiert werden kann.

Zum andern kann der maximale Approximationsfehler, der durch den Abbruch der Fourier-Reihe entsteht, besser kontrolliert werden. Die Methode ist als Fourier-Approximation mit Fensterung bekannt und zählt zu den bewährten Filterentwurfsverfahren der digitalen Signalverarbeitung.

9.5.1 Glättung durch Fensterung

Die Idee der *Fensterung* erschließt sich aus einer Betrachtung im Frequenzbereich die zunächst im Zeitbereich beginnt. Die zeitliche Begrenzung kann als Multiplikation der Impulsantwort mit einer Rechteckfolge entsprechender Länge interpretiert werden. Die Multiplikation im Zeitbereich führt zur Faltung des Wunschfrequenzganges mit dem Spektrum der Fensterfolge. Durch die Wahl der Form der Fensterfolge kann der Effekt des gibbsschen Phänomens reduziert werden. Stellt man sich die Fensterung als Multiplikation zuerst mit der Rechteckfolge für das Ausschneiden und anschließend mit der Fensterfolge für die Formung vor, entspricht Letzteres einer Faltung des Frequenzgangs der verkürzten Fourier-Approximation mit dem Spektrum der Fensterfolge. Bei geeigneter Wahl des Fensters stellt sich eine glättende Wirkung ein. Es werden die unerwünschten Über- und Unterschwinger auf Kosten einer zunehmenden Breite des Übergangsbereichs reduziert.

Beim Filterentwurf durch die Fourier-Approximation werden je nach Aufgabe verschiedene Fensterfolgen benutzt. Eine für den Entwurf von Tiefpässen häufig verwendete Fensterfolge ist das *Kaiser-Fenster*

$$w_K[n] = \begin{cases} I_0\left(\beta \cdot \sqrt{1 - \frac{n^2}{(N/2)^2}}\right)/I_0(\beta) & \text{für } |n| \leq N/2 \\ 0 & \text{für } |n| > N/2 \end{cases}$$

Das Kaiser-Fensters enthält die modifizierte Besselfunktion erster Art der Ordnung null I_0 mit dem Formparameter β. Das Kaiser-Fenster ist somit parametrisierbar und eröffnet die Möglichkeit, eine Anpassung an das Toleranzschema vorzunehmen.

Die Wahl des Formparameters beruht auf empirischen Erfahrungen mit typisch Werten von 4 bis 9 [1]. Die im Folgenden vorgestellte Methode liefert zu einem Tiefpassentwurf mit vorgegebenem Toleranzschema den Formparameter und die Filterordnung. Letztere wird erfahrungsgemäß auf ± 2 richtig geschätzt [3]. Die Methode wird nachfolgend als Arbeitsblatt präsentiert.

9.5.2 Vorbereitende Aufgaben

A9.4 FIR-Tiefpassentwurf mit Kaiser-Fenster
Ein Tiefpass mit den Anforderungen aus A9.2 soll durch die Fourier-Approximation mit Kaiser-Fenster entworfen werden. Bestimmen Sie anhand des Arbeitsblatts in Tab. 9.4 die nötige Filterordnung und den zugehörigen Formparameter.

9.5.3 Versuchsdurchführung

M9.2 Fourier-Approximation mit Kaiser-Fenster
Entwerfen Sie den Tiefpass nach den Vorgaben in Tab. 9.3 mit der Fourier-Approximation mit Kaiser-Fenster nach Tab. 9.4, s. a. MATLAB-Funktion `kaiser`. Werden die Spezifikationen eingehalten? Diskutieren Sie das Ergebnis im Vergleich zur einfachen Fourier-Approximation in M9.1.

M9.3 Filter Designer
Wiederholen Sie den FIR-Tiefpassfilterentwurf in M9.2 mit dem MATLAB-Werkzeug „Filter Designer"". Das Werkzeug ist hilfreich zum Entwurf und zur Analyse digitaler Filter und bietet dazu eine Reihe von Optionen an. In diesem Versuch wird nur der Entwurf für ein FIR-Filter eingesetzt. Weitergehende Anwendung findet das Werkzeug in Kap. 11.

Starten Sie dazu das Werkzeug mit Eingabe von `filterDesigner`. Sie sollten eine Bildschirmanzeige mit der grafischen Benutzeroberfläche wie in Abb. 9.3 erhalten. Für den Entwurf des FIR-Tiefpassfilters mit Kaiser-Fenster werden die Einstellungen in Tab. 9.5 benötigt.

Beachten Sie das Toleranzschema des MATLAB-Werkzeugs in Abb. 9.3. Stellen Sie den Zusammenhang zwischen den Vorgaben in Tab. 9.3 her. Welcher allgemeine Zusammenhang besteht zwischen den MATLAB-Spezifikationen `Apass` und `Astop` in dB und den Toleranzen δ_D und δ_S des Toleranzschemas in Abb. 9.2? Stellen Sie den formelmäßigen Zusammenhang her.

Tab. 9.4 Arbeitsblatt zum Tiefpassfilterentwurf durch Fourier-Approximation mit Kaiser-Fenster

Vorgaben des Toleranzschemas			
Durchlasstoleranz			$\delta_D =$
Sperrtoleranz			$\delta_S =$
Durchlasskreisfrequenz			$\Omega_D =$
Sperrkreisfrequenz			$\Omega_S =$
Formparameter und Filterordnung			
Minimale Toleranz		$\delta_{min} = \min(\delta_D, \delta_S)$	$\delta_{min} =$
Breite des Übergangsbereichs		$\Delta_\Omega = \Omega_S - \Omega_D$	$\Delta_\Omega =$
Hilfsgröße		$a_{dB} = -20 \cdot \lg(\delta_{min})$ dB	$a_{dB} =$
Formparameter	$a_{dB} \geq 50$ dB	$\beta = 0{,}1102 \cdot (a_{dB}/\text{dB} - 8{,}7)$	
	$21\text{dB} \leq a_{dB} < 50\text{dB}$	$\beta = 0{,}5842 \cdot (a_{dB}/\text{dB} - 21)^{0{,}4} + 0{,}07886 \cdot (a_{dB}/\text{dB} - 21)$	
	$a_{dB} < 21$ dB	$\beta = 0$	$\beta =$
Hilfsgröße		$D = (a_{dB}/\text{dB} - 7{,}95)/14{,}36$	$D =$
Filterordnung[a]		$N = \lceil 2\pi D / \Delta_\Omega \rceil$	$N =$

[a] Aufrundungsfunktion; Die Filterordnung kann beim Tiefpass prinzipiell sowohl gerade als auch ungerade sein, siehe Tab. 9.2

9.5 Fourier-Approximation mit Fensterung

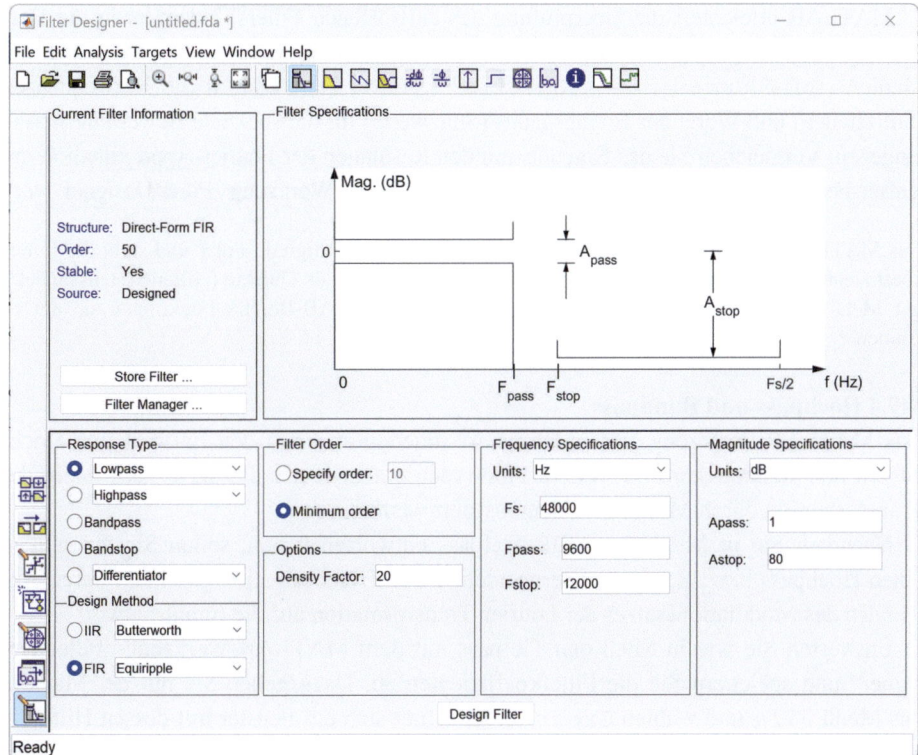

Abb. 9.3 Grafische Benutzeroberfläche des MATLAB-Werkzeugs „Filter Designer" (filterDesigner)

Tab. 9.5 Einstellungen für das MATLAB-Werkzeug „Filter Designer" zum Tiefpassfilterentwurf

Anzeigenfeld	Auswahl oder Parametereingabe
Response Type	→Low Pass
Design Method	→FIR→Window
Filter Order	→Minimum order
Options	Window→Kaiser
Frequency Specifications	Units→Hz
	FS→20.000
	Fpass→3400
	Fstop→4000
Magnitude Specifications	Units→db
	Apass→0.869
	Astop→46.0

MATLAB erleichtert die Überprüfung des entworfenen Filters, indem es in die Darstellung des Betragsfrequenzgangs das Toleranzschema einblendet. Hierzu wählt man im Menü `View→User-defined Spectral Mask`. Dort können Sie Eckfrequenzen (Stützstellen) und Werte des Betragsgangs (Stützwerte) für die spektrale Bewertungsmaske eingeben. Vergleichen Sie das Ergebnis mit den Resultaten der Fourier-Approximation mit Kaiser-Fenster in M9.2. Welche Filterordnung schlägt das Werkzeug „Filter Designer" vor?

Das MATLAB-Werkzeug „Filter Designer" entwirft nicht nur digitale Filter und stellt die Filterkoeffizienten zur Verfügung, sondern kann digitale Filter auch als Objekte („filter System object") mit Meta-Informationen abspeichern, sodass weitere MATLAB-Befehle/Funktionen sie nutzen können.

M9.4 Hochpass und Bandpass

Das MATLAB-Werkzeug „Filter Designer" unterstützt direkt den Entwurf von Hochpässen und Bandpässen und weitere Filtertypen – aber hier soll zuerst das Prinzip der Transformation durch Modulation demonstriert werden.

Nachdem Sie in M9.3 einen FIR-Tiefpass entworfen haben, sollen Sie ihn nun in einen Hochpass bzw. Bandpass „verwandeln". Die Transformation geschieht durch Anwenden des Modulationssatzes der Fourier-Transformation auf die Impulsantwort.

Entwerfen Sie wie in M9.3 den Tiefpass mit dem MATLAB-Werkzeug „Filter Designer" und speichern Sie die Filterkoeffizienten ab. Dazu gehen Sie mit der Maus in das Menü `File` und wählen `Export...`. Es öffnet sich ein Fenster mit dessen Hilfe die Koeffizienten mit einem gewählten Variablennamen in den Arbeitsspeicher geladen werden können. Alternativ können Sie als Ziel auch ein MAT-File angeben und erhalten im Arbeitsverzeichnis eine MATLAB-spezifische (Datenspeicher-)Datei, aus der Sie später mit dem Befehl `load` die Koeffizienten in den Arbeitsspeicher laden können.

Multiplizieren Sie die Impulsantwort des Tiefpasses mit der Kosinusfolge $\cos(\Omega_0 \cdot n)$ für $\Omega_0 = \pi$ bzw. $\pi/2$. Lassen Sie sich die Betragsgänge der resultieren FIR-Filter mit `fvtool` anzeigen. Überprüfen Sie, ob die Filter linearphasig sind.

Welche Zahlenwerte ergeben sich für die modulierenden Kosinusfolgen im Beispiel?

Was geschieht, wenn die modulierenden Signale nochmals auf die Ergebnisse angewendet werden?

9.6 Chebyshev-Approximation

Der vorangehende Teil des Versuches hat gezeigt, dass die Fourier-Approximation nicht das richtige Mittel für den Entwurf selektiver Filter mit sprunghaften Übergängen ist. Die Approximation im quadratischen Mittel macht die Betragsabweichungen vom Wunschverlauf nicht kontrollierbar und kann deshalb aus den Toleranzen wenig Nutzen ziehen. Für den Filterentwurf nach Vorgabe eines Toleranzschemas ist jedoch nur dessen

Einhaltung maßgeblich. Durch direkte Bezugnahme auf das Toleranzschema kann die sich ergebende Freiheit genutzt werden, die Filterordnung und/oder die Toleranzen kleiner zu halten, als dies z. B. bei der Fourier-Approximation möglich ist.

9.6.1 Equiripple-Methode

Im Folgenden wird die Idee der Equiripple-Methode grob skizziert. Eine genauere Darstellung des Entwurfs und seiner Randbedingungen würde den hier vorgesehenen Rahmen übersteigen (z. B. [3]).

Anders als die Fourier-Approximation wird bei der *Chebyshev-Approximation*, im Deutschen auch *Tschebyscheff-Approximation* genannt, die maximale Abweichung vom Wunschfrequenzgang minimiert. Das geschieht beim Filterentwurf numerisch mit dem *Remez-Algorithmus* auf der Grundlage, dass der Frequenzgang eines FIR-Filters prinzipiell als Polynom dargestellt werden kann. Es resultiert der charakteristisch alternierende Frequenzgang der Entwurfslösung im Toleranzschema in Abb. 9.4. Man spricht anschaulich vom *Equiripple-Verhalten*. Für die Approximation bedeutet dies: Nach Vorgabe des Toleranzschemas und des Filtergrads ist die Zahl der Berührungspunkte des Frequenzgangs der Entwurfslösung (Polynom) mit den Grenzen des Toleranzschemas bekannt. Unbekannt sind zunächst die zugehörigen normierten Kreisfrequenzen.

Die unbekannten Kreisfrequenzen der Berührungspunkte werden durch den Remez-Algorithmus in einem Austauschverfahren iterativ bestimmt. Sind auch die zugehörigen normierten Kreisfrequenzen gefunden, werden die Filterkoeffizienten abschließend anhand eines linearen Gleichungssystems berechnet Eine effiziente Implementierung der Entwurfsmethode ist unter dem Namen *Parks-McClellan-Algorithmus* bekannt [4, 5]. Der Algorithmus bedient sich für die Iterationen im Wesentlichen der folgenden Schritte:

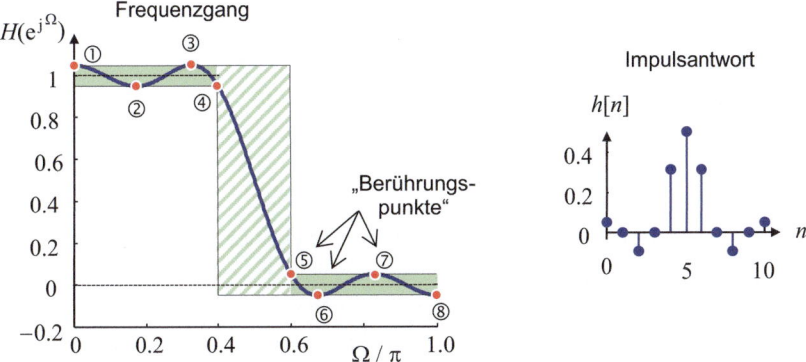

Abb. 9.4 Chebyshev-Approximation des Frequenzgangs mit der Equiripple-Methode (Filterordnung $N=10$, Extra-ripple-Lösung mit $N/2+3=8$ Berührungspunkten) und resultierende kausalen Impulsantwort

- Beginne mit einer Schätzung der normierten Kreisfrequenzen (Stützstellen) für die lokalen Extrema des Frequenzgangs (Stützwerte), z. B. gleichverteilt. Setze die Stützwerte auf die jeweiligen Grenzen des Toleranzschemas („Berührungspunkte").
- Interpoliere die Werte durch ein Polynom und bestimme daraus die zugehörigen lokalen Extrema.
- Tausche die alten Stützstellen durch die neuen Stellen der Extrema aus (Austauschverfahren) und setze die Stützwerte auf die jeweiligen Grenzen des Toleranzschemas (neue „Berührungspunkte").
- Wiederhole die letzten beiden Schritte solange, bis keine wesentliche Änderung mehr in den „Berührungspunkten" auftreten.
- Berechne aus den „Berührungspunkten" die Impulsantwort.

Der Vorteil des Verfahrens zeigt Abb. 9.4. Durch möglichst vollständiges Nutzen des Toleranzschemas wird die Filterspezifikation in der Regel bei kleinerer Filterordnung erreicht als bei der Fourier-Approximation mit Fensterbewertung. Und abgesehen von der numerischen Berechnung der Filterkoeffizienten und der vorgegebenenFilterordnung, strebt der Entwurf die im Sinne des minimalen Abstandes optimale Lösung an (Chebyshev-Norm).

Wie in Abb. 9.4 rechts sichtbar, entsteht aufgrund der geraden Symmetrie der Impulsantwort ein verallgemeinertes linearphasiges System. Unter dieser Nebenbedingung wird der Entwurf direkt bzgl. des Frequenzganges durchgeführt.

Remez-Algorithmus (Betrag und Phase)
Der Remez-Algorithmus arbeitet mit der Vorgabe eines Toleranzschlauches. Er ist nicht auf die bekannten Prototypen selektiver Filter beschränkt und kann auf komplexe Aufgabenstellungen erweitert werden [6].

9.6.2 Versuchsdurchführung

M9.5 FIR-Tiefpass mit Equiripple-Design
Wiederholen Sie den FIR-Tiefpassfilterentwurf in M9.3 nun mit der Equiripple-Methode. Welche Filterordnung wird für die Equiripple-Lösung benötigt?

M9.6 Fallbeispiel Bandpass mit Dezimator
Wir führen ein größeres Fallbeispiel in mehreren Schritten durch, um die Leistungsfähigkeit der Equiripple-Methode noch besser einschätzen zu können. Dabei lernen wir auch weitere Anwendungsaspekte kennen. Wir gehen von Audiosignalen mit der für die CD-DA (Compact Disc Digital Audio) typischen Abtastfrequenz von 44.1 kHz aus, sodass Sie gegebenenfalls verschiedene Freeware-Programme zur Aufnahme eigener Audiosignale am PC nutzen können.

Demonstriert werden soll, welchen Einfluss eine Bandbegrenzung auf den Höreindruck hat, wozu exemplarisch die *Telefonsprache* ausgewählt wird. In der herkömmlichen

9.6 Chebyshev-Approximation

Telefonie (POT, „plain old telephony") wird das Sprachsignal im Wesentlichen im Frequenzband von 300 bis 3400 Hz übertragen. Die Bandbegrenzung wird bereits bei der Aufnahme durch die Sprechkapsel (Mikrofon) berücksichtigt. (Die CCITT [Comite Consultatif International Télégraphique et Téléphonique, heute ITU-T] hat für das internationale Fernsprechen ein Toleranzschema für die Restdämpfung spezifiziert, das detaillierte Angaben zur Bandbegrenzung macht. Zur Digitalisierung wurde international die Abtastfrequenz von 8 kHz aus praktischen Gründen festgelegt.)

a. Um einen Hörtest durchführen zu können, ist ein passendes Audiosignal entsprechend der Bandbreite der Telefonsprache zu filtern. Entwerfen Sie deshalb mit dem MATLAB-Werkzeug „Filter Designer" und der Equiripple-Methode ein FIR-Bandpassfilter.
Geben Sie dazu die Parameter der vier Eckfrequenzen (f_{stop1}, f_{pass1}, f_{pass2}, f_{stop2}) mit 300, 600, 3000 und 3400 Hz vor. Die Dämpfung in den Sperrbereichen ist 40 dB. Die Toleranz im Durchlassbereich beträgt 1 dB. Welche Ordnung hat das resultierende Bandpassfilter?
b. Vergleichen Sie die Filterordnung für das Bandpassfilter in (a) mit dem Ergebnis in M9.5 für das Tiefpassfilter. Überlegen Sie was für die Größe der Filterordnung im Beispiel (a) ausschlaggebend sein könnte.

In vielen Anwendungen sind Filter von großer Ordnung nicht einsetzbar, da sie den verfügbaren Rahmen an Rechenzeit und/oder Speicherplatz sprengen und/oder zu numerischen Ungenauigkeiten führen können.

Die Komplexität der Signalverarbeitung kann im Beispiel deutlich reduziert werden, wenn man die Grenzfrequenz der Telefonsprache von 3400 Hz mit der Abtastfrequenz von 44.1 kHz vergleicht, und berücksichtigt, dass zur digitalen Darstellung der Telefonsprache die Abtastfrequenz 6800 Hz genügen würde (Kap. 14); sie also um mehr als den Faktor 6 reduziert werden könnte.

Eine einfache Lösung zur Reduktion der Abtastrate stellt das System in Abb. 9.5 vor: der *Dezimator* („decimator") [1]. Das Signal mit der Abtastfrequenz $f_{s,x}$ wird zunächst tiefpassgefiltert und danach im *Abwärtstaster* („down-sampler") um den Faktor 2 unterabgetastet, d. h. es wird nur jeder zweite Signalwert weitergegeben. Dabei soll das Tiefpassfilter mögliche spektrale Überfaltungen durch die Unterabtastung verhindern, weshalb man hier von einem *Anti-aliasing-Filter* spricht. Die *Unterabtastung* („subsampling", „undersampling") wird in einer zweiten Stufe wiederholt.

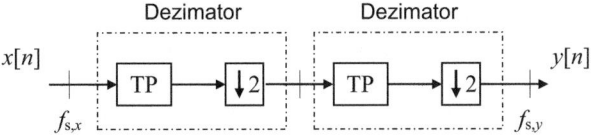

Abb. 9.5 System zur Abtastratenreduktion in zwei Stufen mit zwei gleichen Anti-alaising-Tiefpässen (TP) und Abwärtstastern (↓)

c. Welche Abtastfrequenz liegt schließlich am Ausgang des Systems in Abb. 9.5 vor? Wie sieht der Frequenzgang des idealen Anti-aliasing-Filters aus?
Welche Bedingungen sind im Fallbeispiel an die Durchlass- und Sperrfrequenz des Anti-aliasing-Filters zu stellen? Geben Sie geeignete Zahlenwerte für den Filterentwurf an, wobei hier der Einfachheit halber das gleiche Tiefpassfilter verwendet wird. Bestimmen Sie passsende normierte Sperr- und Durchlasskreisfrequenzen für den Entwurf.

d. Es empfiehlt sich das Anti-aliasing-Filter als linearphasiges FIR-Filter zu entwerfen, und so Phasenverzerrungen zu vermeiden. Führen Sie den Entwurf nach den Frequenzvorgaben in (c) durch. Verwenden Sie das MATLAB-Werkzeug „Filter Designer" mit der Equiripple-Methode. Wählen Sie für den Durchlassbereich eine Toleranz von $\pm 2\,\%$ und für den Sperrbereich eine Mindestdämpfung von 60 dB. Welche Filterordnung ergibt sich? Mit der Menüauswahl `File`→`Export…` lassen sich die Filterkoeffizienten in den Arbeitsspeicher oder eine Datei transferieren.

e. Wiederholen Sie nun den Entwurf des Bandpassfilters (a); jetzt aber nach der Abtastratenreduktion. Welche Filterordnung ergibt sich nun?

f. Schreiben Sie ein Programm zum Öffnen einer geeigneten Audiodatei und für die oben beschriebene Signalverarbeitung, sodass Sie Ihre Überlegungen durch Hören überprüfen können, siehe auch Onlineressourcen.

Abtastrate und Bandbegrenzung
Die Abtastratenreduktion wird bei der D/A-Umsetzung im MATLAB-Befehl `audioplayer` berücksichtigt.

Die Telefonbandbegrenzung wurde nach hohen Anforderungen an die Verständlichkeit für Telefonsprache international festgelegt, weshalb der Höreffekt (insbesondere bei Sprache) hier eher gering ist. Im Fallbeispiel können Sie für den Bandpass auch andere Werte für die Frequenzparameter und höhere Sperrdämpfungen einstellen und sich nach Export der Filterkoeffizienten in den Arbeitsspeicher schnell einen Höreindruck über den Einfluss der Bandbegrenzung verschaffen.

Zur Abtastratenreduktion invers ist die digitale Interpolation [7]. Beide werden in der digitalen Signalverarbeitung oft unter dem Themenkreis Multiratensysteme behandelt (z. B., [1]).

9.7 Zusammenfassung

Der Versuch „Entwurf digitaler FIR-Filter" stellt zunächst die Vorteile der FIR-Filter für die Praxis heraus. FIR-Filter zeichnen sich in den Anwendungen besonders durch die Implementierung als Transversalfilter mit (verallgemeinerter) linearer Phase aus. Sie können effizient eingesetzt werden und verursachen keine Phasenverzerrungen.

Danach zeigt der Versuch wie die Impulsantworten für typische FIR-Filter bestimmt werden. Selektive Filter, wie der Tiefpass, werden durch das Toleranzschema im Frequenzbereich spezifiziert. Ausgehend vom Toleranzschema stehen verschiedene Entwurfsmethoden zur Verfügung. Für Tiefpässe sind das vor allem die Fourier-Approximation mit Fenster und die Equiripple-Methode. Letztere nutzt die Freiheit des

Toleranzschemas zur Reduktion der Filterordnung. Die Equiripple-Methode ist heute die bevorzugte Wahl.

Die notwendige Filterordnung hängt mit den Vorgaben zusammen. Je geringer die Toleranzen und umso schmäle die Bereiche, umso größer wird die benötigte Filterordnung. Gegebenenfalls kann eine Signalverarbeitung nach Abtastratenreduktion mit einem Dezimator eine sinnvolle Alternative sein.

Mit dem MATLAB-Werkzeug „Filter Designer" können typische FIR-Filter nach verschiedenen Methoden entworfen werden. Die grafische Benutzeroberfläche unterstützt den Anwender durch einfache Bedienbarkeit und übersichtliche Präsentation der Entwurfsergebnisse.

9.8 Quiz 9

Ergänzen Sie die Lückentexte (_) sinngemäß.

1. Linearphasige FIR-Filter werden oft nach Vorgabe des ___ entworfen.
2. Der Filterentwurf mit Fourier-Approximation minimiert den ___ ___ Fehler im Frequenzgang.
3. Die Fourier-Approximation eignet sich weniger für ___ Filter.
4. Der Fensterung eines Signals im Zeitbereich entspricht im Frequenzbereich ___ des Signalspektrums mit dem Spektrum der Fensterfolge.
5. Das MATLAB-Werkzeug „Filter Designer" hält eine Auswahl von mehr als zwölf unterschiedlichen ___ vor.
6. Mit der Fourier-Approximation mit Kaiser-Fenster werden meist ___ entworfen.
7. Das Kaiser-Fenster ist ___.
8. Das Kaiser-Fenster wird speziell verwendet, um den Frequenzgang zu ___.
9. FIR-Tiefpässe lassen sich durch ___ der Impulsantwort in Bandpässe und Hochpässe transformieren.
10. Multipliziert man die Impulsantwort eines Tiefpasses mit der Folge $\{1,-1,1,-1,\ldots\}$ erhält man einen ___.
11. Multipliziert man die Impulsantwort eines Tiefpasses mit der Folge $\{1,0,-1,0,1,0,-1,\ldots\}$ erhält man einen ___.
12. Bei der ___-Approximation wird die maximale Abweichung vom Wunschfrequenzgang minimiert.
13. Mit der Equiripple-Methode werden FIR-Filter nach dem Kriterium der ___-Approximation entworfen.
14. Die Equiripple-Methode liefert FIR-Filter mit vergleichsweise ___ Filterordnung.
15. Bei einer Sperrdämpfung von 40 dB wird die Amplitude einer Signalkomponente im Sperrbereich um den Faktor ___ bedämpft.
16. Je Unterschiedlicher die Bandbreiten von Durchlassbereich, Übergangsbereich und Sperrbereich sind, umso ___ die Filterordnung.

17. Je kleiner die Toleranzen, umso ___ die Filterordnung.
18. Die sinc-Funktion hat die Eigenschaft sinc(n) = ___ für n = 1, 2, 3,...
19. Ein Dezimator besteht aus einem ___ gefolgt von einem ___.
20. Die Equiripple-Methode ist auf den Entwurf eines FIR-Filters nach Vorgabe eines ___ ausgelegt.

9.9 Lösungen zu den Aufgaben

In den Onlineressourcen finden Sie alle Programme und Signalquellen zu diesem Kapitel: fir_bp_audio.m, fir_design_transforms.m, fir_lp_design_1.m, fir_lp_design_2.m, firplot.m, h_aalp.mat, h_bp11025.mat, h_lp54.mat, h_lp90.mat, guitar.wav, NTHFDbe.wav, NTHFDel.wav.

Zu A9.1 Impulsantworten linearphasiger Filter
Einschränkungen, siehe Tab. 9.6

Zu A9.2 Entwurfsparameter im Frequenzbereich
Toleranzschema, siehe Tab. 9.7

Zu A9.3 FIR-Tiefpassentwurf – Fourier-Approximation
a. Wunschimpulsantwort (si-Funktion, siehe `sinc`) mit der Grenzkreisfrequenz Ω_g

$$h_w[n] = \frac{\Omega_g}{\pi} \cdot \text{si}(\Omega_g \cdot n).$$

Tab. 9.6 Einschränkungen bzgl. der Impulsantwort für linearphasige FIR-Filter (Lösung)

Symmetrie der Impulsantwort	Ordnung der Impulsantwort	Realisierbare Filtertypen
Gerade	Gerade	Keine Einschränkung
	Ungerade	Tiefpass, Bandpass
Ungerade	Gerade	Bandpass
	Ungerade	Hochpass, Bandsperre

Tab. 9.7 Kenngrößen des Toleranzschemas für die Abtastfrequenz 20 kHz (Lösung)

Analog		Digital	
Sperrfrequenz	4 kHz	Sperrkreisfrequenz	0.34 π
Durchlassfrequenz	3.4 kHz	Durchlasskreisfrequenz	0.4 π
Max. Betragsabweichung im Durchlassbereich	±5 %	Durchlasstoleranz	0.05
Minimale Sperrdämpfung	46.02 dB	Sperrtoleranz	0.005

b. Die Impulsantwort des realen, kausalen FIR-Filters N-ter Ordnung ist eine rechtsseitige Folge. Deshalb werden für das reale FIR-Filter zunächst die $N+1$ wesentlichen Koeffizienten der Wunschimpulsantwort symmetrisch um die normierte Zeit gleich null als Impulsantwort genommen (Rechteckfensterung). Danach wird die Impulsantwort bzgl. der normierten Zeit so weit nach rechts geschoben (zeitliche Verschiebung), bis sie rechtsseitig und damit das Filter kausal wird.

c. Impulsantwort (realisierbares FIR-Filter mit Filterordnung 20)

$$h_{\mathrm{F}}[n] = \frac{\Omega_{\mathrm{g}}}{\pi} \cdot \mathrm{si}\left(\Omega_{\mathrm{g}} \cdot [n-10]\right) \cdot (u[n] - u[n-21])$$

d. Die Rechteckfensterung der Wunschimpulsantwort entspricht dem Abbruch der Fourier-Reihe für den Wunschfrequenzgang. Dadurch tritt das gibbssche Phänomen mit Überschwingern an den Sprungstellen des Frequenzganges auf, wobei die größten Überschwinger etwa 9 % der Sprunghöhe betragen.

Zu M9.1 FIR-Tiefpassentwurf – Fourier-Approximation

Berechnung der Impulsantwort und grafischen Darstellung des Betragsgangs, siehe Programm 9.1 mit MATLAB-Werkzeug `fvtool` und Abb. 9.6. Beachten Sie im Programm die Verwendung der MATLAB-Funktion `sinc`.

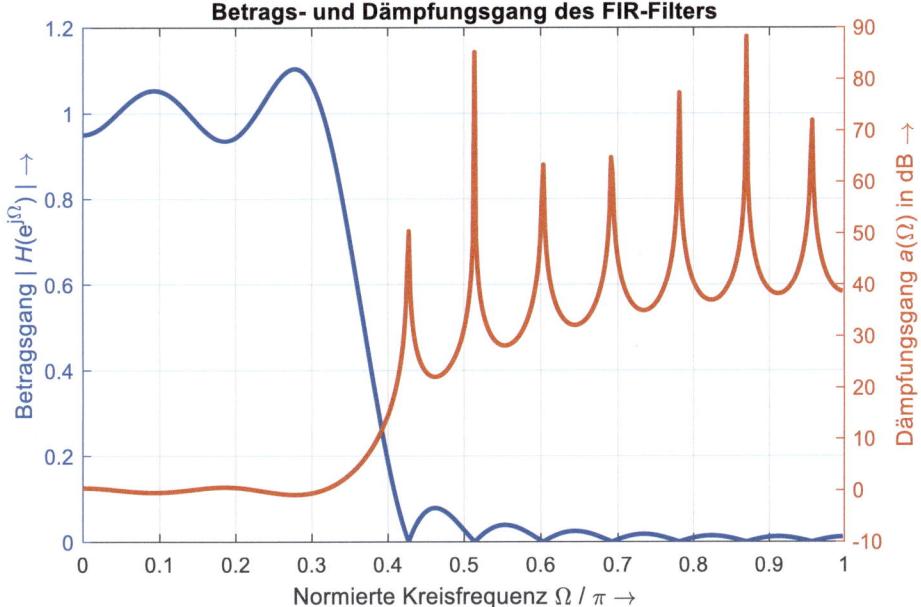

Abb. 9.6 Betrags- und Dämpfungsgang des FIR-Filters der Ordnung 20 mit Fourier-Approximation (`fir_lp_design_1`)

Die vorgegebenen Toleranzgrenzen werden weder im Durchlass- noch im Sperrbereich eingehalten, siehe Abb. 9.6. Dies gilt auch bei Verdopplung der Filterordnung. Die einfache Fourier-Approximation ist wegen des gibbsschen Phänomens nicht geeignet, um selektive FIR-Filter mit Sprungstellen im Frequenzgang nach Toleranzvorgaben zu entwerfen.

Programm 9.1 FIR-Filterentwurf mit Fourier-Approximation (fir_lp_design_1)

```
% FIR low pass filter design using Fourier approximation (mw2024)
%% Tolerance scheme
OmegaP = 0.34;  % passband cutoff radiant frequency (/pi)
DeltaP = 0.05;  % passband tolerance
OmegaS = 0.4;   % stopband cutoff radiant frequency (/pi)
DeltaS = 0.005; % stopband tolerance
%% Filter parameters
N = 20; % filter order
OmegaC = .5*(OmegaP + OmegaS);   % corner radian frequency
%% Impulse response (causal, order N)
n = -N/2:N/2;
h = OmegaC*sinc(n*OmegaC); % sinc function
%% Graphics
fvtool(h)  % filter viewer tool
%% Magnitude of frequency response and attenuation in one plot
N = 1024; % number of samples in the frequency domain
H = fft(h,N);
f = (2/N)*(0:N/2-1); Hn = H(1:N/2);
FIG1 = figure('Name','FIR filter design','NumberTitle','off', ...
    'Units','normal','Position',[.2,.1,.4,.4]);
yyaxis left
plot(f,abs(Hn),'LineWidth',2), grid
xlabel('Normierte Kreisfrequenz \Omega / \pi \rightarrow')
ylabel('Betragsgang | {\itH}(e^{j\Omega}) | \rightarrow')
% Attenuation of frequency response
a_dB = -20*log10(abs(Hn));
yyaxis right
plot(f,a_dB,'LineWidth',2)
ylabel('Dämpfungsgang {\ita}(\Omega) in dB \rightarrow')
title('Betrags- und Dämpfungsgang des FIR-Filters')
```

Zu A9.4 Tiefpassentwurf mit Kaiser-Fenster

Arbeitsblatt zum Tiefpassfilterentwurf mit Fourier-Approximation und Kaiser-Fenster.

Vorgaben des Toleranzschemas: $\delta_D = 0.05$, $\delta_S = 0.005$, $\Omega_D = 0.34\pi$ und $\Omega_S = 0.4\pi$.

Formparameters und Filterordnung: $\delta_{min} = 0.005$, $\Delta_\Omega = 0.06\pi$, $a = 46.02$ dB, $\beta = 4.091$, $D = 2.651$, $N = 89$.

Zu M9.2 Fourier-Approximation mit Kaiser-Fenster

Für den Filterentwurf wurde die Ordnung 90 gewählt, siehe Abb. 9.7 und Programm fir_design_2. Das Toleranzschema wird eingehalten – allerdings bei einer relativ hohen Filterordnung.

Programm 9.2 FIR-Filterentwurf mit der Fourier-Approximation und Kaiser-Fenster

Zu den graphischen Ausgaben siehe Programm 9.1 oder `fvtool`.

```
% FIR low pass filter design using Fourier approximation with
%   Kaiser window (mw2024)
%% Tolerance scheme
OmegaP = 0.34;   % passband cutoff radiant frequency (/pi)
OmegaS = 0.4;    % stopband cutoff radiant frequency (/pi)
DeltaP = 0.05;   % passband tolerance
DeltaS = 0.005;  % stopband tolerance
%% Filter order and design parameter for Kaiser window
Delta = min(DeltaP,DeltaS);
DeltaOmega = pi*(OmegaS-OmegaP);
a = -20*log10(Delta);  % in dB
if a > 50
    beta = 0.1102*(a-8.7);
elseif a > 21
    beta = 0.5842*(a-21)^(0.4)+0.07886*(a-21);
else
    beta = 0;
end
D = (a-7.95)/14.36;
N = 2*pi*D/DeltaOmega;
% Select even filter order
N = ceil(N); N = N + rem(N,2);
fprintf('Filterordnung N = %g  :  beta = %g\n',N,beta);
% Radian corner frequency
OmegaC =(OmegaS+OmegaP)/2;
%% Impulse response (causal, order N)
n = -N/2:N/2;
h = OmegaC*sinc(n*OmegaC);
% Kaiser windowing
wK = kaiser(N+1,beta);
hK = h.*wK';   % modified impulse response
```

Zu M9.3 Filter Designer

Zur Überprüfung der Einhaltung des Toleranzschemas in Tab. 9.7 werden die Toleranzvorgaben ins logarithmische Maß umgerechnet. MATLAB verwendet im „Filter Designer" für das Toleranzschema im linearen Maß `Dpass` und `Dstop` bzw. im logarithmischen Maß die Größen `Apass` und `Astop`, siehe Abb. 9.3.

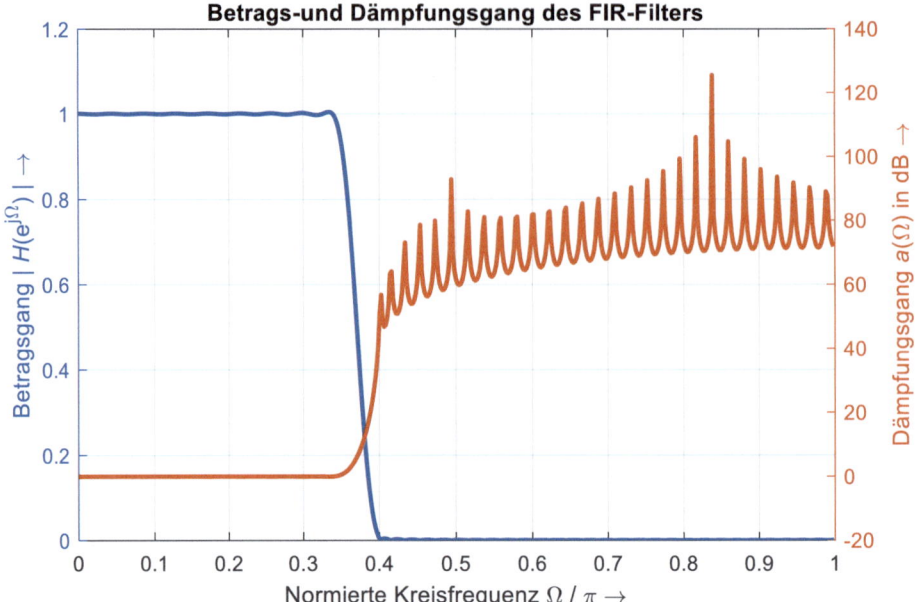

Abb. 9.7 Betrag- und Dämpfungsgang des FIR-Tiefpasses der Ordnung 90 mit Fourier-Approximation und Kaiser-Fenster (`fir_lp_design_2`)

Es gilt $\delta_D = 0.05$ und $\delta_S = 0.005$ bzw. im logarithmischen Maß:

$$\text{Apass} = 20 \cdot \log_{10}\left(\frac{1+\delta_D}{1-\delta_D}\right) \text{ dB} = 20 \cdot \log_{10}\left(\frac{1.05}{0.95}\right) \text{ dB} \approx 0.869 \text{ dB}$$

$$\text{Astop} = -20 \cdot \log_{10}(\delta_S) \text{ dB} = -20 \cdot \log_{10}(0.005) \text{ dB} \approx +46.0 \text{ dB}$$

Das Werkzeug „Filter Designer" schlägt die Filterordnung 89 vor.

Zu M9.4 Hochpass und Bandpass

Hochpass- und Bandpassentwurf durch Modulation der Impulsantwort eines Tiefpasses mit einer Kosinusfolge, z. B. `hHP=hLP.*cos(pi*(0:length(hLP)-1))`. Die modulierenden Kosinusfolgen spezialisieren sich auf {1,–1,1,–1,...} und {1,0,–1,0,1,0,–1,...} für den Hoch- bzw. Bandpass.

Transformationen: TP→HP→TP (identisch zum ersten TP), TP→BP→BS (jeder zweite Koeffizient des TP wird null gesetzt).

Zu M9.5 FIR-Filter mit Equiripple-Design

Für den Betragsgang des FIR-Tiefpasses nach der Equiripple-Methode siehe Abb. 9.8. Die Filterordnung ist 54, d. h. um circa 40 % kleiner als bei der Fourier-Approximation mit Kaiser-Fenster mit 89 bzw. 90.

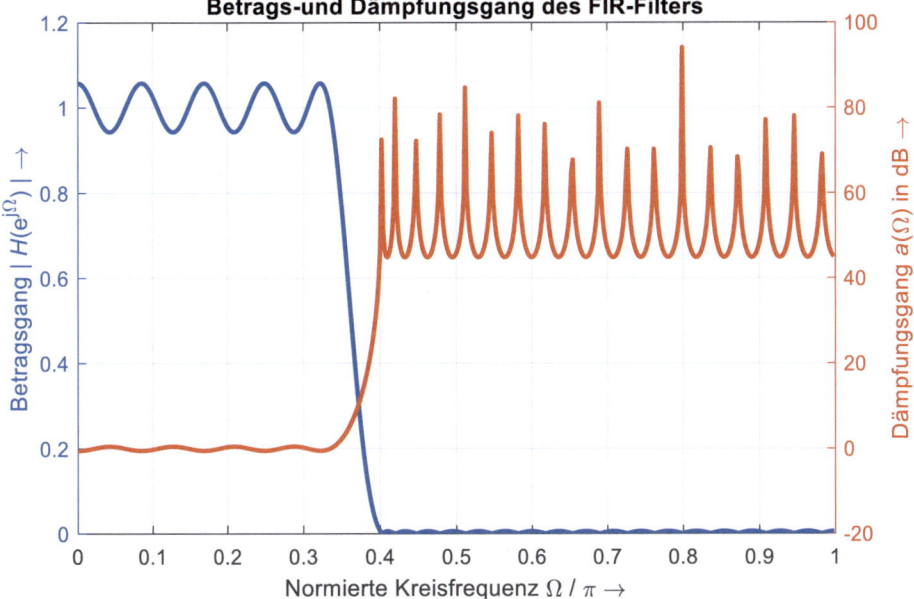

Abb. 9.8 Betragsgang des FIR-Tiefpasses der Ordnung 54 mit der Equiripple-Methode („Filter Designer")

Zu M9.6 Fallbeispiel Bandpass

a. Die Equiripple-Methode im „Filter Designer" liefert zur Abtastfrequenz 44.100 kHz ein Bandpassfilter der Ordnung 209.

b. Im Vergleich mit der Impulsantwort des Tiefpasses ist die Filterordnung um etwa den Faktor vier größer. Ausschlaggebend dafür ist das kleine Verhältnis aus der Breite des Durchlassbereiches zur Abtastfrequenz. Je kleiner dieses Verhältnis, umso größer wird die benötigte Filterordnung.
Wiederholt man den Entwurf für die Abtastfrequenzen 22.050 und 11.025 Hz, so halbiert sich jeweils die Filterordnung in etwa.

c. Das ideale Anti-aliasing-Filter ist ein idealer Tiefpass mit der normierten Grenzkreisfrequenz von $\pi/2$.
Am Ausgang des Systems zur Ratenreduktion ist die Abtastfrequenz $f_{s,y} = f_{s,x} / 4 = 11.025$ kHz.
Bedingungen für den Anti-alaising-Tiefpass
Die obigen Frequenzen entsprechen den normierten Kreisfrequenzen in der 1. Stufe
$\Omega_{pass1} = 2\pi \cdot 3400$ Hz $/ 44.100$ Hz $= \pi \cdot 0.1542$
$\Omega_{stop1} = \pi \cdot 0.5$ (unterdrückt Aliasing)
und in der 2. Stufe
$\Omega_{pass2} = 2\pi \cdot 3400$ Hz $/ 22.050$ Hz $= \pi \cdot 0.3084$
$\Omega_{stop2} = \pi \cdot 0.5$ (unterdrückt Aliasing)

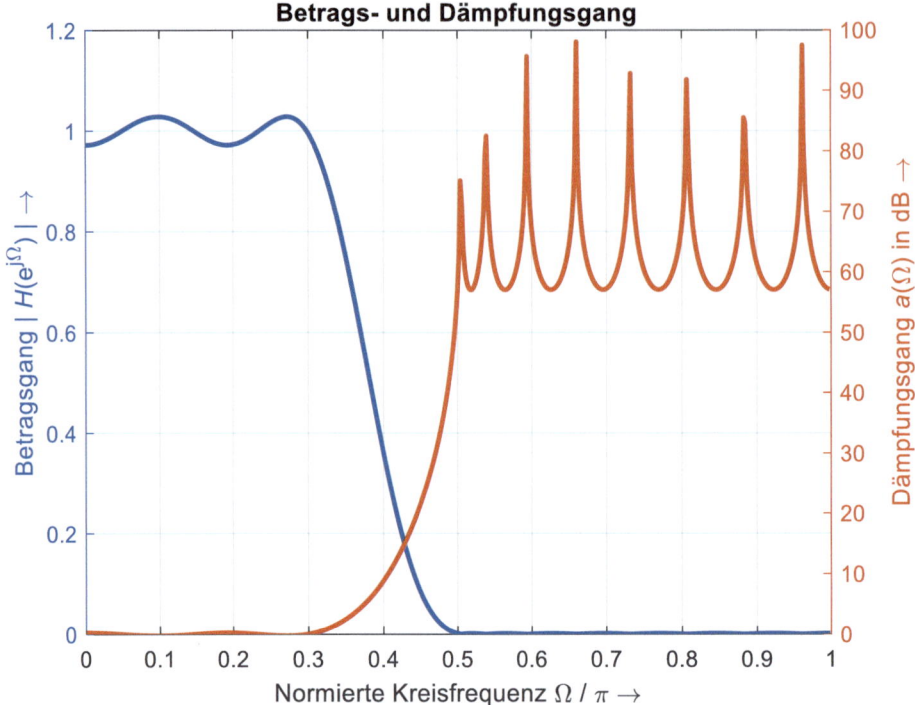

Abb. 9.9 Betragsgang und Dämpfungsgang des Anti-aliasing-Tiefpasses der Ordnung 24 (filterDesigner)

Da nur ein Anti-aliasing-Tiefpass verwendet werden soll, werden die am wenigsten einschränkenden Bedingungen ausgewählt: $\Omega_{pass2} = \pi \cdot 0.3084$ und $\Omega_{stop2} = \pi \cdot 0.5$.

d. Die Druchlasstoleranz von $\pm 2\,\%$ entspricht dem Parameter Apass gleich 0.3475 dB. Der Anti-aliasing-Tiefpass ist in Abb. 9.9 zu sehen. Die Filterordnung ist 24. Die Sperrdämpfung von mindestens 60 dB wird nicht immer erreicht.

e. Bandpassfilter nach Abtastratenreduktion siehe Abb. 9.10, Filterordnung 52. Die benötigte Filterordnung nach Abtastratenreduktion ist etwa um den Faktor vier kleiner entsprechend der Reduktion der Abtastfrequenz. Dies entspricht den nunmehr um den Faktor 4 „gedehnten" Bereichen im Toleranzschema.

f. siehe Programm 9.4

9.9 Lösungen zu den Aufgaben

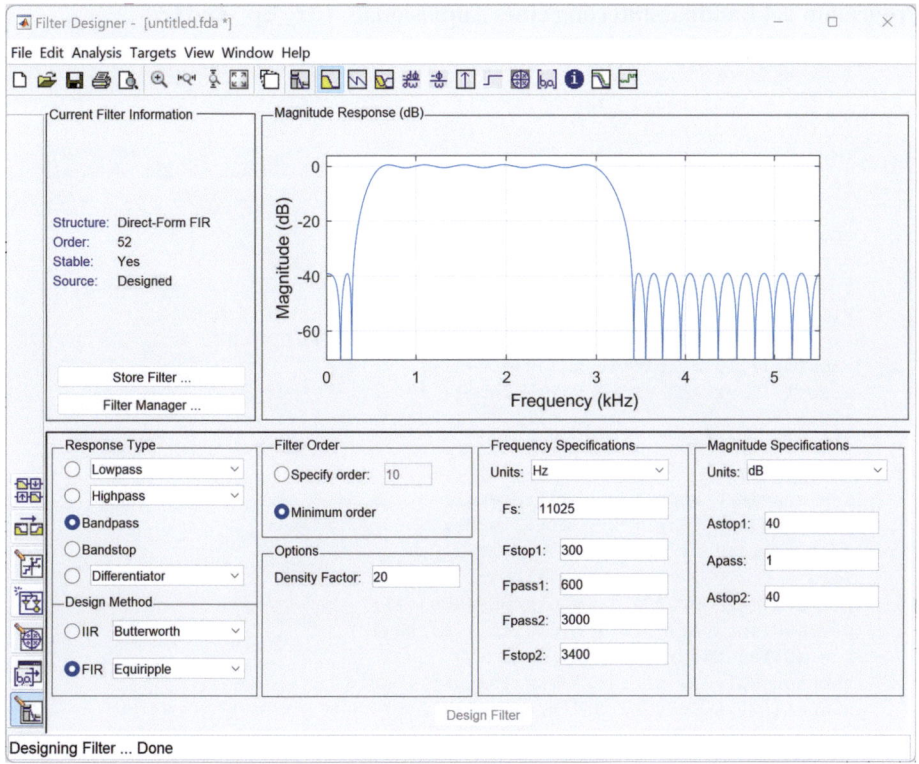

Abb. 9.10 Entwurf des FIR-Bandpassfilter der Ordnung 52 mit der Equiripple-Methode zur Abtastfrequenz von 11.025 kHz (`filterDesigner`)

Programm 9.4 Bandpassfilterung eines Audiosignals (`fir_bp_audio`)

```
% Bandpass filtering of audio signal (mw2024)
[x,fs] = audioread('NTHFDbe.wav'); % load audio signal
[x,fs] = audioread('guitar.wav'); % load audio signal
[M,N] = size(x);
if N==2 % stereo
    x = .5*(x(:,1) + x(:,2)); % mono
end
p = audioplayer(x,fs); play(p); pause(12)
t = (0:M-1)/fs;
FIG1 = figure('Name','FIR filter design','NumberTitle','off',...
    'Units','normal','Position',[.2,.1,.4,.4]);
subplot(2,1,1), plot(t,x/max(abs(x))), grid
xlabel('Zeit in Sekunden'), ylabel('Amplitude (norm.)')
title('Audiosignal (original, 44.1 kHz)')
%% Subsampling
load h_aalp % anti-aliasing low pass
x = conv(x,h_aalp); x = x(1:2:end); % subsampling
x = conv(x,h_aalp); x = x(1:2:end); % subsampling
%% Band pass filtering
load h_bp11025 % bandpass filter
y = conv(x,h_bp11025); y = y/max(abs(y));
p = audioplayer(y,fs/4); play(p); pause(12)
t = (0:length(y)-1)/(fs/4);
subplot(2,1,2), plot(t,y/max(abs(y))), grid
xlabel('Zeit in Sekunden'), ylabel('Amplitude (norm.)')
title('Audiosignal (subsampled and bandpass filtered, 11.025 kHz)')
```

Zu Quiz 9
1. Frequenzgangs
2. mittleren quadratischen
3. selektive
4. der Faltung
5. Fenstern (Fensterfolgen/funktionen)
6. Tiefpässe
7. parametrisierbar
8. glätten
9. Modulation
10. Hochpass
11. Bandpass
12. Chebyshev-Approximation
13. Chebyshev-Approximation
14. kleiner
15. 100
16. größer

17. größer
18. 0(null)
19. Anti-alaising-Tiefpass, Abwärtstaster
20. Toleranzschemas

Literatur

1. Kammeyer, K.-D., & Kroschel, K. (2018). *Digitale Signalverarbeitung. Filterung und Spektralanalyse mit MATLAB®-Übungen* (9. Aufl.). Springer Vieweg.
2. Oppenheim, A. V., & Schafer, R. W. (1975). *Digital signal processing*. Prentice-Hall.
3. Oppenheim, A. V., Schafer, R. W., & Buck, J. R. (1999). *Discrete-time signal processing* (2. Aufl.). Prentice-Hall.
4. Parks, T. W., & McClellan, J. H. (1972). Chebyshev approximation for nonrecursive digital filters with linear phase. *IEEE Trans. Audio Electroacoustics, AU, 20*(3), 189–194.
5. Parks, T. W., & McClellan, J. H. (1972). A program for design of linear phase finite impulse response filters. *IEEE Trans. Audio Electroacoustics, AU, 20*(3), 195–199.
6. Schulist, M. (1992). *Ein Beitrag zum Entwurf nichtrekursiver Filter*. Universität Erlangen-Nürnberg.
7. Werner, M. (2008). *Signale und Systeme. Lehr- und Arbeitsbuch mit MATLAB®-Übungen und Lösungen* (3. Aufl.). Vieweg.

Infinite-duration-impulse-response-Systeme

Inhaltsverzeichnis

10.1	Lernziele	238
10.2	Einfluss der Pole auf den Frequenzgang	238
10.3	Blockdiagramm des IIR-Systems	241
10.4	Impulsantwort	243
10.5	Partialbruchzerlegung der Übertragungsfunktion	244
10.6	Sprungantwort	246
10.7	Kerbfilter	247
10.8	Zusammenfassung	248
10.9	Quiz 10	248
10.10	Lösungshinweise	249
Literatur		254

Zusammenfassung

Dieser Versuch behandelt grundlegende Eigenschaften von LTI-Systemen mit linearen Differenzengleichungen mit Signalrückführung, den IIR-Systemen. Deren Übertragungsfunktion, Frequenzgang, Impulsantwort und Sprungantwort werden von den Polen und Nullstellen des IIR-Systems bestimmt. Die Versuchsdurchführung zeigt u. a., wie MATLAB die analytische Systemanalyse durch eine Partialbruchzerlegung praktisch unterstützen kann. Als einfaches Beispiel für IIR-Systeme wird schließlich das Kerbfilter vorgestellt.

Schlüsselwörter

Blockdiagramm („block diagram") · Frequenzgang („frequency response") · Impulsantwort („impulse response") · Infinit-duration-impulse-response(IIR)-System · Kerbfilter („notch filter") · MATLAB · Nullstelle („zero") · Partialbruchzerlegung („partial fraction decomposition") · Pol („pole") · Pol-Nullstellendiagramm („pole-zero plot") · Residuum („residuum") · Sprungantwort („step response") · Tiefpassfilter („lowpass filter") · Transponierte Direktform II („transposed direct form II") · Übertragungsfunktion („transfer function") · z-Ebene („z-plane")

10.1 Lernziele

Grundlegenden Eigenschaften rekursiver Linear-time-invariant(LTI)-Systeme stehen im Mittelpunkt dieses Versuchs. Da diese Systeme – von eigens konstruierten Spezialfällen abgesehen – theoretisch unendlich lange Impulsantworten aufweisen, spricht man kurz von *Infinite-duration-impulse-response(IIR)-Systemen*. Die Signalrückführung im IIR-System schlägt sich in der Übertragungsfunktion in einem oder mehreren Polen nieder und beeinflusst die Stabilität der IIR-Systeme.

Dieser Versuch baut auf Kap. 7 auf. Dort wird ein Überblick über die Beschreibung und die Eigenschaften zeitdiskreter LTI-Systeme gegeben. Im Weiteren gehen wir von kausalen LTI-Systemen aus, also mit rechtsseitigen Impulsantworten. Dann liegen bei strikt stabilen IIR-Systemen alle Pole im Inneren des Einheitskreises der komplexen z-Ebene.

Nach Bearbeiten dieses Versuches können Sie

- die rekursive Struktur von IIR-Systemen mit einem Blockdiagramm erläutern und daraus ein MATLAB-Programm zur Simulation der Systeme ableiten,
- den Zusammenhang zwischen den Polen und Nullstellen und den beiden Systemfunktionen Impulsantwort und Übertragungsfunktion erklären,
- den Zusammenhang zwischen der Lage der Pole- und Nullstellen in der komplexen z-Ebene und dem Frequenzgang erklären,
- mit MATLAB die Systemfunktionen berechnen und grafisch darstellen,
- IIR-Systeme anhand ihrer Parameter und Systemfunktionen vergleichen und bewerten
- und das MATLAB-Werkzeug „Filter Viewer" einsetzen.

10.2 Einfluss der Pole auf den Frequenzgang

Die Übertragungsfunktion zeitdiskreter LTI-Systeme, die sich durch eine lineare Differenzengleichung (DGL) beschreiben lassen, wurde in Kap. 7 als rationale Funktion vorgestellt.

10.2 Einfluss der Pole auf den Frequenzgang

$$H(z) = \frac{\sum_{m=0}^{M} b_m \cdot z^{-m}}{\sum_{k=0}^{N} a_k \cdot z^{-k}} = \frac{b_0}{a_0} \cdot \frac{\prod_{m=1}^{M} \left(1 - z_{0m} \cdot z^{-1}\right)}{\prod_{k=1}^{N} \left(1 - z_{\infty k} \cdot z^{-1}\right)} = \frac{b_0}{a_0} \cdot z^{N-M} \cdot \frac{\prod_{m=1}^{M} (z - z_{0m})}{\prod_{k=1}^{N} (z - z_{\infty k})}$$

Die Übertragungsfunktion wird durch ihre Pole (z_∞) und Nullstellen (z_0) bis auf einen konstanten multiplikativen Faktor festgelegt. Meist ist der Nennergrad N gleich dem Zählergrad M. Gilt $N > M$, so bedeutet der Faktor z^{N-M} nach dem Verschiebungssatz der z-Transformation eine entsprechende Verzögerung des Ausgangssignals. Diese zusätzliche Verzögerung ist i. d. R. unerwünscht und wird deshalb vermieden. Ebenso der Fall $M > N$. Wir gehen im Weiteren vom typischen Fall aus, dass der Zählergrad gleich dem Nennergrad ist.

Auswerten der Übertragungsfunktion auf dem Einheitskreis der komplexen z-Ebene liefert den Frequenzgang

$$H\left(z = e^{j\Omega}\right) = \frac{b_0}{a_0} \cdot e^{j\Omega \cdot (N-M)} \cdot \frac{\prod_{m=1}^{M} \left(e^{j\Omega} - z_{0m}\right)}{\prod_{k=1}^{N} \left(e^{j\Omega} - z_{\infty k}\right)}.$$

Der Einfluss der Nullstellen wurde in Kap. 8 anhand der FIR-Systeme aufgezeigt. Jetzt werden die Pole mit einbezogen. Die Wirkung eines *reellen Pols* auf den Betragsgang stellt Abb. 10.1 vor. Grundsätzlich gilt wieder, je näher der Pol von innen an den Einheitskreis rückt, umso größer wird sein Einfluss auf den *Frequenzgang*. Da der Pol eine Nullstelle des Nenners ist, nimmt der Betrag des Frequenzganges dabei zu. Im Grenzfall strebt der Betragsfrequenzgang gegen unendlich. Das System wird *instabil* (bzw. bedingt stabil). Das heißt, bei einer Anregung mit entsprechender Frequenzkomponente

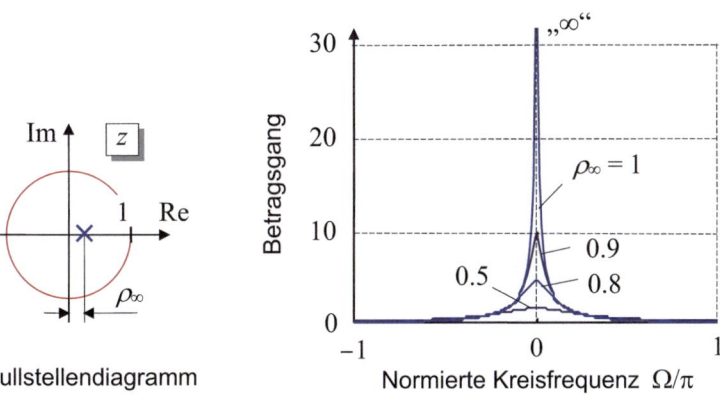

Abb. 10.1 Einfluss eines reellen Pols mit Betrag ρ_∞ auf den Betragsgang

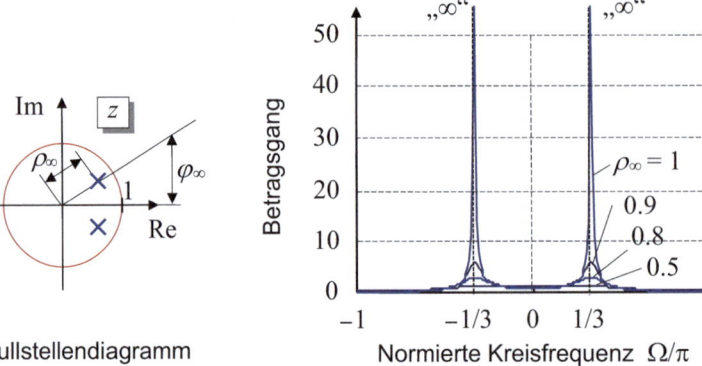

Abb. 10.2 Einfluss eines konjugiert komplexen Polpaares mit dem Betrag ρ_∞ und den Phasen (Argumenten) $\varphi_\infty = \pm \pi/3$ auf den Betragsgang

reagiert das System mit einer gegen unendlich strebenden Verstärkung – in praktischen Anwendungen mit einem Überschreiten des darstellbaren Zahlenbereichs am Computer bzw. im Prozessor. Die *konjugiert komplexen Polpaare* in Abb. 10.2 zeigen prinzipiell ähnliche Wirkungen auf den Frequenzgang.

Die Lagen der Pole und Nullstellen sind charakteristisch für die Frequenzgänge von IIR-Systemen, sodass wechselseitig Rückschlüsse gezogen werden können. Damit sind einfache Abschätzungen möglich, die in der Praxis zu Plausibilitätstests genutzt werden können.

A10.1 IIR-System zweiter Ordnung

Gegeben ist das rekursive System zweiter Ordnung.

$$H(z) = \frac{1 + z^{-2}}{1 - 0.8 \cdot z^{-1} + 0.64 \cdot z^{-2}}.$$

Bestimmen Sie die Pole und Nullstellen des Systems von Hand und skizzieren Sie das Pol-Nullstellendiagramm, s. a. Kap. 7

M10.1 IIR-System zweiter Ordnung

MATLAB unterstützt die Bestimmung der Pole und Nullstellen aus den Koeffizienten der Übertragungsfunktion und umgekehrt mit den Befehlen `roots` bzw. `poly`. Das Pol-Nullstellendiagramm erhält man mit `zplane`.

1. Überprüfen Sie Ihre Ergebnisse in A10.1 mit MATLAB.
2. Mit dem Befehl `freqz` wird der Frequenzgang grafisch angezeigt. Wie beeinflussen die Pole und Nullstellen den Frequenzgang?

Abb. 10.3 Blockdiagramm des rekursiven Systems zweiter Ordnung in transponierter Direktform II ($a_0 = 1$) mit den Zustandsvariablen $s_1[n]$ und $s_2[n]$

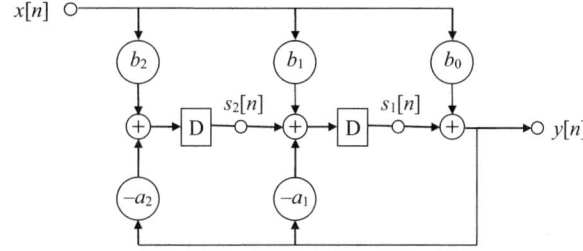

10.3 Blockdiagramm des IIR-Systems

Die rekursive Struktur der IIR-Systeme wird in Abb. 10.3 anhand des *Blockdiagramms* veranschaulicht. Es zeigt ein System zweiter Ordnung in transponierter Direktform II. Erkennbar sind die Verzögerungsglieder D („delay element"), die Multiplizierer durch die jeweiligen Faktoren, die Nenner- und die Zählerkoeffizienten a_k bzw. b_l, sowie die Addierer durch „+". Zusätzlich eingetragen sind die beiden *Zustandsvariablen* („state variable") $s_1[n]$ und $s_2[n]$. Sie beschreiben den inneren Zustand des Systems als dynamischen Prozess und spielen bei der Zustandsraumdarstellung der Systeme eine zentrale Rolle [3].

Das Blockdiagramm in Abb. 10.3 zeigt eine mögliche Realisierung. Sie zeichnet sich durch die jeweils minimale Anzahl von Verzögerungsgliedern und Multiplizierern aus, die für ein rekursives System bestimmter Ordnung möglich sind. Man spricht deshalb auch von einer *kanonischen Struktur*.

Je nach Anwendung werden alternative Strukturen, wie Leiterstrukturen und Wellendigitalfilter eingesetzt. Deren Diskussion würde jedoch den hier vorgegebenen Rahmen überschreiten [1][3][4]. In der Literatur werden in den Blockdiagrammen auch andere Symbole verwendet. Beispielsweise das Symbol des Verstärkers (Dreieck) für die Multiplikation oder „T" für die Verschiebung um einen Zeittakt.

Im Versuch werden die Zustandsvariablen benutzt, um ein kurzes Programm für die Realisierung des Systems abzuleiten. Aus Abb. 10.3 erhalten wir vom Ausgang (rechts) zum Eingang (links) zunächst für die Ausgangsgröße

$$y[n] = s_1[n] + b_0 \cdot x[n].$$

Mit dem *Verzögerungsoperator* D („delay")

$$D(x[n]) = x[n-1]$$

schreibt sich für die Zustandsvariablen

$$s_1[n] = D(s_2[n] + b_1 \cdot x[n] - a_1 \cdot y[n]).$$
$$s_2[n] = D(b_2 \cdot x[n] - a_2 \cdot y[n])$$

Die Gleichungen werden in der Aufgabe A10.2 als Programmiervorschrift für ein rekursives System zweiter Ordnung verwendet.

Tab. 10.1 Impulsantwort $h[n]$ des rekursiven Systems zweiter Ordnung aus A10.1

n	$x[n]=\delta[n]$	$s_2[n]$	$s_1[n]$	$y[n]=h[n]$
0		0	0	
1				
2				

A10.2 Zustandsvariablen

Für das rekursive System zweiter Ordnung in A10.1 sollen Sie in Tab. 10.1 die ersten drei Werte der Impulsantwort anhand des Blockdiagramms in Abb. 10.3 berechnen. Gehen Sie dabei vom *energiefreien* (Start-)Zustand aus, d. h. $s_1[0]=s_2[0]=0$, und verfolgen Sie Takt für Takt die Signale im Blockdiagramm.

M10.2 Simulation: IIR-System zweiter Ordnung

Das zu erstellende Programm 10.1 `iir_df2t` soll ein IIR-System zweiter Ordnung simulieren. Dazu soll es das Blockdiagramm der transponierten Direktform II in Abb. 10.3 umsetzten.

a. Machen Sie sich zuerst mit dem Funktionsaufruf vertraut. Warum werden im Funktionsaufruf die Zustandsvariablen verwendet?
b. Ergänzen Sie die eigentliche Filterroutine („Filtering"). Fünf Befehlszeilen reichen aus.
c. Kontrollieren Sie Ihr Programm anhand der Ergebnisse in Tab. 10.1.
d. Kontrollieren Sie Ihre Ergebnisse auch durch Simulation mit den MATLAB-Befehlen `filter` und `impz`.

Programm 10.1 IIR- System 2. Ordnung in der transponierten Direktform II (`iir_df2t`)

```
function [y,s] = iir_df2t(b,a,x,si)
% 2nd order IIR system in transposed direct form II (mw2024)
%    function [y,sf] = iir_df2t(b,a,x,si)
%        x  : input signal (vector)
%        b  : numerator coefficients  b = [b0, b1, b2]
%        a  : denominator cefficients a = [a0, a1, a2]
%        si : initial conditions si = [s1, s2]
%        y  : output signal
%        s  : final conditions s = [s1, s2]
if nargin==4
    s = si; % initial conditions
else
    s = [0,0]; % fresh start
end
a = a/a(1); b = b/a(1); % normalize coefficients to a0 = 1
y = zeros(size(x)); % allocate memory
% Filtering (this will be followed by five program lines)
```

Im Beispiel wurden Elemente der Impulsantwort anhand des Blockdiagramms, oder eigentlich der zugrunde liegenden Differenzengleichung, konsekutiv bestimmt. Im nächsten Abschnitt berechnen wir die analytische Lösung für die Impulsantwort.

10.4 Impulsantwort

Die Übertragungseigenschaften der LTI-Systeme, definiert durch die Eingangs-Ausgangsgleichungen im Zeit- und im Bildbereich, werden durch zwei Funktionen charakterisiert: die *Impulsantwort* und die *Übertragungsfunktion* (Kap. 7). Impulsantwort und Übertragungsfunktion bilden ein z-Transformationspaar, sodass beide Systemfunktionen ineinander überführt werden können. Die dazu benötigten Rechenschritte werden durch spezielle MATLAB-Befehle unterstützt. Das folgende Beispiel zum System zweiter Ordnung in Abb. 10.3 macht mit dem grundsätzlichen Verfahren vertraut.

Die Übertragungsfunktion eines rekursiven Systems zweiter Ordnung ist eine rationale Funktion mit einem Zähler- und einem Nennerpolynom. Zähler- und Nennerpolynom können mit ihren jeweiligen Nullstellen auch in der Produktform geschrieben werden.

$$H(z) = \frac{b_0 + b_1 \cdot z^{-1} + b_2 \cdot z^{-2}}{a_0 + a_1 \cdot z^{-1} + a_2 \cdot z^{-2}} = \frac{b_0 \cdot z^2 + b_1 \cdot z + b_2}{a_0 \cdot z^2 + a_1 \cdot z + a_2} = \frac{b_0}{a_0} \cdot \frac{(z - z_{01}) \cdot (z - z_{02})}{(z - z_{\infty 1}) \cdot (z - z_{\infty 2})}$$

Für den wichtigen Sonderfall zweier von null verschiedener Pole, wird die Übertragungsfunktion durch *Partialbruchzerlegung* in die für die inverse z-Transformation günstige Form überführt.

$$H(z) = B_0 + \frac{B_1 \cdot z}{z - z_{\infty 1}} + \frac{B_2 \cdot z}{z - z_{\infty 2}} \quad \text{für} \quad z_{\infty 1} \neq z_{\infty 2} \quad \text{und} \quad z_{\infty 1}, z_{\infty 2} \neq 0$$

Tabellen für z-Transformationspaare (z. B. [2]) liefern die Korrespondenz

$$a^n \cdot u[n] \quad \overset{z}{\leftrightarrow} \quad \frac{z}{z - a} \quad \text{mit} \quad |z| > a$$

und somit die rechtsseitige Impulsantwort

$$h[n] = B_0 \cdot \delta[n] + \left(B_1 \cdot z_{\infty 1}^n + B_2 \cdot z_{\infty 2}^n\right) \cdot u[n].$$

Die Impulsantwort setzt sich i. Allg. zusammen aus dem Impuls an der Stelle null und den beiden rechtsseitigen Exponentiellen. Sind die Beträge der Pole kleiner eins, klingen die Exponentiellen mit der normierten Zeit ab; das System ist *stabil*.

Bei stabilen, reellwertigen Systemen mit konjugiert komplexen Polpaaren lässt sich die Impulsantwort weiter umformen. Es ergeben sich bedämpfte sinusförmige Anteile, die *Eigenschwingungen* des Systems. Mit

$$z_{\infty 1} = z_{\infty 2}^* = \rho_\infty \cdot e^{j\varphi_\infty} \quad \text{gilt} \quad B_1 = B_2^* = B_r + jB_i$$

und es folgt schließlich für die Impulsantwort zu einem konjugiert komplexen Polpaar

$$h[n] = B_0 \cdot \delta[n] + 2 \cdot \rho_\infty^n \cdot [B_r \cdot \cos(\varphi_\infty n) - B_i \cdot \sin(\varphi_\infty n)] \cdot u[n].$$

A10.3 Impulsantwort

Berechnen Sie die Impulsantwort des rekursiven Systems zweiter Ordnung in A10.1 analytisch und kontrollieren Sie Ihr Ergebnis mit Tab. 10.1. (Rechnung handschriftlich circa 1 Seite.)

10.5 Partialbruchzerlegung der Übertragungsfunktion

Die Berechnung der Impulsantworten aus rationalen Übertragungsfunktionen wird vorteilhaft durch eine *Partialbruchzerlegung* („partial fraction decomposition") der Übertragungsfunktionen vorbereitet. MATLAB unterstützt den Rechengang mit dem Befehl residuez (nicht zu verwechseln mit residues). Um den Befehl anwenden zu können, müssen zuerst die in MATLAB verwendeten Schreibweisen eingeführt werden.

Für den Quotienten aus den beiden Polynomen

$$B(z) = b_0 + b_1 \cdot z^{-1} + b_2 \cdot z^{-2} + \cdots + b_M \cdot z^{-M}$$
$$A(z) = a_0 + a_1 \cdot z^{-1} + a_2 \cdot z^{-2} + \cdots + a_N \cdot z^{-N}$$

ergibt sich die Partialbruchzerlegung bei nur einfachen Polen

$$\frac{B(z)}{A(z)} = \frac{r_1}{1 - p_1 \cdot z^{-1}} + \frac{r_2}{1 - p_2 \cdot z^{-1}} + \cdots + \frac{r_N}{1 - p_N \cdot z^{-1}} + k_0 + \underbrace{k_1 \cdot z^{-1} + \cdots + k_{M-N} \cdot z^{-M-N}}_{=0 \text{ wenn } N \geq M}$$

Die Zahl der *Residuen* r_n und der Pole p_n ist $N-1$. Für die *Durchgriffe* gilt: $k_0 \neq 0$, wenn der Zählergrad gleich dem Nennergrad ist. Im typischen Anwendungsfall ist $N \geq M$ und dann sind die Durchgriffe k_1, k_2, ... alle null.

Bei mehrfachen Polen kompliziert sich die Lösung etwas. Besitzt der Pol p_k die *Vielfachheit* V trägt er V Summanden in der Partialbruchzerlegung bei.

$$\frac{r_{k,1}}{1 - p_k \cdot z^{-1}} + \frac{r_{k,2}}{\left(1 - p_k \cdot z^{-1}\right)^2} + \cdots + \frac{r_{k,V}}{\left(1 - p_k \cdot z^{-1}\right)^V}$$

Die Größen der Partialbruchzerlegung berechnet der MATLAB-Befehl

```
[r,p,k] = residuez[b,a];
```

Er bestimmt zu den Vektoren der Zähler- und Nennerkoeffizienten, b bzw. a, die Vektoren der Residuen r, der Pole p und der Durchgriffe k. Wir stellen zwei Beispiel vor.

Beispiel 10.1 Partialbruchzerlegung für ein konjugiert komplexes Polpaar
Partialbruchzerlegung der Übertragungsfunktion eines rekursiven Systems zweiter Ordnung mit konjugiert komplexem Polpaar.

$$H_1(z) = \frac{1 + 2 \cdot z^{-1} + z^{-2}}{1 - 1.4 \cdot z^{-1} + 0.74 \cdot z^{-2}}.$$

Zuerst werden die Koeffizienten von Zähler und Nenner im MATLAB als Vektoren eingegeben. Dann folgt der Befehlsaufruf residuez und MATLAB antwortet mit den gesuchten Werten zu den Residuen, den Polen und dem Durchgriff.

```
>> b=[1 2 1];

>> a=[1-1.4 0.74];
```

10.5 Partialbruchzerlegung der Übertragungsfunktion

```
>> [r,p,k]=residuez(b,a);

r=-0.1757-3.6459i

   -0.1757+3.6459i

p=0.7000+0.5000i

   0.7000-0.5000i

k=1.3514
```

Damit sind alle Koeffizienten für die Partialbruchzerlegung bekannt. Für die Übertragungsfunktion folgt

$$H_1(z) = \frac{(-0.1757 - j \cdot 3.6459) \cdot z}{z - (0.7 + j \cdot 0.5)} + \frac{(-0.1757 + j \cdot 3.6459) \cdot z}{z - (0{,}7 - j \cdot 0.5)} + 1.3514.$$

Bei reellwertigen Systemen, wie hier, sind die Koeffizienten der Partialbruchzerlegung zu konjugiert komplexen Polen stets selbst zueinander konjugiert komplex. Daran lassen sich gegebenenfalls Fehleingaben oder numerische Ungenauigkeiten erkennen.

Beispiel 10.2 Partialbruchzerlegung für einen doppelten reellen Pol
Zur Partialbruchzerlegung der Übertragungsfunktion eines rekursiven Systems zweiter Ordnung mit doppeltem reellen Pol,

$$H_2(z) = \frac{1 + z^{-2}}{1 - z^{-1} + 0.25 \cdot z^{-2}}.$$

liefert MATLAB

```
>> b=[1 0 1];

>> a=[1-1 0.25];

>> [r,p,k]=residuez(b,a)

r=-8.0000

    5.0000

p= 0.5000

   0.5000

k=4
```

Es ergibt sich ein doppelter Pol, d. h. V ist gleich zwei. Die Übertragungsfunktion resultiert somit in

$$H_2(z) = \frac{-8 \cdot z}{z - 0.5} + \frac{5 \cdot z^2}{(z - 0.5)^2} + 4.$$

Unter Umständen können sich bei der numerischen Berechnung der Pole merkliche Ungenauigkeiten einstellen. Bei der hier verwendeten vorbesetzten Bildschirmausgabe im MATLAB-Format `short` werden die Werte gerundet dargestellt, siehe auch `format`.

Der Befehl `residuez` kann auch umgekehrt angewendet werden. Mit

`[b,a] = residuez(r,p,k)`

werden die Filterkoeffizienten berechnet. Gegebenenfalls können so Fehleingaben oder numerische Ungenauigkeiten entdeckt werden.

M10.3 Partialbruchzerlegung
a. Berechnen Sie mit dem Befehl `residuez` die Partialbruchzerlegung zum System zweiter Ordnung in A10.1 und geben Sie die Übertragungsfunktion mit den Residuen an.
b. Berechnen Sie die Impulsantwort zu (a) analytisch und bringen Sie das Ergebnis auf reelle Form. Vergleichen Sie das Ergebnis mit dem in Aufgabe A10.3.
c. Schreiben Sie ein Programm, das die Impulsantwort anhand der Ausgaben des Befehls `residuez` berechnet. Gehen Sie der Einfachheit halber von Systemen mit nur einfachen Polen und Nennergraden größer oder gleich den Zählergraden aus.
d. Stellen Sie die Impulsantwort zu (a) grafisch dar. Kann die normierte Kreisfrequenz der Eigenschwingung aus der Grafik geschätzt werden? Und wenn ja, wie?

10.6 Sprungantwort

Die Sprungantwort ist eine weitere wichtige Kennfunktion der LTI-Systeme. Da sie aus der Impulsantwort berechnet werden kann und umgekehrt, enthält sie ebenfalls alle benötigte Information für die Eingangs-Ausgangsgleichungen. Für rechtsseitige Impulsantworten, d. h. kausale LTI-Systeme, ist die Sprungantwort $s[n]$ wieder rechtsseitig und es gilt der Zusammenhang:

$$s[n] = \sum_{k=0}^{n} h[k] \quad \text{und} \quad h[n] = s[n] - s[n-1].$$

Die Sprungantwort ergibt sich aus der Akkumulation der Impulsantwort. Im Bildbereich resultiert mit dem Akkumulationssatz der z-Transformation für die z-Transformierte der Sprungantwort

$$s[n] \overset{z}{\leftrightarrow} \frac{1}{1 - z^{-1}} \cdot H(z).$$

Damit kann die Rücktransformation ebenfalls mit der Partialbruchzerlegung durchgeführt werden.

M10.4 Sprungantwort

a. Modifizieren Sie Ihr Programm zur Partialbruchzerlegung in M10.3 so, dass die Sprungantwort berechnet wird. Wie muss das Nennerpolynom (a) modifiziert werden? Achtung, eine zusätzliche Befehlszeile genügt.
b. Stellen Sie die Sprungantwort des Systems aus Aufgabe A10.1 grafisch dar.

10.7 Kerbfilter

Zum Abschluss des Versuches sollen die Zusammenhänge bei IIR-Systemen anhand eines Beispiels veranschaulicht werden.

In Abschn. 8.3 wird das linearphasige *Kammfilter* vorgestellt. Ein FIR-Filter das sich wegen seine Nullstellen auf dem Einheitskreis zur Unterdrückung harmonischer Störungen eignet. Durch Hinzugabe von stabilen Polen können die Filterflanken des nunmehr rekursiven Systems versteilt werden. Man spricht dann auch von einem *Kerbfilter* („notch filter").

Wir beginnen mit der Übertragungsfunktion des linearphasigen Kammfilters in Abschn. 8.3 als Zählerpolynom ($\alpha = 1$) und ergänzen entsprechend das Nennerpolynom.

$$H_{\text{notch}}(z) = \frac{1 + z^{-m}}{1 + \beta \cdot z^{-m}}.$$

Dann erhalten wir zu jeder Nullstelle einen Pol bei

$$z_{\infty l} = \rho \cdot z_{0l} \quad \text{mit } \rho < 1 \text{ und } \beta = \rho^m$$

Mit ρ kleiner eins liegen alle Pole innerhalb des Einheitskreises der komplexen z-Ebene und das IIR-System ist stabil.

Der Begriff Kammfilter („comb filter") wird in der MATLAB „Signalprocessing Toolbox", allgemein für das Design von speziellen IIR-Filtern benutzt (`fdesign.comb`). Entworfen werden IIR-Filter die harmonische Frequenzkomponenten bedämpfen („notching") bzw. verstärken („peaking").

M10.5 Kerbfilter

a. Entwerfen Sie zum Kammfilter in Abschn. 8.5 ein Kerbfilter und vergleichen Sie die charakteristischen Systemfunktionen beider Filter anschaulich, z. B. mit dem MATLAB-Werkzeug „Filter Viewer" (`fvtool`) (Kap. 8). oder den beiden (Anwender-) Programmen `firplot` und `iirplot` in den Onlineressourcen.

Ändern Sie auch die Polradien? Welche wesentlichen Unterschiede zwischen Kamm- und Kerbfilter können Sie erkennen?

b. Geben Sie die Übertragungsfunktion Ihres Kerbfilters an und skizzieren Sie das Blockdiagramm in kompakter Form.

c. Wenden Sie Ihr Kerbfilter auf das gestörte EKG-Signal in Abschn. 8.5 an, s. a. filter. Zeigt sich ein Unterschied im Ergebnis? Welches Filter würden Sie verwenden? Begründen Sie Ihre Wahl.

10.8 Zusammenfassung

Die IIR-Systeme zeichnen sich durch die Signalrückführung aus. Sie schlägt sich in der Übertragungsfunktion als Pole nieder und beeinflusst u. a. den Frequenzgang, die Impuls- und die Sprungantwort entscheidend. Das Pol-Nullstellendiagramm wird zu einem wichtigen Werkzeug der Systembeschreibung. Der Versuch zeigt wie verschiedene Befehle und das MATLAB-Werkzeug „Filter Visualization" zur Charakterisierung von IIR-Systemen eingesetzt werden können. Insbesondere mit dem Befehl residuez unterstützt MATLAB die für analytische Überlegungen wichtige Partialbruchzerlegung der Übertragungsfunktion. Schließlich veranschaulicht das Beispiel des Kerbfilters das Zusammenspiel von Polen und Nullstellen im Frequenzgang.

10.9 Quiz 10

Ergänzen Sie die Lücken im Text (_) sinngemäß.

1. Je ___ der Betrag des Poles eines kausalen und stabilen IIR-Systems, desto anhaltender sein Einfluss auf die Impulsantwort.
2. Eine Bauanleitung für die Realisierung von IIR-Systemen liefert ___.
3. IIR-Systeme zweiter Ordnung lassen sich mit maximal ___ Multiplikationen pro Takt realisieren.
4. Zu IIR-Systemen mit Blockdiagramm gehört jeweils eine ___.
5. Die inneren Größen im Blockdiagramm werden ___ genannt und müssen für die fortlaufende Verarbeitung ___ werden.
6. In die Impulsantworten von kausalen IIR-Systemen gehen einfache Pole prinzipiell in der Form ___ (Formelzeichen) ein.
7. Zur z-Transformierten $1/(1 - a \cdot z^{-1})$ gehört die Folge ___ (Kausalität vorausgesetzt).
8. Die Partialbruchzerlegung der Übertragungsfunktion eines IIR-Systems unterstützt die Berechnung der ___ des Systems.
9. Kausale stabile IIR-Systeme besitzen Pole nur im ___ des Einheitskreises.
10. Der Befehl residuez liefert die Pole und die Koeffizienten der ___.

10.10 Lösungshinweise

11. Jedem Pol sind so viele Residuen zugeordnet, wie seiner ___ entspricht.
12. Die analytische Bestimmung der Sprungantwort kann mit MATLAB-Unterstützung wie bei der Impulsantwort geschehen, wenn für die Nennerkoeffizienten ___ (Programmausdruck) eingesetzt wird.
13. Mit dem Befehl `filter` kann die Sprungantwort durch ___ bestimmt werden.
14. Im Befehl `[y,zf]=filter(b,a,x,zi)` stehen `zi` und `zf` für ___.
15. Die Sprungantwort berechnet sich aus der Impulsantwort durch ___.
16. Zustandsgrößen sind innere Größen der Systeme und müssen ___ werden.
17. Die Struktur des Kammfilters ist ___, die des Kerbfilters ist ___.
18. Beim Kerbfilter sind die Phasen der ___ und der ___ jeweils gleich.
19. Ein IIR-System m-ter Ordnung besitzt mindestens ___ Verzögerungsglieder.
20. MATLAB unterstützt die Analyse von Filtern mit dem Werkzeug ___.

10.10 Lösungshinweise

In den Onlineressourcen finden Sie alle Programme und Datensätze zu diesem Kapitel: `ecg_filter_2.m`, `firplot.m`, `iir_1.m`, `iir_2.m`, `iir_df2t.m`, `iir_df2t_test.m`, `iirplot.m`, `notchfilter.m`, `ecgdata50.mat`.

Zu A10.1 u. M10.1 System 2. Ordnung

Die (quadratischen) Bestimmungsgleichungen für die Nullstellen und Pole lauten $z^2 + 1 = 0$ bzw. $z^2 - 0.8z + 0.64 = 0$.

Siehe Programm 10.2. Der Betragsgang zeigt deutlich die Nullstelle bei $\Omega = \pi/2$. Beim Durchgang durch die Nullstelle tritt ein Phasensprung um π auf (Vorzeichenwechsel). Der Polwinkel φ_∞ lässt sich am kleinen Höcker bei $\Omega = \pi/3$ (60°) erahnen.

Programm 10.2 Pol-Nullstellendiagramm (iir_1)

```
% Pol-zero plot and frequency response (mw2024)
b = [1 0 1]; % numerator coefficients
a = [1 -.8 .64]; % denominator coefficients
z = roots(b); % zeros
p = roots(a); % poles
figure, zplane(b,a), grid % pol-zero plot
figure, freqz(b,a), grid % frequency response
```

Zu A10.2 Zustandsgrößen

Die Impulsantwort bestimmt sich aus dem Blockdiagramm, wenn man die Werte der Signale an den entsprechenden Stellen im Blockdiagramm Takt für Takt einträgt, wobei die inneren Größen mit null vorbesetzt werden, siehe Abb. 10.4. Also das System zu Beginn energiefrei ist.

$x[n] = \{\underline{1}, 0, 0, 0, \ldots\}$

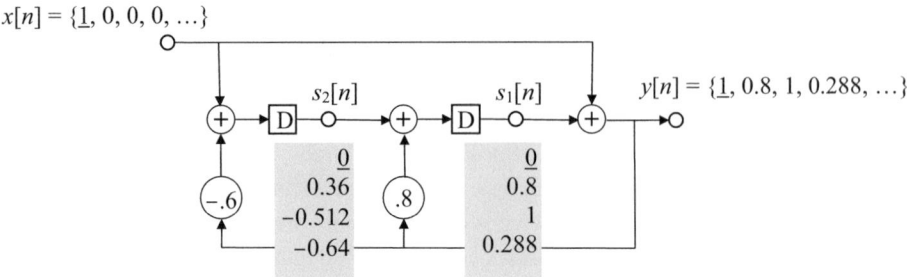

Abb. 10.4 Bestimmung der Impulsantwort im Blockdiagramm

Zu M10.2 IIR-System 2. Ordnung
Siehe „Filterkern" in Programm 10.3.

Programm 10.3 Programmausschnitt mit „Filterkern" zu `iir_df2t`

```
% Filtering (this will be followed by five program lines)
for k=1:length(x)
  y(k) = b(1)*x(k) + s(1);
  s(1) = b(2)*x(k) - a(2)*y(k) + s(2);
  s(2) = b(3)*x(k) - a(3)*y(k);
end
```

Zu A10.3 Impulsantwort
Berechnung der Impulsantwort zu $H(z)$ aus A10.1 durch Partialbruchzerlegung, wobei die Symmetriebeziehung zwischen Koeffizienten eines konjugiert komplexen Polpaars benutzt wird.

$$\frac{H(z)}{z} = \frac{z^2+1}{z \cdot (z-z_{\infty 1}) \cdot (z-z_{\infty 1}^*)} = \frac{B_0}{z} + \frac{B_1}{z-z_{\infty 1}} + \frac{B_1^*}{z-z_{\infty 1}^*}$$

Die Division der Übertragungsfunktion durch z vor der Partialbruchzerlegung ist (nur) ein Kunstgriff, der später die Rücktransformation mit den tabellierten Transformationspaaren erleichtert. Im Zahlenwertbeispiel gilt

$$B_0 = \lim_{z \to 0} \frac{z^2+1}{(z-z_{\infty 1}) \cdot (z-z_{\infty 1}^*)} = H(0) = \frac{1}{z_{\infty 1} \cdot z_{\infty 1}^*} = \frac{1}{0.64} = 1.5625$$

$$B_1 = \lim_{z \to z_{\infty 1}} \frac{z^2+1}{z \cdot (z-z_{\infty 1}^*)} = -0.2813 - j \cdot 0.7398$$

Somit ergibt sich die Übertragungsfunktion in der Partialbruchdarstellung

$$H(z) = B_0 + \frac{B_1 \cdot z}{z-z_{\infty 1}} + \frac{B_1^* \cdot z}{z-z_{\infty 1}^*}$$

Die Rücktransformation, siehe tabellierte Transformationspaare, liefert

$$h[n] = B_0 \cdot \delta[n] + \left(B_1 \cdot z_{\infty 1}^n + B_1^* \cdot \left(z_{\infty 1}^*\right)^n\right) \cdot u[n] =$$
$$= 1.5625 \cdot \delta[n] + 0.8^n \cdot [-0.5626 \cdot \cos(1.0472 \cdot n) + 1.4794 \cdot \sin(1.0472 \cdot n)] \cdot u[n]$$

Die Kontrolle durch Auswerten obiger Gleichung für die Impulsantwort mit der MATLAB-Simulation ergibt $h[n]=\{1, \ 0.8, \ 1, \ 0.288, -0.4096, -0.5120, -0.1475, \ 0.2097,$ ...$\}$, s. a. `iir_df2t_test`.

Zu M10.3 u. M10.4 Partialbruchzerlegung
Siehe Programm `iir_2` und Abb. 10.5.
Der Faktor $1/(1-z^{-1})$ vor der Übertragungsfunktion, notwendig zur Berechnung der Sprungantwort, übersetzt sich in den Vektor der Nennerkoeffizienten als

```
[a 0] - [0 a];
```

In der Impulsantwort (und Sprungantwort) in Abb. 10.5 ist nach dem Einschwingen zu Beginn ein periodischer Signalverlauf mit Periode (Abstand zwischen drei Nulldurchgängen) von sechs zu erkennen, z. B. zwischen $n=6$ und 11. Die Periode von sechs ent-

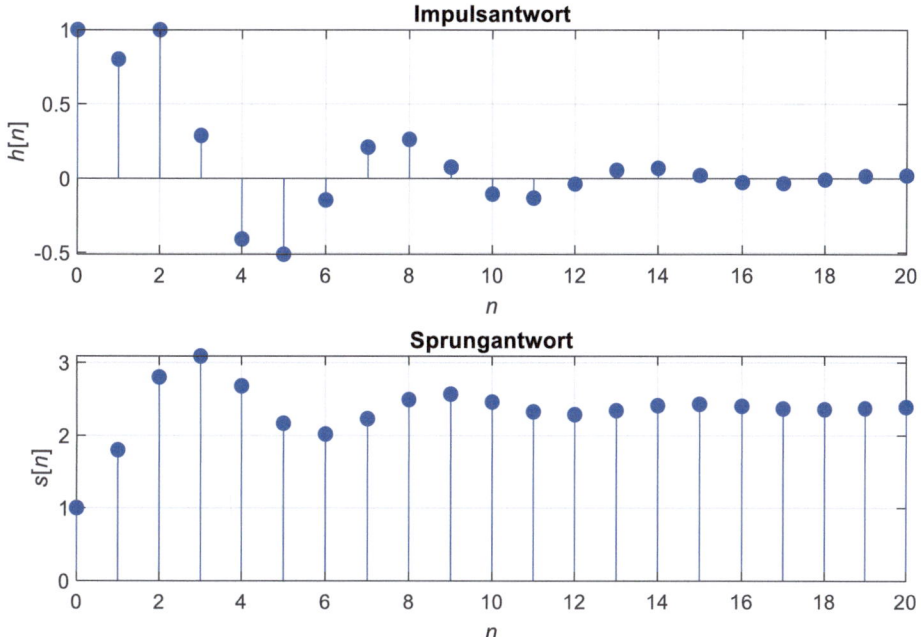

Abb. 10.5 Die ersten 21 Elemente der Impulsantwort und Sprungantwort für $H(z)$ (analytisch) (`iir_2`)

spricht der normierten Kreisfrequenz von $2\pi/6 = 1.047$ (60°). Also gleich der normierten Eigenkreisfrequenz φ_∞ des IIR-Systems.

Zu M10.5 Kerbfilter

a. Siehe Programm `notchfilter` und Abb. 10.6. Die stabilen Pole des Kerbfilters zu den Nullstellen verändern die Einbrüche im Betragsfrequenzgang zu schmalen „Kerben".
Der Phasengang wird nichtlinear, was sich besonders in der Gruppenlaufzeit zeigt und an den Kerbstellen (Nullstellen) besonders deutlich wird.

b. Übertragungsfunktion, siehe Blockdiagramm in Abb. 10.7

$$H_{\text{notch}}(z) = \frac{1 + z^{-4}}{1 + 0.9^4 \cdot z^{-4}}$$

c. Entstörtes EKG-Signal
Siehe Programm `ecg_filter_2` und Abb. 10.8. Der Vergleich mit dem Kammfilter in Abschn. 8.5 zeigt außer zu Beginn keine sichtbaren Unterschiede. Nur zu Beginn ergibt sich ein längeres Einschwingen, was der längeren Impulsantwort des rekursiven Kerbfilters geschuldet ist.
Da sich die entstörten EKG-Signale augenscheinlich nicht unterscheiden, ist das Kammfilter aufgrund der geringeren Komplexität (Aufwand) und der linearen Phase vorzuziehen. Man beachte jedoch, dass es sich hier um ein vereinfachtes Modellsignal

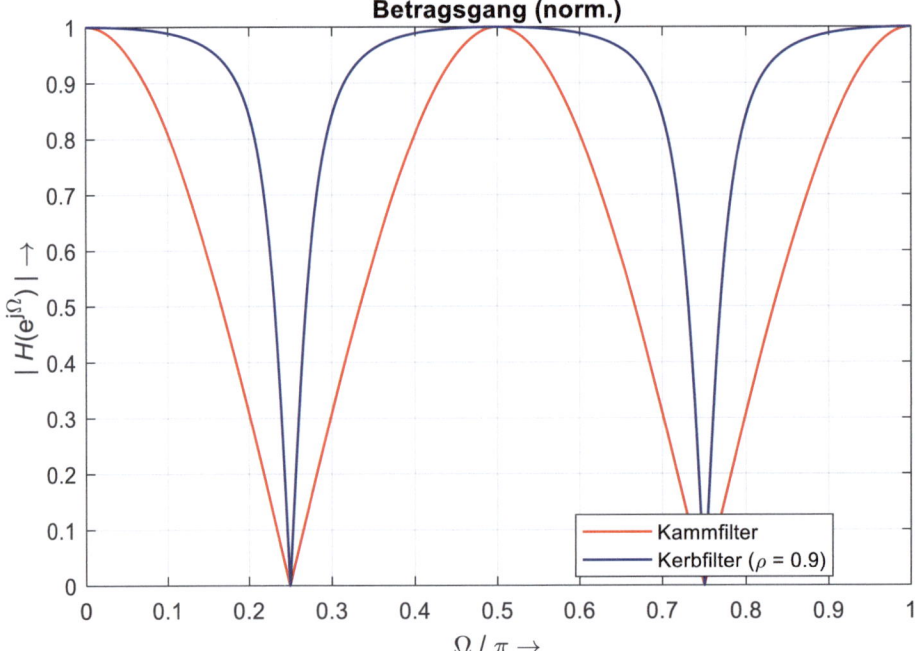

Abb. 10.6 Betragsgänge von Kamm- und Kerbfilter im Vergleich (`notchfilter`)

Abb. 10.7 Blockdiagramm des Kerbfilters ($m=4$ und $a_4 = 0.6561$ für $\rho = 0.9$)

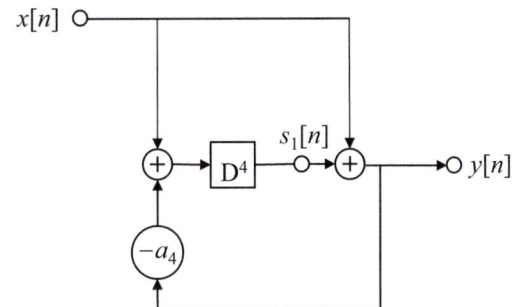

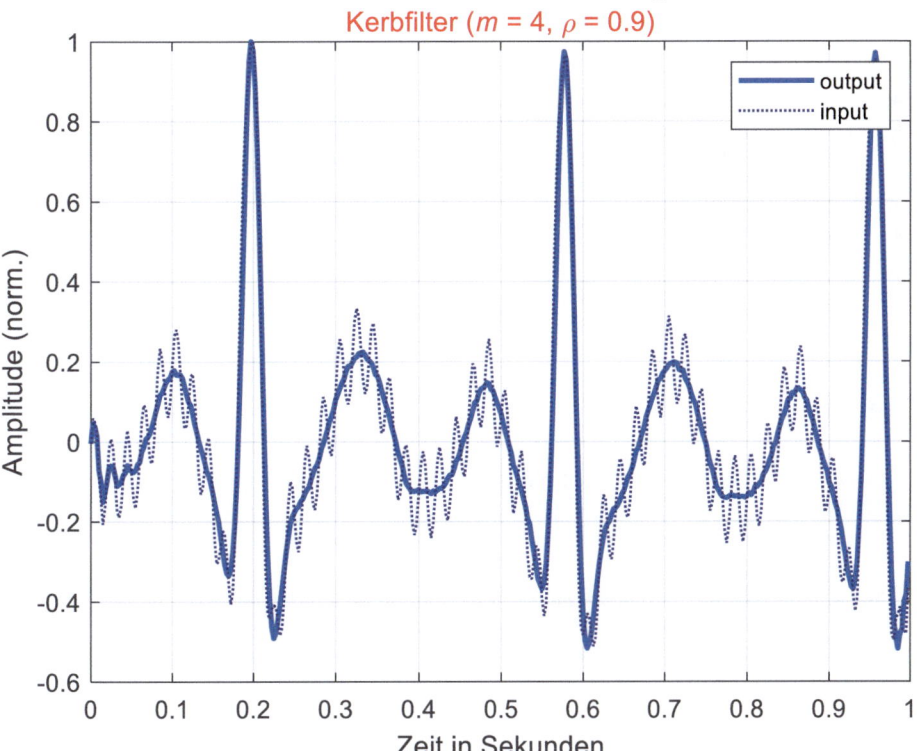

Abb. 10.8 Mit dem Kerbfilter entstörtes EKG-Signal (`ecg_filter_2`)

handelt. Für die Entscheidung Kammfilter oder Kerbfilter im praktischen Einsatz ist neben der Komplexität das jeweilige Kriterium der Anwendung zu beachten. Soll beispielsweise eine automatische Auswertung des EKG-Signals zur Patientenüberwachung erfolgen, so kann es bedeutsam sein, wenn beispielsweise je nach Filter 95 oder 98 von 100 Problemfällen in Tests richtig angezeigt werden.

Zu Quiz 10

1. größer
2. das Blockdiagramm (der Signalflussgraph)
3. fünf
4. Differenzengleichung (DGL)
5. Zustandsvariablen (Zustandsgrößen), (zwischen) gespeichert
6. $(z_\infty)^n$
7. $a \cdot u[n]$
8. der Impulsantwort (Sprungantwort)
9. Inneren
10. Partialbruchzerlegung
11. Vielfachheit
12. [a 0]-[0 a]
13. Simulation
14. die Zustandsvariablen (zu Beginn und am Ende der Simulation)
15. Akkumulation
16. gespeichert
17. nichtrekursiv, rekursiv
18. Nullstellen, Pole
19. m
20. „Filter Viewer" (fvtool)

Literatur

1. Fettweis, A. (1986). Wave digital filters: Theory and practice. *Proceedings of the IEEE, 74,* 270–327.
2. Werner, M. (2008). *Signale und Systeme. Lehr- und Arbeitsbuch mit MATLAB®-Übungen und Lösungen* (3. Aufl.). Vieweg.
3. Werner, M. (2008b). *Digitale Signalverarbeitung mit MATLAB-Praktikum. Zustandsraumdarstellung, Lattice-Strukturen, Prädiktion und adaptive Filter.* Vieweg.
4. Schüßler, H. W. (2008). *Digitale Signalverarbeitung 1. Analyse diskreter Signale und Systeme* (5. Aufl.). Springer.

Entwurf digitaler IIR-Filter

Inhaltsverzeichnis

11.1 Lernziele 256
11.2 IIR-Filter 256
11.3 Entwurf eines Butterworth-Tiefpasses 259
    11.3.1 Toleranzschema und Filtertyp 259
    11.3.2 Zeitkontinuierlicher Butterworth-Tiefpass 259
    11.3.3 Dimensionierung des zeitkontinuierlichen Butterworth-Tiefpasses 260
    11.3.4 Bilineare Transformation 263
11.4 Frequenztransformation 266
11.5 IIR-Filterentwurf mittels Standardapproximationen analoger Tiefpässe 269
11.6 Zusammenfassung 271
11.7 Quiz 11 271
11.8 Lösungshinweise 272
Literatur 285

Zusammenfassung

Der typische Entwurfsgang digitaler IIR-Filter hat vier Schritte. Zuerst werden die Anforderungen an den Betragsgang im Toleranzschema spezifiziert. Sie bilden die Grundlage für den Entwurf eines analogen Prototypfilters (Butterworth-, Chebyshev- und Cauer-Tiefpass). Anschließend wird die analoge Lösung mittels bilinearer Transformation in ein digitales Tiefpassfilter abgebildet. Die Frequenz-Transformation ermöglicht schließlich Lösungen für Hochpässe, Bandpässe und Bandsperren zu bestimmen. Das vorgestellte MATLAB-Werkzeug „Filter Designer" verbindet die Schritte und stellt für den digitalen Filterentwurf typischer IIR-Filter eine einfache grafische Benutzerschnittstelle bereit.

Schlüsselwörter

Allpasstransformation („all-pass transform") · Bandpass („bandpass") · Bandsperre („bandstop") · Bilineare Transformation („bilinear transform") · Butterworth-Filter · Chebyshev-Filter · Cauer-Filter · Elliptisches Filter · Filter Designer · Filter Visualization Tool · Frequenzgang („frequency response") · Frequenztransformation („frequency transform") · Hochpass („highpass") · IIR-System · MATLAB · Nullstelle („zero") · Pol („pole") · Tiefpass („lowpass")

11.1 Lernziele

Aufbauend auf Kap. 10, die grundlegenden Eigenschaften von *Infinite-duration-impulse-response(IIR)-Systemen*, werden wichtige Standardentwurfsverfahren für IIR-Filter nach Vorschriften im Frequenzbereich erprobt.

Nach Bearbeiten dieses Versuchs können Sie

- wichtige Vor- und Nachteile von IIR-Filtern aufzählen,
- die Entwurfsvorschriften für digitale IIR-Filter im Frequenzbereich anhand eines Toleranzschemas erläutern,
- die vier Schritte der IIR-Standardapproximation vorstellen,
- den Unterschied zwischen Butterworth-, Chebyshev- und Cauer-Tiefpassfilter anhand einer Skizze des Betragsganges und des Pol-Nullstellendiagramms erklären,
- für eine Anwendung ein Entwurfsverfahren auswählen und die Wahl begründen,
- mit dem MATLAB-Werkzeug „Filter Designer" IIR-Filter entwerfen,
- mit dem MATLAB-Werkzeug „Pole/zero Editor" den Einfluss der Pole und Nullstellen auf den Betragsfrequenzgang und die Impulsantwort der Systeme anschaulich vorführen.

11.2 IIR-Filter

Unter einem digitalen *IIR-Filter* versteht man für gewöhnlich ein rekursives Filter, dessen Impulsantwort eine theoretisch unendlich lange Impulsantwort (IIR) hat und wie im Blockdiagramm in Abb. 11.1 mit Vorwärts- und Rückwärtspfaden realisiert sein könnte.

Im Vergleich zu den FIR-Filtern aus Kap. 9 sind folgende Eigenschaften wichtig:

- Mit IIR-Filtern können selektive Filter mit wesentlich kleinerer Filterordnung und damit geringerer Komplexität realisiert werden als mit FIR-Filtern.
- Für IIR-Filter existieren bewährte Lösungen, die auf den Standardapproximationen der Nachrichtentechnik für analoge Filter fußen.
- IIR-Filter sind nicht linearphasig.

11.2 IIR-Filter

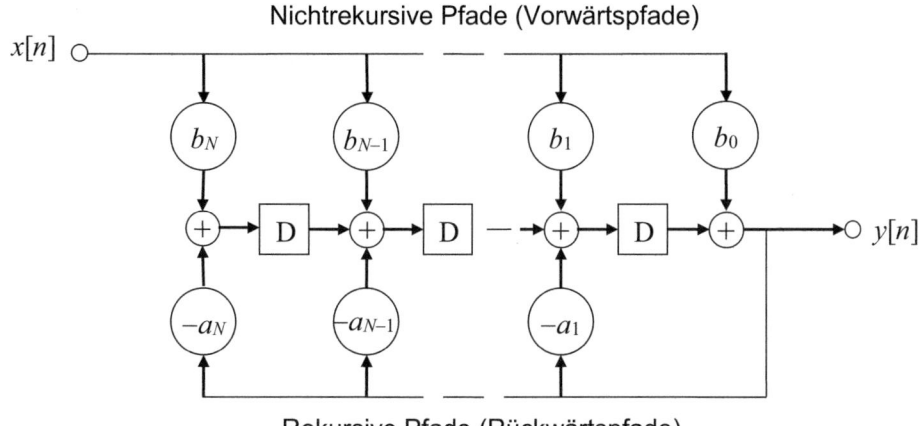

Abb. 11.1 Blockdiagramm mit der IIR-Filterstruktur in transponierter Direktform II ($a_0 = 1$)

- IIR-Filter sind anfälliger gegen Wortlängeneffekte als FIR-Filter.
- IIR-Filter können wegen der internen Signalrückführung instabil sein.

Für digitale Filter existieren verschiedene Strukturen, die sich in der Realisierung bezüglich des Aufwands der Implementierung und der Robustheit gegen Wortlängeneffekten unterscheiden. In Abb. 11.1 ist beispielhaft die *transponierte Direktform II* zu sehen, eine der vier kanonischen Formen, sie sich durch die minimale Anzahl von Verzögerungsgliedern und Multiplizierern auszeichnen.

Das Eingangs-Ausgangsverhalten der IIR-Filter wird im Zeitbereich durch lineare Differenzengleichungen (Kap. 7) definiert und kann mit dem MATLAB-Befehl `filter` unter Angabe der Filterkoeffizienten simuliert werden.

Ein IIR-Filter zu entwerfen heißt, die *Filterordnung N* und die *Filterkoeffizienten*, die Zählerkoeffizienten b_n und die Nennerkoeffizietnen a_n, so zu bestimmen, dass die Entwurfsvorschrift erfüllt wird. Mit den Filterkoeffizienten wird die rationale Übertragungsfunktion $H(z)$ bzw. der Frequenzgang $H(e^{j\Omega})$ (Kap. 7) festgelegt. Die Entwurfsverfahren unterscheiden sich mathematisch durch die Art der Zähler- und Nennerpolynome. MATLAB stellt die gebräuchlichen Lösungsverfahren in einer grafischen Benutzeroberfläche bereit. Dieser Versuch kann sich deshalb darauf beschränken, die Lösungsansätze aufzuzeigen, die Lösungsverfahren in MATLAB anzuwenden und die Eigenschaften der Filter zu diskutieren.

Nachfolgend wird der Filterentwurf am Beispiel des *Tiefpasses* (TP) vorgestellt. Er kann in drei Schritte unterteilt werden:

- Definition der Anforderungen im Toleranzschema in Abb. 11.2 und Wahl des Filtertyps aus Tab. 11.1,

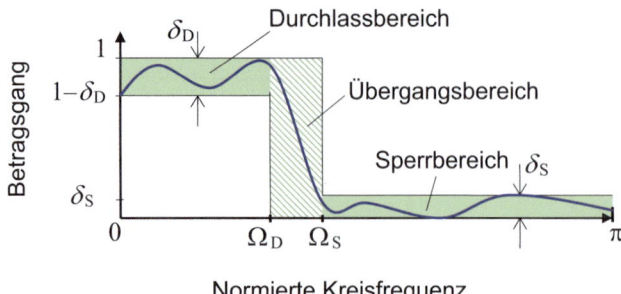

Abb. 11.2 Toleranzschema für den Betrag des Frequenzgangs zum Entwurf eines IIR-Tiefpassfilters mit den Entwurfsparametern: normierte Durchlasskreisfrequenz Ω_D, normierte Sperrkreisfrequenz Ω_S, Durchlasstoleranz δ_D und Sperrtoleranz δ_S

Tab. 11.1 Vergleich der Standardapproximationen für IIR-Tiefpassfilter (TP)

Filtertyp	Betragsgang	Phasengang	Bemerkungen
Butterworth-TP (Potenz-TP)	Monoton fallend und maximal flach; relativ breiter Übergangsbereich	„Leicht nichtlinear" im Durchlassbereich mit moderaten Phasenverzerrungen	Filterordnung relativ groß
Chebyshev[a]-I-TP	Equiripple-Verhalten[b] im Durchlassbereich und monoton fallend im Übergangs- und Sperrbereich	Phasenverzerrungen „mittel"	Filterordnung mittel
Chebyshev[a]-II-TP	Monoton fallend im Durchlass- und Übergangsbereich und Equiripple-Verhalten[b] im Sperrbereich	Phasenverzerrungen „mittel"[c]	Filterordnung mittel
Cauer-TP (elliptischer TP)	Equiripple-Verhalten[b] im Durchlass- und im Sperrbereich; monoton fallend im Übergangsbereich; relativ schmaler Übergangsbereich	Phasenverzerrungen „stark" (insbesondere im Bereich der Filterflanke)	Hohe Sperrdämpfung bei schmalem Übergangsbereich möglich; Filterordnung relativ klein

[a] In der deutschsprachigen Literatur finden sich statt der englischen Transkription Chebyshev auch die Übertragungen Tschebyscheff und Tschebyschow.
[b] Der Betrag der Abweichung zwischen Wunschfrequenzgang und Approximation verläuft im Durchlass- und/oder Sperrbereich wellenförmig, wobei die maximale Abweichung insgesamt minimiert wird.
[c] Phasenverzerrungen im Durchlassbereich des Chebyshev-II-TP „günstiger" als bei vergleichbarem Chebyshev-I-TP.

- Approximation des korrespondierenden analogen TP mit einem Standardverfahren
- und Transformation der Kenngrößen des analogen TP (Pole und Nullstellen, Impulsantwort oder Sprungantwort) in die des digitalen TP.

11.3 Entwurf eines Butterworth-Tiefpasses

Das Entwurfsbeispiel behandelt ausführlich die Rechenschritte von den analogen Prototypen bis zu den Koeffizienten des digitalen Filters.

11.3.1 Toleranzschema und Filtertyp

Für den Entwurf wird das *Toleranzschema* des Betragsgangs eines zeitdiskreten IIR-Tiefpasses in Abb. 11.2 zugrunde gelegt und der Einfachheit halber als Filtertyp der *Butterworth-Tiefpass* (BW-TP) gewählt.

11.3.2 Zeitkontinuierlicher Butterworth-Tiefpass

Der BW-Tiefpass geht auf die Anforderung zurück, nicht nur gutes Sperrverhalten zu erreichen, sondern im Durchlassbereich einen möglichst flachen Betragsgang zu erhalten [2]. Dies motiviert den folgenden Ansatz: Das Quadrat des Betragsgangs des *zeitkontinuierlicher BW-Tiefpasses* ist von der Form

$$|H_P(j\omega)|^2 = \frac{1}{1 + (\omega/\omega_{3dB})^{2 \cdot N}}$$

mit der Filterordnung N und der *3-dB-Grenzkreisfrequenz* ω_{3dB}, d. h.

$$20 \cdot \log_{10} \left(\frac{|H_P(j\omega_{3dB})|}{\max_\omega |H_P(j\omega)|} \right) \text{ dB} = 3 \text{ dB}.$$

Da im Nenner des Quadrats des Betragsgangs eine Potenzfunktion in ω steht, spricht man auch von einem *Potenzfilter*.

Die Besonderheit des Betragsgangs zeigt sich, wenn er in eine Potenzreihe entwickelt wird. Wir erhalten [1]

$$|H_P(j\omega)| = \frac{1}{\sqrt{1 + (\omega/\omega_{3dB})^{2 \cdot N}}} = 1 + \frac{1}{2} \cdot \left(\frac{\omega}{\omega_{3dB}}\right)^{2N} + \frac{1 \cdot 3}{2 \cdot 4} \cdot \left(\frac{\omega}{\omega_{3dB}}\right)^{2N \cdot 2} + \frac{1 \cdot 3 \cdot 5}{2 \cdot 4 \cdot 6} \cdot \left(\frac{\omega}{\omega_{3dB}}\right)^{2N \cdot 3} + \cdots$$

Betrachten wir nun den Betragsgang des TPes an der Stelle $\omega=0$, so gilt $H_P(0)=1$; weil alle Summanden mit Potenzen von ω verschwinden. Letzteres gilt offensichtlich auch für alle Ableitungen des Betragsganges bis zur Ordnung $2N-1$. Da die Ableitungen (Steigung, Krümmung, usw.) die „Geschwindigkeit" der Änderung des Betragsganges bei der Kreisfrequenz null bestimmen, spricht man beim BW-TP von einem *maximal flachen Filter* (im Durchlassbereich und zur gegebenen Filterordnung).

Aus dem Ansatz „maximal flach" resultiert für die Übertragungsfunktion der Produktansatz.

$$H_P(s) \cdot H_P(-s) = \frac{1}{1 + (s/j\omega_{3dB})^{2 \cdot N}},$$

wovon man sich durch Einsetzen der komplexen Frequenz $s = j\omega$ überzeugt.

Die *Pole* des Produktansatzes liegen gleichmäßig verteilt auf dem Mittelpunktskreis der s-Ebene mit dem Radius ω_{3dB}.

$$s_l = \omega_{3dB} \cdot \exp\left(j \cdot \frac{\pi}{2N} \cdot [2l + N - 1]\right) \text{ für } l = 1, 2, \ldots, 2N.$$

Die Pole werden der Übertragungsfunktion nun so zugeordnet, dass ein kausales und stabiles System entsteht, siehe Abb. 11.3. Die Pole in der linken s-Halbebene werden kausale Pole genannt. Mit der resultierenden stabilen *Übertragungsfunktion*

$$H_P(s) = \frac{b_0}{\prod_{k=1}^{N}(s - s_{\infty k})}$$

ist der zeitkontinuierliche BW-TP bis auf einen Skalierungsfaktor b_0 bestimmt.

11.3.3 Dimensionierung des zeitkontinuierlichen Butterworth-Tiefpasses

In der Übertragungsfunktion des zeitkontinuierlichen BW-Tiefpasses treten zur Dimensionierung die 3dB-Grenzkreisfrequenz ω_{3dB} und die Filterordnung N auf, sodass im Betragsgang genau zwei (Berührungs-)Punkte eingestellt werden können. Wie wir sehen werden, sind das sinnvollerweise die Punkte an dem der Betragsgang den Durchlassbereich verlässt bzw. in den Sperrbereich eintritt, siehe Abb. 11.4.

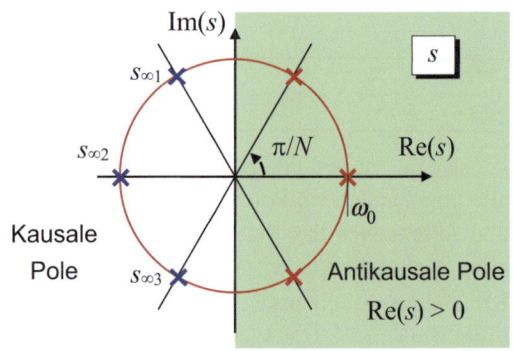

Abb. 11.3 Pole in der linken s-Halbebene für die kausale und stabile Übertragungsfunktion $H_p(s)$ und in der rechten s-Halbebene für $H_p(-s)$ ($N=3$)

11.3 Entwurf eines Butterworth-Tiefpasses

Abb. 11.4 Toleranzschema zur Dimensionierung des Butterworth-Tiefpasses

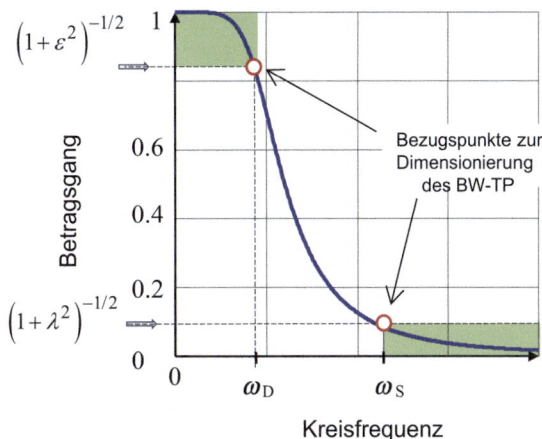

Zur Dimensionierung führen wir die Hilfsvariable ε im Nenner des Betragsquadrats der Übertragungsfunktion ein, also

$$\varepsilon = \left(\frac{\omega_D}{\omega_{3dB}}\right)^N$$

mit der Durchlasskreisfrequenz ω_D. Es resultiert das Quadrat des Betragsganges in der Form

$$|H_P(j\omega)|^2 = \frac{1}{1 + \varepsilon^2 \cdot (\omega/\omega_D)^{2 \cdot N}}.$$

Aus dem angepassten Toleranzschema in Abb. 11.4 gilt nunmehr bei der Durchlasskreisfrequenz

$$|H_P(j\omega_D)|^2 = \frac{1}{1 + \varepsilon^2}.$$

Die Sperrkreisfrequenz eingesetzt liefert schließlich die zweite Hilfsvariable λ.

$$|H_P(j\omega_S)|^2 = \frac{1}{1 + \varepsilon^2 \cdot (\omega_S/\omega_D)^{2 \cdot N}} = \frac{1}{1 + \lambda^2}.$$

Da beide Hilfsgrößen durch das Toleranzschema vorgegeben werden, kann aus der letzten Gleichung nach kurzer Zwischenrechnung die gesuchte (ganzzahlige) Filterordnung bestimmt werden.

$$N = \left\lceil \frac{\log(\lambda/\varepsilon)}{\log(\omega_S/\omega_D)} \right\rceil$$

Die 3-dB-Grenzkreisfrequenz leitet sich nun aus der Definition der Hilfsfunktion ε und der gefundenen Filterordnung her.

$$\omega_{3dB} = \frac{\omega_D}{\sqrt[N]{\varepsilon}}$$

Damit ist die Übertragungsfunktion des analogen BW-Tiefpasses eindeutig bestimmt.

A11.1 Bode-Diagramm des Butterworth-Tiefpasses

Das *Bode-Diagramm* des BW-Tiefpasses erster Ordnung zeigt Abb. 11.5. Wir erhalten es, wenn der Dämpfungsgang jeweils durch eine Gerade im Durchlassbereich und eine im Sperrbereich abgeschätzt wird. Zur Orientierung ist der 3-dB-Punkt gesondert eingetragen. Der tatsächliche Dämpfungsgang schmiegt sich asymptotisch von oben an die beiden Geradenstücke an und geht durch den 3-dB-Punkt. Der Allgemeinheit halber wird in der Darstellung eine Frequenznormierung auf die 3-dB-Grenzfrequenz ω_{3dB} durchgeführt.

a. Ergänzen Sie in Abb. 11.5 die Dämpfungsgänge mithilfe des Bode-Diagramms für den BW-Tiefpass mit den Filterordnungen zwei, vier und acht.
b. Welchen Einfluss hat offensichtlich die Filterordnung auf den Betragsfrequenzgang des BW-Tiefpasses?

A11.2 Dimensionierung des Butterworth-Tiefpasses

Für die weiteren Schritte geben wir uns ein Dimensionierungsbeispiel vor. Wir wählen geringe Anforderungen im Toleranzschema, um die Filterordnung klein und folglich die Rechnungen übersichtlich zu halten.

a. Bestimmen Sie zu den Vorgaben in Tab. 11.2 die Kenngrößen des BW-Tiefpasses. (Die Filterordnung sollte sich zu drei ergeben.)

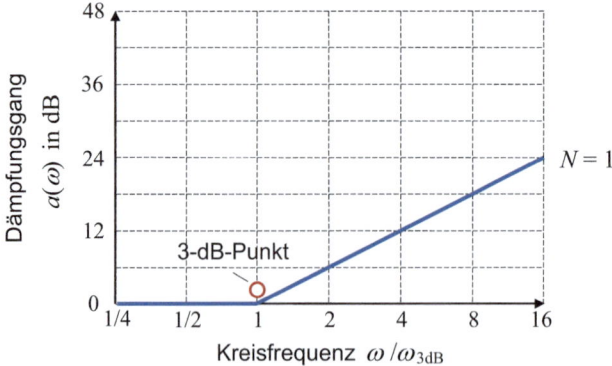

Abb. 11.5 Bode-Diagramm des Dämpfungsgangs für Butterworth-Tiefpässe mit Filterordnung N

11.3 Entwurf eines Butterworth-Tiefpasses

Tab. 11.2 Entwurfsparameter für einen analogen Butterworth-Tiefpass mit Vorgaben aus dem Toleranzschema im Frequenzbereich

Toleranzschema	Hilfsparameter	Filterordnung N	3-dB-Grenzfrequenz f_{3dB}
$f_D = 2.2$ kHz, $\delta_D = 0.1$	$\varepsilon =$		
$f_S = 4.8$ kHz, $\delta_S = 0.2$	$\lambda =$		

b. Bestimmen Sie die Pole des in Tab. 11.2 entworfenen analogen BW-Tiefpasses dritter Ordnung.

$$s_{\infty 1} = \omega_{3dB} \cdot \exp\left(j2\pi/3\right), \quad s_{\infty 2} = ?, \quad s_{\infty 3} = ?$$

c. Zeichnen Sie die Pole und Nullstellen in ein Pol-Nullstellendiagramm ein. Beachten Sie die Normierung für die Achsenbeschriftung.
d. Welche Ortskurve ergibt sich für die Pole? Und durch welchen Parameter wird sie bestimmt?
e. Geben Sie die Übertragungsfunktion des oben entworfenen analogen BW-Tiefpasses dritter Ordnung an. Zur Vereinfachung normieren Sie die komplexe Kreisfrequenz s auf die 3-dB-Grenzkreisfrequenz mit $s_n = s / \omega_{3dB}$.
f. Bestimmen Sie die Filterkoeffizienten schließlich so, dass sich für den Frequenzgang bei null der Wert eins ergibt.

11.3.4 Bilineare Transformation

Für die zeitdiskrete Nachbildung des analogen BW-Tiefpasses stehen im Wesentlichen zwei mathematische Ansätze zur Verfügung:

- Bei der *impulsinvarianten* und der *sprunginvarianten Transformation* ist die zeitdiskrete Impuls- bzw. Sprungantwort gleich der entsprechend abgetasteten zeitkontinuierlichen Systemfunktion. Je nachdem, wie groß das Abtastintervall gewählt wird, können *Aliasing*-Fehler den Frequenzgang erheblich verfälschen, sodass das Toleranzschema verletzt wird. Die impulsinvariante bzw. sprunginvariante Transformation wird vor allem dann eingesetzt, wenn zeitkontinuierliche Vorgänge simuliert werden sollen. Sie werden in diesem Versuch nicht weiter betrachtet. MATLAB unterstützt die impulsinvariante Transformation mit der Funktion `impinvar`.
- Die *bilineare Transformation* ist eine analytische Methode (z. B. [1], S. 750). Sie wird i. d. Regel verwendet, wenn ein Toleranzschema im Frequenzbereich zugrunde liegt. Die bilineare Transformation wird direkt im Bildbereich durchgeführt und transformiert die Pole und Nullstellen des zeitkontinuierlichen Filters aus der s-Ebene in die z-Ebene. Aliasing-Fehler werden dadurch vermieden. Im Frequenzgang tritt die *Arcustangens-Verzerrung* auf, die jedoch meist in der Anwendung vernachlässigt werden kann.

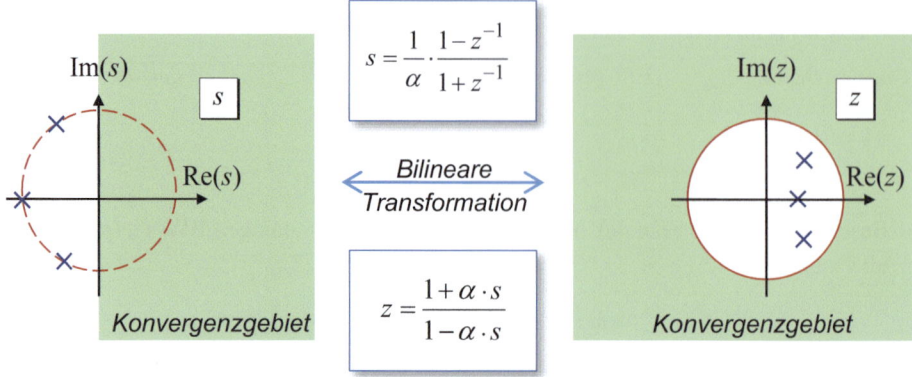

Abb. 11.6 Bilineare Transformation der *s*-Ebene in die *z*-Ebene und umgekehrt

Den Ausgangspunkt der Überlegungen zur bilinearen Transformation liefern die folgenden Feststellungen: Analoge Filter sind stabil, wenn die Pole in der linken s-Halbebene liegen; Und bei realisierbaren (kausalen) digitalen Filtern müssen die Pole im Inneren des Einheitskreises der z-Ebene liegen. Den Frequenzgang analoger Filter findet man auf der imaginären Achse, während der Frequenzgang digitaler Filter auf dem Einheitskreis definiert ist.

Die Idee und die Wirkungsweise der bilinearen Transformation stellt Abb. 11.6 zusammen.

Die bilineare Transformation bildet die linke *s*-Halbebene in das Innere des Einheitskreises der *z*-Ebene ab. Die imaginäre Achse der *s*-Ebene wird dabei dem Einheitskreis der *z*-Ebene zugeordnet. Ein stabiles zeitkontinuierliches System geht somit in ein stabiles zeitdiskretes System über. Die grundsätzliche Form des Frequenzganges bleiben dabei erhalten, da die Abbildung stetig ist.

Der Zusammenhang zwischen den Frequenzvariablen erschließt sich durch Einsetzen von $s=j\omega$ bzw. $z=e^{j\Omega}$ in die Transformationsgleichung. Man erhält nach kurzer Zwischenrechnung

$$\omega = \frac{1}{\alpha} \cdot \tan\left(\frac{\Omega}{2}\right) \quad \text{bzw.} \quad \Omega = 2 \cdot \arctan(\alpha \cdot \omega) \quad \text{für } \alpha \in \mathbb{R}_+.$$

Es ist offensichtlich, dass sich die ins Unendliche erstreckenden imaginären Achse der *s*-Ebene nicht linear auf den Einheitskreis mit Umfang 2π der *z*-Ebene abbilden kann. Bei der Abbildung ergibt sich im Frequenzgang die sogenannte *Arcustangens-Verzerrung*. Sie muss beim Filterentwurf berücksichtigt werden. Das kann bereits bei der Vorgabe des Toleranzschemas des analogen Filters durch etwas strengere Vorgaben geschehen. Mit α als einzigen freien Parameter kann jeweils nur ein Paar von Kreisfrequenzen (ω_0, Ω_0) fest zugeordnet, d. h. vorgegeben werden.

A11.3 Bilineare Transformation eines Butterworth-Tiefpasses

a. Entwerfen Sie durch bilineare Transformation des BW-Tiefpasses dritter Ordnung in A11.2 (e) einen Tiefpass im Zeitdiskreten. Die Abtastfrequenz sei 20 kHz. Bestimmen Sie den Parameter a für die Transformation, indem Sie zuerst die normierte 3-dB-Grenzkreisfrequenz berechnen. Geben Sie explizit die Pole im Zeitdiskreten an.

b. Skizzieren Sie das Pol-Nullstellendiagramm des zeitdiskreten Tiefpasses aus (a). Beachten Sie, dass bei der bilinearen Transformation, die *Nullstellen* für $s \to \infty$ auf $z = -1$ abgebildet werden. Ergänzen Sie deshalb für jeden Pol eine entsprechende Nullstelle.

c. Geben Sie die Übertragungsfunktion des obigen Tiefpasses an. Skalieren Sie die Koeffizienten so, dass der Frequenzgang an der Stelle null gleich eins ist ($H(z=1)=1$).

M11.1 Verifikation des Filterentwurfs

Überprüfen Sie den Filterentwurf in A11.3 mit dem MATLAB-Werkzeug „Filter Visualization" (`fvtool`). Beachten Sie, mit der rechten Maustaste im Bild öffnet sich ein Menü mit der Auswahl `Analysis Parameters` und `Sampling Frequency`. Darunter haben Sie eine Reihe von Einstellmöglichkeiten für die grafische Darstellung. So kann beispielsweise die lineare Darstellung des Betragsganges oder die Darstellung der Frequenzachse für die normierte Kreisfrequenz gewählt werden.

M11.2 Butterworth-Tiefpass zur Entstörung eines EKG-Signals

Der Butterworth-Tiefpass kann zur Entstörung bzw. Rauschunterdrückung von Signalen eingesetzt werden. Sie sollen das am Beispiel des EKG-Modellsignals `ecgdata50.mat` zeigen, siehe auch Abschn. 8.5 (Kammfilter) und 10.7 (Kerbfilter). Das EKG-Signal im Datensatz liegt mit 400 Hz abgetastet vor. Ihm ist ein 50-Hz-Signal als Störung überlagert.

Für den Entwurf des zeitdiskreten Butterworth-Tiefpasses wählen Sie die verkürzte Vorgehensweise ohne Toleranzschema. Statt Durchlass- und Sperrtoleranzen geben Sie für den analogen BW-Tiefpass der Einfachheit halber direkt die Filterordnung mit drei und die 3-dB-Grenzkreisfrequenz mit eins vor. So bestimmen Sie im Wesentlichen Ort und Steilheit der Filterflanke, siehe Bode-Diagramm Abb. 11.5. Für den Entwurf des zeitdiskreten BW-Tiefpasses mit der bilinearen Transformation legen Sie die 3-dB-Frequenz mit 25 Hz zugrunde.

Damit liegen alle notwendigen Angaben vor, um aus dem normierten analogen BW-Tiefpass die Pole und Nullstellen des zeitdiskreten (digitalen) BW-Tiefpasses mit MATLAB zu bestimmen und das EKG-Signal zu entstören.

Schreiben Sie ein MATLAB-Programm, das die Entstörung des EKG-Signals in Abb. 11.7 repliziert. Beachten Sie: beim direkten Vergleich des Eingangs- und Ausgangssignals eines digitalen Filters ist es günstig die Signale zu normieren (Mittelwert und Varianz) sowie Signallaufzeiten im Filter zu kompensieren. Das ist bei Tiefpässen zumindest näherungsweise anhand der *Gruppenlaufzeit* `grpdelay` möglich.

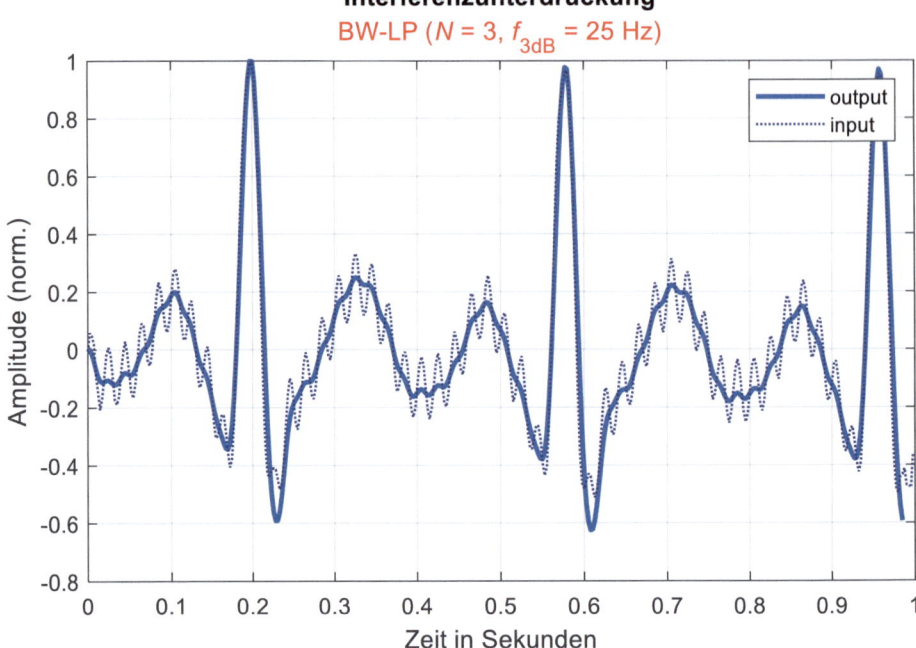

Abb. 11.7 Mit dem Butterworth-Tiefpass dritter Ordnung ($f_{3dB} = 25$ Hz) entstörtes des EKG-Signal (ecgdata50.mat und ecg_filter_3)

a. Welche Annahme für das Spektrum des EKG-Signals wird in Abb. 11.7 gemacht? Ist die Annahme sinnvoll?
b. Wie groß ist die Dämpfung des Filters in Abb. 11.7 beim 50-Hz-Störer?
c. Variieren Sie die Filterordnung und/oder die Grenzfrequenzen nach Gutdünken und beobachten Sie die Änderungen im Ausgangssignal?

11.4 Frequenztransformation

Die Erweiterung der Idee der bilinearen Transformation führt auf die *Frequenztransformation* von zeitdiskreten Tiefpässen in zeitdiskrete *Tiefpässe* (TP), *Bandpässe* (BP), *Hochpässe* (HP) oder *Bandsperren* (BS). Entsprechend dem gewünschten Zielsystem werden die Pole und Nullstellen des zugrunde liegenden Tiefpasses transformiert. Ist das Zielsystem ein Bandpass oder eine Bandsperre, verdoppelt sich dabei die Zahl der Pole und Nullstellen. Diese Transformationen gehören ebenfalls zu den Standardmethoden für den Entwurf digitaler Filter und werden in MATLAB implizit verwendet.

Bei der Anwendung der Frequenztransformation wird von einem Tiefpass als Prototyp mit der Übertragungsfunktion $H(\zeta)$, sprich Zeta, und der normierten Eckkreisfre-

11.4 Frequenztransformation

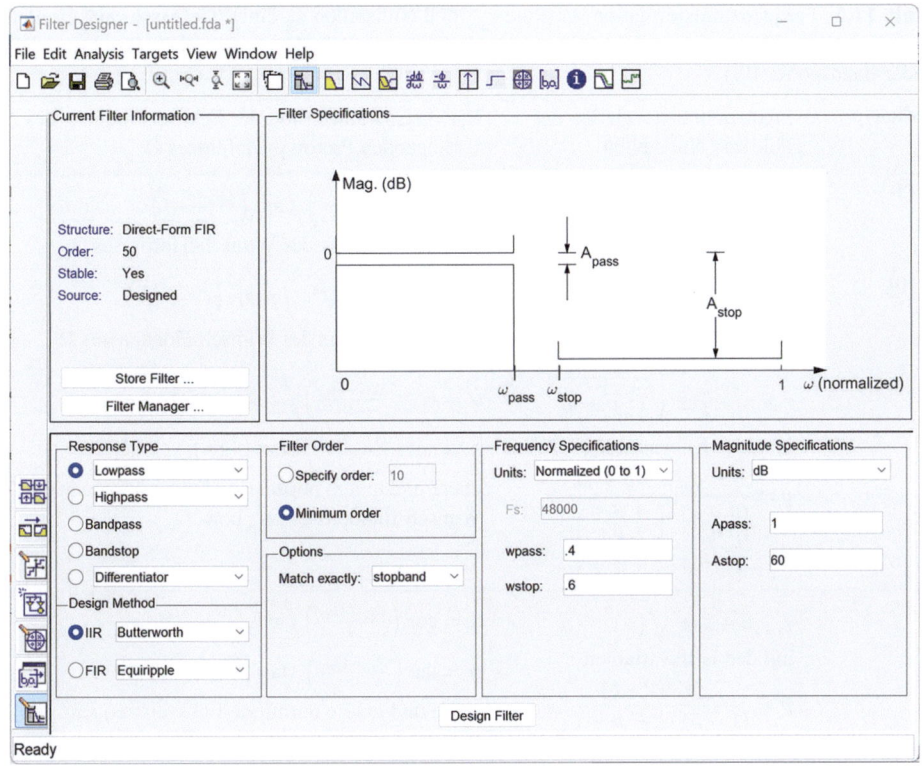

Abb. 11.8 Bedienoberfläche des MATLAB-Werkzeugs „Filter Designer"

quenz $\Omega_{c,\zeta}$ („cutoff", „corner") ausgegangen. Letztere kann beispielsweise die 3-dB-Grenzkreisfrequenz sein.

Für das Wunschsystem eines Tiefpasses oder Hochpasses mit der normierten Eckkreisfrequenz $\Omega_{c,z}$ erhält man die Pole und Nullstellen der gesuchten Übertragungsfunktion $H(z)$ durch die Transformationen in Tab. 11.3. Die rationalen Transformationsformeln entsprechen Übertragungsfunktionen von Allpässen erster Ordnung, weshalb hier auch von der *Allpasstransformation* gesprochen wird.

Sind die Wunschsysteme Bandpässe oder Bandsperren, werden Allpasstransformationen zweiter Ordnung eingesetzt. Es entstehen quadratische Gleichungen. Die Berechnung der neuen Pole und Nullstellen geschieht durch Lösung der quadratischen Gleichungen in Tab. 11.3, wobei sich die Zahl der Pole und Nullstellen verdoppelt.

Die Frequenztransformation ist häufig in Entwurfsprogrammen der digitalen Signalverarbeitung integriert. So ermöglicht die MATLAB-Anwendung „Filter Designer" direkt den Entwurf der Prototyp-Filter über die grafische Benutzerschnittstelle.

Tab. 11.3 Frequenztransformation der Pole $\zeta_{\infty k}$ und Nullstellen ζ_{0l} eines Tiefpasses auf die Pole $z_{\infty k}$ und Nullstellen z_{0l} eines Wunschsystems als Tiefpass (TP), Hochpass (HP), Bandpass (BP) oder Bandsperre (BS)

Zieltyp	Frequenztransformation der Pole und Nullstellen	Entwurfsparameter mit der Eckkreisfrequenz des vorliegenden Prototyp-Tiefpasses $\Omega_{c,\zeta}$
TP	$z = \frac{\zeta + \alpha}{\alpha \cdot \zeta + 1}$	$\alpha = \sin\left(\frac{\Omega_{c,\zeta} - \Omega_{c,z}}{2}\right) \Big/ \sin\left(\frac{\Omega_{c,\zeta} + \Omega_{c,z}}{2}\right)$ Eckkreisfrequenz des Wunsch-Tiefpasses $\Omega_{c,z}$
HP	$z = -\frac{\zeta + \alpha}{\alpha \cdot \zeta + 1}$	$\alpha = -\cos\left(\frac{\Omega_{c,\zeta} + \Omega_{c,z}}{2}\right) \Big/ \cos\left(\frac{\Omega_{c,\zeta} - \Omega_{c,z}}{2}\right)$ Eckkreisfrequenz des Wunsch-Hochpasses $\Omega_{c,z}$
BP	$z_{1,2} = -\frac{p}{2} \pm \sqrt{\left(\frac{p}{2}\right)^2 - q}$ mit den Hilfsvariablen $p = \frac{-2 \cdot \alpha \cdot \beta \cdot (\zeta + 1)}{(\beta - 1) \cdot \zeta + \beta + 1}$ $q = \frac{(\beta + 1) \cdot \zeta + \beta - 1}{(\beta - 1) \cdot \zeta + \beta + 1}$	$\alpha = \cos\left(\frac{\Omega_{o,z} + \Omega_{u,z}}{2}\right) \Big/ \cos\left(\frac{\Omega_{o,z} - \Omega_{u,z}}{2}\right)$ $\beta = \cot\left(\frac{\Omega_{o,z} - \Omega_{u,z}}{2}\right) \cdot \tan\left(\frac{\Omega_{c,\zeta}}{2}\right)$ obere und untere normierten Eckkreisfrequenz des Wunsch-Bandpasses $\Omega_{o,z}$ bzw. $\Omega_{u,z}$
BS	$z_{1,2} = -\frac{p}{2} \pm \sqrt{\left(\frac{p}{2}\right)^2 - q}$ mit den Hilfsvariablen $p = \frac{2 \cdot \alpha \cdot (1 - \zeta)}{(1 - \beta) \cdot \zeta - \beta - 1}$ $q = -\frac{(1 + \beta) \cdot \zeta + \beta - 1}{(1 - \beta) \cdot \zeta - \beta - 1}$	$\alpha = \cos\left(\frac{\Omega_{o,z} + \Omega_{u,z}}{2}\right) \Big/ \cos\left(\frac{\Omega_{o,z} - \Omega_{u,z}}{2}\right)$ $\beta = \tan\left(\frac{\Omega_{o,z} - \Omega_{u,z}}{2}\right) \cdot \tan\left(\frac{\Omega_{c,\zeta}}{2}\right)$ obere und untere normierte Eckkreisfrequenz der Wunsch-Bandsperre $\Omega_{o,z}$ bzw. $\Omega_{u,z}$

M11.3 Tiefpass-Bandsperre-Frequenztransformation

Demonstrieren Sie exemplarisch die TP-BS-Frequenztransformation am Beispiel des BW-Tiefpasses dritter Ordnung aus M11.2. Dabei soll das Beispiel zur Entstörung eines EKG-Signals weitergeführt werden. Die BW-Bandsperre soll das Frequenzband von 40 bis 60 Hz bedämpfen.

a. Erstellen Sie ein MATLAB-Programm zur TP-BS-Frequenztransformation des BW-Tiefpasses aus M11.2 in eine Bandsperre mit der das EKG-Signal entstört werden kann.
b. Überprüfen Sie die BW-Bandsperre mit dem „Filter Viewer". Wie ist das resultierende Pol-Nullstellen-Diagramm mit Blick auf den Betragsgang zu interpretieren?
c. Setzen Sie die BW-Bandsperre zum Entstören ein und stellen Sie das Ausgangssignal der Bandsperre grafisch dar, siehe Abb. 11.7. Erfüllt die Bandsperre ihren Zweck?
d. Was macht die BW-Bandsperre für diese Anwendung weniger interessant?

11.5 IIR-Filterentwurf mittels Standardapproximationen analoger Tiefpässe

Chebyshev- und Cauer-Tiefpassfilter werden ähnlich wie der Butterworth-Tiefpass entworfen. An die Stelle des Potenzverhaltens treten nun Chebyshev-Polynome bzw. jacobische elliptische Funktionen. Damit ist die Chebyshev-Approximation sichergestellt, also die optimale Nutzung der Durchlass- und oder Sperrtoleranzen zur Aufwandsreduktion. Das Verfahren ändert sich nicht grundsätzlich, jedoch sind die Lösungen charakteristisch für den jeweils verwendeten Funktionstyp. Eine mathematische Behandlung des Approximationsproblems würde den hier abgesteckten Rahmen sprengen, weshalb auf die weiterführende Literatur verwiesen wird (z. B. [1], S. 1004).

Die folgende Versuchsdurchführung zeigt, wie der Filterentwurf mit dem MATLAB-Werkzeug „Filter Designer" (filterDesigner) für die verschiedenen Filtertypen durchgeführt werden kann. Schließlich soll der Vergleich der Lösungen helfen, die Anwendungsmöglichkeiten der Filter einzuschätzen.

M11.4 Butterworth-Tiefpass"
Sie sollen einen BW-Tiefpass mit dem MATLAB-Werkzeug „Filter Designer" in mehreren Schritten entwerfen.

a. Öffnen Sie zuerst die grafische Bedienoberfläche mit dem Aufruf filterDesigner. Die Entwurfsmethode (Design Method) ist auf die Equiripple-Methode für FIR-Filter voreingestellt (Kap. 9). Stellen Sie die Entwurfsmethode auf IIR und Butterworth um.
b. Ist Ihnen aufgefallen, dass sich dabei das Toleranzschema in der Tafel Filter Specifications geändert hat? Wie und warum unterscheiden sich hier die Entwurfsmethoden für FIR- und IIR-Filter?
c. Entwerfen Sie einen Butterworth-Tiefpass mit der Durchlasstoleranz 1 dB und der Sperrdämpfung von mindestens 60 dB. Die normierte Durchlasskreisfrequenz sei $0.4 \cdot \pi$ und normierte Sperrkreisfrequenz $0.5 \cdot \pi$.
d. Sehen Sie sich den Betragsgang im logarithmischen und linearen Maß an und das Pol-Nullstellendiagramm. Was ist daran Typisches zu erkennen?
e. Sehen Sie sich die Phasengänge der Filter und die Bemerkungen zum Phasengang in Tab. 11.1 an.
f. Notieren Sie die Filterordnung.

M11.5 Chebyshev- und Cauer-Tiefpass
Wiederholen Sie den Filterentwurf in M11.4 für die Einstellungen Chebyshev Type I und II sowie Elliptic. Notieren Sie jeweils die Filterordnung.

Tab. 11.4 Vergleich der entworfenen digitalen Tiefpassfilter bzgl. ihrer Komplexität

Typ	Struktur	Ordnung	Zahl der Multiplikationen und Additionen pro Zeitschritt[c]	„Relative Komplexität"
Fourier-Approx. mit Kaiserfenster[a]	FIR	37		
Equiripple-Aproximation[a, b]	FIR	19		
Butterworth				
Chebyshev-I				
Chebyshev-II				
Cauer (elliptisch)				1

[a] FIR-Entwurf siehe Kap. 9, mit `Apass` = .5 dB
[b] Chebyschev-Approximation
[c] „floating point operation" (FLOP)

Blöcke zweiter Ordnung (SOS)
Sie können z. B. die Filterkoeffizienten des Cauer-Tiefpasses aus dem „Filter Designer" in den Arbeitsspeicher transferieren. Im „Filter Designer" erreichen Sie mit der Maus via Menü die Auswahl `Filter` und `Export....` (Alternativ auch durch Tastatureingabe von Strg + E). Dort können Sie das Speicherziel (`Workspace`), die Datenstruktur (`Coefficients`) und Variablennamen (`SOS` und `G`) einstellen bzw. übernehmen und den Export durchführen. Danach finden Sie im Arbeitsspeicher die Variable `SOS` als Matrix mit drei Zeilen und sechs Spalten. Es handelt sich um eine Darstellung des Filters in Blöcken zweiter Ordnung (SOS, „second-order sections"). Jede Zeile enthält die Filterkoeffizienten eines Blockes mit zuerst den Zählerkoeffizienten (b) und dann den Nennerkoeffizienten (a). Die Variable `G` ist ein Skalierungsfaktor. Der Hintergrund für die Zerlegung der Filter in Blöcke zweiter Ordnung und ihre Anwendung wird in Kap. 15 vorgestellt.

M11.65 Komplexitätsvergleich der entworfenen Tiefpässe
Eine Abschätzung der *Komplexität* der realisierten Filter liefert die Zahl der Multiplikationen und Additionen pro Zeitschritt (Takt) (Kap. 6). Sie ergibt sich aus der Filterstruktur in Abb. 11.1 für die transponierte Direktform II bzw. der Transversalform in Kap. 9. Füllen Sie Tab. 11.4 aus.

Der Vergleich hat hier exemplarischen Charakter und soll Sie für den in der Praxis relevanten Faktor der „Komplexität" sensibilisieren.

a. Werten Sie eine Multiplikation oder Addition als FLOP („floating point operation") und geben Sie entsprechend Abb. 11.1 jeweils die Gesamtzahl der FLOPs pro Ausgangswert an.
b. Vergleichen Sie die entworfenen Filter miteinander und diskutieren Sie die Ergebnisse. Beziehen Sie der einfacheren Vergleichbarkeit halber dabei die Zahl der FLOPs als „relative Komplexität" auf die Zahl der FLOPs des Cauer-Tiefpasses.

M11.7 Pol-Nullstellen-Editor

Wenn Sie noch etwas Zeit übrig haben, können Sie den Pol-Nullstellen-Editor (`Pole/Zero Editor`) im MATLAB-Werkzeug „Filter Designer" ausprobieren. Über die Schaltleiste am linken Fensterrand, 5. Knopf von oben, wird er aufgerufen. Mit ihm können Sie unter anderem die Pole und Nullstellen eines Filters per Mauszeiger bewegen und die Änderungen im Betragsfrequenzgang, der Impulsantwort usw. unmittelbar beobachten. Sie können auch mit dem Mauszeiger Pole und Nullstellen hinzufügen oder löschen. Am einfachsten und übersichtlichsten beginnen Sie mit einem System zweiter Ordnung mit konjugiert („conjugate") komplexem Pol- und Nullstellenpaar und gehen eher spielerisch vor.

11.6 Zusammenfassung

Der Versuch „Entwurf digitaler IIR-Filter" stellt den Entwurf nach Vorgaben im Frequenzbereich vor. Zuerst werden die Anforderungen an den Betragsgang im Toleranzschema spezifiziert. Das Toleranzschema bildet die Grundlage für den Entwurf eines analogen Prototypfilters. Anschließend wird die analoge Lösung mittels bilinearer Transformation in ein zeitdiskretes Filter abgebildet. Gegebenenfalls kann sich noch eine Frequenztransformation anschließen.

Im Versuch wird jeder der Schritte ausführlich behandelt und es werden Alternativen aufgezeigt. Als analoge Prototypen können Butterworth-, Chebyshev- oder Cauer-Tiefpässe gewählt werden. Statt der bilinearen Transformation stehen in MATLAB auch die impulsinvariante und die sprunginvariante Transformation zur Verfügung. Schließlich ermöglicht die Frequenztransformation die Abbildung des entworfenen digitalen Tiefpasses auf Tiefpässe, Hochpässe, Bandpässe und Bandsperren, sodass ein weites Anwendungsspektrum abgedeckt wird.

Das im Versuch ausgearbeitete Beispiel des Butterworth-Tiefpasses führt in die Grundlagen und das praktische Vorgehen ein. Nach den Vorbereitungen wird schließlich das MATLAB-Werkzeug „Filter Designer" eingesetzt, um verschiede IIR-Filter gemäß den Standardlösungen Butterworth-, Chebyshev- und Cauer-Filter zu entwerfen und die Lösungen vergleichend zu bewerten. Den Abschluss bildet eine Überlegung zur Komplexität der verschieden Standardlösungen, dabei hat die Filterordnung entscheidenen Einfluss.

11.7 Quiz 11

Ergänzen Sie die Lückentexte (_) sinngemäß.

1. IIR-Filter haben eine Signalrückführung und können bei fehlerhaftem Entwurf und/oder Implementierung ___ werden.
2. IIR-Filter sind ___ linearphasig.

3. IIR-Filter zweiter Ordnung können mit maximal fünf ___ und vier ___ pro Takt realisiert werden.
4. Analoge BW-Tiefpässe werden wegen ihres Betragsgangs in Durchlassbereich auch als ___ bezeichnet.
5. Analoge BW-Tiefpässe sind durch Angabe der ___-Grenzfrequenz und der ___ spezifiziert.
6. Bei analogen BW-Tiefpässen steigt die Dämpfung im Sperrbereich um ___ dB pro Oktave.
7. Der Betragsgang des BW-Tiefpasses ist monoton ___.
8. Die Pole des (digitalen) BW-Tiefpasses liegen in der komplexen z-Ebene auf ___.
9. Die BW-Tiefpässe werden auch ___ genannt.
10. Die ___ Transformation bildet Kreise in Kreise ab.
11. Die Frequenztransformation ermöglicht es Tiefpässe in Bandpässe abzubilden, wobei sich ___ verdoppelt.
12. Bei der bilinearen Transformation tritt im Frequenzgang die ___-Verzerrung auf.
13. Beim (digitalen) Chebyshev-II-Tiefpass liegen die Nullstellen auf ___.
14. Je größer der Übergangsbereich eines Tiefpasses, umso ___ ist der Realisierungsaufwand.
15. Bei der Abschätzung der Komplexität von IIR-Tiefpässen durch den Rechenaufwand bei der Filterung liegt der ___-Tiefpass am günstigsten, weil er die kleinste ___ hat.
16. Das MATLAB-Werkzeug ___ eignet sich zum Entwurf typischer digitaler FIR- und IIR-Filter.
17. Bei der Frequenztransformation werden die Pole und Nullstellen eines ___ gezielt in die eines Tiefpasses, Hochpasses, Bandpasses oder ___ abgebildet.
18. Der Cauer-Tiefpass zeigt Equiripple-Verhalten sowohl im ___ als auch im ___.
19. Der Cauer-Tiefpass zeigt sich im Vergleich zu den anderen Standard-Tiefpässen bei gleicher Filterordnung und gleichen Toleranzen durch einen ___ Übergangsbereich.
20. Bei der ___-Grenzfrequenz ist der Betragsgang auf circa 71 % seines Maximalwertes gefallen.

11.8 Lösungshinweise

In den Onlineressourcenfinden Sie alle Programme zu diesem Kapitel: `BWBS_design.m`, `BWLP_design.m`, `BWLP_design_norm.m`, `BWLP_test.m`, `ecg_BWLP.m`, `ecg_BWBS.m`, `iirplot.m`, `ecgdata50.mat`.

Zu A11.1 Bode-Diagramm des Butterworth-Tiefpasses
Die Abschätzung des Dämpfungsgangs des BW-TP im Durchlass- und im Sperrbereich liefert.

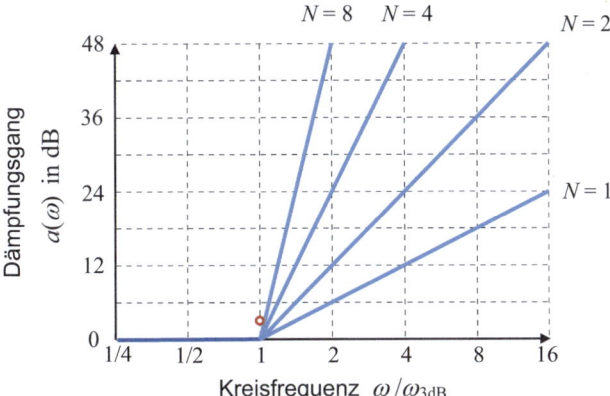

Abb. 11.9 Dämpfungsverhalten von Butterworth-Tiefpässen der Ordnung N (Bode-Diagramm)

$$\frac{a(\omega)}{\text{dB}} = 10 \cdot \log_{10}\left(1 + \left[\frac{\omega}{\omega_{3\text{dB}}}\right]^{2N}\right) \approx \begin{cases} 0 & \omega \ll \omega_{3\text{dB}} \\ 3 & \omega = \omega_{3\text{dB}} \\ 20 \cdot N \cdot \log_{10}\left(\frac{\omega}{\omega_{3\text{dB}}}\right) & \omega \gg \omega_{3\text{dB}} \end{cases}.$$

Die Dämpfung wächst im Sperrbereich mit etwa $20 \cdot N$ dB pro Frequenzverzehnfachung (Dekade) bzw. $6 \cdot N$ dB pro *Oktave* (Frequenzverdopplung), siehe Abb. 11.9. Die Filterordnung bestimmt die Steilheit des Betragsgangs. Je größer die Filterordnung, desto steiler die Filterflanke.

Zu A11.2 Dimensionierung des Butterworth-Tiefpasses

a. Siehe Tab. 11.2. Die Entwurfsparameter für den BW-Tiefpass sind die Hilfsparameter $\varepsilon = 0.4843$ und $\lambda = 4.8990$ sowie die Filterordnung $N = 3$. Die 3-dB-Grenzkreisfrequenz ist $\omega_{3\text{dB}} = 2\pi \cdot 2.8014$ kHz.
b. Die Pole des analogen BW-Tiefpasses dritter Ordnung sind:

$$s_{\infty 1} = \omega_{3\text{dB}} \cdot \exp(\text{j} \cdot 2\pi/3), \quad s_{\infty 2} = \omega_{3\text{dB}} \cdot (-1), \quad s_{\infty 3} = \omega_{3\text{dB}} \cdot \exp(-\text{j} \cdot 2\pi/3)$$

c. Das Pol-Nullstellendiagramm zeigt Abb. 11.10.
d. Die Pole liegen alle in der linken s-Halbebene auf einem Kreis um den Ursprung mit Radius 1 (normiert) bzw. $\omega_{3\text{dB}}$.
e. Schließlich lautet die Übertragungsfunktion des BW-Tiefpasses dritter Ordnung (normiert auf die 3-dB-Grenzfrequenz):

$$H_P(s_n) = \frac{b_0}{(s_n - e^{\text{j} \cdot 2\pi/3}) \cdot (s_n + 1) \cdot (s_n - e^{-\text{j} \cdot 2\pi/3})} = \frac{1}{s_n^3 + 2 \cdot s_n^2 + 2 \cdot s_n + 1}$$

Abb. 11.10 Pole des Butterworth-Tiefpasses dritter Ordnung in der s-Ebene (normierte Darstellung)

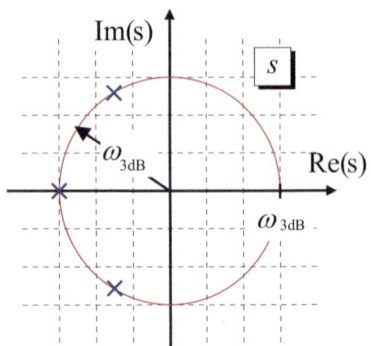

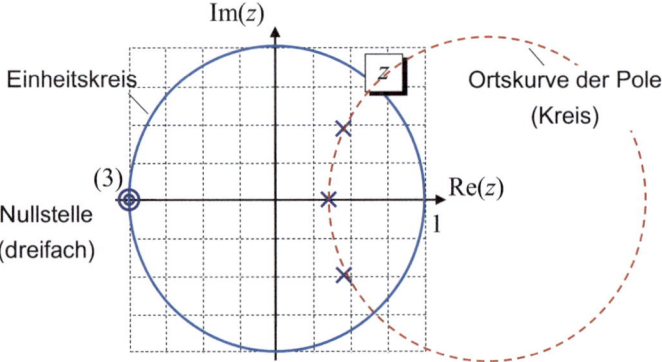

Abb. 11.11 Pol-Nullstellendiagramm des Butterworth-Tiefpasses in der z-Ebene

Zu A11.3 Bilineare Transformation eines Butterworth-Tiefpasses

a. Transformationsparameter für normierte Größen mit $\Omega_{3dB} = 2\pi \cdot 2801.4/20.000 = 0.8801$.

$$\alpha = \frac{1}{\omega_{3dB}} \cdot \tan\left(\frac{\Omega_{3dB}}{2}\right) = \frac{1}{2\pi \cdot 2801.4} \cdot \tan\left(\frac{0.8801}{2}\right) \approx 2.6749 \cdot 10^{-5}$$

Einsetzen in die Transformationsgleichung (Abb. 11.6) ergibt die (normierten) Pole in der z-Ebene.

$$z_{\infty 1} = 0.4599 + j \cdot 0.4818, \quad z_{\infty 2} = 0.3598, \quad z_{\infty 3} = 0.4599 - j \cdot 0.4818$$

b. Pole und Nullstellen siehe Abb. 11.11 mit dreifacher Nullstellen $z_0 = -1$. Die Pole liegen auch in der z-Ebene auf einem Kreis, siehe Kreisverwandtschaft der konformen Abbildung (z. B. [1], S. 751).

c. Übertragungsfunktion des zeitdiskreten BW-Tiefpasses:

$$H_P(z) = 0.0419 \cdot \frac{z^3 + 3 \cdot z^2 + 3 \cdot z + 1}{z^3 - 1.2795 \cdot z^2 + 0.7745 \cdot z - 0.1596}.$$

Zu M11.1 Verifikation des Filterentwurfs

Siehe Programm 11.1 (`BWLP_test`) und Programm 11.2 (`BWLP_design`). Zum Test der Funktion können folgende vier Befehle benutzt werden.

Programm 11.1 Skript zum Entwurf eines analogen Butterworth-Tiefpasses (BWLP_test)

```
BWLP = struct('fp',2.2e3,'dp',.1,'fs',4.8e3,'ds',.2,'fS',20e3,...
    'f3dB',[],'w3dB',[],'N',[],'a',[],'b',[]);
BWLP = BWLP_design(BWLP); % user defined function
fvtool(BWLP.b,BWLP.a); % filter viewer tool, H(1)=1
iirplot(BWLP.b,BWLP.a,'BW-LP') % graphics
```

Programm 11.2 Funktion zum Entwurf eines analogen Butterworth-Tiefpasses (BWLP_design)

```
function BWLP = BWLP_design(BWLP)
% Design of digital BW lowpass using analog template (mw2024)
%   BWLP : filter parameters (structure)
%     BWLP.fp : passband cutoff frequency (Hz)
%     BWLP.dp : passband tolerance (delta)
%     BWLP.fs : stopband cuttoff frequency (HZ)
%     BWLP.dp : stopband tolerance (delta)
%     BWLP.fS : sampling frequency
%     BWLP.f3dB : 3dB frequency
%     BWLP.w3dB : 3dB normalized radian frequency
%     BWLP.N : filter order
%     BWLP.b : nominator coefficients
%     BWLP.a : numerator coefficients
%% Analog Butterworth LP
epsilon = sqrt(1/(1-BWLP.dp)^2 - 1); lambda = sqrt(1/BWLP.ds^2 - 1);
BWLP.N = ceil((log(lambda/epsilon)/log(BWLP.fs/BWLP.fp)));
BWLP.f3dB = BWLP.fp/epsilon^(1/BWLP.N); % 3dB frequency (Hz)
%% Poles in s domaine (normalized)
delta = pi/BWLP.N; % phase differenc between adjacant poles
ps = exp(1i*(pi/2+delta/2)); % first pole (2nd quadrant)
for k=2:BWLP.N
    ps = [ps ps(k-1)*exp(1i*delta)]; % analog poles normalized
end
ps = 2*pi*BWLP.f3dB*ps; % analog poles
%% Bilinear transform
BWLP.w3dB = 2*pi*BWLP.f3dB/BWLP.fS; % 3dB norm. radian frequency
alpha = tan(BWLP.w3dB/2)/(2*pi*BWLP.f3dB);
pz = (1+alpha*ps)./(1-alpha*ps);
%% Filter coefficients
a = poly(pz); b = poly(-ones(1,BWLP.N));
a = real(a);  b = real(b); % compensate for numerical problems
BWLP.b = b*sum(a)/sum(b);  % H(1)=1
BWLP.a = a;
```

Zu M11.2 Butterworth-Tiefpass zur Entstörung eines EKG-Signals
Siehe Programm 11.2 `ecg_BWLP`.

a. Abb. 11.7 zeigt etwa drei Herzschläge pro Sekunde bzw. den Abstand der R-Spitzen von circa 0.38 s. Die grundlegende Frequenz der Herzaktivität ist damit ungefähr 2.6 Hz. Die Annahme der Frequenzbeschränkung des EKG-Signals auf Frequenzkomponenten kleiner ungefähr 25 Hz scheint deshalb nachvollziehbar.
Abb. 11.7 zeigt das Ergebnis für eine passend scheinende Wahl der Parameter, wenn das Spektrum des EKG-Signals sich im Wesentlichen auf Frequenzen kleiner ungefähr 25 Hz beschränkt.
Die Wahl der Filterordnung drei und der 3-dB-Grenzfrequenz von 25 Hz scheint einen brauchbaren Kompromiss zwischen der Störungsunterdrückung und der zusätzlichen Signalverzerrung durch das Filter darzustellen, siehe auch Kommentar zur Anwendung des Kerbfilters in Abschn. 10.10.

b. Die Dämpfung des zeitdiskreten BW-Tiefpasses zu Abb. 11.7 beträgt bei $\Omega = 2\pi \cdot 50$ Hz / 400 Hz ungefähr 19.2 dB. Damit wird die Amplitude des 50-Hz-Störsignals etwa um den Faktor 10 verringert.

Programm 11.3 Entstörung mit Butterworth-Tiefpass (`ecg_BWLP`)

```
% Filtering ECG signal using BWLP (mw2024)
load ecgdata50 % test model ecg signal with 400 Hz sampling frequency
x = ecgdata50;
N = length(x); n=0:N-1; % normalized time
figure, plot(n/fs,x,'LineWidth',1), grid
xlabel('Time in s'), ylabel('Amplitude (norm.)')
title('corrupted ecg signal (ecgdata50)')
%% BW_LP_design (normalized)
BWLP = struct('w3dB',25*2*pi/fs,'N',5,'a',[],'b',[]);
BWLP = BWLP_design_norm(BWLP); % user defined design function
fvtool(BWLP.b,BWLP.a); % filter viewer tool, H(1)=1
iirplot(BWLP.b,BWLP.a,'BW-LP') % graphics (group delay)
%% Filtering
y = filter(BWLP.b,BWLP.a,x); % suppress 50-Hz-tone
y = y - mean(y); % normalize
y = y/max(abs(y));
[gd,w] = grpdelay(BWLP.b,BWLP.a,1); % group delay at w = 0
figure, plot(n(1:end-round(gd))/fs,y(round(gd)+1:end),'lineWidth',2), grid
xlabel('Time in s'), ylabel('Amplitude (norm.)')
title('Interference suppression')
f3dB = round(BWLP.w3dB*fs/(2*pi),2);
txt = ['BW-LP ({\itN} = ',num2str(BWLP.N),', {\itf}_{3dB} = ',...
    num2str(f3dB),' Hz)'];
subtitle(txt,'Color','red')
hold on
plot(n/fs,x,':b','lineWidth',1)
legend('output','input')
hold off
```

11.8 Lösungshinweise

Programm 11.4 Entwurf eines Butterworth-Tiefpasses nach Vorgabe von Filterordnung und normierter 3-dB-Kreisfrequenz (BWLP_design_norm)

```
function BWLP = BWLP_design_norm(BWLP)
% Design of digital BW lowpass (mw2024)
%   BWLP : filter parameters (structure)
%     BWLP.b    : nominator coefficients
%     BWLP.a    : numerator coefficients
%     BWLP.w3dB : 3dB normalized radian frequency
%     BWLP.N    : filter order
%% Poles in s domaine (normalized)
delta = pi/BWLP.N; % phase difference between adjacent poles
ps = exp(1i*(pi/2+delta/2)); % first pole (2nd quadrant)
for k=2:BWLP.N
    ps = [ps ps(k-1)*exp(1i*delta)]; % analog poles normalized
end
%% Bilinear transform
alpha = tan(BWLP.w3dB/2);
pz = (1+alpha*ps)./(1-alpha*ps);
%% Filter coefficients
a = poly(pz);  b = poly(-ones(1,BWLP.N));
a = real(a);   b = real(b); % compensate for numerical problems
BWLP.b = b*sum(a)/sum(b);   % H(1)=1
BWLP.a = a;
```

Zu M11.3 Tiefpass-Bandsperre-Frequenztransformation

a. Zur TP-BS-Transformation siehe Programm 11.5 (`BWBS_design`).

Die Parameter des BW-Tiefpasses (TP) aus M11.2 sind $N = 3$ und $f_{3dB} = 25$ Hz. Die Abtastfrequenz beträgt 400 Hz.

Die Entwurfsparameter für die BW-Bandsperre (BS) ergeben sich aus der Aufgabenstellen: $N = 6, f_L = 40$ Hz, $f_U = 60$ Hz, siehe Programm `ecg_BWBS` in den Onlineressourcen. Der Funktion `BWSB_design` setzt die Frequenztransformation um. Ihr werden die entsprechenden normierten Kreisfrequenzen übergeben.

Programm 11.5 Tiefpass-Bandsperre-Frequenztransformation (`BWBS_design`)

```
function BWBS = BWBS_design(BWBS)
% LP-BS Frequency transform (mw2024)
%   BWBS : parameters for lowpass-bandstop frequency transform (structure)
%      BWBS.wL    : lower corner normalized radian frequency
%      BWLBS.wU   : upper corner normalized radian frequency
%      BWBS.w3dB_LP : 3dB normalized radian frequency of lowpass
%      BWBS.pLP   : poles of lowpass filter
%      BWBS.zLP   : zeros of lowpass filter
%      BWBS.N     : order of bandstop filter (twice the order of LP)
alpha = cos((BWBS.wU+BWBS.wL)/2)/cos((BWBS.wU-BWBS.wL)/2);
beta  = tan((BWBS.wU-BWBS.wL)/2)*tan(BWBS.w3dBLP/2);
BWBS.pBS = zeros(1,BWBS.N); BWBS.zBS = zeros(1,BWBS.N);
for k = 1:length(BWBS.pLP)
    m = 2*(k-1) + 1;
    P = 2*alpha*(1-BWBS.pLP(k))/((1-beta)*BWBS.pLP(k)-beta-1);
    Q = ((1+beta)*BWBS.pLP(k) + beta - 1)/((1-beta)*BWBS.pLP(k)-beta-1);
    BWBS.pBS(m)   = -P/2 + sqrt(P^2-4*Q)/2;
    BWBS.pBS(m+1) = -P/2 - sqrt(P^2-4*Q)/2;
    P = 2*alpha*(1-BWBS.zLP(k))/((1-beta)*BWBS.zLP(k)-beta-1);
    Q = ((1+beta)*BWBS.zLP(k) + beta - 1)/((1-beta)*BWBS.zLP(k)-beta-1);
    BWBS.zBS(m)   = -P/2 + sqrt(P^2-4*Q)/2;
    BWBS.zBS(m+1) = -P/2 - sqrt(P^2-4*Q)/2;
end
```

a. Siehe Abb. 11.12. (Anzeige der Impulsantwort etwas verkürzt.)
b. Das mit der BW-Bandsperre entstörte Signal ähnelt dem in Abb. 11.7 und erfüllt somit ihren Zweck.
c. Die Komplexität der BW-Bandsperre sechster Ordnung ist relativ groß im Vergleich mit den bisher vorgestellten alternativen Lösungen (Kammfilter, Kerbfilter und Tiefpass). Wie in einem späteren Kapitel noch gezeigt wird, ist in der Anwendung ein Tiefpass vorzuziehen, weil er zusätzlich breitbandiges Rauschen unterdrücken kann. Bandsperren sind hingegen dann nützlich, wenn ein unterer und oberer Durchlassbereich benötigt wird.

Zu M11.4 und M11.5 Tiefpassentwurf mit dem MATLAB-Werkzeug „Filter Designer"
Betragsgänge und Phasengänge der entworfenen Tiefpässe siehe Abb. 11.13, bis Abb. 11.16. Für die zugehörigen Pol-Nullstellendiagramme siehe Abb. 11.17.

Zu M11.6 Komplexitätsvergleich
Siehe Tab. 11.5. Die transponierte Direktform II liefert für einen Block N-ter Ordnung maximal $2N+1$ Multiplikationen und $2N$ Additionen; die Transversalform liefert $N+1$ Multiplikationen und N Additionen bei Filterordnung N.

11.8 Lösungshinweise

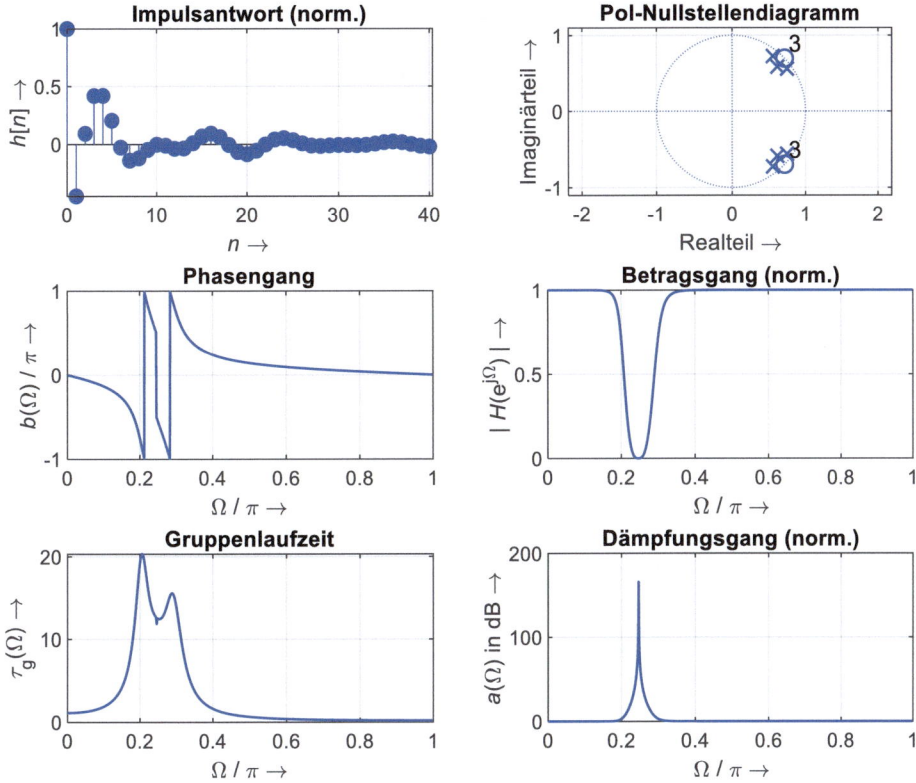

Abb. 11.12 Charakteristische Funktionen der Butterworth-Bandsperre sechster Ordnung (`ecg_BWBS` und `iirplot`)

Zu Quiz 11

1. instabil
2. nicht
3. Multiplikationen, Additionen
4. maximal flach
5. 3dB-Grenzfrequenz und Filterordnung (N)
6. $6 \cdot N$
7. fallend
8. einem Kreis
9. Potenztiefpässe
10. Bilineare Transformation
11. die Filterordnung
12. Arcustangens-Verzerrung
13. dem Einheitskreis
14. kleiner

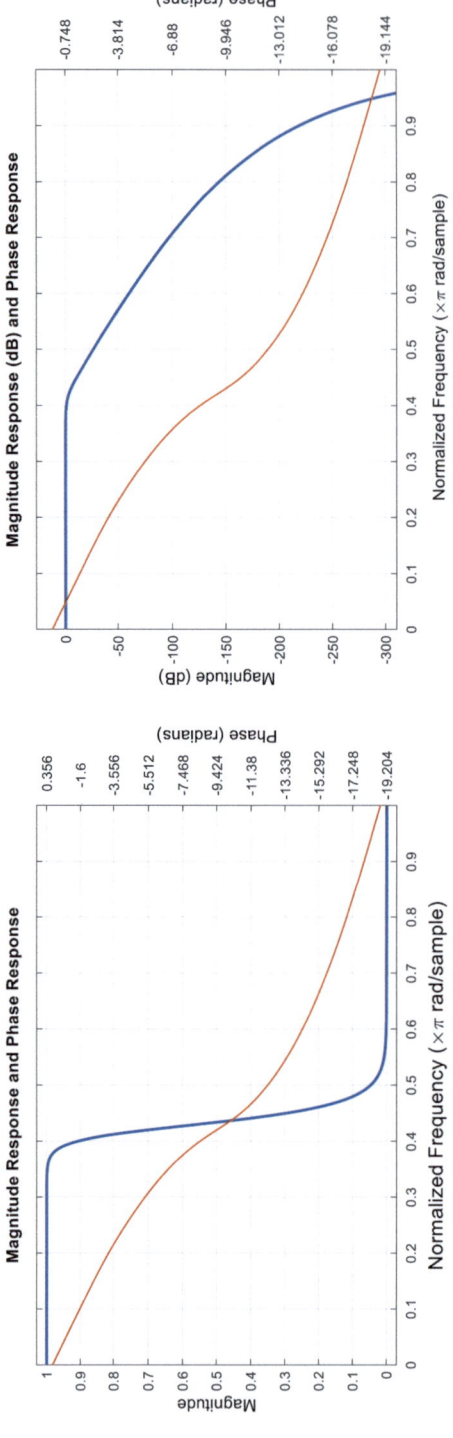

Abb. 11.13 Betrags- und Phasengang des Butterworth-Tiefpasses (Entwurfsvorgaben: $\Omega_D = 0.3 \cdot \pi$, $\Omega_S = 0.4 \cdot \pi$, $\delta_D = 1$ dB und $\delta_S = 60$ dB) (`FilterDesigner`)

11.8 Lösungshinweise

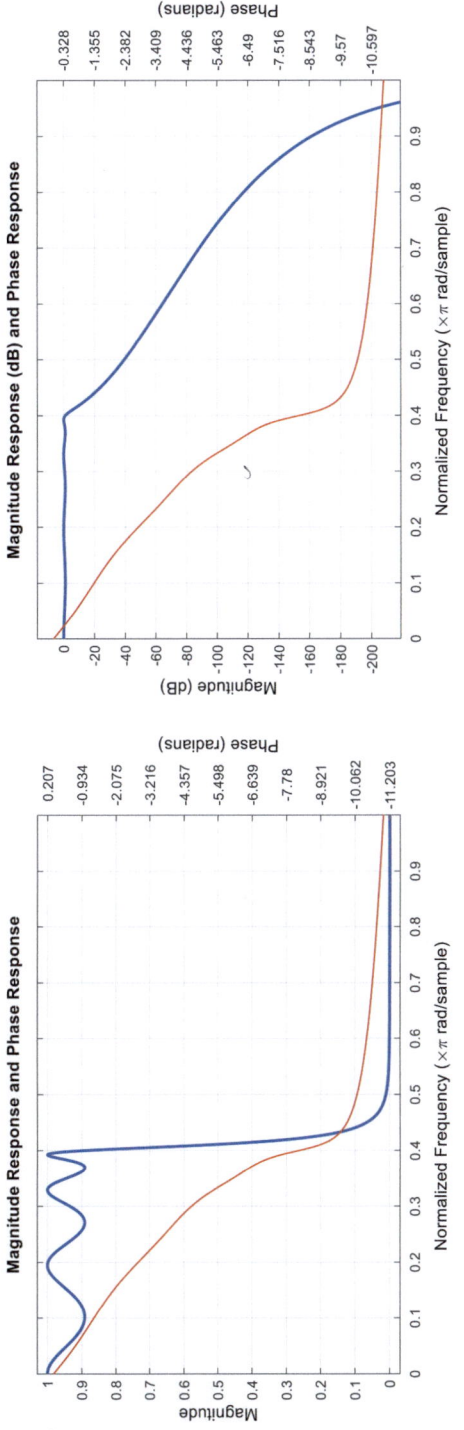

Abb. 11.14 Betrags- und Phasengang des Chebyshev-I-Tiefpasses (Entwurfsvorgaben: $\Omega_D = 0.3 \cdot \pi$, $\Omega_S = 0.4 \cdot \pi$, $\delta_D = 1$ dB und $\delta_S = 60$ dB) (FilterDesigner)

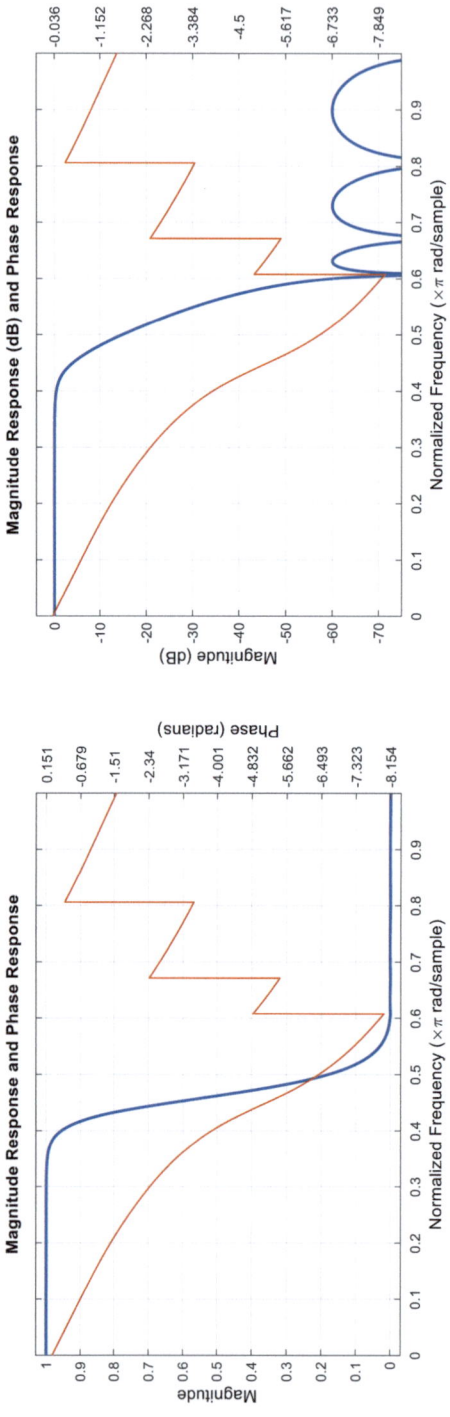

Abb. 11.15 Betrags- und Phasengang des Chebyshev-II-Tiefpasses (Entwurfsvorgaben: $\Omega_D = 0.3 \cdot \pi$, $\Omega_S = 0.4 \cdot \pi$, $\delta_D = 1$ dB und $\delta_S = 60$ dB) (`FilterDesigner`)

11.8 Lösungshinweise

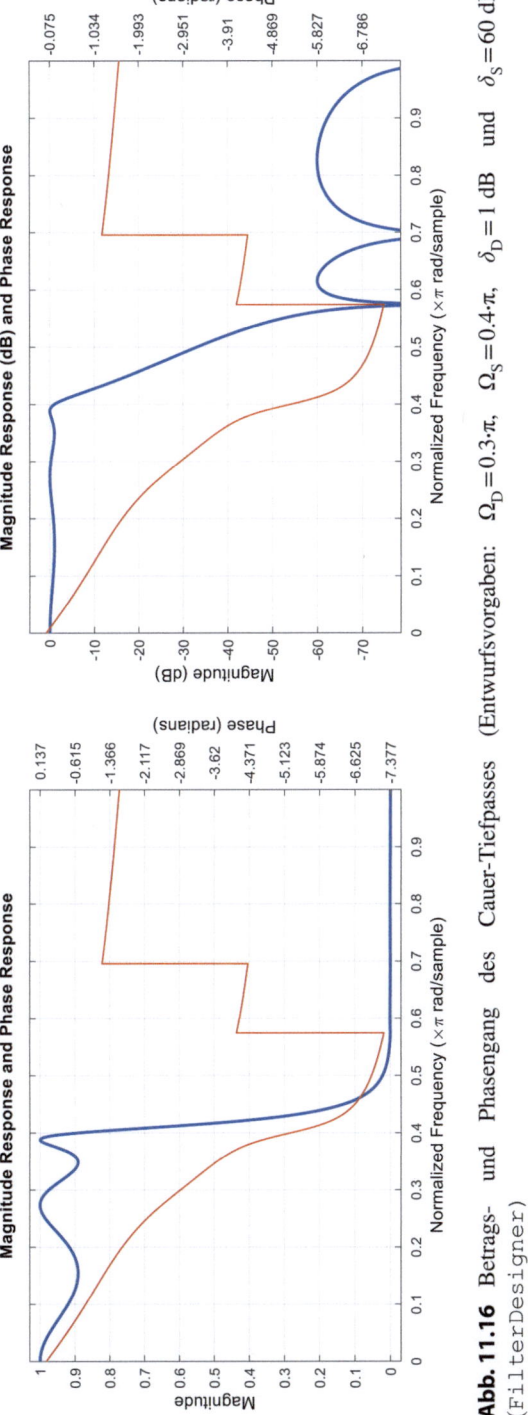

Abb. 11.16 Betrags- und Phasengang des Cauer-Tiefpasses (Entwurfsvorgaben: $\Omega_D = 0.3 \cdot \pi$, $\Omega_S = 0.4 \cdot \pi$, $\delta_D = 1$ dB und $\delta_S = 60$ dB) (FilterDesigner)

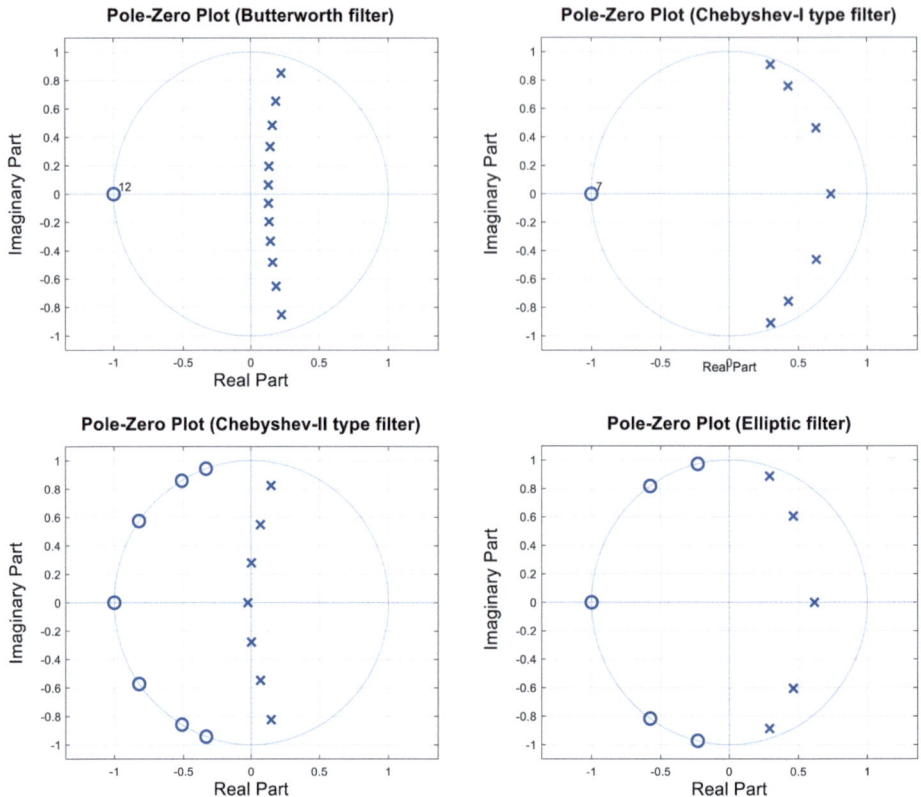

Abb. 11.17 Pol-Nullstellendiagramme zu den entworfenen Tiefpässen (FilterDesigner)

15. Cauer-Tiefpass, Filterordnung
16. „Filter Designer"
17. Tiefpasses, einer Bandsperre
18. Durchlassbereich, Sperrbereich
19. schmaleren
20. 3-dB

Tab. 11.5 Vergleich der entworfenen digitalen Tiefpassfilter bzgl. ihrer Komplexität (Lösung)

Typ	Struktur	Ordnung	Zahl der Multiplikationen und Additionen pro Zeitschritt[c]	Relative „Komplexität"
Fourier-Approx. mit Kaiserfenster[a]	FIR	37	38 Mul. + 37 Add. → 75 FLOPs	3.57
Equiripple-Aproximation[a, b]	FIR	19	20 Mul. + 19 Add. → 39 FLOPs	1.86
Butterworth	IIR	12	25 Mul. + 14 Add. → 39 FLOPs	1.86
Chebyshev-I	IIR	7	15 Mul. + 14 Add. → 29 FLOPs	1.38
Chebyshev-II	IIR	7	15 Mul. + 14 Add. → 29 FLOPs	1.38
Cauer (elliptisch)	IIR	5	11 Mul. + 10 Add. → 21 FLOPs	1

[a] siehe Kap. 9, Apass = .5 dB
[b] Chebyschev-Approximation
[c] „floating point operation" (FLOP)

Literatur

1. Bronstein, I. N., Semendjajew, K. A., Musiol, G., & Mühlig, H. (2020). *Taschenbuch der Mathematik* (11. Aufl.). Europa-Lehrmittel.
2. Butterworth, S. (1930). On the theory of filter amplifiers. *Experimental Wireless and the Wireless Engineer, 7*, 536–541.

Kenngrößen stochastischer Signale   12

Inhaltsverzeichnis

12.1	Lernziele	288
12.2	Stochastischer Prozess	289
12.3	Zufallssignale	293
	12.3.1 Zufallszahlen am Digitalrechner	293
	12.3.2 Empirische Kenngrößen, Streudiagramm und Histogramm	294
	12.3.3 Schätzer und Konfidenzintervalle	297
12.4	Korrelationsfunktion und Leistungsdichtespektrum	302
	12.4.1 Korrelation, Kovarianz und Korrelationskoeffizient	302
	12.4.2 Bivariate WDF der Normalverteilung	305
	12.4.3 Autokorrelationsfolge, Kreuzkorrelationsfolge und Leistungsdichtespektrum	306
	12.4.4 Weißes Rauschen	307
	12.4.5 Schätzung der Autokorrelationsfunktion	307
	12.4.6 Schätzung des Leistungsdichtespektrums	311
12.5	Zusammenfassung	314
12.6	Quiz 12	315
12.7	Lösungshinweise	316
Literatur		325

Zusammenfassung

Zufallssignale unterliegen oft gewissen Regelmäßigkeiten. Ihre statistischen Kenngrößen werden durch Zeitmittelwerte geschätzt, wie das Histogramm, der Mittelwert, die Varianz etc. Von besonderer Bedeutung für die (linearen) Zusammenhänge in Signalen

© Der/die Herausgeber bzw. der/die Autor(en), exklusiv lizenziert an Springer Fachmedien Wiesbaden GmbH, ein Teil von Springer Nature 2025
M. Werner, *Digitale Signalverarbeitung mit MATLAB®*,
https://doi.org/10.1007/978-3-658-45607-8_12

ist die Korrelationsfunktion und ihre Fourier-Transformierte, das Leistungsdichtespektrum. Im Versuch werden anhand von Simulationen Zusammenhänge aufgezeigt und eine Reihe von MATLAB-Befehlen zur Schätzung statistischer Kenngrößen und Darstellung der Ergebnisse vorgestellt.

Schlüsselwörter

Autokorrelation („autocorrelation") · Deskriptive Statistik („descriptive statistics") · Ergodizität („ergodicity") · Erwartungswert („expected value") · Freiheitsgrad („degree of freedom") · Korrelation („correlation") · Kovarianz („covariance") · Gleichverteilung („uniform distribution") · Häufigkeit („frequency") · Histogramm („histogram") · Konfidenzintervall („confidence interval") · Kreuzkorrelation („crosscorrelation") · Leistungsdichtespektrum („power density spectrum") · MATLAB · Mittelwert („mean value") · Musterfolge („sample sequence") · Normalverteilung („normal distribution") · Quadratischer Mittelwert („root-mean-square value") · Spannweite („range") · Stationarität („stationarity") · Stochastischer Prozess („stochastic process") · Streudiagramm („scatterplot") · t-Verteilung („t-distribution") · Varianz („variance") · Wahrscheinlichkeitsdichtefunktion („probability density function") · Wahrscheinlichkeitsverteilungsfunktion („probability distribution function") · weißes Rauschen („white noise") · Zeitmittelwert („time average") · Zufallszahl („random number").

12.1 Lernziele

Dieser Versuch befasst sich mit Signalen, die gemeinhin als zufällig bezeichnet werden. Betrachtet man Zufallssignale näher, so stellt man fest, dass auch der Zufall häufig Regeln gehorcht. Sind sie einer empirischen Untersuchung zugänglich, können oft theoretische Modelle gefunden und daraus Handlungsanleitungen für die Praxis abgeleitet werden. Also das scheinbar formlos Zufällige (Chaos/Unordnung) durch die begründete Erwartung (Kosmos/Ordnung) zu ersetzten, die durch empirische Erfahrungen und/oder Modelle gestützt wird. Das Werkzeug hierfür stellt die Mathematik mit der Wahrscheinlichkeitstheorie und ihrer Anwendung in der Statistik bereit.

Bei der Arbeit mit vielen Studierenden hat es sich als nützlich erweisen, die Grundlagen zu wiederholen und auch die in der Signalverarbeitung üblichen Sprech- und Schreibweisen einzuführen. Der Einführungsteil dieses Versuches stellt deshalb die grundlegenden Begriffe zu zeitdiskreten stochastischen Signalen und die Schätzung wichtiger Kenngrößen zusammen. Die Anwendungen werden im nächsten Kapitel (Kap. 13) vertieft.

Im praktischen Teil werden die Kenntnisse an Simulationsbeispielen erprobt. Dabei sollen grundlegende Vorstellungen über elementare Eigenschaften von Zufallssignalen vermittelt werden, die Ihnen zukünftig helfen können typische Fehler zu vermeiden.

12.2 Stochastischer Prozess

Nach Bearbeiten dieses Versuchs können Sie

- die Begriffe stochastische Variable, stochastischer Prozess und Musterfunktion anhand eines Beispiels anwenden und erklären,
- die Schätzfunktionen für den linearen Mittelwert, den quadratischen Mittelwert, die Varianz und die eindimensionale und zweidimensionale Wahrscheinlichkeitsdichtefunktion auf eine Folge von Zufallszahlen anwenden und die Ergebnisse bewerten,
- Grundlagen und Anwendung des Konfidenzintervalls an einem Beispiel erläutern,
- den Begriff Korrelation anhand des Korrelationskoeffizienten und der Korrelationsfunktion erklären und seine Bedeutung am Beispiel des Streudiagramms aufzeigen,
- den Begriff des weißen Rauschens für zeitdiskrete Signale erläutern,
- und die Schätzfunktionen für die Autokorrelationsfunktion und das Leistungsdichtespektrum anwenden und die Ergebnisse einordnen.

12.2 Stochastischer Prozess

Auch nicht vorhersagbare Signale, wie Sprachsignale, Elektrokardiogramme usw. unterliegen gewissen Regelmäßigkeiten. Der menschliche Körper, z. B. Sprachtrakt, Ohren, Augen und Herz, folgt einem physiologischen Bauplan, der allen Menschen gemeinsam ist. Die digitale Signalverarbeitung macht sich dies zunutze, indem sie die Regelmäßigkeiten erfasst und in ihren Anwendungen berücksichtigt. Hierfür setzt sie die Theorie der stochastischen Prozesse ein und profitiert so – insbesondere in unübersichtlichen praktischen Situationen – von der Widerspruchsfreiheit der mathematischen Logik. (Die Wahrscheinlichkeitstheorie selbst stützt sich auf die Maßtheorie, wobei sie spezielle Voraussetzungen (Axiome) postuliert [1].)

Musterfunktion
Die grundsätzlichen Überlegungen veranschaulicht Abb. 12.1. Führt man ein Zufallsexperiment aus, so erhält man als Realisierung eine Musterfunktion des zugrunde liegenden stochastischen Prozesses. Man spricht von *Musterfolgen*. Im Beispiel sind es vier zufällig gewählte Ausschnitte von circa 2 ms Dauer aus einem digitalen Audiosignal.

Die Musterfolgen sind streng deterministisch, wie die vier aufgezeichneten Folgen in Abb. 12.1. Dies gilt auch für sehr unregelmäßige Folgen, wie beispielsweise abgetastetes Widerstandsrauschen. Man stelle sich hierzu eine große Zahl von aufgezeichneten Musterfolgen vor, die sich somit beliebig reproduzieren lassen. Das Zufallsexperiment besteht in der zufälligen Auswahl der Musterfolge.

Stochastische Variable
Wählt man hingegen einen festen Zeitpunkt, so resultiert aus einer Modellbetrachtung „quer zum Prozess", dem Ensemble der Musterfolgen, eine *stochastische Variable* (SV).

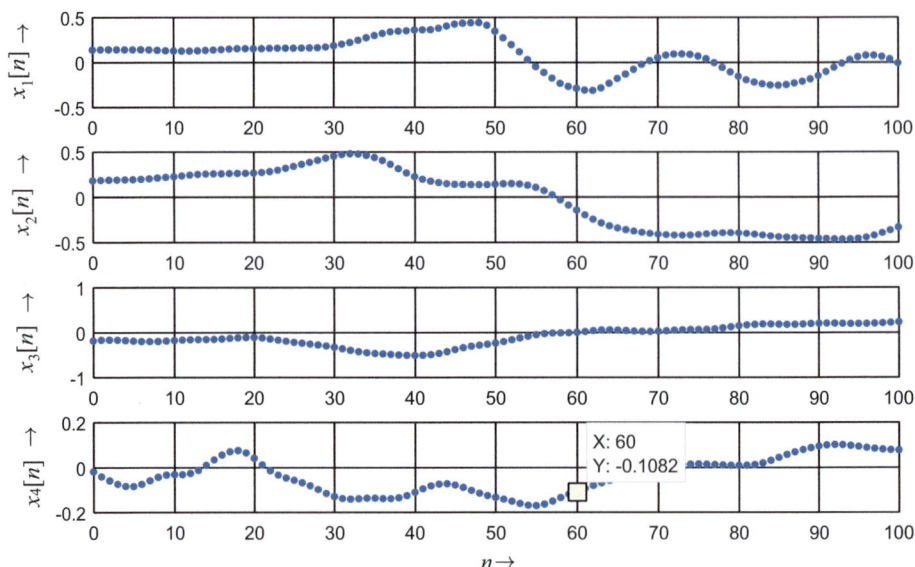

Abb. 12.1 Musterfolgen eines (zeitdiskreten) stochastischen Prozesses

Mit beispielsweise dem fixierten Index $n=60$ könnte eine typische Fragestellung lauten: Wie groß ist die Wahrscheinlichkeit, dass der Wert einer zufällig ausgewählten Musterfolge zu diesem Zeitpunkt größer als null ist?

Konstante
Betrachtet man schließlich zu einem festen Zeitpunkt eine bestimmte Musterfolge, dann erhält man einen gewöhnlichen Zahlenwert, z. B. $x_4[60] = -0.1082$, wie in Abb. 12.1 unten deutlich gemacht wird.

Stochastischer Prozess
Ein (zeitdiskreter) *stochastischer Prozess* wird als Zusammenstellung von SVn interpretiert, die auf einem gemeinsamen Wahrscheinlichkeitsraum definiert sind [1]. Der Wahrscheinlichkeitsraum ist das grundlegende mathematische Konstrukt und wird im Folgenden als gegeben angenommen.

Das Modell des stochastischen Prozesses wird nochmals in Abb. 12.2 verdeutlicht.

Die SVn werden durch Indizes unterschieden. In der digitalen Signalverarbeitung entsprechen die Indizes häufig der normierten Zeitvariablen n. Je nach Anwendung kommen auch andere Interpretationen vor. So treten in der Bildverarbeitung oder bei der Verarbeitung geologischer Messdaten Ortskoordinaten als Indizes auf.

Stochastische Prozesse als geordnete Zusammenstellung von SVn zu sehen, liefert den Schlüssel zu ihrem Verständnis. Es erlaubt, die aus der elementaren Wahrscheinlichkeitsrechnung bekannten Methoden und Kenngrößen zur Beschreibung der stochastischen

12.2 Stochastischer Prozess

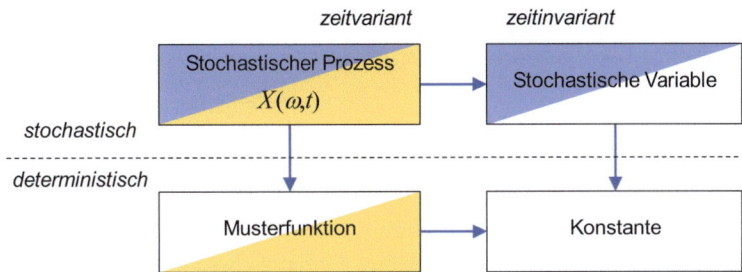

Abb. 12.2 Beschreibung des stochastischen Prozesses

Tab. 12.1 Wichtige Kenngrößen stationärer, reeller und zeitdiskreter Prozesse

	Ensemblemittelwerte (stochastisch)	Zeitmittelwerte[c] (empirisch)
	Prozess $X[n]$ mit Wahrscheinlichkeits-dichtefunktion $f(x)$	Musterfolge $x[n]$ mit Häufigkeitsverteilung (Histogramm)
Linearer Mittelwert[a]	$\mu = E(X) = \int_{-\infty}^{+\infty} x \cdot f(x) dx$	$\bar{x} = \frac{1}{N} \cdot \sum_{n=1}^{N} x_n$
Quadratischer Mittelwert[a]	$m_2 = E(X^2) = \int_{-\infty}^{+\infty} x^2 \cdot f(x) dx$ $m_2 = \sigma^2 + \mu^w$	$\overline{x^2} = \frac{1}{N} \cdot \sum_{n=1}^{N} x_n^2$
Varianz, Dispersion[b] und Streuung	$\sigma^2 = Var(X) = E([X-\mu]^2) =$ $= \int_{-\infty}^{+\infty} (x-\mu)^2 \cdot f(x) dx$	Stichprobenvarianz[d] $s^2 = \frac{1}{N-1} \cdot \sum_{n=1}^{N} (x_n - \bar{x})^2$

[a] Moment erster bzw. zweiter Ordnung
[b] Zweites Zentralmoment; üblich sind auch die Schreibweisen $V(X)$ und $D(X)$
[c] Für die Zeitmittelwerte werden die in der Statistik üblichen Schreibweisen gewählt
[d] Der Nenner $(N-1)$ sorgt für die erwartungstreue (unbiased) Schätzfunktion

Prozesse heranzuziehen. Tab. 12.1 stellt bekannte Definitionen und *Schätzfunktionen* einiger wichtiger Kenngrößen stationärer, reeller und zeitdiskreter Prozesse zusammen [2].

Um die Zugehörigkeiten der Kenngrößen kenntlich zu machen, werden meist Indizes hinzugesetzt, z. B. $f_X(x)$ oder μ_Y für die SVn X bzw. Y. Der Einfachheit halber wird im Weiteren auf die Indizes verzichtet, wenn aus dem Zusammenhang Verwechslungen nicht zu erwarten sind.

Beachten Sie, dass stochastische Größen, wie die Wahrscheinlichkeit für ein bestimmtes Ereignis, nicht wie alltägliche physikalische Größen gemessen werden können. Die Wahrscheinlichkeitstheorie liefert Aussagen unter welchen Voraussetzungen Schätzwerte für stochastische Kenngrößen durch Messungen bestimmt werden und wie die Schätzwerte zu interpretieren sind. Letztendlich lassen sich wieder nur Wahrscheinlichkeitsaussagen zur Verlässlichkeit der Schätzwerte ableiten. Eine tiefergehende Diskussion der Problemstellung würde den Rahmen hier übersteigen [3]. Dieser und der folgende Versuch sollen Ihnen jedoch ein Gespür für die Probleme bei der Schätzung statistischer Kenngrößen geben und helfen, typische Fehler zu vermeiden.

Wahrscheinlichkeitsdichtefunktion

Eine Messung statistischer Kenngrößen höherer Ordnung ist aufwendig und daher in der Regel nicht praktikabel, weil für hinreichend vertrauenswürdige Ergebnisse der notwendige Stichprobenumfang mit der Ordnung wächst. Häufig muss sich die Prozessbeschreibung auf Größen erster und zweiter Ordnung beschränken, d. h. Größen, die mittels der eindimensionalen bzw. zweidimensionalen *Wahrscheinlichkeitsdichtefunktion* (WDF) definiert sind, wie z. B. der lineare Mittelwert in Tab. 12.1 und der später eingeführte Korrelationskoeffizient.

Beispiele für stetige eindimensionale (univariate) WDFen liefern die aus der elementaren Wahrscheinlichkeitsrechnung bekannte Gleichverteilung und die *Normalverteilung*. Letztere wird oft kurz mit $N(\mu,\sigma^2)$ charakterisiert und besitzt die WDF in Form der bekannten Gaußschen Glockenkurve

$$f(x) = \frac{1}{\sigma \cdot \sqrt{2\pi}} \cdot \exp\left(-\frac{[x-\mu]^2}{2 \cdot \sigma^2}\right).$$

Ein wichtiges Beispiel für eine zweidimensionale (bivariate) WDF ist wiederum die der *Normalverteilung* mit dem *Korrelationskoeffizienten* ρ, dessen Bedeutung im Versuch noch genauer erläutert wird.

$$f_{XY}(x,y) = \frac{1}{2\pi \cdot \sigma_x \cdot \sigma_y \cdot \sqrt{1-\rho^2}} \cdot$$
$$\cdot \exp\left(-\frac{1}{2 \cdot \sqrt{1-\rho^2}} \cdot \left[\frac{(x-\mu_x)^2}{\sigma_x^2} - 2 \cdot \rho \cdot \frac{(x-\mu_x) \cdot (y-\mu_y)}{\sigma_x \cdot \sigma_y} + \frac{(y-\mu_y)^2}{\sigma_y^2}\right]\right)$$

Weitere, für die Anwendung wichtige Begriffe sind nachfolgend zusammengestellt:

Normierte stochastische Variable

Als *normiert* bezeichnet man eine SV mit linearem Mittelwert null und Varianz eins.

Unabhängigkeit

Zwei SVn X und Y sind *unabhängig*, wenn die gemeinsame Verbund-WDF faktorisiert.

$$f_{XY}(x,y) = f_X(x) \cdot f_Y(y)$$

Praktisch bedeutet dies, dass sich die Versuchsausgänge der SVn nicht gegenseitig beeinflussen und wechselseitig keine Information ausgetauscht wird.

Stationarität

Ein Prozess heißt *stationär*, wenn die stochastischen Kenngrößen unabhängig von der Wahl des Zeitursprungs sind. Prozesse, bei denen linearer Mittelwert und Korrelationsfunktion stationär sind, sind zumindest schwach stationär.

Ergodizität

Ein stochastischer Prozess heißt *ergodisch*, wenn prinzipiell alle stochastischen Kenngrößen durch Zeitmittelung aus einer Musterfunktion bestimmt werden können, wenn also gilt „Zeitmittelwerte gleich Scharmittelwerte", siehe Tab. 12.1 für $N \to \infty$. Man schwächt diese Forderung oft auf den linearen Mittelwert und die Korrelationsfunktion ab und spricht dann von einem schwach ergodischen Prozess.

In den Anwendungen liegt manchmal nur eine Musterfunktion zur Schätzung vor, sodass Stationarität und Ergodizität für das zugrunde liegende Modell als Arbeitshypothese angenommen bzw. aufgrund der Randbedingungen des Modells postuliert werden. In vielen Anwendungen findet auch oft nur eine Blockverarbeitung statt, sodass auf die „Blockstatistik" zurückgegriffen wird.

12.3 Zufallssignale

Im ersten Versuchsteil werden mit MATLAB Musterfolgen erzeugt und einfache stochastische Kenngrößen geschätzt. Dabei soll besonders der Einfluss der Stichprobengröße auf die Resultate anschaulich werden.

12.3.1 Zufallszahlen am Digitalrechner

Die Simulation von stochastischen Vorgängen an Digitalrechnern, die *Monte-Carlo-Simulation*, ist heute ein viel benutztes Verfahren in Wissenschaft und Technik. Viele Aufgabenstellungen sind so komplex, dass eine analytische Lösung nicht angegeben werden kann. Hier hilft die Simulation, wenn sie sich auf ein theoretisch und/oder experimentell fundiertes Modell stützen kann.

Ein wichtiger Vorteil der Simulation ist die Reproduzierbarkeit der Ergebnisse. Hierzu werden die „Zufallszahlen" mit deterministischen Algorithmen berechnet. Bei gleichen Startbedingungen resultieren identische Musterfolgen. Damit wird ein fairer Vergleich verschiedener Modelle, Verfahren und/oder Geräte im Labor möglich, wenn eine ausreichende „Güte" der Zufallszahlen gewährleistet ist.

Pseudozufallszahlen

Es existieren unterschiedliche Algorithmen, um „Zufallszahlen" an Digitalrechnern zu erzeugen. Die vielleicht wichtigste Gruppe sind die *Pseudozufallszahlen*. Sie werden zwar deterministisch mit rückgekoppelten Schieberegistern generiert, aber erscheinen einem Beobachter, der den Algorithmus nicht kennt, wie eine Folge zufälliger Zahlen.

Obwohl bei der Simulation mit MATLAB nur deterministisch erzeugte „Zufallszahlen" im Maschinenformat (Kap. 14) vorliegen, können in den Versuchen die Zufallszahlengeneratoren `rand`, `randi` und `randn` als davon nicht betroffen angesehen werden:

- `rand` → z. B. erzeugt `x = a + (b-a).*rand(100,1)` im offenen Intervall von a bis b 100 gleichverteilte, quasiunabhängige Zufallszahlen (a < b)
- `randi` → z. B. erzeugt `x = randi([a b],100,1)` im Intervall von a bis b 100 gleichverteilte, quasiunabhängige ganze Zufallszahlen (a < b; a und b ganzzahlig)
- `randn` → z. B. erzeugt `x = 1 + 2*randn(100,1)` 100 normalverteilte, quasiunabhängige Zufallszahlen mit Mittelwert eins und Standardabweichung zwei.

In MATLAB werden die Zufallszahlen aus einem gemeinsamen Strom von Zufallszahlen abgeleitet, der von den Anwendern auch parametrisiert werden kann. Man beachte, auf die Zufallszahlen kann durch unterschiedliche MATLAB-Befehle bzw. -Funktionen und -Programme zugegriffen werden. Für die meisten Anwendungen mit gewünschter Reproduktion der Zufallszahlen genügt es, den standardmäßig eingestellten Zufallszahlengenerator auf einen bekannten Startwert zurückzusetzen. Beispielsweise vor der Simulation initialisiert der Befehl `rng(1,'default')` den Zufallszahlengenerator mit dem Standardverfahren (Mersenne-Twister-Generator mit Seed gleich eins). Der Befehl `s = rng` sichert den Zustand des Zufallszahlengenerators in der Struktur s. Soll die Simulation wiederholt werden, wird mit `rng(s)` der Anfangszustand wiederhergestellt.

Zufälligkeit?
In besonderen Fragestellungen muss die Pseudozufälligkeit bzgl. Verteilung und Korrelation oder allgemein die statistischen Abhängigkeiten von Zufallszahlengeneratoren an Computern kritisch hinterfragt werden. Gegebenenfalls wird in der Praxis auch über spezielle Hardware auf physikalische Phänomene zurückgegriffen, wie z. B. das thermischen Widerstandsrauschen.

Effiziente Algorithmen zur Erzeugung von Zufallszahlen in unterschiedlichen Anwendungsszenarien und ihre Bewertung gehören zu den Kernkompetenzen der digitalen Signalverarbeitung und der numerischen Mathematik.

12.3.2 Empirische Kenngrößen, Streudiagramm und Histogramm

MATLAB stellt eine Reihe von Befehlen zur Verfügung die einfache Kenngrößen der deskriptiven Statistik aus Datensätzen extrahieren. Folgende Befehle sind auf Datenfelder anwendbar:

- `min` → Minimum (kleinstes Element)
- `mink` → finde die k kleinsten Elemente
- `max` → Maximum (größtes Element)
- `maxk` → finde die k größten Elemente
- `bounds` → größtes und kleinstes Element
- `topkrows` → sortieren von Elementen im Datenfelder der Größe nach unterschiedlichen Kriterien
- `mean` → Mittelwert
- `median` → Median

12.3 Zufallssignale

- `mode` → Modalwert
- `std` → Standardabweichung
- `var` → Varianz
- `rms` → quadratischer Mittelwert („Root-mean-square value")

M12.1 Einfache statistische Kenngrößen
Laden Sie ein Audiosignal, z. B. `NTHFDel.wav`. Bestimmen Sie die empirischen Kenngrößen der beschreibenden Statistik: *Minimum, Maximum, Spannweite, Mittelwert, Median, Standardabweichung, Varianz* und *Stichprobengröße*. Welche MATLAB-Befehle sind dafür geeignet? Was bedeuten die Kenngrößen?

Histogramm
Detailliertere Information als Mittelwerte liefert die Verteilung der Werte bzw. die WDF über ein Signal. Die Schätzung der WDF beruht auf der Entnahme von Stichproben und dem Zählen der Häufigkeiten der Stichprobenelemente in bestimmten Intervallen, auch Klassen genannt. MATLAB stellt dafür den Befehl `histogram` (*Histogramm*) zur Verfügung. Wird dem Befehl nur das zu untersuchende Signal übergeben, wählt MATLAB die Klasseneinteilung automatisch. Der Befehl gibt dann ein Histogramm-Objekt vom Datentyp `structure array` zurück, welches Information zur weiteren Verarbeitung enthält. Dazu gehören die Häufigkeiten der Werte in den Klassen (`Values`), die Zahl der Klassen (`NumBins`), die Klassengrenzen (`BinEdges`), die Klassenbreite (`BinWidth`) und die Messbereichsgrenzen (`BinLimits`). Mit der Option `Normalization` und `pdf` („probability density function") wird die Flächennormierung auf eins durchgeführt, sodass die WDF geschätzt wird.

M12.2 Histogramm eines Sprachsignals
a. Wenden Sie auf das Audiosignal den Befehl `histogram` zuerst ohne Semikolon an. Sie erhalten eine grafische Darstellung der absoluten Häufigkeitsverteilung.
b. Jetzt sollen Sie eine aussagekräftigere Grafik zur WDF erstellen, wobei Sie der Verständlichkeit halber von den absoluten Häufigkeiten ausgehen sollen. Stellen Sie das Histogramm als normierte relative Häufigkeiten dar, die die WDF approximiert. Nutzen Sie für die Balkengrafik den Befehl `bar` . Das heißt, das Balkendiagramm soll der Normbedingung für WDFen genügen, also die Gesamtfläche gleich eins besitzen.
c. Tragen Sie in das Bild mit den normierten relativen Häufigkeiten (b) die Gaußsche Glockenkurve ein, dem das Verhalten der Stichprobe „Audiosignal" am besten entspricht. (Mit dem Befehl `hold on/off` können bestehende Grafiken durch weitere Kurven ergänzt werden.) Ist das Audiosignal normalverteilt?

Streudiagramm
Eine einfache anschauliche Art die Verteilung einer Musterfolge darzustellen sind *Streudiagramme*. Dabei werden die Werte als Punkte auf Papier abgebildet, sodass, wie in Abb. 12.3, die Verteilung der Amplitudenwerte sichtbar werden kann. Im Vergleich der

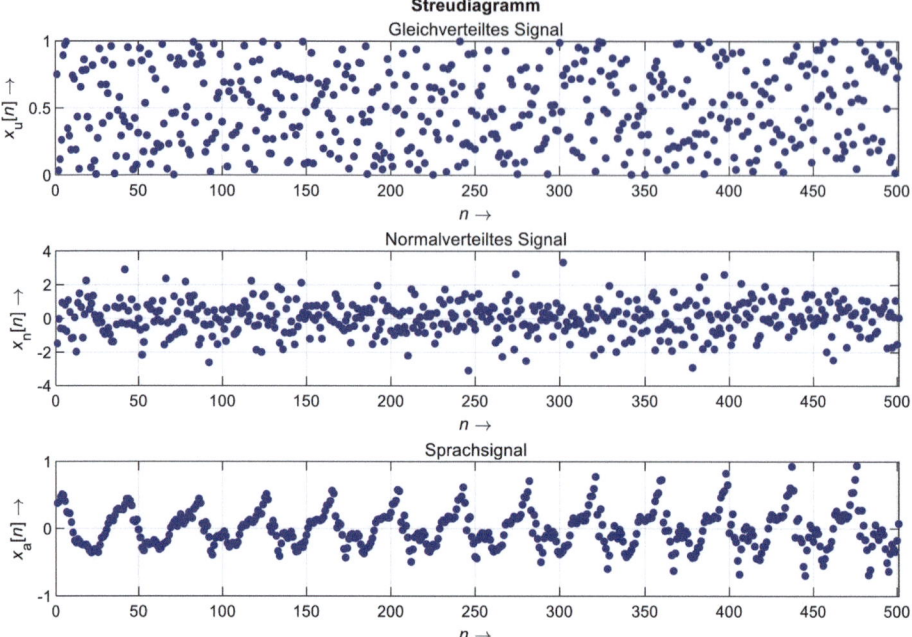

Abb. 12.3 Streudiagramme einer gleichverteilten bzw. normalverteilten Musterfolge (Simulation, rand_scatter_plots) und eines Sprachsignals

beiden Diagramme ist deutlich zu erkennen, wie die Musterfolge in der oberen Tafel den Amplitudenbereich von null bis eins gleichmäßiger ausfüllt als die darunter. Bei Letzterer häufen sich die Werte um null, während betragsmäßig größere Werte (auch größer als eins) seltener vorkommen.

In der unteren Tafel wird ein Ausschnitt aus einem Sprachsignal gezeigt. Im Gegensatz zu den beiden oberen Musterfolgen springen benachbarte Elemente nicht mehr scheinbar regellos hin und her, sondern weisen eine Bindung auf, sind also wechselseitig abhängig. Darüber hinaus scheint sich die Verteilung der Elemente über den Ausschnitt (von circa 45 ms) zu verändern und folglich nicht stationär zu sein.

Stichprobengröße

In vielen praktischen Fällen ist man auf statistische Methoden angewiesen, um wichtige Kenngrößen der Prozesse zu schätzen. Empirische Werte sind stets Ergebnisse eines Experiments und haben somit selbst einen Zufallscharakter. Diese Tatsache wird im Folgenden und in Kap. 13 noch weiter vertieft. Zunächst soll jedoch durch eine MATLAB-Übung der Einfluss der Stichprobengröße auf das Messergebnis veranschaulicht werden.

M12.3 Empirische Kenngrößen und Größe der Stichprobe

Schätzen Sie die Spannweite, linearer Mittelwert und Varianz anhand einer Musterfolge. Simulieren Sie dafür eine (0,1)-normalverteilte unabhängige Musterfolge mit MATLAB und notieren Sie die Werte für die Stichprobengrößen 10, 20, 50, 100, 200, 500 und 1000. Welche Schlüsse ziehen Sie daraus?

12.3.3 Schätzer und Konfidenzintervalle

Speziell bei kleinen Stichprobengrößen können sich erhebliche Abweichungen der statistischen Kenngrößen von den „wahren Werten", den theoretisch fundierten Prozessgrößen μ, σ etc., ergeben. In der nächsten MATLAB-Übung soll das Messproblem statistischer Kenngrößen am Beispiel des (arithmetischen) Mittelwerts als Schätzfunktion (Tab. 12.1), kurz der Schätzer, veranschaulicht werden. Dazu sind vorab einige grundlegende theoretische Zusammenhänge aufzuzeigen.

Arithmetischer Mittelwert

Die Wahrscheinlichkeitstheorie zeigt, dass für stationäre (μ,σ^2)-normalverteilte Prozesse, der *arithmetische Mittelwert* aus N unabhängigen Stichproben selbst wiederum eine $(\mu, \sigma^2/N)$-normalverteilte SV ist. (z. B., [1, 3]). Der arithmetische Mittelwert ist damit erwartungstreu. Seine Streuung nimmt mit zunehmendem Stichprobenumfang ab. Er liefert mit größerem Stichprobenumfang einen zuverlässigeren Schätzwert. Man spricht deshalb auch von einem *konsistenten Schätzer*.

Normal

In Kap. 13 wird mit Verweis auf den zentralen Grenzwertsatz gezeigt, dass dies auch für Prozesse mit anderen Verteilungen, z. B. der Gleichverteilung, näherungsweise gilt, wenn der Stichprobenumfang 30 oder mehr beträgt. Deshalb können die folgenden Ergebnisse zum Konfidenzintervall auf viele Anwendungsfälle übertragen werden.

Vom *Schätzwert* $\bar{x}$ der Musterfolge wird auf den Mittelwert des Prozesses geschlossen. Doch wie gut ist die Schätzung? Zur Beurteilung der Qualität der Schätzung muss die Sichtweise umgekehrt werden. Anhand des theoretischen Modells, der Prüfgröße, wird getestet, ob der Schätzwert als Ergebnis überhaupt infrage kommt.

Im Fall des arithmetischen Mittelwerts ist der Schätzer die SV (Mittelwertsvariable), die sich als normierte Summe aus den N untersuchten SVn ergibt.

$$\bar{X} = \frac{1}{N} \sum_{n=1}^{N} X_n$$

Es handelt sich hier um eine *Punktschätzung*, da explizit ein Wert geschätzt wird. In der Praxis ist es oft vorteilhafter statt eines mehr oder weniger genauen Schätzwerts ein

Intervall anzugeben, das den gesuchten Wert mit großer Wahrscheinlichkeit enthält. Also auf die *Intervallschätzung* überzugehen.

Prüfgröße

Im Beispiel des Mittelwerts wird die standardisierte Abweichung zwischen dem „wahren Wert", der Mittelwertsvariablen $\overline{X}$, und dem empirisch geschätzten Mittelwert $\overline{x}$ als *Prüfgröße* eingesetzt:

$$T = \frac{\overline{X} - \overline{x}}{\hat{\sigma}_{\overline{X}}}.$$

Zur Standardisierung wird die empirisch geschätzte Standardabweichung $\hat{\sigma}_{\overline{X}}$ des Schätzers verwendet. Das heißt, auch die Varianz ist unbekannt. Im Idealfall (hinreichend großer Stichprobenumfang) approximieren die geschätzten Werte die theoretischen hinreichend, sodass die Prüfgröße T als normierte SV angenommen werden kann.

Theoretische Überlegungen zeigen, dass die Prüfgröße zum Mittelwert-Schätzer der (Student-)t-Verteilung in Abb. 12.4 folgt, wenn die Stichproben unabhängig und normalverteilt sind. (Dies lässt sich beispielsweise durch Simulationen mit MATLAB verifizieren.)

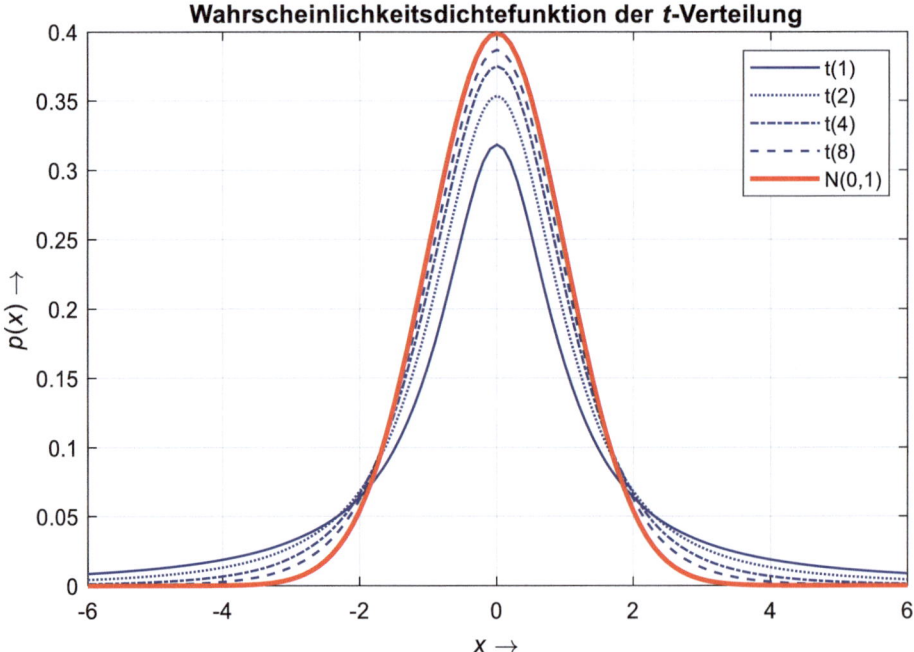

Abb. 12.4 Wahrscheinlichkeitsdichtefunktionen der t-Verteilung für den Freiheitsgrad 1, 2, 4 und 8 und der (0,1)-Normalverteilung (`student_t_pdf`)

12.3 Zufallssignale

Die WDF der *t*-Verteilung ist symmetrisch um null und hat einen glockenförmigen Verlauf, ähnlich der WDF der normierten Normalverteilung. Als Parameter tritt der Freiheitsgrad *df* auf, der im Zusammenhang mit dem Schätzer des arithmetischen Mittelwerts gleich $N-1$ ist. Also mit der Stichprobengröße zunimmt. Die WDF der *t*-Verteilung approximiert die WDF der Normalverteilung mit zunehmender Stichprobengröße. Im Falle kleiner Stichprobengröße weicht die WDF der *t*-Verteilung jedoch deutlich von der WDF der (0,1)-Normalverteilung ab. Insbesondere treten betragsmäßig große Werte häufiger auf, was in der Anwendung kritisch sein kann. Bei größeren Stichproben kann jedoch näherungsweise mit einer Normalverteilung gerechnet werden. Häufig wird als Daumenregel die Stichprobengröße 30 oder mehr empfohlen.

Mit der *t*-Verteilung für die Prüfgröße, kann die Wahrscheinlichkeit bestimmt werden, dass die Differenz zwischen dem gesuchten „wahren Wert" und dem geschätzten Mittelwert einen bestimmten Wert unterschreitet. Die Wahrscheinlichkeit ist gleich der Fläche zwischen der WDF und dem interessierenden Intervall auf der Abszisse in Abb. 12.4. Offensichtlich werden Differenzen umso unwahrscheinlicher, je größer sie sind, weil die t-Verteilung nach links und rechts monoton fällt.

MATLAB stellt Befehle zur Berechnung von WDFen („probability density function", pdf) bereit. Mit `tpdf` und `normpdf` werden die WDFen zur Student-t-Verteilung bzw. Normalverteilung berechnet, siehe Abb. 12.4. Weitere WDFen erhält man mit dem parametrisierbaren Befehl `pdf`.

Konfidenzintervall

Nach Auswerten der Stichprobe ist der geschätzte Mittelwert sowie die t-Verteilung der Differenz zum „wahren Wert" bekannt. Somit kann die Wahrscheinlichkeit berechnet werden, dass ein bestimmtes Intervall um den Schätzwert den „wahren Wert" enthält.

In der Statistik wird zur Beurteilung der Vertrauenswürdigkeit der Schätzung oft das $(1-\alpha)$-*Konfidenzintervall* (KI) mit häufig α gleich 5 oder 1 % verwendet. Daran schließen sich für die Praxis zwei Interpretationen für die Zuverlässigkeit des Messergebnisses bzw. der daraus gezogenen Schlussfolgerungen an:

- Die Wahrscheinlichkeit, dass bei einer Messung das KI den „wahre Wert" beinhaltet, ist 95 bzw. 99 %.
- Bei wiederholten Messungen ergeben sich im Mittel in fünf bzw. einer von 100 Messungen KIe in den der „wahre Wert" nicht erfasst wird, siehe Irrtumswahrscheinlichkeit α und Fehler 1. Art.

Im Beispiel der *t*-Verteilung mit der WDF in Abb. 12.4, liegt das KI symmetrisch um den Ursprung und die obere Grenze ergibt sich für α gleich 5 % als 0.975-Qantil der *t*-Verteilung. Integriert man beispielsweise die WDF für acht Freiheitsgrade von links kommend bis zum Wert 2.306 so werden 97.5 % der Fläche unter der WDF erfasst. Die Wahrscheinlichkeit, dass ein Wert größer als 2.306 auftritt, ist folglich nur 0.025.

Tab. 12.2 Quantile der *t*-Verteilung für verschiedene Freiheitsgrade *df* für α = 0.05 (`tinv`)

df	1	2	4	8	10	20	40	80	100
$t_{\alpha/2,df}$	12.706	4.303	2.776	2.306	2.228	2.086	2.021	1.990	1.984

Entsprechendes gilt wegen der Symmetrie auch für Werte kleiner −2.306, sodass sich für das 95 %-KI das Intervall [−2.306, 2.306] ergibt.

Im Zusammenhang mit den Grenzen der KIe für zweiseitige Fragestellungen sind in der Statistik für *t*-verteilte Prüfgrößen die Bezeichnungen $t_{\alpha/2,df}$ eingeführt, im obigen Beispiel $t_{0.025,8} = 2.306$. Die zur Berechnung von Vertrauensintervallen benötigten Zahlenwerte findet man meist in Tabellen (z. B. [2]) oder man benutzt Statistikprogramme. MATLAB stellt für die Berechnung der Quantile der *t*-Verteilung den Befehl `tinv` („Student's inverse cumulative distribution function") zur Verfügung. Damit wurden die Werte in Tab. 12.2 berechnet. Dort ist gut zu erkennen, wie sich für wachsenden Freiheitsgrad, d. h. größere Stichprobe, die Werte immer mehr dem 0.975-Quantil der Normalverteilung von 1.960 (`norminv`) annähern, siehe auch die Annäherung and die WDF der Normalverteilung in Abb. 12.4.

Im Beispiel des linearen Mittelwerts kann einer geschätzten Kombination von Mittelwert und Varianz sowie vorgegebenem *Konfidenzniveau* $(1 - \alpha)$ das KI des Schätzers berechnet werden. Es kann gefolgert werden, dass bei vorgegebenen Konfidenzniveau das KI

$$\bar{x} \pm t_{\alpha/2,df} \cdot \hat{\sigma}_{\bar{X}}.$$

mit der Wahrscheinlichkeit $(1 - \alpha)$ den „wahren Wert" einschließt. Da die Prüfgröße normiert wurde, wird die Normierung oben wieder aufgehoben. Mangels besseren Wissens wird dabei auf die geschätzte Varianz $\hat{\sigma}_{\bar{X}} = \hat{\sigma}_X / \sqrt{N}$ zurückgegriffen.

Das Zahlenwertbeispiel in Abb. 12.5 veranschaulicht die Anwendung. Mit dem Befehl `1+2*randn(1,20)` wurden wiederholt jeweils nacheinander kurze unabhängige Musterfolgen erzeugt. Für jede Musterfolge wurden Mittelwert $\bar{x}$ und Standardabweichung $\hat{\sigma}_{\bar{X}}$ mit `mean` bzw. `std` geschätzt.

Der Befehl `tinv(.975,19)` lieferte das 0.975-Quantil der *t*-Verteilung für den Freiheitsgrad 19. Damit konnte zu jedem Schätzwert das 95 %-KI berechnet und mit `errorbar` ins Diagramm eingetragen werden. Beachten Sie die unterschiedlich großen KIe in Abb. 12.5. Letzteres ist auf die jeweiligen Schätzungen der Standardabweichung in den Musterfolgen zurückzuführen. In Abb. 12.5 wird der „wahre Mittelwert" (Modellparameter, Populationsparameter) eins von fast allen KIen eingeschlossen; nicht im Versuch sieben. Die Überlegungen zur Schätzung des Mittelwertes mit Angabe des KIs, siehe Abb. 12.5, fasst Programm 12.1 zusammen.

12.3 Zufallssignale

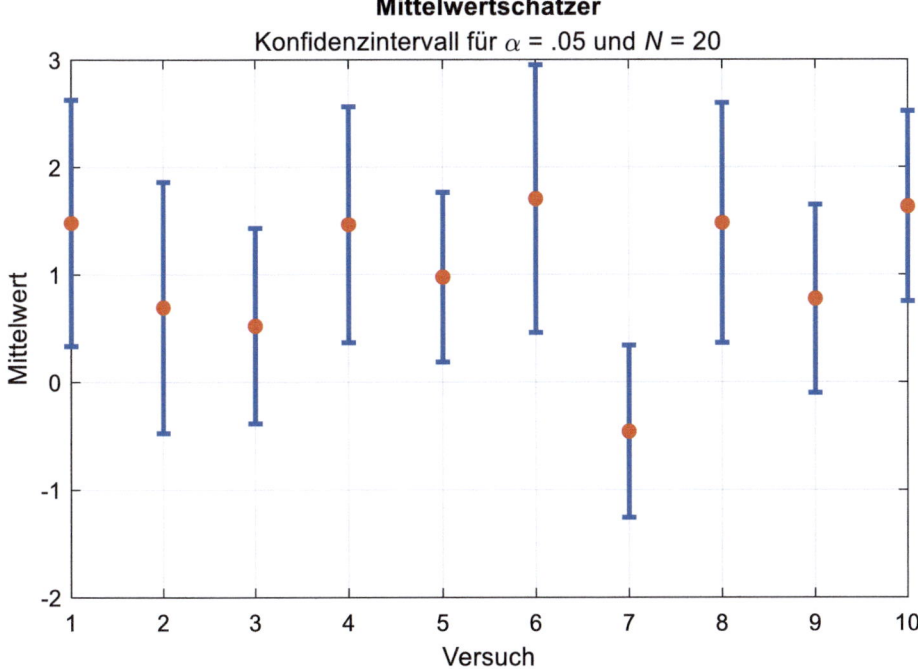

Abb. 12.5 Wiederholte unabhängige Schätzung des Mittelwerts einer (1,2)-Normalverteilung ($N=20$, $t_{0.025,\,19}=2093$) (rand_ci)

Programm 12.1 Schätzung des Mittelwertes mit Konfidenzintervallen (rand_ci)

```
% Descriptive statistics with confidence intervals (ci) (mw2024)
Nt = 10; % number of trials
Ns = 20; % number of samples per trail
M = zeros(1,Nt); SD = zeros(1,Nt); % allocate memory
for k=1:Nt
    x = 1 + 2*randn(1,Ns); % normally distributed sequence
    M(k)  = mean(x); % mean
    SD(k) = std(x);  % standard deviation
end
df = Ns-1; t = tinv(.975,df); % t-distribution of freedom df and 5 %
% Graphics
FIG1 = figure('Name','rand: confidence interval','NumberTitle','off',...
    'Units','normal','Position',[.2 .1 .4 .4]);
errorbar(1:Nt,M,t*SD/sqrt(Ns),'LineWidth',2,'LineStyle','none'), grid
axis([1 Nt -2 3]);
title('Mittelwertschätzer')
subtitle(['Konfidenzintervall für \alpha = .05 und {\itN} = ',num2str(Ns)])
xlabel('Versuch'), ylabel('Mittelwert')
hold on, plot(M,'.','MarkerSize',20), hold off % estimated mean
```

M12.4 Konfidenzintervalle und Stichprobengröße
In dieser MATLAB-Übung sollen Sie den Zusammenhang von Stichprobenumfang und Vertrauenswürdigkeit der Schätzung demonstrieren.

a. Machen Sie sich zunächst mit Programm 12.1 `rand_ci` vertraut.
b. Simulieren Sie mit MATLAB eine unabhängige normierte normalverteilte Musterfolge und schätzen Sie ab n gleich 10 bis 100 kumulativ den linearen Mittelwert und das jeweilige 95 %-KI. Stellen Sie die Entwicklung des Schätzwertes und der KI in einem Diagramm dar, siehe Abb. 12.5. Für sehr kleine Stichproben sind die Ergebnisse mehr oder weniger erratisch.
c. Welche Aussage können Sie nach Einbeziehung von 100 Elementen anhand Ihres Diagramms treffen? Ist sichergestellt, dass das KI den „wahren Mittelwert" (Populationswert) beinhaltet?

Hintergrundinformation
Die Frage nach der Vertrauenswürdigkeit des geschätzten Mittelwerts hat für die schließende Statistik (Inferenzstatistik), z. B. den Hypothesentest, eine große Bedeutung. Werden beispielsweise die Mittelwerte von zwei Gruppen, der Experimentalgruppe und der Kontrollgruppe, verglichen und überschneiden sich die Konfidenzintervalle nicht, so spricht man von einem statistisch signifikanten Effekt auf dem $(1-\alpha)$-Signifikanzniveau.

Der Befund sagt allerdings nichts über die Effektstärke aus, d. h. ob der Effekt praktische Bedeutung haben kann. Um wichtige Folgerungen zu ziehen, z. B. bei Behandlungsmethoden in der Medizin, sind weitere Untersuchungen notwendig, die das experimentelle Ergebnis replizieren (z. B. durch Metaanalysen). Zusätzlich werden Wirkungsmodelle benötigt, die die Ergebnisse plausibel nachvollziehbar machen. Dieses Vorgehen ist heute Stand der Wissenschaft und Grundlage der modernen evidenzbasierten Medizin.

12.4 Korrelationsfunktion und Leistungsdichtespektrum

In diesem Abschnitt untersuchen wir, ob zwei SVn sich ähnlich verhalten. Die beiden SVn können aus ein und demselben oder zwei verschiedenen Prozessen stammen.

12.4.1 Korrelation, Kovarianz und Korrelationskoeffizient

Ähnliches Verhalten zweier SVn bedeutet anschaulich, dass wenn eine SV kleine oder große Werte annimmt, die andere jeweils auch kleine oder große Wert zeigt. Multipliziert man die beiden SVen wird der Effekt der Ähnlichkeit zahlenmäßig verstärkt und damit noch offensichtlicher.

Zur Charakterisierung des wechselseitigen Einflusses zweier SVn wird deshalb oft der Produkterwartungswert der beiden herangezogen, auch *Produkt-Moment-Korrelation* (nach Pearson) genannt.

$$E(X_1 \cdot X_2) = \int_{-\infty}^{+\infty} x_1 \cdot x_2 \cdot f_{X_1 X_2}(x_1, x_2) \, dx_1 dx_2$$

12.4 Korrelationsfunktion und Leistungsdichtespektrum

Wegen der zweidimensionalen WDF handelt es sich um eine Größe zweiter Ordnung. Es werden nur lineare Abhängigkeiten erfasst, weil die SVn linear in die Gleichung eingehen.

Falls sich das Produkt der Erwartungswerte ergibt, spricht man von *unkorrelierten* SVn.

$$E(X_1 \cdot X_2) = E(X_1) \cdot E(X_2)$$

Sind die SVn unabhängig, sind sie auch unkorreliert. Umgekehrt ist die Aussage nicht richtig. SVn sind *orthogonal*, wenn der Produkterwartungswert null ist.

$$E(X_1 \cdot X_2) = 0$$

Von besonderer Bedeutung ist die *Kovarianz*

$$\mathrm{Cov}(X_1, X_2) = E([X_1 - \mu_1] \cdot [X_2 - \mu_2]),$$

die Korrelation der zentrierten SVn. Sie ist ein Maß für die gemeinsame Variation zweier SVn. Sie ist positiv, wenn beide Variablen nach Zentrierung im Trend in die gleiche Richtung variieren, d. h. beide gemeinsam positiv oder negativ bzw. klein oder groß sind. Die Kovarianz gibt keine Auskunft über die Stärke des Zusammenhangs und ist nicht vergleichbar, da sie vom Wertebereich der SVn, der Messskala, abhängt. Abhilfe schafft die Normierung der SVn. Man erhält dann den in vielen Anwendungen wichtigen *Korrelationskoeffizienten*

$$\rho_{12} = \frac{\mathrm{Cov}(X_1, X_2)}{\sigma_1 \cdot \sigma_2}.$$

Der Korrelationskoeffizient ist der Erwartungswert des Produkts der standardisierten SVn. Durch die Normierung ist der Wertebereich eingeschränkt und man erhält stets

$$-1 \leq \rho \leq 1.$$

Je näher der Betrag des Korrelationskoeffizienten bei eins, umso größer ist die lineare Abhängigkeit zwischen den SVn. Für den Korrelationskoeffizienten gleich eins nehmen die beiden SVn mit Wahrscheinlichkeit eins den gleichen Wert an. Ist der Korrelationskoeffizient null, sind die SVn unkorreliert.

Für die normalverteilten SVn folgt darüber hinaus aus unkorreliert auch unabhängig, wie das Einsetzen von $\rho = 0$ in die bivariate WDF der Normalverteilung in Abschn. 12.2 zeigt. Dies ist beispielsweise in der Nachrichtentechnik bei der Signaldetektion/-dekodierung wichtig [8].

In der Statistik spielt der Korrelationskoeffizient eine herausragende Rolle, z. B. bei der linearen Regression. Ist der Korrelationskoeffizient relativ groß, so lassen sich Vorhersagen „gut" treffen; Das macht sich auch die digitale Signalverarbeitung durch prädiktive Methoden zu Nutze, bei denen vorhergesagte Signalwerte verwendet werden [7].

Hintergrundinformation
Beachten Sie, Aussagen zu „Ursache und Wirkung", also der *Kausalität*, können aus der Korrelation *nicht* abgeleitet werden.

Wird der Korrelationskoeffizienten einer Stichprobe bestimmt, kann das Konfidenzintervall mit berechnet werden, siehe z. B. [3]. Das KI zum Korrelationskoeffizienten kann z. B. auch von MATLAB ausgegeben werden. Es ist beim Test von Zusammenhangshypothesen von großer Bedeutung, wobei getestet wird, wie wahrscheinlich der Korrelationskoeffizient null ist („kein linearer Zusammenhang"). Liegt der Wert null nicht im KI, wird ein (linearer) Zusammenhang auf dem vorgegebenen Signifikanzniveau angenommen bzw. andernfalls zurückgewiesen.

A12.1 Empirischer Korrelationskoeffizient
Eine Messwerterfassung hat zu den Merkmalen X und Y (Stichprobenvariablen) die Messreihen (Beobachtungen) $x_1, x_2, \ldots, x_N$ und $y_1, y_2, \ldots, y_N$ ergeben. Es soll der lineare Zusammenhang zwischen den Stichprobenvariablen durch den empirischen Korrelationskoeffizienten beurteilt werden. Geben sie die Stichprobenfunktion für den *empirischen Korrelationskoeffizienten* r_{xy} in kompakter Form an. (Als Hilfsgrößen werden der empirische Mittelwert und die empirische Varianz bzw. Standardabweichung gebraucht [2], S. 854.)

A12.2 MATLAB-Befehle zur Schätzung des Korrelationskoeffizienten
MATLAB stellt zwei Befehle für die Berechnung der empirischen Kovarianz bzw. des empirischen Korrelationskoeffizienten zur Verfügung. Für Vektoren x und y der Länge N gibt der Befehl cov(x,y) eine 2×2-Varianz-Kovarianzmatrix zurück. Die Elemente auf der Hauptdiagonalen sind die jeweiligen empirischen Varianzen und in der Nebendiagonalen stehen die Kovarianzen. Der Befehl corrcoef(x,y) liefert eine Matrix mit normierten Kovarianzen. Die beiden Befehle können mit verschiedenen Optionen ausgeführt werden, siehe auch erwartungstreuer Schätzwert (unbiased estimate).

Machen Sie sich mit den MATLAB-Befehlen vertraut. Wie unterstützt MATLAB die Angabe eines Konfidenzintervalls für den Korrelationskoeffizienten?

M12.5 Streudiagramm und Korrelation
Die Bedeutung der Korrelation als Maß für die Ähnlichkeit wird zunächst anhand von vier Streudiagrammen veranschaulicht. Erzeugen Sie die vier (0,1)-normalverteilten Zufallssignale x1 bis x4 und bilden Sie die beiden Linearkombinationen x5 = x3 - x1 und x6 = x4 + x1.

Stellen Sie nun vier Streudiagramme grafisch dar, indem Sie x1 als Abszissenwerte und x1, x2, x5 bzw. x6 als Ordinatenwerte setzen. Wählen Sie zur Darstellung der Werte ein einfaches Streudiagramm, siehe plot(x1,x2,'.').

Was ist charakteristisch für jedes einzelne Streudiagramm? Welche Aussagen können beispielsweise für x2 oder x5 gemacht werden, wenn x1 bekannt ist?

M12.6 Korrelationskoeffizient
Bestimmen Sie mit dem MATLAB-Befehl corrcoef die empirischen Korrelationskoeffizienten r_{ij} der Signale oben bzgl. Signal x1. Geben Sie auch die Vertrauensbereiche an. Notieren Sie die Ergebnisse und diskutieren Sie die Korrelationskoeffizienten mit Blick auf die Streudiagramme.

M12.7 Quadratische Abhängigkeit und Korrelation
Erzeugen Sie ein Streudiagramm für X wie X1 in M12.5 und Y=X.^2. Schätzen Sie den Korrelationskoeffizienten. Existiert ein Zusammenhang zwischen X und Y?

12.4.2 Bivariate WDF der Normalverteilung

Größen zweiter Ordnung in Tab. 12.3 fußen auf der bivariaten WDF. Aus diesem Grund soll hier die Schätzung der bivariaten WDF in MATLAB kurz vorgestellt werden.

Ein Beispiel für die geschätzte bivariate WDF zweier unkorrelierter und (0,1)-normalverteilter SVn zeigt Abb. 12.6, siehe auch Formel in Abschn. 12.2. Das 2-D-Histogramm wurde durch den Befehl histogram2 in einer Simulation geschätzt. Neben der 2-D-Darstellung auf der linken Tafel sind rechts die *Höhenlinien* („contour lines") abgebildet (contour). Die Höhenlinien sind ausgewählte Ortskurven auf denen die WDF jeweils konstant ist. Die kreisförmigen Höhenlinien entstehen, wenn der Korrelationskoeffizient ρ null ist, siehe Abschn. 12.2. Dann faktorisiert die bivariate WDF und die SVen sind unabhängig. Kreisförmige Höhenlinien sind folglich typisch für die bivariate WDF zweier unkorrelierter und normierter normalverteilter SVen.

Tab. 12.3 Ausgewählte Kenngrößen zweiter Ordnung zeitdiskreter reeller stationärer Prozesse

Scharmittelwerte (stochastisch)	Zeitmittelwerte[a] (empirisch)
Prozesse $X[n]$ und $Y[n]$	Musterfolgen $x[n], y[n]$
Verbund-WDFen zweiter Ordnung $f_{X_n X_m}(x_1,x_2)$; $f_{X_n Y_m}(x_1,x_2)$; $f_{Y_n Y_m}(x_1,x_2)$	Häufigkeitsverteilungen (3-D-Histogramme)
Autokorrelationsfolge (AKF) mit der Verschiebung $l = m - n$ $$R_{XX}[l] = E(X_n \cdot X_m) =$$ $$= \int_{-\infty}^{+\infty}\int_{-\infty}^{+\infty} x_1 \cdot x_2 \cdot f_{X_n X_m}(x_1,x_2)\,dx_1 dx_2$$	Zeit-Autokorrelationsfolge $$\overline{x[n+l] \cdot x[n]} =$$ $$= \lim_{N \to \infty} \left(\frac{1}{2N+1} \cdot \sum_{n=-N}^{N} x[n+l] \cdot x[n] \right)$$
Leistungsdichtespektrum (LDS) $$S_{XX}(\Omega) = \sum_{l=-\infty}^{\infty} R_{XX}[l] \cdot e^{-j\Omega \cdot l}$$	Periodogramm
Kreuzkorrelationsfolge (KKF) mit der Verschiebung $l = m - n$ $$R_{XY}[l] = E(X_n \cdot Y_m) =$$ $$= \int_{-\infty}^{+\infty}\int_{-\infty}^{+\infty} x_1 \cdot x_2 \cdot f_{X_n Y_m}(x_1,x_2)\,dx_1 dx_2$$	Zeit-Kreuzkorrelationsfolge $$\overline{x[n+l] \cdot y[n]} =$$ $$= \lim_{N \to \infty} \left(\frac{1}{2N+1} \cdot \sum_{n=-N}^{N} x[n+l] \cdot y[n] \right)$$

[a] Für die Zeitmittelwerte wird, wegen der Stationarität der Prozesse, von nach beiden Seiten unendlich ausgedehnten Musterfolgen ausgegangen. Für die Verschiebung l („lag") sind alle ganzen Zahlen zugelassen, sodass sich zweiseitige Korrelationsfolgen ergeben

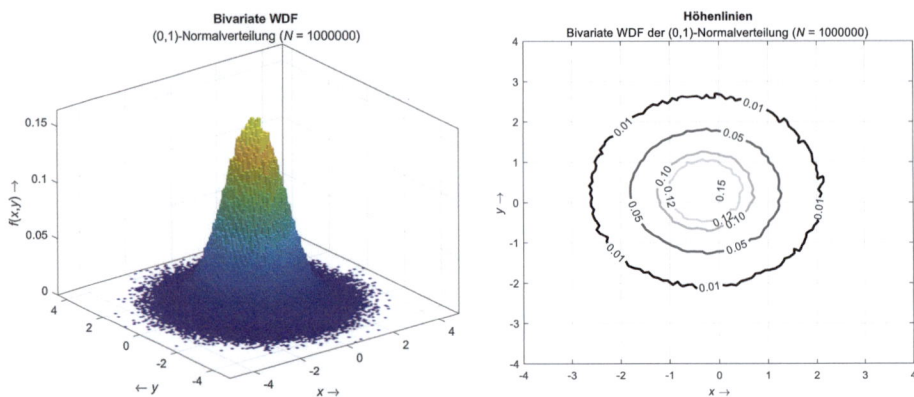

Abb. 12.6 Geschätzte bivariate WDF der normierten und unabhängigen Normalverteilung mit Höhenlinien ($N = 10^6$, rand_bipdf)

M12.8 Bivariate WDF

Erzeugen Sie eine Stichprobe für die Signale x1 und x5 bzw. x6 entsprechend M12.5 und stellen Sie die bivariaten WDFen mit MATLAB (histogram2) grafisch dar (vgl. Abb. 12.6). Vergleichen Sie die Ergebnisse mit den Streudiagrammen in M12.5. Entsprechen die WDFen Ihren Erwartungen?

Im MATLAB-Anzeigefenster findet sich in der Werkzeugleiste die Option Rotate 3D. Nach deren Aktivierung können mit der rechten Maustaste im Bild verschiedene Ansichten eingestellt werden. Die X-Y-Ansicht liefert die Draufsicht rechts mit der deutlich sichtbaren Kreis- bzw. Ellipsenform. Sie ist typisch für normalverteilte SVn.

12.4.3 Autokorrelationsfolge, Kreuzkorrelationsfolge und Leistungsdichtespektrum

Zur Charakterisierung von Zufallsfolgen werden die *Autokorrelationsfolge* (AKF) und ihre Fourier-Transformierte, das *Leistungsdichtespektrum* (LDS) verwendet, siehe Tab. 12.3. Will man die linearen Abhängigkeiten zwischen zwei Folgen untersuchen, so betrachtet man die *Kreuzkorrelationsfolge* (KKF). Aussagekräftige Schätzwerte für die AKF und KKF sind als Größen zweiter Ordnung meist noch mit vertretbarem Aufwand empirisch bestimmbar.

Beachten Sie auch, dass die AKF an der Stelle null, $R_{XX}[0]$, gleich der *Leistung* des Prozesses ist, siehe Schätzung des quadratischen Mittelwertes in Tab. 12.1. Der Formelbuchstabe l steht für die Verschiebung bzw. den zeitlichen Abstand („*lag*") zwischen den beiden SVn X_1 und X_2. Die Verschiebung kann positiv oder negativ sein.

12.4.4 Weißes Rauschen

In vielen Anwendungen sind unkorrelierte Prozesse, auch weißes Rauschen genannt, von Bedeutung. Deren SVn sind mittelwertfrei und zueinander unkorreliert, weisen also untereinander keine linearen Abhängigkeiten auf. Die AKF eines unkorrelierten Prozesses ist eine mit der Leistung des Prozesses gewichtete Impulsfunktion.

$$R_{XX}[l] = \sigma^2 \cdot \delta[l]$$

Wegen der Mittelwertfreiheit sind das zweite Moment (Leistung) und die Varianz gleich, siehe Tab. 12.1. In Formeln wird meist die Varianz eingesetzt. Das LDS eines unkorrelierten Prozesses X ist demzufolge konstant im gesamten Frequenzbereich.

$$S_{XX}(\Omega) = \sigma^2 \; \forall \; \Omega$$

In Anlehnung an die additive Farbmischung der Optik wird ein derartiger Prozess als weiß bezeichnet, da alle möglichen Spektralanteile vorhanden sind. Wegen der scheinbar regellosen Abfolge der Signalwerte, siehe Abb. 12.3 oben und mittig, und wie im Versuch noch hörbar wird, spricht man auch vom *weißen Rauschen* - und traditionell in der Telefonie (Audiotechnik) vom Geräusch. (In Abb. 12.1 und 12.3 unten liegen augenfällig Musterfolgen eines korrelierten Prozesses vor.)

Hintergrundinformation
In der digitalen Signalverarbeitung wird oft von dem Modell eines *normalverteilten weißen Rauschens* („white gaussian noise", WGN) ausgegangen. Der Grund dafür liegt erstens darin, dass das Rauschen „normalerweise" so verteilt ist, siehe zentraler Grenzwertsatz in Kap. 13. Zweitens erhält man eine relativ einfache mathematische Beschreibung, weil bei Normalverteilung unkorrelierte SVn auch unabhängig sind. Die bivariate WDF faktorisiert und manche Rechnungen werden einfacher. Andererseits kann die falsche Annahme einer Normalverteilung zu falschen Schlussfolgerungen führen. Drittens ist WGN ohne innere Bindung, sodass es keine Angriffspunkte zur Rauschunterdrückung liefert und folglich den informationstheoretisch ungünstigen Fall darstellt, vgl. 50-Hz-Störung im EKG in Abschn. 10.7.

In der Technik unterscheidet man auch zwischen weißem und *farbigem Rauschen*. Bei Letzterem ist das LDS nicht konstant, sondern wird entsprechend des Anwendungshintergrundes modelliert.

Schließlich sei auch auf den feinen Unterschied zu weißem Rauschen und dem Farbeindruck weiß bei Menschen hingewiesen. Im menschlichen Auge werden die Spektralkomponenten aufgrund unterschiedlicher Empfindlichkeiten der Rezeptoren unterschiedlich bewertet, sodass beim Farbeindruck weiß die Leistungen der Spektralkomponenten des Lichts nicht gleich sind.

12.4.5 Schätzung der Autokorrelationsfunktion

Die Schätzung der AKF und des LDSs spielt in vielen Anwendungen eine große Rolle, da AKF und LDS allgemeinen mit Abhängigkeit/Bindung im Prozess sowie der zentralen physikalischen Größe Leistung, genauer ihrer Verteilung in den Frequenz-

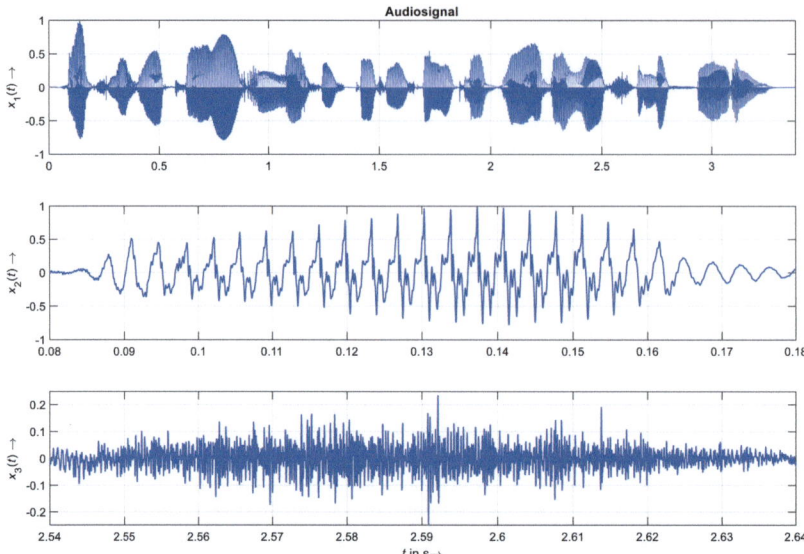

Abb. 12.7 Digitales Audiosignal (obere Tafel) und zwei Ausschnitte daraus darunter (f_s = 44.100 kHz, `NTHFDel.wav`, `rand_audio_acf`)

komponenten, verbunden sind. Je nach Randbedingungen und Aufgabenstellung werden unterschiedliche Schätzmethoden verwendet. Wir beschränken uns in diesem Versuch auf den grundlegenden Algorithmus und seine effiziente Anwendung.

Zur Schätzung der AKF kann, die Ergodizität vorausgesetzt, beispielsweise der Zeitmittelwert im Audiosignal in Abb. 12.7 über einen Signalblock der Länge N herangezogen werden.

$$\hat{R}_{XX}[l] = \frac{1}{N-l} \cdot \sum_{n=0}^{N-l-1} x[n+l] \cdot x[n] \quad \text{für} \quad l = 0, 1, \ldots, L$$

Korrelation und Kreuzkorrelation

Die Schätzung der AKF liefert bei Mittelwertfreiheit und Verschiebung null die Formel für die empirische Streuung in Tab. 12.1.

Wie in Kap. 7 schon erwähnt, kann die Schätzfunktion als Faltung, genauer *Pseudofaltung*, der Musterfolgen der Länge N interpretiert werden.

Das Produkt $x[n+l] \cdot y[n]$ liefert die Kreuzkorrelation.

Für komplexe Musterfolgen gelten die Bestimmungsgleichungen der AKF und KKF $x[n+l] \cdot x^*[n]$ bzw. $x[n+l] \cdot y^*[n]$.

Aufgrund der Blockverarbeitung verkürzt sich die Zahl der Produkte mit zunehmender Verschiebung, was auch im Vorfaktor berücksichtigt wird. Obiger Schätzer entspricht dem Befehl `xcorr` mit der Option `unbaised` (erwartungstreu).

12.4 Korrelationsfunktion und Leistungsdichtespektrum

Weil die AKF eines reellen Prozesses stets eine gerade Funktion ist, reicht es, die Berechnung für nicht negative Werte der Verschiebung durchzuführen. Man beachte, dass je nach Implementierung, durch die Blockgrenze die Zahl der Mittelungen mit der Verschiebung abnimmt (Randeffekte). Ist die Blocklänge viel größer als die maximale Verschiebung, kann dieser Effekt meist vernachlässigt werden. Zur Erhöhung der Vertrauenswürdigkeit werden oft zusätzlich die Schätzwerte mehrerer Blöcke gemittelt.

Das folgende Beispiel veranschaulicht die Anwendung der Korrelation. Hierfür zeigt Abb. 12.7 das Audiosignal `NTHFDel.wav` (Kap. 5) in der oberen Tafel und zwei kurze Ausschnitte darunter. Da es sich um ein abgetastetes analoges Audiosignal handelt, werden die Abszissen bzgl. der kontinuierlichen Zeit t beschriftet. Mit der Abtastfrequenz 44.100 kHz kann der Bezug zur normierten Zeit n schnell hergestellt werden, siehe Kap. 4. Die beiden sehr unterschiedlichen Ausschnitte erfassen jeweils 100 ms, also 4410 Abtastwerte, in denen das Audiosignal jeweils als quasistationär angesehen werden kann.

Der Ausschnitt in der mittleren Tafel zeigt die für Vokale typische harmonische Struktur mit relativ großer (Block-)Energie, d. h. Summe der Betragsquadrate der Elemente im Signalblock. Der Ausschnitt unten ist eher rauschartig und hat sichtbar weniger Energie, siehe Skalierung der Ordinate.

Für die gezeigten Signale wird die AKF mit dem Befehl `xcorr` und der Option `unbiased` bestimmt und der rechtsseitige Anteil (positive Verschiebungen) grafisch dargestellt. Die drei AKFen sind in Abb. 12.8 für positive Verschiebungen bis zu 10 ms

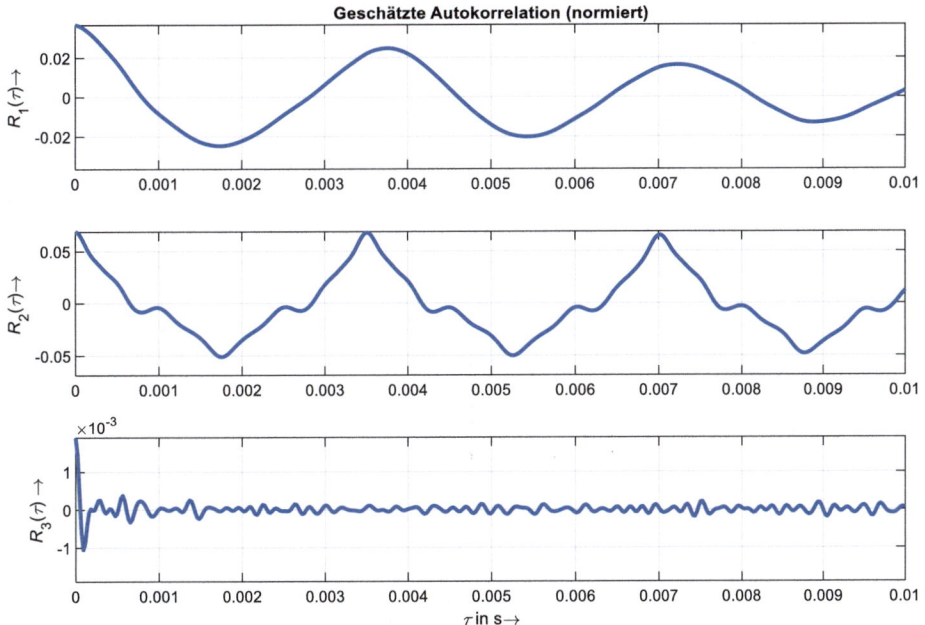

Abb. 12.8 Autokorrelationsfolgen zum Audiosignal (`rand_audio_acf`)

(441 Abtastwerte) aufgetragen. (Bei zeitkontinuierlichen Darstellungen wird in der Literatur für die Verschiebung meist der griechische Buchstabe τ als Formelzeichen verwendet.)

Die AKF des gesamten Audiosignals oben spiegelt die leistungsstarken harmonischen Anteile im Mittel wider. Es zeigt sich ein periodischer Anteil mit Periode von etwa 3.8 ms (circa 167 Abtastwerten), also mit einer mittleren „Grundfrequenz" von circa 263 Hz, passend zu einer typisch „jungen weiblichen" Stimme [5].

Die mittlere Tafel zeigt die AKF zum harmonischen Ausschnitt, was sich deutlich in der ebenfalls periodischen Struktur der AKF widerspiegelt. Die Periode von ungefähr 3.5 ms lässt auf eine Grundfrequenz mit etwa 286 Hz schließen. Darüber hinaus macht sich die zweite Oberwelle bemerkbar. Im Signal existieren starke lineare Bindungen. Schließlich zeigt der große Wert für $R_2[0] = 0.068$ die relativ große Signalleistung im Zeitintervall an.

Die Korrelation in der unteren Tafel von Abb. 12.8 gehört zu dem eher energiearmen und rauschartigen Signalabschnitt. Die AKF zeigt dies deutlich; zum ersten der relativ kleine Wert für die Signalleistung $R_3[0] = 0.002$ und zum zweiten ist die AKF bereits nach kurzer Zeit näherungsweise auf null abgeklungen.

M12.9 Autokorrelation

Wiederholen Sie die Untersuchung im Beispiel anhand eines selbst ausgesuchten Signalabschnitts. Können Sie die Ergebnisse des Beispiels bestätigen?

Beachten Sie, hier geht es um eine einführende Anwendung der Korrelation und einfache augenfällige Zusammenhänge. Der weitaus größte Teil des Programms `rand_audio_acf` in den Lösungshinweisen dient der grafischen Darstellung der Ergebnisse.

M12.10 Synchronisation mit Rahmenerkennungswort

In dieser Übung soll die Korrelation zur Rahmenerkennung eingesetzt werden. Das *Barker-Codewort* (Kap. 7) der Länge elf wird als Synchronisationswort in die Mitte des Rahmens („midamble") eingesetzt. Die folgende Methode wird in der Nachrichtentechnik auch unter dem Begriff *Matched-Filter-Empfänger* beschrieben [8].

a. Im ersten Schritt generieren Sie mit den folgenden Programmzeilen einen Testrahmen und führen eine Kreuzkorrelation mit dem Synchronisationswort aus. Stellen Sie die KKF über der Verschiebung grafisch dar. Nehmen Sie eine aussagekräftige Bildbeschriftung vor. Ist die Lage des Synchronisationswortes eindeutig zu erkennen (s. a. Kap. 7)?

```
b = [1 1 1 -1 -1 -1 1 -1 -1 1 -1]; % Barker code word
N = 40; % data block length
%% Test frame - no data
testFrame = [zeros(1,N) b zeros(1,N)] + .2*randn(1,2*N+length(b));
[R_test, lag_test] = xcorr(testFrame,b,2*N);
```

b. Addieren sie zum Testrahmen unabhängiges (0,0.2)-normalverteiltes Rauschen und wiederholen Sie den Synchronisationsversuch (`randn`). Was hat sich in der KKF geändert? Ist die Synchronisation noch möglich?

c. Nun geben Sie Daten dazu. Erzeugen Sie unabhängige bipolare Daten $\{-1,1\}$ und füllen Sie die beiden Datenblöcke im Rahmen auf (`randi`). Lassen Sie zunächst das Rauschen weg. Was verändert sich an der KKF? Ist die Synchronisation noch möglich?

d. Jetzt geben Sie auch noch die Rauschstörung hinzu. Funktioniert die Rahmensynchronisation im Beispiel noch?

12.4.6 Schätzung des Leistungsdichtespektrums

Die AKF und das LDS bilden ein Fourier-Paar. Folglich können aus der geschätzten diskreten AKF die Schätzwerte für das LDS mit der *diskreten Fourier-Transformation* (DFT) (`fft`) berechnet werden. Voraussetzung ist, dass die geschätzte AKF alle wesentlichen Werte erfasst, d. h. $R_{XX}[l] \approx 0 \ \forall \ |l| \geq L$. Anderenfalls ergeben sich Fehler ähnlich wie bei der Fensterung in der Kurzzeit-Spektralanalyse.

Ebenso kann das LDS durch Ergänzen der AKF mit Nullen („zero-padding") in engerem Frequenzraster dargestellt werden. Beachten Sie dabei die spezielle Anordnung der Daten damit die Nullen richtig eingefügt werden. Praktisch nützlich ist, dass das LDS eines reellen Prozesses stets rein reell und nicht negativ ist, da es die mittlere Leistung in jedem Frequenzteilband wiedergibt. Gegebenenfalls können kleine Abweichungen korrigiert werden, wie z. B. numerische Ungenauigkeiten wegen störenden Wortlängeneffekten.

Parametrische und nicht-parametrische Spektralschätzung

Man nennt die geschilderte Art der Schätzung auch *nicht-parametrische Spektralschätzung,* weil kein Modell mit zu schätzenden Parametern zugrunde gelegt wird. Alternativ könnte beispielsweise auch das Modell des gefilterten weißen Rauschens verwendet werden. Dann wird das LDS durch das Filter bestimmt und dessen Pole und Nullstellen werden zu gesuchten Parametern des Modellprozesses [6]. Schließlich kann das zu schätzende LDS als Quadrat des Betragsfrequenzgangs berechnet werden (Kap. 13). Ein weiteres Beispiel für einen Modellansatz wäre: das Spektrum beinhaltet bestimmte Harmonische. In diesem Fall interessieren Grundfrequenz und Leistungen der Harmonischen. Die *parametrische Spektralschätzung* überprüft postulierte Modelle und entspricht einem Hypothesentest.

Für ein Beispiel der Berechnung des LDS durch die DFT wird auf die AKF des Audiosignals im letzten Unterabschnitt zurückgegriffen, genauer gesagt, auf die beiden quasistationären Ausschnitte der Länge von 100 ms in Abb. 12.7. Es werden die (Kurzzeit-) AKFen bis zu einer Verschiebung von 20 ms (882 Abtastintervalle) geschätzt, um einen weiteren Bereich zu erfassen, als in Abb. 12.8 zu sehen ist. Außerdem werden die AKFen vor der Transformation mit einem Hamming-Fenster bewertet um das zu berechnende LDS zu glätten.

Die DFT der zeitdiskreten AKFen liefern die Schätzungen für die LDS in Abb. 12.9 als DFT-Spektrum mit den DFT-Koeffizienten über der diskreten Frequenzvariablen k, siehe Kap. 5. Die Abtastfrequenz von 44.1 kHz stellt den Bezug zur Frequenz her und ergibt mit der DFT-Länge von 1765 die Frequenzauflösung 25 Hz.

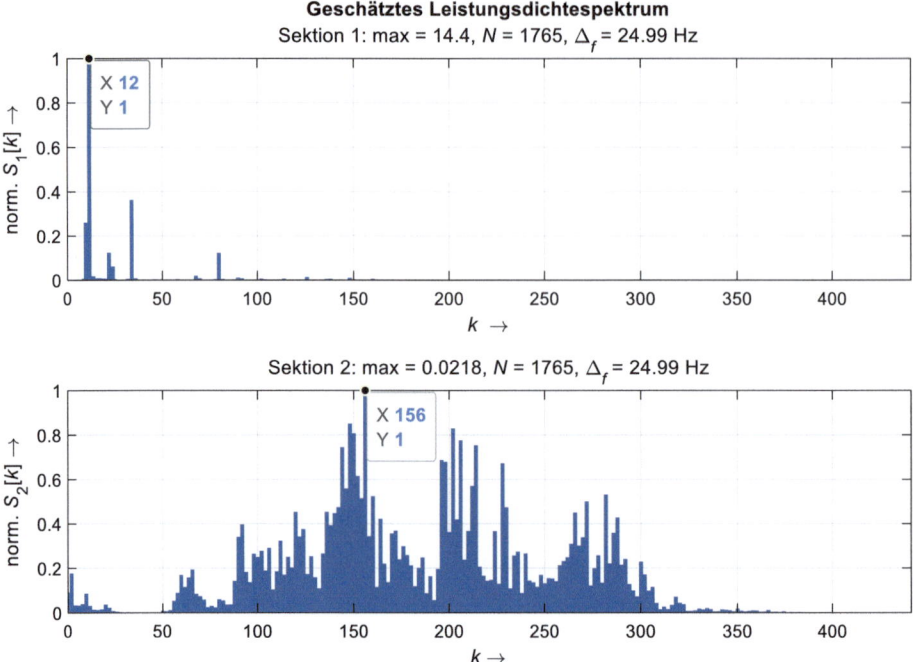

Abb. 12.9 Geschätzte Leistungsdichtespektren durch diskrete Fourier-Transformation der geschätzten AKF des Audiosignals (`rand_audio_lds`)

In Abb. 12.9 sind „flächenfüllende" Stabdiagramme zu sehen, um zum einen die Art der Schätzung als diskretes DFT-Spektrum zu unterstreichen und zum anderen um an die Interpretation der Flächen im LDS als spektrale Leistungsanteile zu erinnern.

Für den quasiperiodischen Signalausschnitt ergibt sich das LDS oben. Es dominiert die Frequenzkomponente bei k gleich zwölf, also 300 Hz. Dem entspricht eine periodische Komponente in der AKF mit Periode von circa 3.3 ms, vgl. Abb. 12.8. Ausgehend von der Grundfrequenz bei 300 Hz treten im LDS noch sichtbar die erste, zweite und sechste Oberschwingung auf. Dabei ist die zweite Oberschwingung am stärksten und auch in der AKF deutlich erkennbar.

Die untere Tafel zeigt das geschätzte LDS für den rauschartigen Signalausschnitt, was das eher breite Spektrum von circa 1250 bis 7500 Hz bestätigt. Man beachte auch die Skalierung der vertikalen Achsen in Abb. 12.9. Auf dem zweiten Blick lässt sich eine Struktur mit drei oder vier etwas herausgehoben Frequenzbändern vermuten.

Beim Vergleich der beiden LDSen beachte man auch die Skalierung der Ordinaten. Die Fläche unter dem LDS ist ein Maß für die Leistung des Signals. Obwohl die Fläche für den rauschartigen Ausschnitt größer erscheint, ist die Leistung im mehr harmonischen Ausschnitt wie erwartet größer, vgl. Signalausschnitte in Abb. 12.7.

Das Beispiel des Audiosignals soll Ihnen eine erste Einführung in die Problemstellung der Schätzung von AKF und LDS geben und andeuten, wie die Ergebnisse interpretiert werden können.

12.4 Korrelationsfunktion und Leistungsdichtespektrum

Die Darstellung muss hier der Kürze halber oberflächlich bleiben. Tatsächlich liefert das gezeigte Verhalten des Audiosignals die Grundlagen für die Anwendung moderner Verfahren der Sprachcodierung [4]. Dabei werden im Encoder die Sprachsignale in kurze Abschnitte zerlegt und für diese Abschnitte parametrische Modelle angepasst, die im Decoder eine möglichst gute Vorhersage (Prädiktion) des Sprachsignals ermöglichen. Indem der Decoder im Encoder nachgebildet wird, ist der Fehler vorausschauend bekannt und kann bzgl. seiner Wirkung optimiert werden („Analyse durch Synthese"). Übertragen werden Modellparameter und gegebenenfalls Anregungsfunktionen sowie weitere unterstützende Information zur Verbesserung des Höreindrucks für die im Decoder rekonstruierten Sprachsignale.

M12.11 Leistungsdichtespektrum
Wählen Sie einen geeigneten Ausschnitt aus dem Audiosignal in Abb. 12.7 und schätzen Sie das LDS durch DFT der AKF. Erhalten Sie ähnliche Ergebnisse wie in Abb. 12.9?

Periodogramm
Schätzwerte für das LDS können mit der DFT (`fft`) direkt aus den Musterfolgen bestimmt werden. Ein wegen seiner Einfachheit oft verwendetes Verfahren beruht auf dem *Periodogramm* [6]. Dabei wird das LDS durch die Betragsquadrate der DFT-Koeffizienten geschätzt.

Aufgrund des Zufallscharakters des Signals können benachbarte Messwerte stark schwanken. Zur Glättung des geschätzten LDS wird in der Regel sowohl eine Fensterfunktion, häufig das Hamming-Fenster, als auch eine Mittelung über mehrere Signalblöcke verwendet. Das Verfahren ist in Abb. 12.10 illustriert. Wie bei der Kurzzeit-Spektralanalyse mit dem Spektrogramm in Kap. 5 werden aus der Musterfolge mit der Fensterfolge Blöcke herausgeschnitten. Für jeden Block wird die DFT berechnet und die Betragsquadrate der DFT-Koeffizienten werden jeweils über die Blöcke gemittelt.

Benachbarte Signalblöcke überlagern sich mittig, um bei relativ kurzen Musterfolgen genügend Blöcke für die Mittelung zur Verfügung zu haben. Ist die Musterfolge sehr lang, kann auf das Überlappen der Blöcke verzichtet werden. Da dann keine Signalwerte doppelt verwendet werden, nimmt in diesem Fall die statistische Zuverlässigkeit zu. Für eine effiziente Berechnung wird meist eine Blocklänge verwendet, die eine Radix-2-FFT (Kap. 6) zulässt.

Die Schätzung der LDS mittels Periodogramm unterstützt MATLAB mit der parametrisierbaren Funktion `periodogram`. Unter anderem können Fensterfolge und DFT-Länge vorgegeben werden. In Programm 12.2 finden Sie auch die simple anwenderdefinierte Funktion `periodogram_av` die über Blöcke mittelt („average").

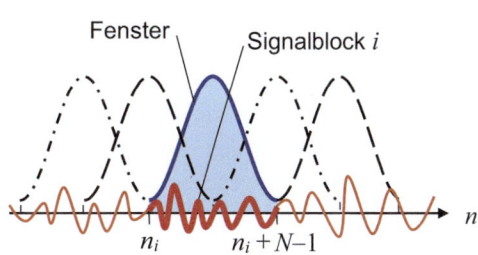

Abb. 12.10 Zerlegung der Musterfolge mit der Fensterfolge in überlappende Blöcke der Länge N für die Transformation mit der DFT/FFT

Programm 12.2 Schätzung des Leistungsdichtespektrums mit Mittelung über Blöcke (`periodogram_av`)

```
function [psd,count] = periodogram_av(x,window,Nfft)
% estimated power spectrum density (average) (mw2024)
% function psd = periodogram_av(x,w,Nfft)
%   x      : signal (column vector)
%   window : window sequence (column vector)
%   Nfft   : dft length
%   psd    : averaged power spectral density (column vector)
%   count  : number of spectra averaged
psd = zeros(Nfft,1); count = 0;
Start = 1; Stop = Nfft;
while (Stop<=length(x))
    s = fft(window.*x(Start:Stop));
    psd = psd + abs(s).^2;
    count = count + 1;
    Start = Start + Nfft; Stop = Stop + Nfft;
end
psd = psd/count;
end
```

M12.12 Periodogramm
Wenden Sie die Methode auf das Beispiel in M12.10 an und vergleichen Sie die Ergebnisse.

12.5 Zusammenfassung

Im Versuch „Zufallssignale" werden Signale als Musterfunktionen stochastischer Prozesse eingeführt und mit statistischen Mitteln beschrieben. Ziel ist es, den Zufall durch die begründete Erwartung zu ersetzten und auf diese Weise den „Zufall" in der digitalen Signalverarbeitung systematisch zugänglich zu machen. Zunächst wird das Konzept des stochastischen Prozesses eingeführt und die Zusammenhänge zwischen stochastischen Variablen, Musterfunktionen und Prozessen aufgezeigt. Wichtige statistische Größen werden erläutert und mit MATLAB-Simulationen geschätzt. Am Beispiel des linearen Mittelwerts wird das Schätzproblem genauer studiert und die Anwendung des Konfidenzintervalls erprobt. Statt der Angabe eines mehr oder weniger zutreffenden Schätzwerts (Punktschätzer) wird ein Vertrauensintervall (Intervallschätzer) angegeben. Bei der Schätzung zeigt sich der gegenläufige Effekt zwischen „Genauigkeit" (Intervallbreite) und „Zuverlässigkeit" (Wahrscheinlichkeit). Sollen Schätzungen „genau" und „zuverlässig" sein, ist ein entsprechend hoher Stichprobenumfang notwendig.

Für die digitale Signalverarbeitung ist die Korrelation wichtig, da sie den (linearen) Zusammenhang zwischen den Signalelementen beschreibt. Im Versuch werden durch Streudiagramme und geschätzte Korrelationskoeffizienten die Grundlagen zum Verständnis der Korrelation aufgezeigt. Auch für den empirischen Korrelationskoeffizienten kann ein Konfidenzintervall angegeben werden. Schließlich werden Autokorrelationsfunktion und

Leistungsdichtespektrum eingeführt und am Beispiel des Spektrogramms eines Audiosignals praktisch vorgestellt.

Simulationsbeispiele mit MATLAB verdeutlichen die Theorie auf anschauliche Weise. Darüber hinaus machen sie mit der Anwendung von MATLAB im Umfeld von Zufallssignalen vertraut.

12.6 Quiz 12

Ergänzen Sie die Lückentexte (_) sinngemäß.

1. Eine normierte SV hat den Mittelwert ___ und die Varianz ___.
2. Können die stochastischen Kenngrößen durch Zeitmittelwerte geschätzt werden, so ist der Zufallsprozess ___.
3. Um bei Monte-Carlo-Testungen ___ Ergebnisse zu erhalten, werden meist ___ erzeugte Pseudozufallszahlen verwendet, wobei in den Generatoren auf gleiche ___ zu achten ist.
4. Mit dem empirischen Korrelationskoeffizienten wird der ___ Zusammenhang zwischen zwei Zufallszahlenfolgen geschätzt.
5. Ein Zufallsprozess ist stationär, wenn die stochastischen Kenngrößen unabhängig von der Wahl des ___ sind.
6. Die (univariate) Normalverteilung ist durch die Parameter ___ und ___ vollständig bestimmt.
7. Gleichverteilte Zufallszahlen werden mit dem MATLAB-Befehl ___ erzeugt.
8. Das Histogramm zeigt ___, mit der Intervalle durch Stichprobenelemente besetzt werden.
9. Die Prüfgröße bezieht sich auf ein statistisches Modell für ___.
10. Bei Annahme des 95 %-KI ergeben sich bei 100 Schätzungen im Mittel ___ KI die den ___ nicht beinhalten.
11. Die Größe des Konfidenzintervalls des arithmetischen Mittelwerts hängt vom Stichprobenumfang folgendermaßen ab ___ (Formel).
12. Gilt $E(X_1 \cdot X_2) = E(X_1) \cdot E(X_2)$ spricht man von ___ SVn.
13. Ist der Korrelationskoeffizient betragsmäßig größer als eins, liegt ___ vor.
14. Das LDS weißen Rauschens ist ___.
15. Zur Schätzung der AKF stellt MATLAB den Befehl ___ bereit.
16. Mittelt man die Betragsquadrate der DFT-Koeffizienten von Ausschnitten einer Musterfolge, so schätzt man ___.
17. Die AKF eines unkorrelierten Prozesses ist ___ (Formel).
18. AKF und LDS bilden ___.
19. Gilt $f_{XY}(x,y) = f_X(x) \cdot f_Y(y)$ sind die SVen ___.
20. Sprachsignale sind allenfalls über kurze Zeitintervalle von einigen Millisekunden ___.

12.7 Lösungshinweise

Alle genannten Dateien und Programme finden Sie in den Onlineressourcen zu diesem Kapitel: audio_descriptives.m, rand_audio_acf.m, rand_bipdf., rand_ci.mm, rand_corr.m, rand_sample_size, rand_scatter_plots.m, student_t_pdf.m, NTHFDbe.wav, NTHFDel.wav, speech.wav.

Zu M12.1 Einfache statistische Kenngrößen
Statistische Kennzahlen zu NTHFDel.wav siehe Bildschirmausgabe des Programms audio_descriptives.

Zu M12.2 Histogramm eines Sprachsignals
Histogramm des Sprachsignals NTHFDel.wav siehe Abb. 12.11.

Das Audiosignal ist offensichtlich nicht normalverteilt. Kleine Werte um null herum treten im Sprachsignal mit sogenannten Mikropausen viel häufiger auf als bei einer Normalverteilung erwartet wird.

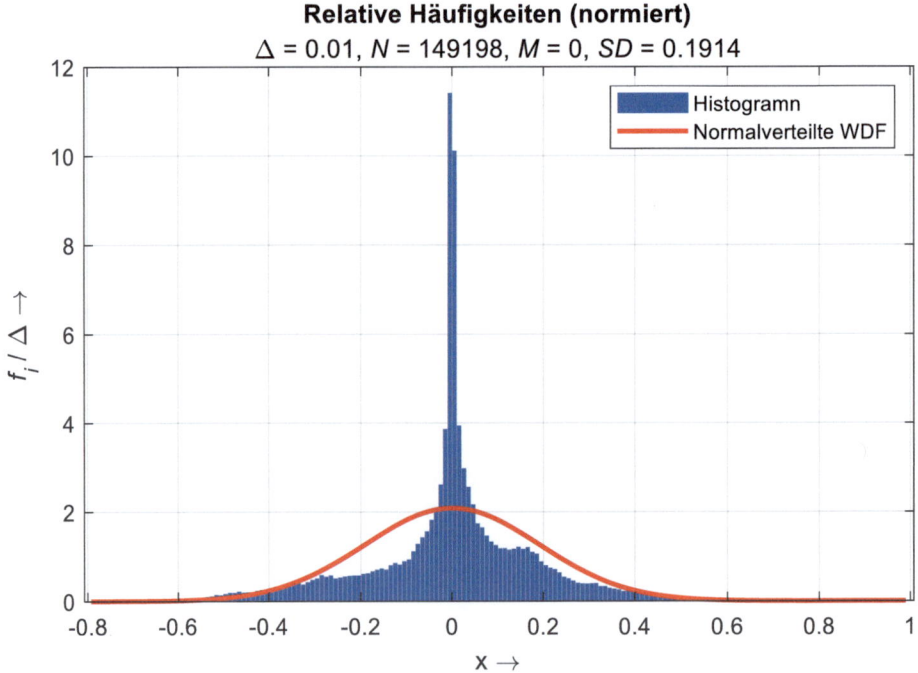

Abb. 12.11 Histogramm des Audiosignals NTHFDel.wav und WDF der approximierenden Normalverteilung (audio_descriptives)

12.7 Lösungshinweise

Tab. 12.4 Einfluss der Stichprobengröße au Schwankung der statistischen Kenngrößen für unterschiedliche Stichprobengrößen (Werte gerundet, `rand_sample_size`)

Stichprobenumfang	10	20	50	100	200	500	1000
Spannweite	3.057	3.723	3.723	5.224	5.224	5.995	6.642
Mittelwert	−0.336	−0.201	0.149	0.016	0.172	0.041	0.047
Varianz	1.096	1.145	0.876	1.021	1.028	0.987	0.996

Zu M12.3 Empirische Kenngrößen und Größe der Stichproben

Wie stark die Kenngrößen bei verschiedenen Stichprobengrößen schwanken können, veranschaulicht Tab. 12.4. Die Simulationsergebnisse zeigen für kleine Stichproben nicht nur große Abweichungen von den Modellwerten (∞, 0, 1) sondern können auch zwischendurch stark schwanken. Die Stichprobengröße ist kritisch für die Ergebnisse. Man beachte auch die Spannweite: Seltenere Werte treten meist erst bei größeren Stichproben auf. Sind seltene Werte in einer Anwendung „kritisch", kann es dadurch zu gravierenden Fehleinschätzungen kommen.

Zu M12.4 Konfidenzintervalle und Stichprobengröße

a. Siehe Programm 12.2 `rand_ci2`
b. Vertrauenswürdigkeit, Konfidenzintervalle, siehe Programm 12.2 und Abb. 12.12.

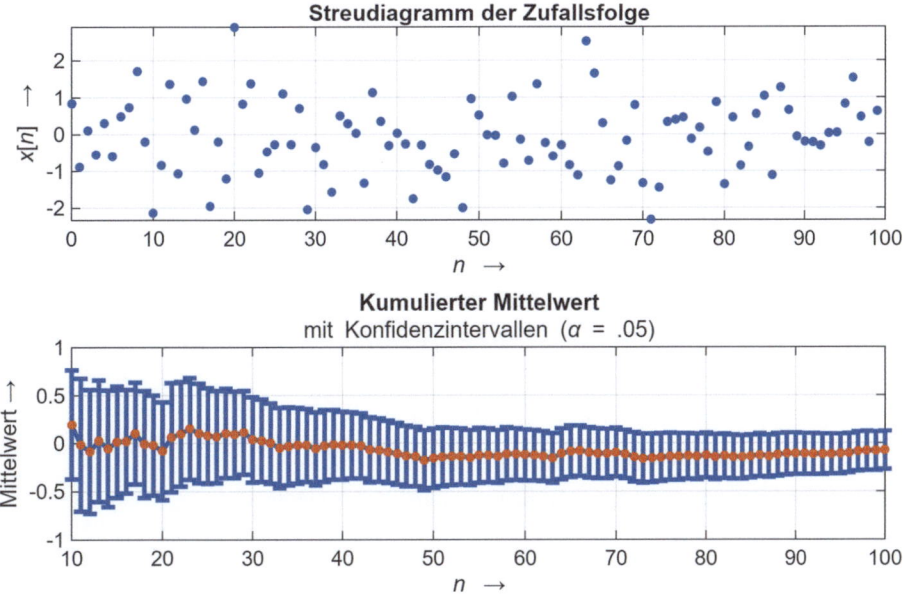

Abb. 12.12 Zufallsfolge und kumulative Schätzung des linearen Mittelwerts mit Konfidenzintervallen (`rand_ci2`)

c. Beim Stichprobenumfang $N=100$ resultiert in der Simulation der Schätzwert 0.1231 und die Grenzen des KIs [−0,1075, 0,3537] (mit $t_{0.025,100} = 1.32$). Mit der Irrtumswahrscheinlichkeit $\alpha = 0.05$ heißt das, die Wahrscheinlichkeit, dass ein Modellprozess mit einem Mittelwert außerhalb des KI den Schätzwert generiert ist kleiner als 5 %. Es kann deshalb mit „großer" Wahrscheinlichkeit (Konfidenzniveau) von $(1-\alpha) = 0.95$ angenommen werden, dass der „wahre Wert" im KI liegt und der Mittelwert null nicht ausgeschlossen wird. Bei „kritischen" Anwendungen sollte der Stichprobenumfang größer sein und α kleiner gewählt werden, z. B. $\alpha = 0.01$. (Mit $t_{0.005,100} = 2.63$ wird hier das KI um etwa den Faktor 1.3 breiter.)

Programm 12.2 Schätzung des linearen Mittelwerts mit Konfidenzintervallen (rand_ci2)

```
% Cumulative estimation of the mean (mw2024)
N = 100; % number of samples
M = zeros(1,N-1); SD = zeros(1,N-1); t_ = zeros(1,N-1);
x = randn(1,N); % random number, (0,1)-normal distributed
for k = 10:N
    M(k)  = mean(x(1:k)); % mean value
    SD(k) = std(x(1:k))/sqrt(k); % standard deviation of estimator
    t_(k) = tinv(.975,k-1); % .975 quantile of t-distribution
end
%% Graphics
FIG1 = figure('Name','rand: confidence interval','NumberTitle','off',...
    'Units','normal','Position',[.2 .1 .4 .4]);
subplot(2,1,1), plot(0:N-1,x,'.','MarkerSize',12), grid
axis([0,N,min(x),max(x)]);
xlabel('{\itn} \rightarrow')
ylabel('{\itx}[{\itn}] \rightarrow')
title('Streudiagramm der Zufallsfolge')
subplot(2,1,2), errorbar(10:N,M(10:end),t_(10:end).*SD(10:end),...
    'LineWidth',2), grid
axis([10 N -1 1])
title('Kumulierter Mittelwert')
subtitle('mit Konfidenzintervallen (\alpha = .05)')
xlabel('{\itn} \rightarrow'), ylabel('Mittelwert\rightarrow')
hold on
plot(M,'.','MarkerSize',12) % estimated mean
hold off
```

Zu A12.1 Empirischer Korrelationskoeffizient

Messvorschrift für den empirischen Korrelationskoeffizienten

$$r_{xy} = \frac{\frac{1}{N-1} \cdot \sum_{n=1}^{N}(x_n - \bar{x}) \cdot (y_n - \bar{y})}{\sqrt{s_x^2 \cdot s_y^2}}$$

12.7 Lösungshinweise

mit den empirischen Mittelwerten

$$\bar{x} = \frac{1}{N} \cdot \sum_{n=1}^{N} x_n \quad ; \quad \bar{y} = \frac{1}{N} \cdot \sum_{n=1}^{N} y_n$$

und den empirischen Varianzen

$$s_x^2 = \frac{1}{N-1} \cdot \sum_{n=1}^{N} (x_n - \bar{x})^2 \quad ; \quad s_y^2 = \frac{1}{N-1} \cdot \sum_{n=1}^{N} (y_n - \bar{y})^2.$$

Zu M12.5 Streudiagramm und Korrelation sowie M12.6 Korrelationskoeffizient
Siehe Abb. 12.13 und Programm `rand_corr` mit Stichprobengröße 200.

Im Streudiagramm Abb. 12.13 links oben ergibt sich der deterministische Zusammenhang. Die 200 Wertepaare liegen auf einer Geraden mit der Steigung eins, das entspricht einem empirischen Korrelationskoeffizienten ebenfalls gleich eins. Die Wahrscheinlichkeit das die Nullhypothese, d. h. der Korrelationskoeffizient null ist, die SVen unkorreliert sind, gibt der P-Wert („probability value") (siehe `corrcoeff`) mit 0 an. Das KI [PL,PU] („lower bound", „upper bound") fällt demnach mit 1 zusammen.

Das Streudiagramm rechts oben zeigt eine eher rotationssymmetrische Wolke aus Wertepaaren. Der geschätzte Korrelationskoeffizient ist mit -0.0110 ($N=200$) nahe null. Ein linearer Zusammenhang zwischen den SVn ist nicht erkennbar. Eine wechselseitige Prognose ist hier nicht möglich. Der P-Wert ist dementsprechend hoch mit 0.8768 und das KI gleich [-0.1495, 0.1279]. Das KI schließt null mit ein, sodass die Nullhypothese „unkorreliert" nicht abgelehnt wird.

Das Streudiagramm links unten zeigt einen linearen Zusammenhang. Der geschätzte Korrelationskoeffizient ist -0.6932 ($N=200$). Da die Steigung der gedachten Geraden negativ ist, ist hier der empirische Korrelationskoeffizient negativ. Es kann beispielsweise im Falle X_1 positiv mit Wahrscheinlichkeit größer 50 % vorausgesagt werden, dass X_5 einen negativen Wert annimmt. Der P-Wert der Nullhypothese ist nahezu null und auch das KI [-0.7589, -0.6135] schließt den Wert null aus.

Im Streudiagramm unten rechts gruppieren sich die Wertepaare entlang der Winkelhalbierenden. Der geschätzte Korrelationskoeffizient ist 0.7499 ($N=200$). Es herrscht eine starke lineare Abhängigkeit zwischen den SVn. Erhält man beispielsweise für X_1 einen positiven Wert so ist auch der Wert von X_6 meist positiv. Der P-Wert der Nullhypothese ist nahezu null und auch das KI [0.6821, 0.8577] schließt den Wert null aus.

Bei der statistischen Auswertung ist zu beachten, dass die Stichprobe ausreichend groß ist, damit die empirischen Werte R, P, RL und RU sinnvoll interpretiert werden können, siehe weiterführend die Power-Analyse zur notwendigen Stichprobengröße [3].

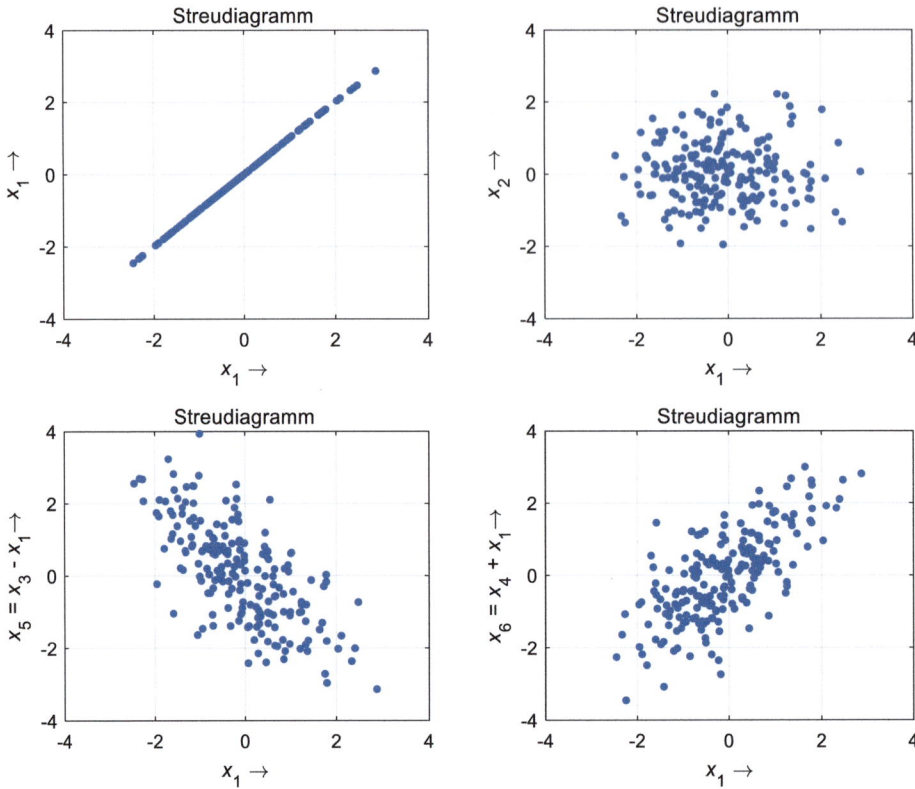

Abb. 12.13 Streudiagramme zu den Signalen x1, x2, x5 und x6 (rand_corr)

Zu M12.7 Quadratische Abhängigkeit und Korrelation

Der (empirische) Korrelationskoeffizient ist ungefähr null obwohl zwischen den beiden Musterfolgen x und y ein deterministischer Zusammenhang herrscht. Damit kann i. Allg. aus dem Korrelationskoeffizienten gleich null nicht auf statistische Unabhängigkeit bzw. „Fehlen eines Zusammenhangs" geschlossen werden. (Siehe Programm rand_corr.)

Zu M12.8 Bivariate WDF

Geschätzte 2-D-WDF der normierten und korrelierten (0,1)-Normalverteilung, siehe Programm 12.2 rand_bipdf.

Programm 12.2 Schätzung der bivariaten WDF (rand_bipdf)

```
% Estimation of the bidim. probability density function (pdf) (mw2024)
N = 1e6;
x = randn(N,1);
y = randn(N,1);
%% Bivariate histogram plot
nBins = 99;
FIG1 = figure('Name','rand_bi : Bivariate pdf','NumberTitle',...
    'off','Units','normal','Position',[.2 .1 .4 .5]);
h = histogram2(x,y,nBins,'Normalization','pdf','FaceColor','flat');
xlabel('{\itx} \rightarrow'), ylabel('\leftarrow {\ity}')
zlabel('{\itf}({\itx},{\ity}) \rightarrow')
title('Bivariate WDF')
subtitle(['(0,1)-Normalverteilung ({\itN} = ',num2str(N),')'])
% Tiled histogram view
FIG2 = figure('Name','rand_bi : Bivariate pdf - Tile','NumberTitle',...
    'off','Units','normal','Position',[.2 .1 .4 .5]);
h = histogram2(x,y,nBins,'DisplayStyle','tile','ShowEmptyBins','off');
axis([-4 4 -4 4])
xlabel('{\itx} \rightarrow'), ylabel('{\ity} \rightarrow')
zlabel('{\itf}({\itx},{\ity}) \rightarrow')
title('Heatmap')
subtitle(['Bivariate WDF der (0,1)-Normalverteilung ({\itN} = ',...
    num2str(N),')'])
% Contour plot
FIG3 = figure('Name','rand_bi : Bivariate pdf - Contour lines',...
    'NumberTitle','off','Units','normal','Position',[.2 .1 .4 .5]);
X = (h.XBinEdges(1:end-1)+h.XBinEdges(2:end))/2;
Y = (h.YBinEdges(1:end-1)+h.YBinEdges(2:end))/2;
Z = h.Values/(N*h.BinWidth(1)*h.BinWidth(2));
colormap(gray)
[C,ch] = contour(X,Y,Z,[.01 .05 .1 .12 .15 .2],...
    'ShowText','on','LabelFormat','%0.2f'); grid
ch.LineWidth = 2;
axis([-4 4 -4 4])
xlabel('{\itx} \rightarrow'), ylabel('{\ity} \rightarrow')
title('Höhenlinien')
subtitle(['Bivariate WDF der (0,1)-Normalverteilung ({\itN} = ',...
    num2str(N),')'])
```

Zu M12.9 Autokorrelationsfunktion
Siehe Programm 12.3. `rand_audio_acf`.

Programm 12.3 Autokorrelationsfunktion (rand_audio_acf)

```
% Autocorrelation function for speech signal (mw2024)
%% Input audio data
[audio,fs] = audioread('NTHFDel.wav');
ap = audioplayer(audio,fs); play(ap)
N = length(audio);
t = (0:N-1)/fs; % time in seconds
% Graphics
figure('Name','rand_audio_acf : ACF','NumberTitle','off',...
   'Units','normal','Position',[.2 .1 .5  .5]);
subplot(3,1,1),plot(t,audio), grid
axis([0 max(t) -1 1]);
ylabel('{\itx}{_1}({\itt}) \rightarrow')
title('Audiosignal')
Start = round(.08*fs); Stop= round(.18*fs); % select section
audio_1 = audio(Start:Stop);
subplot(3,1,2),plot((Start:Stop)/fs,audio_1,'LineWidth',1), grid
axis([Start/fs Stop/fs -1 1]);
ylabel('{\itx}{_2}({\itt}) \rightarrow')
Start = round(2.54*fs); Stop= round(2.64*fs); % select section
audio_2 = audio(Start:Stop);
subplot(3,1,3),plot((Start:Stop)/fs,audio_2,'LineWidth',1), grid
Max = max(abs(audio(Start:Stop))); axis([Start/fs Stop/fs -Max Max]);
xlabel('{\itt} in s\rightarrow')
ylabel('{\itx}{_3}({\itt}) \rightarrow')
%% autocorrelation
L = round(.01*fs); % 10 ms
tau = (0:L)/fs;
Raudio = xcorr(audio,L,'unbiased');
Ra_1 = xcorr(audio_1,L,'unbiased');
Ra_2 = xcorr(audio_2,L,'unbiased');
% Graphics
figure('Name','rand_audio_acf : ACF','NumberTitle','off',...
   'Units','normal','Position',[.2 .1 .5  .5]);
subplot(3,1,1),plot(tau,Raudio(L+1:end),'LineWidth',2), grid
axis([0 max(tau) -Raudio(L+1) Raudio(L+1)]);
ylabel('{\itR}{_1}({\it\tau})\rightarrow')
title('Geschätzte Autokorrelation (normiert)')
subplot(3,1,2),plot(tau,Ra_1(L+1:end),'LineWidth',2), grid
axis([0 max(tau) -Ra_1(L+1) Ra_1(L+1)]);
ylabel('{\itR}{_2}({\it\tau})\rightarrow')
subplot(3,1,3),plot(tau,Ra_2(L+1:end),'LineWidth',2), grid
axis([0 max(tau) -Ra_2(L+1) Ra_2(L+1)]);
xlabel('{\it\tau} in s\rightarrow')
ylabel('{\itR}{_3}({\it\tau}) \rightarrow')
```

Zu M12.10 Rahmensynchronisation

Rahmensynchronisation mit dem Barker-Codewort siehe Programm 12.4. Die Synchronisation funktioniert solange der Maximalwert der Kreuzkorrelation an der richtigen Stelle liegt. Im Beispiel sieht man, dass zwischen optimalen Bedingungen (nur Barker-Codewort) und Bedingungen in der Praxis (Daten und Rauschen) ein großer Unterschied ist und Synchronisationsfehler wahrscheinlicher werden.

Programm 12.4 Korrelation zur Rahmensynchronisation mit Barker-Codewort (rand_barker)

```
% Frame synchronization using autocorrelation (mw2024)
b = [1 1 1 -1 -1 -1 1 -1 -1 1 -1]; % Barker code word
N = 40; % data block length
%% Test frame - no data
testFrame = [zeros(1,N) b zeros(1,N)] + .2*randn(1,2*N+length(b));
[R_test, lag_test] = xcorr(testFrame,b,2*N);
% Graphics
figure('Name','rand_barker : Frame synchronization (test)',...
    'NumberTitle','off','Units','normal','Position',[.2 .1 .5 .5]);
subplot(2,1,1), stem(0:length(testFrame)-1,testFrame,'filled'), grid
title('Testrahmen mit Rauschen')
xlabel('{\itn} \rightarrow'), ylabel('{\itx}[{\itn}] \rightarrow')
subplot(2,1,2), stem(lag_test,R_test,'filled'), grid
axis([0 2*N -10 20]); title('Kreuzkorrelation')
xlabel('{\itl} \rightarrow'), ylabel('R_{\itxb}[{\itl}] \rightarrow')
%% Data frame - with data
data1 = 2*randi([0 1],1,N)-1;
data2 = 2*randi([0 1],1,N)-1;
frame = [data1 b data2] + .2*randn(1,2*N+length(b)) ;
[Rf, lagf] = xcorr(frame,b,2*N);
% Graphics
figure('Name','rand_barker : Frame synchronization with data',...
    'NumberTitle','off','Units','normal','Position',[.2 .1 .5 .5]);
subplot(2,1,1), stem(0:length(frame)-1,frame,'filled'), grid
title('Datenrahmen mit Rauschen')
subplot(2,1,2), stem(lagf,Rf,'filled'), grid
axis([0 2*N -10 20]);
```

Zu M12.11 Leistungsdichtespektrum

Schätzung des LDS anhand der geschätzten AKF in Programm 12.3 siehe Programmauschnitt in Programm 12.5. ($L=2000$).

Programm 12.5 Programmzusatz zur Berechnung des LDS aus der AKF (rand_audio_lds_)

```
%% power density spectrum
Ndft = 2*L+1;
S1 = fft(Ra_1.*hamming(Ndft));
S1 = max(real(S1),0); % compensate for numerical errors
S2 = fft(Ra_2.*hamming(Ndft));
S2 = max(real(S2),0); % compensate for numerical errors
% Graphics
figure('Name','rand_audio_lds : ACF and PDS','NumberTitle','off',...
    'Units','normal','Position',[.2 .1 .5 .5]);
S1n = S1(1:round(Ndft/4+1))/max(S1);
subplot(2,1,1), bar(0:Ndft/4,S1n,2), grid
axis([0 Ndft/4 0 1]);
xlabel('{\itk} \rightarrow')
ylabel('norm. {\itS}{_1}[{\itk}] \rightarrow')
title('Geschätztes Leistungsdichtespektrum')
subtitle(['Sektion 1: max = ',num2str(max(S1),3),', {\itN} = ',...
    num2str(Ndft),', \Delta_{\itf} = ',num2str(round(fs/Ndft,2)),' Hz'])
S2n = S2(1:round(Ndft/4+1))/max(S2);
subplot(2,1,2), bar(0:Ndft/4,S2n,2), grid
axis([0 Ndft/4 0 1]);
xlabel('{\itk} \rightarrow')
ylabel('norm. {\itS}{_2}[{\itk}] \rightarrow')
subtitle(['Sektion 2: max = ',num2str(max(S2),3),', {\itN} = ',...
    num2str(Ndft),', \Delta_{\itf} = ',num2str(round(fs/Ndft,2)),' Hz'])
```

Zu M12.12 Periodogramm
Schätzung des LDS mit dem Periodogramm, siehe Abb. 12.14.

Zu Quiz 12
1. null, eins
2. ergodisch
3. vergleichbare, deterministisch (identisch), Startwerte
4. lineare
5. Zeitursprungs/Zeitnullpunkts (Beginn der Messung)
6. Mittelwert (μ) und Varianz (σ^2) (Standardabweichung σ)
7. rand
8. die Häufigkeit
9. den Schätzer
10. fünf, „wahren Wert"/Modellwert
11. $\sim 1/\sqrt{N}$
12. unkorrelierten
13. ein Fehler
14. konstant (flach)

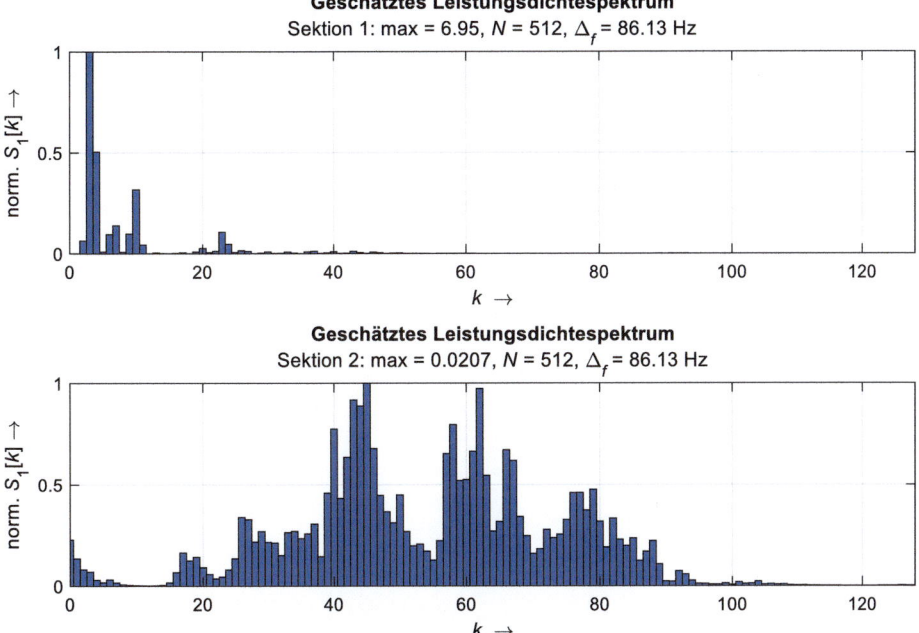

Abb. 12.14 Periodogramm (DFT-Länge 512) (`rand_audio_lds2`)

15. xcorr
16. das Leistungsdichtespektrum (LDS) (/Periodogramm)
17. $R_{XX}[l] = \sigma^2 \cdot \delta[l]$ (impulsförmig)
18. ein Fourier-Paar
19. unabhängig
20. quasistationär

Literatur

1. Bauer, H. (1990). *Wahrscheinlichkeitstheorie* (4. Aufl.). De Gruyter.
2. Bronstein, I. N., Semendjajew, K. A., Musiol, G., & Mühlig, H. (2020). *Taschenbuch der Mathematik* (11. Aufl.). Europa-Lehrmittel.
3. Eid, M., Gollwitzer, M., & Schmitt, M. (2015). *Statistik und Forschungsmethoden* (4. Aufl.). Beltz.
4. Fellbaum, K. (2012). *Sprachverarbeitung und Sprachübertragung* (2. Aufl.). Springer Vieweg.
5. Himmer, N. (10.02.2024). Was die Stimme aussagt. *Süddeutsche Zeitung*, Jg. 80, Nr. 34, S. 32–33. https://zeitung.sueddeutsche.de/issues/sz/sz_2024-02-10/page_2.1766551/article_1.1770199/infographics/index.html.

6. Kammeyer, K.-D., & Kroschel, K. (2018). *Digitale Signalverarbeitung. Filterung und Spektralanalyse mit MATLAB®-Übungen* (9. Aufl.). Springer Vieweg.
7. Werner, M. (2008). *Digitale Signalverarbeitung mit MATLAB®-Praktikum. Zustandsraumdarstellung, Lattice-Strukturen, Prädiktion und adaptive Filter.* Vieweg.
8. Werner, M. (2017). *Nachrichtentechnik. Eine Einführung für alle Studiengänge* (8. Aufl.). Springer Vieweg.

Stochastische Signale und LTI-Systeme

13

Inhaltsverzeichnis

13.1	Lernziele	328
13.2	Abbildung stochastischer Variablen	329
	13.2.1 Lineare Abbildung stochastischer Variablen	329
	13.2.2 Addition stochastischer Variablen	329
	13.2.3 Zentraler Grenzwertsatz	330
	13.2.4 χ^2-Anpassungstest für Verteilungen	332
13.3	Stochastischer Prozesse und LTI-Systeme	334
	13.3.1 Korrelation und Leistungsdichte	335
	13.3.2 Rechnungen und Simulationen mit MATLAB	338
13.4	„Gitarren"-Synthesizer	340
13.5	Zusammenfassung	343
13.6	Quiz 13	344
13.7	Lösungshinweise	345
Literatur		354

Zusammenfassung

Die Abbildung von Zufallssignalen durch LTI-Systeme wird auf die Abbildung der Musterfunktionen durch die Eingangs-Ausgangsgleichungen der LTI-Systeme in Zeit- und Frequenzbereich zurückgeführt. Die Impulsantworten der Systeme, genauer die daraus berechneten Zeit-Autokorrelationsfunktionen (Zeit-AKF), spielen eine zentrale Rolle: Die Faltung der AKF des Prozesses am Eingang mit der Zeit-AKF des Systems ergibt die AKF des Prozesses am Ausgang. Im Frequenzbereich heißt das, das Leistungsdichtespektrums (LDS) am Eingang wird mir der Leistungsübertragungsfunktion des Systems multipliziert. Die Abbildung betrifft i. Allg. alle statistischen

Kenngrößen, wie Mittelwert, Varianz, Verteilung usw. Im Versuch werden die theoretischen Zusammenhänge durch Rechenbeispiele und Simulationen mit MATLAB überprüft und anschaulich gemacht.

Schlüsselwörter

Autokorrelationsfunktion („autocorrelation function") · χ2-Anpassungstest („chi-square goodness-of-fit test") · Frequenzgang („frequency response") · Komplexe Leistungsübertragungsfunktion („complex power density spectrum") · Konfidenzintervall („confidence interval") · Korrelationskoeffizient („correlation coefficient") · Leistungsdichtespektrum („power density spectrum") · Lineare Abbildung („linear mapping") · LTI-System („LTI system") · MATLAB · Mittelwert („mean") · Pol-Nullstellendiagramm („pole-zero plot") · Residuum („residue") · Scheitelfaktor („crest factor") · Stichprobe („sample") · Stochastische Variable („stochastic variable") · Stochastischer Prozess („stochastic process") · Übertragungsfunktion („transfer function") · Varianz („variance") · Wahrscheinlichkeitsdichtefunktion („probability density function") · Weißes Rauschen („white noise") · Zentraler Grenzwertsatz („central limit theorem") · z-Transformation („z-transform") · Zufallsprozess („random process")

13.1 Lernziele

Dieser Versuch knüpft an den Untersuchungen zu den empirischen Kenngrößen von Zufallssignalen in Kap. 12 an. Im Mittelpunkt steht die Frage nach den Veränderungen der Kenngrößen bei Filterung der Zufallssignale mit *linearen zeitinvarianten(LTI) Systemen* („linear time-invariant") (Kap. 7).

Nach Bearbeiten dieses Versuches können Sie

- den linearen Mittelwert und die Varianz einer stochastischen Variablen durch eine lineare Abbildung einstellen,
- den linearen Mittelwert und die Varianz eines Zufallssignals nach dem Durchgang durch ein LTI-System berechnen,
- den χ2-Anpassungstest auf Normalverteilung einer Musterfunktion erläutern und das Ergebnis einordnen,
- die Zeit-Autokorrelationsfunktion und die Leistungsübertragungsfunktion eines LTI-Systems bestimmen,
- die Autokorrelationsfunktion und das Leistungsdichtespektrum eines Zufallssignals nach dem Durchgang durch ein LTI-Systems angeben,
- und die Bedeutung des Korrelationskoeffizienten anhand der bivariaten Wahrscheinlichkeitsdichtefunktion einer Normalverteilung erläutern.

13.2 Abbildung stochastischer Variablen

Stochastische Prozesse (Kap. 12) treten in der digitalen Signalverarbeitung an vielen Stellen auf: Informationstragende Signale sind von zufälligem Charakter, ansonsten wären sie bekannt und bräuchten nicht übertragen und verarbeitet zu werden. Sie treten häufig zusammen mit Störsignalen auf, wie z. B. das thermische Rauschen in Verstärkern oder Bildrauschen bei Kameras. Auch reale digitale Systeme erzeugen Störungen, wie das sogenannte Rundungsrauschen, das durch Wortlängenbegrenzung nach einer Multiplikation entsteht.

Die Verarbeitung von Musterfunktionen stochastischer Prozesse erzeugt neue stochastische Signale. Man spricht von Abbildungen stochastischer Variablen und Prozesse. In der Informationstechnik ist es wichtig, derartige Abbildungen zu verstehen, um beispielsweise gezielt Maßnahmen zur Unterdrückung von Störungen anzuwenden. Die folgenden Überlegungen nehmen zunächst die Basisoperationen von LTI-Systemen in den Blick: die Multiplikation eines Signals mit einer Konstanten und die Addition von Signalen.

13.2.1 Lineare Abbildung stochastischer Variablen

Wir betrachten die Multiplikation einer *stochastischen Variablen* (SV) X mit den reellen Zahlen a und b

$$Y = a \cdot X + b.$$

Die *Wahrscheinlichkeitsdichtefunktion* (WDF) erfährt dadurch eine Streckung bzw. Stauchung und eine Verschiebung. Wichtig ist, dass die Flächen unter den WDFen als Maß für die Wahrscheinlichkeiten vor und nach der Abbildung stets eins ergeben (Normbedingung der Wahrscheinlichkeitsrechnung). Für die Mittelwerte und Varianzen bei der linearen Abbildung gilt

$$\mu_Y = a \cdot \mu_X + b \quad \text{und} \quad \sigma_Y^2 = a^2 \cdot \sigma_X^2.$$

A13.1 Musterfolge generieren
Der Befehl `randn` erzeugt in MATLAB idealerweise eine Musterfolge zum normierten Gaußprozesses. Geben Sie die notwendige Programmzeile an, um eine Musterfolge der Länge N mit Varianz 0.5 und Mittelwert 0.3 zu erzeugen.

13.2.2 Addition stochastischer Variablen

Die Addition zweier SVn

$$Y = a \cdot X_1 + b \cdot X_2$$

führt zu etwas aufwendigeren Überlegungen. Im wichtigen Sonderfall unabhängiger SVn resultiert die bivariate WDF aus der Faltung der WDFen (z. B. [6]). In Falle der Unabhängigkeit ergeben sich unabhängig von den jeweiligen Verteilungen für die Mittelwerte und die Varianzen die gewichteten Summen

$$\mu_Y = a \cdot \mu_{X_1} + b \cdot \mu_{X_2} \quad \text{bzw.} \quad \sigma_Y^2 = a^2 \cdot \sigma_{X_1}^2 + b^2 \cdot \sigma_{X_2}^2.$$

Es ist nützlich zu wissen, dass jede Linearkombination gemeinsam normalverteilter SVn wieder auf eine Normalverteilung führt. Für die digitale Signalverarbeitung ergibt sich daraus u. a. die praktisch interessante Eigenschaft: Wird die *diskrete Fourier-Transformation* (DFT) auf einen Block normalverteilter SVn angewendet, so sind die DFT-Koeffizienten ebenfalls normalverteilt und umgekehrt.

M13.1 Summe zweier gleichverteilter SVn
Den Ausgangspunkt der Übung bilden zwei in sich und voneinander unabhängige, in [0,1] gleichverteilte stochastische Prozesse. Durch Addition erhalten Sie einen neuen Summenprozess. Erzeugen Sie mit MATLAB mit `rand` zwei Musterfolgen, die Sie zur Musterfolge des Summenprozesses addieren.

a. Schätzen Sie die WDF des Summenprozesses durch ein Histogramm. Welche bekannte WDF ergibt sich?
b. Schätzen Sie Mittelwert und Standardabweichung des Summenprozesses. Welche Werte erwarten Sie? Geben Sie auch das 95 %-Konfidenzintervall des Mittelwerts an (Abb. 13.1).

13.2.3 Zentraler Grenzwertsatz

Die Folgen der Addition unabhängiger SVn beschreibt der *zentrale Grenzwertsatz* der Wahrscheinlichkeitsrechnung. Unter weitgehend allgemeinen Bedingungen kann gezeigt werden, dass die Überlagerung einer Vielzahl unabhängiger, in ihrer Wirkung jeweils verschwindend kleiner und zufälliger Beiträge auf eine normalverteilte Gesamtwirkung führt. Ein physikalisches Beispiel ist das thermische Rauschen in einem Widerstand, bei dem sich die irregulären Wärmebewegungen der Elektronen zu einer am Widerstand messbaren, normalverteilten Spannung überlagern.

Wir betrachten den Sonderfall unabhängiger, identisch verteilter stochastischer Variablen X_i mit gleichem linearem Mittelwert μ und gleicher Varianz σ^2. Dann resultiert nach dem Grenzwertsatz von Lindeberg und Levy [1] durch die Addition eine normierte Normalverteilung.

$$Y = \frac{1}{\sqrt{N}} \cdot \sum_{i=1}^{N} \frac{X_i - \mu}{\sigma} \stackrel{N \to \infty}{\to} (0,1) - \text{Normalverteilung der SV Y}$$

13.2 Abbildung stochastischer Variablen

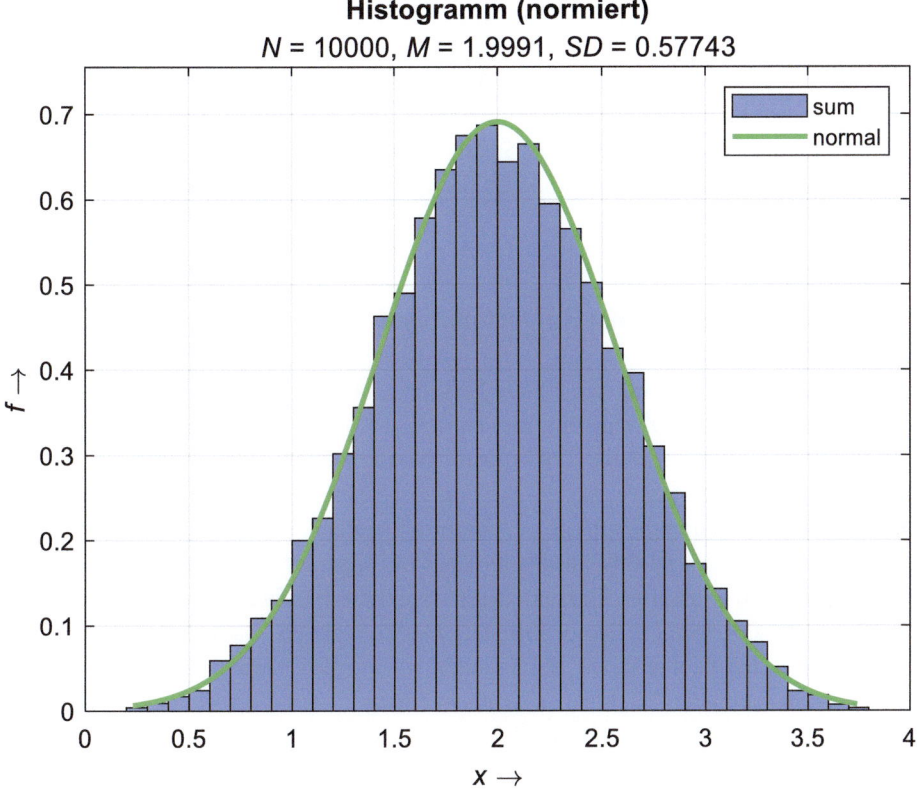

Abb. 13.1 Histogramm der Summenvariablen aus vier unabhängigen Summanden

Der zentrale Grenzwertsatz ist auch unter weniger einschränkenden Voraussetzungen gültig [2], sodass in der Praxis oft im Rahmen der Messgenauigkeit eine Normalverteilung beobachtet werden kann bzw. auf eine solche geprüft werden sollte, siehe Abb. 13.1.

M13.2 Summe aus mehreren gleichverteilten SVn

a. Wiederholen Sie den Versuch in M13.1 für die Addition mehrerer Prozesse, z. B. drei, vier und mehr. Welche WDFen ergeben sich jetzt näherungsweise und warum? Geben Sie Histogramme und approximierende WDFen grafisch aus.

b. Welchen fundamentalen Unterschied gibt es zwischen der Summenvariablen und der approximierenden normalverteilten SVn? Bestimmen Sie für einen Vergleich der Musterfolgen nach Normierung den *Scheitelfaktor* („crest factor"), d. h. das Verhältnis aus Scheitelwert (Betragsmaximum, „peak") und Effektivwert (Wurzel aus dem 2. Moment, „root mean square").

$$C = \frac{\max |x|}{\sqrt{\overline{x^2}}}$$

Warum ist der Scheitelfaktor eine wichtige Kennzahl für die Güte der digitalen Simulation?

c. Addieren Sie nun die Musterfolgen zweier unabhängiger normalverteilter Prozesse mit linearem Mittelwert 0.3 bzw. 0.4 und Varianz 0.5 bzw. 0.7. Welche WDF ergibt sich jetzt näherungsweise? Geben Sie Ihr Messergebnis und die theoretische WDF gemeinsam grafisch aus. Kontrollieren Sie auch Mittelwert und Standardabweichung des Summenprozesses.

13.2.4 χ2-Anpassungstest für Verteilungen

In der schließenden Statistik wird zum Test, ob eine Stichprobe eine bestimmte Verteilung aufweist, der χ2-Anpassungstest (sprich „chi-quadrat") eingesetzt, z. B. [1, 2]. MATLAB bietet den Test als „chi-square goodness-of-fit test" (chi2gof) an. Er soll hier kurz als Alternative zu den explorativen Tests, wie das Histogramm oder das Quantil-Quantil-Diagramm (qqplot), vorgestellt werden.

Der χ2-Anpassungstest fußt anschaulich auf der Idee des Histogramms: N Elemente einer Musterfolge werden in Klassen eingeteilt und die Häufigkeiten gezählt, mit denen die Klassen besetzt werden. Die beobachtete *Prüfgröße* ist die Summe der Quadrate der Differenz aus den beobachteten Häufigkeiten h_k und den erwarten Häufigkeiten $N \cdot p_k$ gemäß der angenommen WDF und Klasseneinteilung.

$$\chi_s^2 = \sum_{k=1}^{K} \frac{(h_k - N \cdot p_k)^2}{N \cdot p_k}$$

Ist die Zahl der Elemente in den Klassen gleich den erwarteten Häufigkeiten der *Nullhypothese*, d. h. entsprechend der hypothetischen Verteilung, ist die Prüfgröße null. Die Prüfgröße ist um so größer, umso mehr die Stichprobe von der hypothetischen Verteilung abweicht. Die Prüfgröße genügt näherungsweise der χ2-Verteilung mit $N-1$, Freiheitsgraden, z. B. [1], S. 850. Werden Schätzwerte der Stichprobe für Mittelwert und Varianz der angenommenen WDF der Nullhypothese verwendet, reduziert sich der Freiheitsgrad weiter um zwei.

Beispiele für die WDF der χ2-Verteilung sind in Abb. 13.2 zu sehen. Der Freiheitsgrad sieben ist von besonderem Interesse, weil im MATLAB-Befehl chi2gof zehn Klassen voreingestellt sind und dann der Freiheitsgrad sieben resultiert.

Anhand der WDF der χ2-Verteilung kann die Wahrscheinlichkeit berechnet werden, dass die Prüfgröße einen gewissen Wert, den *kritischen Wert*, erreicht bzw. überschreitet, wenn die Nullhypothese gilt. Beispielsweise ist bei dem Freiheitsgrad sieben und der typischen Irrtums-Wahrscheinlichkeit α gleich 0.05 die kritische Größe 14.1 ([1], Tab. 21.18). Man spricht von der Irrtumswahrscheinlichkeit α, weil im Mittel in 5 % der Fälle die zutreffende Nullhypothese durch den Test als falsch abgelehnt wird.

13.2 Abbildung stochastischer Variablen

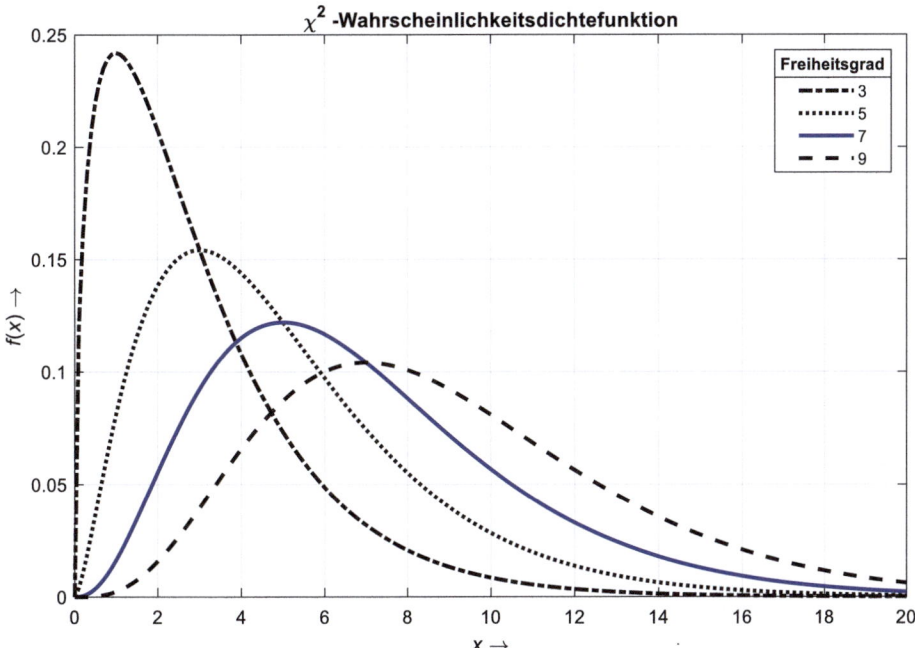

Abb. 13.2 WDF der χ2-Verteilung für verschiedene Freiheitsgrade (`pdf_chi_squared`)

Wählt man die Irrtumswahrscheinlichkeit kleiner, werden zwar weniger Fälle bei gültiger Nullhypothese als falsch zurückgewiesen, aber es werden auch mehr Fälle bei nicht gültiger Nullhypothese als richtig angenommen. Hier gilt es für die Irrtumswahrscheinlichkeit einen der Problemstellung angemessene Wert zu finden.

Man beachte allgemein, dass die Interpretation von Testverfahren der schließenden Statistik kritisch erfolgen sollte – um so mehr je folgenreicher die Ergebnisse in der Anwendung sind, z. B. im medizinischen Bereich. Programme zum Test statistischer Kenngrößen sind oft einfacher einzusetzen, als deren Ergebnisse einzuordnen. Viele Faktoren, wie z. B. die Stichprobengröße, können Einfluss auf die Güte des Tests (Teststärke, Effektstärke) nehmen [2].

Im Beispiel der Summe von stochastischen Variablen in M13.2 lässt sich der χ2-Anpassungstest mit MATLAB (`rand_add_M_chi`) unkompliziert anwenden. In der Simulation wurden jeweils m gleichverteilte Musterfolgen (`rand`) der Stichprobenlänge 1000 zu einer Summenvariablen addiert. Die Summenvariable wurde mit `chi2gof` und der üblichen Irrtumswahrscheinlichkeit von 5 % auf Normalverteilung getestet (Voreinstellung). Es wurden jeweils 1000 Versuche („trials") durchgeführt. Für die Summen aus eins (Gleichverteilung), zwei (Dreieckverteilung) bis fünf gleichverteilten Musterfolgen ergaben sich im Test 1000, 663, 234, 125 bzw. 78 Zurückweisungen, d. h. wurde die Hypothese einer Normalverteilung mit 5 % Irrtumswahrscheinlichkeit abgelehnt. Oder anders herum, in 1000 Versuchen mit Summe aus fünf gleichverteilte Musterfolgen haben 922 den χ^2-Test auf Normalverteilung bestanden.

Beim weiteren Test mit 1000 Musterfolgen aus dem Zufallszahlengenerator `randn` wurden 47 von Hundert abgelehnt, was gut mit der Irrtumswahrscheinlichkeit von 5 % harmoniert.

Bei Anwendung des χ^2-Anpassungstest gilt es zu beachten, dass der Test empfindlich auf die Stichprobengröße reagiert. Mit zunehmender Stichprobengröße nimmt auch die Prüfgröße zu, sodass die Nullhypothese häufiger zurückgewiesen wird. Hier unterscheiden sich auch die Anwendungsfelder in den Humanwissenschaften (z. B. Humanmedizin, Psychologie, Soziologie) mit eher kleinen Stichproben von der digitalen Signalverarbeitung, die am Computer vergleichbar riesige Stichproben generieren und verarbeitet kann.

Als Fazit kann aus dem Zahlenwertbeispiel geschlossen werden, dass einerseits bereits bei der Addition von fünf gleichverteilten stochastischen Variablen sich für die Summe näherungsweise eine Normalverteilung einstellt. Andererseits bestehen bei einer zugrunde liegenden Dreiecksverteilung 337 von 1000 Musterfolgen den χ^2-Test auf Normalverteilung.

M13.3 Simulationen zum χ^2-Anpassungstest
Wenn Sie sich mit χ^2-Anpassungstest mehr beschäftigen wollen, wiederholen Sie beispielsweise die oben geschilderte Simulation. Die MATLAB-Funktion `chi2gof` bietet eine Reihe von Einstellungsmöglichkeiten, darunter die Vorgabe empirisch gefundener oder aus theoretischen WDFen gewonnenen Daten. Verändern Sie die Parameter nach Gutdünken und machen Sie sich ein Bild über die möglichen Effekte. Beachten Sie auch, dass große Stichproben auf viele Zurückweisungen aufgrund kleiner Abweichungen (Effektstärken) führen, die in der Anwendung jedoch bedeutungslos sein können.

13.3 Stochastischer Prozesse und LTI-Systeme

In der digitalen Signalverarbeitung liegen für LTI-Systeme typisch die Blockdiagramme in Kap. 9 und 11 für Finite-duration-impulse-response(FIR)- bzw. Infinite-duration-impulse-response(IIR)-Systeme zugrunde. Speist man ein Zufallssignal ein, ergeben sich für die interne Signalverarbeitung Multiplikationen mit Konstanten und Additionen mit anderen Zufallssignalen.

Durch Filterung eines stochastischen Prozesses mit einem LTI-System entsteht am Ausgang ein neuer Prozess. Um die Zusammenhänge zu verstehen, ist es nützlich die Vorstellung des Prozesses als Schar von Musterfunktionen zu erinnern (Kap. 12). Zum ersten wird jede Musterfunktion am Eingang durch Faltung mit der Impulsantwort (Kap. 7) in eine Musterfunktion am Ausgang abgebildet. Zum zweiten sind wichtige charakteristische Funktionen bzw. Parameter der Prozesse Erwartungswerte, wie z. B. Mittelwert, Varianz, *Autokorrelationsfunktion* (AKF) etc. (Kap. 12). Die Berechnung der Erwartungswerte am Systemausgang können folglich über die deterministische Faltung mit der *Impulsantwort* $h[n]$ auf den Prozess am Systemeingang zurückgeführt werden.

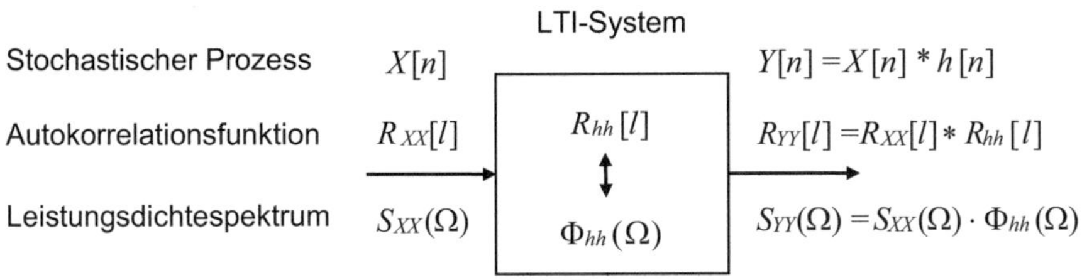

13.3 Stochastischer Prozesse und LTI-Systeme

	LTI-System	
Stochastischer Prozess	$X[n]$ → $R_{hh}[l]$ →	$Y[n] = X[n] * h[n]$
Autokorrelationsfunktion	$R_{XX}[l]$ ↕	$R_{YY}[l] = R_{XX}[l] * R_{hh}[l]$
Leistungsdichtespektrum	$S_{XX}(\Omega)$ $\Phi_{hh}(\Omega)$	$S_{YY}(\Omega) = S_{XX}(\Omega) \cdot \Phi_{hh}(\Omega)$

Abb. 13.3 Eingangs-Ausgangsgleichungen zeitdiskreter LTI-Systeme für die Autokorrelationsfunktion und das Leistungsdichtespektrum stationärer Prozesse

13.3.1 Korrelation und Leistungsdichte

Für stationäre Prozesse ergeben sich die Eingangs-Ausgangsgleichungen für die AKF $R_{XX}[l]$ und das *Leistungsdichtespektrum* (LDS) $S_{XX}(\Omega)$ in Abb. 13.3. Die Abbildung geschieht wiederum im Zeitbereich durch die Faltung und im Frequenzbereich durch das Produkt mit der systemspezifischen *Zeit-Autokorrelationsfunktion* $R_{hh}[l]$ bzw. der *Leistungsübertragungsfunktion* (LÜF) $\Phi_{hh}(\Omega)$ des Systems (z. B. [3, 5]). Deren Definitionen und wichtige Beziehungen sind nachfolgend zusammengestellt:

- Impulsantwort (reell, rechtsseitig, stabil) und Frequenzgang als Fourier-Paar

$$h[n] \leftrightarrow H(e^{j\Omega}) = \sum_{n=0}^{\infty} h[n] \cdot e^{-j\Omega \cdot n}$$

- Zeit-AKF (Der Zusatz „Zeit" soll hier unterstreichen, dass die Zeit-AKF analytisch aus einer Zeitfunktion berechnet wird. Die Rechenoperation wird auch Pseudofaltung genannt.)

$$R_{hh}[l] = h[l] * h[-l] = \sum_{n=0}^{\infty} h[n] \cdot h[l+n]$$

- Zeit-AKF und komplexe Leistungsübertragungsfunktion (LÜF) als z-Transformationspaar

$$R_{hh}[l] = h[l] * h[-l] \leftrightarrow \Phi_{hh}(z) = H(z) \cdot H(z^{-1})$$

- Leistungsübertragungsfunktion und Quadrat des Betragsgang

$$\Phi_{hh}(\Omega) = |H(e^{j\Omega})|^2$$

- Energie der Impulsantwort

$$R_{hh}[0] = \frac{1}{2\pi} \cdot \int_{-\pi}^{+\pi} \Phi_{hh}(\Omega) d\Omega = \sum_{n=0}^{\infty} h^2[n]$$

Liegt am Systemeingang *weißes Rauschen* (Kap. 12) vor, wird die AKF am Ausgang, bis auf die Leistung am Eingang als konstanter Faktor, durch das LTI-System bestimmt. Am Ausgang ergibt sich die AKF des Prozesses gleich der Zeit-AKF der Impulsantwort des Systems

$$R_{YY}[l] = \sigma_X^2 \cdot \delta[l] * R_{hh}[l] = \sigma_X^2 \cdot R_{hh}[l].$$

Für das LDS folgt das Betragsquadrat des Frequenzgangs, die LÜF des Systems

$$S_{YY}(\Omega) = \sigma_X^2 \cdot \Phi_{hh}(\Omega) = \sigma_X^2 \cdot H(e^{j\Omega}) \cdot H(e^{-j\Omega}).$$

Man beachte, die Zeit-AKF der Impulsantwort tritt oben an die Stelle einer AKF. Folglich hat die Zeit-AKF eines LTI-Systems alle Eigenschaften einer AKF. Insbesondere ist die Zeit-AKF eines reellwertigen Systems eine gerade Funktion und ihre Fourier-Transformierte ist nichtnegativ reell.

Aus obigen Beziehungen ergeben sich grundlegende Möglichkeiten zur Analyse und Synthese von stochastischen Prozessen. In der Praxis der Signalverarbeitung werden Modelle entwickelt, die von einem weißen Prozess ausgehen und die Korrelation des stochastischen Prozesses wird durch ein LTI-System eingestellt. Man erhält rationale LÜFen. Besitzt das System nur Vorwärtszweige, wie bei der Transversalstruktur, spricht man von einem *Moving-average(MA)-Modell*. Hat das Modell auch Rückwärtszweige, also eine Differenzengleichung, liegt ein autoregressives Modell vor, kurz AR-Modell. Schließlich spricht man von *ARMA-Modell* wenn beide Modelltypen kombiniert werden [2, 4].

Mit kurzen Überlegungen lassen sich drei nützliche Beziehung für statistische Kenngrößen am Systemausgang (Y) ableiten:

- Linearer Mittelwert $\mu_Y = \mu_X \cdot H(1)$
- Quadratischer Mittelwert (zweites Moment) $m_{2,Y} = R_{YY}[0] = \sigma_Y^2 + \mu_Y^2$
- *Kreuzkorrelationsfunktion* $R_{XY}[l] = R_{XX}[l] * h[l]$

Die letzte Zeile zeigt, wie die Impulsantwort eines LTI-Systems durch KKF (`xcorr`) des Ausgangsprozesses mit weißem Rauschen am Eingang geschätzt werden kann. Dies kann beispielsweise in der Regelungstechnik von Vorteil sein, da durch die KKF prinzipiell eine „beiläufige" Messung mit einem leistungsschwachen Signal möglich ist.

Berechnungsbeispiel für die Zeit-Autokorrelationsfolge

Wir betrachten beispielhaft das kausale LTI-System erster Ordnung mit der Übertragungsfunktion

$$H_1(z) = \frac{0.3 \cdot z}{z - 0.8}$$

und berechnen die Zeit-AKF und die LÜF. Dabei beschreiten wir zwei alternative Rechenwege: einmal im Zeitbereich über die Impulsantwort und einmal im Bildbereich über die Übertragungsfunktion.

13.3 Stochastischer Prozesse und LTI-Systeme

Zuerst bestimmen wir die Impulsantwort des Systems (Kap. 10). Durch inverse z-Transformation erhalten wir aus der Übertragungsfunktion die rechtsseitige Impulsantwort

$$h[n] = 0.3 \cdot 0.8^n \cdot u[n]$$

Die Zeit-AKF ergibt sich aus der Pseudofaltung

$$R_{hh}[l] = h[l] * h[-l] = \sum_{n=0}^{\infty} h[n] \cdot h[l+n] =$$

$$= \sum_{n=0}^{\infty} 0.3 \cdot 0.8^n \cdot \left(0.3 \cdot 0.8^{l+n} \cdot u[l+n]\right) = 0.3^2 \cdot 0.8^l \cdot \sum_{n=0}^{\infty} 0.8^{2n} \cdot u[l+n].$$

Die Berechnung vereinfacht sich, wenn die normierte Zeitvariable l zunächst auf nicht negative Werte beschränkt wird, d. h. zuerst nur der rechtsseitige Anteil der Zeit-AKF bestimmt wird. In diesem Fall ist nämlich die Sprungfunktion $u[l+n]$ stets gleich eins und die Summe reduziert zur bekannten geometrischen Reihe.

$$R_{hh}[l \geq 0] = 0.3^2 \cdot 0.8^l \cdot \sum_{n=0}^{\infty} 0.8^{2n} = 0.3^2 \cdot 0.8^l \cdot \frac{1}{1 - 0.8^2} = \frac{1}{4} \cdot 0.8^l$$

Weil die Zeit-AKF des Systems eine gerade Folge ist, gilt für die gesuchte Zeit-AKF

$$R_{hh}[l] = \frac{1}{4} \cdot 0.8^{|l|}.$$

Alternativ wird die Berechnung der Zeit-AKF durch Rücktransformation aus dem Bildbereich vorgenommen. Für die Rücktransformation kann der Befehl `residuez` zur Partialbruchzerlegung eingesetzt werden (Kap. 10). Dazu wird die Übertragungsfunktionen zur *komplexen Leistungsübertragungsfunktion* („complex power density spectrum", CPDS) ausmultipliziert.

$$\Phi_{hh}(z) = H(z) \cdot H(z^{-1}) = 0.3^2 \cdot \frac{z}{z - 0.8} \cdot \frac{z^{-1}}{z^{-1} - 0.8} = 0.3^2 \cdot \frac{1}{1 - 0.8z - 0.8z^{-1} + 0.64} =$$

$$= 0.3^2 \cdot \frac{1}{-0.8 + 1.64z^{-1} - 0.8z^{-2}}$$

Anwenden von MATLAB zur Partialbruchzerlegung (Kap. 10) liefert zu den Polen p die Residuen r.

```
b = [0 1 0];
a = [-.8 1.64 -.8];
[r,p,k] = residuez(b,a)
r = -2.7778
```

Abb. 13.4 Pol-Nullstellendiagramm der komplexen Leistungsübertragungsfunktion für das System erster Ordnung

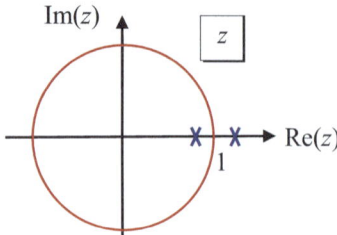

```
        2.7778
p  =    1.2500
        0.8000
k  =  0
```

Entsprechend der Konstruktion des CPDS erhalten wir einen Pol im Einheitskreis und dazu den invertierten Pol spiegelbildlich außerhalb, siehe Abb. 13.4. Der Pol im Inneren repräsentiert den rechtsseitigen Anteil der AKF und der Pol außen den linkseitigen. Nimmt man nur den Pol im Einheitskreis zur inversen z-Transformation resultiert der rechtsseitige Teil der Zeit-AKF

$$R_{hh}[l \geq 0] = 0.3^2 \cdot 2.7778 \cdot 0.8^l = \frac{1}{4} \cdot 0.8^l$$

und damit weiter mit der symmetrischen Fortsetzung wie oben.

13.3.2 Rechnungen und Simulationen mit MATLAB

A13.2 Numerische Berechnung von Zeit-AKFen und LÜFen von LTI-Systemen mit MATLAB

Geben Sie die notwendigen MATLAB-Programmzeilen an, um bei bekannten Zähler- und Nennerkoeffizienten b bzw. a

a. die Zeit-AKF des Filters numerisch zu berechnen (Verwenden Sie die Befehle `impz` und `conv`. Es genügen zwei Befehlszeilen.)
b. und die Leistungsübertragungsfunktion des Filters numerisch zu bestimmen (Verwenden Sie den Befehl `freqz`. Es genügen zwei Befehlszeilen.).

M13.4 System zweiter Ordnung – WDF

Im Folgenden sollen Sie einige theoretische Zusammenhänge durch Monte-Carlo-Simulationen mit MATLAB überprüfen. Zum Testen verwenden Sie das IIR-System zweiter Ordnung mit der Übertragungsfunktion

13.3 Stochastischer Prozesse und LTI-Systeme

$$H_2(z) = \frac{0.06 \cdot z^2 + 0.12 \cdot z + 0.06}{z^2 - 1.3 \cdot z + 0.845}.$$

Das System simulieren Sie z. B. mit dem Befehl `filter`. Das Eingangssignal sei eine stationäre, unabhängige und in [0,1] gleichverteilte Zufallszahlenfolge, siehe Befehl `rand`.

a. Verschaffen Sie sich zunächst mit dem MATLAB-Werkzeug „Filter Visualization Tool" (`fvtool`) Einsicht in das System und seine Eigenschaften. Um was für ein System handelt es sich?
b. Schätzen Sie die WDF am Systemausgang durch ein Histogramm. Approximieren Sie die Verteilung der relativen Häufigkeiten durch die einer Normalverteilung und stellen Sie beide in einer Grafik dar.
c. Schätzen Sie den linearen Mittelwert und die Standardabweichung am Systemausgang und vergleichen Sie die Ergebnisse mit den theoretisch zu erwartenden Werten.
d. Wenden Sie den χ^2-Anpassungstest für die normierten Größen an. Wählen Sie eine passende Stichprobengröße und wiederholen Sie den Anpassungstest hundertmal.

M13.5 System zweiter Ordnung – AKF und LDS.
Es sollen die Untersuchungen am IIR-System zweiter Ordnung aus M13.4 fortgesetzt werden.

a. Schätzen Sie anhand einer Musterfolge die AKF und das LDS zum System mit der Übertragungsfunktion $H_2(z)$ in M13.4. Erregen Sie dafür das System mit normiertem, normalverteiltem Rauschen.
b. Berechnen Sie nun die AKF und die LÜF des Systems numerisch mit MATLAB, siehe A13.2. Vergleichen Sie Ihre Ergebnisse mit den Schätzungen in der Monte-Carlo-Simulation aus (a).

M13.6 Analytischer Rechengang
Es sollen die Untersuchungen am IIR-System zweiter Ordnung aus M13.4 bzw. 5 fortgesetzt werden. Die bisherigen Simulationsergebnisse und Ergebnisse der numerischen Berechnung im Zeitbereich sollen mit analytischen Berechnungen im Bildbereich verglichen werden. Dass heißt, für den analytische Rechengang im Bildbereich werden Zahlenwerte mit MATLAB berechnet, z. B. durch Partialbruchzerlegung mit dem Befehl `residuez`.

Berechnen Sie die Zeit-AKF zum System mit der Übertragungsfunktion $H_2(z)$ in M13.4. Nutzen Sie dazu den Bildbereich und skizzieren Sie zunächst das Pol-Nullstellendiagramm des CPDS.

Erstellen Sie ein MATLAB-Programm zur Berechnung der Zeit-AKF für IIR-Systeme zweiter Ordnung. Gehen Sie von den Zähler- und Nennerkoeffizienten aus. Vergleichen Sie Ihr Rechenergebnis mit den Schätzungen der früheren Simulationen.

M13.7 Spezielles System zweiter Ordnung

Für diesen Versuchsteil verwenden Sie das IIR-System

$$H_A(z) = \frac{0.845 \cdot z^2 - 1.3 \cdot z + 1}{z^2 - 1.3 \cdot z + 0.845}.$$

a. Verschaffen Sie sich einen Überblick über das System mit dem MATLAB-Werkzeug „Filter Visualization Tool" (`fvtool`). Um was für ein System handelt es sich?
b. Schätzen Sie wie in M13.5 die AKF zum System. Erregen Sie dazu das System mit normiertem, normalverteiltem Rauschen.
c. Überprüfen Sie Ihr Ergebnis, indem Sie wie in M13.6 vorgehen.

M13.8 Bivariate WDF am Systemausgang

Schätzen Sie die bivariate WDF der Wertepaare einer Musterfolge ($x[n]$, $x[n+l]$) am Systemausgang des Filters $H_2(z)$ für die Verschiebungen $l = 1, 2, ..., 6$. Verwenden Sie ein normiertes normalverteiltes Eingangssignal. Stellen Sie die WDFen am Ausgang und ihre Höhenlinien bzw. Draufsicht (Kap. 12, `histogram2` mit `Rotate 3D` und `X-Y View`) grafisch dar.

Diskutieren Sie die Ergebnisse. Überlegen Sie, in welchen Bereichen Amplitudenpaare gehäuft auftreten und in welchem Zusammenhang die Häufungen mit dem Korrelationskoeffizienten stehen.

13.4 „Gitarren"-Synthesizer

Zum Abschluss dieses Versuches zeigen wir, wie aus weißem Rauschen mit „etwas" digitaler Signalverarbeitung Töne generiert werden können. Mitte des letzten Jahrhunderts wurden Elektronikbausteine allgemein verfügbar. Und es wurde, z. B. für Spielautomaten, nach Möglichkeiten gesucht, harmonische Klänge elektronisch mit wenig Aufwand zu erzeugen. Eine technisch einfache Methode stellten K. Karplus und A. Strong (1983) einer breiteren Öffentlichkeit vor, der *Karplus-Strong-Pluckes-String-Algorithmus (KSPSA)* [3] [5]. Der KSPS-Algorithmus besteht im Wesentlichen aus einem einfach aufgebauten IIR-Filter. Wie die Saite einer Gitarre angeschlagen wird, werden beim KSPS-Algorithmus zuerst die Speicher des Filters mit Energie geladen. Dazu werden die internen Zustandsvariablen, beispielsweise mit einem gleichverteilten unkorrelierten Rauschsignal gefüllt.

Auf der Gitarrensaite bilden sich nach Loslassen harmonische Frequenzen aus. Wesentlicher Parameter für die Grundfrequenz des Tones ist die Länge der Saite neben ihrer Beschaffenheit (z. B. Dicke, Material). Je länger die Saite, umso tiefer die Grundfrequenz. Im KSPS-Algorithmus bilden sich die Grund- und Oberschwingungen durch die Signalrückführung aus. Die Verzögerungszeit übernimmt die Rolle der Saitenlänge. Sie wird über die rekursiven Pfade des Filters realisiert. Die Zeitverschiebung bei der Signalrückführung entspricht der Grundperiode des Tones. Die Grund- und Oberschwingen werden weniger als andere Spektralanteile bedämpft und somit hörbar. Schließlich klingt der Ton aus.

13.4 „Gitarren"-Synthesizer

Abb. 13.5 Filterstruktur des Karplus-Strong-Plucked-String-Algorithmus

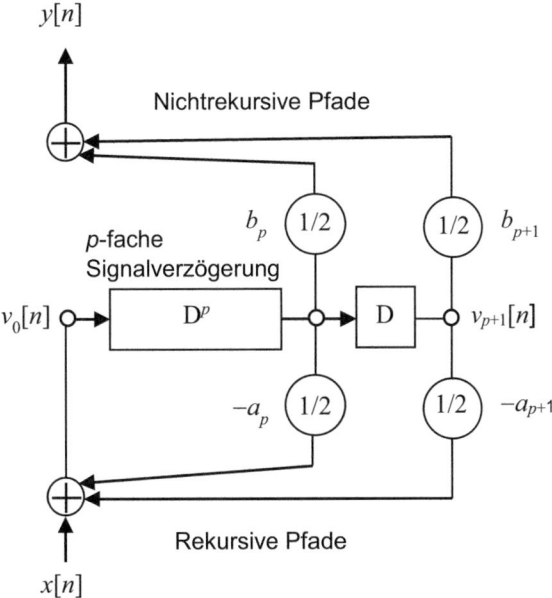

Die grundlegende Struktur des KSPS-Algorithmus ([5], Fig. 2) kann als IIR-Filter in Direktform II (Kap. 7) dargestellt werden, siehe Abb. 13.5. Die vereinfacht als Block gezeichnete Kette aus p Verzögerungsgliedern enthält genau p Speicher für die Zustandsvariablen. Die Filterordnung beträgt $p+1$.

Aus dem Blockdiagramm zur Direktform II wird die Übertragungsfunktion

$$H_{KS}(z) = \frac{.5z^{-p} + .5z^{-(p+1)}}{1 + .5z^{-p} + .5z^{-(p+1)}} = \frac{0.5 \cdot (1 + z^{-1}) \cdot z^{-p}}{1 - 0.5 \cdot z^{-p} \cdot (1 + z^{-1})} = \frac{0.5 \cdot (z + 1)}{z^{p+1} - 0.5 \cdot (z + 1)}$$

abgelesen. Die Wirkungsweise des IIR-Filters zeigt sich an den Polen und Nullstellen. Für gegebene Periode p können diese mit MATLAB numerisch bestimmt werden. Dazu wählen wir das Zahlenwertbeispiel mit der Frequenz eines Tones `f1` gleich 110 Hz (Gitarrenton A) und der Abtastfrequenz `fs` gleich 8000 Hz. Dann erstreckt sich eine Periode p über `round(fs/f1)` gleich 73 Abtastintervalle. Das zugehörige Pol-Nullstellendiagramm (`zplane`) zeigt Abb. 13.6. Das IIR-Filter besitzt eine Nullstelle bei z gleich -1 und 73, also $p+2$, Pole. Der Pol bei z gleich 1 liegt auf dem Einheitskreis, womit das Filter nicht streng stabil ist. Alle anderen Pole liegen innerhalb des Einheitskreises, wobei sie mit wachsendem Betrag des Arguments scheinbar nach innen wandern. Bezüglich ihrer Argumente scheinen die Pole gleichverteilt über dem Einheitskreis zu liegen mit dem Abstandswinkel 0.0843 ($\approx 2\pi/(p+1.5) \approx 2\pi \cdot f_1/f_s$). Die Lage der Pole korrespondiert gut mit den Frequenzen der Harmonischen, sodass es zur oben beschrieben Selektion der Harmonischen kommt.

Das belegt auch der Betragsgang des IIR-Filters in Abb. 13.7 durch seine nahezu „harmonische Linienstruktur". Zu den Frequenzen der Harmonischen ist die Wirkung

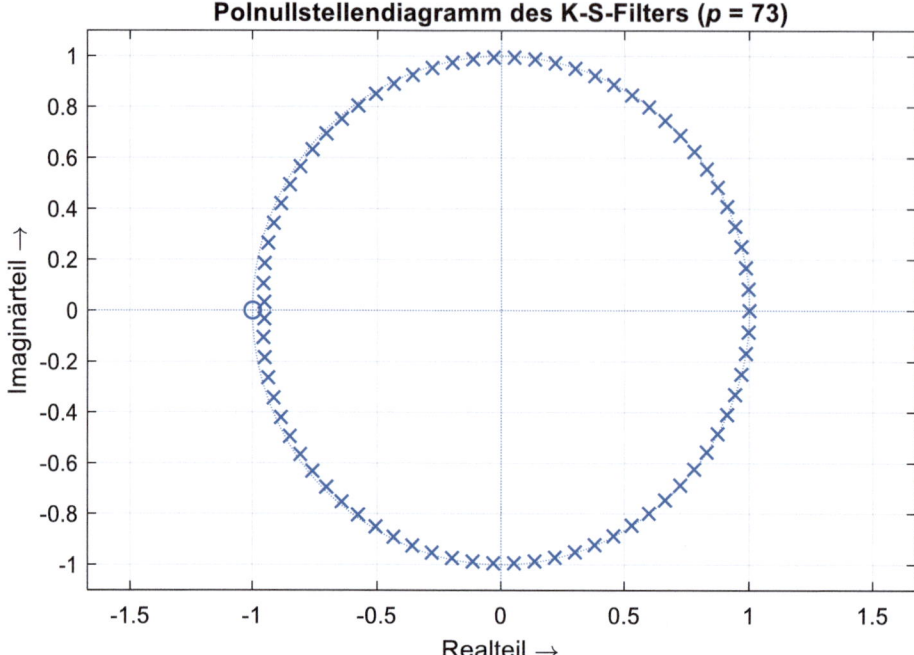

Abb. 13.6 Pol-Nullstellendiagramm zum IIR-Filter des Karplus-Strong-Plucked-String-Algorithmus ($p=73$) (`ksps_prelude`)

der Pole gut zu sehen. Daneben beträgt die Dämpfung durch den Betragsgang bis über 50 dB. Man beachte, dass in Abb. 13.7 der Betragsgang an der Frequenzstelle null ausgeklammert ist, weil dort ein Pol auf dem Einheitskreis liegt.

M.13.9 Karplus-Strong-Plucked-String-Algorithmus
In der MATLAB-Übung M5.2 (Kap. 5) wird das Musikstück Prélude mittels eines FM-Synthesizers (`fm_synthesizer`) vertont und das Spektrogramm des resultierenden Audiosignals dargestellt. Nun soll das Beispiel mit einem von Ihnen geschriebenen MATLAB-Programm wiederholt werden. Um Ihre Arbeit zu erleichtern, können Sie auf das aufrufende Programm `fm_prelude` zurückgreifen und dort nur die Funktion des FM-Synthesizers durch Ihren KSPS-Synthesizer ersetzen.

```
tone = ksps_synthesizer(pitch,fs,n);
```

Darin ist die Programmvariable `pitch` die Frequenz des Grundtons, `fs` die Abtastfrequenz und `n` die normierte Zeitvariable zum Tonsignal, d. h. sie gibt die Zahl der zu generierenden Abtastwerte des Tons vor.

Bei der Programmierung des KSPS-Synthesizers beachten Sie:

- Zur Initialisierung wählen Sie wegen des Poles bei $z=1$ beispielsweise ein unkorreliertes mittelwertfreies gleichverteiltes Rauschsignal.

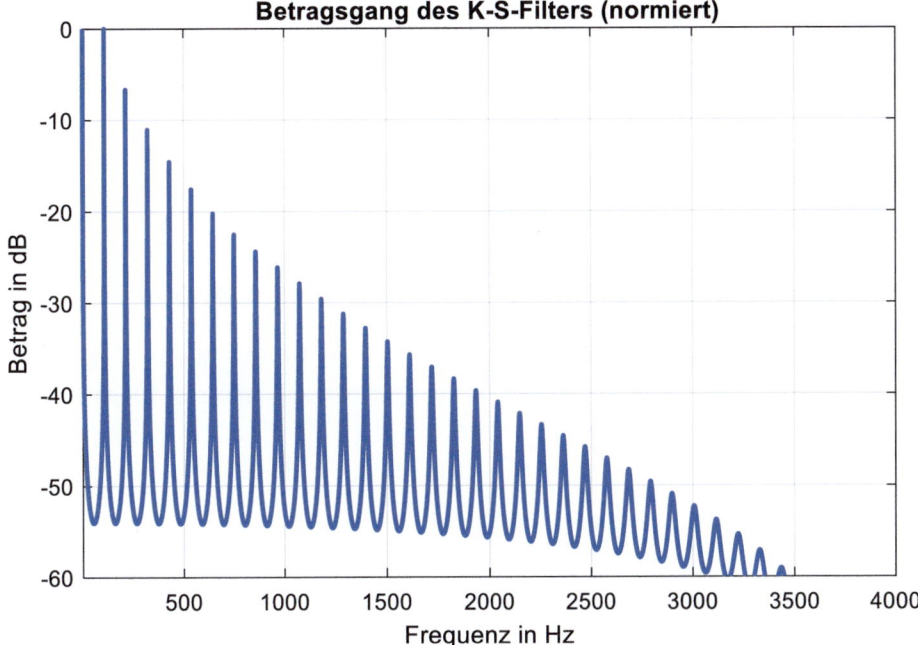

Abb. 13.7 Betragsgang des IIR-Filter des Karplus-Strong-Plucked-String-Algorithmus ($p=73$) (`ksps_prelude`)

- Normieren Sie das Tonsignal vor der Übergabe auf den Mittelwert null und die maximale Amplitude eins.
- Reduzieren Sie für den Gitarrenklang die Frequenz der Grundschwingungen jeweils um den Faktor vier (Ton A auf der Gitarre bei 110 Hz).

Vergleichen Sie das Spektrogramm zum KSPS-Synthesizer mit dem des FM-Synthesizer. Welche zwei Unterschiede fallen Ihnen auf?

Der KSPS-Algorithmus besticht durch seine Einfachheit und robustes Klangverhalten. Ein MATLAB-Beispiel mit modifizierten Filterkoeffizienten in den nichtrekursiven Pfaden finden Sie im Help Center unter „Generating Guitar Chords Using the Karplus-Strong Algorithm".'

13.5 Zusammenfassung

Die lineare Filterung stochastischer Prozesse als Abbildung der Musterfunktionen zu modellieren, eröffnet die Anwendung der Eingangs-Ausgangsgleichungen in Zeit- und Frequenzbereich. Entsprechend erhält man die Systembeschreibung für das mittlere

Verhalten, die Erwartungswerte, der Prozesse am Systemausgang. An die Stelle der Impulsantwort tritt die Zeit-AKF und an die Stelle des Frequenzgangs die Leistungsübertragungsfunktion. Sie werden aus den charakteristischen Systemfunktionen Impulsantwort bzw. Frequenzgang berechnet. Es gilt der Zusammenhang durch die Faltung bzw. das Produkt. Daraus ergeben sich Formeln für die Berechnung von Mittelwert und die Varianz am Systemausgang.

Im Versuch wird die Theorie durch MATLAB-Simulationen überprüft und veranschaulicht. Insbesondere wird die numerische und analytische Berechnung der Zeit-AKF reellwertiger LTI-Systeme gezeigt. Wie die Impulsantwort, werden auch die Zeit-AKF wesentlich von den Polen und Nullstellen des LTI-Systems bestimmt. Am Beispiel des Karplus-Strong-Plucked-String-Algorithmus wird die Wirkung der Pole hörbar gemacht. Ausgehend von weißem Rauschen werden mittels eines einfachen IIR-Filters harmonische Töne durch Rückkopplung erzeugt.

13.6 Quiz 13

Ergänzen Sie die Lückentexte (_) sinngemäß.

1. Die Varianz der Summe zweier SVn ist gleich der Summe der Varianzen, wenn die SVn ___ sind.
2. Das Akronym LDS steht für ___.
3. Bei Erregung eines LTI-Systems mit weißem Rauschen ist das LDS am Systemausgang proportional zu ___ (Formelzeichen).
4. Das Akronym AKF steht für ___.
5. Die AKF eines weißen Prozesses ist ___.
6. Die Zeit-AKF an der Stelle null ist gleich ___ der Impulsantwort.
7. Ein Allpass besitzt einen ___ Betragsgang.
8. Die Zeit-AKF eines LTI-Systems berechnet sich aus dessen Impulsantwort h durch ___ (MATLAB-Code).
9. Die Kombination von ___ Rauschen und LTI-Systemen wird zur Prozessmodellierung eingesetzt.
10. Die Zeit-AKF berechnet sich aus $R_{hh}[l] = $ ___ (Formel).
11. Das LDS am Systemausgang berechnet sich aus $S_{YY}(\Omega) = $ ___ (Formel).
12. Die AKF reeller Prozesse ist eine ___ Funktion.
13. Die Pole und Nullstellen der CPDS liegen in der z-Ebene ___ zum Einheitskreis.
14. Bei Linearkombination zweier unabhängiger SVn ___ sich Mittelwerte bzw. Varianzen.
15. Der Befehl `chi2gof` führt in der Voreinstellung einen ___ mit ___ von 5 % durch.
16. Wird beim Hypothesentest mit α gleich 0.05 die Nullhypothese abgelehnt, so ist ___ sichergestellt, dass die Alternativhypothese richtig ist.
17. Eine Simulation am Rechner mit Zufallszahlen wird ___ genannt.

18. Sollen Simulationen vergleichbar sein, müssen ___ der Zufallszahlengeneratoren gleich sein.
19. Das Filter des KSPS-Algorithmus enthält ___ rekursive Pfade.
20. Die Speicher des KSPS-Algorithmus werden mit ___ Rauschen geladen.

13.7 Lösungshinweise

Alle Daten und Programme finden Sie in den Onlineressourcen zu diesem Kapitel: `rand_add_M.m, rand_add_M_chi.m, rand_add_2.m, rand_filter.m`.

Zu A13.1 Musterfolge
`x = .3+sqrt(.5)*randn(1,N);`

Zu M13.1 Summe von zwei gleichverteilten SVn
a. Aus der Faltung der WDF der Gleichverteilung mit sich selbst entsteht die Dreiecksverteilung.

$$f(x) = \begin{cases} x & \text{für } x \in [0,1[\\ 2-x & \text{für } x \in [1,2[\\ 0 & \text{sonst} \end{cases}$$

- Das Histogramm (`rand_add_2`) mit Stichprobenumfang 10^6 zeigt annähernd Dreiecksgestalt mit der Basis von null bis zwei.
- Es werden der Mittelwert 1.0002 ± 0.0007 und die Standardabweichung 0.4081 beobachtet ($N = 10^6$). Erwartet werden $\mu_Y = 2 \cdot \mu_X = 1$ und $\sigma_Y^2 = 2 \cdot \sigma_X^2 = 1/6 = 0.1\overline{6}$. Konfidenzintervalle für die Varianz erhält man beispielsweise mit den Formeln in [2], S. 312, was hier nicht weiterverfolgt werden soll.

Zu M13.2 Summe aus mehreren gleichverteilten SVn
Siehe auch Programm 13.1 `rand_add_M`

a. Mit zunehmender Anzahl der Summanden nähert sich die geschätzte WDF (Histogramm) der WDF der Normalverteilung an (`rand_add_M`).
b. Die Spannweite wird durch die Zahl der Summanden auf M begrenzt, während die Normalverteilung theoretisch eine unendliche Spannweite hat. Auch praktisch weist eine von `randn` generierte Zufallszahlenfolge mehr und betragsmäßig größere „Extremwerte" auf. Bei Addition von vier gleichverteilten Musterfolgen (`rand`) und einem Stichprobenumfang von 10.000 ergab sich beispielsweise die Spannweite 3.52 und der Scheitelfaktor 1.80. Die normalverteilte Musterfolge (`randn`) lieferte zum Vergleich die Spannweite 4.93 und den Scheitelfaktor 4.23 (`rand_add_M`).

Der Scheitelfaktor kann dann zu einer wichtigen Größe werden, wenn in der Anwendung größere Abweichungen vom Mittelwert einer Musterfolge eine kritische Rolle spielen. Eine Simulation, bei der solche Abweichungen nicht oder nur selten auftreten, kann zu Fehlschlüssen führen.

c. Normalverteilung mit Mittelwert 0.7 und Varianz 1.2.

Programm 13.1 Summe aus mehreren SVn (`rand_add_M`)

```
% Add m uniformly distributed random variables and test for normal pdf
%   histogram, chi-square goodness-of-fit test (mw2024)
%% sum of M rv's
mS = 4;    % number of summands
N = 1e4;   % number of samples
y = zeros(1,N);
for k = 1:MS
    y = y + rand(1,N);  % add uniformly [0,1]-distributed random sequence
end
%% Range and crest factor of normalized distributions
M = mean(y); SD = std(y);
alpha = 0.05; t_05df = tinv(1-alpha,N-1);
KI_boundary = t_05df*SD/sqrt(N); % mean
fprintf('Abbildung Summe von %g SVn\n',mS)
fprintf('Mittelwert (Schätzung)\n')
fprintf('  mit Konfidenzintervall (CI) für alpha %g und df = %g\n',...
    alpha,N-1)
fprintf('  Mittelwert (gesch.) M = %g +- %g\n',M,KI_boundary)
fprintf('  %g%%CI[%g, %g]\n',1-alpha,M-KI_boundary,M+KI_boundary)
fprintf('Standardabweichung (gesch.) SD = %g\n',SD)
fprintf('Spannweite (gesch.) = %g\n',max(y)-min(y))
fprintf('Scheitelfaktor (gesch.) C = %g\n',max(abs(y))/sqrt(M^2+SD^2))
yn = SD*randn(1,N); % for comparison
fprintf('randn\n')
fprintf('  Spannweite (gesch.) = %g\n',max(yn)-min(yn))
fprintf('  Scheitelfactor (gesch.) C = %g\n',...
    max(abs(yn))/sqrt(mean(yn)^2+var(yn)))
%% Histogram
FIG1 = figure;
h = histogram(y,'Normalization','pdf'); grid
axis([0 mS 0 1.1*max(h.Values)])
title('Histogramm (normiert)')
subtitle(['{\itN} = ',num2str(N),', {\itM} = ',num2str(M),...
    ', {\itSD} = ',num2str(SD)])
xlabel('{\itx} \rightarrow'), ylabel('{\itf} \rightarrow')
hold on
% overlay adjusted normal pdf
x = min(y):.01:max(y);
f = (1/sqrt(2*pi*SD^2))*exp(-(x-M).^2/(2*SD^2)); % norm.frequencies
plot(x,f,'g','LineWidth',2)
legend('sum','normal')
hold off
```

Zu M13.3 Simulation zum χ^2-Anpassungstest

Siehe Programm `rand_add2_M` und nachfolgende Erweiterung in `rand_add2_M_chi`.

Programm 13.2 χ^2-Anpassungstest (`rand_add_M_chi`)

```
%% chi-squared goodness-of-fit test for normal distribution
alpha = .05;
N = 1e3; % number of samples
K = 1000; % number of loops
H1 = 0; % counter for hypothesis outcomes
for k=1:K
    y = zeros(1,N);
    for m = 1:mS
        y = y + rand(1,N); % add uniformly [0,1]-distributed random sequ.
    end
    % y = randn(1,N); % normally distributed sequence for test
    y = (y-mean(y))/std(y) % normalize
    [Hyp,p,stats] = chi2gof(y,'Alpha',.05); % error probability
    H1 = H1 + Hpy; % rejected
end
H0 = K - H1; % accepted
fprintf('chi^2-Anpassungstest (alpha=%g, "Normalverteilung")\n',alpha)
fprintf('   Anzahl der Schleifen %g\n',K)
fprintf('   Nullhypothese angenommen %g (%g%%)\n',H0,100*H0/K)
fprintf('                  abgewiesen %g (%g%%)\n',H1,100*H1/K)
```

Zu A13.2 Numerische Berechnung von Zeit-AKFen und LÜFen von LTI-Systemen mit MATLAB

Siehe auch Programm 13.3 `rand_filter`.

```
b = [.06 0.12 .06]; a = [1 -1.3 .845]; % filter coefficients H2
h = impz(b,a,100);
Rhh = conv(h,flipud(h)); % pseudo convolution
Phi = abs(freqz(b,a,512)).^2; % power transfer function
```

Zu M13.4 u. 5 System zweiter Ordnung – WDF, AKF und LDS

System zweiter Ordnung, siehe Programm 13.1 (`rand_filter`).

Es wurden bei einem Stichprobenumfang von 1000 die folgenden Schätzwerte ermittelt:

- am Eingang: linearer Mittelwert 0.499, Standardabweichung 0.298, $H(1)=0.440$ und Energie der Impulsantwort 0.294;
- am Ausgang: linearer Mittelwert 0.220, Standardabweichung 0.178;
- System: $H(1)=0.440$ und Energie der Impulsantwort 0.294.

Die Werte harmonieren gut mit den theoretischen Werten. Am Systemeingang gilt für die Gleichverteilung $\mu_e = 1/2$ und $\sigma_e^2 = 1/12 = 0.833$ bzw. für die Standardabweichung 0.289. Und am Systemausgang folgt $\mu_a = 0.5 \cdot 0.440 = 0.220$ bzw. $\sigma_a^2 = 0.083 \cdot 0.294 = 0.025$ (wg. weißem Rauschen am Eingang).

Das aufgenommene Histogramm entspricht im Rahmen der Ablesegenauigkeit einer Gaußschen Glockenkurve. Der χ2-Anpassungstest auf dem 5 %-Signifikanzniveau nimmt nach Normierung des Ausgangssignals die [0,1]-Normalverteilung (Nullhypothese) in 95 % der 1000 Versuche an.

Programm 13.3 Schätzung der WDF, der AKF und des LDS am Systemausgang (`rand_filter`)

```
% Estimation of the probability density function (pdf) after filtering
% and estimation of acf and pds after filtering (mw2024)
% and chi-square goodness-of-fit test after filtering
b = [.06 0.12 .06]; a = [1 -1.3 .845]; % filter coefficients H2
N = 1e3; % number of samples
x = rand(1,N); % in [0,1] uniformly distributed random signal
M_x = mean(x); SD_x = std(x);
fprintf('Eingang: M = %g ,  SD = %g\n',M_x,SD_x)
y = filter(b,a,x); % filtering
fprintf('H(1) = %g\n',sum(b)/sum(a)) % transfer function H(z=1)
M_y = mean(y); SD_y = std(y);
fprintf('Ausgang: M = %g ,  SD = %g\n',M_y,SD_y)
h = impz(b,a,100);
fprintf('Energie der Impulsantwort: %g\n',sum(h.^2))
FIG2 = figure('Name','rand_filter','NumberTitle','off',...
    'Units','normal','Position',[.2 .1 .4 .4]);
hi = histogram(y,'Normalization','pdf'); grid
x = min(y):.01:max(y);
xlabel('{\itx} \rightarrow'), ylabel('{\itf}({\itx}) \rightarrow')
title('Histogram')
f = 1/(sqrt(2*pi)*SD_y)*exp(-(1/(2*SD_y^2))*(x-M_y).^2);
hold on
    plot(x,f,'g','LineWidth',2)
    legend('output','normal')
hold off
%% ACF and power transfer function
L = 50;
h = impz(b,a,L+1); % impulse response
Rhh = conv(h,flipud(h)); % pseudo convolution
NF = 500;
[H,w] = freqz(b,a,NF); % frequency response
Phi = abs(H).^2; % power transfer function
FIG2 = figure('Name','rand_filter','NumberTitle','off',...
    'Units','normal','Position',[.2 .1 .4 .4]);
subplot(2,1,1), stem(0:L,Rhh(L+1:end),'filled'), grid
xlabel('{\itl} \rightarrow'), ylabel('{\itR}_{{\ithh}}[{\itl}]')
title('Autokorrelationsfunktion')
subplot(2,1,2), plot(w/pi,Phi,'LineWidth',2), grid
xlabel('{\Omega} / \pi \rightarrow')
ylabel('{\Phi}_{{\ithh}}(\Omega) \rightarrow')
title('Leistungsübertragungsfunktion')
%% chi-square goodness-of-fit test
% 1 if the test rejects the null hypothesis at the 5% significance level
K=100; N=1e3; alpha=.05; H1=0;
pd = makedist("Normal","mu",0,"sigma",1); % [0,1]-normal distribution
for k = 1:K
    x = rand(1,N); % in [0,1] uniformly distributed random signal
    y = filter(b,a,x); % filtering
    y = (y-mean(y))/std(y); % normalize
    [Hyp,p,stats] = chi2gof(y,'CDF',pd,'Alpha',alpha);
    H1 = H1 + Hyp;
end
```

```
Hyp = 100*(K - H1)/K; % percentage of null hypothesis accepted
fprintf('chi^2-Anpassungstest "normal" mit alpha = %g\n',alpha)
fprintf('Nullhypothese %g %% (%g Versuchen mit N = %g)\n',Hyp,K,N)
```

Zu M13.5 AKF und LDS

Siehe Abb. 13.8 und Programm 13.3 `rand_filter_2`.

Wird der Stichprobenumfang bei der Schätzung der AKF zu klein gewählt und/oder werden bei der Berechnung des LDSs aus den Schätzwerten der AKF nicht alle wesentlichen Koeffizienten der AKF erfasst, so ergeben sich deutliche Abweichungen zwischen berechneten und geschätzten Werten. Die Messung der AKF und des LDSs sollte mit mittelwertfreien (und normalverteilten) Zufallszahlenfolgen erfolgen.

Für das Beispiel in Abb. 13.8 wurden 51 Koeffizienten der AKF (einseitig) und die DFT-Länge 256 verwendet. Bei der Musterfolgenlänge von 1000 zeigen sich augenfällige Abweichungen. Abhilfe schafft hier eine größere Stichprobe.

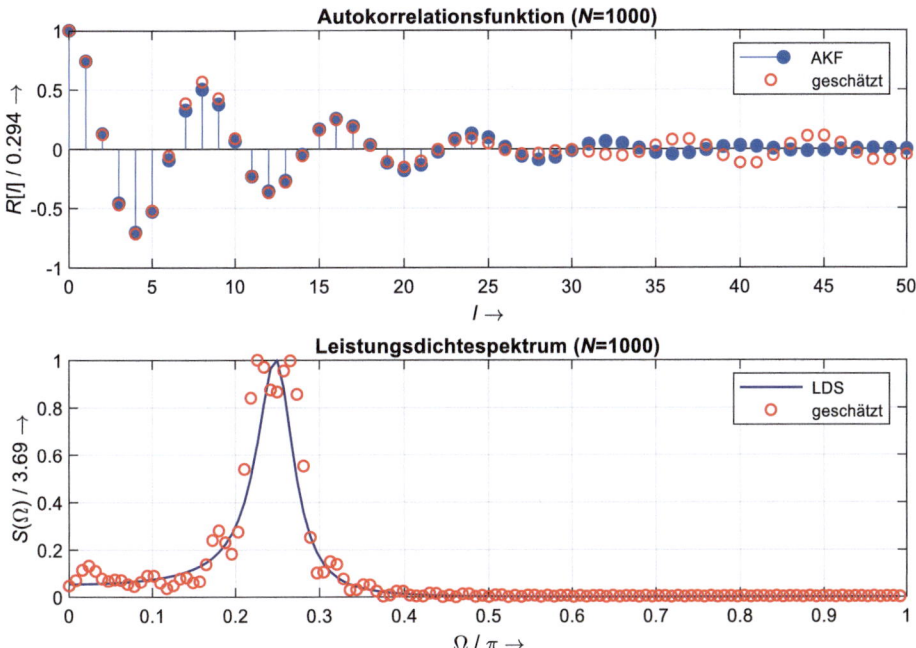

Abb. 13.8 Autokorrelationsfunktion und Leistungsdichtespektrum des Systems zweiter Ordnung $H_2(z)$, numerisch berechnet und aus einer Stichprobe geschätzt (Kreise) (`rand_filter_acf`)

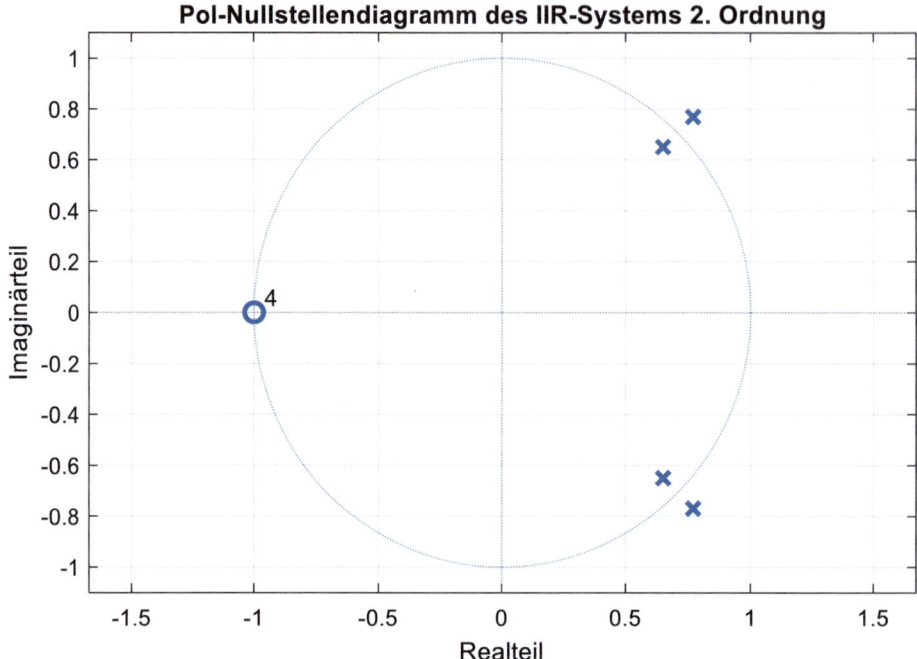

Abb. 13.9 Pol-Nullstellendiagramm des CPDS des Systems zweiter Ordnung $H_2(z)$ (`rand_acf`)

Zu M13.6 Analytischer Rechengang für Zeit-AKF

Siehe Rechengang in Programm 13.4 `rand_acf_resid`. Für die Zeit-AKF des Systems $H_2(z)$ siehe A13.2 und Abb. 13.9. Alle drei Wege führen zum gleichen Ziel. Simulationsergebnisse sollten stets mit analytischen Werten verglichen werden, um Fehler in der Simulation zu erkennen. Der analytische Weg hat den Vorteil, dass er theoretische Zusammenhänge überprüfen oder aufdecken kann. Allgemein liefert der analytische Weg die korrekte Lösung, während in die numerische Rechnung und in die Simulation weitere Parameter, z. B. Länge der verwendeten Impulsantwort oder Stichprobengröße, einfließen.

Programm 13.4 Berechnung der Zeit-AKF eines Systems zweiter Ordnung (rand_acf_resid)

```
% ACF (analytically) for 2nd order IIR systems (mw2024)
%% 2nd order system
b = [0.06 0.12 0.06]; a = [1 -1.3 0.845]; % filter coefficients for H2(z)
% b = [0.845 -1.3 1]; a = [1 -1.3 0.845]; % all pass
%% Complex power density spectrum (CPDS) H(z)*H(z^-1)
bb = [b(1)*b(3), b(2)*b(3)+b(1)*b(2), b(1)*b(1)+b(2)*b(2)+b(3)*b(3),...
    b(2)*b(1)+b(2)*b(3), b(3)*b(1)];
aa = [a(1)*a(3), a(2)*a(3)+a(1)*a(2), a(1)*a(1)+a(2)*a(2)+a(3)*a(3),...
    a(2)*a(1)+a(2)*a(3), a(3)*a(1)];
FIG1 = figure('Name','rand_filter_acf_resid: pol-zero plot',...
    'NumberTitle','off','Units','normal','Position',[.2 .1 .4 .4]);
[hz,hp,ht] = zplane(bb,aa); grid % pole-zero plot for CPDS
title('Pol-Nullstellendiagramm zur CPDS des IIR-Systems 2. Ordnung')
xlabel('Realteil'), ylabel('Imaginärteil')
hold on
hz.MarkerSize = 8; hz.LineWidth = 2;
hp.MarkerSize = 8; hp.LineWidth = 2;
hold off
%% Residues
[r,p,k] = residuez(bb,aa);
%% Autocorrelation function (ACF)
M = 50; m=0:M;
R = r(3)*p(3).^m + r(4)*p(4).^m; % acf
R(1) = R(1) + k;
FIG2 = figure('Name','rand_filter_acf_resid','NumberTitle',...
    'off','Units','normal','Position',[.2 .1 .4 .4]);
stem(0:M,R/R(1),'filled','LineWidth',1), grid
axis([0 M -1 1]);
xlabel('{\itl} \rightarrow')
ylabel(['{\itR}[{\itl}] / ',num2str(R(1),3),' \rightarrow'])
title('Autokorrelationsfunction des IIR-Systems 2. Ordnung')
```

Zu M13.7 Spezielles System

Beim System $H_A(z)$ handelt es sich um einen *Allpass* (Kap. 11) mit konstantem Betragsgang. Beim Durchgang durch einen Allpass ändert der Prozess seine Korrelation nicht. Ein weißer Prozess bleibt ein weißer Prozess. Mit Allpässen können Phasengänge verändert werden ohne dass sich die Betragsgänge ändern.

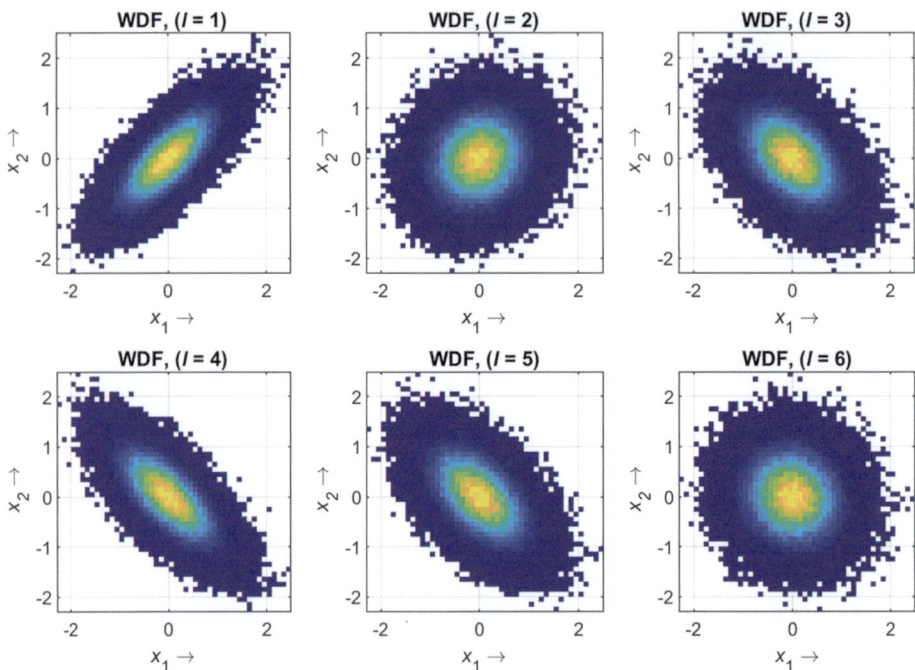

Abb. 13.10 Geschätzte bivariate Wahrscheinlichkeitsdichtefunktionen (Draufsicht bzw. Höhenlinien) am Systemausgang für die Verschiebungen $l = 1, 2, \ldots, 6$ ($N = 10^5$) (rand_bi_pdf)

Zu M13.8 Bivariate WDF am Systemausgang

Bivariate WDFen und zugehörige Höhenlinien bzw. Draufsichten für den Prozess am Systemausgang siehe Abb. 13.10.

Zum Beispiel für $l=4$ erkennt man die negative Korrelation zwischen den beiden stochastischen Variablen $X_1 = X[n]$ und $X_2 = X[n+4]$ am Systemausgang, die aus der AKF in Abb. 13.8 mit $R_{xx}[1] / R_{hh}[0] \approx -0.7$ abgelesen werden kann. X_1 und X_2 treten deshalb paarweise bevorzugt mit ungleichen Vorzeichen auf.

Der Korrelationskoeffizient, d. h. hier der entsprechende Wert der AKF, bestimmt die Form der Höhenlinien. Im unkorrelierten Fall sind die Höhenlinien Kreise; und ist der Korrelationskoeffizient negativ, dann sind die Höhenlinien linksgeneigte Ellipsen.

Zu M13.9 Karplus-Strong-Plucked-String-Algorithmus

Siehe Programm 13.5 und ksps_prelude in den Onlineressourcen.

Das Spektrogramm in Abb. 13.11. Das Spektrogramm zeigt einen deutlich reicheren Anteil an Harmonischen wie beim Beispiel des FM-Synthesizers (Kap. 5), insbesondere bei niedrigen Frequenzen. Die ist auch auf die, um den Faktor vier niedrigere Frequenz der Grundschwingung zurückzuführen (z. B. Gitarrenton A entspricht 110 Hz).

13.7 Lösungshinweise

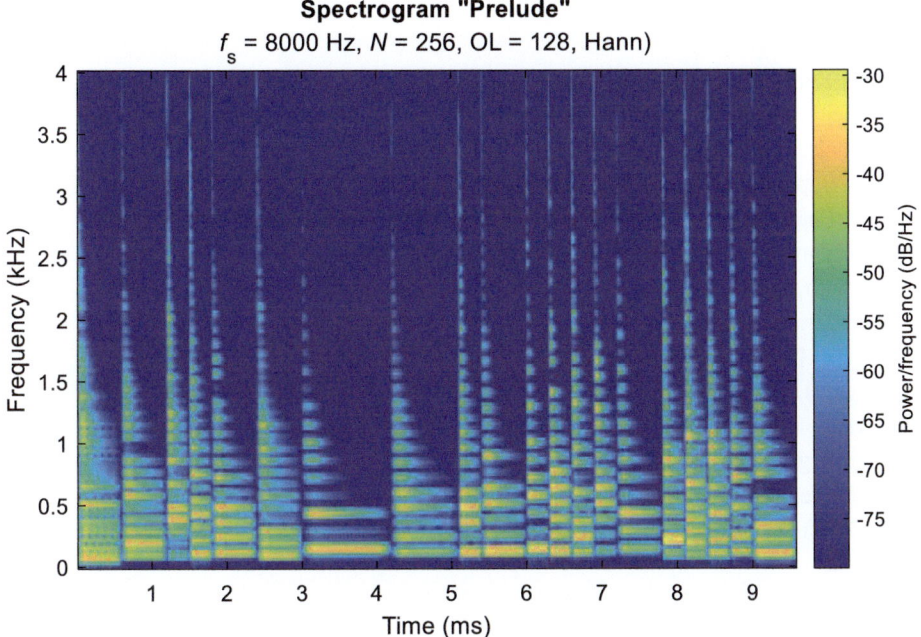

Abb. 13.11 Spektrogramm zum Karplus-Strong-Plucked-String-Algorithmus

Auch das Zeitverhalten der Harmonischen unterscheidet sich. In Abb. 13.11 ist deutlich zu sehen, dass die Obertöne mit wachsenden Frequenzen ausklingen, was im FM-Synthesizer nicht der Fall ist.

Programm 13.5 KSPS-Algorithmus (`ksps_synthesizer`)

```
function [ksps_tone,b,a] = ksps_synthesizer(pitch,fs,n)
% Karplus-Strong algorithm for audio synthesizer (mw2024)
%   pitch     : fundamental frequency (Hz)
%   fs        : sampling frequency (Hz)
%   n         : normalized time
%   ksps_tone : synthesized audio signal (max amplitude 1)
Delay = round(fs/(pitch/4)); % delay parameter (guitar, A -> 110 Hz)
a = [1 zeros(1,Delay) -.5 -.5]; % denominator of KS filter
b = [0 zeros(1,Delay) .5 .5]; % numerator of KS filter
M = Delay + 2; % = max(length(a),length(b))-1
%% see MATLAB Generating Guitar Chords Using Karplus-Strong Algorithm
% b = firls(42, [0 1/Delay 2/Delay 1], [0 0 1 1]); % linear-phase highpass
zi = 2*rand(1,M)-1; % uniformly distributed white noise
x = zeros(1,length(n)); % zero input for autonomous system mode
y = filter(b,a,x,zi);
y = y - mean(y);
ksps_tone = y/max(abs(y)); % max amplitude 1
end
```

Zu Quiz 13

1. unabhängig
2. Leistungsdichtespektrum
3. $|H(e^{j\Omega})|^2$ (Quadrat des Betragsgangs, Leistungsübertragungsfunktion)
4. Autokorrelationsfunktion/-folge
5. die Impulsfunktion
6. der Energie
7. konstanten
8. conv(h,fliplr(h))
9. weißem
10. $h[l] * h[-l]$ (Pseudofaltung)
11. $S_{XX}(\Omega) \cdot |H(e^{j\Omega})|^2$
12. gerade
13. gespiegelt
14. addieren (/kombinieren)
15. χ^2-Test (Anpassungstest), der Irrtumswahrscheinlichkeit
16. nicht
17. Monte-Carlo-Simulation
18. Startwerte
19. zwei (2)
20. weißem/unkorreliertem

Literatur

1. Bronstein, I. N., Semendjajew, K. A., Musiol, G., & Mühlig, H. (2020). *Taschenbuch der Mathematik* (11. Aufl.). Europa-Lehrmittel.
2. Eid, M., Gollwitzer, M., & Schmitt, M. (2015). *Statistik und Forschungsmethoden* (4. Aufl.). Beltz.
3. Jaffe, D. A., & Smith, J. O. (1983). Extensions of the Karplus-Strong Plucked-String Algorithm. *Computer Music Journal, 7*(2), 56–55.
4. Kammeyer, K.-D., & Kroschel, K. (2018). *Digitale Signalverarbeitung. Filterung und Spektralanalyse mit MATLAB®-Übungen* (9. Aufl.). Springer Vieweg.
5. Karplus, K., & Strong, A. (1983). Digital synthesis of plucked string and drum timbres. *Computer Music Journal, 7*(2), 43–55.
6. Papoulis, A. (1965). *Probability, random variables and stochastic processes*. McGraw-Hill.

Analog–Digital-Umsetzung   14

Inhaltsverzeichnis

14.1	Lernziele	356
14.2	Digitalisierung	356
14.3	Abtastung	357
	14.3.1 Abtasttheorem	358
	14.3.2 Aperturjitter-Effekt	359
	14.3.3 Vorbereitende Aufgaben	361
	14.3.4 Versuchsdurchführung	363
14.4	Quantisierung	364
	14.4.1 Quantisierungskennlinie	365
	14.4.2 Maschinenzahlen	366
	14.4.3 Quantisierungsfehler	373
	14.4.4 Vorbereitende Aufgaben	376
	14.4.5 Versuchsdurchführung	377
14.5	Zusammenfassung	380
14.6	Quiz 14	381
14.7	Lösungshinweise	382
Literatur		388

Zusammenfassung

Die Digitalisierung von Signalen geschieht durch Abtastung und Quantisierung. Während die Abtastung bei Einhaltung des Abtasttheorems unkritisch ist, führt die Quantisierung zu einem Verlust an Information, wenn die Signalwerte durch die Repräsentanten (Maschinenzahlen) nicht dargestellt werden können. Man spricht von Quantisierungsfehlern und vom Quantisierungsrauschen. Einfache Modellüberlegungen führen auf die häufig verwendete 6dB-pro-Bit-Regel zur Abschätzung der Größe des Quantisierungsrauschens.

> **Schlüsselwörter**
>
> Abtasttheorem („sampling theorem") · Abtastung („sampling operation") · Analog–Digital-Umsetzer (ADC „analog-to-digital converter") · Digitalisierung · Bit („binary digit") · Dynamik („dynamic range") · Festpunktformat („fixed-point format") · Gleitpunktformat („floating-point format") · IEEE Std 754–2008 · MATLAB · Präzision („precision") · Jitter („jitter") · Quantisierung („quantization") · Quantisierungsfehler („quantization error") · Quantisierungsrauschen („quantization noise") · Sättigung („saturation") · Si-Interpolation („si-interpolation") · SNR („signal-to-noise ratio") · Spektrale Überfaltung („aliasing") · Überlauf („overflow") · Unterlauf („underflow") · Wortlänge („word length") · Zweierkomplementformat („two's complement format")

14.1 Lernziele

Wie kommen Bild und Ton ins Smartphone? Zwei Schritte sind dazu immer notwendigen: Die Abtastung und die Quantisierung. Die Abtastung erzeugt das zeitdiskrete Signal, wobei das Abtasttheorem zu beachten ist. Die Quantisierung ist unvermeidlich, weil zur Darstellung der Signalamplituden auf Digitalrechnern nur eine begrenzte Anzahl von Binärstellen zur Verfügung steht. Welche Konsequenzen sich aus beiden Schritten für die Signalverarbeitung ergeben, wird in diesem Versuch vorgestellt.

Nach Bearbeiten dieses Versuches können Sie

- die notwendigen Verarbeitungsschritte der Analog–Digital-Umsetzung anhand eines Blockdiagramms skizzieren und erläutern,
- das Abtasttheorem angeben und seine Bedeutung erklären,
- den Jitter-Effekt erklären und einschätzen,
- die Quantisierung anhand der Quantisierungskennlinie analysieren,
- ein einfaches Modell für den Quantisierungsfehler angeben und das Verhältnis der Leistungen des (Nutz-)Signals und des Quantisierungsrauschens in Abhängigkeit von der verfügbaren Wortlänge abschätzen und praktisch messen,
- das Gleitpunktformat (IEEE Std 754–2008) und das Festpunktformat im Zweierkomplement vorstellen und bezüglich der Dynamik und Präzision bewerten,
- und die Zahlendarstellung im Zweierkomplement- und im Gleitpunktformat anwenden.

14.2 Digitalisierung

Die Verarbeitungsschritte zur *Digitalisierung* eines analogen Signals zeigt Abb. 14.1. Der Tiefpass mit der Grenzfrequenz f_g führt die notwendige Bandbegrenzung durch und unterdrückt das meist vorhandene breitbandige Rauschen bei höheren Frequenzen.

14.3 Abtastung

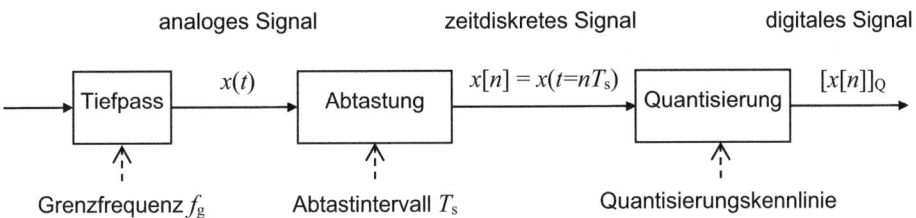

Abb. 14.1 Vom analogen zum digitalen Signal: Abtastung und Quantisierung

Zunächst werden bei der zeitlichen Diskretisierung, der idealen *Abtastung* („sampling operation"), jeweils alle Abtastintervalle T_s ein Abtastwert („sample") aus dem analogen Signal entnommen. Das entstehende zeitdiskrete Signal, die Abtastfolge $x[n]$, besitzt wertkontinuierliche Amplituden. Bei der anschließenden *Quantisierung* werden den Amplituden Zahlenwerte aus dem diskreten Vorrat der *Maschinenzahlen* zugewiesen. Die Zuweisung wird durch die *Quantisierungskennlinie* definiert. Das zeit- und wertdiskrete digitale Signal entsteht.

Praktisch findet die Digitalisierung in den *Analog–Digital-Umsetzern* (ADC, „anlog-to-digital converter") statt. Dabei kommen meist integrierte mikroelektronische Bausteine zum Einsatz. Gemäß den jeweiligen Anforderungen kann der ADC aus einem reichhaltigen Angebot gewählt werden. Grundsätzlich wächst die Komplexität der ADC mit der Höhe der Abtastrate und der Genauigkeit der Zahlendarstellung. Typisch sind Wortlängen von acht bis 16 (20) Bits bei Abtastfrequenzen bis 100 (1000) MHz [3] [4].

Digitalisierung

In öffentlichen Diskursen wird der Begriff *Digitalisierung* weiter gefasst. Er beschreibt allgemein den Prozess der elektronischen Erfassung und Verarbeitung von Daten mit seinen denkbaren Folgen. Die Digitalisierung ist nicht auf die Kommunikations- und Informationstechnik beschränkt, sondern wirkt in alle Bereiche unserer Gesellschaft hinein und führt schließlich zur „digitalen Transformation" oder gar zur „digitalen Revolution". Wer dabei schließlich Gewinner oder Verlierer sein wird, ist heute noch nicht abzusehen und wird maßgeblich von den begleitenden gesellschaftlichen Prozessen auf allen Ebenen abhängen. Entwicklungen zu sozialen Medien und zur künstlichen Intelligenz (KI) deuten auf die Bildung eines Oligopols hin, bei dem einzelne Firmen die Souveränität von demokratischen Staaten in Frage stellen.

14.3 Abtastung

Die Darstellung analoger Signale durch eine Folge von Signalwerten und deren effiziente Übertragung im Zeitmultiplex beschäftigte die Nachrichtentechnik bereits seit Anfang des 20. Jahrhunderts. Aus den Erfahrungen mit der Telegrafie heraus, stand die Frage im Raum, ob ein Signal, wie z. B. die Telefonsprache, ohne Informationsverlust durch eine Folge von Signalwerten ersetzt werden kann und welche Bedingungen dabei einzuhalten sind. Mit der Beantwortung dieser Frage durch das Abtasttheorem ab circa 1915 werden u. a. E. T. Whittaker, H. Nyquist, V. A. Kotelnikov, H. P. Raabe und C. E. Shannon in Verbindung gebracht.

14.3.1 Abtasttheorem

Eine sinnvolle zeitliche Diskretisierung liegt vor, wenn die Veränderungen eines analogen Signals durch seine Abtastfolge hinreichend wiedergegeben werden. Offensichtlich muss dazu ein sich schnell änderndes Signal häufiger abgetastet werden. Diese grundsätzliche Überlegung wird im *Abtasttheorem* präzisiert. Die mindestens erforderliche Abtastrate wird auch Nyquist-Rate genannt.

Eine Funktion $x(t)$, deren Spektrum für $|f| \geq f_g$ null ist, wird durch die Abtastwerte vollständig beschrieben, wenn das *Abtastintervall* T_s, bzw. die *Abtastfrequenz* f_s, so gewählt wird, dass

$$T_s = \frac{1}{f_s} \leq \frac{1}{2 \cdot f_g}.$$

Die so abgetastete bandbegrenzte Funktion kann aus den Abtastwerten durch die si-*Interpolation* fehlerfrei rekonstruiert werden mit

$$x(t) = \sum_{n=-\infty}^{\infty} x(n \cdot T_s) \cdot \text{si}(f_s \cdot \pi \cdot [t - n \cdot T_s]).$$

Die Interpolation mit gewichteten si-Impulsen entspricht im Frequenzbereich der Filterung des Abtastsignals mit dem idealen Tiefpass mit der Grenzfrequenz $f_s/2$. Sie liefert das ursprüngliche zeitkontinuierliche Signal (Kap. 4). Praktische geschieht die Rekonstruktion im *Digital-Analog-Umsetzer* (DAC, „digital-to-analog converter"). Beispielsweise erzeugt ein Abtast-Halte-Glied zunächst ein treppenförmiges analoges Signal, das anschließend durch einen realen Tiefpass geglättet wird [3].

Die Auswirkung der Abtastung auf die Spektren der Signale wird in Kap. 4 vorgestellt. Wird das Abtasttheorem verletzt, kommt es durch Überfaltungen des periodisch fortgesetzten Spektrums, dem *Aliasing*, zu Signalverzerrungen.

Beachten Sie auch die hier gewählte Formulierung des Abtasttheorems. Bei der Grenzfrequenz f_g ist das Spektrum des analogen Signals bereits zu null angenommen. Grund dafür ist, dass bei der Abtastung einer Sinus- oder Kosinusfunktion mit der Frequenz $2 \cdot f_g$, also mit zwei Abtastwerten pro Periode, die Amplitudeninformation unbestimmt ist. Im Extremfall kann auch in den Nulldurchgängen abgetastet werden. In praktischen Fällen sollte das Betragsspektrum des analogen Signals bis zur halben Abtastfrequenz „genügend" abgefallen sein, um einen Aliasing-Beitrag vernachlässigen zu können.

Abb. 14.2 Additives Fehlermodell für die Abtastung mit Jitter

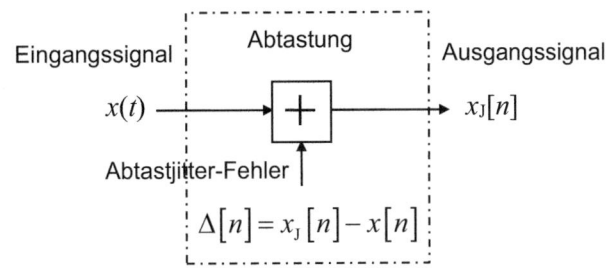

14.3.2 Aperturjitter-Effekt

Anders als im Abtasttheorem vorausgesetzt, kommt es im ADC bauartbedingt zu mehr oder weniger starken Schwankungen („jitter") zwischen den Abtastzeitpunkten. Man spricht vom (Apertur-)*Jitter* [3]. Er kann deterministisch und/oder zufällig sein. Der Aperturjitter-Effekt ist signalabhängig und somit nichtlinear und entzieht sich einer allgemeinen einfachen Beschreibung. Meist wird er, von Defekten in der Hardware abgesehen, vernachlässigt bzw. in die später noch erläuterte Auflösung des ADC einbezogen. In speziellen Anwendungen kann er jedoch wichtig werden. Aus diesem Grund soll hier der Einfluss eines zufälligen Jitters bei der Abtastung („random-sampling jitter") auf die Signalqualität exemplarisch veranschaulicht werden. Dazu werden sinusförmige Signale (Töne) gewählt, weil deren Abtastwerte zu zufälligen Zeitpunkten einfach bestimmt werden können. Somit ist es möglich, in der Simulation die Abtastfolgen mit und ohne Jitter zu vergleichen.

Das Fehlermodell für den Aperturjitter-Effekt zeigt Abb. 14.2 Die Differenz zwischen der Abtastfolge mit Jitter und ohne ergibt das *Fehlersignal* („random-sampling jitter error") $\Delta[n]$. Es liegt ein additives Störmodell vor, in dem die Leistung des Jitter-freien Signals mit der des Fehlersignals verglichen werden kann. Das Verhältnis der Leistungen wird üblicherweise als *Signal-Geräuschverhältnis* (SNR) („signal-to-noise ratio") im logarithmischen Maß (dB) angegeben. (Das Signal-Geräuschverhältnis wird auch als Signal-Geräuschabstand bezeichnet, weil es in den in der Nachrichtenübertragungstechnik typischen Pegeldiagrammen als (Pegel-)Abstand sichtbar wird.)

Mit MATLAB wurde der Aperturjitter-Effekt bei Eintonsignalen (Kap. 2) simuliert. Deren Amplitude und Dauer war jeweils eins bzw. 12.5 s, was bei der gewählten Abtastfrequenz von 8 kHz 10^5 Abtastzeitpunkte lieferte. Die Messung des SNR erfolgte nach Abb. 14.3 und die Leistungen der Musterfolgen wurden durch die Blockenergien (Summe der Quadrate der Amplituden im Signalblock/Musterfolge) geschätzt. Einige Ergebnisse sind in Abb. 14.4 zusammengestellt. In der linken Tafel ist das SNR über der (Ton-)Frequenz aufgetragen. Der Verlauf bestätigt die vermutete Signalabhängigkeit des Aperturjitter-Effekts, hier von der Signalfrequenz. Das SNR nimmt mit wachsender Frequenz ab. Bei kleinen Frequenzen wird ein kleinerer Abtastfehler durch den Aperturjitter erwartet, da sich das Signal innerhalb eines Abtastintervalls wenig ändert. Bei hohen Frequenzen variiert das Signal schneller und entsprechend größer fallen die

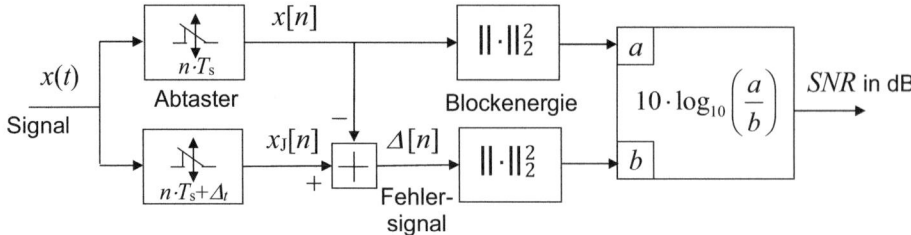

Abb. 14.3 Messung des Signal-Geräusverhältnisses (SNR) des Aperturjitter-Effekts (jitter)

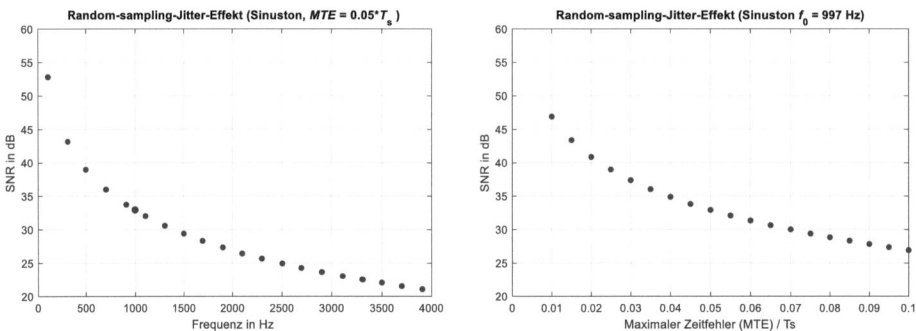

Abb. 14.4 Signal-Geräuschverhältnis (SNR) durch den Random-sampling-Jitter für Eintonsignale bzgl. Frequenz (links) und maximaler Verzögerung des Abtastzeitpunkts (rechts) (jitter)

Abweichungen zwischen dem Wert zum idealen Abtastzeitpunkt und dem tatsächlichen Abtastwert aus. Bei einer für Sprach- und Audiosignale typischen Frequenz von circa 1000 Hz beträgt das geschätzte SNR etwa 32.9 dB und für Frequenzen bis ungefähr 4 kHz fällt das SNR auf fast 20 dB ab. (Bei den Simulationen wurden nur Primzahlen für die Signalfrequenzen verwendet, um Periodizität zwischen Signal und Abtastzeitpunkten zu vermeiden.)

Die rechte Tafel in Abb. 14.4 zeigt für die Frequenz 997 Hz das SNR in Abhängigkeit von der maximalen Verzögerung des Abtastzeitpunkts (MTE, „maximum time intervall error") durch den Aperturjitter, im Bild von 1 % bis 10 % des Abtastintervalls. In den Simulationen wurde von einem festen Abtastraster ausgegangen, für den Aperturjitter aber eine zusätzliche gleichverteilte Zeitverzögerung zwischen null und dem eingestellten MTE angenommen. Wie zu erwarten, fällt das SNR mit zunehmender Verzögerung des Abtastzeitpunkts. Beim Maximalwert der Verzögerung um 5 % des Abtastintervalls beträgt das SNR 32.9 dB. Für zunehmende Schwankungen des Abtastzeitpunkts nimmt das SNR wie erwartet ab.

Zur weiteren Untersuchung des Fehlersignals wird sein Streudiagramm und sein Histogramm in Abb. 14.5 gezeigt. Das Streudiagramm (Ausschnitt) zeigt Werte im

14.3 Abtastung

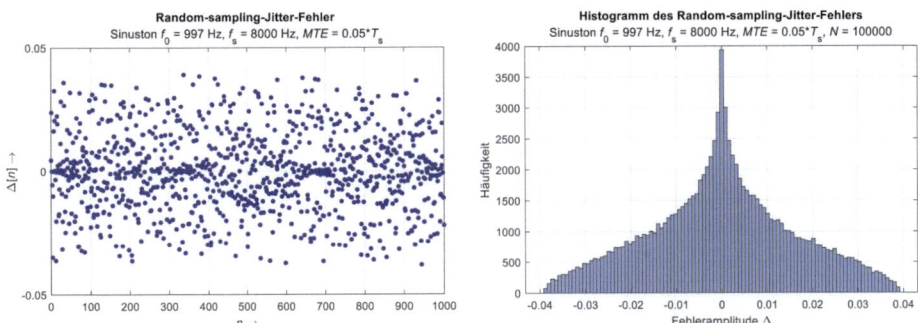

Abb. 14.5 Streudiagramm und Histogramm des Random-sampling-Jitter-Fehlersignals bei Eintonmessung (jitter)

Intervall ungefähr [−0.04, 0.04], wobei das zugrunde liegende Eintonsignal die Amplitude eins und die Frequenz 997 Hz hat. Die maximale Verzögerung ist auf $0.05 \cdot T_s$ begrenzt. Das Streudiagramm zeigt eine Verdichtung der Fehlerwerte um null, jedoch ist der gesamte Bereich von −0.04 bis 0.04 gut belegt. Bezüglich möglicher zeitlicher Abhängigkeiten ist augenfällig kein Muster zu erkennen.

Das Histogramm rechts in Abb. 14.5 ergänzt das Streudiagramm. Es zeigt die Häufigkeiten der Amplituden des Fehlersignals. Kleine Amplituden treten gemäß der Sinusfunktion mit ihren flachen Wellenbergen und -tälern gehäuft auf. Die Amplituden des Fehlersignals sind hier betragsmäßig auf Werte unter 0.04 beschränkt.

Um einer möglichen Periodizität nachzuspüren, wird das mit dem Periodogramm geschätzte *Leistungsdichtespektrum* (LDS) des Fehlersignals in Abb. 14.6 gezeigt. Das LDS weist eine scharfe Spitze bei der Signalfrequenz und einen dazu um circa 27 dB abgesenkten *Rauschteppich* auf. Das Fehlersignal enthält somit einen starken Anteil bei der Signalfrequenz und breitbandiges Rauschen.

Die gezeigten Simulationsergebnisse haben zwar nur exemplarischen Charakter, es werden jedoch einige Überlegungen bestätigt: Der Aperturjitter-Effekt ist signalabhängig und produziert einen Störanteil im Signal. Die Stärke der Störung hängt von der Größe des Aperturjitters ab.

14.3.3 Vorbereitende Aufgaben

A14.1 Bandbegrenzung – Unterabtastung eines Audiosignals
In der Versuchsdurchführung soll mit dem Programm 14.1 subsampling der Einfluss der Abtastfrequenz hörbar gemach werden. Darin wird ein mit 44.100 kHz abgetastetes Audiosignal unterabgetastet und über die PC Sound Card ausgegeben (Kap. 9). Um Störungen durch Aliasing zu vermeiden, ist vorbereitend eine Bandbegrenzung notwendig. Machen Sie sich mit dem Programm vertraut und erklären Sie, wie die Bandbegrenzung durchgeführt wird. Beachten Sie:

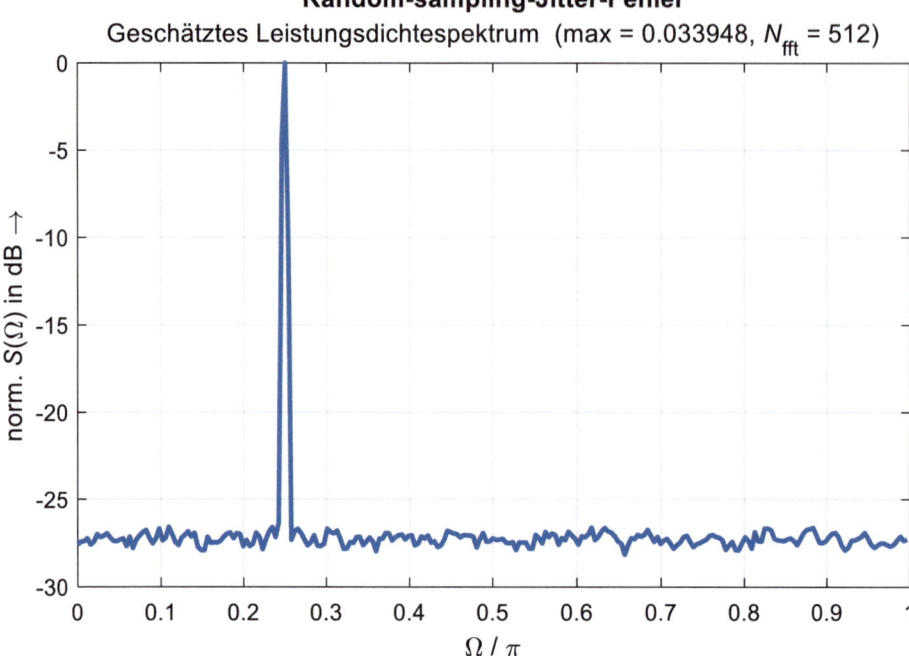

Abb. 14.6 Leistungsdichtespektrum des Random-sampling-Jitter-Fehlersignals beim Eintonsignal ($N_{\text{fft}} = 512$, Hamming-Fenster) (`jitter`)

- Mit den Befehlen `designSpecs` und `design` wird ein Filter entworfen und als das Objekte `LP` gespeichert.
- Mit `fvtool(LP)` können Sie das entworfene Filterobjekt analysieren. Um was für ein Filter handelt es sich?
- Der MATLAB-Befehl `listdlg` stellt eine einfache grafische Benutzerschnittstelle am Bildschirm für die Auswahl (Listendialog) bereit.

Nicht jede PC Sound Card unterstützt eine weitgehend beliebige Einstellung der Abtastfrequenz. Gegebenenfalls kann im Programmbeispiel auf die explizite Unterabtastung verzichtet werden. Es muss jedoch vor der Unterabtastung die Bandbegrenzung durchgeführt werden, sodass sich ein entsprechender Höreindruck ergibt.

Programm 14.1 Unterabtastung eines Sprachsignals (`subsampling`)

```
% Subsampling of an audio signal (mw2024)
%% Load audio signal
filename = input('Name of audio file (*.wav): ','s');
filename = strcat(filename,'.wav');
INFO = audioinfo(filename); bits = INFO.BitsPerSample;
[x,fs] = audioread(filename); % read audio signal
fprintf('Sampling frequency : %6.0f Hz\n',fs)
fprintf('Time duration      : %6.1f s\n',length(x)/fs)
%% Design of anti-aliasing lowpass filter
designSpecs = fdesign.lowpass('FP,Fst,Ap,Ast',.45,.50,.5,60);
LP = design(designSpecs,'systemObject',true); % default equiripple
%% Lowpass filtering and subsampling
index = 1;
list = {[num2str(fs),' Hz   (original)'],[num2str(fs/2),' Hz'],...
    [num2str(fs/4),' Hz'],[num2str(fs/8),' Hz'],[num2str(fs/16),' Hz'],...
    [num2str(fs/32),' Hz']};
while index>=1 && index<=6
    [index,tf] = listdlg('PromptString','Select a sampling frequency',...
        'SelectionMode','single','ListSize',[180,120],'ListString',list,...
        'CancelString','Exit');
    if isempty(index), break, end
    SR = 2^(index-1); % subsampling factor
    y = x;
    for k = 1:(index-1)
        y = filter(LP.Numerator,1,y); % anti-aliasing lowpass filter
        y = y(1:2:end); % subsampling
    end
    fprintf('f_s : %6.0f Hz\n',fs/SR)
    soundsc(y,round(fs/SR),bits); % subsampled audio signal
    pause(4)
end
```

A14.2 Aperturjitter

a. Zeigen Sie analytisch, dass im Simulationsbeispiel des Eintonsignals, siehe Abb. 14.5, das Fehlersignal nicht größer als etwa 0.04 werden kann.
b. Wie groß kann bei vorgegebenem MTE das Fehlersignal bei Eintonsignalen im ungünstigsten Fall werden?

14.3.4 Versuchsdurchführung

M14.1 Bandbegrenzung – Unterabtastung eines Sprachsignals

Machen Sie sich die Bedeutung der Abtastfrequenz für den Höreindruck klar. Hören Sie sich das Sprachsignal in der Datei NTHFDbe.wav mit dem Programm 14.1 (`subsampling`) bei verschiedenen Abtastfrequenzen an. Bis zu welcher Grenzfrequenz scheint dabei das Sprachsignal noch verständlich? (Um tatsächlich Verständlichkeit zu überprüfen, müssten Sie mit unbekannten Sprachproben oder besser noch Folge von Silben auf Textverständlichkeit bzw. Silbenverständlichkeit testen.)

M14.2 Simulation des Aperturjitter-Effekts mit einem Sprachsignal
In dieser Übung sollen Sie die Simulationsergebnisse für Eintonsignale in Abschn. 14.3.2 am Beispiel eines Sprachsignals verifizieren, siehe auch Blockschaltbild Abb. 14.3. Wählen Sie eine Sprachprobe aus, z. B. NTHFDbe.wav aus den Onlineressourcen.

Den Aperturjitter-Effekt simulieren Sie, indem Sie den Abtastzeitpunkt um eine gleichverteilte Zufallsvariable im Intervall [0, *MTE*] $\cdot T_s$ verzögern. Die maximale Verzögerung (MTE) sollte kleiner eins sein. Die Abtastwerte zu den „Zwischenzeiten" erzeugen Sie der Einfachheit halber durch kubische Spline-Interpolation mit der MATLAB-Funktion spline. Damit können Sie das Fehlersignal näherungsweise bestimmen und das SNR schätzen.

a. Erstellen Sie ein Diagramm welches das SNR zum Aperturjitter-Effekt über die Verzögerungszeit (MTE) zeigt.
b. Hören Sie sich auch das Fehlersignal an. Ist das Fehlersignal signalabhängig?

Bei der Interpolation mit *kubischen Splines* werden Kurven zwischen Stützstellen interpoliert. Als interpolierende Funktion kommt ein Polynom dritter Ordnung zum Einsatz, dessen Koeffizienten für jedes Intervall zwischen zwei Stützstellen jeweils angepasst werden. Dabei werden bestimmte Anforderungen, z. B. stetige Differenzierbarkeit, an den Übergang zwischen den Kurvenstücken gestellt. Kubische Splines sind effizient zu berechnen und wirken ähnlich wie die bekannte Methode des biegbaren Kurvenlineals oder der Straklatte im Schiffsbau („spline").

14.4 Quantisierung

Es gehört zur Natur digitaler Prozessoren, dass zur Speicherung von Zahlen in den Registern nur eine eng begrenzte Anzahl von Binärstellen zur Verfügung steht. Bei einer Wortlänge von acht Bits lassen sich genau $2^8 = 256$ unterschiedliche Informationseinheiten, Programmcodewörter oder Datenwörter, darstellen. Typischerweise ist die (Register-)Breite 8, 16, 32 oder 64 Bits und die Prozessoren sind entsprechend auf die Verarbeitung von Informationseinheiten, *Maschinenwörter* genannt, aus ebenso vielen Bits optimiert. Man spricht von der systemeigenen Wortlänge.

Ein analoges Signal zu digitalisieren, heißt somit neben der Abtastung auch eine Diskretisierung der Signalwerte durchzuführen. Die üblichen reellen Werte des analogen Signals sind auf den begrenzten Vorrat an Maschinenzahlen abzubilden, zu *quantisieren*. In der Regel ist dies mit einer Vergröberung des Signals und folglich mit einem Verlust an Information verbunden. Andererseits können reale Signale nur im Rahmen der physikalischen Messgenauigkeit beobachtet werden, die „wahren" Werte liegen nur mit gewissen

14.4 Quantisierung

Wahrscheinlichkeiten in den Messintervallen. Die Genauigkeit der Quantisierung in der Praxis ist letztlich ein Kompromiss.

14.4.1 Quantisierungskennlinie

Das analoge Signal sei auf das normierte Amplitudenintervall [−1, 1] begrenzt. Falls nicht, wird es vor der Quantisierung entsprechend eingestellt. Im Weiteren wird stets von einem normierten *Quantisierungsbereich* von −1 bis +1 ausgegangen. Zur Darstellung der Abtastwerte sollen je w Bits zur Verfügung stehen. Man spricht von der *Wortlänge* und schreibt z. B. kurz $w=3$ bit. Dabei wird „bit" als (Pseudo-)Einheit der Wortlänge in Binärstellen verwendet und auch oft weggelassen.

Mit w Bits können genau $2^{w/\text{bit}}$ *Quantisierungsintervalle* dargestellt werden. Bei der *gleichförmigen Quantisierung* wird der Quantisierungsbereich in gleichgroße Intervalle geteilt. Es resultiert die *Quantisierungsintervallbreite*

$$Q = 2^{-(w/\text{bit}-1)}.$$

Die Beschreibung der Quantisierung geschieht durch die *Quantisierungskennlinie*, wie z. B. in Abb. 14.7. Sie definiert die Abbildung der kontinuierlichen Abtastwerte auf die

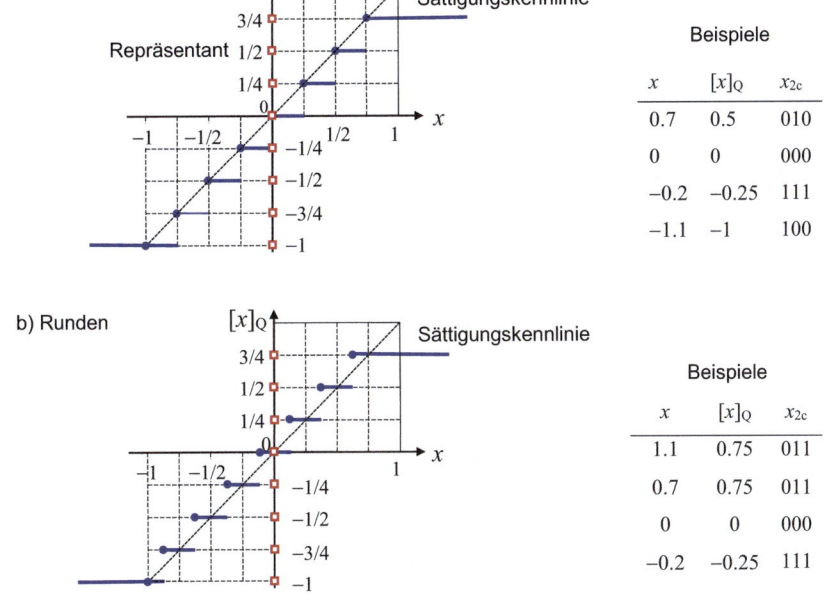

Abb. 14.7 Quantisierungskennlinien mit Abschneiden bzw. Runden bei gleichförmiger Quantisierung mit der Wortlänge von drei Bits und der Zweierkomplementdarstellung

diskreten *Repräsentanten*. Die Repräsentanten sind im Bild als kleine Quadrate hervorgehoben. Im Beispiel des Abschneidens (a) wird der Wert 0.7 auf den Repräsentanten 0.5 abgebildet und im später noch dargestellten Zweierkomplementformat als 010_{2c} codiert.

Bei der gleichförmigen Quantisierung mit Runden in Abb. 14.7b liegen die Repräsentanten jeweils in der Mitte der Quantisierungsintervalle, sodass der Betrag der Differenz zwischen Abtastwert und Repräsentant, der Betrag des *Quantisierungsfehlers*, die halbe Quantisierungsintervallbreite nicht überschreitet. Im Beispiel des Runden (b) wird der Wert 0.7 auf den Repräsentanten 0.75 abgebildet und im später noch dargestellten Zweierkomplementformat als 011_{2c} codiert.

In Abb. 14.7 lassen sich zwei allgemeine Probleme der Quantisierung erkennen:

- Eine *Übersteuerung* tritt auf, wenn das Eingangssignal außerhalb des vorgesehenen Aussteuerungsbereichs liegt. I. d. R. tritt dann die *Sättigung* ein und es wird der größte bzw. der kleinste Repräsentant ausgegeben, siehe *Sättigungskennlinie*.
- Eine *Untersteuerung* liegt vor, wenn das Eingangssignal (fast) immer viel kleiner als der Aussteuerungsbereich ist. Im Extremfall entsteht *granulares Rauschen*, bei dem das quantisierte Signal scheinbar regellos zwischen den beiden Repräsentanten um null herum wechselt (Abb. 14.7a). Dass granulare Rauschen wird vermieden, wenn der Wert null explizit durch einen Repräsentanten dargestellt wird (Abb. 14.7b).

Offensichtlich ist es wichtig, den ADC passend anzusteuern. Im praktischen Einsatz können weitere statische und dynamische Fehler durch den ADC entstehen [3]. Typische Fehlerarten sind Offsetfehler, Verstärkungsfehler und der Aperturjitter mit unsicheren Abtastzeitpunkten.

14.4.2 Maschinenzahlen

Bei der Zahlendarstellung auf Digitalrechnern, den *Maschinenzahlen*, wird i. d. R. das Dualsystem mit der Basis 2 sowie ein beschränkter Speicherplatz zugrunde gelegt. Es kommen zwei grundsätzliche Formate zum Einsatz: das *Gleitpunktformat* und das *Festpunktformat* [1].

14.4.2.1 Festpunktformat

Wir beginnen mit der Darstellung von *Dualzahlen* im *Festpunktformat* („fixed-point format"). Stehen n Bits für den ganzen Teil und m Bits für den gebrochenen Teil („fraction") zur Verfügung, so können nichtnegative Dualzahlen im Festpunktformat mit $n+m$ Binärstellen („binary digit") d_i angegeben werden mit

$$z = \underbrace{d_{n-1} \cdot 2^{n-1} + \cdots + d_1 \cdot 2 + d_0}_{\text{ganzer Teil}} + \underbrace{d_{-1} \cdot 2^{-1} + \cdots d_{-m} \cdot 2^{-m}}_{\text{gebrochener Teil}} = \sum_{i=-m}^{n-1} d_i \cdot 2^i.$$

14.4 Quantisierung

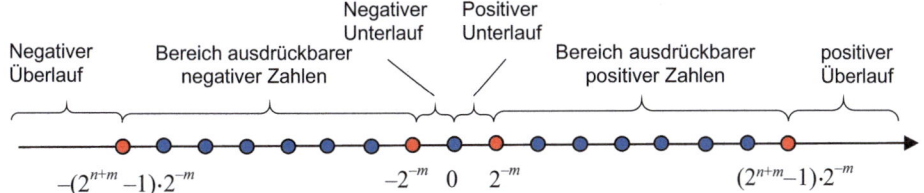

Abb. 14.8 Die sieben Zahlenbereiche für das Rechnen mit Festpunkt-Dualzahlen

Sind alle Binärstellen null, erhält man die Zahl null. Die kleinste von null verschiedene Zahl ist 2^{-m}. Und die größte darstellbare Zahl ergibt sich, wenn alle Binärstellen gleich eins sind. Den Bereich der ausdrückbaren Festpunkt-Dualzahlen veranschaulicht Abb. 14.8. Sie liegen jeweils mit gleichen Abständen zu ihren Nachbarn auf dem Zahlenstrahl. Die Feinheit der Darstellung, ausgedrückt durch den maximalen Rundungsfehler (Quantisierungsfehler), wird *Präzision* genannt und ist im ganzen dargestellten Zahlenbereich konstant $2^{-(m+1)}$.

Wir betrachten beispielhaft die Dezimalzahl 3.375 und geben drei Bits für den ganzen Teil und vier für den gebrochenen vor. Die Konvertierung geschieht in Tab. 14.1 getrennt für die beiden Teile [1]. Wir erhalten $3.375_{10} = 011.0110_2$ ($= 2^1 + 2^0 + 2^{-2} + 2^{-3}$). Werden auch negative Zahlen zugelassen, ist eine weitere Binärstelle als Indikator für das Vorzeichen notwendig. Im Beispiel wird ein *Vorzeichenbit* ergänzt, das im Falle negativer Zahlen mit eins codiert wird, $-3.375_{10} = 1011.0110_{2^-}$.

Beim Rechnen im Festpunktformat können sich problematische *Über-* oder *Unterläufe* („overflow" bzw. „underflow") einstellen. Abb. 14.8 zeigt die sieben möglichen Bereiche für Rechenergebnisse. Nur wenn die Ergebnisse im Bereich der ausdrückbaren Zahlen (einschließlich null) liegen, können sie gespeichert oder weiterverarbeitet werden.

14.4.2.2 Gleitpunktformat

Im *Gleitpunktformat* („floating-point format") (Gleitkommaformat) werden die Zahlen in exponentieller Form so dargestellt, dass der Dezimalpunkt mit der Änderung des Exponenten „gleitet". Die Zahlen werden durch das Tripple aus *Vorzeichen* („sign"), *Exponent* und die *Mantisse* ausgedrückt. Wir betrachten dazu zwei Beispiele:

$$3.375 = (-1)^0 \cdot 2^1 \cdot (1 + 0.6875)$$
$$-0.453125 = (-1)^1 \cdot 2^{-2} \cdot (1 + 0.8125).$$

Tab. 14.1 Konvertierung der Dezimalzahl 3.375 in die Dualzahl 011.0110_2

Ganzer Anteil gleich 3	Gebrochener Anteil gleich 0.375
3:2 = 1 Rest 1 → $d_0 = 1$	$.375 \cdot 2 = 0.750 \to d_{-1} = 0$
1:2 = 0 Rest 1 → $d_1 = 1$	$.75 \cdot 2 = 1.5 \to d_{-2} = 1$
Ende → $d_i = 0$ für $i \geq 2$	$.5 \cdot 2 = 1 \to d_{-3} = 1$
	Ende → $d_i = 0$ für $i \leq -4$

Wie wir noch sehen werden, ist es günstig die Mantisse auf Werte zwischen 1 und kleiner 2 zu normalisieren.

Das am meisten verwendete Gleitpunktformat folgt der Empfehlung „IEEE Std 754–2008" der IEEE Computer Society [2]. Abb. 14.9 zeigt die Grundform („binary interchange floating-point format") mit den Bitfeldern für das Vorzeichen (1 Bit), den Exponenten (w Bits) und die „Mantisse" ($p-1$ Bits). MATLAB unterstützt das Binary-32-Format und das Binary-64-Format mit den Datentypen `single` bzw. `double`. In der Datentechnik wird gemäß der früheren Empfehlung IEEE Std 754–1985 oft von „single precision" und „double precision" gesprochen. Man beachte jedoch, dass damit auch ein vom Standard abweichender Datentyp der eingesetzten Soft- und/oder Hardware gemeint sein kann.

Im *normalisierten Gleitpunktformat* werden die Zahlen mittels Exponenten so skaliert, dass die am höchsten wertige Stelle der Mantisse eins ist, siehe obige Beispiele. Sie kann deshalb weggelassen (gemerkt) werden, womit effektiv eine Stelle mehr im Speicher zur Verfügung steht. Diese spezielle Form der Mantisse wird *Signifikant* genannt. In Abb. 14.9 ist das Datenfeld zur Mantisse, im Standard „trailing significant field" T genannt, mit den Bits d_1 bis d_{p-1} belegt. Weil das führende Bit implizit gleich eins ist ($d_0 = 1$), gilt für die Mantisse

$$M = 1 + d_1 \cdot 2^{-1} + \cdots d_{p-1} \cdot 2^{-(p-1)} = 1 + T$$

mit dem gebrochenen Teil („fraction")

$$0 \leq T = \sum_{l=1}^{p-1} d_l \cdot 2^{-l} \leq 1 - 2^{-(p-1)}.$$

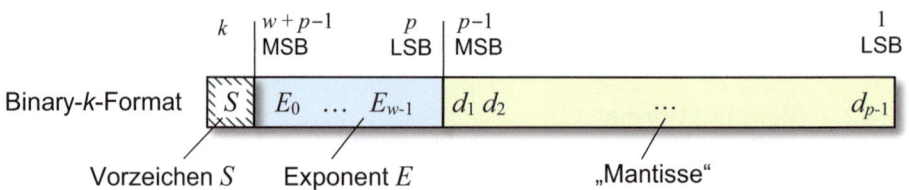

Grundformen des binäre Gleitkommaformats nach IEEE Std 754-2008

Parameter	Binary 16	Binary 32	Binary 64	Binary 128
Exponent, w	5	8	11	15
Präzision, p	11	24	53	113

Die Anzahl der Speicher gibt den Namen vor. Erweiterungen größer als 128 sind vorgesehen

Abb. 14.9 Binäres Gleitpunktformat nach IEEE Std 754–2008 („least significant bit" LSB; „most significant bit" MSB)

14.4 Quantisierung

Wesentlich für den Grad der Genauigkeit der Zahlendarstellung beim Runden ist die effektive Anzahl der Binärstellen in der Mantisse p. Dieser Parameter wird deshalb im Standard auch „precision" genannt. Der tatsächlich maximale Rundungsfehler (Quantisierungsfehler) zwischen zwei benachbarten Zahlen ist jedoch nicht mehr konstant, da der Exponent berücksichtig werden muss. Abb. 14.10 zeigt ein an den Standard angelehntes, einfaches Beispiel ($w = p = 3$) für darstellbare Zahlen. Deutlich zu erkennen ist, wie die Abstände zwischen den ausdrückbaren Zahlen mit der Größe der Zahlen zunehmen. Und es zeigt sich die Lücke bei null für den positiven Unterlauf. Im Gleitpunktformat wird der relative Rundungsfehler konstant gehalten, was für viele Anwendungen vorteilhaft ist.

Auch der Exponent besitzt eine spezielle Darstellung. Um im Exponenten das Vorzeichen zu vermeiden, wird ein Bias eingeführt damit nur natürliche Zahlen im Bitfeld des Exponenten gespeichert werden. Darüber hinaus wird der Wertebereich eingeschränkt, um Anzeigemöglichkeiten für einige Sonderfälle zu schaffen, was später noch erläutert wird.

Im Register des Exponenten mit den w Bits könnten unter Verwendung eines Vorzeichenbits die ganzen Zahlen im Bereich von $-(2^{w-1} - 1)$ bis $2^{w-1} - 1$ als Dualzahlen dargestellt werden. Im Beispiel des Binary-32-Formats wären das mit $w = 8$ bit die ganzen Zahlen von -127 bis 127. Würde nun das *Bias* von 127 addiert, ergäben sich in eindeutiger Weise die natürlichen Zahlen von 0 bis 254, weil kein Überlauf auftreten kann. Durch das Bias wird das negative Vorzeichen im Exponentenfeld vermieden. (Statt dem Bias sind auch die Bezeichnungen Offset und Excess verbreitet, statt Exponent mit Bias wird auch von der Charakteristik gesprochen.)

Demzufolge wird für die (mathematischen) Exponenten e und dazu die (gespeicherten) Exponenten mit Bias E im Standard festgelegt

$$E = e + \underbrace{2^{w-1} - 1}_{bias}.$$

Alles in allem resultiert für die *Binary-k-Formate* in Abb. 14.9 die normalisierte Darstellung einer Zahl

$$z = (-1)^S \cdot 2^e \cdot (1 + T) = (-1)^S \cdot 2^{E-bias} \cdot (1 + T).$$

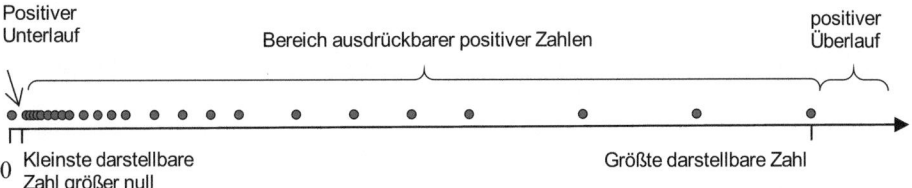

Abb. 14.10 Zahlenbereiche für das Rechnen mit normalisierten binären Gleitpunktzahlen (positiver Ast)

Wir machen uns das an den beiden obigen Beispielen deutlich. Aus

$$3.375 = (-1)^0 \cdot 2^1 \cdot (1 + 0.6875).$$

folgt im Fall des Binary-32-Formats

$$S = 0; \quad E = 1 + 127 = 128; \quad T = 0.6875.$$

Somit ist das Speicherwort als Bitmuster (b) bzw. kompakter in hexadezimaler Darstellung (hex)

$$3.375_{10} = \underbrace{0}_{S} \underbrace{100'0000'0}_{E_0 \cdots E_7} \underbrace{101'1000'0000'0000'0000'0000}_{d_1 \cdots d_{23}} = 4058'0000_{\text{hex}}.$$

Für die Zahl -0.453125 folgt entsprechend

$$S = 1; \quad E = -2 + 127 = 125; \quad T = 0.8125$$

mit

$$-0.453125_{10} = \underbrace{1}_{S} \underbrace{011'1110'1}_{E_0 \cdots E_7} \underbrace{110'1000'0000'0000'0000'0000}_{d_1 \cdots d_{23}} = BEE8'0000_{\text{hex}}.$$

Der IEEE-Standard legt für die binären Gleitpunktformate die maximalen (mathematischen) Exponenten $e_{\max}$ fest. Für die beiden meist verwendeten Formate gelten die Werte in Tab. 14.2. Und mit der vorgegebenen Anzahl der Binärstellen in der Mantisse p (Abb. 14.9.) resultiert für die größte darstellbare Zahl

$$z_{\max} = 2^{e_{\max}} \cdot \left(2 - 2^{-(p-1)}\right) = 2^{2^{w-1}} \cdot \left(1 - 2^{-p}\right).$$

Im Beispiel des Binary-32- und Binary-64-Formats ist $z_{\max}$ kleiner ungefähr 2^{128} ($\approx 3.4028 \cdot 10^{38}$) bzw. 2^{1024} ($\approx 1.7977 \cdot 10^{308}$).

Die Empfehlung IEEE Std 754–2008 definiert einige Bitmuster im Exponentenfeld als Indikatoren von Ausnahmen. Bei einer Rechenoperation kann positiver Überlauf (∞, Inf) oder negativer Überlauf ($-\infty$, -Inf) auftreten. Möglich sind auch undefinierte Ausdrücke („not a number") (NaN), wie bei der Division von null durch null. Um diese Ausnahmen anzuzeigen, werden alle Bits im Exponentenfeld zu eins gesetzt (Einser-Bitmuster), siehe Tab. 14.3.

Tab. 14.2 Mathematischer (e) und gespeicherter (E) Exponent im binären Gleitpunktformat nach IEEE Std 754–2008 mit Wortlänge w im Feld des Exponenten

Formate	w	$e_{\max} = 2^{w-1} - 1$	$e_{\min} = -e_{\max} + 1$	$E_{\max} = e_{\max} + bias$[a]
Binary-32	8 bit	127	-126	254
Binary-64	11 bit	1023	-1022	2046

[a] $bias = e_{\max}$

14.4 Quantisierung

Tab. 14.3 Codierung von Gleitpunktzahlen nach IEEE Std 754–2008

Typ	Exponent mit Bias E	"Mantisse" T	Reelle Zahl
Normalisiert[a]	beliebiges Bitmuster, wenn nicht einer der folgenden Sonderfälle	beliebiges Bitmuster $(d_1, \ldots, d_{p-1})$	$(-1)^s \cdot 2^{E-bias} \cdot (1+T)$
Denormalisiert[b]	Nuller-Bitmuster $(0,\ldots,0)$	beliebiges Nicht-Nuller-Bitmuster $(d_1, \ldots, d_{p-1})$	$(-1)^s \cdot 2^{e_{\min}} \cdot T$
0^c	Nuller-Bitmuster $(0,\ldots,0)$	Nuller-Bitmuster $(0,\ldots,0)$	0
NaN	Einser-Bitmuster $(1,\ldots,1)$	beliebiges Nicht-Nuller-Bitmuster $(d_1, \ldots, d_{p-1})$	–
Inf, -Inf[c]	Einser-Bitmuster $(1,\ldots,1)$	Nuller-Bitmuster $(0,\ldots,0)$	–

[a] Signifikant, $M = 1 + T$, $d_0 = 1$
[b] „subnormal", $M = T$, $d_0 = 0$
[c] 0 und -0 werden ebenso wie Inf und -Inf durch das Vorzeichenbit $s = 0$ bzw. -1 unterschieden

Auch das Nuller-Bitmuster im Exponentenfeld kann einen Sonderfall anzeigen. Enthält das Speicherfeld T für die „Mantisse" kein Nuller-Bitmuster, so ist die Zahl nicht null, sondern es liegt das *denormalisierte* Gleitpunktformat vor. Mit ihm kann das Problem des Unterlaufs (Abb. 14.10) abgemildert werden. Im Standard wird von „subnormal" gesprochen, da kleinere Beträge dargestellt werden als der kleinste Wert der normalisierten Form ($2^{e_{\min}}$). Das implizite Bit der Mantisse d_0 wird zu null gesetzt. Die kleinste mögliche darstellbare Zahl größer null ist dann $2^{e_{\min}-(p-1)}$. Das Bitmuster T muss in der denormalisierten Form mindestens ein von null verschiedenes Bit enthalten, um eine Verwechslung mit der Zahl null auszuschließen.

14.4.2.3 Zweierkomplementformat

Für die Darstellung von Festpunktzahlen (Festkommazahlen) gibt es verschiedene Möglichkeiten: Betrag und Vorzeichen, im Einerkomplement- oder Zweierkomplementformat. Wir beschränken uns auf das in der digitalen Signalverarbeitung häufig verwendete *Zweierkomplementformat* („two's-complement format") mit der *Wortlänge w* in Bits, wobei alle Zahlen im Bereich von -1 bis $+1$ liegen. (In der digitalen Signalverarbeitung wird die Wortlänge oft mit der Pseudoeinheit „bit" verwendet, d. h. $[w] = $ bit.)

Im Zweierkomplementformat gibt es genau $2^{w/\text{bit}}$ verschiedene Maschinenzahlen, wobei null explizit ausgedrückt wird, um granularem Rauschen vorzubeugen (Abb. 14.7b). Der Wert eins kann nicht dargestellt werden.

$$x = -d_0 \cdot 2^0 + \sum_{i=1}^{w/\text{bit}-1} d_i \cdot 2^{-i} \text{ mit } d_i \in \{0,1\} \quad \text{für} \quad -1 \leq x \leq 1 - 2^{-w/\text{bit}+1}$$

Die Negation geschieht vorteilhaft durch Komplementbildung und Addition des Bits mit geringster Wertigkeit, das LSB („*least significant bit*").

$$-x = -\overline{d}_0 \cdot 2^0 + \sum_{i=1}^{w/\text{bit}-1} \overline{d}_i \cdot 2^{-i} + 2^{-w/\text{bit}+1} \text{ mit } d_i \in \{0,1\} \quad \text{für} \quad -1 \leq x \leq 1 - 2^{-w/\text{bit}+1}$$

Das Zweierkomplementformat ermöglicht prinzipiell die Darstellung der Zahl -1. Bei manchen Anwendungen, speziell mit digitalen Signalprozessoren, wird aus Gründen der Kompatibilität auf die Verwendung von -1 verzichtet. (Dann kann mit dem Bitmuster zu -1 auch eine Ausnahme angezeigt werden.)

Wir betrachten beispielhaft das Festpunktformat einer negativen Dezimalzahl (d). Für die Zahl -0.328125 ergibt sich zunächst die Darstellung des Betrages.

$$|-0.328125| = 2^{-2} + 2^{-4} + 2^{-6}$$

Bei der Wortlänge von 16 Bits ist das zugehörige Bitmuster im Zweierkomplementformat (2c) für nichtnegative Zahlen mit dem LSB rechts

$$|-0.328125|_d = 0010/1010/0000/0000_{2c}.$$

Durch Bildung des Zweierkomplements ergibt sich daraus (Tab. 14.4)

$$-0.328125_d = 1101/0110/0000/0000_{2c}.$$

Das Festpunktformat im Zweierkomplement unterstützt eine effiziente Addition von positiven und negativen Zahlen durch elektronische Schaltungen. Bei der Zweierkomplementdarstellung braucht zwischen Addition und Subtraktion nicht umgeschaltet werden [3].

Oft wird am Rechner auch in der Ganzzahlenarithmetik gearbeitet, also einer Darstellung in natürlichen Zahlen mit Vorzeichen. MATLAB unterstützen die Darstellung von ganzen Zahlen (lat. numeri integri) durch die Integerformate `int8`, `int16`, `int32` und `int64` mit den entsprechenden elementaren Rechenoperationen. MATLAB bietet auch Formate für natürliche Zahlen, d. h. ohne Vorzeichen („unsigned integer"), mit `uint8`, `uint16` etc.

Dynamik und Präzision

Eine pauschale Gegenüberstellung für die Anwendung von Fest- oder Gleitpunktformaten auf Digitalrechnern zeigt Tab. 14.5. Was die numerischen Eigenschaften betrifft, werden meist zwei Kriterien herangezogen:

Tab. 14.4 Berechnung des Zweierkomplementformats von -0.328125

|−0.328125| als Dualzahl	0010 1010 0000 0000
Komplement	1101 0101 1111 1111
Plus eins (mit Übertrag)	0000 0000 0000 0001
−0.328125 im Zweierkomplement	1101 0110 0000 0000

14.4 Quantisierung

Tab. 14.5 Vergleich des Fest- und Gleitpunktformats für Digitalrechner bei gleicher Wortlänge

	Festpunktformat	Gleitpunktformat
Aussteuerungsbereich (Dynamik)	kleiner	größer
Quantisierungsfehler (Präzision)	konstant	abhängig vom Exponenten
Skalierung	meist erforderlich	meist nicht erforderlich
Hardware-Komplexität	kleiner	größer
Energieaufnahme[a]	kleiner	größer
Software-Portabilität	schwieriger	einfacher
Preis	niedriger	höher

[a] Mit zunehmender Verbreitung von mobilen Anwendungen und dem Internet der Dinge wird der Aspekt der Energieaufnahme wichtiger

- die *Dynamik*, das Verhältnis aus größter zu kleinster positiv darstellbarer Zahl,
- und die *Präzision*, die Feinheit der Zahlendarstellung (Grad der Genauigkeit) definiert als der maximale Fehler beim Runden; je größer das Quantisierungsintervall, desto kleiner die Präzision im Sinne der Güte (vgl. IEEE Std 754–2008 „precision" p als Kennwert).

14.4.3 Quantisierungsfehler

Aus den quantisierten Werten kann das ursprüngliche Signal, abgesehen von künstlichen Spezialfällen, nicht fehlerfrei rekonstruiert werden. Der *Quantisierungsfehler* wird durch die *Wortlänge* kontrolliert. Je größer die Wortlänge, umso kleiner der mögliche Quantisierungsfehler. Mit der Wortlänge nehmen jedoch Rechenaufwand und Speicherbedarf zu. In Anwendungen ist deshalb zwischen der gewünschten Qualität und dem dafür notwendigen Kosten abzuwägen.

Um im konkreten Fall die Frage nach dem Grad der Präzission zu beantworten, muss sie quantitativ messbar sein. Dazu wird meist das Modell einer additiven Störung durch ein *Fehlersignal* verwendet. In Anlehnung an die Sprachtelefonie wird auch vom *Quantisierungsgeräusch* gesprochen. Das Fehlermodell als Blockdiagramm zeigt Abb. 14.11.

Wir beschränken uns auf den typischen Fall der gleichförmigen Quantisierung, z. B. für die Weiterverarbeitung im Zweierkomplement auf Festpunkt-Signalprozessoren. (Anders bei der Verwendung von Gleitpunktzahlen. Dann ist der Quantisierungsfehler abhängig vom quantisierten Signal [3]).

Die gleichförmige Quantisierung wirkt auf die Momentanwerte des Eingangssignals unabhängig von früheren oder folgenden Werten. Sie ist gedächtnislos. Für viele Anwendungen hat sich folgendes Modell bewährt: Das Fehlersignal des Quantisierers ist ein Zufallssignal, dessen Folgenelemente unabhängig und auch bzgl. des Eingangssignals

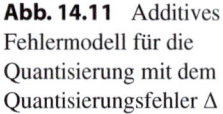

Abb. 14.11 Additives Fehlermodell für die Quantisierung mit dem Quantisierungsfehler Δ

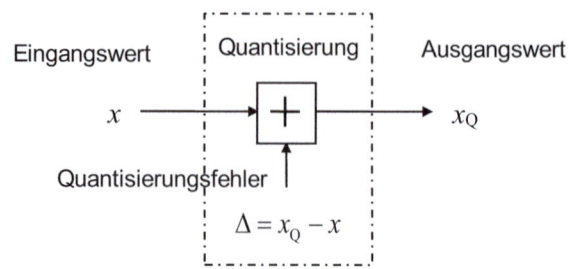

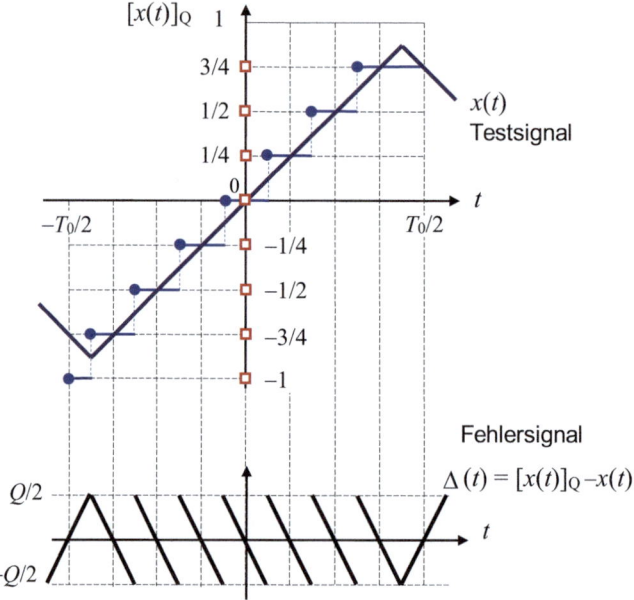

Abb. 14.12 Gleichförmige Quantisierung eines periodischen dreieckförmigen Signals und zugehöriges Fehlersignal

nicht korreliert sind. Der Quantisierungsfehler ist im Quantisierungsintervall gleichverteilt.

Ein übersichtliches Beispiel liefert die Quantisierung mit Runden des periodischen, dreieckförmigen Testsignals in Abb. 14.12. Dann wird am Ausgang die Quantisierungskennlinie sichtbar. Im unteren Bild ist das Fehlersignal aufgetragen. Betrachtet man den Zeitpunkt null, so sind Testsignal und Fehlersignal ebenfalls null.

Aus dem Ursprung steigt das Eingangssignal linear an und das Fehlersignal fällt zunächst linear. Bei $t = T_0/16$ überschreitet das Eingangssignal die Grenze des Quantisierungsintervalls. Danach ist das Eingangssignal zunächst kleiner als der zugewiesene Repräsentant. Das Fehlersignal springt von $-Q/2$ auf $+Q/2$ und fällt über das

14.4 Quantisierung

gesamte Quantisierungsintervall linear wieder bis $-Q/2$. In der Mitte des Quantisierungsintervalls ist der Quantisierungsfehler null. Entsprechendes kann für die anderen Signalabschnitte überlegt werden.

Man beachte, dass in Abb. 14.12 das Signal nicht vollständig zwischen -1 und $+1$ ausgesteuert wird. Wegen der exakten Darstellung der Null im Zweierkomplementformat fehlt die Darstellung der Eins. Im Falle eines Eingangswertes eins ergäbe sich der Quantisierungsfehler $-Q$. Für Eingangswerte größer gleich $1 - 2^{-w/\text{bit}}$ wird der größte darstellbare Wert $1 - 2^{-(w/\text{bit}-1)}$ zugewiesen, siehe Sättigungskennlinie (Abb. 14.7).

Mit dem additiven Fehlermodell wird es möglich, die Qualität der Quantisierung quantitativ zu erfassen. Als Gütemaß wird das Verhältnis der Leistungen des Eingangssignals und des Quantisierungsgeräusches, das *Signal-Quantisierungsgeräuschverhältnis* kurz *SNR* („signal-to-noise ratio"), zugrunde gelegt.

Im Beispiel des dreieckförmigen Testsignals ergibt sich bei Vollaussteuerung die (mittlere) Signalleistung

$$S = \frac{1}{T_0} \cdot \int_0^{T_0} |x(t)|^2 \mathrm{d}t = \frac{1}{3}.$$

Die mittlere Leistung des Quantisierungsgeräusches kann wegen des abschnittsweisen linearen Verlaufs (Abb. 14.12) ebenso einfach berechnet werden. Der Sättigungseffekt der Quantisierung für Eingangswerte bei Vollaussteuerung betragsmäßig nahe eins wird – genügend große Wortlänge vorausgesetzt – für die vereinfachte Modellüberlegung vernachlässigt. Dann sind die Werte des Quantisierungsgeräusches auf das Intervall $[-Q/2, Q/2]$ beschränkt (Abb. 14.12). Die mittlere Geräuschleistung ergibt sich demzufolge wie oben zu

$$N = \frac{1}{3} \cdot \left(\frac{Q}{2}\right)^2 = \frac{Q^2}{12} = \frac{1}{3} \cdot 2^{-2w/\text{bit}},$$

wobei die Quantisierungsintervallbreite Q durch die Wortlänge w ersetzt wird.

Für die vereinfachte Modellüberlegung resultiert das SNR im logarithmischen Maß mit der Pseudoeinheit dB (Dezibel)

$$\left(\frac{S}{N}\right)_{\text{dB}} = 10 \cdot \log_{10}\left(2^{2w/\text{bit}}\right) \mathrm{dB} = 20 \cdot \frac{w}{\text{bit}} \cdot \log_{10}(2) \, \mathrm{dB} \approx 6 \cdot \frac{w}{\text{bit}} \mathrm{dB}.$$

Anhand der Modellrechnung wird deutlich, dass das SNR von der Form des Signals, der Verteilung, abhängt. Im Falle eines im gesamten Aussteuerungsbereich gleichverteilten Eingangsprozesses ergibt sich das SNR wie oben.

Das vorgestellt Modell liefert eine brauchbare Näherung für viele praktische Anwendungen: Für eine symmetrische gleichförmige Quantisierung mit hinreichender Wortlänge w in Bits und Vollaussteuerung ist obiger Zusammenhang als *6dB-pro-Bit-Regel* bekannt: Das SNR verbessert sich um 6 dB pro zusätzlichem Bit an Wortlänge. Für die Näherung liegt erfahrungsgemäß eine hinreichende Wortlänge vor, wenn das Signal mehrere Quantisierungsintervalle durchläuft.

Viele Signale, wie Sprach- und Audiosignale, haben einen hohen Dynamikumfang, wobei die kleinen Amplituden häufig vorkommen. Bei Vollaussteuerung ist die Signalleistung dann deutlich kleiner als 1/3, sodass das tatsächliche SNR um einige dB kleiner sein kann als oben geschätzt. Die 6dB-pro-Bit-Regel gilt jedoch weiter.

Durch das additive Modell „Signal+Rauschen" wird es in vielen technischen Anwendungen möglich, zur quantitativen Beurteilung der Güte die Signalleistung mit der Leistung des Rauschens zu vergleichen. Das Ergebnis wird meist im logarithmischen Maß angegeben. Ein Messverfahren für die Quantisierung eines Audiosignals stellt das Blockdiagramm in Abb. 14.13 vor, vgl. auch Abb. 14.11. Dabei wird eine Blockverarbeitung zugrunde gelegt. Die Signale werden als Vektoren beschrieben. Schätzwerte für die Signalleistungen werden durch die Energien der Blöcke, das Quadrat der euklidischen Vektornorm, geliefert. (Auf die Division durch die Blocklänge zur Leistungsschätzung kann verzichtet werden, da das Verhältnis der Blockenergien ausgewertet wird.) Schließlich wir eine Ausgabe im logarithmischen Maß für Leistungsgrößen berechnet.

14.4.4 Vorbereitende Aufgaben

A14.3 Dualzahlen und Gleitpunktzahlen
a. Bestimmen Sie von Hand (Tab. 14.1) die Signifikanten zu 1.6875 und 1.8125 als Dualzahlen und vergleichen Sie die Ergebnisse mit den Beispielen.
b. Bestimmen Sie die Binary-64-Form für die Beispiele 3.375 und −0.453125. Geben Sie das Ergebnis in hexadezimaler Darstellung an.

A14.4 Zahlendarstellung nach IEEE Std 754–2008
Machen Sie sich mit der Zahlendarstellung gemäß IEEE Std 754–2008 in MATLAB vertraut. Finden Sie zunächst die theoretischen Werte in Abhängigkeit von der Wortlänge des Exponenten w und der Mantisse p. Spezialisieren Sie danach auf die angegebenen Formate. Verwenden Sie gegebenenfalls geeignete Schätzwerte im Dezimalformat. Ergänzen Sie die fehlenden Angaben in Tab. 14.6.

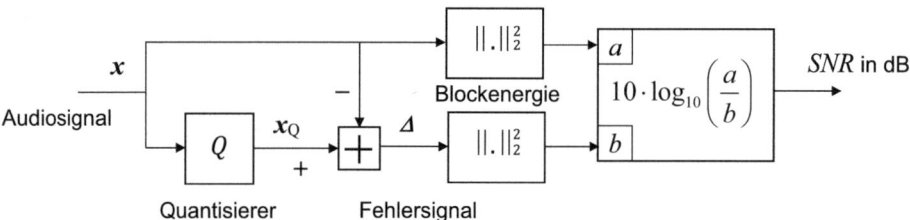

Abb. 14.13 Blockdiagramm zur Schätzung des SNR und Ausgabe im logarithmischen Maß

14.4 Quantisierung

Tab. 14.6 Zahlendarstellung nach IEEE Std 754–2008 (normalisiert)

	Theoretisch[a]	Binary-32	Binary-64
Größte positive Maschinenzahl			$\approx 2^{1024}$ $\approx 1.7976 \cdot 10^{308}$
Kleinste (normal.) Maschinenzahl[b] größer null		2^{-126} $\approx 1.1755 \cdot 10^{-38}$	
Kleinste (normal.) Maschinenzahl[b] größer eins			$1 + 2^{-52}$ $\approx 1 + 2.2204 \cdot 10^{-16}$
Dynamik		$\approx 2^{254}$ $\approx 2.8948 \cdot 10^{76}$	
Präzision[c]			2^{-53} $\approx 1.1102 \cdot 10^{-16}$

[a] $e_{max} = 2^{w-1}$; $e_{min} = 1 - e_{max}$; Wortlänge des Exponenten und der Mantisse w bzw. p in Bits.
[b] $d_0 = 1$ und $d_1, d_2, \ldots, d_{p-1} = 0$.
[c] Aussteuerungsunabhängiger Quantisierungsfehler (hier für mathematischer Exponent gleich null).

Tab. 14.7 Zahlen im Zweierkomplementformat $w = 8$ bit mit Hexadezimaldarstellung (hex)

x	x_{2c}	$[x]_Q$	x	x_{2c}	$[x]_Q$
0.996	7F$_{hex}$	0.9921875	0		
0.125			−0.125		
0.004			−1		

A14.5 Zweierkomplementformat – Zahlenbeispiele
Ergänzen Sie die fehlenden Werte in Tab. 14.7. Runden Sie gegebenenfalls die letzte Stelle und tragen Sie die quantisierten Werte zum Vergleich als übliche Gleitpunktzahlen ein.

A14.6 Zweierkomplementformat – Kenngrößen
Geben Sie in Tab. 14.8 die fehlenden Einträge zum Zweierkomplementformat an.

14.4.5 Versuchsdurchführung

M14.3 Hexadezimale Anzeige
MATLAB kann Daten vom Typ `single` oder `double` im hexadezimalen Format ausgeben. Der Befehl `fprintf('%tX',3.375)` schreibt die Zahl im Binary-32-Format in hexadezimaler Darstellung `40.580.000` auf den Bildschirm. Entsprechend erhält man mit `fprintf('%bX',3.375)` die Anzeige im Binary-64-Format `400B000000000000`. Überprüfen Sie Ihre Ergebnisse aus A14.3 mit MATLAB.

Tab. 14.8 Zahlendarstellung im Zweierkomplementformat

Wortlänge	w in bit	8 bit	16 bit
Kleinste positive Zahl (*LSB*)	$2^{-(w/\text{bit}-1)}$	$2^{-7} = 7.8125 \cdot 10^{-3}$	
Größte positive Zahl (1–*LSB*)			≈ 0.999969482
Kleinste negative Zahl		-1	
Dynamik			32.768
Präzision[a]		$2^{-8} = 3.90625 \cdot 10^{-3}$	

[a] Maximaler Quantisierungsfehler bei Runden (aussteuerungsunabhängig).

M14.4 Anzeige des Bitmusters für Zahlen im Single- und Double-Format

Die Anzeige des Bitmusters der Gleitpunktdarstellung unterstützt MATLAB nicht direkt. Mit folgenden Befehlszeilen können Sie, ausgehend von Zahlen im Hex-Format, über den Umweg der Darstellung als Zeichenfolge, die Bitmuster ebenfalls als Zeichenfolge erhalten. Die Darstellung im double-Format wird mit dem Parameter 64 angezeigt (hex2dec, dec2bin).

Überprüfen Sie mit MATLAB die Zahlenbeispiele in Abschn. 14.4.2 mit 3.375 und –0.453125.

```
% Show binary representation for floating-point single precision numbers
format hex
x = single(3.375)
x_bit = dec2bin(hex2dec('40580000'),32)
x = single(-.453125)
x_bit = dec2bin(hex2dec('bee80000'),64)
format default
```

M14.5 „Maschinen-Epsilon"

Bestimmen Sie die MATLAB-Variablen eps, eps(0), realmax und realmin und machen Sie sich deren Bedeutungen klar. Beachten Sie auch die Datentypen single und double.

Vergleichen Sie die Werte mit den entsprechenden Werten aus Ihrer Vorbereitung.

M14.6 Bitmuster von Zweierkomplementzahlen

Mit MATLAB lassen sich die Bitmuster der Zweierkomplementzahlen darstellen. Beispielhaft betrachten wir eine negative Dezimalzahl kleiner eins und bestimmen deren Zweierkomplementformat. Dazu setzen wir das Beispiel in Abschn. 14.4.2.3 mit den folgenden vier Programmzeilen fort. Der MATLAB-Befehl bitget liest Einzelne oder Gruppen von Bits aus. Er arbeitet nur mit Daten im Integer-Format und ist Teil einer Familie von Befehlen für die Manipulation bzw. logischen Verknüpfungen von Bits. Die Namen benennen den Zweck: bitand, bitcmp, bitor, bitshift, bitset, bitxor, intmax.

14.4 Quantisierung

```
x = -.328125; % input
y = int16(x*2^15) % 16 bit integer representation
b = bitget(y,1:16,'int16') % 2c-bit-pattern
b = bitget(y,16:-1:1,'int16') % 2c-bit-patterm (LSBright)
```

a. Wenden Sie die vier Befehlszeilen an. Was wird jeweils am Bildschirm angezeigt? Was bewirken die Befehle?

b. Überprüfen Sie mit MATLAB Ihre Ergebnisse in Tab. 14.7. Siehe auch Ausgabe von Integerzahlen im Format hex.

M14.7 Quantisierungskennlinie

Nehmen Sie die Quantisierungskennlinien zum Zweierkomplementformat mit der Wortlänge von drei Bits für das Abschneiden und für das Runden auf. Stellen Sie auch die Quantisierungsfehler grafisch dar. Verwenden Sie dafür die (Anwender-)Funktion quant2c in Programm 14.3.

Programm 14.3 Quantisierung im Zweierkomplementformat mit Runden

```
function xq = quant2c(x,w,mode)
% Two's complement quantizer with range ]-1,1[ with clipping (saturation)
% (mw2024)
%   function xq = quant2c(x,w,mode)
%   x    : input signal
%   w    : word length (# of bits, 1<=w<=32)
%   mode : truncation mode
%      'trunc' - truncation (rounding towards zero, sign-magnitude format)
%      'round' - rounding to nearest quantization level
%   xq   : quantized signal (finite precision number)
if w<1 || w>32
  error('quant2c(1)','word length out of range'), return
end
LSB = 2^(-w+1); % value of least significant bit
xq = max(-1+LSB,min(1-LSB,x)); % clipping (saturation)
% Quantizer
if mode == 'trunc', xq = LSB*fix(xq/LSB); % sign-magnitude format
elseif mode == 'round', xq = LSB*round(xq/LSB);
else error('quant2c(2)','invalid truncation mode')
end
```

M14.8 Quantisierung

a. Quantisieren Sie ein Sinussignal mit Amplitude eins mit den beiden Quantisierungskennlinien aus der vorhergehenden Aufgabe für die Wortlänge von vier Bits. Stellen Sie das Signal vor und nach der Quantisierung sowie den Quantisierungsfehler grafisch dar.

Tab. 14.9 SNR der Quantisierung mit Runden in Abhängigkeit von der Wortlänge w für die zwei Audiosignale NTHFDbe (a) und NTHFDel (b)

w in bit		2	3	4	5	6	7	8	12
SNR in dB	a	4.1	8.7		19.6		31.3		61.1
	b	4.5		15.6		27.1		38.8	62.8

b. Untersuchen Sie den Einfluss der Quantisierung auf Audiosignale durch Hörproben und Messung des Signal-Quantisierungsgeräusch-Leistungsverhältnisses (SNR) für das Sprachsignal in der Datei NTHFDbe.wav oder NTHFDel.wav in Abhängigkeit von der Wortlänge. Quantisieren Sie mit Runden. Tragen Sie die Messwerte in Tab. 14.9 ein und stellen Sie die Ergebnisse in dB in einer Grafik dar. Vergleichen Sie Ihr Resultat mit der Abschätzung durch das Fehlermodell.

c. Nehmen Sie das Histogramm des Quantisierungsfehlers für die Wortlänge von acht Bits auf. Skalieren Sie dabei den Quantisierungsfehler auf das LSB.

14.5 Zusammenfassung

Der Versuch Analog–Digital(AD)-Umsetzung stellt die beiden Schritte der Digitalisierung analoger Signale vor: die Abtastung und die Quantisierung. Für die Abtastung ist die Wahl der Abtastrate/-frequenz entscheidend. Das Abtasttheorem stellt den Zusammenhang zwischen der Abtastfrequenz des ADU und der Grenzfrequenz des Signals her, sodass eine Abtastung ohne Informationsverlust möglich ist. Wird das Abtasttheorem verletzt, tritt das Aliasing auf. Bei der praktischen Umsetzung der Abtastung im ADU können bauartbedingt Aperturjitter-Fehler auftreten, sodass der richtige Abtastzeitpunkt verpasst wird. Der Aperturjitter-Effekt begrenzt den Grad der Genauigkeit der Umsetzung.

Die Quantisierung führt i. Allg. zu irreversiblen Fehlern. Mit ihr verbunden sind die Begriffe Dynamik und Präzision. Ein hohe Dynamik bedeutet im Beispiel des Audiosignals, dass sowohl laute als auch leise Passagen dargestellt werden können. Eine hoher Grad an Präzision heißt, dass der maximale Quantisierungsfehler klein ist. Also im Audiosignal auch bei leisen Passagen kein Rauschen hörbar ist. Die Dynamik und die Präzision werden durch das verwendete Zahlenformat vorgegeben, durch die Anzahl von Binärstellen, die für die Zahlendarstellung verwendet werden – letztlich durch die aufgebrachten Kosten.

Man unterscheidet zwischen Fest- und Gleitpunktformaten. Beide Formate haben ihre Vor- und Nachteile. Für die digitale Signalverarbeitung ist das Festpunktformat besonders dann attraktiv, wenn es um einfache Anwendungen bei niedrigen Kosten (Energie, Speicher etc.) oder um hohe Verarbeitungsgeschwindigkeiten geht.

Im Versuch wurde das Gleitpunktformat nach IEEE Std 754–2008 vorgestellt, wie es auch MATLAB benutzt, und das in der digitalen Signalverarbeitung typische Zweierkomplementformat, wie es in vielen (Festpunkt-)Signalprozessoren verwendet wird. Dort wird auch der Parameter „precision" für den maximalen Fehler beim Runden eingeführt. Je kleiner der Wert des Parameters „precission", umso größer der Grad an Präzision. Anhand von Audiosignalen wurde der Quantisierungsfehler hörbar gemacht. Schließlich wurde der quantitative Zusammenhang zwischen der Wortlänge und dem SNR des Quantisierungsfehlers durch Messung geschätzt und die 6dB-pro-Bit-Regel verifiziert bzw. ihre Anwendung hinterfragt.

14.6 Quiz 14

Ergänzen Sie die Lücken im Text (_) sinngemäß.

1. Die Abtastung gemäß dem Abtasttheorem ist ein ___ Prozess.
2. Das Akronym DAC steht für ___.
3. Das Phänomen der zeitlichen Schwankungen der Abtastzeitpunkte wird ___ genannt.
4. Der Fehler, der durch die zeitlichen Schwankungen der Abtastzeitpunkte entsteht, ist i. Allg. ___ und somit ___.
5. Die Quantisierung wird durch ___ beschrieben.
6. Beim Format ___ werden 23 Bits für die Mantisse aufgewendet.
7. Bei Quantisierung im Zweierkomplementformat tritt kein ___ Rauschen auf.
8. Bei der Abtastung eines Audiosignals mit 8 kHz liegt die Spiegelfrequenz des 1-kHz-Tons bei ___.
9. Im Festpunktformat ist die Komplexität der Hardware ___ als im Gleitpunktformat.
10. Im Festpunktformat ist im gesamten Darstellungsbereich die Präzision ___.
11. Fehler durch Überläufe werden durch ___ gemildert.
12. Die Leistung des Quantisierungsgeräusches wird mit ___ (Formel) abgeschätzt.
13. Die Energie eines Signalvektors ist gleich dem Quadrat der euklidischen ___.
14. Die Kennzahl für die relative Genauigkeit der Maschinenzahlen im Gleitpunktformat nennt man ___.
15. MATLAB besitzt vier Rundungs-Befehle, nämlich round, ___, ___ und ___.
16. Die Anwendung der 6dB-pro-Bit-Regel für die gleichförmige Quantisierung setzt eine ausreichende ___ des Eingangssignals voraus.
17. Die größte positive Zahl im Zweierkomplementformat mit 12 Bit Wortlänge ist ___ (Formel).
18. Durch Denormalisieren wird das Problem des ___ verringert.
19. Bei typischen Audiosignalen wird mit der 6dB-pro-Bit-Regel das SNR der Quantisierung ___.

20. Die MATLAB-Ausdrücke `round(-3.7)`, `fix(-3.7)`, `floor(-3.7)` und `ceil(-3.7)` liefern die Werte ___, ___, ___ bzw. ___.
21. Das Verhältnis von größter zu kleinster positiver Maschinenzahl wird ___ genannt.
22. Je größer der Wert des Parameters „precision", umso ___ der Grad an Präzission.

14.7 Lösungshinweise

Alle Daten und Programme finden Sie in den Onlineressourcen zu diesem Kapitel: `jitter.m`, `jitter.m_speech`, `subsampling.m`, `NTHFDbe.wav`, `NTHFDel.wav`.

Zu A14.1 Bandbegrenzung – Unterabtastung eines Sprachsignals
Siehe Programm 14.1 (`subsampling`).

Zu A14.2 Aperturjitter
Der größte Fehler durch Schwankungen des Abtastzeitpunkts tritt dort auf, wo sich das Signal am schnellsten ändert, also die Steigung am größten ist. Für Sinussignale mit Amplitude eins gilt $dx(t)/dt = \omega \cdot \cos(\omega t)$. Im Nulldurchgang der Sinusfunktion erhält man mit der approximierenden Tangente $\Delta x = \omega \cdot \Delta t$. Setzt man die Werte aus der Simulation ein, d. h. die Signalfrequenz f_0 mit $f_s/8$ und die maximale Zeitverschiebung $MTE \cdot T_s$ mit $MTE = 0.05$, so ergibt sich aus $\Delta x = 2 \cdot \pi \cdot f_0 \cdot T_s \cdot MTE$ schließlich der größte Fehlerbetrag $\Delta x_{max} \approx 0.0393$ zu f_0.

Der größte Fehler ergibt sich bei vorgegebenem MTE, wenn das Eintonsignal die größtmögliche Frequenz aufweist, also die halbe Abtastfrequenz: $\Delta x_{max} = \pi \cdot MTE \approx 0.1571$.

Zu M14.1 Bandbegrenzung – Unterabtastung eines Sprachsignals
Das Audiosignal `NTHFDwe` liegt mit der Abtastfrequenz von 44.1 kHz vor. Mit dem Unterabtastfaktor von 32, d. h. der Grenzfrequenz $(f_s/2)/32 = 689$ Hz, ist die Sprache noch verständlich, siehe Programm `subsample`.

Zu M14.2 Simulation des Aperturjitter-Effekts mit einem Sprachsignal
Siehe Onlineressourcen Programm `jitter_speech` und Abb. 14.14. Der SNR-Verlauf ähnelt prinzipiell der Kurve für das Beispiel des Sinustonsignals in Abb. 14.4. Bei MTE gleich 50 % und 99 % ergibt sich ein geschätztes SNR von 26 bzw. 20.1 dB. Die Signalverzerrung durch den Aperturjitter-Effekt ist deutlich hörbar.

Zu A14.3 Dualzahlen und Gleitkommazahlen

a. Zerlegung des Signifikanten $M = 1 + 0.6875$ bzw. $M = 1 + 0.8125$ in den ganzzahligen und gebrochenen Teil. Für den gebrochenen Teil wird die Konvertierung in

14.7 Lösungshinweise

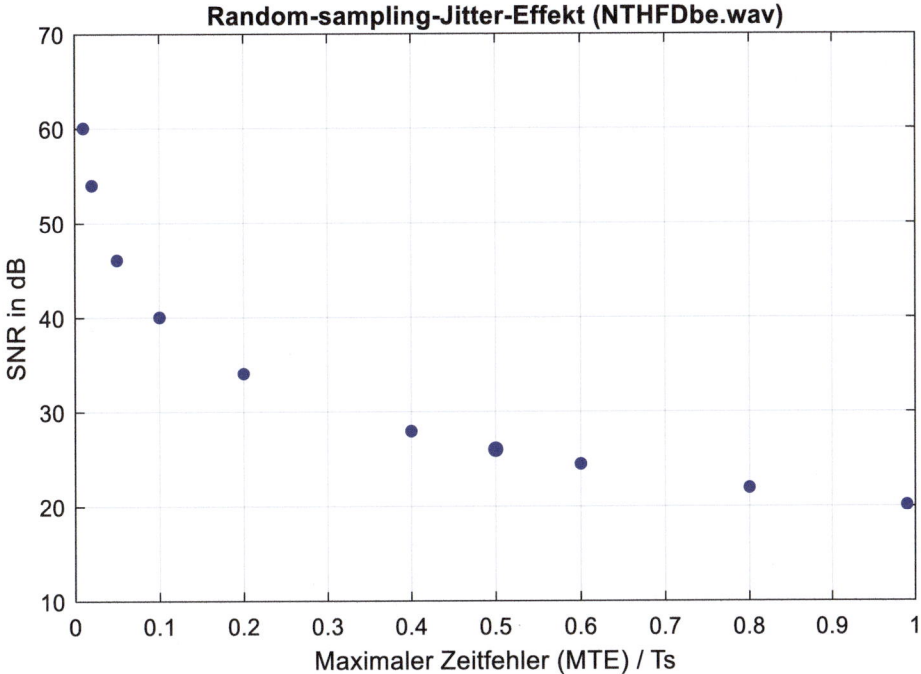

Abb. 14.14 Signal-Geräuschverhältnis des Aperturjitter-Effekts für ein Sprachsignal über der maximalen Zeitverzögerung (MTE) (`jitter_speech`)

Tab. 14.10 umgesetzt, siehe auch Tab. 14.1. Es ergibt sich $1.6875_d = 1.1011_b$, und entsprechend $1.8125_d = 1.101_b$.

b. Bei der Konvertierung der Binary-32-Form in die Binary-64-Form wird die Mantisse durch 30 Null-Bits verlängert. Der Exponent ändert sich aufgrund des neuen Bias. Der Unterschied im Bias beträgt $1023-127 = 896 = 11`1000`0000_2$. Er ist zu den Exponenten der Binary-32-Form zu addieren, s. Tab. 14.11. Somit ergeben sich die Darstellungen im Binary-64-Format $400B`0000`0000`0000_{hex}$ und $BFDD`0000`0000`0000_{hex}$.

Zu A14.4 Zahlendarstellung nach IEEE Std 754–2008
Normalisierte Zahlendarstellung nach IEEE Std 754–2008, siehe Tab. 14.12.

Kleinste denormalisierte Maschinenzahl größer null ist $2^{e_{min}-(p-1)}$, im Binary-32-Format $2^{-149} \approx 1.4 \cdot 10^{-45}$ und im Binary-64-Format $2^{-1074} \approx 4.94 \cdot 10^{-324}$, siehe `eps(0)`.

Zu A14.5 und 6 Zweierkomplementformat
Siehe Tab. 14.13 und Tab. 14.14

Tab. 14.10 Zur Konvertierung der gebrochenen Teile

.6875·2 = 1.375	.8125·2 = 1.625
.375·2 = 0.75	.625·2 = 1.25
.75·2 = 1.5	.25·2 = 0.5
.5·2 = 1	.5·2 = 1

Tab. 14.11 Zur Konvertierung der Exponenten

1000'0000	0111'1101
011'1000'0000	011'1000'0000
100'0000'0000	011'1111'1101

Zu M14.3 Hexadezimale Anzeige
Siehe Programm `bitpattern_binary_k_IEEE`.

Zu M14.4 Anzeige des Bitmusters für Zahlen im Single- und Double-Format
Siehe Beispiele zur Aufgabenstellung.

Zu M14.5 MATLAB-Maschinenzahlen
Die Werte in Tab. 14.15 (MATLAB) entsprechen den Angaben zum Zahlenformat nach IEEE 754–1985 in der Vorbereitung in Tab. 14.12.

Zu M14.6 Bitmuster von Zweierkomplementzahlen
Siehe Programm `bitpattern_int16`.

Der Befehl `int16(x*2^15)` wandelt die Zahl x ins Integerformat mit Vorzeichen so um, dass die kleinstmögliche nichtnegative Festkommazahl 2^{-15} (LSB) der ganzen

Tab. 14.12 Zahlendarstellung nach IEEE Std 754–2008

	Theoretisch[a]	Binary-32	Binary-64
Größte positive Maschinenzahl	$2^{e_{max}} \cdot (1 + T_{max})$ $= 2^{e_{max}+1} \cdot (1 - 2^{-p})$	$\approx 2^{128}$ $\approx 3.4028 \cdot 10^{38}$	$\approx 2^{1024}$ $\approx 1.7976 \cdot 10^{308}$
Kleinste normal. Maschinenzahl größer null	$2^{e_{min}}$	2^{-126} $\approx 1.1755 \cdot 10^{-38}$	2^{-1022} $\approx 2.2251 \cdot 10^{-308}$
Kleinste normal. Maschinenzahl[b] größer eins	$1 + 2^{-w}$	$1 + 2^{-23}$ $\approx 1 + 1.1921 \cdot 10^{-7}$	$1 + 2^{-52}$ $\approx 1 + 2.2204 \cdot 10^{-16}$
Dynamik	$\approx 2^{e_{max}+1-e_{min}} = 2^{2e_{max}}$	$2^{254} \approx 2.8948 \cdot 10^{76}$	$\approx 2^{2046}$
Präzision[c]	2^{-p}	$2^{-24} \approx 5.9605 \cdot 10^{-8}$	$2^{-53} \approx 1.1102 \cdot 10^{-16}$

[a] $e_{max} = 2^{w-1}$; $e_{min} = 1 - e_{max}$; Wortlänge des Exponenten und der Mantisse w bzw. p in Bits.
[b] $d_0 = 1$ und $d_1, d_2, \ldots, d_{p-1} = 0$.
[c] Aussteuerungsunabhängiger Quantisierungsfehler (hier für mathematischer Exponent gleich null).

14.7 Lösungshinweise

Tab. 14.13 Beispiele für das Zweierkomplementformat mit $w = 8$ bit

x	x_{2c}	$[x]_Q$	x	x_{2c}	$[x]_Q$
0.996	$7F_{Hex}$	0.9921875	0	00_{Hex}	0
0.125	10_{Hex}	0.125	-0.125	$F0_{Hex}$	-0.125
0.004	01_{Hex}	0.0078125	-1	80_{Hex}	-1

Tab. 14.14 Zweierkomplementformat

Wortlänge	w	8 bit	16 bit
Kleinste positive Zahl (*LSB*)	$2^{-(w/bit - 1)}$	$2^{-7} = 7.8125 \cdot 10^{-3}$	$2^{-15} \approx 3.0518 \cdot 10^{-5}$
Größte positive Zahl (1-*LSB*)	$1 - 2^{-(w/bit - 1)}$	0.9921875	≈ 0.999969482
Kleinste negative Zahl	-1	-1	-1
Dynamik (1-*LSB*) / *LSB*	$(1 - 2^{-(w/bit-1)}) / 2^{-(w/bit-1)} \approx 2^{w/bit - 1}$	127	32.768
Präzision	$LSB / 2 = 2^{-w/bit}$	$2^{-8} = 3.90625 \cdot 10^{-3}$	$2^{-16} \approx 1.5259 \cdot 10^{-5}$

Zahl 1 entspricht. MATLAB zeigt am Bildschirm den Wert der Integerzahl -10.752 an.

Mit `bitget(y,1:16,'int16')` erhält man die Ausgabe der Variablen am Bildschirm mit `0.000.000.001.101.011` im Zweierkomplementformat. Das LSB ist links.

Die übliche Darstellung mit dem LSB rechts, `1101 0110 0000 0000`, generiert die Befehlsvariante `bitget(y,16:-1:1,'int16')` durch Vertauschen der Reihenfolge bei der Ausgabe. Alternativ kann auch `fliplr` verwendet werden.

Zu M14.7 und 8 Quantisierungskennlinie und Quantisierungsfehler

a. Quantisierungskennlinien und Fehlersignale, siehe Abb. 14.15 und Programm `adc_sin`.
b. Quantisierungsfehler und SNR, siehe Abb. 14.16 und Programm `adc_speech_SNR`. Das Sprachsignal hört sich mit der Wortlänge von drei Bits noch verständlich an. Die Signalleistung beträgt -15.8 dB im Vergleich zu -4.8 dB des Dreiecksignals. Somit ergibt sich ein Versatz von circa 11 dB zwischen den Messwerten und der Kurve der 6dB-pro-bit-Regel.
c. Das Histogramm zeigt für Wortlängen größer acht Bits näherungsweise eine Gleichverteilung der Quantisierungsfehler.

Zu Quiz 14
1. reversibler (umkehrbar)
2. Digital-Analog-Umsetzer („digital-to-analog converter")

Tab. 14.15 MATLAB-Maschinenzahlen

	single	double
eps[a]	1.1920929e - 07	2.220446049250313e - 016
eps[b](0)	1.4012985e - 45	4.940656458412465e - 324
realmin[c]	1.1754944e - 38	2.225073858507201e - 308
realmax[d]	3.4028235e + 38	1.797693134862316e + 308

[a] Kleinste normalisierte Maschinenzahl größer eins.
[b] Kleinste denormalisierte Maschinenzahl größer null.
[c] Kleinste normalisierte Maschinenzahl größer null.
[d] Größte positive Maschinenzahl.

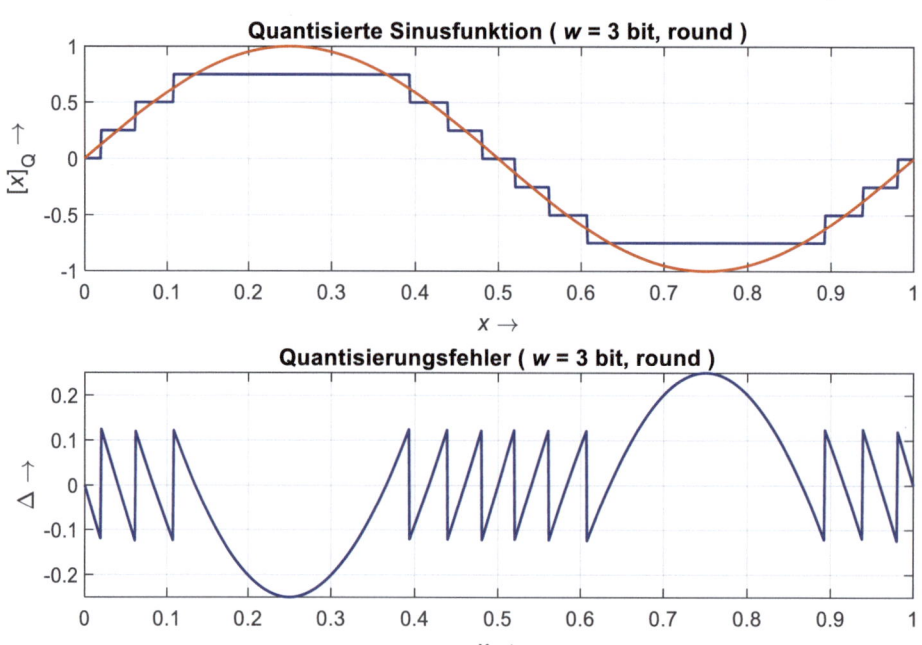

Abb. 14.15 Gleichförmige Quantisierung mit Abschneiden eines sinusförmigen Signals (adc_sin)

3. (Apertur-)Jitter
4. signalabhängig, nichtlinear
5. die Quantisierungskennlinie
6. Binary-32 (single)

14.7 Lösungshinweise

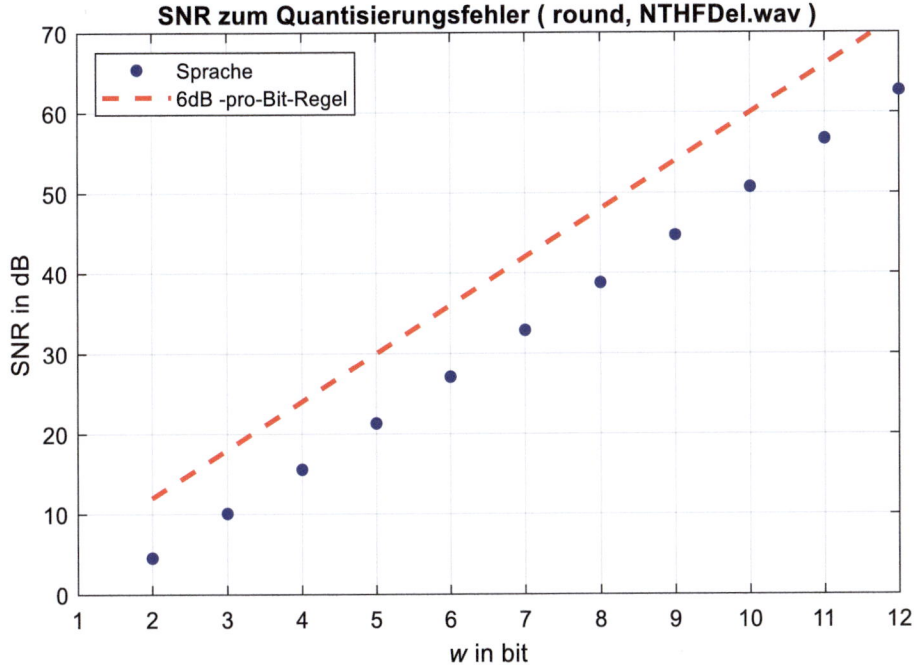

Abb. 14.16 SNR der Quantisierung mit Runden für die Sprachprobe NTHFDbe (adc_speech_SNR)

7. granulares
8. 7 kHz
9. kleiner
10. konstant
11. die Sättigungskennlinie
12. $Q^2/12$
13. Vektornorm
14. Präzision
15. fix, floor und ceil;
16. Aussteuerung
17. $1-2^{-11}$
18. Zahlenunterlaufs
19. überschätzt (reales SNR ist kleiner)
20. $-4, -3, -4$ bzw. -3
21. Dynamik
22. kleiner

Literatur

1. Bronstein, I. N., Semendjajew, K. A., Musiol, G., & Mühlig, H. (2020). *Taschenbuch der Mathematik*. (11. Aufl.). Harri Deutsch.
2. IEEE Computer Society. (2008). *IEEE Std 754–2008. Standard for Floating-Point Arithmetic*. IEEE.
3. Tietze, U., Schenk, C., & Gamm, E. (2016). *Halbleiterschaltungstechnik* (15. Aufl.). Springer.
4. Zölzer, U. (2004). *Digitale Audiosignalverarbeitung* (3. Aufl.). Teubner.

Reale digitale Filter: Koeffizientenquantisierung

15

Inhaltsverzeichnis

15.1 Lernziele 390
15.2 Wortlängeneffekte 391
15.3 FIR-Filter mit quantisierten Koeffizienten 392
    15.3.1 Fehlermodell und Fehlerfrequenzgang 392
    15.3.2 Vorbereitende Aufgaben 393
    15.3.3 Versuchsdurchführung 394
    15.3.4 Exhaustion-Methode und Monte-Carlo-Methode 394
15.4 IIR-Filter mit quantisierten Koeffizienten 396
    15.4.1 Kaskadenform 396
    15.4.2 Koeffizientenquantisierung und Polausdünnung 398
    15.4.3 Vorbereitende Aufgaben 400
    15.4.4 Versuchsdurchführung 404
15.5 Zusammenfassung 405
15.6 Quiz 15 406
15.7 Lösungshinweise 407
Literatur 414

Zusammenfassung

Die Quantisierung der Filterkoeffizienten kann den Frequenzgang signifikant verändern und zur Verletzung der Entwurfsvorgaben im Toleranzschema führen. Die Effekte betreffen FIR- und IIR-Systeme unterschiedlich stark und hängen von der gewählten Struktur ab. IIR-Systeme werden meist in Kaskadenform aus Blöcken zweiter Ordnung umgesetzt. Die Aufteilung der Pole- und Nullstellen auf die Blöcke geschieht i. d. R. nach einer bewährten Daumenregel. Der Effekt der Polausdünnung betrifft besonders Tiefpässe. Die Analyse der Effekte aufgrund der Quantisierung der Filterkoeffizienten ist ein wichtiger Teil des Filterdesigns.

Schlüsselwörter

Arithmetikfehler („arithmetic error") · Exhaustionsmethode („method of exhaustion") · FIR-Filter („finite-duration impulse response filter") · Kaskadenform („cascaded realization") · Koeffizientenquantisierung („quantization of coefficients") · IIR-Filter („infinite-duration impulse response filter") · MATLAB · Monte-Carlo-Methode („Monte Carlo method") · Polausdünnung („pole sparsity") · SOS-Daumenregel („second-order section") · Quantisierungsfehler („quantization error") · Wortlängeneffekte („word length effects")

15.1 Lernziele

In der Systemtheorie werden digitale Signale und Systeme zunächst unter idealisierten Bedingungen betrachtet. Reale Systeme, wie beispielsweise bei der MATLAB-Simulation am PC, bei einer Implementierung auf einem digitalen Signalprozessor oder einer dedizierten Hardware, arbeiten jedoch mit endlicher Wortlänge. Es entstehen zwangsläufig Quantisierungsfehler, wenn die Koeffizienten und Variablen außerhalb des Darstellungsbereiches der Maschinenzahlen liegen. In diesem Versuch stehen die Effekte der Quantisierung der Koeffizienten im Mittelpunkt.

Nach Bearbeiten dieses Versuches können Sie

- die Fehlerquellen bei realen digitalen Filtern nennen und verstehen,
- die maximale Abweichung des Frequenzgangs durch Quantisierung der Koeffizienten bei FIR-Filtern einschätzen,
- mit MATLAB den tatsächlichen Fehler durch Quantisierung der Koeffizienten bei FIR-Filtern bewerten,
- mit MATLAB die Quantisierung der Koeffizienten optimieren,
- die Wirkung der Quantisierung der Koeffizienten von IIR-Filtern auf den Frequenzgang anhand des Pol-Nullstellendiagramms beurteilen,
- den Effekt der Polausdünnung anhand einer Skizze in der z-Ebene veranschaulichen und bewerten,
- ein IIR-Filter höherer Ordnung in eine für die Realisierung günstige Kaskadenform umwandeln,
- mit MATLAB den tatsächlichen Fehler durch Quantisierung der Koeffizienten bei IIR-Filtern einschätzen,
- und das MATLAB-Werkzeug „Filter Designer" zum Entwurf und der Analyse von Filtern gezielt anwenden.

15.2 Wortlängeneffekte

Praktische Systeme zur digitalen Signalverarbeitung werden häufig auf speziellen Mikrocontrollern implementiert, den *digitalen Signalprozessoren* (DSP, „digital signal processor"). Nach Art der Zahlendarstellung werden zwei Gruppen unterschieden: Festpunkt und Gleitpunktprozessoren (Festkomma- und Gleitkommaprozessoren). Wichtige Vor- und Nachteile der beiden Prozessorarchitekturen stellt Tab. 15.1 gegenüber (s. a. Kap. 14).

Beim praktischen Einsatz digitaler Systeme sind drei Fehlerquellen durch Wortlängenverkürzung zu berücksichtigen:

- *Quantisierungsfehler* bei der *Analog–Digital-Umsetzung* (ADC)
- *Quantisierungsfehler* bei der Darstellung der Filterkoeffizienten
  - Entwurfsspezifikationen können verletzt sein und das Filter wird möglicherweise instabil
  - Filter bleibt ein lineares System
  - linearphasiges *Finite-duration-impulse-response(FIR)-Filter* bleibt linearphasig
- *Arithmetikfehler* innerhalb des Filters können bei der Multiplikation und der Addition durch Runden bzw. Überlauf auftreten
  - Inneres Rauschen, kleine und große Grenzzyklen
  - Filter ist kein lineares System mehr

Tab. 15.1 Gegenüberstellung Festpunkt- und Gleitpunktarithmetik für Signalprozessoren

	Festpunktarchitektur	Gleitpunktarchitektur
Dynamik	kleiner	größer
Präzision	konstant	signalabhängig (exponentenabhängig)
Skalierung	meist erforderlich	meist nicht erforderlich
Befehlssatz (Assembler)	einfacher	umfangreicher
Optimierungsmöglichkeiten	größer	kleiner
Entwicklungszeit	meist größer	meist kleiner
Geschwindigkeit	größer	kleiner
Energieverbrauch	kleiner	größer
Preis	kleiner	größer
Sonstiges	Spezielle Architekturmerkmale zur Vermeidung von arithmetischen Fehlern (Sättigungskennlinien, Akkumulatoren mit vergrößerter Wortlänge)	Software von einem PC oder Arbeitsplatzrechner leichter auf den DSP portierbar

In diesem Versuch werden die Auswirkungen der Quantisierung der Koeffizienten auf das Übertragungsverhalten digitaler Filter untersucht. Dabei wird nach FIR- und *Infinite-duration-impulse-response(IIR)-Filter* unterschieden. Die Fehler in der Arithmetik werden in Kap. 16 behandelt.

15.3 FIR-Filter mit quantisierten Koeffizienten

Für FIR-Filter werden in Kap. 8 sechs günstige Eigenschaften aufgezählt, darunter die relative Robustheit gegenüber Wortlängeneffekte. Die Ergebnisse der folgenden Versuchsaufgabe bestätigen das. Sollen jedoch Systeme mit geringer Wortlänge, z. B. mit acht oder 16 Bits, realisiert werden, ist eine Fehlerbetrachtung durchzuführen.

15.3.1 Fehlermodell und Fehlerfrequenzgang

Bei einem FIR-Filter der Ordnung N sind die $(N+1)$ Filterkoeffizienten gleich der Impulsantwort, siehe *Transversalfilter* Abb. 15.1. Die Quantisierung der Koeffizienten wirkt sich direkt auf die Impulsantwort und demzufolge auf die Übertragungsfunktion und den Frequenzgang aus. Fasst man den Effekt der *Koeffizientenquantisierung* als additive Störgröße $h_F[n]$ der Impulsantwort auf

$$h[n] = [h[n]]_Q - h_F[n]$$

so resultiert die Parallelschaltung aus dem nicht-quantisiertem System und dem Fehlersystem in Abb. 15.2. Wegen der Additivität linearer Systeme gilt allgemein für den Frequenzgang des quantisierten Systems

$$H_Q(e^{j\Omega}) = H(e^{j\Omega}) + H_F(e^{j\Omega})$$

mit dem additiven *Fehlerfrequenzgang*.

Bei einer Realisierung im Festpunktformat liegen meist Zahlen im Zweierkomplementformat (Kap. 14) vor. Es beschränkt den Zahlenbereich auf Werte zwischen -1 und

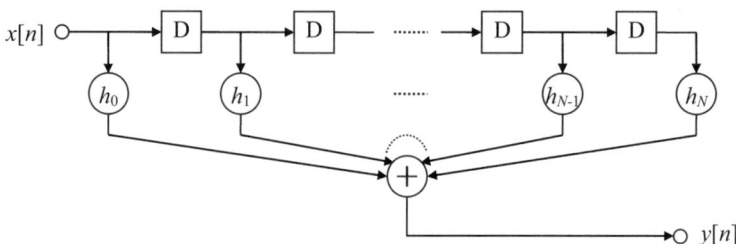

Abb. 15.1 Finite-duration-impulse-response-Filter in transversaler Form

15.3 FIR-Filter mit quantisierten Koeffizienten

Abb. 15.2 Parallelschaltung aus nicht-quantisiertem System und Fehlersystem

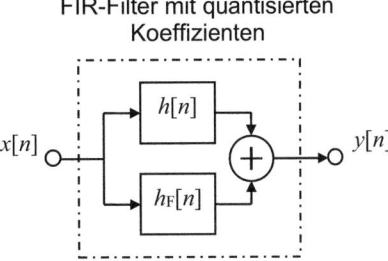

1–*LSB* („least significant bit"). Der maximale Quantisierungsfehler beträgt bei Runden *LSB*/2. (Der Wert −1 wird oft aus Symmetriegründen ausgenommen.) Im Beispiel der *Wortlänge* gleich acht Bits ($w = 8$ bit) ist das LSB gleich $2^{-(w/\text{bit}-1)} = 2^{-7} = 0.0078125$.

Damit kann die Abweichung vom Frequenzgang aufgrund der Quantisierung der Koeffizienten abgeschätzt werden. Eine obere Schranke liefert die Annahme, dass sich alle Quantisierungsfehler der Koeffizienten ungünstig überlagern. Bei einer Quantisierung der $N+1$ Koeffizienten mit der Wortlänge w in bit und Runden ergibt sich demzufolge

$$\max_{\Omega} |H_F(e^{j\Omega})| \leq \frac{(N+1)}{2} \cdot LSB.$$

Die Annahme des ungünstigsten Falls erweist sich bei vielen Anwendungen, wie in der Versuchsdurchführung, als pessimistisch. Die zufälligen und unkorrelierten Fehler durch die Quantisierung der Koeffizienten kompensieren sich teilweise. Realistischere Abschätzungen in der Literatur berücksichtigen diesen Effekt. Sie fußen auf stochastischen Modellen für die Quantisierungsfehler [2, 3]. Die Standardabweichung des Fehlerbetragsgangs wächst in den Modellen zwar „nur" mit $\sqrt{N}$, aber es bleibt die Empfehlung, in der Praxis eine kleine Filterordnung anzustreben.

Wird das Zweierkomplementformat verwendet, ist der Wertebereich der Signale und inneren Größen des Systems zwischen −1 und 1−*LSB* begrenzt. Um kritische Überläufe zu vermeiden, werden häufig die Betragsgänge auf den Maximalwert eins skaliert.

$$\max_{\Omega} |H(e^{j\Omega})| = 1$$

Dann wird zwar keine Frequenzkomponente des Eingangssignals verstärkt, die Überlagerung unterschiedlich phasenverschobener Frequenzkomponenten im System kann jedoch möglicherweise zu Überläufen führen.

15.3.2 Vorbereitende Aufgaben

A15.1 Koeffizientenquantisierung bei FIR-Filtern

a. Geben Sie für die Filterordnung 24 die obere Schranke für die Abweichung des Betragsfrequenzgangs bei Quantisierung der Koeffizienten auf acht oder 16 Bits an.

b. Welche Aussagen können durch die Abschätzungen beim Entwurf eines selektiven Filters mit vorgegebenem Toleranzschema für die Sperrdämpfung gemacht werden?
c. Überlegen Sie, ob durch die Quantisierung der Koeffizienten die (verallgemeinerte) lineare Phase eines FIR-Filters verloren geht?

15.3.3 Versuchsdurchführung

M15.1 FIR-Tiefpass mit quantisierten Koeffizienten

a. Entwerfen Sie mit dem MATLAB-Werkzeug „Filter Designer" bzw. auf Kommandozeilenebene mit `design` einen FIR-Tiefpass mit Equiripple-Verhalten (Kap. 9). Für die normierte Durchlass- und Sperrkreisfrequenz geben Sie $0.2\,\pi$ bzw. $0.4\,\pi$ vor, und für die Toleranzen wählen Sie `Apass`=.5 dB und `Astop`=60 dB.
b. Skalieren Sie das Filter auf das Maximum des Betragsgangs gleich eins. Dazu bestimmen Sie der Einfachheit halber den Maximalwert im DFT-Spektrum bei ausreichender DFT-Länge.
c. Runden Sie die Filterkoeffizienten auf die Genauigkeit des Zweierkomplementformats mit der Wortlänge von acht Bits.
d. Benutzen Sie z. B. das MATLAB-Werkzeug „Filter Visualization Tool" (`fvtool`) um die Betragsfrequenzgänge (in dB) des skalierten Filters, des quantisierten Filters und des „Fehlersystems" in einem Bild darzustellen.
Wird das Toleranzschema nach der Quantisierung der Koeffizienten erfüllt? Vergleichen Sie den maximalen Betragsgangfehler mit der Abschätzung in Aufgabe A15.1.
e. Ist das Toleranzschema einzuhalten, wenn die Wortlänge von 16 Bits für die Koeffizienten verwendet wird?

15.3.4 Exhaustion-Methode und Monte-Carlo-Methode

Das Beispiel mit den quantisierten Filterkoeffizienten zeigt, dass die Veränderungen im Frequenzgang kritisch sein können, wenn in den Anwendungen nur geringe Wortlängen zur Verfügung stehen. Heutige Rechner verfügen über Kapazitäten, die aufwendige Suchverfahren nach einer günstigeren Lösung ermöglichen. Beispielsweise können, unter Beibehaltung der Symmetrie der Koeffizienten, alle Möglichkeiten des Auf- und Abrundens der Filterkoeffizienten zur nächsten Zahl im Zweierkomplement durchprobiert werden. Man spricht bei solchem Vorgehen von der erschöpfenden Suche, von der *Exhaustion-Methode*.

Wenn eine erschöpfende Suche nicht möglich ist, kann alternativ auch die *Monte-Carlo(MC)-Methode* eingesetzt werden. Dabei werden Impulsantworten mit zufälligen Mustern des Auf- und Abrundens generiert und nach einem Kriterium die beste ausgewählt. Die MC-Methode ist suboptimal, solange nicht erschöpfend gesucht wird.

15.3 FIR-Filter mit quantisierten Koeffizienten

Im Folgenden soll ein Beispiel einen ersten Eindruck vermitteln. Für den in der Versuchsdurchführung M15.1 zu entwerfenden FIR-Tiefpass mit minimaler Sperrdämpfung von 60 dB wurde die MC-Methode programmiert (`coefq_FIR_MC`). Das Programm maximiert die minimale Sperrdämpfung als Kriterium. Der Betragsfrequenzgang in Durchlass- und Übergangsbereich wird nicht berücksichtigt. Die Symmetrie der Filterkoeffizienten bleibt wegen der gewünschten linearen Phase des Filters erhalten, was zusätzlich die Komplexität des Verfahrens halbiert. Darüber hinaus werden Koeffizienten an Anfang und Ende der Impulsantwort eliminiert, wenn sie nach dem anfänglichen Runden null sind (vgl. Sparsamkeitsprinzip). In diesem Fall verringert sich ebenfalls die Komplexität des Verfahrens sowie der späteren Implementierung.

Im Beispiel wird, um den Effekt besonders sichtbar zu machen, die Wortlänge der Koeffizienten auf acht Bits beschränkt. Die Filterordnung verkürzt sich von anfänglich 24 auf 20. Es werden 10^6 Zufallsmuster für das Runden gezogen und schließlich die quantisierte Impulsantwort mit der größten minimalen Sperrdämpfung ausgewählt. Das Ergebnis zeigt Abb. 15.3. Die minimale Sperrdämpfung wird vorab konservativ mit

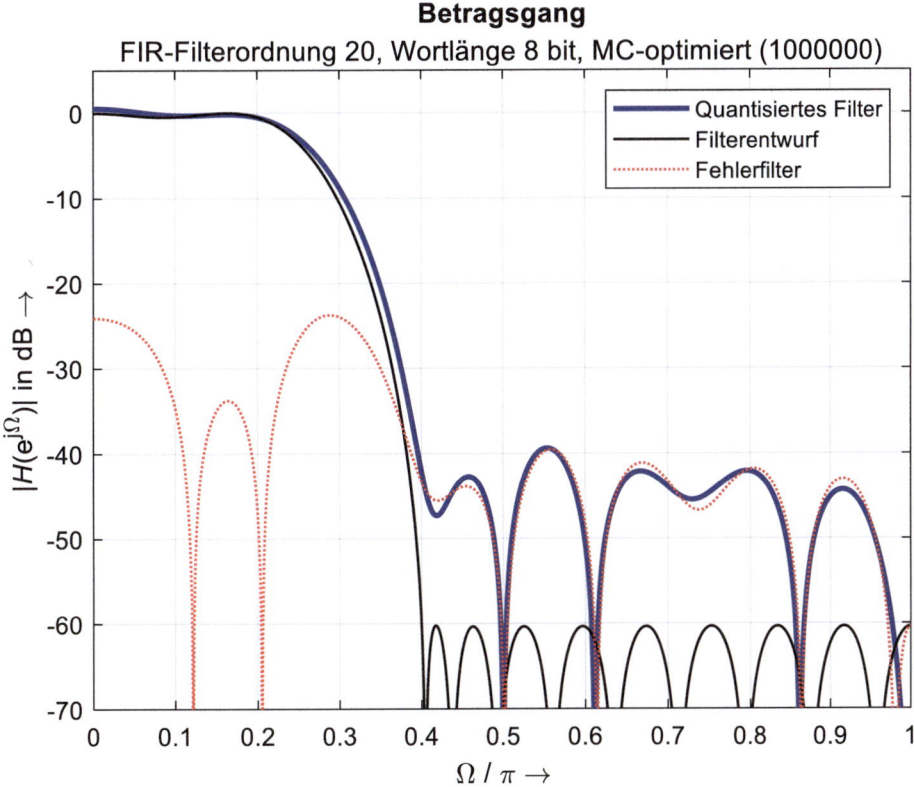

Abb. 15.3 FIR-Filterentwurf mit Quantisierung der Koeffizienten auf acht Bits durch Zufallsrunden mit Optimierung nach der Monte-Carlo-Methode bei 10^6 Stichproben (`coefq_FIR_MC`)

20.2 dB abgeschätzt. Tatsächlich erreicht der Filterentwurf mit Runden in M15.1 etwa 32.6 dB. Durch die MC-Methode wird die minimale Sperrdämpfung auf etwa 39.4 dB angehoben, bleibt jedoch weit ab von den 60 dB des ursprünglichen Filterentwurfsziels. (Zum Vergleich, bei Implementierung der Koeffizienten mit 16 Bits degradiert die minimale Sperrdämpfung durch Runden der Koeffizienten um etwa -.1 dB.)

Beachten Sie im Beispiel auch, dass die Abweichungen des Betragsgangs im Durchlassbereich durch das Runden zunehmen, da das simple Kriterium im Beispiel die Veränderungen im Durchlassbereich ausblendet. Schließlich spielt auch die Länge der DFT zur Bestimmung des Frequenzgangs eine Rolle. Sie beeinflusst Genauigkeit und Rechenzeit.

Das einfache Beispiel macht den Einfluss der Quantisierung der Koeffizienten auf den Betragsfrequenzgang eines FIR-Tiefpasses sichtbar – auch wenn die Vorgaben etwas praxisfern sind.

M15.2 FIR-Tiefpass mit quantisierten Koeffizienten und Optimierung mit der Monte-Carlo-Methode
Sie können diese Übungsmöglichkeit auch ohne Verlust an Information für den Rest des Kapitels überspringen.

Im Programm `coefq_FIR_MC`, siehe Onlineressourcen, können weitere Einstellungen ausprobiert werden. Beispielsweise kann beim Filterentwurf mit MATLB die Vorgabe für die Sperrdämpfung `Ast` oder das Entwurfsverfahren in `kaiserwin` (Kap. 9) abgeändert werden. Ebenfalls eingestellt werden kann die Wortlänge `w` und die Zahl der überprüften Zufallsmuster `NS` für das Runden.

Sie können auch das Programm erweitern. Ein Kriterium für den Durchlassbereich definieren und die Kriterien der Bereiche geeignet kombinieren.

15.4 IIR-Filter mit quantisierten Koeffizienten

An die Implementierung von IIR-Filter werden höhere Anforderungen als bei FIR-Filtern gestellt. Wegen ihrer rekursiven Struktur sind IIR-Filter anfälliger gegen Wortlängeneffekte und können sogar instabil werden. IIR-Filter höherer Ordnungen werden häufig in *Kaskadenform* oder auch *Parallelform* implementiert, d. h. typisch in Teilblöcken erster und zweiter Ordnung in Reihen- bzw. Parallelschaltung. Wir behandeln im Weiteren die meistverwendete Kaskadenform.

15.4.1 Kaskadenform

Die direkte Umsetzung der Übertragungsfunktion eines IIR-Filters

$$H(z) = \frac{b_0 + b_1 \cdot z^{-1} + \cdots + b_N \cdot z^{-N}}{a_0 + a_1 \cdot z^{-1} + \cdots + a_N \cdot z^{-N}}$$

15.4 IIR-Filter mit quantisierten Koeffizienten

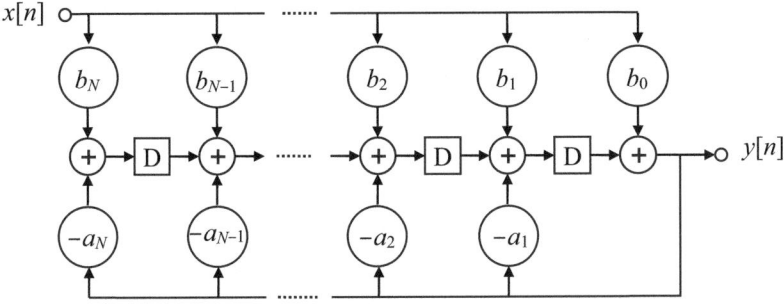

Abb. 15.4 Blockdiagramm der IIR-Filterstruktur in transponierter Direktform II ($a_0 = 1$)

führt auf Strukturen, wie die in Abb. 15.4 gezeigte *transponierte Direktform II*. Sie ist eine der kanonischen Formen, die sich durch die minimal mögliche Zahl an Speichern auszeichnen. Die Koeffizienten werden so normiert, dass $a_0 = 1$ gilt.

Theoretische Analysen und praktische Erfahrungen zeigen, dass die Realisierung als Kaskade von Blöcken zweiter Ordnung robuster gegenüber Wortlängeneffekten ist.

$$H(z) = H_1(z) \cdot H_2(z) \cdots H_K(z)$$

Das System wird in hintereinander geschaltete Blöcke zweiter Ordnung („*second order section*", SOS) zerlegt und gegebenenfalls erster Ordnung, falls einzelne reelle Pole auftreten. Man spricht folglich von der *Kaskadenform* („cascaded realization") in Abb. 15.5.

Die Aufteilung der Pole und Nullstellen auf die Blöcke und deren Skalierungen sind nicht beliebig. Eine einfache Daumenregel liefert brauchbare Resultate, sodass auf eine weitere Optimierung häufig verzichtet wird.

Der Einfachheit halber gehen wir von konjugiert komplexen Pol- und Nullstellenpaaren aus, wie sie für die Standardfilter typisch sind. Die Daumenregel zur Aufteilung der Pole und Nullstellen auf die Blöcke wird in Abb. 15.6 veranschaulicht.

Second-order-Section(SOS)-Daumenregel
Leitgedanke für die Gruppierung der Pole und Nullstellen in Blöcken zweiter Ordnung („second-order section", SOS) für die Kaskadenform ist, den Einfluss der einzelnen Pole und Nullstellen auf die Frequenzgänge der jeweiligen Blöcke möglichst paarweise auszugleichen: Das zum Einheitskreis am nächsten liegende konjugiert komplexe Polpaar wird mit dem zu ihm am nächsten liegenden konjugiert komplexen Nullstellenpaar zusammengefasst. Das Zusammenfassen wird für die verbleibenden Pole und Nullstellen entsprechend wiederholt, bis alle Pol- und Nullstellenpaare erfasst sind.

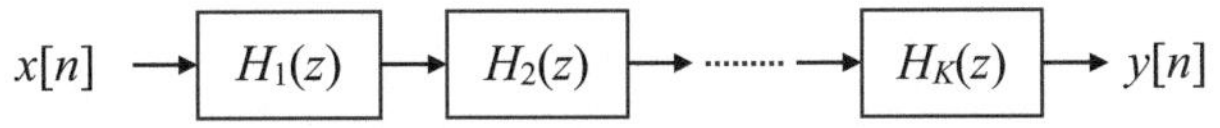

$x[n] \rightarrow \boxed{H_1(z)} \rightarrow \boxed{H_2(z)} \rightarrow \cdots \rightarrow \boxed{H_K(z)} \rightarrow y[n]$

Abb. 15.5 IIR-Filter in Kaskadenform mit Blöcken erster und zweiter Ordnung

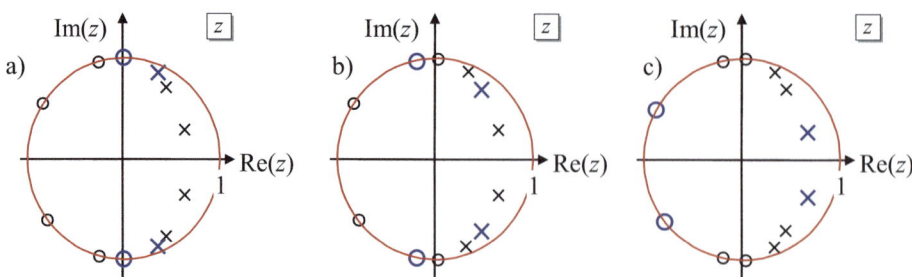

Abb. 15.6 Gruppieren der Pole und Nullstellen in Blöcken zweiter Ordnung für einen Cauer-Tiefpass nach der SOS-Daumenregel

15.4.2 Koeffizientenquantisierung und Polausdünnung

Im Weiteren wird stellvertretend ein einzelner Block der Kaskadenform betrachtet, ein reellwertiges rekursives System zweiter Ordnung mit konjugiert komplexem Polpaar und konjugiert komplexem Nullstellenpaar.

$$z_{01} = \rho_0 \cdot e^{+j\varphi_0} = z_{02}^*$$
$$z_{\infty 1} = \rho_\infty \cdot e^{+j\varphi_\infty} = z_{\infty 2}^*$$

Einsetzen der Pol- und Nullstellenpaare in die Übertragungsfunktion liefert

$$H(z) = b_0 \cdot \frac{(1-z_{01} \cdot z^{-1}) \cdot (1-z_{01}^* \cdot z^{-1})}{(1-z_{\infty 1} \cdot z^{-1}) \cdot (1-z_{\infty 1}^* \cdot z^{-1})} = b_0 \cdot \frac{1-2\cdot\rho_0\cdot\cos\varphi_0 \cdot z^{-1}+\rho_0^2 \cdot z^{-2}}{1-2\cdot\rho_\infty\cdot\cos\varphi_\infty \cdot z^{-1}+\rho_\infty^2 \cdot z^{-2}} =$$
$$= \frac{b_0+b_1 \cdot z^{-1}+b_2 \cdot z^{-2}}{1+a_1 \cdot z^{-1}+a_2 \cdot z^{-2}}$$

Die übliche Realisierung des Blockes zweiter Ordnung im Zweierkomplementformat erfordert die Quantisierung der Filterkoeffizienten.

$$H_Q(z) = \frac{[b_0]_Q + [b_1]_Q \cdot z^{-1} + [b_2]_Q \cdot z^{-2}}{1 + [a_1]_Q \cdot z^{-1} + [a_2]_Q \cdot z^{-2}}$$

Wegen

$$a_1 = -2 \cdot \mathrm{Re}(z_{\infty 1}) \quad \text{und} \quad a_2 = |z_{\infty 1}|^2$$

wirkt sich die Quantisierung auf die Realteile und die Beträge der Pole aus. Für die Nullstellen gilt Entsprechendes.

Im wichtigen Fall stabiler kausaler Systeme liegen alle Pole innerhalb des Einheitskreises. Demzufolge gilt für die Beträge der Nennerkoeffizienten

$$0 \leq |a_1| < 2 \quad \text{und} \quad 0 < |a_2| < 1$$

15.4 IIR-Filter mit quantisierten Koeffizienten

Abb. 15.7 Block zweiter Ordnung für quantisierte Koeffizienten in transponierter Direktform II

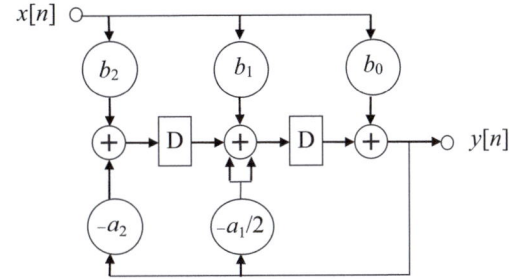

sodass a_1 den Zahlenbereich des Zweierkomplementformats überschreiten kann. Zur Abhilfe bietet sich die in Abb. 15.7 gezeigte Struktur mit einer Aufspaltung in zwei Additionen an. Das Ergebnis der Multiplikation mit $-a_1/2$ wird nun zweimal addiert.

Die Zählerkoeffizienten können durch Skalierung stets betragsmäßig kleiner eins eingestellt werden oder der Koeffizient b_1 wird gegebenenfalls aufgespalten.

Aus der Quantisierung der Nennerkoeffizienten resultiert die Quantisierung der Pole.

$$\left[\frac{-a_1}{2}\right]_Q = [\text{Re}(z_\infty)]_Q \quad \text{und} \quad [a_2]_Q = [\rho_\infty^2]_Q.$$

Demzufolge sind nur diskrete Werte für den Realteil und den Betrag eines Pols möglich. Abb. 15.8 zeigt die möglichen komplexen Pole im ersten Quadranten bei der Wortlänge mit fünf Bits. Durch die Quantisierung verschieben sich die Pole meist, weshalb der Frequenzgang gegenüber dem Entwurf erheblich verändert werden kann. Besonders augenfällig ist die Ausdünnung der möglichen komplexen Pole um die reelle Achse, der *Polausdünnungseffekt*. Weil bei schmalbandigen Tiefpässen die Pole in der Nähe von z gleich eins liegen, kann sich bei ihnen die Quantisierung der Koeffizienten besonders ungünstig bemerkbar machen.

Das Sperrverhalten, bei dem es vor allem auf die Nullstellen ankommt, ist weniger empfindlich. Die Nullstellen auf dem Einheitskreis bleiben auch nach der Quantisierung dort. Nur ihre Winkel verschieben sich gegebenenfalls.

Abb. 15.8 Mögliche Lagen der komplexen Pole (•) im ersten Quadranten und auf der imaginären Achse der z-Ebene für die Wortlänge von fünf Bits

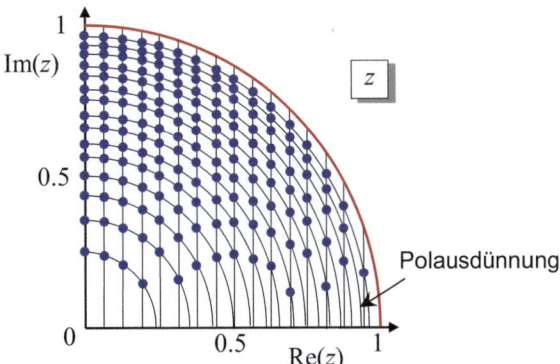

Anders als bei einer Implementierung des Gesamtsystems in der Direktform II nach Abb. 15.4, bleiben die Pole der Blöcke zweiter Ordnung nach der Quantisierung stets im Einheitskreis. Das quantisierte System ist stabil.

Sind die Auswirkungen der Quantisierung der Koeffizienten auf den Frequenzgang nicht mehr vernachlässigbar, so sind verschiedene Gegenmaßnahmen möglich:

- Berücksichtigung möglicher Effekte der Quantisierung der Koeffizienten bereits beim Entwurf durch ein restriktiveres Toleranzschema.
- Optimierung der Wortlängenverkürzung, z. B. durch die Exhaustion- oder MC-Methode.
- Implementierung des Filters in einer unempfindlicheren Struktur, z. B. in Normalform, in Leiterstruktur oder als Wellendigitalfilter [1, 4, 5].

15.4.3 Vorbereitende Aufgaben

A15.4 Entwurfsbeispiel

In der Versuchsdurchführung sollen Sie die Schritte vom Toleranzschema bis zum IIR-Filter mit quantisierten Koeffizienten selbstständig durchführen. Zur Vorbereitung machen Sie sich mit dem folgenden Entwurfsbeispiel für einen *Cauer-Tiefpass* (elliptisches Filter) vertraut. Das Beispiel ist in fünf Schritte aufgeteilt. Es beginnt beim Toleranzschema und endet bei der Überprüfung des quantisierten Filters.

1. **Entwurfsvorgaben.** Toleranzschema des Tiefpassentwurfs, siehe Abb. 15.9.
2. **Filterentwurf.** Mit dem MATLAB-Werkzeug „Filter Designer" bzw. `design` wird ein Cauer-Tiefpass zum Toleranzschema in Abb. 15.9 entworfen. Es ergibt sich ein Cauer-Tiefpass sechster Ordnung.

Über die Menüauswahl `File` → `Export` → `Workspace` werden die Filterdaten in den Arbeitsspeicher übertragen. Man erhält die beiden Variablen `SOS` und `G`. Die SOS-Matrix enthält die Filterkoeffizienten der Blöcke zweiter Ordnung für die Kaskadenform des IIR-Tiefpasses. Und der G-Vektor beschreibt die Gewichtsfaktoren („gain") zur Skalierung der Blöcke und des Gesamtsystems. Im Beispiel ergeben sich die Zahlenwerte

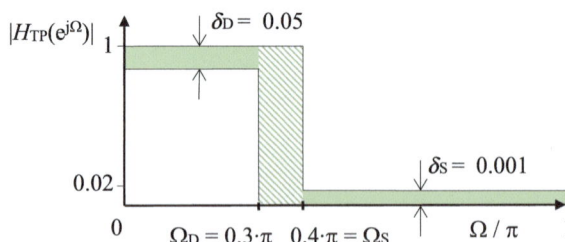

Abb. 15.9 Toleranzschema zum IIR-Tiefpassentwurf

15.4 IIR-Filter mit quantisierten Koeffizienten

in Tab. 15.2. Die Koeffizienten eines Blocks bilden jeweils eine Zeile mit den Zählerkoeffizienten zuerst. Die vierte Spalte der SOS-Matrix enthält die stets auf eins normierten Nennerkoeffizienten a_{0i}.

Über die Menüauswahl File $\rightarrow$ Export $\rightarrow$ MAT-File werden die Filterdaten in eine MAT-Datei geladen.

Alternativ kann der Filterentwurf auch auf Kommandozeilenebene durchgeführt werden, siehe fdesign.lowpass und design oder das Anwenderprogramm coefq_IIR in den Onlineressourcen.

Die Parameter in Tab. 15.2 entsprechen einem IIR-Filter in Kaskadenform

$$H(z) = G_1 \cdot H_1(z) \cdot G_2 \cdot H_2(z) \cdot G_3 \cdot H_3(z) \cdot G_4$$

und die Blöcke zweiter Ordnung sind definiert durch

$$H_i(z) = \frac{b_{0i} + b_{1i} \cdot z^{-1} + b_{2i} \cdot z^{-2}}{a_{0i} + a_{1i} \cdot z^{-1} + a_{2i} \cdot z^{-2}}.$$

Die Betragsgänge der Blöcke und des Gesamtsystems zeigt Abb. 15.10. Wegen der logarithmischen Darstellung in dB addieren sich die Betragsgänge der Teilsysteme zum Betragsgang des Cauer-Tiefpasses, vergl. Toleranzschema in Abb. 15.9.

Hintergrundinformation
Wechsel zwischen den Systemdarstellungen in MATLAB

- [b,a] = sos2tf(SOS,G) („transfer function representation")
- [z,p,k] = sos2zp(SOS,G) („zero-pole-gain representation")
- [A,B,C,D] = sos2ss(SOS,G) („state-space representation") [5]

MATLAB bietet Optimierungsmöglichkeiten bei der Konversion der Filterkoeffizienten in die der Teilsysteme mit dem Befehl tf2sos an.

Wie im Kap. 16 vorgestellt wird, sind bei Implementierungen auf Festpunktrechnern die Wahrscheinlichkeiten von Überläufen (siehe in Abb. 15.10 die Signalverstärkung in Block 1 und 2) und das innere Rauschen des Systems in Betracht zu ziehen.

3. **Überprüfung der Pol-Nullstellen-Aufteilung.** Die Betragsgänge in Abb. 15.10 erlauben eine Überprüfung der Pol-Nullstellenaufteilung, da Lage der Pole und Nullstellen deutlich erkennbar ist. Dem Block 3 sind das Pol- bzw. Nullstellenpaar an der

Tab. 15.2 Filterparameter des Cauer-Tiefpasses für die Blöcke zweiter Ordnung (gerundet)

SOS =	1.0000	-0.1254	1.0000	1.0000	-1.1886	0.7137
	1.0000	1.4000	1.0000	1.0000	-1.3331	0.5015
	1.0000	-0.5924	1.0000	1.0000	-1.1110	0.9150
G' =	0.6348	0.9690	0.0122	1.0000		

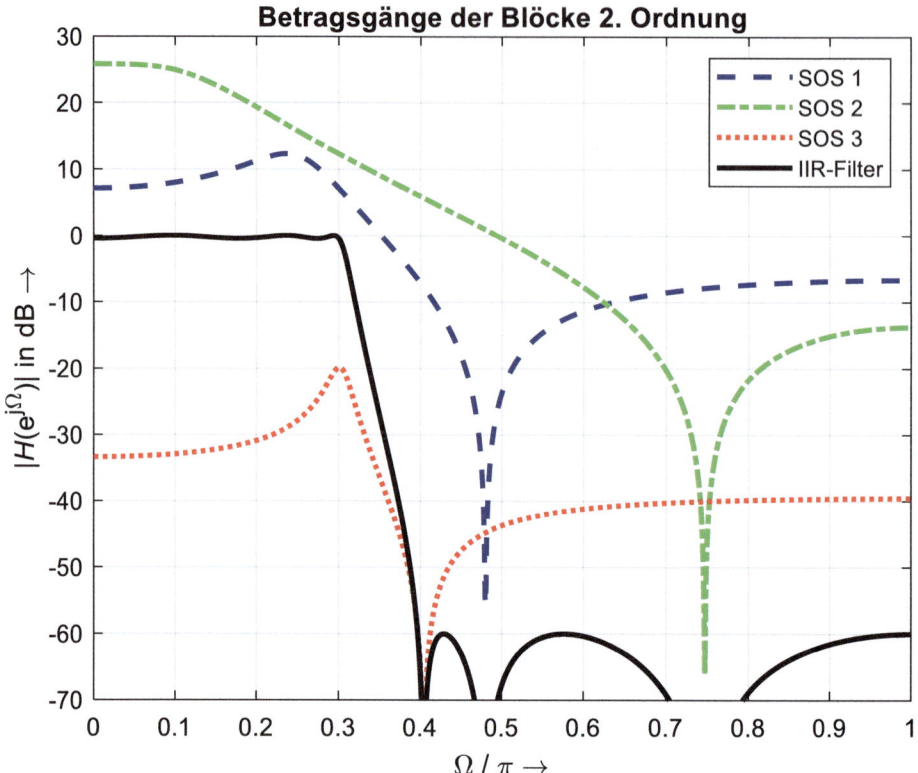

Abb. 15.10 Betragsgänge der Blöcke zweiter Ordnung („second-order sections") und des Gesamtsystems (coefq_IIR)

Filterflanke zugeordnet. Pol und Nullstelle liegen jeweils am nächsten beieinander. Block 2 enthält das am weitesten auseinanderliegende Pol-Nullstellen-Paar.

Mit fvtool(SOS) wird das Pol-Nullstellendiagramm in Abb. 15.11 dargestellt. Die Zuordnung der Pole und Nullstellen zu den Teilsystemen erfolgt im Beispiel anhand der Filterkoeffizienten in Tab. 15.2. Die letzte Spalte der SOS-Matrix enthält das Quadrat des jeweiligen Polradius in der Reihenfolge der Blöcke 1, 2 und 3 von oben nach unten. Für die Zuordnung der Nullstellen ist die zweite Spalte geeignet. Sie enthält $-2 \cdot \mathrm{Re}(\rho_0)$, sodass ebenfalls die Zuordnung eindeutig erfolgen kann. Die von MATLAB gewählte Pol-Nullstellenzuordnung folgt der SOS-Daumenregel. Die Reihenfolge der Blöcke folgt nicht direkt der Größe der Polradien.

4. **Quantisierung der Koeffizienten im Zweierkomplementformat.** Die Quantisierung der Koeffizienten ist im größeren Rahmen der geplanten Signalverarbeitung zu sehen. Hier im Beispiel können nur einige Aspekte berücksichtigt werden.

15.4 IIR-Filter mit quantisierten Koeffizienten

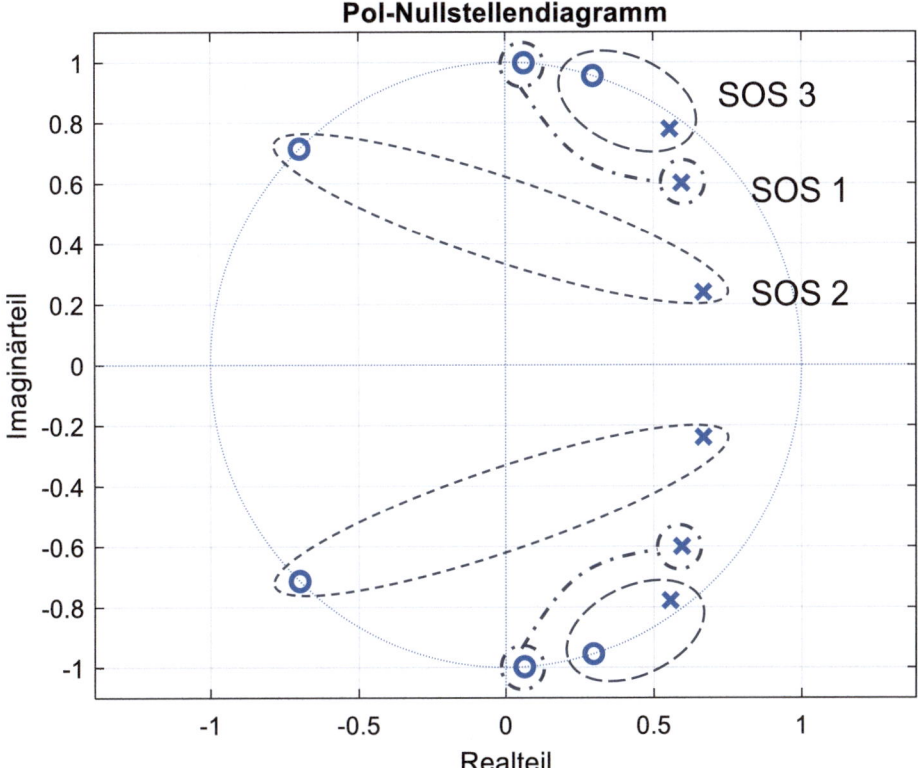

Abb. 15.11 Pol-Nullstellendiagramm des Cauer-Tiefpasses mit Aufteilung der Pol- und Nullstellenpaare in Blöcken zweiter Ordnung nach der SOS-Daumenregel

Wie in Kap. 16 noch deutlich wird, sind zwei gegensätzliche Effekte zu berücksichtigen. Grundsätzlich sollte das Eingangssignal möglichst wenig abgeschwächt werden. Die Gewichte zum Ausgang hin sollen klein sein, um das in den Teilsystemen aufgrund von Wortlängeneffekten entstehende innere Rauschen möglichst wenig zu verstärken. Andererseits besteht bei zu hoher Aussteuerung des Eingangssignals die Gefahr von Überläufen und damit gravierenden nichtlinearen Störeffekten. Um Überläufe möglichst zu vermeiden, wird jeder Block so skaliert, dass der Betragsgang stets kleiner eins ist, siehe Abschn. 15.3.1. Damit wird keine Frequenzkomponente verstärkt. Die Gewichtsfaktoren werden einbezogen. Für die Wortlänge von acht Bits und Wortlängenverkürzung mit Runden ergibt sich die SOS-Matrix in Tab. 15.3. Insbesondere zeigt der zweite Block kleine Zählerkoeffizienten. Sie entstehen durch die Skalierung, da der zweite Block eine große Signalverstärkung in Abb. 15.10 aufweist. Dies kann zu Ungenauigkeiten in der Quantisierung und späteren Anwendung führen.

Tab. 15.3 Auf acht Bits quantisierte Koeffizienten der Blöcke zweiter Ordnung zum Cauer-Tiefpass

SOS_q =	0.1562	-0.0156	0.1562	1.0000	-1.1875	0.7109
	0.0469	0.0703	0.0469	1.0000	-1.3281	0.5000
	0.1172	-0.0703	0.1172	1.0000	-1.1094	0.9141
G_q' =	1.0000	1.0000	0.0000	8.2188		

Für die Implementierung nach Abb. 15.7 wurden die Koeffizienten $a_{1,i}$ durch zwei geteilt, quantisiert und wieder mit zwei multipliziert.

Man beachte auch die Verstärkung des Ausgangssignals um den Faktor 8.2188.

5. **Überprüfung des quantisierten Filters.** Zur Überprüfung des Betragsfrequenzgangs des quantisierten Filters werden zuerst mit dem Befehl `sos2tf` die Filterkoeffizienten unter Berücksichtigung der Skalierungsfaktoren berechnet und dann beispielsweise dem Werkzeug `fvtool` übergeben. Abb. 15.12 zeigt den Betragsgang des Gesamtsystems nach dem Filterdesign und nach anschließender Quantisierung der Koeffizienten und des Skalierungsfaktors G auf acht Bits. Zusätzlich eingetragen ist der Betrag der Differenz der Frequenzgänge.

Durch die Quantisierung ergeben sich kaum sichtbare Abweichungen von bis zu etwa 0.4 dB im Durchlassbereich. Die gewünschte minimale Sperrdämpfung von 60 dB reduziert sich um 1 dB. Alles in allem, erweist sich der entworfene IIR-Tiefpass in Kaskadenform als relativ robust gegenüber der Quantisierung der Koeffizienten auf nur acht Bits. Allerdings wird durch die (Überlauf-)Skalierung das Eingangssignal stark gedämpft, sodass das Ausgangssignal mit dem Faktor 8.2188 (G) verstärkt bzw. um 18.3 dB angehoben wird. Ob die Abweichungen bzw. die Signalskalierung tolerierbar sind, ist im Kontext der konkreten Anwendung zu beurteilen.

15.4.4 Versuchsdurchführung

M15.3 Entwurfsbeispiel Cauer-Tiefpass
Führen Sie die Entwurfsschritte der Vorbereitung selbst mit MATLAB durch, siehe Programm 15.2 `coefq_IIR`.

M15.4 Entwurfsbeispiel-2 Cauer-Tiefpass
Die SOS-Matrix in Tab. 15.2 zeigt, dass die Hälfte der Koeffizienten gleich eins sind und folglich die Multiplikationen weggelassen werden könnten.

a. Überlegen Sie sich ein Blockdiagramm mit Blöcken zweiter Ordnung wobei die Eingangssignale jeweils skaliert werden. Skizzieren Sie das Blockdiagramm, beachten Sie dabei auch den Zählerkoeffizienten $b_{1,2}$.

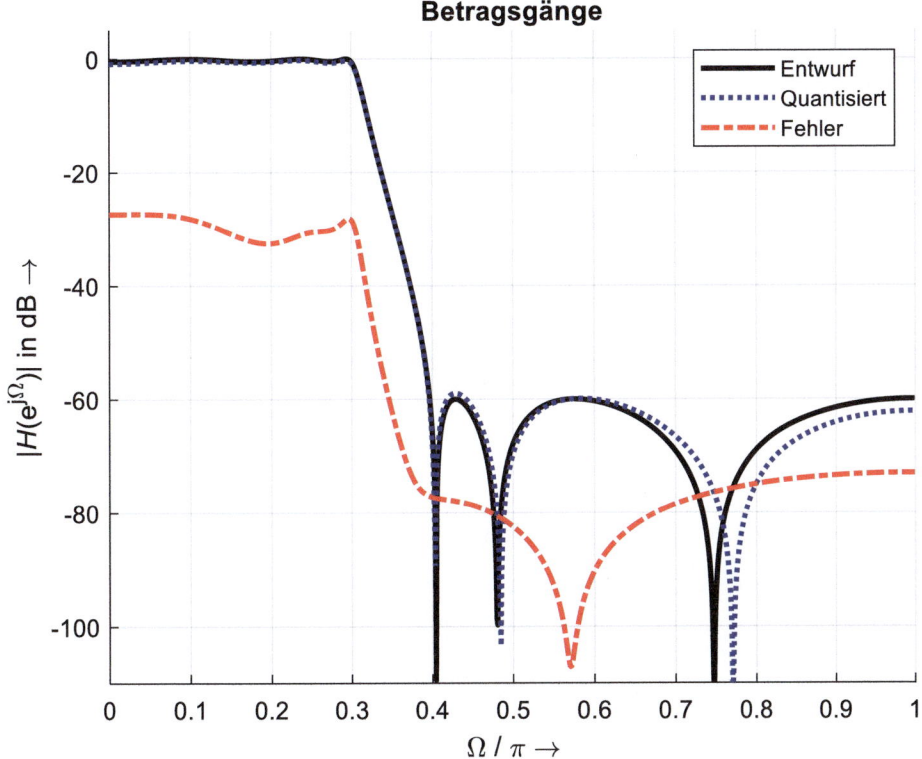

Abb. 15.12 Betragsgang vor (Entwurf) und nach (Quantisiert) der Quantisierung auf acht Bits sowie der Betrag der Differenz (Fehler) der Frequenzgänge

b. Berechnen Sie die Filterkoeffizienten und Skalierungsfaktoren für Ihr System wenn die Wortlänge acht Bits betragen soll. Vergleichen Sie die Betragsfrequenzgänge des Designs und des quantisierten Filters wie im Entwurfsbeispiel Aufgabe A15.4.

15.5 Zusammenfassung

Digitale Filter zeichnen sich in der Praxis oft durch Kompromisse aus, um Implementierungen in Festpunktarithmetik mit relativ geringer Wortlänge zu ermöglichen. Werden Filterkoeffizienten quantisiert, z. B. im Zweierkomplementformat mit acht bis 16 Bits, kann dies zu merklichen Verzerrungen in den Frequenzgängen führen und die Toleranzvorgaben verletzen. Die Einbeziehung der Effekte der Koeffizientenquantisierung ist deshalb Teil des Filterdesigns.

Der Vielfältigkeit der Anforderungen und der verfügbaren Hard- und Software in der Praxis geschuldet, gibt es unterschiedliche Lösungen. Bei digitalen Filtern empfiehlt es sich die Zahl der Koeffizienten klein zu halten und gegebenenfalls können für die Quantisierung der Koeffizienten exhaustive Suchmethoden oder die suboptimale Monte-Carlo-Methode eingesetzt werden.

Für die Anwendung von IIR-Filtern wird oft die Implementierung in Kaskadenform aus Blöcken zweiter Ordnung gewählt. Die SOS-Daumenregel liefert dazu eine Aufteilung der Pole und Nullstellen. Die Skalierung der Blöcke spielt eine wichtige Rolle um Überläufe zu vermeiden und das innere Rauschen klein zu halten. Die Skalierung kann jedoch die Auflösung des Eingangssignals kompromittieren.

Der beste Umgang mit den Effekten der Koeffizientenquantisierung besteht darin, mögliche Probleme und Lösungsmöglichkeiten vorab zu kennen, realistische Anforderungen für die praktische Anwendung zu formulieren und Entwurfsergebnisse durch Simulationen auf ihre Brauchbarkeit zu überprüfen.

15.6 Quiz 15

Ergänzen Sie die Lückentexte (_) sinngemäß.

1. Lösungen in Festpunktarithmetik können gegenüber der Gleitpunktarithmetik bezüglich ___, ___ und ___ günstiger sein.
2. Nach Quantisierung der Filterkoeffizienten bleiben FIR-Filter ___.
3. Die Quantisierung der Filterkoeffizienten kann zur Verletzung der ___ führen.
4. FIR-Filter können trotz quantisierter Filterkoeffizienten ___ sein.
5. Die Effekte der Koeffizientenquantisierung werden bei FIR-Systemen in einem ___ Fehlermodell beschrieben.
6. Bezüglich der Effekte der Quantisierung der Koeffizienten sind FIR-Filter mit ___ Länge vorzuziehen.
7. Bei FIR-Filtern kann die maximale Betragsgangsabweichung durch Quantisierung der Koeffizienten anhand der ___ und des ___ geschätzt werden.
8. Bei Verwendung des Zweierkomplementformats werden die Koeffizienten von FIR-Filtern oft auf das Maximum ___ im Betragsgang skaliert.
9. Die erschöpfende Suche gemäß einem vorgegebenen Kriterium nennt man ___.
10. Bei der MC-Methode zur Wortlängenverkürzung wird eine ___ generiert und nach einem ___ selektiert.
11. Der Effekt der Polausdünnung betrifft besonders ___.
12. Der Effekt der ___ ist nicht in allen Filterstrukturen gleich.
13. IIR-Systeme werden in Kaskadenform bevorzugt in Blöcken ___ implementiert.
14. Bei der Realisierung von IIR-Systemen in Kaskadenform ist die ___ der Blöcke nicht beliebig.
15. Bei Skalierung der Blöcke durch jeweils eigene ___ können Abweichungen im Frequenzgang aufgrund der quantisierten Koeffizienten reduziert werden.

16. Um schmalbandige Tiefpässe zu realisieren, wird je nach Anwendung für die Koeffizienten eine Wortlänge von ___ Bits empfohlen.
17. Im Zusammenhang mit digitalen Filtern steht das Akronym SOS für ___.
18. In Blöcken zweiter Ordnung sind die Nennerkoeffizienten a_1 gleich zweimal dem ___ des Poles und können somit größer als ___ werden.
19. Filterkoeffizienten größer eins können mittels einer ___ und zweier ___ implementiert werden.
20. Die Zuordnung von Pol- und Nullstellenpaaren zu den Blöcken zweiter Ordnung geschieht meist mit der ___.
21. Die MC-Methode ist ___.

15.7 Lösungshinweise

Onlineressourcen: `coefq_FIR.m`, `coefq_FIR_MC`, `coefq_IIR.m`, `coefq_IIR2.m`, `cauer_sos.mat`.

Zu A15.1 Koeffizientenquantisierung bei FIR-Filtern

a. Abschätzung der Frequenzgangsabweichung: Für die Wortlänge gleich acht oder 16 Bits ergibt sich das LSB zu 2^{-7} (≈ 0.00781) bzw. 2^{-15} (≈ 0.0000305). Mit der Filterordnung gleich 24 resultieren die gesuchten Schranken für die maximale Abweichung im Betragsgang zu 0.0977 und 0.000381 (gerundet), und im logarithmischen Maß zu circa -20.2 bzw. -68.3 dB.

b. Beim Entwurf selektiver Filter kann durch die Quantisierung der Koeffizienten der Frequenzgang des implementierten Filters das Toleranzschema verletzen. Im Sperrbereich bedeuten obige Abweichungen (a), dass die erreichbare minimale Sperrdämpfung im ungünstigsten Fall 20.2 dB bzw. 68.3 dB nicht überschreitet.

c. Die verallgemeinerte lineare Phase eines FIR-Filters beruht auf der geraden bzw. ungeraden Symmetrie der Koeffizienten. Wenn bei der Quantisierung der Koeffizienten die Symmetrie beachtet wird, bleibt diese Eigenschaft erhalten.

Zu M15.1 FIR-Tiefpass mit quantisierten Koeffizienten

a. Der Filterentwurf mit dem Befehl `design` liefert ein FIR-Filter der Ordnung 24, d. h. 25 Filterkoeffizienten.

b. Siehe Programm `coefq_FIR`

c. Siehe Programm `coefq_FIR`

d. Wie man Abb. 15.13 entnehmen kann, sind die Toleranzvorgaben nicht erfüllt. Die minimale Sperrdämpfung beträgt nur etwa 32.5 dB statt der geforderten 60 dB.

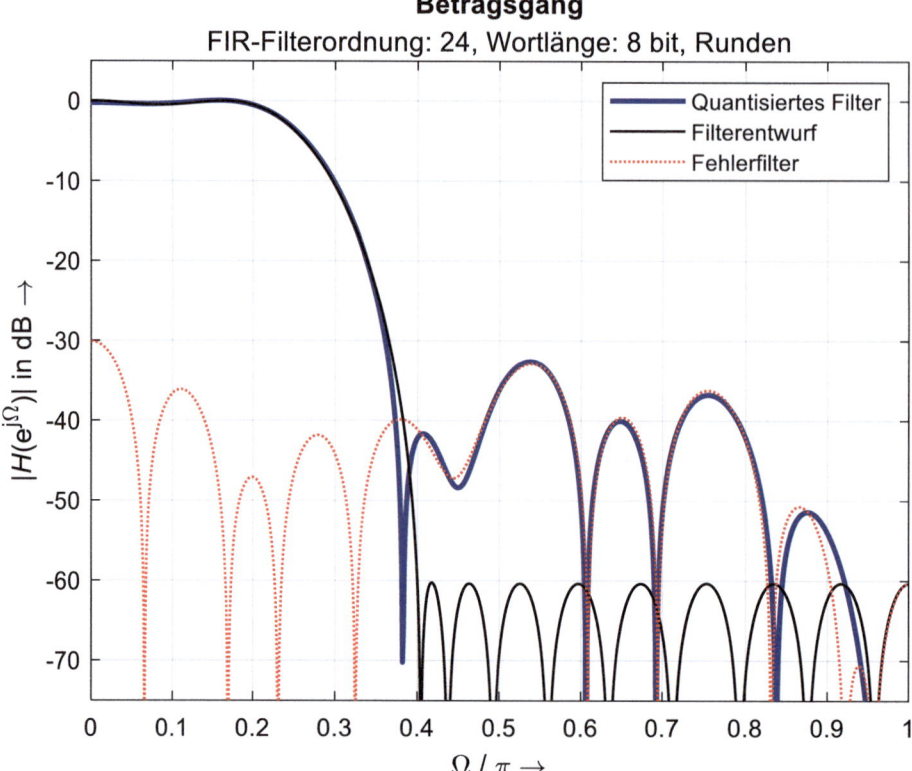

Abb. 15.13 Betragsgänge zum FIR-Filterentwurf mit quantisierten Koeffizienten (coefq_FIR)

Der Betragsfrequenzgang des Fehlersystems besitzt das Maximum von circa −30 dB (bei der normierten Kreisfrequenz null), also um circa 10 dB besser als die Abschätzung in A15.1.

e. Bei der Wortlänge von 16 Bits ist die Abweichung um etwa −0.1 dB gering. Aus der Filterordnung 24 folgt in A15.1 eine mögliche Sperrdämpfung von ungefähr 68 dB. Damit ist theoretisch eine Sperrdämpfung des realen Systems von mindestens 60 dB erreichbar. Wird das Toleranzschema nicht erfüllt, so kann die Sperrdämpfung beim Entwurf etwas größer vorgegeben werden. Damit lassen sich häufig die ursprünglichen Vorgaben mit 16-bit-Koeffizienten einhalten, allerdings gegebenenfalls bei etwas höherer Filterordnung und damit Mehraufwand bei der Realisierung. Und wie in Kap. 16 diskutiert wird, mit größerem innerem Rauschen.

15.7 Lösungshinweise

Programm 15.1 (`coefq_FIR`)

```
% Quantization of FIR filter coefficients (mw2024)
%% Design FIR filter, equiripple lowpass
designSpecs = fdesign.lowpass('Fp,Fst,Ap,Ast',.2,.4,.5,60);
filt = design(designSpecs,'equiripple','Systemobject',true);
h = filt.Numerator; % impulse response
% scaling
Nfft = 2048; H = fft(h,Nfft); % frequency response
h_s = h/max(abs(H)); % scaling
H_s = fft(h_s,Nfft); % frequency response
% quantization
w = 8; % wordlength in bit
LSB = 2^(-w+1); % least significant bit (LSB)
h_q = LSB*round(h_s/LSB); % quantized impulse response (rounding)
H_q = fft(h_q,Nfft); % frequency response
h_F = h_s - h_q; % error impulse response
H_F = fft(h_F,Nfft); % frequency response
% magnitude response in dB
H_s_dB = 20*log10(abs(H_s));
H_q_dB = 20*log10(abs(H_q));
H_F_dB = 20*log10(abs(H_F));
%% Graphics
f = 2*(0:Nfft/2)/Nfft; % frequency range
Fig = figure('Name','Quantization of FIR filter','NumberTitle','off',...
    'Position',[480,330,560,420]);
plot(f,H_q_dB(1:length(f)),'-b','LineWidth',2)
axis([0 1 -75 5]); grid
hold on
plot(f,H_s_dB(1:length(f)),'k',f,H_F_dB(1:length(f)),':r','LineWidth',1)
title('Betragsgang')
text = ['FIR-Filterordnung: ',num2str(length(h_q)-1),', Wortlänge: ',...
    num2str(w),' bit, Runden'];
subtitle(text)
xlabel('\Omega / \pi \rightarrow')
ylabel('|{\itH}(e^{j\Omega})| in dB \rightarrow')
legend('Quantisiertes Filter','Filterentwurf','Fehlerfilter','Box','on')
hold off
```

Zu M15.2 FIR-Tiefpass mit quantisierten Koeffizienten und Optimierung mit der Monte-Carlo-Methode

Siehe Programm `coefq_FIR_MC` in den Onlineressourcen.

Wie der Vergleich von Abb. 15.3 und Abb. 15.13 zeigtkann die minimale Sperrdämpfung durch die MC-Methode um einige dB verbessert werden. Der Preis dafür wird hier allerdings in zunehmenden Fehler im Betragsgang im Durchlassbereich bezahlt. Um dem entgegenzuwirken, könnte in das Kriterium auch der Durchlassbereich einbezogen werden. Beachten Sie auch, hier handelt es sich nur um ein Beispiel.

Zu M15.3 Entwurfsbeispiel Cauer-Tiefpass

Siehe Programm `coefq_IIR` in den Onlineressourcen.

Programm 15.2 Cauer-Tiefpass Design (`coefq_IIR`)

```
% Elliptic filter (Cauer lowpass) design and implementation in
%   second-order sections with quantized coefficients (mw2024)
%% Design IIR filter, equiripple lowpass (elliptic)
Fp = .3; Fst = .4; Ap = -20*log10(.95); Ast = -20*log10(.001);
designSpecs = fdesign.lowpass('Fp,Fst,Ap,Ast',Fp,Fst,Ap,Ast);
filt = design(designSpecs,'ellip','Systemobject',true);
% SOS representation
SOS = [filt.Numerator filt.Denominator]; G = filt.ScaleValues';
[M,~] = size(SOS); Nfilt = 2*M; % filter order
%% Magnitude response and graphics
Lw = 1024;
txt = 'Magnitude responses of second order sections';
Xa = [0 1 -70 30];
[H,H_SOS,~] = mag_resp_SOS3(SOS,G,Lw,txt,Xa);
%% Poles and zeros
Fig = figure('Name','Quantization of IIR filter','NumberTitle','off',...
    'Position',[480,330,560,420]);
[z,p,k] = sos2zp(SOS,G);
[hz,hp,ht] = zplane(z,p); grid
hz.LineWidth = 2; hp.LineWidth = 2;
title('Pol-Nullstellendiagramm')
xlabel('Realteil'), ylabel('Imaginärteil')
%% Scaling -> max magnitude response = 1
SOS_sc = SOS; G_sc = ones(size(G));
for m=1:M
    MAX = max(abs(H_SOS(m,:)));
    SOS_sc(m,1:3) = G(m)*SOS(m,1:3)/MAX;
    G_sc(M+1) = G_sc(M+1)*MAX;
end
txt = 'Magnitude responses of second order sections (scaled)';
Xa = [0 1 -75 5];
[H_sc,H_SOS_sc,~] = mag_resp_SOS3(SOS_sc,G_sc,Lw,txt,Xa);
%% Quantization
w = 8; LSB = 2^(-w+1); % wordlength in bits and least significant bit
SOS_q = LSB*round(SOS_sc/LSB); % rounding
for m=1:M
    SOS_q(m,5) = 2*LSB*round((SOS_sc(m,5)/2)/LSB);
end
G_q = LSB*round(G_sc/LSB);
txt = ...
    'Magnitude responses of second order sections (scaled and quantized)';
Xa = [0 1 -95 5];
[H_q,H_SOS_q,Omega] = mag_resp_SOS3(SOS_q,G_q,Lw,txt,Xa);
%% Error
Fig = figure('Name','Quantization of IIR filter','NumberTitle','off',...
    'Position',[480,330,560,420]);
axis([0 1 -140 5]), grid
xlabel('\Omega / \pi \rightarrow')
ylabel('|{\itH}(e^{j\Omega})| in dB \rightarrow')
title('Magnitude response and error')
hold on
plot(Omega/pi,20*log10(abs(H_sc)),'k','LineWidth',2)
plot(Omega/pi,20*log10(abs(H_q)),':b','LineWidth',2)
plot(Omega/pi,20*log10(abs(H_q-H_sc)),'-.r','LineWidth',2)
```

15.7 Lösungshinweise

```
legend('Scaled','Quantized','Error')
hold off
Fig = figure('Name','Quantization of IIR filter','NumberTitle','off',...
    'Position',[480,330,560,420]);
axis([0 1 -110 5]), grid
xlabel('\Omega / \pi \rightarrow')
ylabel('|{\itH}(e^{j\Omega})| in dB \rightarrow')
title('Magnitude response and error')
hold on
plot(Omega/pi,20*log10(abs(H)),'k','LineWidth',2)
plot(Omega/pi,20*log10(abs(G_q(4)*H_q)),':b','LineWidth',2)
plot(Omega/pi,20*log10(abs(G_q(4)*H_q-H)),'-.r','LineWidth',2)
legend('Design','Quantized','Error')
hold off
%% Local function
function [H,H_SOS,w] = mag_resp_SOS3(SOS,G,Lw,txt,Xa)
% Magnitude reponses of second order sections and overall system
[M,~] = size(SOS);
H_SOS = ones(M,Lw); H = ones(1,Lw);
for m = 1:M
    [H_SOS(m,:),w] = freqz(G(m)*SOS(m,1:3),SOS(m,4:6),Lw);
    H = H.*H_SOS(m,:); % overall filter
end
%% Graphics SOS 1 ... 3
Fig = figure('Name','Quantization of IIR filter','NumberTitle','off',...
    'Position',[480,330,560,420]);
plot(w/pi,20*log10(abs(H_SOS(1,:))),'--b',...
    w/pi,20*log10(abs(H_SOS(2,:))),'-.g',...
    w/pi,20*log10(abs(H_SOS(3,:))),':r',...
    w/pi,20*log10(abs(H)),'-k','LineWidth',2)
axis(Xa); grid
xlabel('\Omega / \pi \rightarrow')
ylabel('|{\itH}(e^{j\Omega})| in dB \rightarrow')
title(txt)
legend('SOS 1','SOS 2','SOS 3','Overall system')
end
```

Zu M15.4 Entwurfsbeispiel-2 Cauer-Tiefpass

a. Das Blockdiagramm mit Skalierung der Eingangssignale vor jedem Block zeigt Abb. 15.14. Die Multiplikationen mit den Zählerkoeffizienten $b_{0,i}$ und $b_{2,i}$ entfallen. Die Multiplikation mit dem Zählerkoeffizient größer eins, $b_{1,2}$, wird durch zwei Additionen unterstützt, so wie die entsprechenden Nennerkoeffizienten $a_{1,i}$ auch.

b. Siehe Programm `coefq_IIR2` in den Onlineressourcen.

Die quantisierten Koeffizienten und Skalierungsfaktoren zeigt Tab. 15.4. Man beachte die kleinen Werte der Skalierungsfaktoren. Umgerechnet in das logarithmische Maß ergeben sich Signaldämpfungen um 16.1, 26.6 und 18.6 dB. Zum Schluss wird das Ausgangssignal des letzten Blocks um 18.3 dB angehoben.

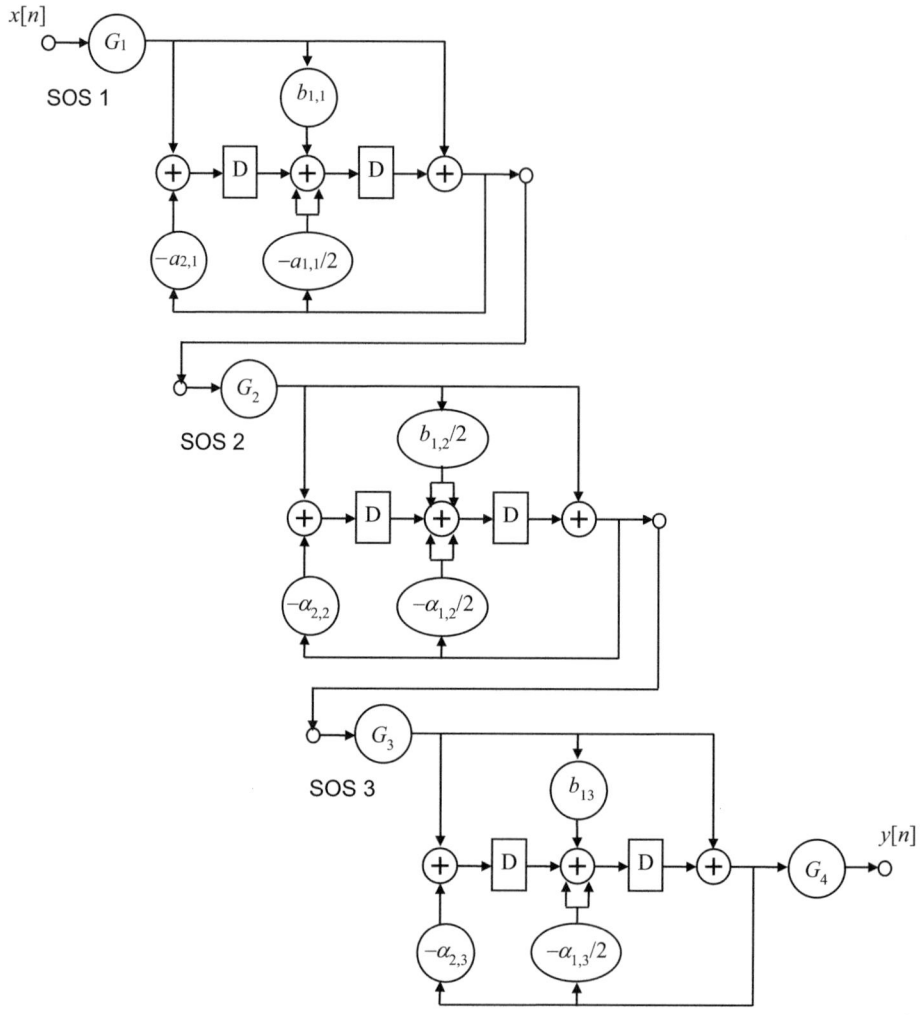

Abb. 15.14 Blockdiagramm des Cauer-Tiefpasses mit Skalierung der Signale an den Eingängen der Blöcke zweiter Ordnung

Tab. 15.4 Mit acht Bits quantisierte Koeffizienten der Blöcke zweiter Ordnung zum Cauer-Tiefpass

SOS_q =						
1.0000	-0.1250	1.0000	1.0000	-1.1875	0.7109	
1.0000	1.4062	1.0000	1.0000	-1.3281	0.5000	
1.0000	-0.5938	1.0000	1.0000	-1.1094	0.9141	
G_q' =	0.1562	0.0469	0.1172	8.2188		

Ein Vergleich des Fehlerbetragsgangs mit Abb. 15.12 zeigt hier eine deutlich geringere Abweichung.

Abschließend betrachten wir die Konsequenzen kleiner Skalierungsfaktoren. Zur Verdeutlichung betrachten wir ein auf acht Bits quantisiertes Eingangssignal. Die Dynamik sei ähnlich dem Sprachsignal, sodass wir 8 dB Verlust bzgl. der Vollaussteuerung (Dreiecksignal) annehmen, siehe Abschn. 14.4.5. Hinzu kommen hier noch 16 dB durch den ersten Skalierungsfaktor, sodass das Eingangssignal vor der eigentlichen Filterung um 24 dB gedämpft wird. Damit folgt gemäß der 6dB-pro-Bit-Regel ein Verlust von vier Bits an Wortlänge. Ob damit das Eingangssignal noch ausreichend aufgelöst wird, ist im konkreten Anwendungszusammenhang zu entscheiden. Die Kombination von acht Bits an Wortlänge und 60 dB Sperrdämpfung für IIR-Filter mit Blöcken zweiter Ordnung in Direktform II scheint eher problematisch, siehe auch konservative Abschätzung für FIR-Filter.

Zu Quiz 15
1. Verarbeitungsgeschwindigkeit, Energieverbrauch, Preis
2. stabil
3. Entwurfsvorgaben
4. linearphasig
5. additiven
6. kürzerer
7. Filterordnung (Filterlänge) und LSB (least significant bit)
8. eins
9. Exhaustion-Methode
10. Zufallsstichprobe, Kriterium
11. (schmalbandige) Tiefpässe (Hochpässe)
12. Koeffizientenquantisierung
13. 2. Ordnung (SOS)
14. Reihenfolge
15. Multiplizierer (Verstärker)
16. 8...16
17. Second order section (Blöcke 2. Ordnung)
18. Realteil, eins
19. Multiplikation, Additionen
20. SOS-Daumenregel
21. suboptimal

Literatur

1. Fettweis, A. (1986). Wave digital filters: Theory and practice. *Proceedings of the IEEE, 74,* 270–327.
2. Mitra, S. K. (2006). *Digital signal processing. A computer-based approach* (3. Aufl.). McGraw-Hill.
3. Proakis, J. G., & Manolakis, D. G. (2007). *Digital signal processing. Principles, algorithms, and applications* (4. Aufl.). Pearson Prentice Hall.
4. Schüßler, H. W. (2008). *Digitale Signalverarbeitung 1. Analyse diskreter Signale und Systeme* (5. Aufl.). Springer.
5. Werner, M. (2008). *Digitale Signalverarbeitung mit MATLAB®-Praktikum. Zustandsraumdarstellung, Lattice-Strukturen, Prädiktion und adaptive Filter.* Vieweg.

Reale digitale Filter: Quantisierte Arithmetik 16

Inhaltsverzeichnis

16.1 Lernziele 416
16.2 Quantisierte Arithmetik 416
    16.2.1 Addierer und Überlauf 417
    16.2.2 Multiplizierer und Rundungsrauschen 417
16.3 Inneres Rauschen 427
    16.3.1 Block zweiter Ordnung 427
    16.3.2 Skalierung und Reihenfolge der Blöcke zweiter Ordnung 433
16.4 Grenzzyklen 436
    16.4.1 Nichtlineares Modell für einen Block zweiter Ordnung 436
    16.4.2 Granularer Grenzzyklus 437
    16.4.3 Überlauf-Grenzzyklus 439
16.5 Zusammenfassung 442
16.6 Quiz 16 442
16.7 Lösungshinweise 443
Literatur 451

Zusammenfassung

Die quantisierte Arithmetik in realen digitalen Filtern kann am Systemausgang beobachtbare Grenzzyklen und Rauschen verursachen. Multiplikation und Addition mit Wortlängenverkürzung bzw. Überlauf sind keine idealen Rechenoperationen. Reale digitale Filter sind somit nicht streng linear. Besonders betroffen sind digitale Filter in Festpunktarithmetik und kleiner Wortlänge. Sie können durch die quantisierte Arithmetik unbrauchbar werden. Hinweise für Gegenmaßnahmen liefert das Modell des gleichverteilten und unkorrelierten Rundungsrauschens und zur Rauschzahl sowie Befunde aus Simulationen zum Überlaufverhalten.

Schlüsselwörter

Betragsabschneiden („sign-magnitude truncation") · Block zweiter Ordnung („second order section") · Fehlermodell („error model") · Grenzzyklus („limit cycle") · Kaskadenform („cascaded sections") · Inneres Rauschen („inner noise") · MATLAB · Quantisierte Arithmetik („finite-precision arithmetic") · Quantisierungsrauschen („quantization noise") · Rauschzahl („noise figure") · Runden („rounding") · Rundungsrauschen („round-off noise") · Sättigungskennlinie („saturation characteristic") · Überlauf („overflow") · Wortlängeneffekt („word-length effect") · Zustandsvariable („state variable") · Zweierkomplementformat („two's-complement format")

16.1 Lernziele

Dieser Versuch macht Sie mit den Effekten der begrenzten Wortlänge bei arithmetischen Operationen innerhalb digitaler Filter vertraut. Während die Quantisierung der Koeffizienten schon im Filterentwurf berücksichtigt werden kann, treten die Wortlängeneffekte der arithmetischen Operationen während des Betriebs auf.

Nach Bearbeiten dieses Versuches können Sie

- das Überlaufverhalten der Zweierkomplement-Addition anhand der Überlaufkennlinie und der Sättigungskennlinie erläutern,
- Vor- und Nachteile der Wortlängenverkürzung durch Runden und Betragsabschneiden nennen,
- die Verteilung und die Korrelation des inneren Rauschens erklären,
- ein Blockschaltbild zur Schätzung der Leistung des inneren Rauschens skizzieren und erläutern,
- ein Filter höherer Ordnung in Kaskadenform aus Blöcken zweiter Ordnung in optimierter Reihenfolge implementieren,
- die Entstehung granularer Grenzzyklen und Überlauf-Grenzzyklen sowie ihre Auswirkungen auf das Verhalten der Systeme erklären
- und schließlich die Anwendung digitaler Filter unter realistischen Bedingungen beurteilen und kritische Fehler vermeiden.

16.2 Quantisierte Arithmetik

Lineare digitale Filter beinhalten zwei Arten von Arithmetikelementen: Addierer und Multiplizierer. Beide sind von der Quantisierung betroffen, weil die Ergebnisse der arithmetischen Operationen auf die zur Verfügung stehenden Maschinenzahlen abgebildet werden müssen.

16.2 Quantisierte Arithmetik

Tab. 16.1 Addition von zwei 8-Bit-Zahlen im Zweierkomplementformat (2c) mit Überlaufkennlinie

x	0.5_d	01000000_{2c}		0.5_d	01000000_{2c}		0.5_d	01000000_{2c}	
y	0.25_d	00100000_{2c}		0.5_d	01000000_{2c}		0.75_d	01100000_{2c}	
$x+y$	0.75_d	$01100000_{2c}=0.75_d$		1.0_d	$10000000_{2c}=-1_d$		1.25_d	$10100000_{2c}=-0.75_d$	

16.2.1 Addierer und Überlauf

Das *Zweierkomplementformat* (Kap. 14) ist in der digitalen Signalverarbeitung weit verbreitet, weil die Addition bitweise mit einem einfachen Übertrag erfolgt. So werden simple Addierschaltungen möglich. Dabei kann es jedoch zu einem Übertrag in die höchste Stelle kommen, die für die Darstellung des Vorzeichens reserviert ist. Wie das Beispiel in Tab. 16.1 zeigt, tritt ein Überlauf auf. Das Überlaufverhalten im Zweierkomplementformat wird durch die *Überlaufkennlinie* in Abb. 16.1 links charakterisiert. An ihr lassen sich die Beispiele in Tab. 16.1 nachvollziehen.

Bei Übersteuerung wird die „Addition" zu einer nichtlinearen Operation. Die *Überläufe* können zu *Überlauf-Grenzzyklen*, auch *Überlaufschwingungen* genannt, führen. Als Gegenmaßnahme werden unter anderem *Sättigungskennlinien*, wie die in Abb. 16.1 rechts, verwendet: Bei einem positiven oder negativen Überlauf wird die größte bzw. die kleinste darstellbare Maschinenzahl gesetzt; aus Symmetrie oft 1–LSB bzw. –(1–LSB). Der Überlauf ist durch XOR-Verknüpfung der Vorzeichenbits der Summanden und des Resultats ohne großen Schaltungsaufwand erkennbar.

16.2.2 Multiplizierer und Rundungsrauschen

Auf Digitalrechnern kann die Multiplikation im Zweierkomplementformat auf Schiebeoperationen und Additionen zurückgeführt werden. Dabei kann es, ausgenommen von $(-1) \cdot (-1) = 1$, zwar nicht zu einem Überlauf kommen, jedoch erhöht sich die Zahl der

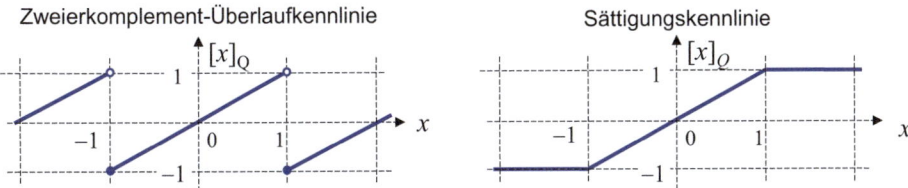

Abb. 16.1 Überlauf- und Sättigungskennlinie zur Addition im Zweierkomplementformat

benötigten Binärstellen. Multipliziert man zwei Zahlen mit n signifikanten Stellen der Mantisse, d. h. ohne Vorzeichen, so sind i. d. R. $2n-1$ Bits für die exakte Darstellung des Produktes notwendig. Das Vorzeichen wird gesondert ausgewertet. Das Beispiel

$$x = 0.5078125 = 2^{-1} + 2^{-7} = 01000001_{2c}$$

und

$$y = 0.0078125 = 2^{-7} = 00000001_{2c}$$

liefert nach Multiplikation eine Zahl im Zweierkomplement mit 14 signifikanten Binärstellen

$$x \cdot y = 0.00396728515625 = 2^{-8} + 2^{-14} = 0000'0000'1000'0010_{2c}.$$

Vor der Weiterverarbeitung des Produktes, z. B. bei Zwischenspeicherung mit der Wortlänge von acht Bits, muss meist eine *Wortlängenverkürzung* vorgenommen werden. Damit wird auch die „Multiplikation" zu einer nichtlinearen Operation. Zwei gängige Methoden sind das *Runden* („rounding") und das *Betragsabschneiden* („sign-magnitude truncation") in Abb. 16.2.

Man beachte, dass beim Betragsabschneiden die Wortlängenverkürzung stets zu null hin erfolgt, also der Betrag im Ergebnis nicht zunehmen kann. Betragsabschneiden entzieht dem System Energie. Granulare Grenzzyklen werden um den Preis größerer Ungenauigkeit meist vermieden.

Im Gegensatz dazu wirkt Aufrunden wie eine zusätzliche Signalquelle, die dem System Energie zuführt. Es können *granulare (kleine) Grenzzyklen* entstehen: Am Systemausgang tritt ein periodisches Signal in der Größenordnung von wenigen Quantisierungsintervallbreiten auf, obwohl das Eingangssignal längst abgeklungen ist.

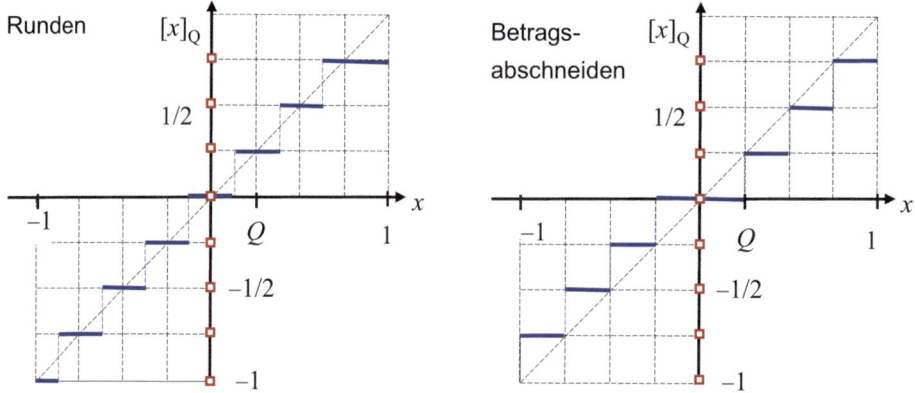

Abb. 16.2 Quantisierungskennlinien für das Runden und das Betragsabschneiden mit Quantisierungsintervallbreite Q und Repräsentanten (□) für die Wortlänge von drei Bits

16.2 Quantisierte Arithmetik

Konvergentes Runden

Manche Signalprozessoren unterstützen spezielle Algorithmen zum Runden, z. B. das *konvergente Runden* um Verzerrungen, Bias genannt, durch Runden zu vermeiden (z. B., [3]). Liegt die zu rundende Zahl genau zwischen zwei Maschinenzahlen, so wird auf- bzw. abgerundet, je nachdem ob das Bit an der Stelle des zukünftigen LSB in der zu rundenden Zahl eins oder null ist. Damit soll erreicht werden, dass genauso oft auf- wie abgerundet wird.

Der MATLAB-Befehl `convergent` („Fixed-Point Designer") rundet zur nächsten ganzen Zahl außer wenn die zu rundende Zahl genau zwischen zwei ganzen Zahlen liegt. Dann wird zum nächsten geraden ganzen Zahl gerundet, z. B.: $-3.5 \to -4, -2.5 \to -2, -1.5 \to -2, -0.5 \to 0, 0.5 \to 0, 1.5 \to 2, 2.5 \to 2, 3.5 \to 4$.

In der Grundversion unterstützt MATLAB für das Runden die vier Befehle: Aufrundungsfunktion `ceil`, Abrundungsfunktion `floor`, Betragsabschneiden `fix` und gewöhnliche Rundungsfunktion `round`.

Rundungsrauschen – Fehlermodell

Für typische Anwendungen können die Fehler der Wortlängenverkürzung am Multiplizierer näherungsweise als gleichverteiltes, unkorreliertes additives Rauschsignal im Quantisierungsintervall modelliert werden. Im Fall des Rundens spricht man vom *Rundungsrauschen* („round-off noise") Rundungsgeräusch.

Wie noch durch MATLAB-Simulationen gezeigt wird, gilt das Fehlermodell beispielsweise für Audiosignale mit einer guten Signalaussteuerung über mehrere Quantisierungsintervalle hinweg und nicht zu stark verkürzte Filterkoeffizienten.

Das Blockdiagramm des additiven Fehlermodells für die Multiplikation mit Wortlängenverkürzung zeigt Abb. 16.3. Mit der Annahme, dass das Rundungsrauschen im Quantisierungsintervall $[-Q/2, Q/2]$ gleichverteilt und mittelwertfrei ist, ergibt sich seine Leistung, hier gleich der Varianz, aus der *Quantisierungsintervallbreite* zu (Kap. 14)

$$\sigma_Q^2 = \frac{Q^2}{12}.$$

Rundungsrauschen – Verteilung

Wir untersuchen die Annahmen des Fehlermodells in Abb. 16.3 bzgl. der Verteilung. Dazu führen wir eine MATLAB-Simulation mit dem selbst erstellten Programm 16.1 `multiplier_noise_pd` durch. Es überprüft die beiden Hypothesen „mittelwertfrei" und „gleichverteilt" anschaulich und anhand von Signifikanztests. Das Programm und seine Ergebnisse werden nachfolgend kurz vorgestellt. (Das Programm erscheint auf den ersten Blick aufwändiger als es in Wirklichkeit ist. Viele Programmzeilen dienen der formatierten Ausgabe bzw. sind Kommentare.)

Als Signal wählen wir das schon mehrmals verwendete *Sprachsignal* in der Datei `NTHFDel.wav` (oder `NTHFDbe.wav`) aus. Die Sprachprobe umfasst 149'198 bzw. 195'544 Abtastwerte zur Abtastfrequenz 44.1 kHz. Die Wortlänge ist 16 Bits.

Als Faktor nehmen wir beispielhaft den Koeffizient b_0 (`0.6348437`) im ersten skalierten Block zweiter Ordnung des Cauer-Tiefpasses in Kap. 15, siehe Datei `cauer_sos.mat`. (Der Cauer-Tiefpass wird im Weiteren noch als Beispiel verwendet.)

Abb. 16.3 Einfaches Blockdiagramm für die Multiplikation mit Rundungsrauschen

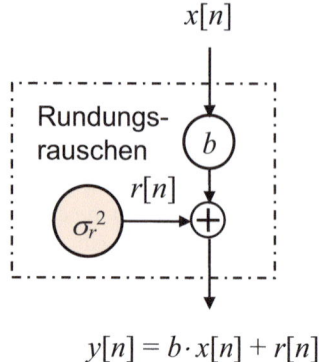

$$y[n] = b \cdot x[n] + r[n]$$

Die übliche Zahlendarstellung im MATLAB Double-precision-Format `double` mit 64 Bits liefert die „ideale" Referenz.

Die Darstellung und Verarbeitung der Zahlen geschieht im Zweierkomplementformat, oder äquivalent nach Betrag und Vorzeichen, mit der Wortlänge von 16 Bits, d. h. mit $w=16$ bit ist das LSB gleich $Q = 2^{-(w/\text{bit}-1)} = 2^{-15} \approx 0.0000305$. Das Rundungsrauschen erhalten wir als Fehlersignal `error` aus der Differenz der Produkte mit und ohne verkürzter Wortlänge.

```
error = Q*round(b0*x/Q) - b0*x
```

Zunächst bestimmen wir einfache statistische Kenngrößen. Der Stichprobenumfang (`N`) beträgt `149198`. Der größeren Anschaulichkeit halber skalieren wir den Fehler auf die Quantisierungsintervallbreite Q und geben für das gesamte Signal des Rundungsrauschens den Mittelwert (`M`), die Standardabweichung (`SD`), die Varianz (`Var`) und das zweite Moment (`m2`) aus. Wir erhalten die Darstellungen: `M=-0.00026*Q`, `SD=0.28858*Q`, `Var=0.08327*Q^2` und `m2=0.08327*Q^2`. Der Mittelwert beträgt ungefähr null, weshalb Varianz und zweites Moment ungefähr gleich sind. Die Varianz ist somit gleich der Leistung des Rundungsrauschens $N_r = 0.9992 \cdot Q^2/12$ was die Modellannahme bestätigt.

Für die statistischen Untersuchungen ziehen wir aus dem Rundungsrauschen mit Nx Elementen eine zufällige Stichprobe `err_` mit `Ntest` Elementen, bei der jedes Element die gleiche Chance hat gezogen zu werden. Dies leistet der Befehl `randperm` für die zufällige Permutation von Integerzahlen.

```
err_ = error(randperm(Nx,Ntest))/Q;
```

Die Hypothese „mittelwertfrei" testen wir mit dem *t-Test*, wie in Kap. 12. Als Signifikanzniveau (Irrtumswahrscheinlichkeit) wählen wir `alpha` gleich 0.01. Wir erhalten das 99 %-Konfidenzintervall (`KI=[-0.00317, 0.00425]*Q`). Es umschließt

16.2 Quantisierte Arithmetik

den Wert null, weshalb wir die Null-Hypothese „mittelwertfrei" mit 1 %-Irrtumswahrscheinlichkeit als signifikant annehmen.

Die Hypothese „gleichverteilt" im Wertebereich $[-Q/2, Q/2]$ testen wir durch den χ^2-Anpassungstest (chi2gof) wie in Kap. 13. Zur Vorbereitung definieren wir mit

```
pd = makedist('uniform','lower',-.5,'upper',.5);
```

die Verteilung der Hypothese mit der verglichen werden soll. Der Befehl makedist legt das Objekt pd der Klasse „propability distibution" (Wahrscheinlichkeitsverteilung) an.

Weil der χ^2-Anpassungstest für „große" Stichproben schon bei kleinen Abweichungen der empirischen von der theoretischen Verteilung mit „signifikant" reagiert, zerlegen wir die zufällige Stichprobe in Teilstichproben (START:STOP) der Länge 1000. Das Signifikanzniveau α wird gleich 0.05 gesetzt.

```
[hyp,p] = chi2gof(err_(START:STOP),'CDF',pd,'Alpha',.05);
```

Im Beispiel wird in 39 von 40 Tests die Null-Hypothese „gleichverteilt" nicht zurückgewiesen und folglich die Annahme auf Gleichverteilung des Rundungsrauschens in $[-Q/2, Q/2]$ auf dem 5 %-Signifikanzniveau angenommen.

Zur augenscheinlichen Überprüfung der Verteilung bestimmen wir das *Histogramm* (histogram) des Rundungsrauschens, siehe Kap. 12. Für das Histogramm wählen wir 40 Intervalle (Klassen) im Wertebereich $[-Q/2, Q/2]$ bzw. $[-1/2, 1/2]$ nach Skalierung des Rauschens mit $1/Q$. Bei der gewählten Stichprobengröße Ntest gleich 40'000 erwarten wir bei Gleichverteilung, dass im Mittel 1000 Elemente in eins der 40 Histogramm-Intervalle fallen. Die tatsächlich beobachteten Häufigkeiten der Rauschsignalamplituden zeigt Abb. 16.4 links. Die gestrichelte Linie entspricht der erwarteten Häufigkeit bei Gleichverteilung. Augenscheinlich harmonieren die empirischen Häufigkeiten mit der Modellannahme.

Rundungsrauschen – Korrelation

Wir überprüfen die Modellannahme zur Korrelation, ob das Rundungsrauschen unkorreliert ist und seine Leistung gleich $Q^2/12$. Dazu gehen wir vom Rundungsrauschen error in Programm 16.1 aus und „ergänzen" entsprechend, siehe Programm 16.2 multiplier_noise_acf.

Mit dem Befehl xcorr bestimmen wir die empirische *Autokorrelationsfunktion* aus der Fehlerfolge zur gesamten Sprachprobe. Abb. 16.4 rechts zeigt die geschätzte AKF für die Verschiebung l von 1 bis 40. Zusätzlich eingetragen sind die jeweiligen 99 %-Konfidenzintervalle, die der Befehl für den empirischen Korrelationskoeffizienten corrcoeff beisteuert, siehe Kap. 12. Wenn das Konfidenzintervall den Wert null einschließt, kann auf dem vorgegebenen Signifikanzniveau ($\alpha = 0.01$) auf die Unkorreliertheit geschlossen werden. Im Beispiel des Rundungsrauschens und ihre ersten

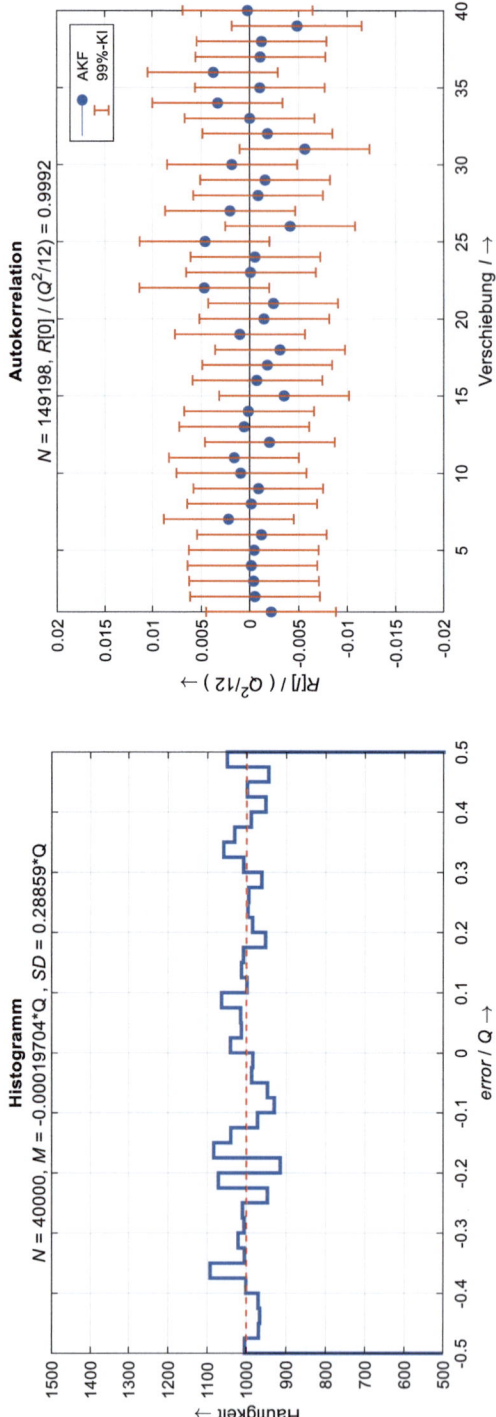

Abb. 16.4 Histogramm und Autokorrelation zum Rundungsrauschen ($N=149198$, $Q=2^{-15}$) (multiplier_noise_pd, multiplier_noise_acf)

40 verschobenen Kopien ist dies der Fall. Die Hypothese der Unkorreliertheit des Rundungsrauschens wird somit ebenfalls angenommen. (Auf die explizite Berechnung des Konfidenzintervalls zur empirischen AKF an der Stelle null verzichten wir der kürze halber, siehe z. B. [1], Abschn. 16.4.1, und [6], Abschn. 4.1.6).

Abschließend muss angemerkt werden, dass mit der Wahl der Sprachprobe als Testsignal die vorgestellten Ergebnisse streng genommen nicht generalisierbar sind. Statt mit einem synthetischen Testsignal zu arbeiten, z. B. gleichverteiltes unkorreliertes Rauschen, wird hier der „Praxis" der Vorzug gegeben. Generell empfiehlt es sich Entwurf und Implementierung digitaler Systeme durch Tests mit typischen Signalen des beabsichtigten Anwendungsfelds zu überprüfen.

M16.1 Rundungsrauschen

a. Machen Sie sich mit dem Programm 16.1 `multiplier_noise_pd` und Programm 16.2 `multiplier_noise_acf` vertraut.

b. Überprüfen Sie augenscheinlich die Annahmen zum additive Fehlermodell mit „kleinen" Koeffizienten, z. B. b_1 (-0.0796736). Gilt das Fehlermodell auch noch für „kleine" Koeffizienten (Faktoren) gleich 1000- oder 100-mal Q? Ein grobes Bild wie in Abb. 16.4 genügt.

Programm 16.1 Rundungsrauschen (`multiplier_noise_pd`)

```matlab
% Estimation of multiplier round-off noise distribution characteristics
% (mw2024)
w = 16; Q = 2^(-w+1); % word length in bit and LSB (=Q)
b0 = 0.6348437;
b0_q = Q*round(b0/Q); % filter coefficients
[x,fs] = audioread('NTHFDel.wav'); % speech signal
% [x,fs] = audioread('NTHFDbe.wav');
Nx = length(x);
fprintf('Anzahl der Abtastwerte   N  = %g \n',Nx)
fprintf('Abtastfrequenz           fs = %6.0f Hz\n',fs)
x_q = Q*round(x/Q); % scaled and quantized input signal
%% Multiplication
y_ref = b0_q*x_q; % reference signal (ideal)
y_q   = Q*round(y_ref/Q); % truncation by rounding
error = y_q - y_ref; % error (round-off noise)
%% Simple statistic characteristics
M_e = mean(error/Q); SD_e = std(error)/Q;
Var_e = var(error/Q); m2_e = sum((error/Q).^2)/length(error);
fprintf('Rundungsrauschen (N = %g)\n',Nx)
fprintf('Mittelwert (M) und Standardabweichung (SD)\n')
fprintf(' M = %g*Q, SD = %g*Q\n',round(M_e,5),round(SD_e,5))
fprintf('Varianz (Var) und 2. Moment (m2)\n')
fprintf(' Var = %g*Q^2, m2 = %g*Q^2\n',round(Var_e,5),round(m2_e,5))
%% Statistical tests
Ntest = 4e4; % number of samples for stat. test (Ntest<=Nx)
ind = randperm(Nx,Ntest); % random permutation of samples
err_ = error(ind)/Q; % random sample
% t-test of zero mean
M = mean(err_); SD = std(err_); % mean and standard deviation
alpha = 0.01; % significance level
% t-distribution of freedom df, critical value t
df = Ntest-1; t = tinv(1-alpha/2,df);
% confidence interval (CI)
Lo = M - t*SD/sqrt(Ntest); Up = M + t*SD/sqrt(Ntest);
% MATLAB t-test (normal, zero mean, unknown variance)
%[h,p,ci,stats] = ttest(err_,0,'Alpha',alpha); % alternatively
fprintf('Rundungsrauschen (Stichprobe, N = %g)\n',Ntest)
fprintf('Mittelwert (M) und Standardabweichung (SD)\n')
fprintf(' M = %g*Q, SD = %g*Q\n',round(M,5),round(SD,5))
fprintf(' %g%%-Konfidenzintervall für M - KI = [%g, %g]*Q\n',...
    (1-alpha)*100,round(Lo,5),round(Up,5))
fprintf('t-Test auf Mittelwert null (N = %g, alpha = %g)\n',Ntest,alpha)
if Lo<0 && Up>0
    fprintf('Null-Hypothese ''mittelwertfrei'' wird angenommen\n')
else
    fprintf('Null-Hypothese ''mittelwertfrei'' wird abgelehnt\n')
end
% chi^2 test of uniform distribution
Nc = 1e3; % number of samples for chi^2 test
pd = makedist('uniform','lower',-.5,'upper',.5); % uniform distribution
```

16.2 Quantisierte Arithmetik

```
alpha = .05; % significance level
Hyp = 0; Count = 0; START = 1; STOP = START + Nc - 1;
while STOP<=Ntest
    err_2 = err_(START:STOP); % subsampling
    [hyp,p] = chi2gof(err_2,'CDF',pd,'Alpha',alpha); % chi^2 test
    Hyp = Hyp + hyp; Count = Count + 1;
    % fprintf('Chi^2 test (alpha = %g, N = %g): \n   h = %g, p = %g\n',...
    %     alpha,Nc,hyp,p)
    START = STOP + 1; STOP = START + Nc - 1;
end
fprintf('Chi^2-Test auf Gleichverteilung (N = %g, alpha = %g)\n',Nc,alpha)
fprintf('   %g Tests von %g unterstützen Null-Hypothese ( %g%% )\n',...
    Count-Hyp,Count,round(100*(Count-Hyp)/Count,1))
%% Histogram of round-off noise
Fig1 = figure('Name','Rundungsrauschen','NumberTitle','off',...
    'Position',[480,330,600,400]);
% histogram
edges = -.5:.025:.5;
h = histogram(err_,edges,'Normalization','count',...
    'Displaystyle','stairs','LineWidth',2); grid
H = Ntest/h.NumBins; % estimated frequency for uniform distribution
axis([-.5 .5 .5*H 1.5*H]);
xlabel('{\iterror} / {\itQ} \rightarrow')
ylabel('Häufigkeit \rightarrow')
title('Histogramm')
subtitle(['{\itN} = ',num2str(Ntest),', {\itM} = ',...
    num2str(mean(err_)),'*Q',' , {\itSD} = ',num2str(std(err_)),'*Q'])
hold on
plot([-.5 .5],H*[1 1],'--r','LineWidth',1)
hold off
```

Programm 16.2 Rundungsrauschen (`multiplier_noise_acf`)
Programmausschnitt, siehe auch Programm 16.1

```
%% Autocorrelation of round-off noise
Fig1 = figure('Name','Rundungsrauschen','NumberTitle','off',...
    'Position',[480,330,600,400]);
L = 40;
R = xcorr(error,L,'unbiased');
R = R(L+1:end)*12/Q^2; % scaling
stem(1:length(R)-1,R(2:end),'filled'), grid
xlabel('Verschiebung {\itl} \rightarrow')
ylabel('{\itR}[{\itl}] / ( {\itQ}^2/12 ) \rightarrow')
axis([1 L -0.02 .02]);
title('Autokorrelation')
subtitle(['{\itN} = ',num2str(Nx),', {\itR}[0] / ({\itQ}^2/12) = ',...
    num2str(R(1))])
% Check whether autocorrelation equals zero for lags 1,2,... (uncorrelated)
Hypothesis = true; % zero hypothesis of uncorrelated sequence
alpha = .01; % significance level
x = error(1:end-L); R_ = zeros(1,L-1); RL_ = R_; RU_ = R_;
for m = 1:L
    [R,P,RL,RU] = corrcoef(x,error(m+1:end-L+m),'Alpha',alpha);
    if RL(2,1) > 0 || RU(2,1) < 0  % CI test...
        fprintf('KI enthält nicht null, Verschiebung = %g\n',m)
        Hypothesis = false;
    end
    R_(m) = R(2,1); RL_(m) = RL(2,1); RU_(m) = RU(2,1);
end
if Hypothesis
    fprintf('Null-Hypothese (unkorreliert) zur Autokorrelation')
    fprintf(' (alpha = %g, N = %g)\n',alpha,Nx)
    fprintf('  nicht zurückgewiesen\n')
end
hold on
d = RU_ - RL_; x = RL_ + d/2; % CI
errorbar(1:L,x,d/2,'LineWidth',1,'LineStyle','none') % CI
legend('AKF','99%-KI')
hold off
```

LC- und MC-Rauschgeneratoren

Das Phänomen des Rundungsrauschens nach der Multiplikation weist auf eine effiziente Möglichkeit hin, auf Digitalrechnen eine reproduzierbare Folge von Pseudozufallszahlen (Kap. 12) mit geringem Aufwand zu generieren. Ausgehend von natürlichen Zahlen und der Iterationsgleichung

$$z[k+1] \equiv a \cdot z[k] + c \mod m$$

wird eine periodische Folge von Pseudozufallszahlen erzeugt [2]. Kritisch für die Eigenschaften der Folge ist die Wahl der Parameter Multiplikator a, Inkrement c, Modul m sowie des Startwertes („seed") $z[0]$. Je nachdem ergibt sich die volle Periode m mit Pseudozufallszahlen aus dem

16.3 Inneres Rauschen

Wertebereich von 0 bis $m-1$. Ist die Periode groß genug, kann durch die Abbildung $x = z/(m-1)$ näherungsweise eine Gleichverteilung in [0, 1] eingestellt werden.

Zur Analyse der Pseudozufallszahlen wird zwischen zwei Varianten des Rauschgenerators unterschieden, dem *gemischten linearen Kongruenzgenerator* (LCG, „linear congruential generator") mit Inkrement ($c \neq 0$) und dem *multiplikativen Kongruenzgenerator* ohne Inkrement ($c = 0$). Für beide Varianten gibt es Empfehlungen für die Parameter [2] und Beispiele praktisch eingesetzter Generatoren, z. B. http://en.wikipedia.org/wiki/Linear_congruential_generator (12.1.2024).

Ein Anwendungsbeispiel ist der Rauschgenerator mcg16807 in der MATLAB Version 4 aus dem Jahr 1991. Aus Gründen der Rückwärtskompatibilität ist er noch verfügbar und kann z. B. mit

```
N = 1e6; seed = 113;
rng(seed,'v4')
x = rand(1,N);
```

aufgerufen werden. Die Verwendung des Rauschgenerators wird von MATLAB nicht länger empfohlen. Statt dessen wird nach `rng('default')` auf den Mersenne-Twister-Generator mit dem Startwert null zugegriffen, der sich in verschiedenen Tests bewährt hat.

16.3 Inneres Rauschen

IIR-Systeme zur Filterung werden häufig als Kaskade aus Blöcken zweiter Ordnung in der Direktform II realisiert. Deshalb studieren wir im Versuch die Wortlängeneffekte an Blöcken zweiter Ordnung („*second order section*"). (Alternative Realisierungen, z. B. in Parallelform oder einer anderen speziellen Form sollen hier nicht ausgeschlossen werden [9]. Die folgenden allgemeinen Überlegungen sind auch für diese Fälle nützlich.)

16.3.1 Block zweiter Ordnung

In einem *Block zweiter Ordnung* (SOS, „second order section") in *transponierter Direktform II* treten pro Zeittakt bis zu fünf Multiplikationen auf, wobei an jedem Multiplizier Rundungsrauschen induziert wird. Sind alle Faktoren ungleich null oder eins, sonst tritt dort kein Rundungsrauschen auf, resultiert das Blockdiagramm in Abb. 16.5 mit *Rauschsignalquellen*. Es zeigt den ungünstigen Fall, dass die Koeffizienten $|a_1|$ und $|b_1|$ größer eins sind. In diesem Fall wird die Implementierung mit je zwei Additionen gewählt. Die Varianz des zugehörigen Rundungsrauschens vervierfacht sich dann jedoch aufgrund der Verdopplung der jeweiligen Rauschamplituden.

Das am Blockausgang beobachtbare aggregierte Rauschsignal der inneren Quellen bzw. der zugehörige Prozess wird *inneres Geräusch* bzw. *inneres Rauschen* genannt. Bei dessen Analyse wird davon ausgegangen, dass durch geeignete Signalaussteuerung (Skalierung) keine Überläufe auftreten. Für ein so *linearisiertes* System höherer Ordnung

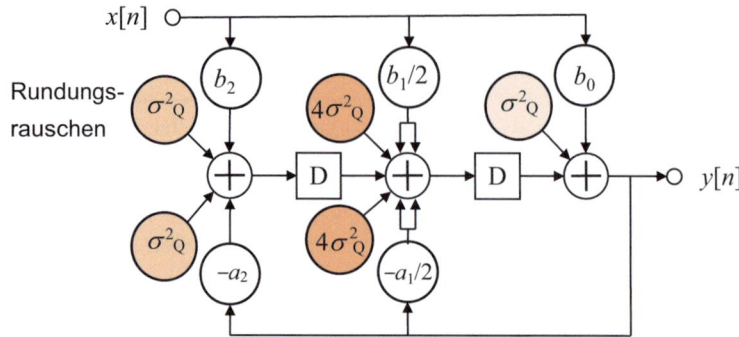

Abb. 16.5 Blockdiagramm für ein System zweiter Ordnung mit Modellquellen für das Rundungsrauschen

kann das Leistungsdichtespektrum, oder äquivalent die AKF, des inneren Rauschens am Systemausgang berechnet werden.

Unter der Annahme, dass die mittelwertfreien und gleichverteilten Rauschprozesse in Abb. 16.5 unabhängig und stationär sind, können sie modellhaft an einer Additionsstelle zusammengeführt werden. Wegen der angenommenen Unabhängigkeit addieren sich die Leistungen. Die zusammengefasste Rauschquelle ist mittelwertfrei, aber nicht mehr gleichverteilt, vgl. Kap. 13. Die Störung durch die inneren Rauschquellen kann schließlich als externe Speisung wie in Abb. 16.6 zusammengefasst werden. Das Modellsystem hat somit nur rekursive Zweige und die Korrelation des inneren Rauschens wird folglich nur durch die Pole des Systems geformt.

Rauschzahl

Wie in M16.1 gezeigt wird, kann für das Runden in Abb. 16.3 typischerweise ein im Quantisierungsintervall gleichverteiltes und unkorreliertes Rauschsignal mit der Varianz $Q^2/12$ angenommen werden. Für die Rauschleistung am Systemausgang setzen wir noch eine Verstärkung mit der *Rauschzahl* $\tilde{R}_i$ an.

$$\sigma_{y_i}^2 = \frac{Q^2}{12} \cdot \tilde{R}_i$$

Abb. 16.6 Modellsystem zur Analyse des inneren Geräusches eines Blocks zweiter Ordnung

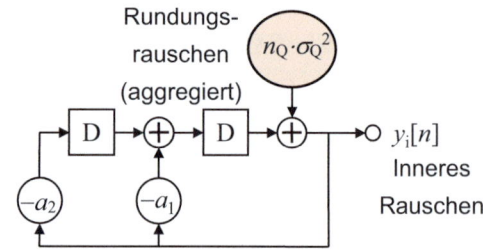

16.3 Inneres Rauschen

Die Rauschzahl berücksichtigt die Verstärkung des Rundungsrauschens durch die Rückkopplung im Modellsystem in Abb. 16.6. Mit der Annahme, dass die Quelle unkorreliertes Rauschen einspeist, ist die Rauschzahl gleich der Energie der Impulsantwort des Modellsystems (Kap. 13).

$$\tilde{R}_i = \sum_{n=0}^{\infty} \left|\tilde{h}[n]\right|^2 = \frac{1}{2\pi j} \cdot \oint_{|z|=1} \tilde{H}(z) \cdot \tilde{H}(z^{-1}) \frac{dz}{z}.$$

Die Berechnung kann entweder über die Autokorrelationsfolge erfolgen (Kap. 13), oder mit obiger komplexen Umkehrformel der z-Transformation. Letzteres liefert die besser interpretierbare Formel [4][7]

$$\tilde{R}_i = \frac{1+a_2}{(1-a_2) \cdot \left[(1+a_2)^2 - a_1^2\right]} = \frac{1+\rho_\infty^2}{(1-\rho_\infty^2) \cdot \left[1 + \rho_\infty^4 - 2\rho_\infty^2 \cdot \cos(2\varphi_\infty)\right]},$$

wobei genaugenommen die quantisierten Koeffizienten (Kap. 15) einzusetzen sind.

Die Formel zeigt, die Leistung des inneren Rauschens hängt vom Betrag des Poles und seines Realteils ab. Mit zunehmender Nähe des Pols zum Einheitskreis sowie zur reellen Achse nimmt auch die Rauschzahl zu. Schmalbandige Tief- und Hochpässe sind demzufolge vom inneren Rauschen stärker betroffen als Bandpässe.

Die Wirkung aller inneren Rauschquellen am Systemausgang fasst die aggregierte *Rauschzahl* R_i zusammen. Sie berücksichtigt die Zahl der tatsächlich vorhandenen Rauschquellen in Abb. 16.5. Mit beispielsweise $|a_1| > 1$ und $|b_1| < 1$, d. h. Aufspalten des Koeffizienten a_1 nicht aber b_1, folgt in einem Block zweiter Ordnung die Zahl der effektiven Rauschquellen $n_Q = 8$.

Mit der Varianz des Rundungsrauschens ergibt sich die Abschätzung der am Systemausgang beobachtbaren Leistung des inneren Rauschens.

$$N_i = \frac{Q^2}{12} \cdot \underbrace{n_Q \cdot \tilde{R}_i}_{R_i} = \frac{Q^2}{12} \cdot R_i$$

Bei Einschätzung der Störung durch das innere Rauschen beachte man, dass die Zahl der Rauschquellen sowohl von der tatsächlichen Implementierung (Filterstruktur und Arithmetik) als auch der Wahl der Koeffizienten abhängt. So ist bei einem Polwinkel von 90° der Pol rein imaginär und folglich der Koeffizient a_1 gleich null. In diesem Fall sind weniger Rauschquellen wirksam. Die aggregierte Rauschzahl nimmt deshalb sprunghaft um 3 dB ab, siehe Abb. 16.7 bei 90° mit $n_Q = 4$, sonst 8 (Die Kurvenschar im Bild kann spiegelbildlich zu 90° fortgesetzt werden.).

Um die Bedeutung des inneren Rauschens zu verdeutlichen, sei beispielsweise ein „moderater" Wert der aggregierten Rauschzahl von 24 dB angenommen, siehe Abb. 16.7. Das entspricht nach der 6dB-pro-Bit-Regel (Kap. 14) einem Verlust an Präzision von etwa vier Bits.

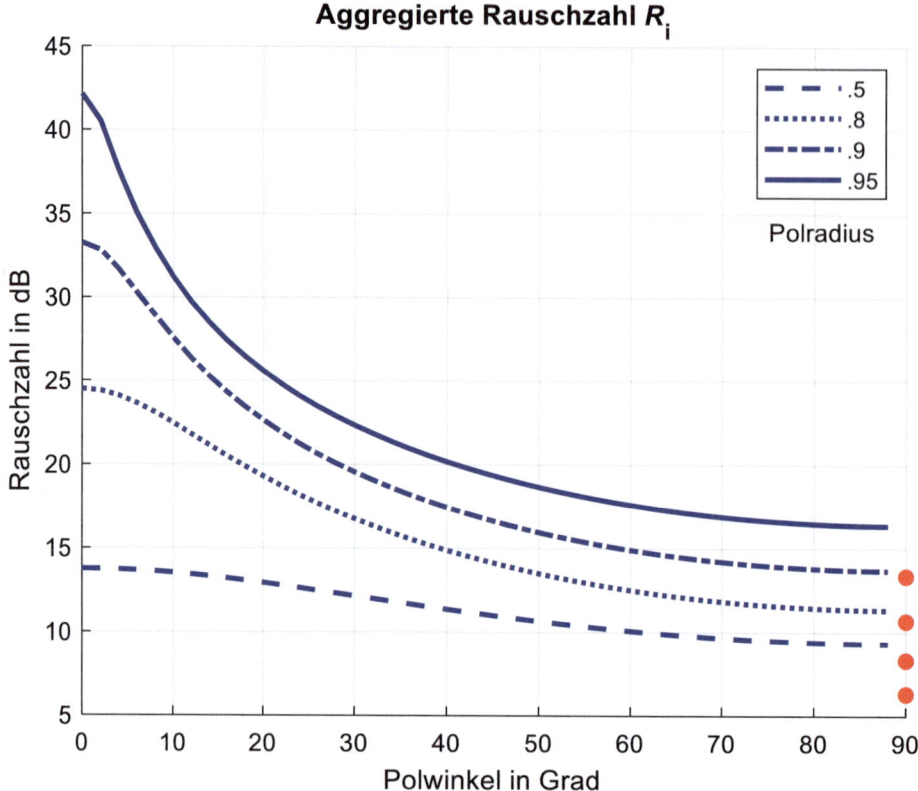

Abb. 16.7 Aggregierte Rauschzahl zum Rundungsrauschen eines Blocks zweiter Ordnung in Abhängigkeit von Betrag und Winkel des konjugiert komplexen Polpaares ($n_Q = 8$ bzw. 4) (`noise_figure_plot`)

Die Eigenschaften des *inneren Rauschens* am Systemausgang können wie in Abb. 16.8 bestimmt werden. In der *Simulation* werden die Ausgangssignale des „idealen" Systems, z. B. im IEEE-754-Format mit hoher Präzision, und des quantisierten Systems verglichen. Als Eingangssignal dient ein quantisiertes Testsignal, z. B. eine Zufallszahlenfolge im Zweierkomplementformat.

Für die folgenden Untersuchungen wählen wir das Format einer Fallstudie. Anhand von aufeinander abgestimmten MATLAB-Übungen testen wir am Beispiel eines Blockes zweiter Ordnung schrittweise das Modell des inneren Rauschens. Als Eingangssignal wählen wir ein digitalisiertes Sprachsignal als Praxisbeispiel.

M16.2 Leistung des inneren Rauschens

Die Leistung des inneren Rauschens soll beispielhaft für einen Block zweiter Ordnung analytisch berechnet werden. Erstellen Sie dazu eine MATLAB-Funktion, die von den

16.3 Inneres Rauschen

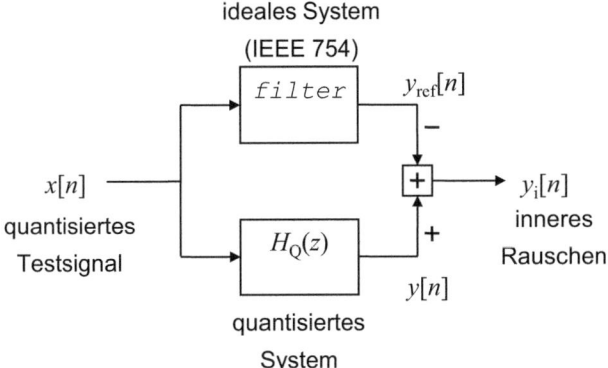

Abb. 16.8 Darstellung des inneren Rauschens am Systemausgang durch Simulation

Filterdaten, z. B. eines Cauer-Tiefpasses, ausgeht. Die Wortlänge w soll variabel sein, aber im Weiteren typisch 16 Bits betragen.

a. Berechnen Sie die Rauschzahl für den ersten Block zweiter Ordnung in Direktform II (Modellsystem) des Cauer-Tiefpasses aus Kap. 15, Tab. 15.2. Die Filterdaten sind in der Datei `cauer_sos.mat` abgelegt. Für den ersten Block gilt
SOS(1,:) = 1.0000 -0.1253 1.0000 1.0000 -1.1886 0.7137
G(1) = 0.6348
Die Zählerkoeffizienten werden für die Berechnung vorab mit dem Gewichtsfaktor multipliziert und der Nennerkoeffizient a_1 wird aufgespalten.
b. Berechnen Sie die Leistung des inneren Rauschens am Systemausgang zu Abb. 16.6.

M16.3 Autokorrelationsfolge des inneren Rauschens
Für den späteren Vergleich soll die AKF des inneren Rauschens zum Block zweiter Ordnung (Modellsystem) in M16.1 als Zeit-Autokorrelationsfunktion berechnet werden, siehe Abb. 16.6. Erstellen Sie dazu eine MATLAB-Funktion.

a. Gehen Sie von der komplexen Leistungsübertragungsfunktion $\Phi_{hh}(z) = H(z) \cdot H(z^{-1})$ aus und führen Sie eine inverse z-Transformation basierend auf den stabilen Polen durch (`residuez`), siehe Abschn. 13.3.1.
b. Alternativ benutzen Sie die Pseudofaltung der Impulsantwort $h[n]*h[-n]$ (`conv`), siehe Abschn. 13.3.1.
c. Vergleichen Sie die analytische (a) und numerische (b) Lösungen für die AKF des inneren Rauschens in einer Grafik.

M16.4 Quantisierter Block zweiter Ordnung
Schreiben Sie eine MATLAB-Funktion für das quantisierte System zweiter Ordnung, siehe Kap. 10.3. Quantisieren Sie entsprechend dem Zweierkomplementformat mit Runden.

```
x = Q*round(x/Q)
```

Für die Addition sehen Sie eine symmetrische Sättigungskennlinie mit Maximalwert des Betrags vor.

```
if abs(x)>=1, x = sign(x)*(1-Q); end
```

Um bei den folgenden Modelltests Effekte durch Überläufe ausschließen zu können, protokollieren Sie Überläufe durch einen Überlaufzähler.

M16.5 Modelltest für das innere Rauschen

Nach den Vorbereitungen in M16.2, 3 und 4 kann der Modelltest durch Simulation wie in Abb. 16.8 erfolgen. Für die Analysen siehe auch Programme 16.1 `multiplier_noise_p` und M16.2 `multiplier_noise_acf`.

Das zu untersuchende System sei wieder der erste Block zweiter Ordnung des Cauer-Filters in M16.2. Für das aggregierte innere Rauschen wird eine mittelwertfreie Normalverteilung angenommen, siehe zentraler Grenzwertsatz in Kap. 13. Für die Korrelation des inneren Rauschens wird vermutet, dass sie gleich der Zeit-Autokorrelationsfunktion des Modellsystems in Abb. 16.6 ist, siehe M16.3.

a. Für das Eingangssignal wählen Sie ein Sprachsignal, dessen Amplitude mindestens mit dem Faktor vier abgeschwächt werden sollte, um Überläufe zu vermeiden.
b. Führen Sie eine Simulation mit den Zählerkoeffizienten b = [0 0 1] durch, siehe Abb. 16.6. Schätzen Sie die Leistung des inneren Rauschens und vergleichen Sie den Schätzwert mit Ihrem Wert zum Modellsystem in M16.2.
c. Nehmen Sie das Histogramm des inneren Rauschens auf und schätzen sie grob die Verteilung. Tragen Sie zum Vergleich die approximierende Wahrscheinlichkeitsdichtefunktion der Normalverteilung ein.
d. Machen Sie einen χ^2-Anpassungstest bzgl. Ihrer geschätzten (Modell-)Verteilung. Nehmen Sie dazu „nicht zu lange" Signalausschnitt, z. B. 1000 Stichprobenelemente pro Test, und wiederholen Sie den Test für mehrere Signalausschnitte. Orientieren Sie sich an dem Modelltest in Abschn. 16.2.2.
e. Berechnen Sie die Zeit-AKF des Blockes zweiter Ordnung (Modellsytem), siehe M16.3.
f. Schätzen Sie die AKF des inneren Rauschens und stellen Sie sie grafisch dar. Tragen Sie auch die Konfidenzintervalle ein (`corcoeff`, `errorbar`) Vergleichen Sie die empirische AKF mit der theoretischen Zeit-AKF des Modells in M.16.3.

M16.6 Modelltest inneres Rauschen mit Zählerkoeffizienten

a. Wiederholen Sie die Simulation in M16.5 mit den Zählerkoeffizienten des Cauer-Filters, b = 0.6348*[1 -0.1253 1]. Schätzen Sie wieder Histogramm und AKF

des inneren Rauschens. Führen Sie auch einen χ2-Anpassungstest durch. Können Sie signifikante Veränderungen in der AKF zu M16.5 beobachten? Wenn ja, wodurch könnten Sie verursacht werden?
b. In der Simulation (a) werden zwei identische Zählerkoeffizienten verwendet, was auf zwei identische Quellen des Rundungsrauschens führt. Damit ist die Modellvoraussetzung des Aggregierens, nämlich die Unabhängigkeit der Rauschquellen, verletzt. Überprüfen Sie die Vermutung indem Sie einen der beiden Koeffizienten für die Simulation geringfügig abändern, z. B. `b(1) = 1.01*b(1)`. Wir dadurch die in (a) sichtbare Abweichung der empirischen AKF von der Zeit-AKF des Modells aufgehoben bzw. reduziert?

16.3.2 Skalierung und Reihenfolge der Blöcke zweiter Ordnung

Durch die Wortlängenverkürzungen nach den Multiplikationen entsteht in den Blöcken zweiter Ordnung Rundungsrauschen, das am Ausgang als aggregiertes inneres Rauschen zu beobachten ist. Theoretische Überlegungen und empirische Befunde legen das Modell eines mittelwertfreien normalverteilten und korrelierten Rauschprozesses nahe, wobei die Autokorrelation des inneren Rauschens maßgeblich durch die Zeit-AKF des Blockes bestimmt wird. Auftreten von „kleinen" und/oder gleichen Koeffizienten im Block, kann das Modell kompromitieren und die Leistung des inneren Rauschens erhöhen.

Die Korrelation des inneren Rauschens bedeutet, dass es spektral gefärbt ist und demzufolge die bekannten Effekte der Filterung in Frequenzbereich zu berücksichtigen sind. Kurz, das innere Rauschen eines Blocks wird durch die nachfolgenden Blöcke gefiltert. Damit kann die Reihenfolge der Blöcke bei der Implementierung eines Filters in Kaskadenform eine Rolle spielen. Je nach Anordnung wird das Rauschen vorangehender Blöcke mehr oder weniger gedämpft.

Soll die „optimale" Reihenfolge, i. d. R. die mit der geringsten Leistung des inneren Rauschens am Filterausgang, bestimmt werden, bietet sich eine Vergleichsmessung wie in Abb. 16.8 an. Voraussetzung ist, dass keine Überläufe auftreten, weil sonst die Linearität des Modells verloren geht. Im Beispiel des Cauer-Tiefpasses sechster Ordnung (`cauer_sos`) sind die Betragsgänge der Blöcke recht unterschiedlich, siehe Kap. 15, Abb. 15.10. Um das Risiko von Überläufen zu verringern bzw. sie zu vermeiden ist eine geeignete Skalierung der Blöcke notwendig, z. B. [4, 5, 8].

Die sichere Vermeidung von Überläufen führt meist zu einer starken Dämpfung des Eingangssignals und damit zu einem ungünstigen Verhältnis der Leistungen von (Nutz-) Signal und (Rundungs-)Rauschen am Systemausgang, dem *SNR* („*signal-to-noise ratio*"), weshalb häufig das Kriterium verwendet wird „keine Frequenzkomponente zu verstärken". Also das Maximum des Betragsgangs kleiner gleich eins festzulegen. Man spricht von der L_∞-*Norm-Skalierung*.

Wir folgen im Beispiel der L_∞-Norm-Skalierung. Nehmen die Skalierung blockweise unter Beachtung der Reihenfolge vor. Damit können wir die Herabskalierung der jeweiligen Eingangssignale reduzieren, wenn die vorhergehenden Blöcke bereits die kritischen Spektralkomponenten dämpfen. Im Beispiel des Cauer-Tiefpasses gehen wir von den Blöcken zweiter Ordnung des MATLAB-Filterentwurfs in Kap. 15 aus, dessen Daten in der Datei cauer_sos.mat zu finden sind, siehe auch Abschn. 15.4.4 und M15.4. Für die Implementierung wählen wir die Kaskadenform mit Blöcken zweiter Ordnung in Direktform II. Zusätzlich nutzen wir die Zählerkoeffizienten gleich eins, indem wir die Eingangssignale der Blöcke skalieren. Wir erhalten das Blockdiagramm in Abb. 16.9. Für

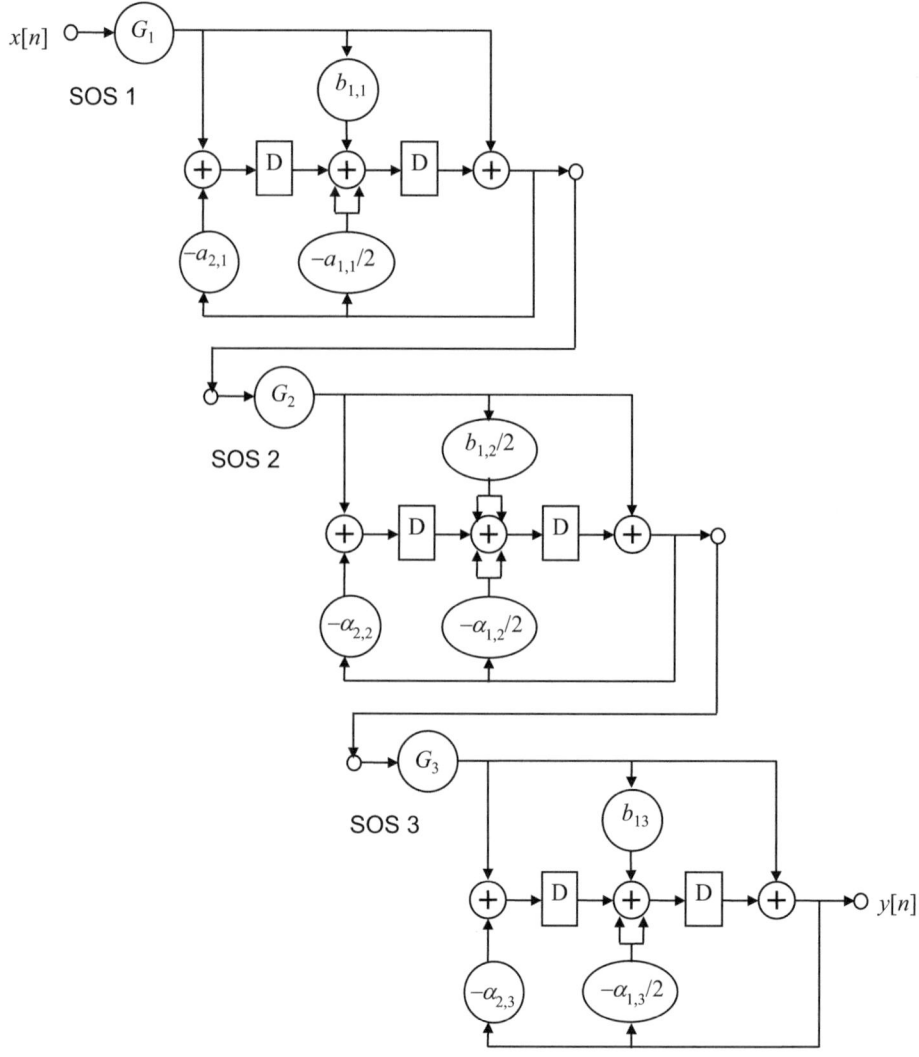

Abb. 16.9 Blockdiagramm für den Cauer-Tiefpass sechster Ordnung in Kaskadenform mit Eingangsskalierung der Blöcke zweiter Ordnung (SOS)

16.3 Inneres Rauschen

Filterkoeffizienten größer eins nehmen wir wieder die Aufspaltung mit zwei Additionen vor. Die Filterkoeffizienten für die Multiplikationen werden im Zweierkomplementformat mit der Wortlänge von 16 Bits quantisiert. Alle Blöcke werden an ihren Eingängen skaliert.

M16.7 Skalierung der Blöcke unter Beachtung der Reihenfolge
Schreiben Sie eine MATLAB-Funktion für die Quantisierung und Skalierung der Blöcke zweiter Ordnung, siehe Tab. 16.2.

a. Quantisieren Sie zuerst die Filterkoeffizienten auf die Wortlänge, z. B. 16 Bits. Führen Sie dann im Programm eine Skalierung der Blöcke des Cauer-Tiefpasses durch. Skalieren Sie den ersten Block nach der L_∞-Norm so, dass das Maximum des Betragsganges eins ist. Danach fügen Sie im Programm die nächsten Blöcke hinzu, wobei sie für die Skalierung die jeweiligen Betragsgänge zusammenfassen. Geben Sie die quantisierten Skalierungsfaktoren und Filterkoeffizienten an das aufrufende Programm zurück.
b. Ergänzen Sie eine Funktion mit grafischen Ausgaben. Vergleichen Sie die skalierten Betragsgänge der Blöcke und des gesamten Filters in einem Diagramm. Geben Sie in einem weiteren Diagramm die Betragsgänge im logarithmischen Maß an.

M16.8 Inneres Rauschen unter Beachtung der Blockreihenfolge
Gehen Sie vom Cauer-Tiefpass sechster Ordnung in Kaskadenform mit Blöcken zweiter Ordnung aus. Wählen Sie eine Blockreihenfolge, z. B. 1–2–3 wie vom „Filter Designer" vorgeschlagen, und skalieren Sie die Blöcke entsprechend, siehe M16.7. Bestimmen Sie für Ihre Wahl durch Simulation mit einer Sprachprobe die Leistung des inneren Rauschens am Ausgang des Filters mit quantisierter Arithmetik. Die Sprachprobe sollte nicht mehr extra herabskaliert werden.

a. Schätzen Sie die Leistung des inneren Rauschens N_i im logarithmischen Maß und tragen Sie den Wert in Tab. 16.3 ein.
b. Berechnen Sie die Standardabweichung $SD\,(\sigma)$ des inneren Rauschens ($\sigma^2 = N_i$)
c. Bestimmen Sie das Leistungsdichtespektrum des inneren Rauschens mittels eines *Periodogramms*, siehe Kap. 12 Programm `periodogram_av`. Vergleichen Sie das Periodogramm mit den Betragsgängen in M16.7. Sehen Sie einen Zusammenhang?

Tab. 16.2 Filterkoeffizienten und Verstärkungsfaktoren des Cauer-Tiefpasses (SOS, „second order section"; G, „gain") nach MATLAB „Filter Designer" (gerundet)

```
SOS = 1  -0.125327  1  1  -1.188604  0.713685
      1   1.400032  1  1  -1.333056  0.501523
      1  -0.592361  1  1  -1.110991  0.914990
```

```
G' = 0.634831  0.969050  0.012242  1
```

Tab. 16.3 Schätzwerte der Leistung (N_i) und der Standardabweichung (SD) des inneren Rauschens für den Cauer-Tiefpass sechster Ordnung in Abhängigkeit der Reihenfolge der Blöcke

Reihenfolge	1–2–3[a]	1–3–2	2–1–3	2–3–1	3–1–2	3–2–1
N_i in dB	−77.55					
SD in Q[b]	4.34					

[a] Reihenfolge nach MATLAB „Filter Designer"; [b] Quantisierungsintervallbreite (Q).

d. Welche Folgen hat das innere Rauschen für die Präzision der Signale bei 16 Bits.
e. Wiederholen Sie die Messung für alle möglichen Anordnungen der skalierten Blöcke zweiter Ordnung und tragen Sie die Leistungen des inneren Rauschens am Filterausgang in Tab. 16.3 ein. Welche Reihenfolge der Blöcke liefert das kleinste innere Rauschen?

16.4 Grenzzyklen

Nach Abschalten des Eingangssignals zeigen stabile LTI-Systeme idealerweise das bekannte Ausschwingverhalten. Bei digitalen LTI-Systemen mit quantisierter Arithmetik können jedoch am Ausgang periodische Signale verbleiben. Man spricht von Grenzzyklen und unterscheidet kleine *granulare Grenzzyklen* und große *Überlauf-Grenzzyklen* die durch Runden bzw. Überläufe entstehen. Beide Arten werden im Folgenden jeweils anhand eines Beispiels vorgestellt. Die Grundlage der Analyse liefert das nichtlineare Modell für den Block zweiter Ordnung.

16.4.1 Nichtlineares Modell für einen Block zweiter Ordnung

In digitalen Filtern mit quantisierter Arithmetik sind Multiplikation und Addition von Wortlängeneffekten betroffen. Das Modell muss deshalb beides berücksichtigen, wie Abb. 16.10 an einem Block zweiter Ordnung veranschaulicht. Man beachte, durch die Sättigungskennlinien, oder alternativ durch die Zweierkomplement-Überlaufkennlinien, ist das Modell des Blocks zweiter Ordnung im Falle eines Überlaufes nicht mehr linear.

Zusätzlich eingetragen sind die Zustandsvariablen $s_1[n]$ und $s_2[n]$. Sie stehen für die zwei Speicherelemente, den Signalen an den Ausgängen der Verzögerungsglieder, und charakterisieren den inneren Zustand des Systems (Kap. 10).

Durch die Wortlängeneffekte sind die bekannten Filterstrukturen i. Allg. nicht mehr äquivalent. Je nachdem, wo die Additionen und Multiplikationen im System auftreten, wirken sich die Wortlängeneffekte unterschiedlich aus, z. B. [3, 5, 9]. Dies eröffnet Möglichkeiten zur Optimierung der Filter.

16.4 Grenzzyklen

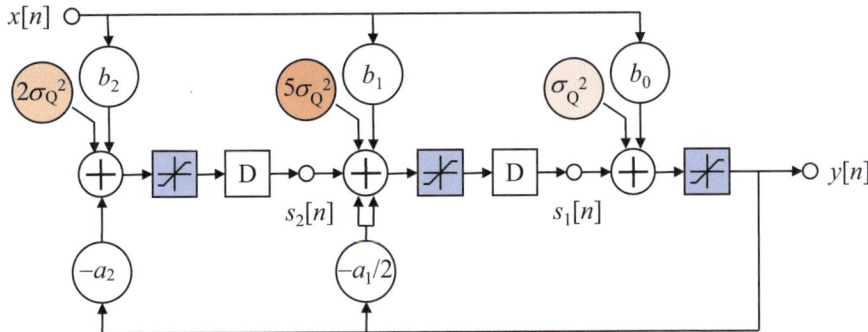

Abb. 16.10 Blockdiagramm des nichtlinearen Systems zweiter Ordnung mit Rauschquellen zu den Multiplizierern und Sättigungskennlinien zu den Addierern

Full-size-Multiplizierer und Gard-Bits
Digitale Festkomma-Signalprozessoren besitzen meist spezielle Hardwarekomponenten, um die Störungen durch die quantisierte Arithmetik klein zu halten. So können Multiplizierer und Akkumulatoren mit vergrößerter Wortlänge verwendet, sowie eine automatische Überlauferkennung und die Sättigungskennlinie unterstützt werden. Kann das Ergebnisregister die volle Wortlänge aufnehmen, spricht man von einer *Full-size-Operation*.

Beispielsweise könnten in Abb. 16.10 durch zwei Überlaufbits im Akkumulator die vier Additionen in der Mitte ohne Fehler dargestellt werden. Erst wenn das Ergebnis, der Wert der Zustandsvariablen $s_1[n]$, in den Speicher übertragen wird, würde die Wortlängenverkürzung, z. B. mit Sättigung bei Überlauf, angewendet.

16.4.2 Granularer Grenzzyklus

Das Auftreten *granularer Grenzzyklen* („granular limit cycle") können wir anhand des Blocks zweiter Ordnung in Abb. 16.11 beobachten. Um die Darstellung übersichtlicher zu gestalten und die Rechenarbeit zu erleichtern, stellen wir die Zahlenwerte als Vielfaches des LSB dar.

Die Wortlänge sei $w = 8$ bit und die Zahlendarstellung erfolge nach Betrag und Vorzeichen. Dann ist das $LSB = 2^{-7} = 1/128$. Die Filterkoeffizienten seien $a_1/2 = -0.453125 = -58 \cdot LSB$ und $a_2 = 0.81250 = 104 \cdot LSB$.

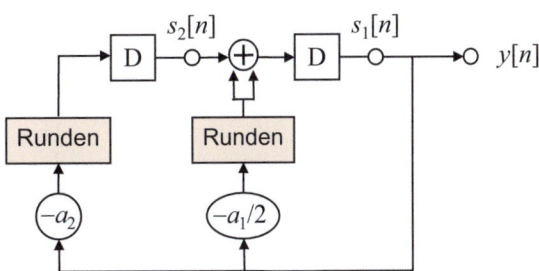

Abb. 16.11 Autonomes System zweiter Ordnung mit Runden

Zum Zeitpunkt null, d. h. $n=0$, wird das Eingangssignal abgeschaltet und das System läuft danach autonom weiter. Die Zustandsgrößen, die Werte in den Speicher, sind nicht null aber klein, um Überläufe auszuschließen. Im Beispiel sei $s_1[0] = 0.0390625 = 5 \cdot LSB$ und $s_2[0] = -0.046875 = -6 \cdot LSB$. Die Rechnung erfolgt der Einfachheit halber mit Integergrößen mit Runden nach der Multiplikation. Der Filteralgorithmus in MATLAB-Notation ist:

```
y = s(1);
s(1) = 2*round(y*(-a(2))*LSB) + s(2);
s(2) = round(y*(-a(3))*LSB);
```

Die Multiplikation mit dem LSB vorm Runden reskaliert die Multiplikationsergebnisse. Im Beispiel ergibt sich für n gleich eins

```
y = 5;
s(1) = 2*round(5*(58)/128) + (-6);
s(2) = round(5*(-104)/128);
```

A16.1 Granularer Grenzzyklus

a. Die dynamische Entwicklung der Zustandsvariablen des autonomen Systems zeigt Tab. 16.4. Ergänzen Sie die fehlenden Werte der Zustandsvariablen für die Takte 13, 14 und 15.
b. Im autonomen Betrieb wird die Zustandsgröße $s_1[n]$ ausgegeben. Prüfen Sie in Tab. 16.4, ob ein Grenzzyklus auftritt.
c. Bestimmen Sie Startpunkt und Periode des Grenzzyklus. Welchen größten Betragswert können Sie in diesem Fall am Ausgang beobachten?

In der Systemtheorie wird die innere Dynamik der rekursiven Systeme als *Trajektorie* (Ortskurve, Bewegungspfad) der Zustandsvariablen beschrieben [9]. Im Beispiel des Blocks zweiter Ordnung erhalten wir die Ortskurve mit den Werten aus Tab. 16.4 in der (s_1, s_2)-Ebene. Man spricht vom *Zustandsraumdiagramm* in der Zustandsebene. Für das

Tab. 16.4 Zustandsvariablen des autonomen Systems zweiter Ordnung mit granularem Grenzzyklus

n	0	1	2	3	4	5	6	7
$s_1[n] \cdot LSB$	5	−2	−6	−4	1	3	1	−2
$s_2[n] \cdot LSB$	−6	−4	2	5	3	−1	−2	−1
n	8	9	10	11	12	13	14	15
$s_1[n] \cdot LSB$	−3	0	2	2	0			
$s_2[n] \cdot LSB$	2	2	0	−2	−2			

Betrag und Vorzeichen, $w = 8$ bit, Runden.

16.4 Grenzyklen

Beispiel zeigt Abb. 16.12 die Entwicklung der Zustandsvariablen nach Abschalten des Eingangssignals. Das System beginnt im Takt null mit dem *Ausschwingen*. Die Trajektorie der Zustandsvariablen bewegt sich zunächst spiralförmig zum Ursprung, dem Nullzustand. Aufgrund der quantisierten Arithmetik mit Runden beginnt jedoch im Takt neun ein granularer Grenzzyklus, erkennbar an der geschlossenen Kurve um den Nullpunkt. Nach weiteren sechs Takten gehen die Zustandsvariablen wieder in den vorherigen Zustand über und der Umlauf um den Nullpunkt beginnt von neuem.

16.4.3 Überlauf-Grenzzyklus

Ausgehend vom System zweiter Ordnung mit Überlaufkennlinie in Abb. 16.13 kann das Entstehen (großer) Überlauf-Grenzzyklen nachvollzogen werden. Ein Überlauf kann nach Addition auftreten. Die Rechnung geschieht wie in Abschn. 16.4.2. Damit Überläufe

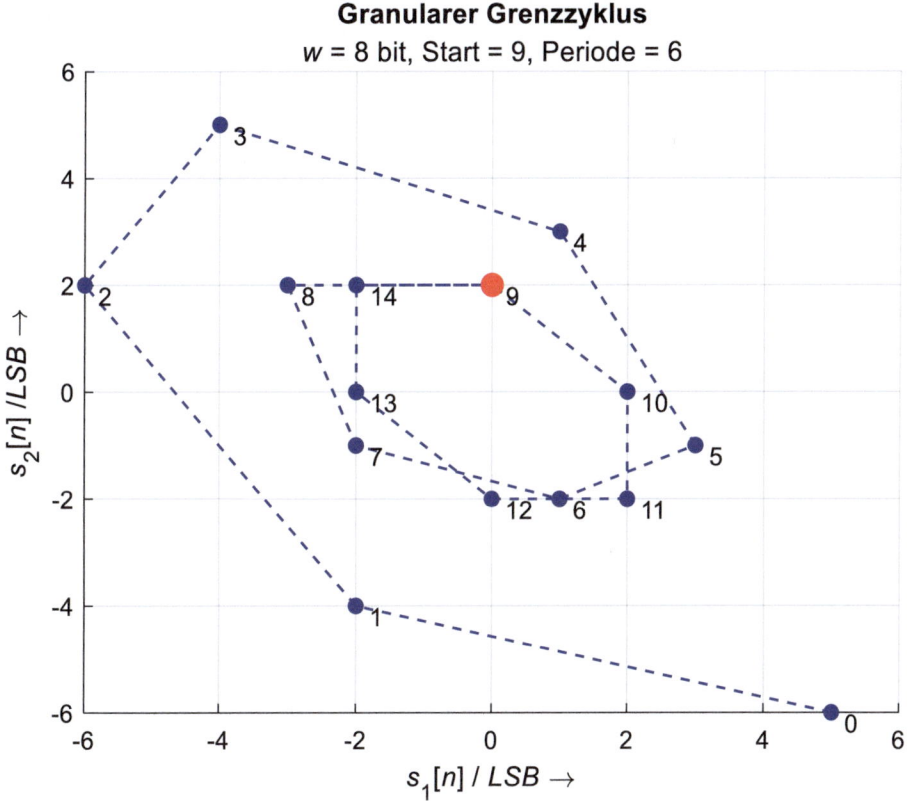

Abb. 16.12 Zustandsraumdiagramm mit granularem Grenzzyklus (`limitcyc_granular`)

16 Reale digitale Filter: Quantisierte Arithmetik

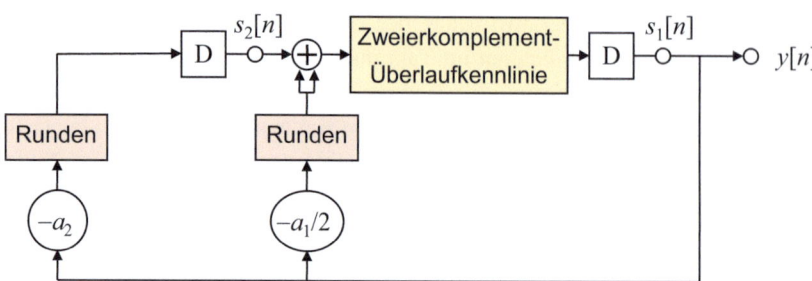

Abb. 16.13 Autonomes System zweiter Ordnung mit Runden und Zweierkompliment-Überlaufkennlinie

wahrscheinlicher werden, wählen wir ein Polpaar mit großem Betrag. Die Filterkoeffizienten seien $a_1/2 = -0.890625 = -114 \cdot LSB$ und $a_2 = 0.90625 = 116 \cdot LSB$.

Ab dem Zeitpunkt null, d. h. $n=0$, ist das Eingangssignal null. Die Zustandsvariablen haben die relativ großen Anfangswerte $s_1[0] = 0.75 = 96 \cdot LSB$ und $s_2[0] = 0.5 = 64 \cdot LSB$. Das System läuft ab dann autonom. Der Filteralgorithmus in MATLAB-Notation ist:

```
y = s(1);
s(1) = 2*round(y*(-a(2))*LSB) + s(2);
if s(1) < -1/LSB || s(1) >= 1/LSB  % two's complement overflow
    s(1) = (mod(s(1)* LSB -1,2)-1)/LSB;
end
s(2) = round(y*(-a(3))*LSB);
```

A16.2 Überlauf-Grenzzyklus

a. Einen Ausschnitt aus den sich entwickelnden Folgen der Zustandsvariablen zeigt Tab. 16.5. Ergänzen Sie die fehlenden Werte der Zustandsvariablen für die Takte 37, 38 und 39.

Tab. 16.5 Zustandsvariablen des autonomen Systems zweiter Ordnung mit Überlauf-Grenzzyklus

n	24	25	26	27	28	29	30	31
$s_1[n] \cdot LSB$	−102	0	92	0	−83	0	75	0
$s_2[n] \cdot LSB$	0	92	0	−83	0	75	0	−68
n	32	33	34	35	36	37	38	39
$s_1[n] \cdot LSB$	−68	−122	0	111	0			
$s_2[n] \cdot LSB$	0	62	111	0	−101			

Betrag und Vorzeichen, $w = 8$ bit, Runden und Zweierkomplement-Überlauf.

b. Im autonomen Betrieb wird die Zustandsgröße $s_1[n]$ ausgegeben. Prüfen Sie, ob ein Grenzzyklus auftritt. Wenn ja, bestimmen Sie Startpunkt und Periode. Welchen größten Betragswert können Sie in diesem Fall am Ausgang beobachten?

Tab. 16.5 zeigt eine Periode des Grenzzyklus mit $s_1[n]$ als beobachtbares Ausgangssignal. Anders als beim granularen Grenzzyklus treten am Ausgang große Betragswerte auf. Man unterscheidet deshalb auch zwischen kleinen und großen Grenzzyklen.

Überlauffreies System

Im Block zweiter Ordnung in Abb. 16.13 kann kein Überlauf auftreten, wenn der Betrag der Summe $|s_2[n] - a_1 \cdot y[n]| < 1$, d. h. der Quantisierer passiv ist. Schätzen wir das Ausgangssignal von oben ab, $|y[n]| = 1$, so erhalten wir dafür die hinreichende Bedingung $|a_2| + |a_1| < 1$. Weil die Nennerkoeffizienten von der Lage des konjugiert komplexen Polpaares in der komplexen z-Ebene abhängen, wird im ersten Quadranten daraus die Bedingung an den Pol $\rho_\infty^2 + 2\rho_\infty \cdot \cos(\varphi_\infty) < 1$. Die grafische Auswertung der Formel zeigt Abb. 16.14. Zwischen Ursprung und der (roten) Linie liegen die Pole, bei denen der Überlauf-Quantisierer im System passiv ist. Bei selektiven Filtern mit Polen nahe am Einheitskreis ist dagegen mit Überläufen zu rechnen.

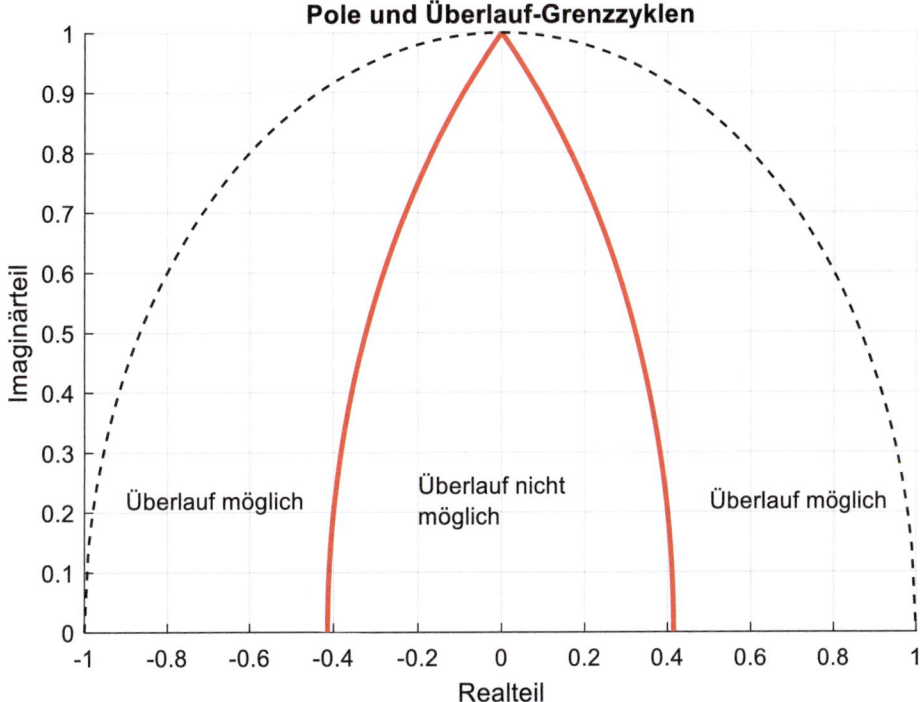

Abb. 16.14 Polstellen (oberer z-Halbebene) für überlauffreie Systeme zweiter Ordnung

16.5 Zusammenfassung

Der Versuch zu realen digitalen Filtern in quantisierter Arithmetik zeigt die Schwierigkeiten auf, die sich bei digitalen Filtern im Festpunktformat während des Betriebs ergeben können. In ungünstigen Fällen werden die Systeme durch Überläufe mit großen Grenzzyklen (Überlauf-Grenzzyklen) unbrauchbar. Weniger dramatisch, aber trotzdem störend, beeinträchtigen kleine Grenzzyklen (granulare Grenzzyklen) durch Aufrunden die Signalqualität. Allgemein führen Wortlängenverkürzungen bei der Multiplikation zu innerem Rauschen und folglich zu einem Verlust an Präzision.

Die Effekte der quantisierten Arithmetik lassen sich in Modellen erfassen und analysieren, sodass Gegenmaßnahmen ergriffen werden können. Die sorgfältige Skalierung der Signale vermeidet Überläufe und nach Addition kann die Anwendung einer Sättigungskennlinie die Folgen mindern. Kleine Grenzzyklen können durch das Betragsabschneiden nach der Multiplikation praktisch vermieden werden. Letzteres aber um den Preis des etwas größeren inneren Rauschens.

Das Beispiel des Cauer-Tiefpasses 6. Ordnung in Kaskadenform aus Blöcken zweiter Ordnung zeigt, dass das innere Rauschen die Präzision um mehrere Bits verringern kann. Dabei sind sowohl die Reihenfolge der Blöcke als auch ihre Skalierung nicht unwichtig. Für Blöcke zweiter Ordnung in Direktform II existiert ein Modell zur analytischen Berechnung der Rauschzahl aufgrund der Wortlängenbegrenzung. Das Modell kann durch Hinzunahme von Überlaufkennlinien zum nichtlinearen Modell erweitert werden. Damit lassen sich beispielsweise durch Monte-Carlo-Simulationen reale Filter in MATLAB analysieren und optimieren.

16.6 Quiz 16

Ergänzen Sie die Lückentexte (_) sinngemäß.

1. Auf Signalprozessoren mit Festpunktarchitektur ist die Zahlendarstellung im ___ weit verbreitet.
2. Kleine Grenzzyklen entstehen durch ___ im Multiplizierer.
3. Bei der Addition im Zweierkomplementformat verhindert ___ die Effekte von Überläufen.
4. Große Grenzzyklen werden auch ___ genannt.
5. Runden der Multiplizierer verursacht das am Systemausgang beobachtbare ___ Rauschen.
6. MATLAB unterstützt das Betragsabschneiden mit dem Befehl ___.
7. Das Modell des Rundungsrauschens nimmt einen mittelwertfreien, ___ und ___ Störprozess an.
8. Die Varianz des Rundungsrauschens an einem Multiplizierer beträgt ___ (Formel).
9. Das innere Geräusch eines Blocks zweiter Ordnung ist ___.

16.7 Lösungshinweise

10. Das Rundungsrauschen im Block zweiter Ordnung kann mit einem ___ Blockdiagramm modelliert werden.
11. Die Rauschzahl eines Blocks zweiter Ordnung in transponierter Direktform II und mit konjugiert komplexem Polpaar ist beim Polwinkel 90° am ___.
12. Beim Betragsabschneiden wird dem Filter ___ entzogen.
13. Grenzzyklen werden im ___ visualisiert.
14. Bei der Messung des inneren Rauschens ist darauf zu achten, dass keine ___ auftreten.
15. Für das innere Geräusch spielt ___ der Blöcke in der Kaskadenform eine Rolle.
16. Auch bei Signalprozessoren mit Geleitpunktformat können ___ eine Rolle spielen.
17. Statistische Hypothesentests basieren auf bestimmten ___ und liefern Aussagen über ___.
18. Mit dem χ2-Anpassungstest wird ___ einer Stichprobe getestet.
19. Ein 95 %-Konfidenzintervall schließt den Bereich aus, in dem ein Populationsparameter („wahrer Wert") mit der Wahrscheinlichkeit von ___ geschätzt wird.
20. Bei einem Hypothesentest wird α als ___ bezeichnet.

16.7 Lösungshinweise

In den Onlineressourcen finden Sie die Programme und Datenfiles zu diesem Kapitel: `cauer_sos.mat`, `filter_round2c_over.m`, `filter_round2c_sat.m`, `limitcyc_granular.m`, `limitcyc_overflow.m`, `inner_noise_acf.m`, `inner_noise_figure.m`, `multiplier_noise_acf.m`, `multiplier_noise_pd.m`, `noise_figure_plot`, `periodogram_av.m`, `sos_graph_H.m`, `sos_noise.m`, `sos_scale.m`, `NTHFDbe.wav`, `NTHFDel.wav`.

Zu M16.1 Rundungsrauschen

a. Siehe Programm 16.1 `multiplier_noise_pd` und Programm 16.2 `multiplier_noise_acf` sowie die Erläuterungen zum Modelltest.
b. Die Simulationen mit Sprachsignal und „kleinem" Koeffizienten, z. B. 1000*Q (≈ 0.0305), bestätigen das additive Fehlermodell mit gleichverteiltem und unkorreliertem Rundungsrauschen als „nützlich". Bei noch kleineren Koeffizienten, z. B. 100*Q (≈ 0.0031) treten sichtlich Abweichungen in Verteilung und Korrelation zwischen empirischen Daten und dem Modell auf.

Zu M16.2 Leistung des inneren Rauschens

Siehe Funktion `inner_noise_figure` und aufrufendes Programm `sos_noise`.
Die Funktion liefert zum ersten Block zweiter Ordnung des Cauer-Tiefpasses die Zahl der (effektiven) inneren Quellen $n_q = 8$, die Rauschzahl $R_i = 3.65$ dB und die innere Rauschleistung am Blockausgang $N_i = -88.42$ dB bei der Wortlänge von 16 Bits.

Zum Vergleich, die Leistung des Quantisierungsfehlers an einer einfachen Multiplikationsstelle beträgt im Modell $Q^2/12$ gleich -101.1 dB bei der Wortlänge von 16 Bits. Es liegt eine rechnerische Verstärkung von ungefähr 12.68 dB, etwa um den Faktor 18.6, vor.

Zu M16.3 Autokorrelationsfolge des inneren Rauschens

Siehe Funktion `inner_noise_acf` und aufrufendes Programm `sos_noise`.

Komplexe Leistungsübertragungsfunktion des Ersatzmodells ($b_0 = 1$, $b_1 = b_2 = 0$)

$$\Phi_{hh}(z) = H(z) \cdot H(z^{-1}) = \frac{1}{1 + a_1 z + a_2 z^2} \cdot \frac{1}{1 + a_1 z^{-1} + a_2 z^{-2}} =$$

$$= \frac{z^2}{a_1 + a_1(1 + a_2)z + (1 + a_1^2 + a_2^2)z^2 + a_1(1 + a_2)z^3 + a_2 z^4}$$

Zum ersten Block zweiter Ordnung des Cauer-Tiefpasses zeigt Abb. 16.15 das Pol-Nullstellendiagramm der komplexen Leistungsübertragungsfunktion (Kap. 13) links und rechts einen Ausschnitt der normierten Zeit-AKF. Beide Lösungswege liefern erwartungsgemäß gleiche Ergebnisse: Die AKF des ersten Blocks zeigt Tiefpasscharakteristik und klingt über etwa 30 Abtastwerte ab.

Zu M16.4 Quantisierter Block zweiter Ordnung

Siehe Funktion `filter_round2c_sat` in Programm 16.2 und aufrufendes Programm `sos_noise`.

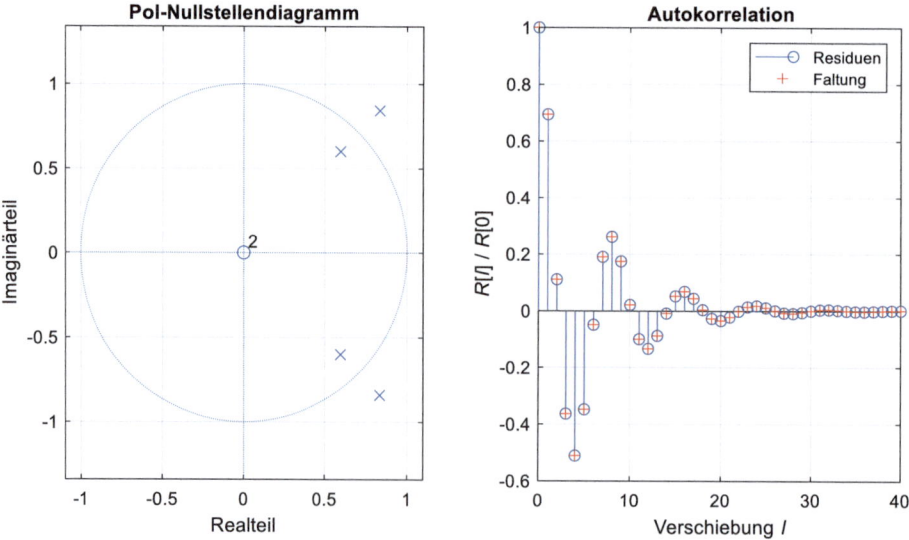

Abb. 16.15 Zeit-Autokorrelationsfunktion des Blockes zweiter Ordnung (zwei Lösungswege) (`sos_noise, inner_noise_acf`)

Programm 16.2 Block 2. Ordnung

```
function [y,s,OC] = filter_round2c_sat(b,a,x,si,Q)
% SOS, direct form II for IIR filter with quantized arithmetic
%   (rounding and saturation overflow, overflow counter) (mw2024)
% Quantized signals and quantized filter coefficients according to
%   two's-complement format (Q)
% Coefficients b1 and a1 are split in half if |.|>1
% [y,s,OC] = filter_round2c_sat(b,a,x,si,Q)  (Q=LSB)
%     b   : numerator coefficients    [b0 b1 b2]
%     a   : denominator coefficients [1  a1 a2]
%     x   : input sequence
%     si  : initial values for state space variables [s1 s2]
%     Q   : least significant bit (Q=2^(-w+1) =LSB)
%     y   : output sequence
%     s   : final sate of state space variables
%     OC  : overflow counter [OCy OCs1 OCs2]

% quantized input signal and coefficients
x_q = Q*round(x/Q); % scaled and quantized input signal
bq  = Q*round(b/Q); aq = Q*round(a/Q);
b1_factor = 1; a1_factor = 1;
if abs(b(2))>1
    bq(2) = Q*round((b(2)/2)/Q); b1_factor = 2; % split coefficient
end
if abs(a(2))>1
    aq(2) = Q*round((a(2)/2)/Q); a1_factor = 2; % split coefficient
end
% memory allocation and initialization
Nx = length(x);
s = Q*round(si/Q); % initial values
y = zeros(1,Nx); OCy = 0; OCs1 = 0; OCs2 = 0;
MAX = 1 - Q; % saturation
% filtering with rounding and saturation
for n = 1:Nx
    % output signal y[n] = b0*x[n] + s1[n]
    b0x = Q*round(bq(1)*x(n)/Q);
    y(n) = b0x + s(1);
    if abs(y(n))>=1 % overflow
        y(n) = sign(y(n))*MAX; OCy = OCy + 1;
    end
    % s1[n+1] = b1*x[n] + (-a1)*y[n] + s2[n]
    b1x = Q*round(bq(2)*x(n)/Q); a1y = Q*round(-aq(2)*y(n)/Q);
    s(1) = b1_factor*b1x + a1_factor*a1y + s(2);
    if abs(s(1))>=1 % overflow
        s(1) = sign(s(1))*MAX; OCs1 = OCs1 + 1;
    end
    % s2[n+1] = b2*x[n] + (-a2)*y[n]
    b2x = Q*round(bq(3)*x(n)/Q); a2y = Q*round(-aq(3)*y(n)/Q);
    s(2) = b2x + a2y;
    if abs(s(2))>=1 % overflow
        s(2) = sign(s(2))*MAX; OCs2 = OCs2 + 1;
    end
end
OC = [OCy OCs1 OCs2]; % Overflow counter
end
```

Zu M16.5 Modelltest für das innere Rauschen

Siehe Programm `sos_noise`.

Das Programm `sos_noise` folgt zur Analyse dem Programm 16.1 `multiplier_noise` (M16.1): Histogramm, χ^2-Anpassungstests und AKF mit Konfidenzintervallen. Anders als beim Rundungsrauschen wird auf eine Normalverteilung bzw. auf die Zeit-AKF des Blockes (M16.3) getestet.

Für den Mittelwert und die Varianz des inneren Rauschens ergibt sich $M = [-0.0137, 0.0837] \cdot Q$ bzw. $Var = 1.63646 \cdot Q^2$ bei $N = 149.198$ Stichprobenelementen. Da das 99 %-Konfidenzintervall ($\alpha = 0.01$) des Mittelwerts null einschließt, kann die Null-Hypothese „mittelwertfrei" auf dem 99 %-Signifikanzniveau angenommen werden.

Die Leistung des inneren Rauschens entspricht mit -88.17 dB ziemlich genau dem durch das Modell vorhergesagten Wert von -88.42 dB, siehe M16.3.

Der Vergleich des Histogramms in Abb. 16.16 links mit der Wahrscheinlichkeitsdichtefunktion der approximierenden Normalverteilung deutet stark auf eine Normalverteilung des inneren Rauschens hin. Der χ^2-Anpassungstests ($\alpha = 0.05$, $N = 1000$) unterstützt die Annahme der mittelwertfreien Normalverteilung überwiegend, d. h. im Beispiel in etwa 90 bis 95 % der Fälle. Die empirische AKF und die Zeit-AKF des Modells stimmen nahezu überein, siehe Abb. 16.16 rechts.

Zu M16.6 Modelltest inneres Rauschen mit Zählerkoeffizienten

Siehe Programm `sos_noise`.

Im Programm sind nun die Zählerkoeffizienten aus der Datei `cauer_sos.mat` einzusetzten, `b = sos(1,1:3);`

Die Leistung des inneren Rauschens weicht mit -85.93 dB vom vorhergesagten Wert -88.42 dB ab, siehe M16.2. Die Differenz von etwa 2.5 dB entspricht ungefähr dem Faktor 1.8; oder der formalen Erhöhung der effektiven Zahl der Rauschquellen n_Q von acht auf 16. Letzteres entspräche der Vervierfachung der Beiträge der beiden gleichen Koeffizienten, vgl. Abb. 16.5.

Die empirische AKF und die AKF des Modells ähneln sich zwar, aber ein Unterschied ist deutlich sichtbar.

Mit der kleinen Änderung des ersten Zählerkoeffizienten, `b(1) = 1.01*b(1);`, treten keine gleichen Zählerkoeffizienten mehr auf. Die Empirische AKF und die Zeit-AKF des Modells harmonieren sichtlich wieder besser miteinander. Das Beispiel deutet darauf hin, dass zwei gleiche Zählerkoeffizienten das Modell bezüglich der AKF kompromittieren und die Leistung des inneren Rauschens um circa 2.5 dB erhöhen können.

Zu M16.7 Skalierung der Blöcke unter Beachtung der Blockreihenfolge

Siehe Funktionen `sos_scale` und `sos_graph` und aufrufendes Programm `sos_noise_order`.

Abb. 16.17 zeigt oben das Beispiels SOS 1–2–3. Der Gipfel im Betragsgang des dritten Blocks, der mit dem Pol am nächsten zum Einheitskreis, wird durch die vorangehenden beiden eingehegt. Eine starke Verstärkung von Frequenzkomponenten findet im letzten Block nur in einem schmalen Band statt.

16.7 Lösungshinweise

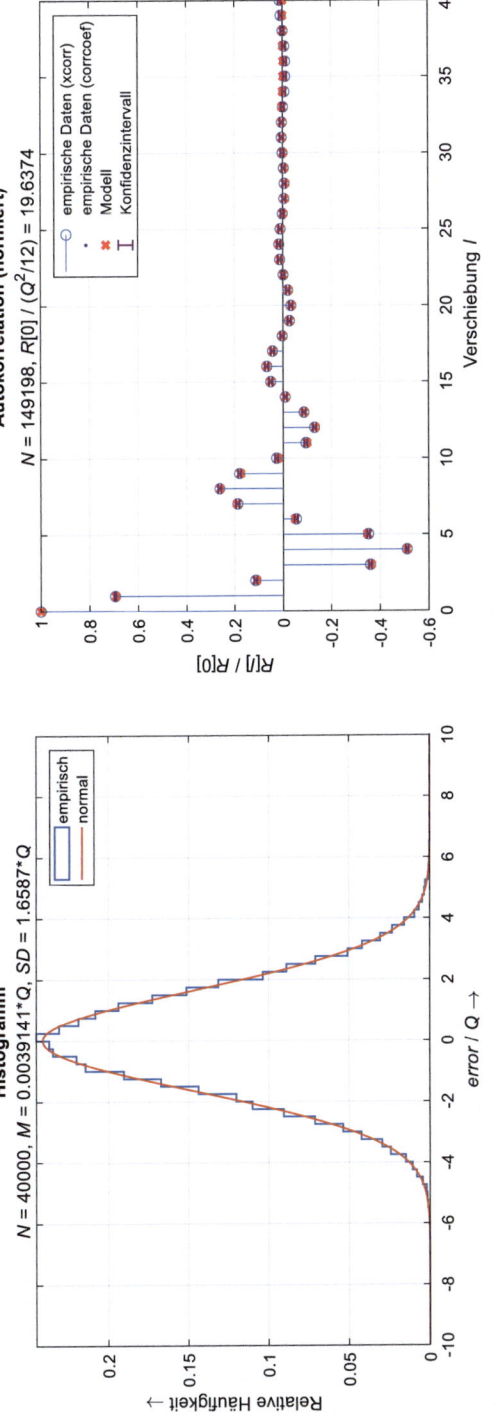

Abb. 16.16 Histogramm sowie empirische Autokorrelation mit Zeit-Autokorrelation zum inneren Rauschen eines Blocks zweiter Ordnung ($Q = 2^{-15}$) (`sos_noise`)

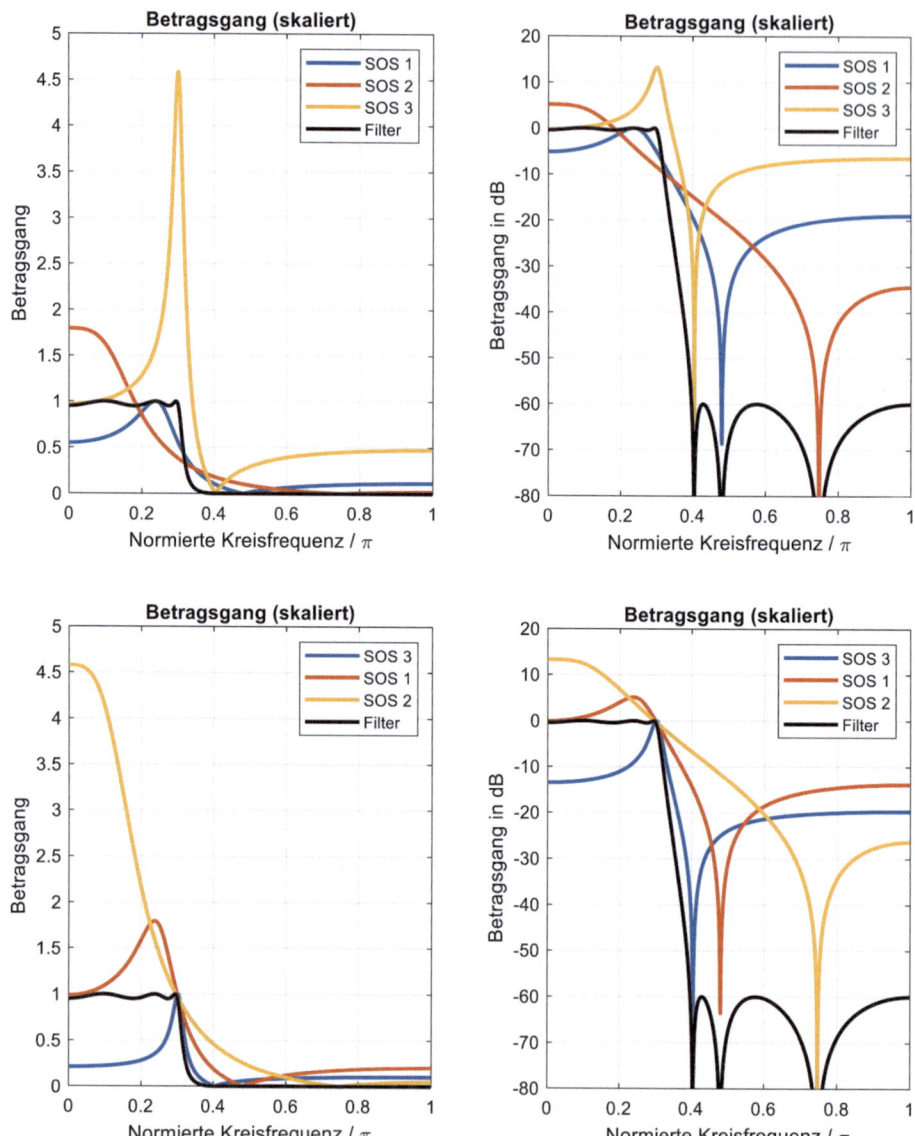

Abb. 16.17 Betragsgänge der skalierten Blöcke zweiter Ordnung im Beispiel der Blockanordnung SOS 1–2–3 bzw. SOS 3–1–2 (sos_noise_order, sos_graph)

Anders darunter. Abb. 16.17 zeigt unten das Beispiels SOS 3–1–2. Eine Verstärkung von Frequenzkomponenten findet im letzten Block in einem breiten Band, scheinbar im ganzen Durchlassbereich des Tiefpasses, statt. (Man beachte die Skalierung.) Damit wird das Rundungsrauschen der vorhergehenden Blöcke verstärkt. Hinzu kommt, dass das Eingangssignal im ersten Block im Durchlassbereich des Tiefpasses stärker gedämpft wird.

16.7 Lösungshinweise

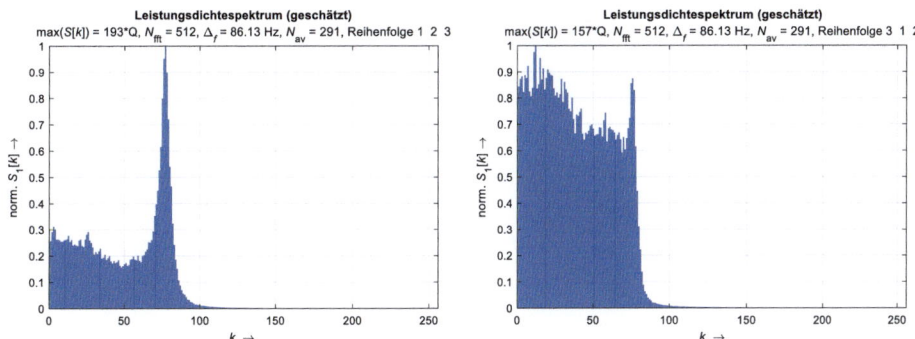

Abb. 16.18 Geschätzte Leistungsdichtespektren des inneren Rauschens für Blockanordnung SOS 1–2–3 bzw. 3–1–2 (sos_noise_order, periodogram_av)

Zu M16.8 Inneres Rauschen unter Beachtung der Blockreihenfolge

Bei der Simulation sind keine Überläufe aufgetreten.

Die vom MATLAB-Entwurfsprogramm vorgeschlagene Reihenfolge SOS 1–2–3 liefert die geringste Leistung des inneren Rauschens mit dem SNR von −77.55 dB, siehe Tab. 16.6. Am ungünstigsten ist die umgekehrte Reihenfolge 3–1–2 mit etwa 3 dB höherer Rauschleistung, oder andersherum geringerem SNR.

Der letzte Block scheint den jeweils größten Einfluss auf die Form des LDS des inneren Rauschens zu nehmen.

Mit innerem Rauschen von −77.55 dB liegt nach der 6dB-pro-Bit-Regel nur noch eine effektive Wortlänge von circa 13 Bits vor. Damit harmoniert auch die Standardabweichung des Rauschens von circa viermal der Quantisierungsintervallbreite.

Zu A16.1 Kleine Grenzzyklen
Siehe Abb. 16.12, Periode sechs, größter Betrag $2 \cdot LSB$.

Zu A16.2 Großer Grenzzyklus
Siehe Abb. 16.19, Periode acht, größter Betrag $120 \cdot LSB = 0.9375$.

Tab. 16.6 Schätzwerte der Leistung (N_i) und der Standardabweichung (SD) des inneren Rauschens für den Cauer-Tiefpass (Lösung)

Reihenfolge	1 – 2 – 3[a]	1 – 3 – 2	2 – 1 – 3	2 – 3 – 1	3 – 1 – 2	3 – 2 – 1
N_i in dB	−77.55	−77.07	−75.72	−76.87	−74.54	76.21
SD in Q[b]	4.34	4.59	5.37	4.70	6.15	5.07

[a] Reihenfolge nach Filterentwurfsprogramm; [b] Quantisierungsintervallbreite (Q).

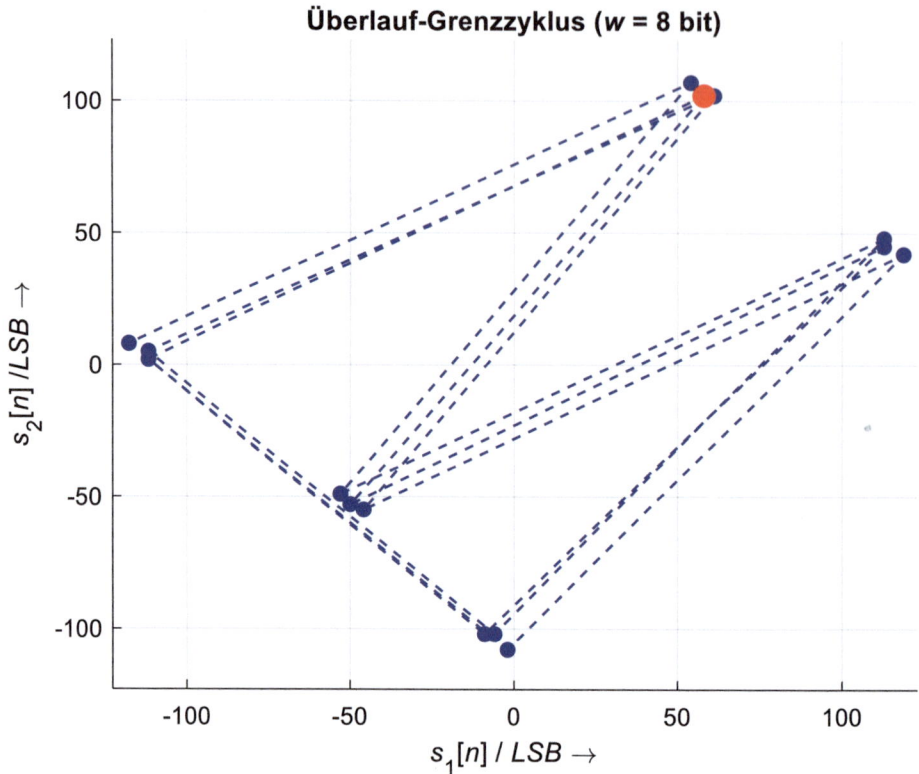

Abb. 16.19 Großer Grenzzyklus im Zustandsraumdiagramm mit Periode acht (`limitcyc_overflow`)

Zu Quiz 16
1. Zweierkomplementformat
2. Aufrunden
3. (die) Sättigungskennlinie/Sättigung
4. Überlaufschwingungen
5. innere
6. fix
7. gleichverteilten und unkorrelierten
8. $Q^2/12$
9. korreliert
10. linearen
11. kleinsten
12. Energie

13. Zustandsraum
14. Überläufe
15. die Reihenfolge
16. Wortlängeneffekte
17. Voraussetzungen, Wahrscheinlichkeiten
18. die Verteilung
19. 5 %
20. Irrtumswahrscheinlichkeit

Literatur

1. Eid, M., Gollwitzer, M., & Schmitt, M. (2015). *Statistik und Forschungsmethoden* (4. Aufl.). Beltz.
2. Hull, T. E., & Dobell, A. R. (1962). Random number generator. *SIAM Review, 4*(3), 230–254.
3. Lapsley, P., Bier, J., Shoham, A., & Lee, E. A. (1997). *DSP processor fundamentals. Architectures and features.* IEEE Press.
4. Mitra, S. K. (2006). *Digital signal processing. A computer-based approach* (3. Aufl.). McGraw-Hill.
5. Proakis, J. G., & Manolakis, D. G. (2007). *Digital signal processing. Principles, algorithms, and applications* (4. Aufl.). Pearson Prentice-Hall.
6. Rasch, B., Friese, M., Hoffmann, W., & Naumann, E. (2010). *Quantitative Methoden 1. Einführung in die Statistik für Psychologen und Sozialwissenschaftler* (3. Aufl.). Springer.
7. Schüßler, H. W. (2008). *Digitale Signalverarbeitung 1. Analyse diskreter Signale und Systeme* (5. Aufl.). Springer.
8. Werner, M. (2008). *Digitale Signalverarbeitung mit MATLAB®Praktikum. Zustandsraumdarstellung, Lattice-Strukturen, Prädiktion und adaptive Filter.* Vieweg.

Stichwortverzeichnis

χ^2-Anpassungstest, 421
3-dB-Grenzkreisfrequenz, 259
3-dB-Hauptzipfelbreite, 107
3-dB-Punkt, 104
6dB-pro-Bit-Regel, 375

A

Abbildung, lineare, 329
Abtastfolge, 32
Abtastfrequenz, 35, 79, 103, 358
Abtastintervall, 32, 78, 358
Abtasttheorem, 80
Abtastung, 78, 357
Abwärtstaster, 223
ADC (Analog-Digital-Umsetzer), 391
ADC (Anlog-to-digital converter), 357
Addierer, 40, 175
ADSR-Profil, 39
ADU (Analog-Digital-Umsetzer), 32, 35, 77, 102
AKF (Autokorrelationsfolge), 306, 334, 421
Aliasing, 80, 103, 263, 358
Allpass, 351
Allpasstransformation, 267
Amplitudengang, 188
Analog-Digital-Umsetzer (ADU), 32, 35, 77, 102, 357, 391
Analyse, harmonische, 52
Anlog-to-digital converter (ADC), 357
Anti-aliasing-Filter, 102, 223
Anweisung
  bedingte, 15
  Schleife, 15
  selektive, 15
Aperturjitter, 359
Arbeitsspeicher, 7
Arcustangens-Verzerrung, 263, 264
ARMA-Modell, 336
Array-Operation, 9
Audiosignal, 37, 118
Auflösung, spektrale, 83, 105
Ausdruck, arithmetischer, 4
Ausschwingen, 439
Autokorrelationsfolge (AKF), 306, 334, 421

B

Bandpass (BP), 213, 266
Bandsperre (BS), 213, 266
Barker-Codefolge, 161
Barker-Codewort, 310
Betragsabschneiden, 418
Betragsgang, 188
Bias, 369
BIBO (Bounded Input Bounded Output), 167
Binary-k-Format, 369
Bit-Reversal(BR)-Adressierung, 138
Blockdiagramm, 175, 241
Blöcke zweiter Ordnung, 397
Blocktransformation, 53
Blockverarbeitung, 81
Block zweiter Ordnung, 427
Bode-Diagramm, 262
Bounded Input Bounded Output (BIBO), 167
BP (Bandpass), 214, 266
Breakpoint, 15
BS (Bandsperre), 214, 266

Butterfly, 135
Butterworth-Tiefpass (BW-TP), 259
BW-TP (Butterworth-Tiefpass), 259

C

Carson-Formel, 117
Cauer-Tiefpass, 400
C-Dur-Tonleiter, 38
Chebyshev-Approximation, 221
Chirp-Rate, 112
Chirp-Signal, 112
Command History, 4, 5
Command Window, 4
Current Folder, 4, 14

D

DAC (Digital-to-analog converter), 358
Dämpfungsgang, 168, 188
Data-Cursor, 104
DAU (Digital-Analog-Umsetzer), 35
dB (Dezibel), 104, 259, 375
Debugging, 15
Decimation-in-time (DIT), 133
  Radix-2-FFT, 135
Delay (D), 174
Delay-Operator, 40
Dezibel (dB), 104, 108, 259, 375
Dezimator, 223
DFT (Diskrete Fourier-Transformation), 52, 76, 102, 128, 173, 311, 330
DFT-Frequenzraster, 105
DFT-Koeffizient, 53
DFT-Länge, 131
DFT-Paar, 54
DFT-Raster, 84
DFT-Spektrum, 54, 84
Differenzengleichung (DGL), 168
Digital-Analog-Umsetzer (DAU), 35, 358
Digitaler Signalprozessor (DSP), 391
Digitalisierung, 32, 356, 357
Digital-to-analog converter (DAC), 358
Digital Video Broadcasting Terrestrial (DVB-T), 137
Direktform
  I, 174, 176
  II, 176
  transponierte II, 169, 257, 397, 427
Diskrete Fourier-Transformation (DFT), 52, 76, 102, 128, 129, 173, 311, 330
DIT (Decimation-in-time), 133
  Radix-2-FFT, 135
Dolph-Chebychev-Fenster, 109
Dreieckfenster, 106
Drift, 87
DSP (Digitaler Signalprozessor), 391
DTMF (Dual-Tone Multi-Frequency), 90
DTMF-Signal, 90, 177
Dualität, 53
Dual-Tone Multi-Frequency (DTMF), 90
Dualzahl, 366
Durchgriff, 244
Durchlass(kreis)frequenz, 212
Durchlassbereich, 212
Durchlasskreisfrequenz, 261
Durchlasstoleranz, 212
Dynamik, 373

E

Echo, 40
Echtzeit, 129
Echtzeitsignalverarbeitung, 77
Editor, 14
Eigenfunktion, 167
Eigenschwingung, 243
Eingangs-Ausgangs-Gleichung, 166, 170
Eintonsignal, 36
Energie, 163
Energiefolge, 196
energiefrei, 242
Equiripple-Approximation, 221
Ergodizität, 293
Eulerformel, 23
Eulersche Zahl e, 21
Exhaustion-Methode, 394
Exponent, 367
Exponentialform, 23
Exponentielle, 32

F

Faktor
  komplexer, 130
Faltung, 147, 161, 166

lineare, 147
schnelle, 147
zyklische, 147
Faltungssumme, 161
Fast Fourier Transform (FFT), 55, 77, 103, 129, 175
Fehlerfrequenzgang, 392
Fehlerquadrat, mittleres, 215
Fehlersignal, 359, 373
Fensterfolge, 77
Fensterung, 77, 103, 216
Festpunktformat, 366, 371
FFT (Fast Fourier Transform), 55, 77, 103, 129, 175
Filter, 168, 197
Filter Designer, 217
Filterflanke, 212
Filterkoeffizient, 211, 257
Filterordnung, 257, 259
Filter Visualization Tool (FVTool), 195, 215
Finite-duration Impulse Response (FIR), 211, 334, 392
FIR (Finite-duration Impulse Response), 211, 334, 392
FIR-Filter, 392
FIR-Tiefpass, 212
Fixed-Point Format, 366
Floating-point format, 367
Floating Point Operation (FLOP), 130
FLOP (Floating Point Operation), 130
FM-Synthesizer, 117
Folge, 31
rechtsseitige, 31
Form
trigonometrische, 23
zentrierte, 57
Fourier-Approximation, 214
Fourier-Reihe, 18, 60
Fourier-Summe, 40, 70
Fourier-Synthese, 64
Frequenzauflösung, 84, 105
Frequenzgang, 168, 171, 187, 239
Frequenzgruppe, 90
Frequenztransformation, 266
Full-size-Operation, 437
Funktion, 17
FVTool (Filter Visualization Tool), 195

G
Gabor-Transformation, 111, 113
Gaußsche Glockenkurve, 113
Geräusch, 36
Gibbssches Phänomen, 18, 215
Gleitkommaoperation, 130
Gleitpunktformat, 367
denormalisiertes, 371
normalisiertes, 368
Goertzel-Algorithmus, 172
Grafik, 12
Grenzfrequenz, 103
Grenzwertsatz, zentraler, 330
Grenzzyklus
granularer, 418, 436, 437
Überlauf-, 417, 436, 439
Gruppenlaufzeit, 168, 189, 265

H
Hann-Fenster, 106
Harmonische, 40
Hauptzipfel, 82, 83, 104
Hauptzipfelbreite, 83, 107
HDSL (High-Bit-Rate Digital Subscriber Line), 161
Heat map, 114
Help-Center, 20
Hermitesche Symmetrie, 57
High-Bit-Rate Digital Subscriber Line (HDSL), 161
Histogramm, 295, 421
Hochpass (HP), 213, 266
Höhenlinie, 305
HP (Hochpass), 266

I
IDFT (Inverse DFT), 53
IEEE Std 754-2008, 368
IIR (Infinite-duration-Impulse-Response), 238, 256, 392
IIR-Filter, 256
Imaginäre Einheit, 6
Impulsantwort, 166, 187, 211, 243, 334
Impulsfolge, 31
Impulskamm, periodischer, 78
Infinite-duration-Impulse-Response (IIR), 238, 256, 334, 392

In-place-Algorithmus, 135, 138
Integrated Services Digital Network (ISDN), 161
International Telecommunication Union (ITU), 90
Interpolation, 86
Interpolationsfaktor, 87
Intervallschätzung, 298
Inverse DFT (IDFT), 53
ISDN (Integrated Services Digital Network), 161
ITU (International Telecommunication Union), 90

K

Kaiser-Fenster, 216
Kammerton, 37
Kammfilter, 197, 247
Karplus-Strong-Plucked-String-Algorithmus (KSPSA), 340
Kaskadenform, 396, 397
Kausalität, 303
Kerbfilter, 247
KI (Konfidenzintervall), 299
KKF (Kreuzkorrelationsfolge), 306
KKF (Kreuzkorrelationsfunktion), 336
Klang, 36
Klirrfaktor, 61
Klirrfaktormessung, 60
Koeffizientenquantisierung, 392
Komplexität, 130, 270
Konfidenzintervall (KI), 299
Konfidenzniveau, 300
Kongruenzgenerator
  gemischter linearer, 427
  multiplikativer, 427
Konjugiert transponiert, 10
Korrelationskoeffizient, 292, 303
  empirischer, 304
Kosinusfolge, 32
Kovarianz, 303
Kreisfrequenz, normierte, 32, 80, 103
Kreiszahl π, 21
Kreuzkorrelationsfolge (KKF), 306
Kreuzkorrelationsfunktion (KKF), 336
KSPSA (Karplus-Strong-Plucked-String-Algorithmus), 340
Kurzzeitspektralanalyse, 76, 102, 120

L

LCG (Linear Congruential Generator), 427
LDS (Leistungsdichtespektrum), 306, 335, 361
Least Significant Bit (LSB), 138, 372, 393
Leckfaktor, 107
Leckphänomen, 60, 87, 105
Leistung, 306
Leistungsdichtespektrum (LDS), 306, 335, 361
Leistungsübertragungsfunktion (LÜF), 335
  komplexe (CPDS), 337
Linear Congruential Generator (LCG), 427
Linear Time Invariant (LTI), 166, 238, 328
Linienspektrum, 214
linspace, 11
Long Term Evolution (LTE), 129, 137
LSB (Least Significant Bit), 138, 372
LTE (Long Term Evolution), 129, 137
LTI (Linear Time Invariant), 166, 238, 328
LÜF (Leistungsübertragungsfunktion), 335
L_∞-Norm-Skalierung, 433

M

MAC (Multiply-and-Accumulate), 211
MA-Modell, 336
Mantisse, 367
Maschinenwort, 364
Maschinenzahl, 15, 357, 366
Matched-Filter-Empfänger, 310
MATLAB
  abs, 23
  angle, 23
  ans, 5
  Apass, 217
  Astop, 217
  atan2, 22
  audioinfo, 36
  audioplayer, 36, 224
  audioread, 36
  audiowrite, 36
  bar, 295
  bitget, 378, 385
  bounds, 294
  break, 15
  ceil, 387, 419
  chebwin, 109, 111
  chi2gof, 332, 333, 421
  chirp, 115
  clear, 8

conj, 10, 23
contour, 305
conv, 148, 163, 338, 431
convergent, 419
corrcoef, 304
corrcoeff, 421
cov, 304
dec2bin, 378
design, 362, 394, 401
designSpecs, 362
detrend, 88
doc, 7
double, 368, 420
eps, 378
errorbar, 300, 432
Export…, 220, 270
eye, 10
fdesign.lowpass, 401
fft, 55, 143, 311, 313
fftshift, 57, 144
figure, 35
filter, 172, 242, 257, 339
filterDesigner, 217, 269
firplot, 193
fix, 419
fliplr, 163
floor, 387, 419
for, 15
format, 6, 246
fprintf, 16, 377
freqz, 172, 338
function, 17
fvtool, 172, 195, 215, 247, 265, 339, 394
G, 400
gausswin, 111
goertzel, 177
grid, 12
grpdelay, 265
hann, 106, 111, 114
help, 6
hex2dec, 378
histogram2, 305, 340
histogram, 295, 421
i, 6
if, 15
ifft, 58, 143
ifftshift, 144
imag, 23
impinvar, 263

impz, 172, 242, 338
Inf, 370
int16, 384
int8, 372
j, 6
kaiser, 111, 217
length, 9
listdlg, 362
load, 8, 220
makedist, 421
MAT-File, 220
max, 294
maxk, 294
mean, 294, 300
median, 294
min, 294
mink, 294
mod, 17
mode, 295
NaN, 370
Normalization, 295
norminv, 300
normpdf, 299
path, 15
pdf, 299
periodogram, 313
pi, 6
play, 36, 37
plot, 12
poly, 171, 195, 240
polyfit, 88
Profiler, 131
qqplot, 332
rand, 293, 330, 339
randi, 293
randn, 293, 329
randperm, 420
real, 23
realmax, 378
realmin, 378
rectwin, 111
repmat, 10
residuez, 244, 337, 339, 431
rms, 295
rng, 294
roots, 171, 195, 240
round, 419
save, 8
sign, 432

sinc, 226
single, 368
size, 8
sos2tf, 404
SOS, 400
soundsc, 37
spectrogram, 114
spline, 364
std, 295, 300
stem, 33
stepz, 172
struct, 39
subplot, 35
switch, 15
table, 147
tf2sos, 401
tf2zpk, 172
tic, 131
tiledlayout, 35
tinv, 300
title, 12
toc, 131
topkrows, 294
tpdf, 299
triang, 106, 111
uint8, 372
var, 295
while, 15
whos, 7
windowDesigner, 106
xcorr, 308, 336, 421
xlabel, 12
ylabel, 12
zeros, 10
zp2tf, 172
zplane, 171, 240
Matrix, 10
maximal flach, 259
Maximum Time-intervall Error (MTE), 360
MCG (Multiplicative Congruential Generator), 427
Mehrfrequenzwahlverfahren (MFV), 90
Messverfahren, 376
M-File, 13
MFV (Mehrfrequenzwahlverfahren), 90
Mittelwert, arithmetischer, 297
Modulationsindex, 117
Modulationssatz, 79
Momentankreisfrequenz, 112

Monte-Carlo(MC)-Methode, 394
Monte-Carlo-Simulation, 293
Moving Pictures Experts Group (MPEG), 137
MPEG (Moving Pictures Experts Group), 137
MTE (Maximum Time-intervall Error), 360
Multiplicative Congruential Generator (MCG), 427
Multiplizierer, 40, 175
Multiply-and-Accumulate (MAC), 211
Multi-Skalen-Analyse, 115
Musterfolge, 289

N
Nebenzipfel, 105
Nebenzipfeldämpfung, 107
Nennerkoeffizient, 170
Normalverteilung, 292
Normierung, 292
Nullhypothese, 332
Nullstelle, 170, 187, 265

O
Oberschwingungsgehalt, 61
OFDM (Orthogonal Frequency Division Multiplex), 137
Oktave, 38, 273
Operator, arithmetischer, 4
Orthogonal Frequency Division Multiplex (OFDM), 137
Orthogonalität, 58, 303
Overlap-add-Methode, 148
Overlap-save-Methode, 148

P
Parallelform, 396
Parks-McClellan-Algorithmus, 221
Parsevalsche Gleichung, 56
Partialbruchzerlegung, 243, 244
Performance Time, 131
Periodizität, 144
Periodogramm, 313, 435
Phase
 lineare, 212
 verallgemeinerte lineare, 213
Phasengang, 168, 189
 linearer, 192

Pitch, 38
Plain Old Telephony (POT), 223
Pol, 170, 260
   komplexer, 240
   reeller, 239
Polausdünnungseffekt, 399
POT (Plain Old Telephony), 223
Potenzfilter, 259
Präzision, 367, 373
Produkt-Moment-Korrelation, 302
Profiler, 131, 142
Prozess, stochastischer, 290, 329
Prüfgröße, 298, 332
Pseudofaltung, 163, 308
Pseudozufallszahl, 293
Punktschätzung, 297

Q
Quantisierung, 103, 357, 364
   gleichförmige, 365
Quantisierungsfehler, 366, 373
Quantisierungsgeräusch, 373
Quantisierungsintervall, 365
Quantisierungsintervallbreite, 365, 419
Quantisierungskennlinie, 357, 365

R
Radix-2-FFT, 131
Rampenfolge, 87
Rang, 4
Rauschen
   farbiges, 307
   granulares, 366
   inneres, 427
   weißes, 307, 336
Rauschsignalquelle, 427
Rauschteppich, 361
Rauschzahl, 428
   aggregierte, 429
Rechenaufwand, 130
Rechteckfenster, 81, 104
Rechteckimpulszug, 17
Reference Page, 6
Remez-Algorithmus, 221
Repräsentant, 366
Residuum, 244
round, 381

Run and Time, 131
Runde, 418
Rundungsrauschen, 419

S
Sägezahnschwingung, 19
Sättigungskennlinie, 366, 417
Schätzer, konsistenter, 297
Schätzfunktion, 291
Schätzwert, 297
Scheitelfaktor, 331
Schrittweite, 12
Script, 13
Second Order Section (SOS), 270, 397, 427
SFG (Signalflussgraph), 132, 169
Signal, 31
   analoges, 35
   digitales, 32, 35
   zeitdiskretes, 31
Signalflussgraph (SFG), 132, 169
Signal-Geräuschverhältnis, 359
Signal-Quantisierungsgeräuschverhältnis, 375
Signal-to-Noise Ratio (SNR), 359, 375, 433
Signifikant, 368
si-Interpolation, 358
Sinusfolge, 32, 33
Sinusfunktion, 12
Skalarprodukt, 10
SNR (Signal-to-Noise Ratio), 359, 375, 433
SOS (Second Order Section), 270, 397, 427
Spaltenvektor, 7
Spektralanalyse, parametrische, 88
Spektralschätzung
   nicht-parametrische, 311
   parametrische, 311
Spektrogramm, 102, 114
Sperr(kreis)frequenz, 212
Sperrbereich, 212
Sperrtoleranz, 212
Spiegelfrequenz, 42
Spiegelpolynom, 203
Spline, kubischer, 364
Split-Radix-Verfahren, 143
Sprachsignal, 419
Sprungantwort, 167
Sprungfolge, 31
Stabdiagramm, 13, 31, 50
Stationarität, 292

stem, 13
Stochastische Variable (SV), 289, 329
Streudiagramm, 295
Struktur
   kanonische, 241
Stützstelle, 12
SV (Stochastische Variable), 290, 329
Symmetrie, hermitesche, 144
System
   Finite-duration-impulse-response(FIR)-, 186
   instabiles, 239
   kausales, 167
   lineares zeitinvariantes, 166
   linearisiertes, 427
   linearphasiges, 190, 197
   Minimum-delay-, 196
   nichtrekursives, 186
   reelles, 169
   reellwertiges, 188
   stabiles, 243

T
Tab, 4
Tastentelefon, 90
Telefonsprache, 222
THD (Total harmonic distortion (THD), 61
Tiefpass (TP), 213, 257, 266
Tiefpassfilter, 77
Toleranzschema, 212, 259
Toleranzschlauch, 212
Ton, 36
Toolstrip, 4
Total harmonic distortion (THD), 61
TP (Tiefpass), 257, 266
Trajektorie, 438
Transformation
   bilineare, 263
   impulsinvariante, 263
   sprungvariante, 263
Transposition, 9
Transversalfilter, 211, 392
Transversalform, 187
Tschebyscheff-Approximation, 221
t-Test, 420

U
Übergangsbereich, 212
Überlauf, 367, 417
Überlaufkennlinie, 417
Überlaufschwingung, 417
Überschwinger, 18
Übersteuerung, 366
Übertragungsfunktion, 170, 187, 243, 260
Unabhängigkeit, 292
Unkorreliertheit, 303
Unterabtastung, 223
Unterlauf, 367
Untersteuerung, 366

V
Variable, 5
Variableneditor, 8
Vektor/Matrix-Operation, 9
Vektornorm, euklidische, 376
Verzögerungsglied, 175, 186
Verzögerungsoperator, 241
Vielfachheit, 244
Vier-Quadranten-Arcustangens, 22
Vorzeichen, 367
Vorzeichenbit, 367

W
Wahrscheinlichkeitsdichtefunktion (WDF), 292, 329
Wavelet-Transformation, 115
WDF (Wahrscheinlichkeitsdichtefunktion), 292, 329
Wechselanteil, 61
Wert
   kritischer, 332
WGN (White gaussian noise), 307
While-Schleife, 15
White gaussian noise (WGN), 307
Window Designer, 106, 108
Workspace, 4, 7
Wortlänge, 35, 365, 371, 373, 393
Wortlängenverkürzung, 418

Z
Zahl, komplexe, 6, 22
Zahlenformat, 6
Zählerkoeffizient, 170
Zeilenvektor, 7
Zeit-Autokorrelationsfunktion (Zeit-AKF), 335
Zeitdauer-Bandbreite-Produkt, 82, 104

Stichwortverzeichnis

Zeit-Frequenz-Analyse, 112
Zeit-Frequenz-Darstellung, 37
Zeitvariable, normierte, 31
Zero-padding, 85
Zoom-Funktion, 104
z-Transformation, 170

Zuordnungsschema, 144
Zustandsraumdiagramm, 438
Zustandsvariable, 241
Zweierkomplementformat, 371, 417

MIX
Papier aus verantwortungsvollen Quellen
Paper from responsible sources
FSC® C105338

If you have any concerns about our products,
you can contact us on
ProductSafety@springernature.com

In case Publisher is established outside the EU,
the EU authorized representative is:
**Springer Nature Customer Service Center GmbH
Europaplatz 3, 69115 Heidelberg, Germany**

Printed by Libri Plureos GmbH
in Hamburg, Germany